国 家 电 网 公 司
电力科技著作出版项目

水轮发电机组
自动控制系统设计

DESIGN OF AUTOMATIC CONTROL SYSTEM FOR
HYDRO-GENERATING UNIT

梁建行　编著

中国电力出版社
CHINA ELECTRIC POWER PRESS

内 容 提 要

本书阐述目前国内外水力发电厂工程设计中水轮发电机组自动控制系统常用的设计技术，给出控制系统及各控制装置的技术要求、系统结构、工作原理、系统特性分析、设备参数选择计算、机组的控制操作流程及接线。

全书共4篇及5个附录。第一篇阐述水轮发电机组自动控制系统的功能、结构及技术要求；第二篇给出水轮机调节系统及调速器的功能、结构、技术要求、工作原理、调节特性及调节系统各环节数学模型及传递函数；第三篇叙述励磁系统功能、结构，各组成部分的工作原理、技术要求及设备参数选择计算；第四篇描述机组同期系统的技术要求、接线及参数整定，机组水力机械保护技术要求、接线及与其他系统接口的设计，机组及其辅助设备、进水闸（阀）的控制操作系统的技术要求、控制流程及与其他系统接口的设计，机组的电量及非电量测量监视系统及其配置设计，机组的集中控制系统的技术要求及其功能配置的设计。5个附录分别给出调速器液压系统元件图形符号、水轮机调节系统的PID参数稳定域及电力系统振荡时水轮机的输出转矩、灭磁过程参数及灭磁系统设备选择计算、几种励磁控制方式下的发电机阻尼转矩特性及机组自动控制系统常用的术语。

本书可供从事发电机组自动控制系统设计、研究、制造、试验、运行及维护人员参考，并可作为大专院校电力专业师生的教学参考用书。

图书在版编目（CIP）数据

水轮发电机组自动控制系统设计/梁建行编著．—北京：中国电力出版社，2024.9
ISBN 978-7-5198-7985-3

Ⅰ.①水…　Ⅱ.①梁…　Ⅲ.①水轮发电机-发电机组-自动控制系统-控制系统设计　Ⅳ.①TM312

中国国家版本馆CIP数据核字（2023）第127058号

出版发行：中国电力出版社
地　　址：北京市东城区北京站西街19号（邮政编码100005）
网　　址：http：//www. cepp. sgcc. com. cn
责任编辑：姜　萍　娄雪芳（010-63412375）　董艳荣
责任校对：黄　蓓　常燕昆
装帧设计：王红柳
责任印制：吴　迪

印　　刷：北京锦鸿盛世印刷科技有限公司
版　　次：2024年9月第一版
印　　次：2024年9月北京第一次印刷
开　　本：787毫米×1092毫米　16开本
印　　张：23.5
字　　数：571千字
印　　数：001—500册
定　　价：118.00元

前言

电力系统中的水轮发电机组，需根据电力系统运行的要求对系统频率及电压进行自动调节，并接受电力系统或电厂的开机、停机指令，自动完成机组的正常开机并列、解列停机等工况转换控制。为保证机组及电力系统的安全可靠运行，需对机组的运行状况及数据信息进行自动监测，并在机组或电力系统出现故障或发生事故时，对机组进行有关的自动控制。实现这些自动控制的水轮发电机组自动控制系统的控制装置，通常包括水轮机调节装置（即调速器）、发电机励磁装置、同期装置等。电力系统中发电机组自动控制系统的运行性能，直接关系着电力系统运行频率、电压的质量水平及发电机和电力系统运行的安全可靠性及稳定性。

水轮发电机组的自动控制系统，随着实际应用经验的积累及新技术的应用，技术在不断地改进与更新。当今的水轮发电机组基本上采用微机调速器及由晶闸管整流电源及微机调节器构成的高起始响应的励磁装置，以更好的性能满足电厂及电力系统的要求。本书从水轮发电机组自动控制系统的工程设计及运行应用方面，阐述目前国内外水力发电厂常用的水轮发电机组自动控制的设计技术，包括自动控制系统及各控制装置的技术要求、系统结构、工作原理、系统参数及特性分析、机组的控制操作流程及接线的设计等。

本书由长江水利委员会长江勘测规划设计研究院梁建行编著，陈红君、邹来勇校审。

承蒙上海交通大学陈陈教授、长江水利委员会长江勘测规划设计研究院教授级高级工程师易先举、梁波、田子勤、陈冬波对书稿的审阅，提出了很多宝贵意见和建议，在此深表感谢。

限于作者水平，书中不足之处，敬请读者批评指正。

编著者

2024 年 3 月

目录

前言

第一篇　水轮发电机组自动控制系统的功能及结构

第二篇　水轮机调节系统及装置

第三篇　水轮发电机励磁控制系统及装置

第四篇　机组的同期、机械保护及操作监视

第一篇

水轮发电机组自动控制系统的功能及结构

1 水轮发电机组自动控制系统的功能

电力系统及电厂的安全稳定和经济运行，通常要求水力发电厂的水轮发电机组的自动控制系统应具有下列的控制功能。

（1）按给定的机组频率和有功功率、机组电压和无功功率对机组进行调节，维持机组的频率和有功功率、机组电压和无功功率在给定值内运行。

（2）按给定的控制指令自动完成机组的开机并列、正常停机、调相-发电等工况转换的相关控制操作。

（3）机组事故时，按给定的控制指令对机组进行事故停机相关的控制操作。包括执行发电机继电保护或机组水力机械保护给出的及由运行人员手动启动的控制指令，快速关闭水轮机导叶或关闭机组进水闸（阀）门、对发电机进行灭磁、跳闸停机等控制操作。

（4）机组辅助设备、进水闸（阀）的控制操作。包括按开、停机控制流程自动开、停，运行人员在设备现地的手动开、停，辅助设备故障时的控制操作。

（5）电力系统稳定控制，如励磁系统的电力系统稳定控制（PSS）。

目前电厂通常采用计算机监控，机组频率及有功功率、无功功率及电压调节的给定值，机组的开、停机命令等，通常由电厂计算机监控系统的自动发电控制（AGC）、自动电压控制（AVC）自动给出，或由电厂运行人员手动给出。电厂上级调度通常以给定电厂全厂发电总有功功率、总无功功率和高压母线电压对电厂进行调度，由电厂AGC、AVC或运行人员按使运行值等于调度给出的给定值及有功功率、无功功率在运行机组间合理分配，给出机组有功功率、无功功率及电压的给定值，以及机组的开、停机命令等，通过计算机监控系统的机组现地控制单元及水轮发电机的自动控制装置（水轮机调节装置、发电机励磁装置等）对电厂机组进行控制。机组频率给定值通常取为系统运行频率的额定值；机组开机后并网前，机组给定频率通常为跟随电网频率；对有时差调节要求的电网，在电网时差校正时，将使系统频率给定值偏离额定频率运行，通常包括对电网中参加频率调整的机组的频率给定。对电网中以电网频率作时间标准、与标准时间无自动对时的设备（如分时电能表等），频率偏差长时间积累形成的时差将影响其正常工作。

机组事故的检测及控制通常由机组的继电保护及水力机械保护装置执行。

2 水轮发电机组自动控制系统的结构

满足电厂及电力系统要求的水轮发电机组自动控制系统通常有如图 1-1 所示的控制结构（未包括对发电机断路器或发电机-变压器组断路器的控制关系）。组成控制系统的控制装置及控制对象包括水轮机调节装置、发电机励磁控制装置（也称发电机励磁系统）、机组同期装置、机组辅助设备与进水闸门控制装置、水力机械保护等控制装置，水轮机及其引水系统、发电机和电力网等控制对象。电力网是指电网中各输配电设备（如变压器、输电线路、变换器、断路器等）构成的输配电网络。发电机、电力网及电网中的用电设备（如异步或同步电动机、电炉、照明等负荷）一起称为电力系统。

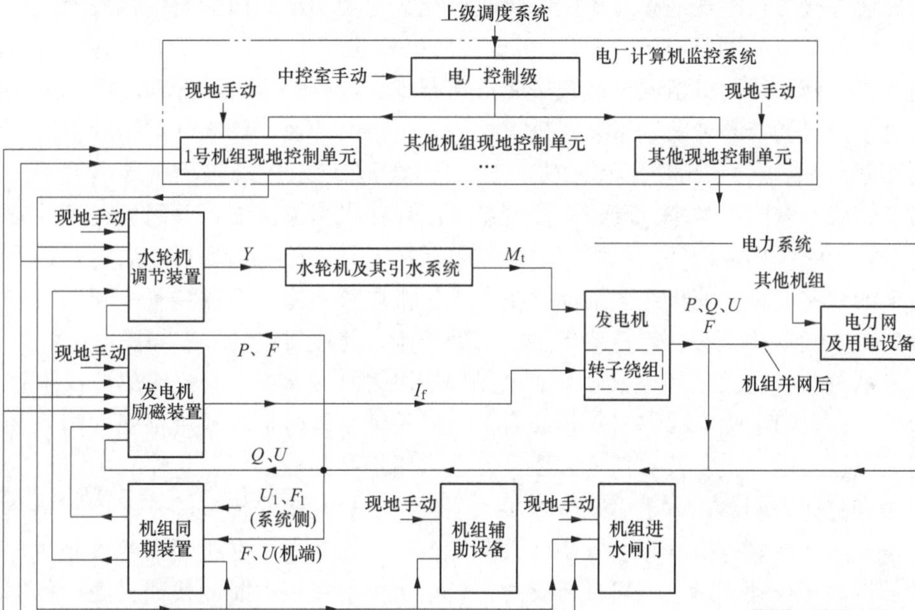

图 1-1　水轮发电机组自动控制系统结构示例

电厂通常采用计算机监控，计算机监控系统从功能结构上分为电厂控制级和设备现地控制级两层。电厂控制级设置在电厂中央控制室，设置 AGC、AVC 等全厂性监控功能，接受上级调度（电网调度或梯级调度）和中央控制室运行人员的监控指令或发电给定值，通过现地控制级实现对全厂设备的监控，并向电厂上级调度提供电厂设备的运行信息。现地控制级按每机组或设备单元或设备分布区域分别设置现地控制单元，接受电厂控制级及设备现地运行人员的监控指令或给定值，通过本单元设备的现地控制系统或装置，实现对本单元设备的监控，包括电厂及电力系统要求的对水轮发电机的各项控制，并向电厂控制层提供本单元设备的运行信息。在电厂设备的现地，设置设备的现地监控系统或装置，接受现地控制单元及现地运行人员的监控指令或给定值，完成本单元设备的监控，并向所属现地控制单元提供设备及现地监控系统的运行信息。与水轮发电机控制相关的机组现地监控系统或装置，包括水轮机调节装置（也称调速器）、发电机励磁装置、机组水力机械保护系统、机组辅助设备及进水闸（阀）的监控系统等。发电机继电保护，通常设计为独立系统，习惯上不归属于电厂的发送电设备自动控制系统，不归入机组的自动控制系统。机组现地控制单元，习惯上归入电厂计算机监控系统。

机组现地控制单元设置机组的控制程序，以完成电厂及电力系统要求的对机组的各项控制。这些程序通常有机组频率与有功功率按给定值调节程序、电压与无功功率按给定值调节程序、机组开机并列和正常停机与事故停机控制程序（流程）等。机组频率（机组离网运行时也称转速）及有功功率由水轮机调节装置进行调节，在图 1-1 中，调节装置接受机组现地单元对机组频率与有功功率给定值的给定，按给定值与运行值偏差控制导叶主接力器的输出（Y）去调节水轮机的导叶开度，调整水轮机输出转矩（M_t），实现对机组频率（F）或发电机输出有功功率（P）的调节。机组电压及无功功率由励磁装置进行调节，发电机励磁装置接受机组现地单元对发电机电压或无功功率给定值的给定，按给定值与运行值偏差调节发电机的励磁电流（I_f），实现对发电机机端电压 U 或无功功率（Q）的调节。机组开机并网前，由机组同期装置按使机组频率、电压等于机组并列断路器系统侧的数值，通过水轮机调节装置及励磁装置进行控制。机组的转速、频率（并网后稳定运行时也是电网频率）、电压、有功功率及无功功率，通常可在发电机端采用机端电流、电压测量。机组空转或空载时，频率（转速）控制系统闭环在机组输出端，并网后机组的频率控制系统将经电力系统构成闭环。机组现地控制单元接受开、停机命令后，启动开、停机程序，按给定的控制流程，使机组各辅助设备、水轮机调节装置、励磁装置及同期系统等各现地控制系统或设备按开机、停机要求进行自动控制，完成机组的开、停操作。

水轮发电机组按有关规程要求设置继电保护和水力机械保护，对机组故障或不正常运行进行保护，在机组发生需要停机的事故时，快速关闭水轮机导叶或进水闸（阀）及对发电机进行灭磁、跳闸停机。按有关规程要求，在水轮机控制装置（调速器）中应设置事故停机电磁阀和过速限制器，在机组发生作用于停机的事故时接受相关的外部控制指令动作使导叶快速关闭；在发电机励磁装置中应设置发电机灭磁装置，在机组需要灭磁时，接受相关的外部控制指令动作对发电机进行灭磁，包括机组电气事故时的快速灭磁。机组事故时快速关闭水轮机导叶或进水闸（阀）的控制指令，通常由机组继电保护和水力机械保护装置给出；对发电机进行快速灭磁的控制指令，通常由发电机继电保护装置给出。这些控制指令也可由运行人员手动给出。

本书主要从工程设计及电厂运行应用方面，阐述为实现电厂及电力系统对电厂机组的各项控制功能，水轮机发电机组现地控制装置或系统的工作原理与设计技术。包括水轮机调节装置、发电机励磁装置等的技术要求、系统结构、工作原理、系统特性分析、设备参数选择计算，水力机械保护系统、机组各辅助设备现地监控系统或装置技术要求和系统的设计，机组开、停机控制程序及流程、测量监视和集中监控的技术要求和设计等。

第二篇

水轮机调节系统及装置

1 水轮机调节系统

水轮机调节系统是指水轮机调节装置和被控对象组成的闭环自动控制系统，由调节装置按给定的机组频率或有功功率，对水轮发电机的频率或输出有功功率进行调节。水轮机的调节装置通常包括调节器及液压系统（液压随动系统及控制导叶的其他液压件）。被控对象为水轮机及其引水系统、发电机及电力系统。在对水轮机调节系统进行分析时，通常不考虑励磁装置输出电流的变化，即不考虑发电机励磁调节对水轮机调节的影响，而认为在水轮机调节系统中的发电机环节的输入仅有水轮机的输出转矩。故水轮机调节系统由图1-1可得到如图2-1所示的一般结构示例（混流式水轮机、微机调速器）。

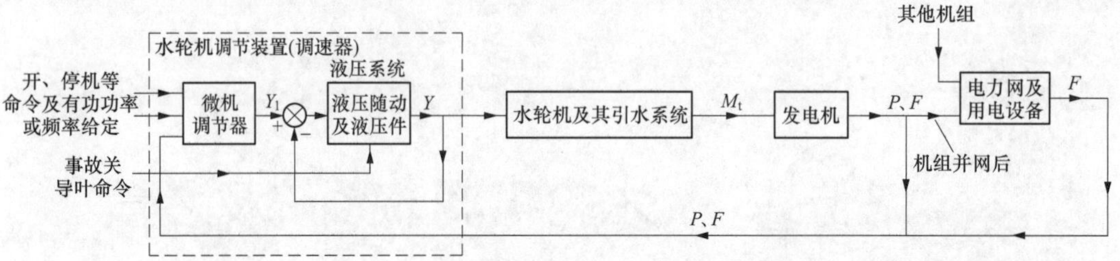

图 2-1　水轮机调节系统结构示例（混流式水轮机、微机调速器）

水轮机调节装置通常由微机调节器及液压系统组成，目前，调节器基本上采用微处理器构成而称为微机调节器。对图2-1示例，水轮机调节装置的输入为机组频率、有功功率的给定值或给定值的增、减命令，机组运行的频率、有功功率，以及控制操作命令等。在机组并网前，调节系统的被控对象为水轮发电机组，不包括电力网及用电设备，被控量为机组频率，机组频率给定可经选择切换为电网频率，使机组频率跟踪电网频率调节。机组并网后，调节系统被控对象尚包括电力网及用电设备，被控量为系统频率（也是机组频率）或机组有功功率。水轮机调节装置根据被控量（频率、有功功率）的运行值与给定值的偏差，以其输出Y(液压随动系统的主接力器行程）控制水轮机导叶的开度，对水轮机流量进行调节，改变水轮机的输入原动转矩，使水轮发电机组频率或有功功率与给定值的偏差在要求的误差范围内。水轮机调节装置通常还具有执行外部命令对水轮机进行控制操作的功能，如接受机组的开机、正常停机、工况转换、事故停机等控制命令，对水轮机导叶开度进行控制。

其他类型的水轮机调节系统结构与图2-1基本类同，但对双重调节的水轮机，如转桨式水轮机，水轮机调节装置需要按桨叶与导叶的协联关系在调节导叶的同时对桨叶进行调节，如图2-2示例，冲击式水轮机则需要同时调节喷嘴的针阀及折向器，带泄压阀（空放阀）的水轮机需同时调节导叶和泄压阀等。另外，对按维持电厂库水位或按来水流量进行控制的电厂，水轮机调节装置的输入信号需包括库水位或电厂来水量。本章及以下主要以混流式水轮机对水轮机调节进行描述。

水轮机的调节装置通过调节水轮机导叶开度改变水轮机的输入流量，实现水轮发电机

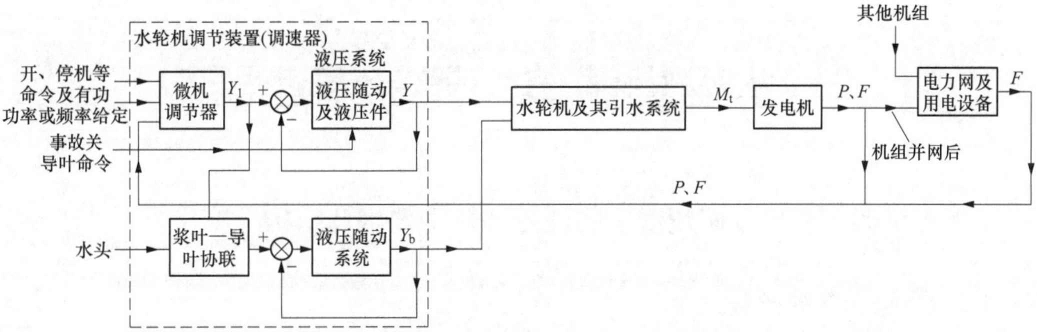

图 2-2　双重调节水轮机调节系统结构示例（转桨式水轮机、微机调速器）

组转速及频率的调节，故水轮机调节装置通常惯称为水轮机调速器，调速器与调节对象组成的调节系统惯称为水轮机调节系统。

2　水轮机调节装置（调速器）

2.1　水轮机调节装置（调速器）的任务、技术要求及结构

2.1.1　调速器的任务

水轮机调节装置（以下称水轮机调速器或调速器），其主要任务是：

（1）按给定的机组频率及有功功率对水轮机进行调节，维持机组频率及有功功率于给定值运行。

（2）执行外部命令对水轮机进行控制操作。如接受机组的开机、正常停机、工况转换、事故停机等命令，对水轮机进行控制，完成机组的开、停或工况转换。

2.1.2　调速器的技术要求

水轮机调速器应具有电力系统及电厂安全稳定及经济运行所要求的功能，保证水轮机控制操作的可靠性、安全性并满足电力系统和电厂自动化监控要求，工程实际应用中对水轮机调速器通常有下面的技术要求。

（1）按给定的机组频率、有功功率（或开度）进行调节，在机组的各种运行工况下，如机组离网、小电网或大电网、不同水头、调速器的各种调节模式等运行工况下，保证调节的稳定性并有满足规程要求的调节性能，维持机组频率或发电有功功率于给定值运行，调速器的给定值可由外部设定。某些电厂可能还要求调速器具有水位或流量调节功能。

（2）接受开机、正常停机、工况转换、事故停机的控制指令，对水轮机导叶开度（对混流式水轮机）进行控制，控制性能指标应满足有关规程的要求。

（3）应具有可满足电力系统、电厂及机组的各种运行工况下对水轮机调节控制的要求的控制方式、调节模式，并设置调节死区及限值。调节模式投/切、控制方式的切换应可自动或/和手动及接受外部指令进行操作。死区应可在线可调，限值应可在线整定或手动设定。调速器应设置运行工况监测及适应性控制，以使调速器的调节模式及控制方式可自动适应机组的运行工况。

具有导叶开度限制功能，或同时设置功率限制功能，以便在水轮机运行水头高于设计水头时，限制机组出力，避免机组过负荷。

（4）调速器应能实现机组以自动及手动方式启动、功率增/减、停机、紧急停机，当调速器自动部分失效时，应能手动操作、运行，满足电厂对机组的操作要求。调速器应设置故障监测及故障时的适应性控制或处理，保证故障时调速器不发生误调节，机组运行不发生扰动。

（5）调速器采用冗余调节器时，冗余的两个调节器，应有各自的输入/输出接口、独立的输入信号（包括频率、功率及开度测量变送器）及电源，其中一个调节器退出检修不应影响调速系统的正常运行。冗余切换应为自动且无扰动。

（6）设置与外部系统的接口，接受外部有关系统的监控指令或设定等信息，向外部系

统提供其所需的信息。

（7）调速器应适用于电厂的电磁及自然环境条件，满足有关规程规定的使用环境条件要求，满足在电厂使用场合中的电磁兼容性。

（8）调速系统应具有良好的可维修性，方便维护、检查与调试，包括对调速器的参数、控制逻辑、通信接口等的检查及调试。

2.1.3　调速器的结构

水轮机调速器通常由调节器及液压系统等组成，如图 2-1 所示。目前调速器基本采用微机调节器，相应的调速器称为微机调速器。微机调节器接受外部对机组频率、有功功率的给定，将给定值与运行值的偏差值按设定的调节规律形成控制信号，输出至液压随动系统经液压放大后对水轮机导叶进行调节，并接受外部的控制操作命令，对水轮机导叶进行控制。液压系统通常包括液压随动系统及控制水轮机导叶的其他液压控制元部件，后者如事故停机电磁阀、过速限制器（也称事故配压阀）、导叶分段关闭装置等。调速器的液压随动系统根据其控制及反馈信号的物理性质可分为两类：电气液压随动系统（简称电液随动系统，又称电液伺服系统）和机械液压随动系统（又称机械液压伺服系统），控制及反馈信号前者为电气信号，后者为机械位移。本书以下主要阐述目前常用的采用微机调节器及电气液压随动系统的微机调速器。

下面分述调速器的调节器、液压系统（包括液压随动系统及控制导叶的其他液压控制元部件）和相关辅助装置（油压装置、电源、转速信号等）的结构及工作原理。

2.2　调速器的调节器及频率测量

2.2.1　调速器的调节器

调节器的主要功能通常包括测量与监视被控量（如频率、有功功率等）与给定值（即目标值）的偏差，将偏差按一定的调节规律转换成调节器的电气输出，作为液压随动系统的输入，通过液压随动系统对水轮机进行控制，使机组的运行值等于给定值；接受开、停机等外部命令，按预先设定的控制要求，对水轮机进行控制操作等。调速器的给定值可由调节器接受外部以增、减脉冲或给定值的方式给定，或在调节器中设定（如开机同期并列时频率给定可设定为电网频率）。

调节器通常采用比例-积分-微分（PID）调节规律。由自动控制原理及对水轮机调节系统的分析研究表明，水轮机调速器采用 PID（或 PI）控制，与按比例调节的调速器相比，调节系统可具有更好的稳态及动态调节品质，包括调节稳态精度、调节时间、振荡次数、超调量及时间等。按给定频率、给定有功功率或给定开度调节的采用 PID 调节规律的微机调节器结构示例见图 2-3。调节器的比例、积分、微分分别为独立环节并采用并联结构（通常称为并联 PID 控制结构），其中 k_p 为比例增益、k_i 为积分增益、k_d 为微分增益（也分别称为比例、积分、微分作用系数）、T_d 为微分环节的时间常数，s 为拉普拉斯变换复变量。在调节系统中，积分信号用于消除调节系统的静态误差；微分信号可加快系统的响应速度，减小调节时间和抑制系统超调。微分对干扰信号特别敏感，故微分环节通常采用一阶惯性环节（即引入低通滤波器）以抑制高频干扰。频率调节一般均采用 PID 调节，以加快对系统频率的响应。有功功率（或开度）调节一般采用 PI 调节，此时机组给定功率（或开度）通常经变换（由计算机监控系统的 AGC 或在调节器中）为斜坡变化特性接入。调节器设置频率测量环节，对机组频率及同期断路器系统侧频率进行测量（F、F_1），机组频率测量的信号源取自机端电压互感器（TV），按 NB/T 35004《水力发电厂自动化设计技术规范》的规定，机组频率测量尚需配置第二信号源（本例为在机组轴上配置齿盘测速传感器），系统侧频率测量信号取自同期断路器系统侧电压互感器（TV）。机组开机后并网前，机组频率可选择为跟踪同期断路器系统侧频率（F_1）或按调速器的给定频率（F_s）进行调节，并网后为按调速器的给定频率进行调节。调节器通常设置机组有功功率（P）测量，信号源为机端电流互感器（TA）、电压互感器（TV）。设置人工频率死区 E_f 及人工功率、开度调节死区 E_P、E_Y，以避免频繁调节及满足某些运行工况下（如机组参与电网调频时）调节的需要；设置永态差值环节（b_P），采用导叶开度（Y）反馈，以取得并列运行的调频机组间负荷稳定分配所需的调节静态特性（$F \sim P$ 的有差调节特性）；设置导叶开度限制，以避免机组过负荷。外部对机组频率、功率或开度给定值的增、减调整命令，开停机控制命令，对调节器运行方式或参数的设定及其他信息等均接入调节器。输入信息的处理、控制方式及调节模式的形成及切换、调节偏差的计算、调节规律的形成、调速器故障检测及处理等，均由调节器微机以软件实现。

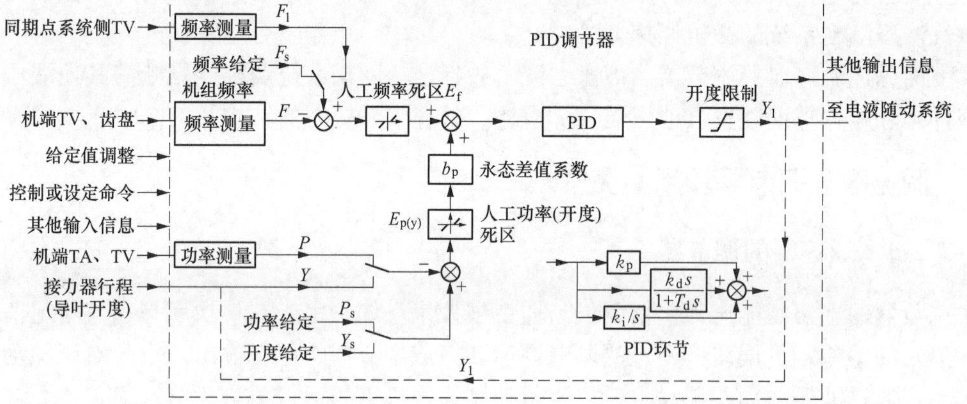

图 2-3　采用 PID 调节规律的微机调节器结构示例

图 2-3 中，F、F_1、P、Y、Y_1 分别为水轮发电机组的频率（Hz）、并列前系统侧频率（Hz）、机组有功功率（MW）、导叶开度（以主接力器行程 Y 表示，cm）、PID 环节的输出（有名值）；F_s、P_s、Y_s 分别为水轮发电机组的给定频率（Hz）、给定有功功率（MW）、给定开度（以主接力器行程表示，cm）。上述各变量也可采用相对值表示，如在分析调节系统静态特性时。此时图 2-3 中以 F/F_r、F_1/F_r、P/P_r、Y/Y_{max}、F_s/F_r、P_s/P_r、Y_s/Y_{max}、Y_1/Y_{1max} 取代 F、F_1、P、Y、F_s、P_s、Y_s、Y_1，其中 F_r、P_r、Y_{max}、Y_{1max} 分别为水轮发电机组的额定频率（Hz）、额定有功功率（MW）、水轮机主接力器的最大行程（cm）、PID 环节的最大输出（有名值）。由本篇随后的 2.3 节的分析可知，系统稳态下图 2-6 中微机调速器电液随动系统输出的主接力器行程 Y 正比于调节器的输出 Y_1，故在微机调速器中，可取 Y_1 作为主接力器行程 Y 信号（见图 2-3 中的虚线接线），而主接力器行程可认为正比于导叶开度，故可取 Y_1 或 Y 作为导叶开度信号，开度限制可设置在调节器的输出端（Y_1）。

本例调节器可使调速器实现频率调节、功率调节及开度调节的三种自动调节模式，可满足机组各种运行方式下对频率及有功功率的调节要求。频率调节模式时，调节器 PID 环节的输入为机组频率 F 与调速器给定频率 F_s 或与系统侧频率 F_1 的偏差值、永态差值环节（b_P）输出的反馈值；功率调节（或开度调节）模式时，PID 环节的输入为机组发电功率 P（或开度 Y）与调速器给定功率 P_s（或开度 Y_s）的偏差值。调速器运行的调节模式通常由电力系统及电厂确定，对调速器给出控制命令或在调速器中预先设定。预先设定通常包括如机组开机并列前，设定为频率调节模式；机组并网时，可选择设定为自动投入功率调节（P 及 P_s 投入）或开度调节模式（Y 及 Y_s 投入）。

调节器的 PID 环节参数应可适应被控制对象的运行工况及参数的变化（如机组的空载及空转和负载工况、机组运行水头变化、调速器的各种调节模式等），保证系统有满足要求的调节性能，包括调节的稳定性及良好的调节品质。调节器设置的人工频率失灵区、功率失灵区、开度失灵区应是软件在线可调，可在现地及远方进行调整和投、切，并有失灵区的数值显示。调节器设置导叶开度限制功能，或同时设置功率限制功能，限制值应是软件在线可调，可在现地、远方进行调整及数值显示。开度限制可按机组启动及并列后分设。对具有一次调频功能的调速器应具有最大最小功率限制功能，限制值可在线设定。根据电厂的需要，功率限制及开度限制可设置随水头变化的自动设定。

调速器的 PID 调节器尚有其他结构形式，如图 2-4 给出的实际应用的两种结构。其中

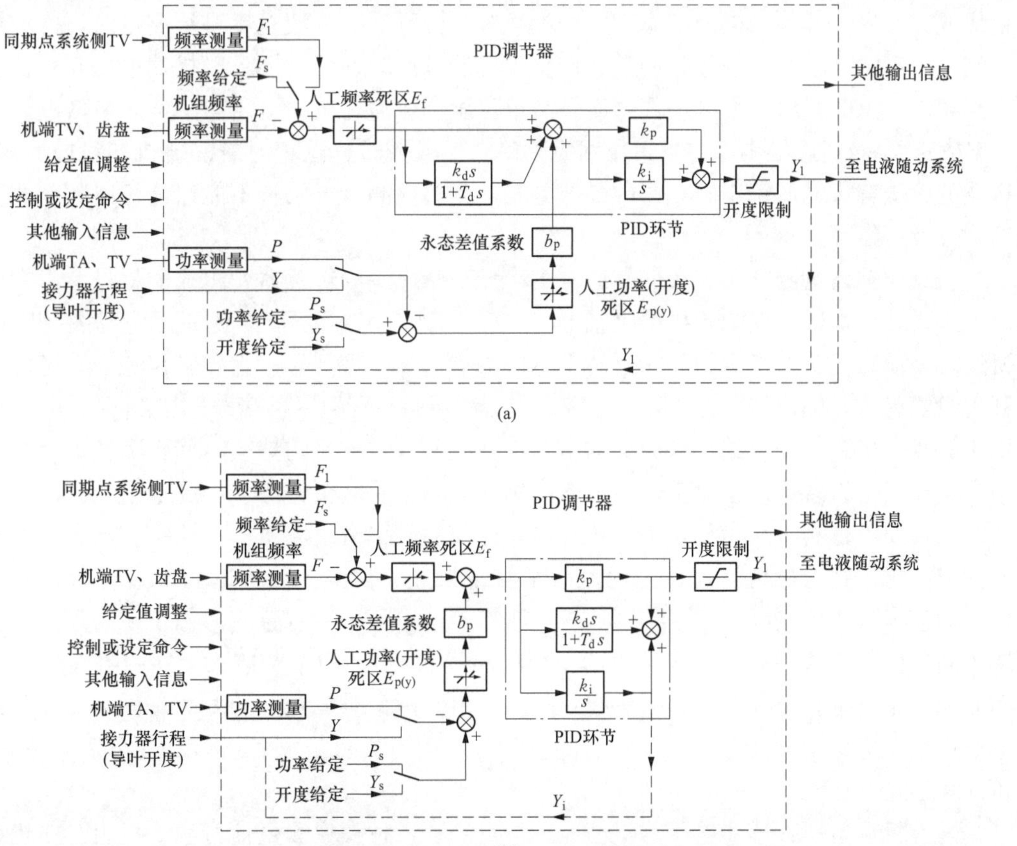

图 2-4　加速型及改进型的 PID 调节器结构

（a）加速型 PID 结构；（b）改进型 PID 结构

图 2-4（a）称为加速型 PID 结构，频率偏差与其微分信号并联后接入 PI 并联环节，两并联环节串联，属串联 PID 结构。图 2-4（b）称为改进型 PID 结构，其永态差值系数环节的输入取自积分环节的输出，与采用图 2-3 结构的调节器相比，改进型调节器有较短的动态调节过程，且易于稳定。

随着控制理论及计算机技术的发展，以及为提高或改善互联电网或有远距离大容量输电线电网运行的稳定性，在水轮机调节系统中出现了力图使调节系统取得某种最佳控制性能的控制策略的研究（如最优控制、自适应控制、变结构控制、模糊控制、神经元网络控制等）和提高电力系统稳定的研究。研究表明，水轮机调节系统采用电力系统稳定控制，可有效抑制电力系统的低频振荡。目前这些研究大都尚处于分析试验阶段，实际应用中仍采用 PID 调节规律。

2.2.2 调速器的频率测量

按照 DL/T 563《水轮机电液调节系统及装置技术规程》的要求，大型机组电液调节装置和重要电站的中小型机组电液调节装置，机组频率测量应装设一个以上的测频信号源。目前通常采用机端电压互感器电压、机组大轴齿盘测频两类信号源。

以机端电压互感器电压为测频信号源时，机组频率通常采用测量电压周期时间的方法（测周法）进行测量，测量方法原理示意见图 2-5（a）。机端电压互感器电压，经隔离、整形成方波后二分频，以高频时钟脉冲信号对二分频后的方波宽度进行测量时，方波持续时间内出现的高频时钟信号脉冲数将正比于机端电压频率的周期。以机端电压互感器电压为测频信号源的机组频率测量方法比较简单可靠，但需在机端电压高于某一最低电压（如 0.5V）时才能正确工作。在机组离网无励磁空转或低转速运行时或发电机初投或大修后，机端的残压有可能低于正确工作的最低电压，此时该测量方法将不能保证机组频率测量的准确性及可靠性。

机组大轴齿盘测频的测频信号通常由齿盘和感应头（传感器）组成的信号源以方波的形式提供，齿盘固定安装于机组大轴上，感应头常采用接近开关，原理示意见图 2-5（b）。机组转动使感应头与齿盘的齿靠近时，感应头输出高电平，至齿盘转到齿隙，即感应头离开齿盘的齿时，输出转为低电平，在下一个齿转到靠近感应头时，输出又再出现高电平。由于齿盘的齿宽是固定的，感应头输出一个高电平（方波）的持续时间将随转速升高而缩短，反比于机组转速，正比于机组频率的周期。测量感应头输出一个高电平（方波）的持续时间，便可得到机组运行频率。这种单感应头的频率测量方法，感应头输出方波的持续时间取决于齿宽及机组转速，为避免频率测量误差，齿盘上各齿的齿宽需有较好的一致性，而使齿盘需要较高的加工精度。机组频率测量也可采用双感应头测量，齿盘测频信号装置装设两个感应头（通常在齿盘的一个齿距间布置），两个感应头间相邻方波出现的时间差取决于机组转速及两个感应头间的距离，由于两个感应头间的距离是固定的，机组频率可由两感应头间相邻方波出现的时间差计算，而不要求齿盘各齿齿宽有严格的一致性，可简化齿盘的加工。

配有机端电压互感器电压、机组大轴齿盘测频两种频率测量信号源的机组，在机组正常运行或离网运行且机端电压高于某一设定电压值时（如大于 10V），调速器频率测量通常采用电压互感器电压为信号源，并通常在电压信号源测频故障或机端电压低于设定电压

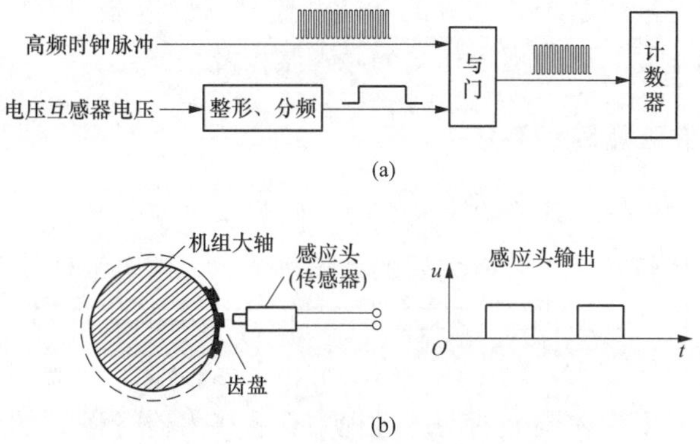

图 2-5　机组频率测量原理示意图

（a）电压测速（测周法）；（b）齿盘测频信号源

值时，自动切换至机组大轴齿盘测频，在机端电压大于设定值后自动恢复至电压信号源测频。

机组启动后跟踪电网频率调节时，作为调速器频率参照信号的电网频率测量，通常采用电压互感器电压为测频信号源的测量方法，电压取自同期断路器电网侧电压互感器。

2.3　调速器的液压系统

微机型水轮机调速器的液压系统通常包括液压随动系统及控制水轮机导叶的其他液压控制元部件，如图 2-6 所示。液压随动系统输入为调节器输出的电气信号 Y_1，输出为主接力器行程 Y，由电液转换环节和液压放大环节组成，采用主接力器行程反馈。电液转换环节接受调节器的电气输出控制信号及反馈信号（经综合放大），将调节器的控制信号转换为机械位移量（或流量）输出至液压放大环节，经液压环节进行功率放大，以主接力器输出（Y）去控制水轮机导叶开度。控制导叶的其他液压控制元部件主要包括事故停机电磁阀（曾称紧急停机电磁阀）、过速限制器（又称事故配压阀）、导叶分段关闭装置等。按 GB/T 9652.1《水轮机调速系统技术条件》及 NB/T 35004《水力发电厂自动化设计技术规范》的规定，调速器应配置事故停机电磁阀，并应同时配置过速限制器，接受机组紧急停机命令快速关闭水轮机导叶。根据电厂的调节保证计算，对需要采用导叶分段关闭降低机组甩负荷水压升高的机组，或根据电厂机组运行的需要，可配置导叶分段关闭装置。另外，根据电厂的具体情况或要求，可能需要在调速器液压系统中考虑纯机械液压手动操作的配置，以便在无电源等情况下手动关闭导叶。图 2-6 中的综合放大部件，通常置于调节器中。液压系统的压力油源由调速系统的油压装置提供。

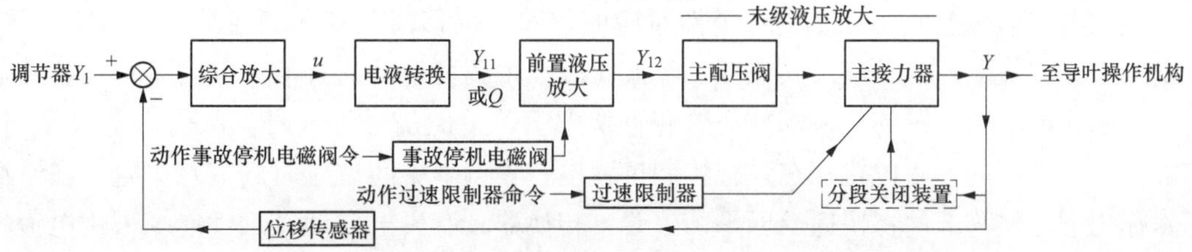

图 2-6　微机调速器的液压系统结构示例（混流式水轮机）

下面叙述调速器的液压系统各部分的功能及原理。调速器的液压系统随水轮机出力、类型、生产厂家等的不同，可有不尽相同的原理结构及功能。

2.3.1 调速器的液压随动系统

如图 2-6 所示，液压随动系统的输入为微机调节器的输出电气信号 Y_1，该信号与接力器位移反馈信号进行比较，经综合放大后的差值信号 u，由电液转换部件转换成可推动液压放大部件的有一定操作力的机械位移 Y_{11}（或有一定压力的流量 Q），再经前置液压放大及末级液压放大两级液压放大，以主接力器的输出 Y 去动作导叶操作机构，按差值信号的大小及极性增减导叶开度。在调节的动态过程中，主接力器行程 Y 的反馈信号将使综合放大部件输入的差值信号逐渐减小，在差值信号为 0 时电液转换部件输出为 0，接力器在新的位置上停止运动，系统处于新的稳定状态。由图 2-6 可见，由于稳态下电液转换部件的输入信号为 0，故液压随动系统输出的主接力器行程 Y 将正比于系统输入的调节器输出信号 Y_1（Y 随动于 Y_1）。

调速器的液压随动系统应具有失电自动复中功能，在电源消失时，保证主配压阀输出为 0（自动复中），维持主接力器输出及水轮机导叶在故障前的位置。根据电厂的情况，也可以采用失电停机，自动关导叶。

随着液压传动技术的进步，调速器电液随动系统及其元部件在不断更新。采用专业厂家生产的标准液压件集成的调速器液压随动系统，油路连接简单，无机械连杆，可靠性高且运行维护方便，目前已有较多的应用。

2.3.1.1 电液转换部件

电液转换部件是液压随动系统的输入电气控制信号与液压放大环节间的控制信号转换部件，其作用是将输入的电气信号线性地转换并放大成可推动液压放大部件的位移或有一定压力的流量信号。目前常用的电液转换部件主要有电液转换器、电机伺服装置、电液比例控制阀等，前两种输出为位移，后一种输出为流量，电液比例控制阀及具有自复中功能的步进电机伺服装置为目前大中型水轮机所常用的电液转换部件。调速器液压系统中采用电机伺服装置时，也有将其称为电-机转换部件，而仅将有一定压力的流量信号输出的电液比例控制阀等称为电液转换部件。

1. 电液转换器

电液转换器通常由动圈式的电气位移转换部分和液压放大部分组成，输出为正比于输入电气信号的位移信号。微机调节器输出信号 Y_1 与接力器位移反馈信号比较后（通常设综合放大器），其差值电气信号施加于与位移部件一起移动的电液转换器线圈，使位移部件产生与电气信号差值信号大小及极性对应的位移，位移值及方向（通常为上移或下移）分别取决于差值电气信号值及其极性，经液压放大得到可推动前置液压放大装置的位移输出。动圈式电液转换器的位移部件设置有平衡弹簧，差值信号为 0 时，位移输出为 0，位移部件处于中间的平衡位置；在系统控制过程中装置偏离中间位置时若突然失电，在平衡弹簧作用下，位移部件将快速返回平衡位置，转换器具有失电自动复中性能。采用电液转换器时的液压随动系统示例见图 2-6。在微机调速器出现前的电气液压调速器中主要采用电液转换器作为电液转换部件。

2. 电机伺服装置

电机伺服装置的输出为正比于输入电气信号的位移信号，通常由电机驱动器、电机、机械传动或液压传动输出部分组成，其电气-位移转换采用电机，包括步进电机、交流伺服电机或直流伺服电机，装置输出为直线位移，可具有自动复中功能。自动复中的步进电机伺服装置目前在大中型水轮发电机中有较多的应用。

采用直流或交流电机的电机伺服装置结构如图 2-7 所示[1]。微机调节器输出信号 Y_1 与伺服装置输出位移反馈信号比较后的差值电气信号，经综合放大器放大后，由驱动电源做功率放大驱动伺服电机，使电机按差值信号的大小与极性转动，再由传动机构（如丝杆传动机构）按电机轴角位移大小及方向（正转或反转）变换为对应的直线位移输出，去控制液压放大部件。控制稳态下（综合放大器输入差值信号为 0 时），电机伺服装置输出位移将正比于调节器的输出。在系统调节动态过程中若突然失电，电机转子的转角及丝杆传动机构将保持断电前位置，不能为 0，无失电自动复中功能。

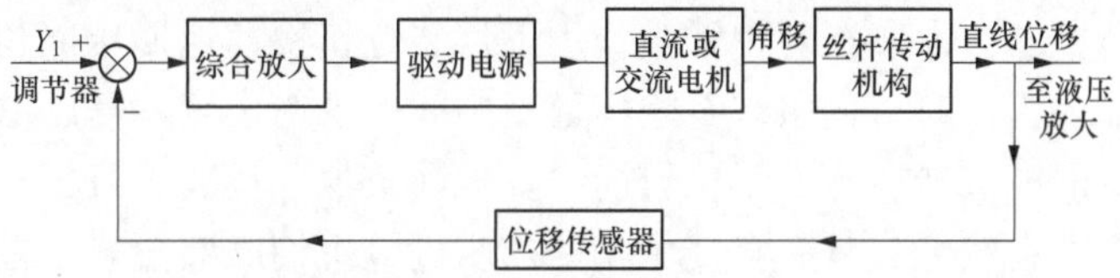

图 2-7　采用直流或交流电机的电机伺服装置结构示例

图 2-8 是采用步进电机的电机伺服装置结构示例。步进电机是将电脉冲控制信号转换成电机转子转动角度的同步电动机，对每输入的一个脉冲，电机转子将按控制信号方向转动一定的角度（称步距角）。步进电机由驱动器驱动，驱动脉冲及相应的步进电机转子的转角正比于微机调节器输出信号 Y_1 与接力器位移反馈信号的差值信号。步进电机转子的转角由步进电机伺服缸转换放大成直线位移输出[1]。控制稳态下（综合放大器输入差值信号为 0 时）驱动器的输入为 0，电机伺服装置输出位移将正比于调节器的输出。在系统调节动态过程中若突然失电，步进电机转子的转角及步进电机伺服缸输出将保持断电前位置，无失电自动复中功能。

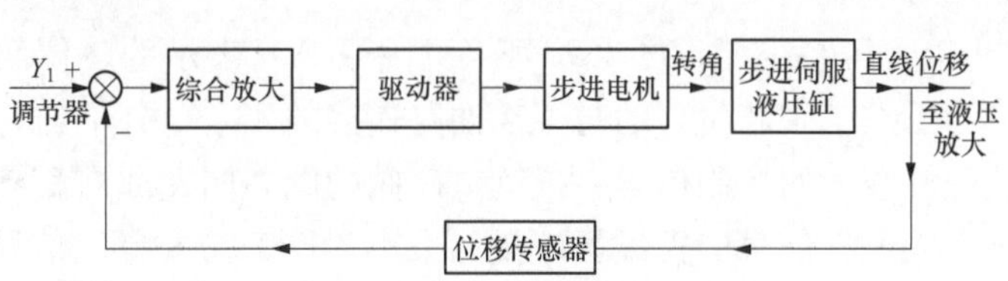

图 2-8　采用步进电机的电机伺服装置结构示例

电液转换部件采用图 2-7、图 2-8 的电机伺服装置在控制稳态下（综合放大器输入差值信号为 0 时），电机伺服装置输出为正比于调节器输出的位移信号。故此时调速器液压随动系统的液压放大部件需单独设置接力器位置的机械反馈，使主配压阀回复中间位置，接力器行程稳定于与电机伺服装置输出随动的位置。当将电机伺服装置视为随动系统时，此时调速器的液压随动系统可视为由两级随动系统构成，如图 2-9 所示[2]（一级液压放大）。

按照 DL/T 563 的规定，各类微型电动机构成的电-机转换装置，用于电液随动装置

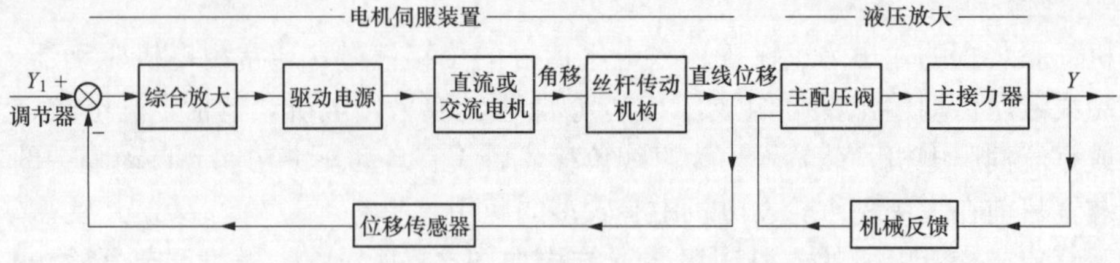

图 2-9　电液转换采用电机伺服装置的调速器液压随动系统结构示例

时：对有人值班电厂，其位移输出在电源消失时应能自动复中；用作中间接力器输出时，其位移输出在电源消失时应保持原位。对无人值班电厂，其位移输出在电源消失时应能偏向关机侧；用作中间接力器输出时，其位移输出在电源消失时应全关至 0。

图 2-7、图 2-8 所示的电机伺服装置中电机转子的角位置，也可由以滚珠螺旋副及带复中弹簧构成的自复中机械传动机构转换成直线位移输出[3]，在系统控制过程中伺服装置偏离中间位置时若突然失电，在复中弹簧作用下，装置将快速返回中间位置，实现失电自复中。驱动器的输入为 0 时，伺服装置输出处于中间的平衡位置，输出位移为 0。

电机伺服装置的电液转换部件结构较简单，耗油较少，具有较好的抗油污能力，易于进行手动控制，成本也较低。具有自复中功能的步进电机伺服装置，目前在大中型水轮发电机中已有较多的应用。

3. 电液比例控制阀

电液比例控制阀可用作输出为流量的电液转换部件，其输出流量正比于输入电气信号。电液比例控制阀是用比例电磁铁与液压元件相组合，按照输入电气信号的极性和大小实现液流方向和流量连续控制的控制阀（也称电液比例伺服阀），专业厂家产品有多种类型，调速器的电液转换部件通常采用三位四通电液比例控制阀[3]或三位三通电液比例控制阀。

电液比例控制阀芯由比例电磁铁驱动，与一般阀用电磁铁不同，比例电磁铁产生的吸力及使阀芯产生的位移，其大小正比于输入电磁铁线圈的电流。阀的输出为油流量，其大小正比于阀芯产生的位移。故当比例电磁铁线圈以控制信号控制时，电液比例控制阀的输出油流量将与控制信号电流的大小成正比例。

图 2-10（a）为以液压系统元件图形符号（见附录 A）表示的三位四通电液比例控制阀，A、P、B、T 为受控于阀芯位移的与外部油路连接的 4 个对外油口，两端各有一个比例电磁铁，分别接受＋或－的控制信号，推动电磁阀的阀芯向左或右移动，使阀的输出油流量的方向取决于输入电气信号的极性，流量的大小正比于输入电气信号电流的大小，如图 2-10（b）所示。比例控制阀两侧各有一个复位弹簧，在输入电气控制信号为 0 时（包括控制过程失电时），使阀芯保持于中间位置。

图 2-10（a）中，比例控制阀的对外油路接口 P 接压力油、T 接回油，A、B 均为输出油口。输入电气控制信号为 0 时，阀芯保持于中间位置，A、P、B、T 4 个对外油路接口间互不连通，如图 2-10（a）的中间方格所示。右侧电磁铁励磁时，A 与 P 连通接压力油，B 与 T 连通接回油，见图 2-10（a）的右侧方格；左侧电磁铁励磁时，A 与 T 连通接回油、B 与 P 连通接压力油，见图 2-10（a）的左侧方格。电磁铁的带电侧由输入电气信号的极性确定，从而实现输出液流方向的控制。输出油流量的大小则正比于输入电气信号电流的数值。

对采用差动活塞型辅助接力器的调速器，电液转换部件可采用三位三通电液比例阀，见图 2-10（c），本例采用双作用电磁铁，无输入信号时，阀芯位于中间位置，A、P、T 3 个油口相互隔断（图的中间方格），输入电气信号＋极性时（设阀芯为左移），A 与 T 连通接回油（图的左侧方格）；输入电气信号－极性时，阀芯为右移，A 与 P 连通接压力油（图的右侧方格），阀的流量特性与三位四通电液比例阀类同。

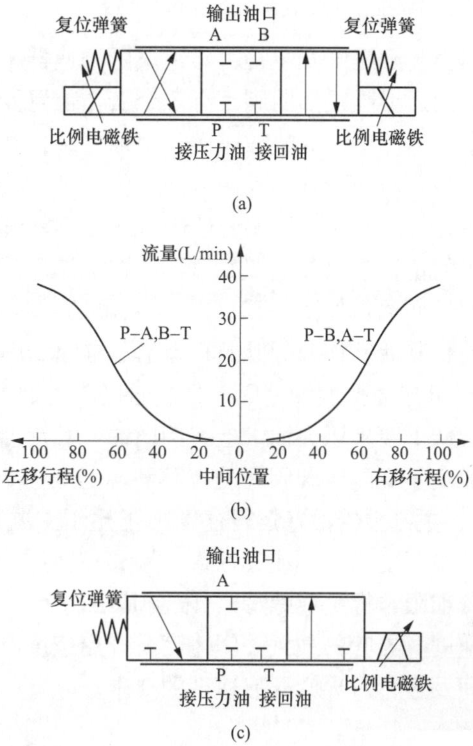

图 2-10　电液比例控制阀及流量特性

（a）三位四通电液比例控制阀；（b）阀的流量特性；（c）三位三通电液比例控制阀

电液转换部件采用电液比例控制阀的调速器液压随动系统结构示例见图 2-11[1]。电液比例控制阀的输入为经综合放大后的调节器输出 Y_1 相对于主接力器行程 Y 及辅助接力器输出 Y_{12} 的位移反馈的差值信号，比例阀输出的与差值信号成比例的流量使辅助接力器产生位移去控制主配压阀及主接力器的行程 Y。系统稳态时，综合放大及辅助接力器输出均为 0，比例控制阀芯位于中间位置，随动系统输出 Y 正比于调节器的输出 Y_1。当主配压阀采用有内反馈的先导式换向阀结构时，主配压阀可直接接受电液比例控制阀输出流量 Q 的控制（见图 2-18），此时图 2-11 中无辅助接力器及其反馈环节。

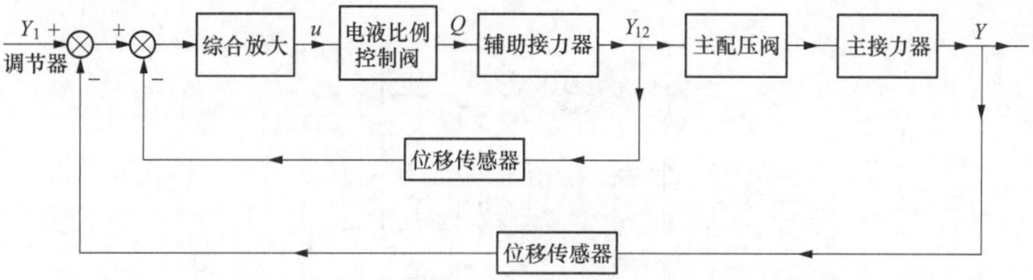

图 2-11　电液转换部件采用电液比例控制阀的调速器液压随动系统结构示例

电液比例控制阀有操作力大、抗油污及防卡能力强、频率响应高、动态响应好、静态精度高、控制功率大、结构简单、易于故障处理、成本较低等特点，为专业厂家生产的标准液压件，目前在大中型水轮发电机组中有较多的应用。

2.3.1.2　液压放大部件

调速器的液压随动系统需设置液压放大部件，将电液转换部件输出的控制信号放大，使调速器的输出有足够大的操作力矩和运动行程去操作导叶操作机构。调速器的液压放大部件随采用的电液转换部件类型及导叶控制功率等有不完全相同的结构。大型或中型水轮机一般采用两级液压放大，末级（第二级）液压放大通常由主配压阀及主接力器组成，前置级（第一级）有多种结构如采用辅助配压阀（引导阀）和辅助接力器等结构。小型水轮机的调速器通常可仅设置一级液压放大。

1. 末级液压放大

由主配压阀及主接力器组成的调速器末级液压放大结构示例见图 2-12。主配压阀采用三位四通滑阀式换向阀，有 3 个工作位置及 A、P、B、T 4 个受控于活塞位移的 4 个对外连接的主油口，为机械驱动（由前置级位移输出驱动，见图 2-6），输出油流方向和流量取决于主配压阀活塞移动的方向和位移的大小。图 2-12（b）中的主配压阀活塞位于中间位置时，A、P、B、T 4 个对外油路接口间互不连通，如图 2-12（a）的中间方格所示。前置级的位移输出使图 2-12（b）中的主配压阀活塞上移时，A 与 P 连通接压力油、B 与 T 连通接回油，如图 2-12（a）中右侧方格所示；此时主接力器活塞上腔接压力油，下腔接回油，其活塞往开导叶方向动作。前置级输出使图 2-12（b）中的主配压阀活塞下移时，A 与 T 连通接回油、B 与 P 连通接压力油，如图 2-12（a）中左侧方格所示；此时主接力器活塞下腔接压力油，上腔接回油，其活塞往关导叶方向动作。主配压阀输出油流量的大小取决于主配压阀阀塞的位移量（也是输出油口开度的大小或前置级接力器的位移输出量），主接力器活塞运行速度则正比于主配压阀输出油流量的大小，即正比于主配压阀输出油口开度的大小或其活塞位移的大小。主配压阀通常设置输出油口开度的机械限位机构（如限位螺栓或螺母），限制其活塞上、下的最大位移，以限制主接力器活塞的最大运行速度及导叶的最大关闭速度及开启速度，满足水轮机调节保证计算允许的导叶最短关闭时间及运行对导叶开启速度的要求。

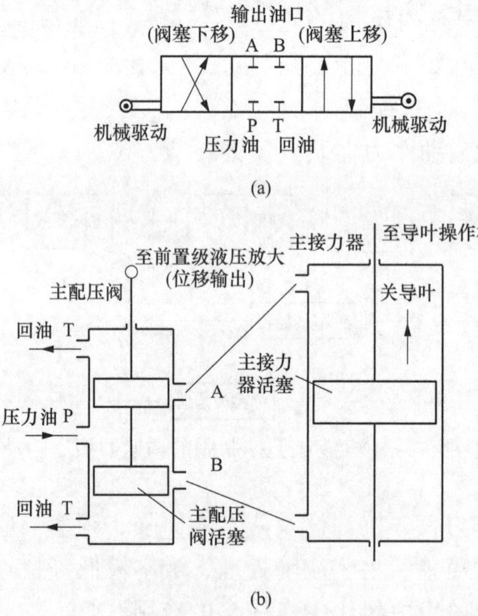

图 2-12　主配压阀及末级液压放大结构示例

（a）主配压阀图形符号；（b）末级液压放大结构

2. 前置级液压放大

前置级液压放大（第一级）有多种结构。下面是大中型水轮机微机调速器中采用的两种结构。

图 2-13 为采用辅助配压阀（引导阀）和辅助接力器结构、位移输入及位移输出的前

置级液压放大原理示意图及原理框图示例，机械结构图可参见参考文献［1］。本例前置液压放大的引导阀采用两凸肩三通滑阀，辅助接力器为差动活塞，引导阀衬套与辅助接力器活塞连成一体，构成 1∶1 比例的机械内反馈。引导阀活塞由电液转换部件输出（位移）驱动，活塞位于中间位置时，P、T 油口均封闭，辅助接力器不动；引导阀活塞下移时，辅助接力器上腔接压力油，活塞上腔侧受油压面积大于下腔侧，故其活塞及引导阀套下移，直至衬套上的 P、T 油口均封闭；引导阀活塞上移时，辅助接力器上腔接回油，在活塞下腔侧油压作用下其活塞及引导阀套上移，直至衬套上的 P 、T 油口均封闭。辅助接力器的输出（位移）随动于电液转换部件输出（位移）。

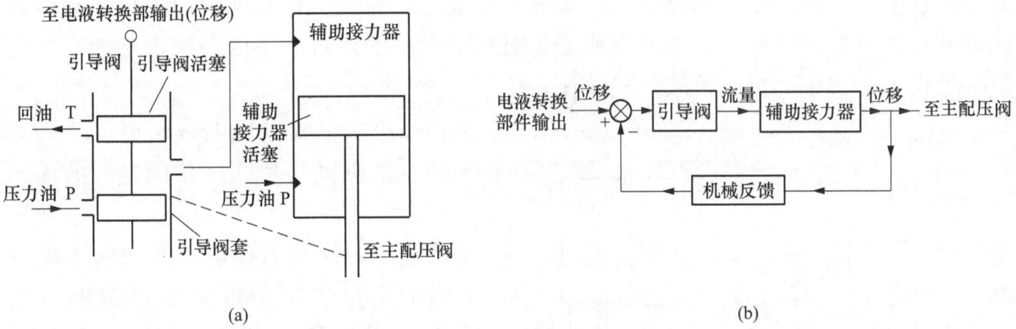

图 2-13　位移输入及位移输出的前置级液压放大示例

（a）原理示意图；（b）原理框图

图 2-14（a）为电液转换部件采用三位四通电液比例控制阀时的前置级液压放大结构示例，在比例控制阀与主配压阀间设双向作用式辅助接力器；图 2-14（b）为电液转换部件采用三位三通电液比例控制阀时的前置液压放大结构示例，此时比例控制阀与主配压阀间为差动式辅助接力器。辅助接力器由比例控制阀输出的压力油流量控制，由辅助接力器的位移输出驱动末级放大的主配压阀，如图 2-12 所示。比例控制阀同时具有电液转换部件功能及对辅助接力器的控制功能，可认为比例阀与辅助接力器一起构成液压随动系统的前置液压放大。此时前置液压放大级的输出位移反馈通常接至综合放大器输入端，如图 2-11 所示。

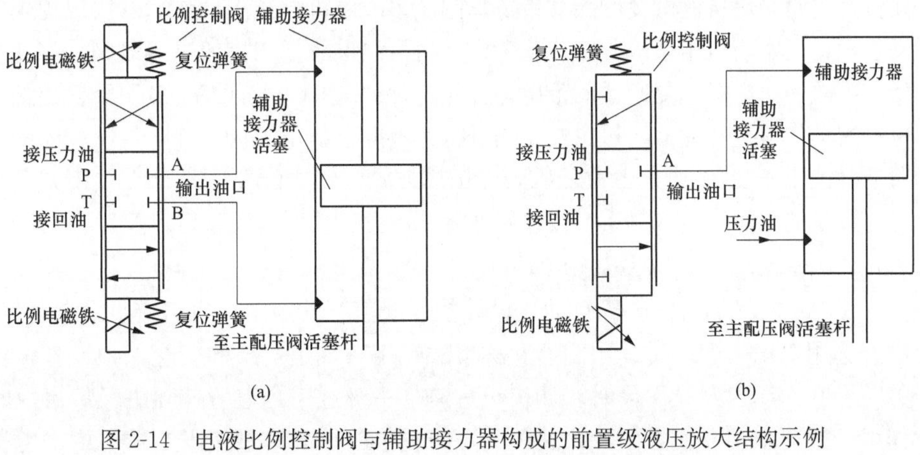

图 2-14　电液比例控制阀与辅助接力器构成的前置级液压放大结构示例

（a）采用三位四通电液比例控制阀；（b）采用三位三通电液比例控制阀

目前大型水轮机的微机调速器中，主配压阀常采用由液动先导阀及换向阀组成的液动先导式三位四通换向阀或液动先导式三位三通换向阀结构，由液动先导阀直接接受电液比例控制阀的输出流量去控制换向阀，使先导式换向阀（即主配压阀）的输出流量正比于综合放大环节的输出，见图 2-18 及相关说明。

2.3.2 事故停机电磁阀、过速限制器及导叶分段关闭装置

2.3.2.1 事故停机电磁阀

按 NB/T 35004《水力发电厂自动化设计技术规范》的要求，调速器应装设事故停机电磁阀，其电磁阀宜选用双稳态型。机组发生事故时，保护动作投入事故停机电磁阀迅速关闭导叶，使机组快速停机，以减少或避免对机组设备的损害。事故停机电磁阀可由运行人员手动投入（如按动机组事故停机按钮）。

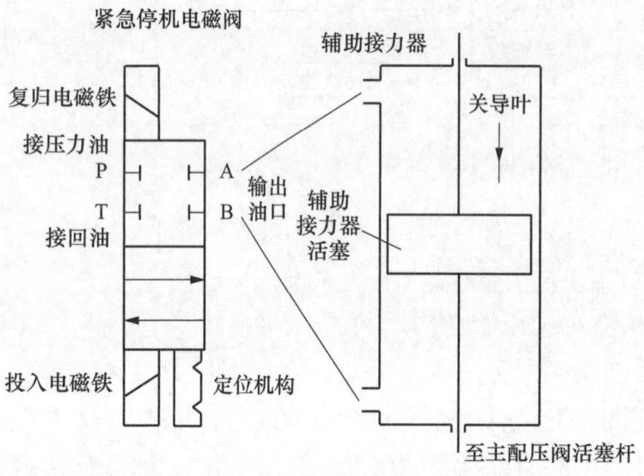

图 2-15　事故停机电磁阀原理结构示例

机组事故停机电磁阀通常作为导叶的一个快速控制部件在调速器液压系统中设置，原理如图 2-15 所示。本例事故停机电磁阀为有投入、复归两个电磁线圈的定位式二位四通换向滑阀（脉冲阀），线圈均为短时带电动作后自保持。阀油口 P 接压力油，T 接回油，输出油口 A、B 分别与辅助接力器活塞两侧油腔的油口连接。机组正常状态下停机电磁阀位于复归位置，电磁阀工作于阀图的上方格，A、B 两个输出油口关闭。机组事故时，机组保护动作输出控制接点使电磁阀投入线圈带电投入事故停机电磁阀，电磁阀工作于阀图的下方格，A 与 P 连通接压力油、B 与 T 连通接回油，辅助接力器活塞上腔油口接压力油，其活塞下移，使主配压阀活塞向导叶关闭侧方向动作，主接力器以设定的最大速度快速关闭导叶，并采用分段关闭，在导叶关闭达整定的开度（拐点）时，以较慢的关闭速度使导叶全关，在全关后使导叶保持于全关闭位置，直至停机阀的复归线圈带电复归。事故停机电磁阀动作后，按规程规定需设计为手动复归，通常与机组事故复归一起考虑，由机组事故复归按钮进行复归。手动复归按钮动作后，事故停机电磁阀复归线圈带电，停机电磁阀复归，关闭 A、B 两个输出油口。事故停机电磁阀动作关导叶通常通过主配压阀进行，事故停机电磁阀动作后导叶关闭的最大速度（即第一段关闭速度），通常由主配压阀以机械方式限制主配压阀活塞在关闭方向的最大位移整定；较慢的关闭速度（即第二段关闭速度）由分段关闭装置整定。

2.3.2.2 过速限制器（事故配压阀）

按 NB/T 35004《水力发电厂自动化设计技术规范》的规定，机组应装设过速限制器，其电磁阀宜选用双稳态型。过速限制器又称事故配压阀，是机组的安全保护设备，在机组事故需关闭导叶而调速器又失灵时，如机组过速（一级过速）遇调速器失灵等事故时，相关保护作用于过速限制器使导水叶快速关闭，防止事故扩大。过速限制器可由水力机械保护的输出触点启动或由机械液压过速保护装置启动，根据电厂的具体情况也可设置手动启

动（如设置水力机械事故停机按钮）。

由水力机械保护的输出触点启动的过速限制器原理结构示例见图 2-16，由一组液压阀构成，包括一个有投入、复归两个电磁线圈的定位式二位四通换向滑阀、4 个插装阀，电磁线圈为短时带电动作后自保持，插装阀为锥阀结构，液压控制，也称逻辑阀。换向阀的油口 P 接压力油，T 接回油，输出油口 A、B 分别与插装阀的控制油口 X 连接。插装阀尚有 A、B 两个对外连接的主油口，插装阀 1、3 的 A 油口如图 2-16 连接后接主接力器关导叶腔，插装阀 2、4 的 A 油口如图 2-16 连接后经导叶分段关闭装置接主接力器开导叶腔。插装阀的开启、关闭取决于作用在阀芯上的力，可包括来自控制油口 X 的控制压力、来自对外油口 A、B 的油压力、弹簧力等。插装阀的控制油口 X 接回油时，控制压力为 0，阀开启，油口 A、B 连通；控制油口 X 接压力油时，若压力大于来自 A（或 B）油口的油压力，则阀关闭，油口 A、B 隔断。

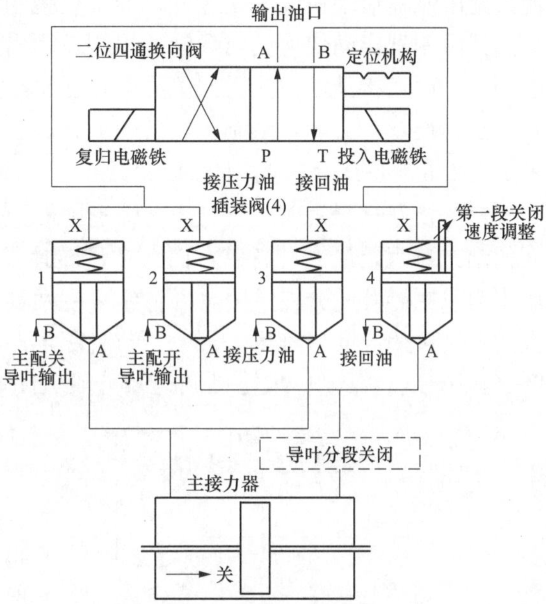

图 2-16　过速限制器原理结构示例

机组正常状态下换向滑阀位于复归位置，阀工作于阀图的左方格，其油口 A 及插装阀 1、2 的控制油口 X 接回油，插装阀 1、2 开启，阀的 A、B 油口连通，分别为主配压阀提供与接力器关闭侧及开启侧的油流通道，主接力器受调速器控制。插装阀 3、4 的 X 接压力油，其 A、B 油口隔断。机组发生一级过速而调速器又失灵时，保护触点使换向滑阀的投入线圈带电，换向滑阀工作于阀图的右方格，压力油通过其 A 油口送入插装阀 1、2 控制油口 X，插装阀 1、2 关闭，两阀的油口 A、B 均隔断，阻断了调速器主配压阀对接力器的控制；此时换向滑阀油口 B 及与其相连接的插装阀 3、4 控制油口 X 接回油，插装阀 3、4 开启，两阀的油口 A、B 均连通，压力油经插装阀 3 油口 B 及 A 进入主接力器关闭侧（腔），主接力器开启侧（腔）经导叶分段关闭装置及插装阀 4 油口 A 及 B 接至回油，主接力器以设定的最大速度快速关闭导叶，并采用分段关闭，在导叶关闭达整定的开度（拐点）时，以较慢的关闭速度使导叶关闭至全关，在导叶全关后时导叶保持于全关闭位置，直至换向滑阀的复归线圈带电。过速限制器动作后，按规程规定需设计为手动复归，通常与机组事故复归一起考虑，由机组事故复归按钮进行复归。手动复归按钮动作后，过速限制器的二位四通换向阀复归线圈带电后复归。过速限制器动作关导叶不通过主配压阀而直接作用于接力器，过速限制器动作后导叶关闭的最大速度（即第一段关闭速度），由过速限制器的插装阀 4 通过调节其油口 A、B 的最大开度整定；较慢的关闭速度（即第二段关闭速度）由分段关闭装置整定。

过速限制器除可由水力机械保护触点启动外，根据电厂的具体情况，如大型或进水无快速闸（阀）机组，可同时设置由机械液压过速保护装置启动。机械液压过速保护装置由装于机组大轴上的机械过速信号装置及液压控制阀组成，在机组发生二级过速事故时，由装于机组大轴上的机械过速信号装置以机械方式动作液压控制阀，由液压控制阀以液压方式使过速限制器启动快速关闭导叶，而不受控制电源消失的影响。

过速限制器启动快速关闭导叶的控制及输出均不经调速器（包括主配压阀、事故停机电磁阀等）而直接动作主接力器关导叶，在机组过速兼调速器故障失灵时（如主配压阀拒动）可迅速使导叶关闭，限制机组转速的升高。

2.3.2.3　导叶分段关闭装置

理论分析及试验表明，机组甩负荷后的转速及水压升高，将随导叶关闭规律不同而有不同的动态过程及最大升高率，而存在使转速及水压升高率有较小数值的最优关闭规律，实用中为采用导叶的分段关闭，并通常采用两种速度完成的两段关闭：机组甩负荷后先以较大的速度关闭导叶（称第一段）、导叶关至某一开度后（称拐点）再以较慢的速度关闭导叶（称第二段）。电厂水轮机调速器分段关闭的设置、每段的关闭速度（或时间）及拐点对应的导叶开度，通常需根据具体电厂机组的调节保证计算结果确定。分析及试验表明，在相同的全关时间内，两段关闭可使机组甩负荷后的转速及水压升高率有较小的数值，对轴流式水轮机，还可以防止机组甩负荷时抬机现象的发生。

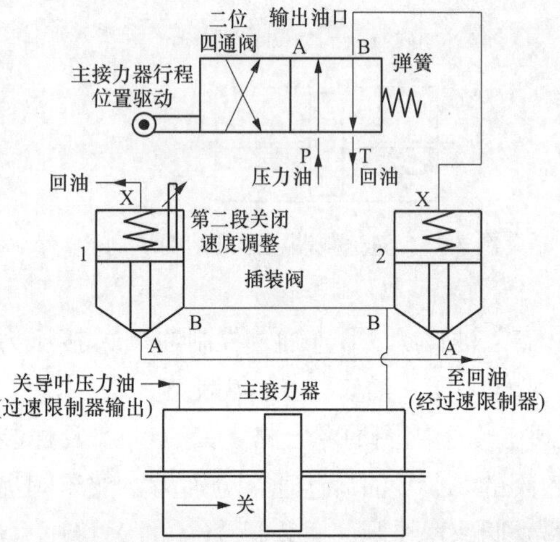

图 2-17　两段关闭装置结构示例

导叶两段关闭装置结构示例见图 2-17。装置由一个机械驱动的两位四通换向阀及两个液压控制的插装阀（锥阀结构，也称逻辑阀）组成。插装阀 1 作节流阀用，A、B 油口间的节流口可通过调节锥阀的开启高度调整（采用调节螺杆），从而调整导叶的第二段关闭速度，控制油口 X 固定接回油，阀总处于开启位置，其 A、B 油口连通。机组甩负荷后，导叶开度未关至拐点前，两位四通阀未受导叶行程位置驱动而工作于复归位置（阀图的右方格），其输出油口 B 使插装阀 2 控制油口 X 接回油，插装阀 2 开启，其 A、B 油口连通，主接力器开启腔油口经插装阀 1、2 的 A、B 油口及过速限制器接回油（由过速限制器动作关导叶时），或再经主配压阀接回油（由事故停机电磁阀动作关导叶时，见图 2-18），主接力器以第一段速度快速关闭导叶。导叶开度关至拐点后，两位四通阀受导叶行程位置驱动动作而工作于阀图的左方格，其 P、B 油口连通，使插装阀 2 控制油口 X 接压力油，插装阀 2 在控制油压下关闭，其 A、B 油口隔断，主接力器开启腔经具有节流阀作用的插装阀 1 的 A、B 节流油口接回油（经过速限制器或再经主配压阀），主接力器以第二段速度慢速关闭导叶至全关。事故停机电磁阀动作关导叶时，第一关闭速度通常以机械方式限制主配压阀活塞在关闭方向的最大位移整定；过速限制器动作关导叶时，第一关闭速度由过速限制器的插装阀 4 通过调节其油口 A、B 的最大开度整定。第二关闭速度通过调节插装阀 1 的 A、B 油口的最大开度整定，导叶开度关至拐点后的关闭过程中，阀 1 在主接力器的回油回路中起节流阀（可调）作用。

开启导叶时，插装阀 1、2 油口 A 接来自主配压阀的压力油（见图 2-18），阀 1、2 在油口 A 压力油油压的作用下开启，压力油经插装阀 1、2 的 A、B 油口接主接力器开启腔，分段关闭装置通常不影响运行要求的导叶开启速度。

2.3.3 调速器液压系统示例

调速器液压系统原理结构示例见图 2-18（未包括位移传感器、测量、监视、油压装置及电手动装置），图中以连接线表示各部件（阀）间的油管连接，水轮机为混流式，系统方框结构参见图 2-6 及图 2-11。调速器液压随动系统的电液转换部件采用电液比例控制阀（阀 1），其输入为调节器的 PID 环节输出（Y_1）与主接力器行程 Y 的位置反馈信号的差值信号 u（经综合放大），其正比于差值信号的带压力的油流量输出接入主配压阀的先导阀，由先导阀对主配压阀进行控制。本例主配压阀采用液动先导式三位四通换向阀（阀 2）结构。正常状态下，比例控制阀无输出，阀 2 上、下端的先导阀均无带压力的油流量输入而处于中间位置，A、P、B、T 4 个对外油口间互不连通，如阀 2 图形符号的中间方格所示；阀 2 上端先导阀有带压力的油流量输入时，阀 2 的 4 个对外油口切换至阀图上端方格所示的连接状态；下端先导阀有带压力流量输入时，则切换至下端方格所示的连接状态。图 2-18 中事故停机电磁阀、过速限制器、分段关闭装置的结构分别见图 2-15～图 2-17。本例过速限制器设置为机组一级过速且调速器失灵保护启动，机组一级过速保护采用电气转速信号装置触点及机械过速开关触点启动（调速器未设置机械液压过速保护装置）。液压系统的工作原理如下。

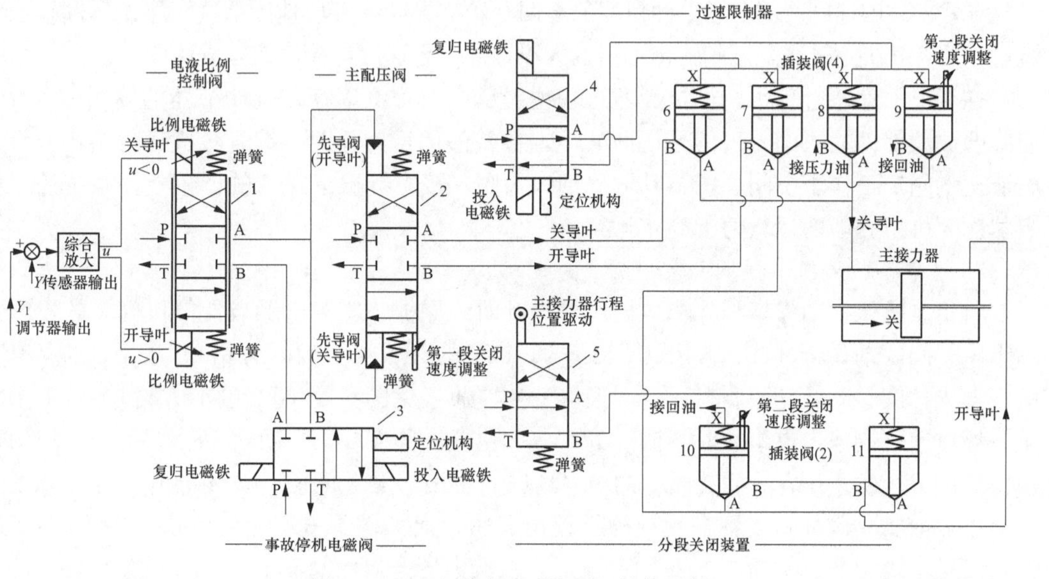

图 2-18　调速器液压系统原理结构示例

P—压力油进口；T—接回油箱油口；A、B—输出（或对外连接）油口；X—接控制油油口

1. 机组正常运行时

机组正常状态下，电液比例控制阀的两个比例电磁铁线圈受控于调节器的 PID 环节输出（Y_1）与 Y（主接力器行程）传感器输出的差值信号。综合放大后的差值信号 $u<0$ 时（如机组运行频率高于给定频率），综合放大输出接至比例阀关导叶电磁铁线圈（本例设定为图 2-18 阀 1 的上端电磁铁线圈），比例阀 1 动作，其油口 P、B 及 T、A 连通（见图 2-18 阀 1 的上方格），压力油进入液动先导式三位四通阀 2 的下部先导阀，阀 2 动作并

工作于阀 2 图的下端方格，其油口 P、A 及 T、B 连通，P、A 及 T、B 油口开启面积的大小正比于阀 1 输出油流量的大小（也正比于差值信号的数值）。正常状态下，阀 4 处于复归位置，过速限制器的插装阀 6、7 开启，阀的 A、B 油口连通，压力油由阀 2 的 P、A 经开启的插装阀 6 的 A、B 进入主接力器关闭腔关闭导叶。主接力器开启腔经其油口、分段关闭装置的插装阀 10、11 的 A、B 油口（导叶开度未关至拐点前，阀 10、11 的 A、B 油口均连通，见本篇 2.3.2）或分段关闭装置的插装阀 10 的 A、B 油口（导叶开度关至拐点后）、过速限制器的插装阀 7 的 A、B 油口、液动先导式三位四通阀 2 的 B、T 油口回油至回油箱，主接力器受主配压阀 2 输出的控制，关闭的速度取决于主配压阀输出油流量，后者又决定于主配压阀输出油口的大小，即关闭速度与差值信号成比例。导叶开度关至拐点后，导叶最大关闭速度受限于分段关闭装置的插装阀 10 的第二关闭速度整定值。

差值信号 $u>0$ 时（如机组运行频率低于给定频率），综合放大输出接至比例阀开导叶电磁铁线圈（图 2-18 阀 1 的下端电磁铁线圈），比例阀 1 动作将其 P、A 及 T、B 连通（见图 2-18 阀1 的下方格），压力油进入液动先导式三位四通阀 2 的上部先导阀，阀 2 动作并工作于阀 2 图的上端方格，其对外油口 P、B 及 T、A 连通。正常状态下，过速限制器及分段关闭装置各阀油口的连通状态与差值信号 $u<0$ 时相同，此时压力油由阀 2 的 P、B 油口经过速限制器的插装阀 7 的 A、B 油口及分段关闭装置的插装阀 10、11 的 A、B 油口进入主接力器开启腔，开启导叶。主接力器关闭腔经其油口、过速限制器的插装阀 6 的 A、B 油口、液动先导式三位四通阀 2 的 A、T 油口回油至回油箱。导叶的开启速度取决于主配压阀输出油流量，后者又决定于主配压阀输出油口的大小，即开启速度与差值信号成比例。

在调节的动态过程中，主接力器行程位置反馈信号将逐渐接近调节器的输出信号 Y_1，使综合放大部件输入的差值信号逐渐减小，在差值信号为 0 时，综合放大部件输出 $u=0$，电液比例阀 1 工作于中间位置，其输出油口关闭，接力器稳定在新的位置上，系统处于稳定状态，机组在新的运行值下稳定运行。

2. 动作事故停机电磁阀关导叶时

机组事故保护动作事故停机电磁阀关导叶时，保护装置输出触点使停机阀 3 的投入线圈带电，阀 3 动作将其 T、A 及 P、B 连通（见图 2-18 阀 3 的右方格），压力油进入阀 2 的下部先导阀，阀 2 动作将其 P、A 及 T、B 连通（见图 2-18 阀 2 的下方格）。机组未发生一级过速且调速失灵事故时，阀 4 处于复归位置，阀 6、7 开启而阀 8、9 关闭。压力油由阀 2 的 P、A 经开启的插装阀 6 的 A、B 进入主接力器关闭腔，关闭导叶。导叶开度未关至拐点前，分段关闭装置未受导叶行程位置驱动而工作于复归位置，插装阀 10、11 均开启（见本篇 2.3.2），其 A、B 油口连通，主接力器开启腔经其油口、分段关闭装置的插装阀 10、11 的 A、B 油口，过速限制器的插装阀 7 的 A、B 油口及阀 2 的 B、T 油口回油至回油箱。与机组正常停机不同，机组事故保护动作事故停机电磁阀停机时，阀 2 下侧的先导阀受两位三通阀 3 输出的驱动，主配压阀活塞的位移将达到整定的关闭方向最大值（也是导叶允许的最大关闭速度所对应的最大位移），使 P、A 及 T、B 油口达整定的最大面积，在导叶开度未关至拐点前，主接力器将以最大关闭速度（即第一关闭速度）关闭导叶。导叶开度关至拐点后，主接力器行程位置机构使阀 5 动作，阀 5 工作于阀图的上方格，其 P、B 连通，压力油经阀 5 的 P、B 接入分段关闭装置的插装阀 11 的控制油口 X，使阀 11 关闭，仅插装阀 10 开启，主接力器开启腔经其油口、分段关闭装置的插装阀 10

的 A、B 油口（节流油口）、过速限制器的插装阀 7 的 A、B 油口及阀 2 的 B、T 油口回油至回油箱，导叶以第二关闭速度关闭至全关。

第一关闭速度通常在阀 2 以机械方式限制主配压阀活塞在关闭方向的最大位移整定，第二关闭速度通过调节导叶分段关闭装置阀 10 的 A、B 油口的最大开度整定。导叶开度关至拐点后的关闭过程中，阀 10 在主接力器的回油回路中起节流阀（可调）作用。

3. 动作过速限制器关导叶时

机组发生一级过速而调速器又失灵时，机组水力机械保护动作过速限制器关导叶停机，保护装置输出触点使过速限制器的两位四通阀 4 的投入线圈带电，该阀动作将其油口 P、A 及 T、B 连通（见图 2-18 阀 4 的下方格），压力油经 P、A 进入插装阀 6、7 的控制油口 X，使阀 6、7 关闭，阻断阀 2 的输出。另外，阀 4 的 T-B 连通使插装阀 8、9 的控制油口 X 接回油，阀 8、9 开启，其油口 A、B 连通，压力油经插装阀 8 油口 A、B 进入主接力器关闭腔关闭导叶。导叶开度关至拐点前，主接力器开启腔经其油口，分段关闭装置的插装阀 10、11 的 A、B 油口，过速限制器的插装阀 9 的 A、B 油口至回油箱，导叶以第一关闭速度关闭。至导叶开度关至拐点后，分段关闭装置仅插装阀 10 开启，主接力器开启腔经其油口，分段关闭装置的插装阀 10 的 A、B 油口（节流油口）及插装阀 9 的 A-B 油口至回油箱，导叶以第二关闭速度关闭至全关。

由于过速限制器关闭导叶不通过主配压阀，其导叶的第一关闭速度通过设定过速限制器的插装阀 9 的 A、B 油口最大开度整定，第二关闭速度的整定与事故停机相同，通过调节导叶分段关闭装置阀 10 的 A、B 油口的最大开度整定。

2.4　调速器的电源、油压装置及转速信号装置

2.4.1　调速器的电源

调速器通常要求外部提供电厂厂用交流 220V AC 及电厂直流 220V DC 电源，并在调速器电气柜内配置电源装置，作为调速器的调节器、转速信号装置、传感器、控制及信号系统等的供电电源。

按 NB/T 35004《水力发电厂自动化设计技术规范》及 SL 612《水利水电工程自动化设计规范》的规定，容量为 100MW 及以上的机组应采用电源冗余的调速器，冗余的电源可以采用交直流各一路或两路直流。故 100MW 及以上的机组调速器通常设置冗余的两套电源，并通常采用并列供电方式。另外，调速器的微机调节器，通常与调速器中的电手动装置（若有）、转速信号装置、传感器、控制系统、信号系统等不合用供电电源，供电电源需分别设置。大型机组调速器的供电电源结构示例见图 2-19，调速器以主、备运行的两套调节器（A、B）由并列运行的两套开关电源（U1、U2）供电，调速器的其他用电装置，包括电手动装置、转速信号装置、传感器、控制及信号系统等，由并列运行的两套开关电源（U3、U4）提供。并列运行的两套开关电源分别由电厂的直流控制电源、交流控制电源供电，电源的隔离、降压、整流、滤波、稳压等，均在开关电源装置中设置。

交/直流两路电源输入、输出应分别有电源监视及指示，设置过载及过电压保护和故障指示，电源故障时有报警触点输出（图 2-19 中均未表示）。交/直流两路电源某一路电源故障消失，或某一路投入或断开，或 2 套冗余的电源中某 1 套电源退出/投入时，均不应影响调速系统正常工作，水轮机导叶或发电机负荷应无扰动。

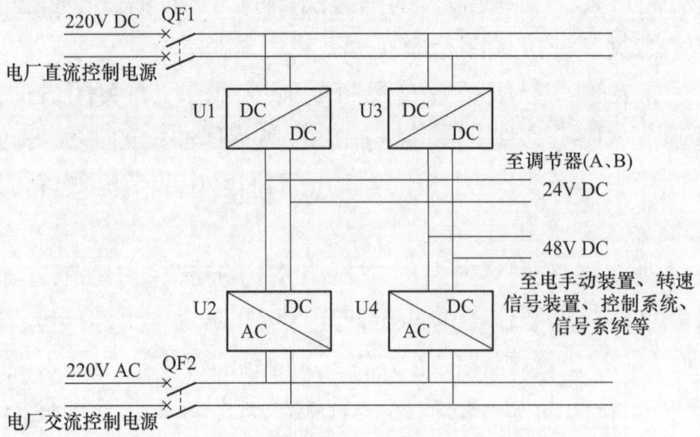

图 2-19　调速器的供电电源结构示例

QF1、QF2—断路器；U1、U2、U3、U4—开关电源装置

2.4.2　调速系统的油压装置

调速系统设油压装置，油压装置通常由压力油罐、油泵、回油箱及其他附件组成。压力油罐为调速器液压系统提供压力油源，油泵用于向压力油罐输送压力油，回油箱用作收集调速器的回油及漏油。相关的附件包括各种阀、过滤器、传感器及信号器、表计、连接管道等。大型机组的调速系统油压装置原理图见图 2-20。

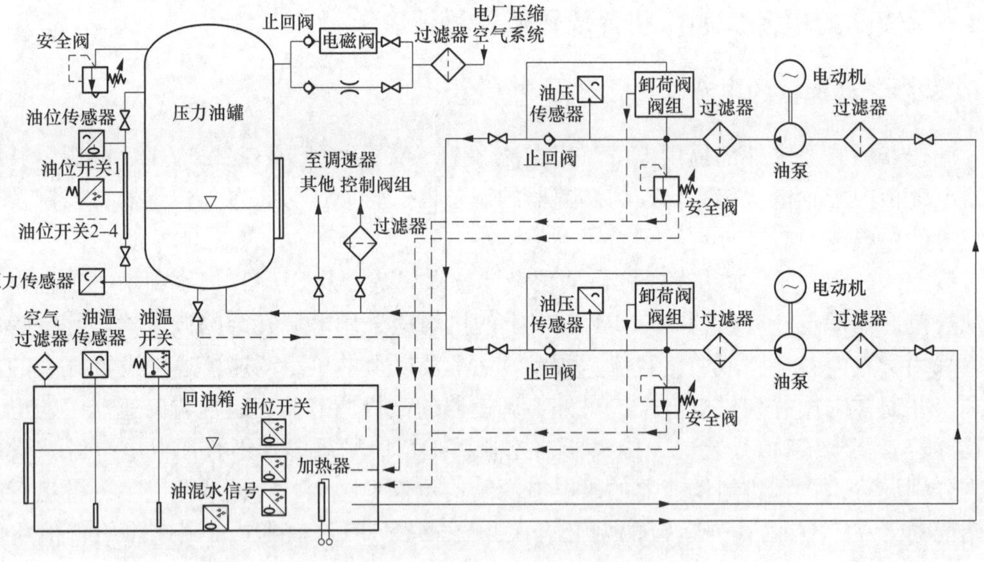

图 2-20　调速系统油压装置原理图

压力油罐通常为钢板组焊的圆筒形压力容器，储存有一定压能及容量的压力油和压缩空气。按照 GB/T 9652.1《水轮机调速系统技术条件》及 DL/T 563《水轮机电液调节系统及装置技术规程》的要求，油压装置正常工作油压变化范围应在名义工作油压（正常工作油压上限和下限的平均值）的±2%～4%以内，在正常工作油压上限，油与空气体积比宜为 1/3～1/2；压力油罐可用油体积至少应满足：在不启动油泵的情况下，自正常工作油

压下限至最低操作压力之前，对单调反击式水轮机为导叶接力器总容积的 3 倍，对双调反击式水轮机为导叶接力器总容积的 3 倍再加轮叶接力器总容积的 2 倍；在事故低油压停机全关导叶后，压力油罐的油压应高于最低操作油压；油压装置应设置不少于 2 台的油泵，每台油泵的输油量足以补充漏油量，并有至少 2 倍的安全系数，每台油泵每分钟输油量不小于接力器总容积的 0.5 倍。另外，回油箱容积通常可按小于压力油罐的全部油量和依靠重力从调速系统返回回油箱的全部油量之和的 1.1 倍考虑。

油压装置按自动控制设计。以图 2-20 为例，2 台油泵通常按工作/备用和主、备轮换方式运行，工作油泵在压力油罐油压下降达第一下限值（通常取低于正常油压变化范围的下限值）时自动启动，油压恢复后停泵；油压低于第二下限值（通常取正常油压变化范围下限的 4%～8%）时，同时启动备用油泵。每台油泵通常设卸荷（旁通）阀，在油泵处于启动状态或油泵电动机停机前，通过卸荷阀使泵的输出接回油，以实现油泵的无载启动、避免在压力油下停泵电动机后高压油倒流。油压正常时，阀关闭。根据选用的阀（或阀组）具体情况，卸荷阀与公共的回油管道间可能需设止回阀。油泵输出设安全阀，当泵输出油压超过设定值时（可调），安全阀开启将泵输出接回油，以降低油压；油压正常时，阀关闭。本例安全阀采用内控外泄式溢流阀，由于阀出油口为压力油，故阀弹簧腔的泄油需要另接另一油管至回油箱。油泵也可在油压装置现地手动启、停，根据需要可以设置远方启、停控制。

油压装置设置压力油罐自动补气系统，在压力油罐油位上升至上限且油压低于正常油压变化范围（额定值）时，自动打开补气电磁阀向压力油罐补气，至油压上升至正常油压或油位降至下限时，关闭电磁阀停止补气。在压力油罐现地，可通过手动开、关补气电磁阀或手动阀门对压力油罐进行补气。补气用的压缩空气通常由电厂的压缩空气系统提供。

油压装置设置为实现自动监控所需的传感器、信号器及运行监视的信号及表计，如图 2-20 及表 2-1 所示（图中未表示油滤过器堵塞信号器、卸荷阀动作信号、油压表等）。本例控制和监视所需的油压信号，均在油压装置现地控制柜中的装置产生（根据油压传感器提供的油压模拟量）。

表 2-1　　　　监控所需的压力油罐压力信号及回油箱油位信号

序号	元件名称	动作（或触点接通）条件	用途	序号	元件名称	动作（触点接通）条件	用途
1	压力油罐压力信号	油压低于第一下限	启动工作油泵	3	压力油罐油位信号	液位高于上限	自动补气
		油压低于第二下限	启动备用油泵			液位恢复正常	停止补气
		油压低于第三下限（事故低油压）	事故停机			液位低于下限	发信号
		油压恢复正常	停油泵			液位低于第二下限（事故低油位）	事故停机
2	回油箱油混水信号	油中含水过多	发信号	4	回油箱液位信号	液位高于上限或低于下限	发信号
						油位过低	停油泵

油压装置通常设现地控制柜，油泵（包括卸荷阀）、补气阀等的自动控制逻辑均在控制柜完成，在现地控制柜上可手动启、停油泵及手动开、关补气电磁阀。现地控制柜设置油压装置的运行及故障信号指示（灯），以满足现地监控的需要。

2.4.3 转速信号装置及机械液压过速保护装置

机组需按有关规程的要求配置转速信号装置，以提供机组控制保护所需的机组转速信号。从机组控制保护的安全可靠考虑，这些信号通常要求以无源触点的方式输出。需采用机组转速信号的机组控制保护，通常可包括机组事故停机、投过速限制器、投自动准同步装置、投入与切除液压减载装置、投入励磁系统、调相解列停机、投入电气制动、投入机械制动和蠕动检测等。在实际工程中，通常将转速信号归入调速器系统一起设计。

按照 NB/T 35004《水力发电厂自动化设计技术规范》及 SL 612《水利水电工程自动化设计规范》的规定：机组二级过速保护应装设机械和电气不同信号源且相互独立的两种转速信号装置，机组电气转速信号装置应具有冗余的信号源输入。

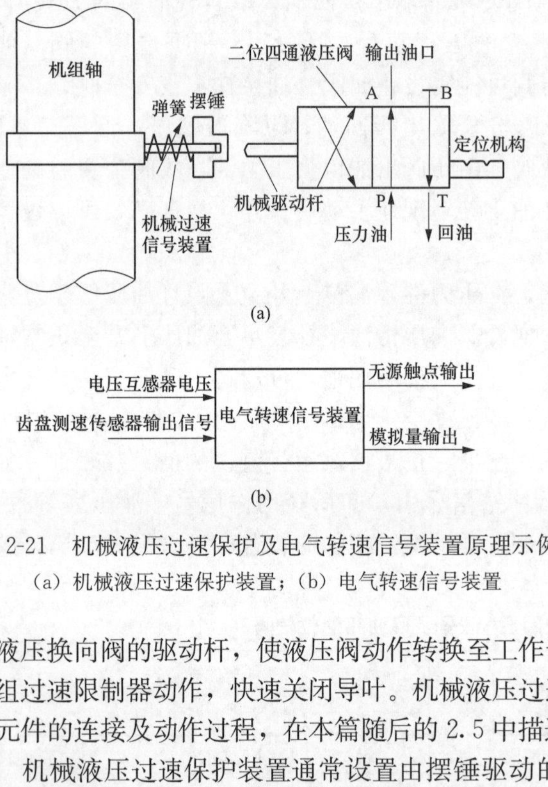

图 2-21　机械液压过速保护及电气转速信号装置原理示例
（a）机械液压过速保护装置；（b）电气转速信号装置

采用机械信号源的转速信号装置，通常仅需提供机组的二级过速保护的转速信号。大中型电厂机组的二级过速保护通常选用不受控制电源消失影响的机械液压过速保护装置，二级过速信号通常可由该装置提供。采用机械信号源的机械液压过速保护装置通常由装设于机组大轴上的机械过速信号装置及液压阀组成，如图 2-21 所示，固定于机组轴上的机械过速信号装置采用飞摆原理，液压阀为机械驱动（经活塞驱动杆）的二位四通液压换向阀。阀驱动杆未受摆锤触压前，液压阀工作于阀图的右方格，输出油口 A 接压力油。机组过速达二级过速保护整定值时，机械过速信号装置的摆锤在旋转离心力作用下径向外移触压液压换向阀的驱动杆，使液压阀动作转换至工作于阀图的左方框，输出油口 A 接回油，使机组过速限制器动作，快速关闭导叶。机械液压过速保护装置在调速器液压系统中与其他液压元件的连接及动作过程，在本篇随后的 2.5 中描述。

机械液压过速保护装置通常设置由摆锤驱动的过速开关（图 2-21 中未表示），提供二级过速开关触点输出。装置及机械过速信号装置的具体结构及原理可详见装置制造厂家的技术资料。

采用电气信号源的电气转速信号装置，通常是以机端电压互感器电压及机组大轴齿盘测速信号两种信号作为转速信号装置的信号源，如图 2-21 所示。电厂控制保护所需的包括机组二级过速保护的各转速信号，通常均由电气信号源的转速信号装置提供。装置通常还可提供电厂监控等系统所需转速的模拟量输出（如 4～20mA 或 1～5V）。电气信号源的转速信号装置测频的一般原理可参见 2.2.2。在电压互感器电压大于设定值时，装置同时对两种转速信号源进行检测，并进行实时诊断。电压互感器电压小于设定值时，输出自动采用齿盘测速信号源的转速测量值。齿盘测速的信号源原理同图 2-5（b），按照 NB/T 35004 的规定，齿盘可与调速器频率测量共用，但传感器应各自独立。

机组控制保护通常需要的机组转速信号见表 2-2。

表 2-2　　机组控制保护通常需要的机组转速信号

<table>
<tr><th>信号名称</th><th>安装位置或接线</th><th>触点接通条件</th><th>用途</th></tr>
<tr><td>机械转速信号</td><td>主轴</td><td>最大瞬态转速规定值加 5%n_r（二级过速）</td><td rowspan="2">关闭机组进水闸（阀）及动作过速限制器（若装设）并启动事故停机</td></tr>
<tr><td rowspan="10">电气转速信号</td><td rowspan="10">接机端电压互感器和齿盘测速传感器</td><td>最大瞬态转速规定值加 3%n_r（二级过速）</td></tr>
<tr><td>$n \geqslant (110\% \sim 115\%) n_r$（一级过速）</td><td>同时遇主配压阀拒动，则延时动作过速限制器并启动事故停机；未装设过速限制器时，则动作关闭机组进水闸（阀）并启动事故停机</td></tr>
<tr><td>$n \geqslant 90\% n_r$</td><td>投入同步装置</td></tr>
<tr><td>$n \geqslant 90\% n_r$</td><td>切除液压减载装置</td></tr>
<tr><td>$n < 90\% n_r$</td><td>投入液压减载装置</td></tr>
<tr><td>$n \geqslant 90\% n_r$</td><td>投入起励</td></tr>
<tr><td>$n \leqslant 80\% n_r$</td><td>调相解列停机</td></tr>
<tr><td>$n \leqslant (50\% \sim 60\%) n_r$</td><td>投入电制动停机</td></tr>
<tr><td>$n \leqslant (15\% \sim 25\%) n_r$ 或 $n \leqslant (5\% \sim 10\%) n_r$</td><td>投入机械制动停机</td></tr>
<tr><td>$n=0$</td><td>终止制动，停止与机组运行有关的设备</td></tr>
</table>

注　n 为机组转速；n_r 为机组额定转速。

2.5　冗余配置的调速器结构

按照 NB/T 35004《水力发电厂自动化设计技术规范》及 SL 612《水利水电工程自动化设计规范》的规定，容量为 100MW 及以上的机组应采用电源冗余、调节器冗余、测频信号冗余的电液调速器。冗余的电源可以采用交直流各一路或两路直流；冗余的调节器应采用两套互为备用的自动调节器加手动调节方式；冗余的机组频率测量信号源应分别取自电压互感器和齿盘。导叶位置反馈信号宜冗余设置。

冗余配置的调速器原理结构示例见图 2-22。冗余的两套互为备用的自动调节器的每一调节器，有各自的输入、输出接口，包括 I/O 接口、模拟量接口及通信接口；机组频率测量有各自的频率测量信号源，分别取自机端不同的电压互感器和齿盘测速信号装置的不同感应头；宜有各自的导叶位置反馈传感器；各自的机组有功功率信号宜取自不同的功率变送器等。正常运行情况下，两套互为备用的自动调节器采用主（N）、备（S）运行方式，一套运行，另一套热备用，备用的自动调节器的输入信号及反馈信号和运行的自动调节器相同，使备用的自动调节器保持与运行的自动调节器相同的状态，仅输出而不参与调节。主自动调节器故障时，调速器自动切换到备用的自动调节器运行，机组运行状态无扰动。两套自动调节器同时故障时，自动无扰动切换到电手动调节器运行。本例电手动调节器除了没有开机频率跟踪等功能外，配置和功能基本上与自动调节器相同，其输出经其电液转换部件 2（本例采用电液比例控制阀）接至自动/手动切换部件。正常运行时电手动调节器处于与自动调节器相同的状态，保证自动、手动调节器切换无扰动。电液转换采用电液比例控制阀且主配压阀采用液动先导式换向阀时，图 2-22 的液压系统将不再设辅助接力器及其反馈环节（位移传感器 1～3），见图 2-11 及其说明。分段关闭装置按电厂需要装设，见 2.3。

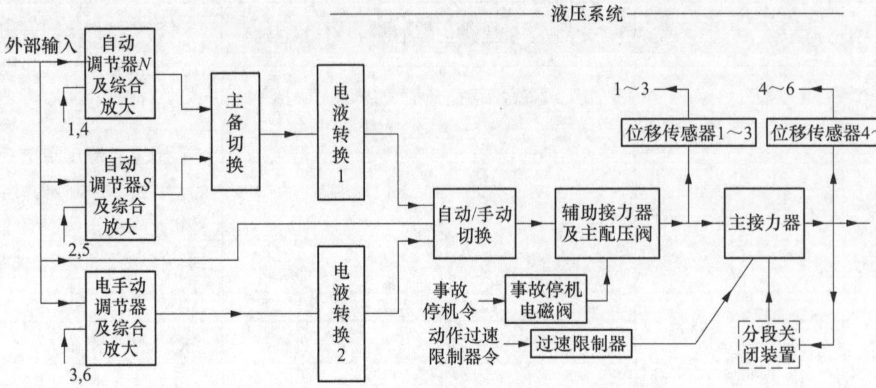

图 2-22　冗余配置的调速器原理结构示例

冗余配置调速器的液压系统结构，随电液转换部件及其他部件采用的液压元件类型的不同而有所不同，如图 2-23、图 2-24 所示。

图 2-23 为电液转换部件采用三位四通电液比例控制阀时的原理结构示例，自动/手动工作方式通过各自的两位四通电磁阀 1-3、1-4 的投、切进行切换，阀 1-3、1-4 的投、切电磁铁由调速器的控制接线控制。主配压阀、其余的液压系统同图 2-18（注意阀的编号不同）。液压系统的工作原理见本篇的 2.3.3。

图 2-24 为图 2-23 冗余配置的调速器液压系统另一原理结构示例。与图 2-23 不同之处，本例电液转换部件采用双作用比例电磁铁的三位三通比例控制阀（图 2-24 中阀 1、2）；自动/手动工作方式由一个带定位机构的两位四通电磁阀（阀 3）进行切换，由调速器的控制接线分别对阀 3 的两个电磁铁进行控制，使调速器投入自动或手动；在自动/手动阀（阀 3）的输出及紧急停机阀（阀 5）输出至主配压阀（阀 6）之间设液动先导式两位三通控制阀（阀 4）；阀 6（液动先导式三位四通换向阀）的一个先导阀（阀图下侧）固定接压力油，另一先导阀接控制油（阀图上侧）；过速限制器的启动方式，除由水力机械保护启动外（机组一级过速而调速器又失灵），还可由机械液压过速保护装置启动，装置由装于机组大轴上的机械过速信号装置及一个两位四通液压阀（阀 7）组成。图 2-24 液压系统的工作原理如下。

1. 机组正常运行时

正常运行时，自动调节器的主/备切换自动使主自动调节器输出 Y_1 与 Y（主接力器行程）传感器输出的差值信号（经综合放大后的 u）接入电液比例控制阀 1 的双作用比例电磁铁，由阀 1 转换为数值大小与差值信号成比例、油流方向取决于差值信号极性的油流量输出（参见图 2-10）。差值信号 $u>0$ 时（如机组运行频率低于给定频率），本例设定阀 1 工作于阀图下方格其输出接压力油；差值信号 $u<0$ 时，阀 1 工作于阀图上方格其输出接回油。正常运行时，自动/手动切换阀 3 通常位于自动位置（工作于阀 3 上方格），其油口 P、B 连通；紧急停机阀 5 位于复归位置（工作于阀 5 上方格），压力油经阀 5 的 P、B 油口接入阀 4 上方先导阀，使阀 4 工作于阀图中的上方格，其油口 P、A 连通。阀 1 的油流量输出经阀 3 的 P、B 油口、阀 4 的 P、A 油口接至主配压阀（阀 6）阀图上方的先导阀，阀 6 接受自动调节器的输出进行控制。

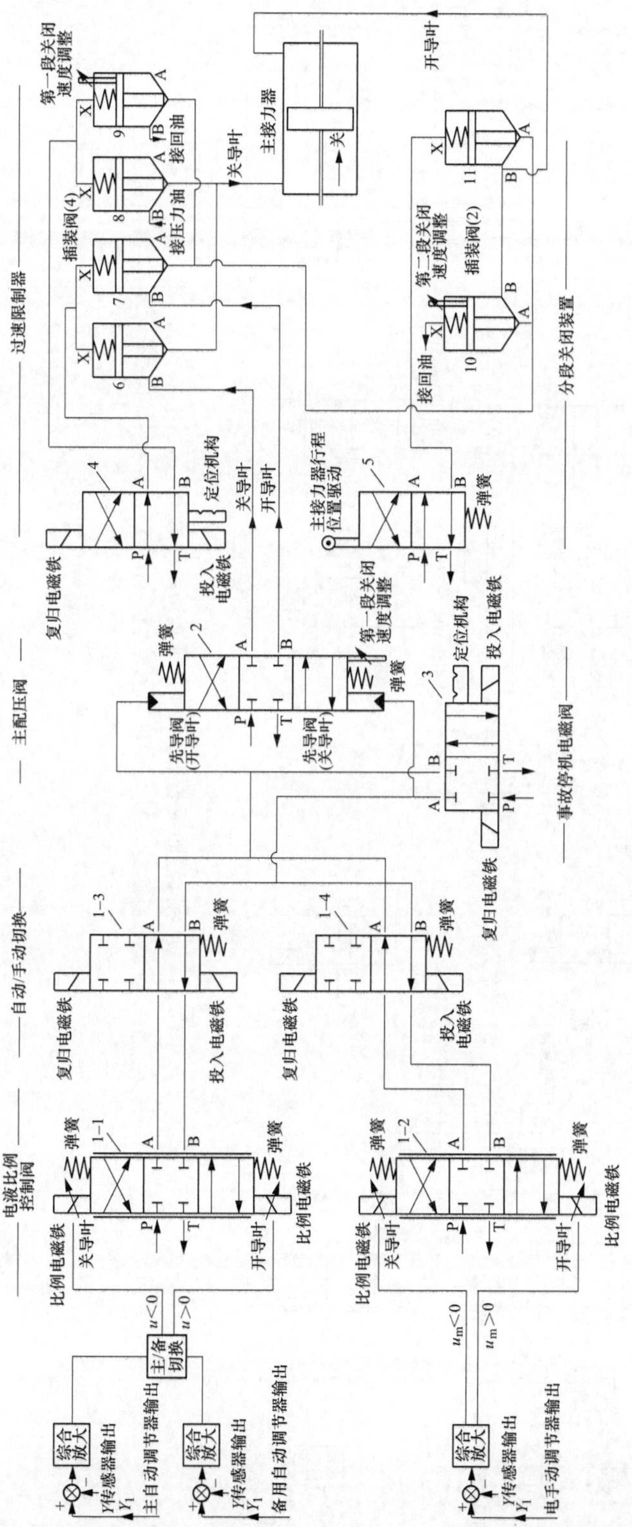

图 2-23　冗余配置的调速器液压系统原理图结构示例 1

P—压力油进口；T—接回油箱油口；A、B—输出(或对外连接)油口；X—接控制油油口

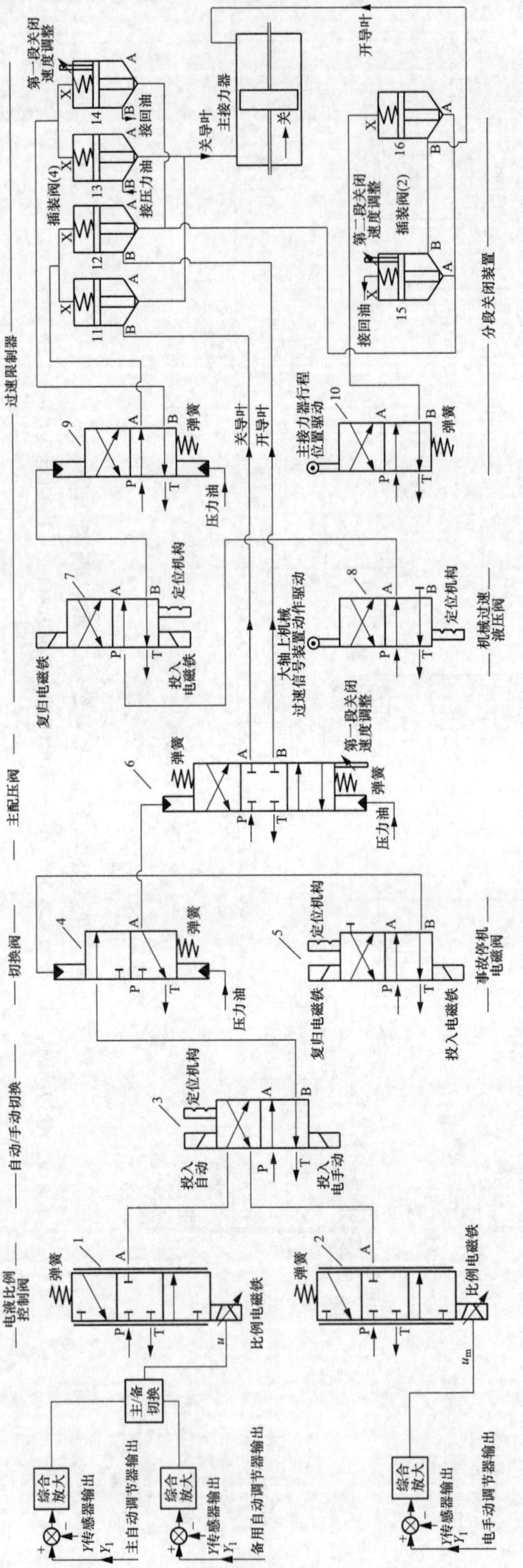

图 2-24 冗余配置的调速器液压系统原理图结构示例 2

P—压力油进口；T—接回油箱油口；A、B—输出(或对外连接)油口；X—接控制油油口

差值信号 $u<0$（如机组运行频率高于给定频率）时，阀 1 工作于阀图上方格其输出接回油，阀 6 的上方先导阀接回油而工作在阀图的下方格，其油口 P、A 及 T、B 连通，P、A 及 T、B 油口开启面积的大小正比于阀 1 输出油流量的大小（也正比于差值信号的大小）。机组正常运行时，阀 8 未受大轴上的机械装置驱动而工作于阀图中的下方格，阀 7 于复归状态（工作于阀 7 图的上方格），压力油由阀 8 的油口 P、A 经阀 7 的油口 P、B 接入阀 9 的上端液压先导阀，使阀 9 工作于阀图中的上方格，其油口 P、B 及 T、A 连通，使阀 11、阀 12 的控制油口 X 经阀 9 的油口 T、A 接回油而开启，其油口 B、A 连通，阀 13、阀 14 的控制油口 X 经阀 9 的油口 P、B 接压力油而关闭，其油口 B、A 隔断。阀 6 油口 P、A 输出的压力油经阀 11 油口 B、A 接入主接力器的关闭腔关导叶。主接力器的开启腔油经其油口、分段关闭装置阀 15、16（导叶关至拐点前）或阀 15（导叶关至拐点后）的 A、B 油口、阀 12 油口 B、A 及阀 6 油口 B、T 接回油。主接力器受主配压阀 6 输出的控制，主接力器关闭速度取决于主配压阀输出油流量，主配压阀输出油流量又决定于主配压阀输出油口的大小，即关闭速度与差值信号大小成比例。导叶开度关至拐点后，导叶关闭最大速度受限于分段关闭装置的插装阀 15 的第二关闭速度整定值。

差值信号 $u>0$（如机组运行频率低于给定频率）时，阀 1 工作于阀图下方其输出接压力油，阀 6 的上方先导阀接压力油而工作在阀图的上方格，油口 P、B 及 T、A 连通，T、B 及 P、A 油口开启面积的大小正比于阀 1 输出油流量的大小（也正比于差值信号的数值）。机组正常运行时，过速限制器及分段关闭装置各阀的工作状态与差值信号 $u<0$ 时相同。阀 6 油口 P、B 输出的带压力的油流量经阀 12 的 B、A 油口、阀 15 及阀 16 油口 B、A（并联，阀 16 在其油口 A 接入的开导叶油的油压作用下开启，见 2.3.2.3）进入主接力器的开启腔开导叶。主接力器关闭腔油经其油口、阀 11 的 A、B 油口、阀 6 的 A、T 油口接回油。导叶的开启速度取决于主配压阀输出油流量，后者又决定于主配压阀输出油口的大小，即开启速度与差值信号成比例。

如本篇 2.3.3 分析，在调节的动态过程中，综合放大部件输入的差值信号将逐渐减小，在差值信号为 0 时，接力器稳定在新的位置上，系统处于稳定状态，此时有 $Y=Y_1$，机组于新的运行值下稳定运行。

2. *动作事故停机电磁阀关导叶时*

机组事故保护动作事故停机电磁阀关导叶时，保护装置输出触点使停机阀 5 的投入线圈带电，阀 5 工作于阀图中的下方格，使阀 4 上侧的先导阀通过阀 5 的 B、T 油口接至回油，阀 4 工作于阀图中的下方格，使阀 6 上侧的先导阀接回油而工作于阀 6 图中的下方格，其油口 P、A 及 T、B 连通。机组未发生一级过速且调速器失灵事故时，阀 7 处于复归位置，阀 11、12 开启而阀 13、14 关闭。阀 6 油口 A 输出的压力油经过速限制器插装阀 11 的 A、B 油口接入主接力器关闭腔关导叶。其后的关闭过程同本节 1 所述的机组正常关导叶过程。与机组正常停机不同，由于此时阀 6 上侧的先导阀受两位三通阀 4 输出驱动，主配压阀活塞的位移将达到整定的关闭方向最大值（也是导叶允许的最大关闭速度所对应的最大位移），使 P、A 及 T、B 油口达整定的最大面积，在导叶开度未关至拐点前，主接力器将以最大关闭速度（即第一关闭速度）关闭导叶。导叶开度关至拐点后，主接力器的回油经阀 15 的节流阀接回油，主接力器将以较慢的关闭速度（即第二关闭速度）关闭导叶至全关。第一关闭速度通常在阀6以机械方式限制主配压阀活塞在关闭方向的最大位移整定，第二关闭速度通过调节导叶分段关闭装置阀15的A、B油口的开度整定。导叶开度关至拐点后的关闭过程中，阀15在主接力器的回油回路中起节流阀（可调）作用。

3. 动作过速限制器关导叶时

本例过速限制器除由水力机械保护启动外，还可由机械液压过速保护装置启动。在机组一级过速而调速器失灵时水力机械保护动作，其输出触点使两位四通电磁换向阀7的投入电磁铁带电，启动过速限制器快速关闭导叶。机械液压过速保护装置通常由装于机组大轴上的机械过速信号装置及一个两位四通液压阀（阀8）组成，机组发生二级过速时，大轴上的机械过速信号装置以机械方式使阀8动作，以液压方式使过速限制器启动，快速关闭导叶。

机组发生一级过速而调速器又失灵，由保护启动过速限制器时，保护输出的启动触点使阀7的投入电磁铁带电，该阀动作将其T、B连通（见图2-24阀7图的下方格），使阀9上端的先导阀接回油而工作在阀图9下方格，压力油经阀9的P、A油口进入插装阀11、12的控制油口X，使阀11、12关闭，其油口A、B隔断，阻断阀6的输出，另外，阀9的T、B连通使插装阀13、14的控制油口X接回油，阀13、14开启，其油口A、B连通，压力油经插装阀13油口A、B进入主接力器关闭腔，关闭导叶，主接力器开启腔经其油口，分段关闭装置的插装阀15、16的A、B油口，过速限制器的插装阀14的A、B油口至回油箱，导叶以第一关闭速度关闭，至导叶开度关至拐点后，分段关闭装置仅插装阀15开启（见本节2），主接力器开启腔经其油口，分段关闭装置的插装阀15的A、B油口（节流油口），插装阀14的A、B油口至回油箱，导叶以第二关闭速度关闭至全关。

机组发生二级过速时，装于机组大轴上的机械过速信号装置以机械方式使两位四通液压阀8动作，其油口T、A连通接回油（见图2-24阀8图的上方格）。此时若保护未启动过速限制器，阀7处于复归状态而工作在阀7图的上方格，其油口P、B连通，使阀9上端的先导阀经阀7的油口P-B及阀8油口T、A接回油而工作在阀图9下方格，压力油经阀9的P、A油口进入插装阀11、12的控制油口X，使阀11、12关闭，其油口A、B隔断，阻断阀6的输出，另外，阀9的T-B连通使插装阀13、14的控制油口X接回油，阀13、14油口A、B连通，压力油经插装阀13油口A、B进入主接力器关闭腔，关闭导叶，关闭过程同保护启动过速限制器（见本节2）。此时若保护也启动过速限制器，阀7处于动作状态而工作在阀7图的下方格，其油口T、B连通接回油，使阀9上端的先导阀经阀7的油口T、B接回油而工作在阀9图下方格，此后插装阀11～14的开、闭状态及接力器关闭过程与保护未启动过速限制器相同。

由于过速限制器关闭导叶不通过主配压阀，其导叶的第一关闭速度通常通过设定过速限制器插装阀14的A、B油口开度整定，第二关闭速度的整定与紧急停机相同，通过调节导叶分段关闭装置阀15的A、B油口的开度整定。

2.6 水轮机调节系统的静态和动态调节特性

2.6.1 调节系统的静态特性及永态差值系数

水轮机调节系统的静态特性，按IEC 61362《水轮机调节系统规范导则》（IEC 61362

guide to specification of hydraulic turbine governing systems）的定义，是指机组转速（或频率）作为被控参量时，在给定信号恒定、水轮机调节系统处于稳定状态下，机组转速相对值（n/n_r）或机组频率相对值（F/F_r），与接力器行程相对值（Y/Y_{max}）或机组输出有功功率相对值（P/P_r）的关系曲线。常用的为 $n/n_r \sim Y/Y_{max}$、$F/F_r \sim Y/Y_{max}$ 及 $F/F_r \sim P/P_r$ 特性，其中 n 为机组转速（r/min）、n_r 为额定转速（r/min），其余参数的含义见本篇 2.2.1。由于 Y/Y_{max} 为调速器的输出变量，$n/n_r \sim Y/Y_{max}$ 特性又称为调速器静态特性[3]；P/P_r 为机组输出有功功率，故 $F/F_r \sim P/P_r$ 特性又称为机组功频静态特性[4]。在工程实际应用时，调节系统静态特性曲线可按直线考虑，如图 2-25（a）、图 2-25（b）所示。对 $n/n_r \sim Y/Y_{max}$、$F/F_r \sim Y/Y_{max}$ 特性，通常是指大于机组空载额定转速的接力器行程（Y_{nl}/Y_{max}）的这部分特性曲线；由于运行机组的 $n/n_r = F/F_r$，故静态特性 $n/n_r \sim Y/Y_{max}$ 也可表示为 $F/F_r \sim Y/Y_{max}$，如图 2-25（a）所示。

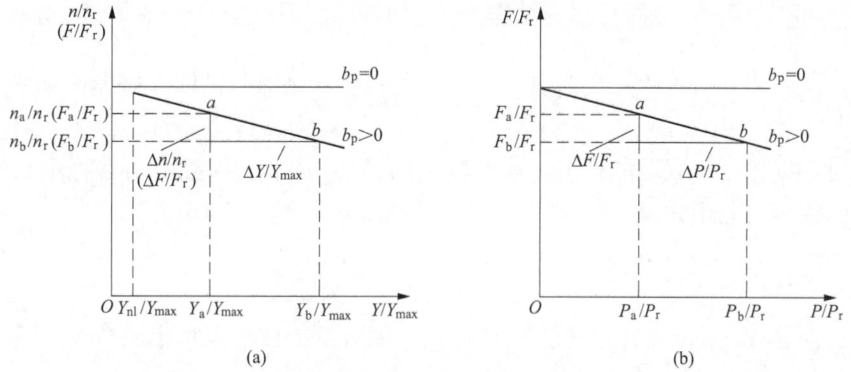

图 2-25　水轮机调节系统静态特性

（a）转速或频率相对值与接力器行程相对值关系；（b）频率相对值与机组输出有功功率相对值关系

按 IEC 61362，图 2-25（a）、图 2-25（b）中静态特性斜率的负数称为永态差值系数 b_p。由图 2-25（a）、图 2-25（b），对处于稳态运行点 a 的水轮发电机组，在系统频率下降时，经水轮机调节系统调节后的稳态运行点为 b，两稳态点间的转速增量为 Δn，频率增量为 ΔF，接力器行程增量为 ΔY，机组输出有功功率增量为 ΔP。由图 2-25（a），静态特性表示为转速或频率相对值与接力器行程相对值关系 $n/n_r \sim Y/Y_{max}$ 或 $F/F_r \sim Y/Y_{max}$ 时，永态差值系数 b_p 可计算为

$$\left.\begin{aligned} b_p &= -\frac{d(n/n_r)}{d(Y/Y_{max})} = -\left(\frac{n_b}{n_r} - \frac{n_a}{n_r}\right) \Big/ \left(\frac{Y_b}{Y_{max}} - \frac{Y_a}{Y_{max}}\right) = -\frac{\Delta n/n_r}{\Delta Y/Y_{max}} \\ &= -\frac{d(F/F_r)}{d(Y/Y_{max})} = -\left(\frac{F_b}{F_r} - \frac{F_a}{F_r}\right) \Big/ \left(\frac{Y_b}{Y_{max}} - \frac{Y_a}{Y_{max}}\right) = -\frac{\Delta F/F_r}{\Delta Y/Y_{max}} \end{aligned}\right\} \tag{2-1}$$

由图 2-25（b），静态特性表示为频率相对值与机组输出有功功率相对值关系 $F/F_r \sim P/P_r$ 时，永态差值系数 b_p 可计算为

$$b_p = -\frac{d(F/F_r)}{d(P/P_r)} = -\left(\frac{F_b}{F_r} - \frac{F_a}{F_r}\right) \Big/ \left(\frac{P_b}{P_r} - \frac{P_a}{P_r}\right) = -\frac{\Delta F/F_r}{\Delta P/P_r} \tag{2-2}$$

式中：$\Delta n = n_b - n_a$，$\Delta Y = Y_b - Y_a$，$\Delta F = F_b - F_a$，$\Delta P = P_b - P_a$；n_b、F_b、Y_b 和 n_a、

F_a、Y_a分别为机组在调节系统静态特性 b 点和 a 点运行时的转速、频率、接力器行程。

当图 2-3 中各环节的输入、输出变量分别以 F_r、P_r、Y_{1max}为基准的相对值表示时，b_p的含义也可由图 2-3 说明。以调速器在频率调节模式及 b_p环节采用开度（Y_1）反馈为例，并取频率和开度人工死区 E_f、E_Y=0 进行分析。稳态下的调节系统，其 PID 环节的输入为 0，在某一运行点（a 点）稳态运行的水轮发电机，由图 2-3，有 $(F_s/F_r-F_a/F_r)-b_pY_{1a}/Y_{1max}=0$。若电力系统由于有功缺额使频率 F 下降（$F<F_a$）时，PID 环节将出现大于 0 的输入，其输出 Y_1 增加，经液压随动系统使主接力器行程增大，导叶开度和发电机输出有功功率增加，系统有功缺额减小使频率 F 升高，频率偏差减少，此调节过程中 PID 环节输入逐渐减小，至 PID 环节输入为 0 时，系统于新的稳态点（b 点）运行，$F_b=F_a+\Delta F$、$Y_{1b}=Y_{1a}+\Delta Y_1$，由图 2-3 应有$\{F_s/F_r-[(F_a/F_r)+\Delta F/F_r]\}-b_p[(Y_{1a}/Y_{1max})+\Delta Y_1/Y_{1max}]=-[\Delta F/F_r+b_p(\Delta Y_1/Y_{1max})]=0$，即

$$\frac{\Delta F}{F_r}+b_p\cdot\frac{\Delta Y_1}{Y_{1max}}=0 \tag{2-3}$$

由本篇 2.3 的分析可知，在调节系统稳态时，图 2-6 中微机调速器电液随动系统输出的主接力器行程 Y 正比于调节器的输出 Y_1，当取 Y_{1max}为主接力器行程于 Y_{max}时 PID 调节器的输出时，以相对值表示的调节器环节输出增量 $\Delta Y_1/Y_{1max}$与接力器行程增量 $\Delta Y/Y_{max}$将有相同的数值，故由式（2-3）可有

$$b_p=-\frac{\Delta F/F_r}{\Delta Y_1/Y_{1max}}=-\frac{\Delta F/F_r}{\Delta Y/Y_{max}} \tag{2-4}$$

式（2-4）与式（2-1）有相同的 b_p计算式。调节系统按给定频率调节及 b_p环节采用功率反馈时，可类同上述的分析，也可得到如式（2-2）所示的 b_p计算式。

调节系统的静态特性，可根据电厂机组的运行方式整定为 $b_p=0$ 的无静差特性或 $b_p>0$ 的有差特性。$b_p=0$ 的无静差特性，通常主要用于机组离网运行工况，或小电网单机调频（无差调频）运行工况。投入电网与其他机组并列运行的调频机组，一般需取 $b_p>0$ 的有差特性，以保证有功负荷在并列运行的调频机组间的稳定分配。如图 2-26 所示，并列运行的 $b_p>0$ 的 1、2 号机组，在系统于某一频率下运行时均有确定的运行点，系统频率于 F_1 运行时，1、2 号机组有功功率稳定运行在 P_{11}、P_{12}，系统频率变化经调节系统调节后于 F_2运行时，1、2 号机组运行点由 1 变化至 2，两机组输出功率分别在 P_{12}、P_{22}上稳定运行。

由于机组有功功率与导叶开度或接力器行程的关系将随机组运行水头而变化，运行水头较高时，相同的接力器行程增量 ΔY 将对应于较大的功率增量 ΔP，运行水头较低时则反之。故机组调速器在频率调节模式及 b_p环节采用开度反馈、b_p整定于某一数值运行时，实际运行中调节系统的 $F/F_r\sim P/P_r$静态特性，其斜率并不固定等于整定的$-b_p$，而将随机组运行水头而变化，运行水头较高时有较小的斜率（绝对值），水头较低时则反之，即此时机组以斜率随水头变化的 $F/F_r\sim P/P_r$静态特性参与电力系统的频率调整。

按照 IEC 61362，当水轮机调节系统静态特性以 $n/n_r\sim Y/Y_{max}$或 $F/F_r\sim Y/Y_{max}$表示时，静特性的永态差值系数（permanent droop）b_p又可称为永态转差系数（permanent speed droop）或频率-开度差值系数（frequency-opining droop）；静态特性以 $F/F_r\sim P/$

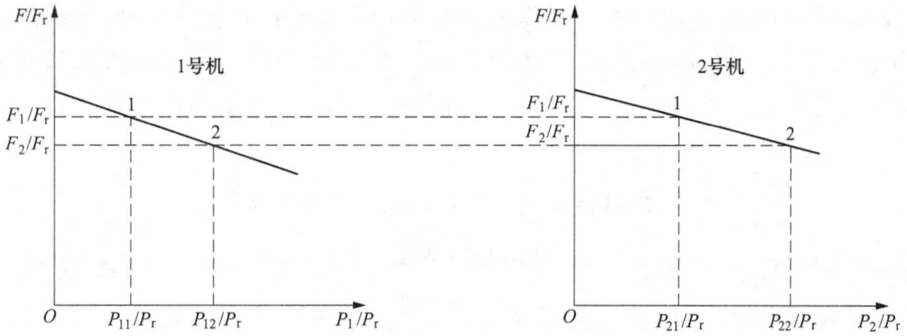

图 2-26　有功功率在并列运行机组间的分配

P_r表示时，静特性的永态差值系数 b_p 又可称为功率差值系数（power droop）或调差系数（speed regulation droop，或调差率）或频率-功率差值系数（frequency-power droop）。在我国的相关标准中，$F/F_r \sim P/P_r$静态特性斜率的负数称为调差率并以 e_p 表示，仅 $n/n_r \sim Y/Y_{max}$ 或 $F/F_r \sim Y/Y_{max}$ 静态特性斜率的负数称为永态差值系数并以 b_p 表示。本书按 IEC 61362 标准描述。

2.6.2　调节系统的动态特性

控制系统的动态特性，通常是指稳态下的系统在输入信号变化或外部扰动的外作用下，从外作用开始至新的稳态值的动态过程（又称过渡过程）时间中，输出变量（或被控变量）的变化过程。系统的外部扰动是指系统不希望的、影响有用信号对系统输出量的控制的外作用，如电源电压波动、环境温度变化等。对调节系统的调节动态过程品质，通常以调节系统动态特性的性能参数来衡量，并在有关的规程中规定了这些性能参数需满足的具体指标。

水轮机调节系统的动态特性，通常可由调节系统传递函数来表征。对在某一运行方式下运行的具体电厂及电力系统，调节系统的调速器液压系统、水轮机及其引水系统、发电机和电力系统，其环节传递函数通常取决于具体电厂及电力系统，运行要求的水轮机调节系统的调节动态特性，主要通过对调节器 PID 环节参数的设定来满足。由本篇第 3 章的分析可知，水轮机调节系统中除调节器环节外，其他环节传递函数的某些参数，将随电厂及电力系统运行方式的变化而有不同的参数。故为使调节系统取得满足要求的调节动态特性，通常要求调速器应具有根据电厂机组及电力系统运行方式的变化，自动选择 PID 环节最佳参数（自适应或预设定）的自动适应能力，如机组在离网、单机带负荷或单机承担电网调频运行或大机组在小网运行时，与机组在大电网与其他机组并列运行时。在本篇第 3 章中，将分析并给出水轮机调节系统各环节的传递函数，采用传递函数分析调节系统调节动态特性的分析方法，读者可参考自动控制原理的相关文献。

2.7　调速器控制方式及其切换

调速器设置若干控制方式，以满足机组及调速器在某些运行工况下对调速器控制方式的要求，控制方式可自动和/或手动切换。调速器设置的控制方式主要有调速器的现地/远方控制、调速器的自动/手动控制（对双重调节水轮机为导叶开度的自动/手动控制及桨叶的自动/手动控制）、冗余调节器的主/备调节器选择控制、自动/人工水头选择控制等。调速器在进行上述控制方式切换时，应保证机组有功、转速及开度不产生扰动。调速器控制方式及其切换方式设置示例见表 2-3。

表 2-3　　调速器控制方式及其切换方式设置示例

序号	控制方式	切换方式	手动切换设置处				自动切换条件
			液压柜	电气柜	现地单元	中控室	
1	现地/远方	手动	√	√			
2	自动/手动	自动/手动	√	√	(√)	(√)	调速器自动调节故障时自动切至手动
3	自动/人工水头	自动/手动		(√)	√	√	水头测量故障时自动切至人工水头
4	主/备调节器	自动/手动		√			主调节器故障时自动切至备用调节器

注　1. √—手动切换设置处，(√）—可按电厂要求设置。

2. 对现地/远方控制方式，液压柜的“现地”有最高优先级；液压柜与电气柜均为“远方”时，调速器才允许远方控制。

3. 对自动/手动控制方式，任一处切“手动”均可使调速器为“手动”模式；各设置处均为“自动”时，调速器才为“自动”模式。在液压柜上的设置也称液压系统自动/手动控制方式。

对现地/远方控制方式，调速器液压柜的“现地”有最高优先级；调速器液压柜与电气柜均为“远方”时，调速器才允许远方控制。调速器于远方控制方式时，调速器接受电厂级的控制，包括计算机控制系统自动及主控室运行人员手动对调速器的控制，发布控制指令或调节给定，机组现地对调速器的控制被闭锁。在现地控制方式时，操作员可通过设置在液压柜或电气柜的现地开关、按钮或现地人机界面对调速器进行操作，远方对调速器的控制被闭锁。现地/远方控制方式的切换，应不影响电厂级对调速器数据信息的采集及监视功能，也不影响机组事故时的紧急停机及关机组进水闸（阀）的手动控制（操作相关按钮）。现地/远方控制方式的选择通常以硬件方式（切换开关）设置在液压柜与电气柜的柜面上，其余地方不再设置。盘面上的切换开关应明显地标示出“现地”及“远方”的状态位置。各控制方式的当前位置，在液压柜及电气柜面、机组现地控制单元及主控室应有相关的信号指示或显示。

按 GB/T 9652.1《水轮机调速系统技术条件》的要求，调速器应能实现机组以自动及手动方式启动、功率增/减、停机、紧急停机，当调速器自动部分失效时，应能手动操作、运行，满足电厂对机组的操作要求。对调速器自动部分失效时的手动操作，目前通常采用配置电手动装置方案，并通常在调速器液压柜与电气柜的柜面上设置自动/手动控制方式切换开关，根据电厂要求也可以在电厂中控室计算机监控系统监控画面上设置，任一处切“手动”均可使调速器为“手动”模式，自动/手动控制方式各设置处均为“自动”时，调速器才为“自动”模式。调速器于自动控制方式时，调速器于所选择的调节模式下对机组进行自动调节；在手动控制方式时，调速器自动调节退出运行，调速器仅能以手动控制装置对水轮机导叶进行控制。在调速器现地/远方控制方式于“现地”时，在调速器液压柜或电气柜的柜面上可进行自动/手动控制方式的切换；主控室对自动/手动控制方式的切换操作，仅在调速器现地/远方控制方式于“远方”时方可进行。电手动装置可具有开停机操作和转速/负荷调整操作功能，在 0 到 100%最大导叶开度范围内能操作水轮机导叶于任意开度，配置机械导叶位置反馈和开度限制，可包括远方调节功能。当调速器的自动调节系统故障时，调速器应无条件无扰动地自动切换至手动操动装置。在手动控制方式下，机组甩负荷时，电手动操动装置应能使机组自动关机到空载运行。根据电厂的具体情况，在配置电手动装置的同时，也可兼在调速器液压系统中配置纯机械液压的手动操动机构。

调速器中与机组开机特性相关的空载开度的设定值、开度限值，转桨式水轮机的导叶与桨叶的协联关系等，需要按机组的运行水头进行设定，水头信号不正常将使调速器不能对水轮机进行正确的控制。故调速器通常设置水头信号监测及自动/人工水头切换，在水头信号故障时，自动切换为人工设置水头，并发出故障信号。此切换也可由运行人员手动进行，也可将此切换功能退出。人工水头值可由运行人员预置及修改。

主/备调节器控制方式仅对调节器为冗余配置的调速器。调速器正常以主调节器运行，主调节器故障时自动切至备用调节器。备用调节器切换至主调节器通常为手动进行。冗余的两套调节器通常按固定主、备方式工作。

2.8　调速器的调节模式及其投切

2.8.1　调速器的调节模式

为适应电力系统及电厂、机组及调速器各种运行工况下对频率和有功功率的调节要求，微机调速器通常设置三种调节功能结构及调节方式，称为调速器的三种调节模式：频率调节模式、功率调节模式及开度调节模式。三种调节模式应用于不同的运行工况，其调节功能、模式的投入或切换均由调速器完成。水轮机调节系统在调速器的不同调节模式下将有不同的闭环调节系统结构、调节方式及其适用的运行工况，分述如下。

2.8.1.1　频率调节模式

频率调节模式是指调速器按机组频率与给定频率的偏差对机组进行调节，使机组（或电力系统）频率于给定值（或在规定的偏差下）运行的调节方式及相应的功能结构。此时调速器频率给定投入，水轮机调节系统的被控变量（也是调节系统闭环反馈变量）为机组频率 F。调速器永态差值环节投入并通常采用开度反馈，人工频率死区 E_f 及永态差值系数 b_p 根据电厂或电力系统要求整定。在频率与给定值的偏差大于设定的人工频率死区时，调速器反应频率偏差对机组进行调节，调节器采用 PID 调节方式。频率调节模式可应用于机组离网（空转或空载）运行、单机带负荷运行、在电网中与其他机组并列运行等运行方式。在这些不同运行方式下，运行于频率调节模式的调节系统有不完全相同的结构及调节方式。

1. 发电机离网（空转或空载）运行

机组离网运行，如机组开机并列前，通常要求机组频率跟踪同期点系统侧频率，以同期点系统侧频率作为调速器的给定频率，或接受自动同期装置（或运行人员手动）对调速器频率给定的调整指令，对水轮机进行调节，使机组平稳地与系统同期并列；并列运行机组与电网解列跳闸甩负荷时，要求调速器按维持机组频率等于给定频率对水轮机进行调节，尽快使机组频率恢复正常，特别对解列后需带厂用（或自用）电运行的机组。机组离网运行时，调速器自动投入频率调节模式。

此时，调节系统闭环反馈取发电机频率。在机组同期并列跟踪电网频率调节时，调速器按使机组频率等于电网频率对机组进行调节，此时永态差值系数 b_p 及人工频率死区 E_f 设置为 0，调速器为按给定频率的无差调节，或根据电厂情况设置 E_f 为较小的频率偏差值，并投入永态差值环节，开度反馈，采用按给定频率的有差调节，以改善调节的动态性能。其他情况下，永态差值系数 b_p 及人工频率死区 E_f 投入并按电厂要求设定，采用频率的有差调节，调速器反应机组频率与给定频率的偏差值对机组进行调节，使机组频率于给定值运行。机组频率可通过调整频率给定进行调节。

2. 单机带负荷运行

单机带负荷可能出现在如带有地区负荷的机组或电厂，在主输电线故障跳闸后；小电网于负荷低谷运行或故障运行时等。此时水轮机频率闭环调节系统包括电网环节，闭环反馈取电力系统频率（也是发电机频率），系统要求机组维持系统频率于要求的偏差下稳定运行。机组调速器工作于频率调节模式，人工频率死区 E_f 可根据电厂要求设置，并通常投入永态差值系数，开度反馈，永态差值系数 b_p 宜设置大于 0，采用频率有差调节，以改善调节的动态性能。在系统频率（也是机组频率）超过设定的人工频率死区时，调速器以频率偏差的 PID 信号对机组进行调节，调节的动态过程中，开度给定及功率给定跟踪实际运行开度、发电功率（不参与闭环调节），以保证调节模式转换时无扰动（如频率反馈信号故障切换至开度或功率调节模式时）。

此时，调速器也可以在系统频率调节动态结束、频率偏差小于设定的人工频率死区后，使功率（或开度）给定自动投入调节闭环，使运行人员可通过手动调整功率给定 P_S 对机组功率进行调整。

3. 机组在电力系统中与其他机组并列运行

此时水轮机频率闭环调节系统包括电网环节，闭环反馈取电力系统输出频率，系统稳态下的机组频率与之相同，机组参加系统频率调节。调速器永态差值系数 b_p 及人工频率死区 E_f 投入并按电力系统要求设定，$b_p>0$，开度反馈，以形成机组的有差静态特性，保证并列运行机组间负荷分配的稳定性。

电力系统中调速器设定于频率调节模式的各运行机组，在系统频率偏差超过设定的人工频率死区时，调速器将反应频率偏差按使系统频率与给定值的偏差在规定的范围内，对机组有功功率进行调节。由机组调速器反应系统频率偏差对电力系统频率的调节，通常称为电力系统的一次调频。在一次调频的动态过程中，可使调速器的开度给定、功率给定跟踪机组运行开度、发电功率，以保证在调节模式转换至开度或功率调节模式时无扰动。调节动态过程结束时，机组按调节系统的静态特性向电力系统提供的有功功率变化量为 ΔP。如图 2-27 所示，电力系统在额定频率下正常运行时，参与系统一次频率调节的某机组于水轮机调节系统静态特性（$F/F_r \sim P/P_r$）上的点 1 运

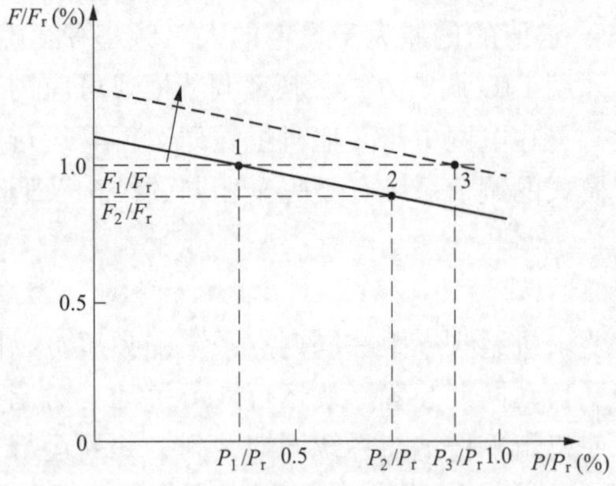

图 2-27　调速器的频率有差调节

行。若系统频率下降，机组调速器反应频率偏差对机组进行调节，增加机组有功功率，在一次调频调节稳态时，机组的运行点由 1 移至 2，机组有功功率增量由式（2-2）有 $\Delta P = P_2 - P_1 = -(\Delta F/F_r)P_r/b_p = -[(F_2 - F_1)/F_r]p_r/b_p$，永态差值系数 b_p为水轮机调节系统静态特性（$F/F_r \sim P/P_r$）斜率的负数。可见一次调频稳态时电网仍有频率偏差 ΔF，故调速器的一次调频为按给定频率的有差调节。

为消除一次调频后的频率偏差，电力系统需进行二次调频。此时通常可由系统主调频厂的 AGC 或电力系统的 AGC 通过系统中各调频厂的 AGC，按使系统频率于额定频率运行（或较小的偏差值）对机组进行调节。电厂 AGC 通常以给定机组发电功率（或开度）方式，通过机组现地控制单元对机组调速器的功率（或开度）给定进行给定，由调速器对机组有功功率进行调节。故参加二次调频的电厂机组调速器，此时需按使机组发电有功功率于给定值（或在规定的偏差下）运行，在一次调频动态结束系统频差小于设定的人工频率死区后，自动运行于功率（或开度）调节模式，反应功率偏差对机组进行闭环调节，进行二次调频，使系统频率于额定值运行。如图 2-27 所示，在一次调频的动态过程结束后，机组运行于机组的静特性上的点 2，发电功率为 P_2、系统频率为 F_2。二次调频时，机组按电厂 AGC 的给定功率对机组进行闭环调节，使机组功率增加至 P_3，将调频机组的静特性由一次调频结束时以频差运行的点 2 平移至频差为 0 的点 3，系统频率维持于额定值 F_r 运行（图中 $F_1 = F_r$）。在按功率（或开度）偏差的二次调频过程中或调节系统于稳态下，若系统频率偏差超过一次调频设定的人工频率死区，调速器将自动运行于调频模式，参加系统的一次调频。因此，系统中参加系统一次调频及二次调频的机组，调速器需按频率或功率（开度）偏差超过设定死区自动运行频率或功率（开度）调节模式，在机组调速器出现频率偏差及功差同时超过人工死区时，按照 DL/T 1245《水轮机调节系统并网运行技术导则》的要求，调速器应优先运行于频率调节模式，参加系统的一次调频，并在频率调节动态过程中使功率给定及开度给定跟踪机组实发功率及开度。

系统中参加一次调频不参加二次调频的机组也可作相同的考虑，使调速器按频率或功率（开度）偏差超过设定死区自动运行频率或功率（开度）调节模式，并按频率调节优先考虑，以更好地适应电厂对机组的控制（如厂内机组间负荷最优分配控制），并方便运行人员对机组功率（或开度）的手动调节。

某些电厂机组的一次频率调节，可能需考虑系统或电厂安全运行的要求。例如，由于系统频率的一次调节通常将同时改变系统的潮流分布，对电力系统输电线（或联络线）的输送功率有主要影响的某些电厂，电力系统通常要求这电厂需将输电线（或联络线）的输送功率是否达设定的限值作为这些电厂机组参加一次调频调节的允许条件。根据电力系统的具体情况，输电线（或联络线）输送功率可由电厂或电力系统进行监视，在输送功率达设定的限值时，由相关电厂的 AGC 使机组调速器退出调频模式而运行于功率（或开度）调节模式，按使输送功率不超设定的限值对机组发电有功功率进行调节，此时，调速器应设置相关的控制及调节功能及相应的外部接口。

2.8.1.2　功率调节模式

功率调节模式是指调速器按机组发电有功功率与给定有功功率的偏差对机组进行调节，使机组发电有功功率于给定值（或在规定的偏差下）运行的调节方式及相应的功能结构。此时调速器功率给定 P_S投入，水轮机闭环调节系统的被控变量（也是调节系统闭环反馈变量）为发电机发电有功功率 P。人工功率死区 E_P投入，并按电力系统或电厂要求设置。在发电功率与给定值的偏差大于设定的人工功率死区时，调速器反应功率偏差对机组进行调节，调节器通常采用 PI 调节方式。在功率调节的动态过程中，导叶开度给定跟踪运行开度，以保证调节模式需切换至开度调节模式时无扰动。功率调节模式主要用于在电力系统中要求按给定有功功率运行的机组。此时机组可根据电力系统要求承担系统频率调节（参加电力系统一次调频）。

对系统中不参加电力系统一次调频的机组，在发电功率与给定值的偏差大于设定的人工功率死区时，调速器反应功率偏差对机组进行调节的调节动态过程结束后，机组发电有功功率将等于功率给定值或在规定的偏差范围内，为按给定有功功率的无差调节。

对参加电力系统一次调频的机组，在系统频率偏差超过设定的一次调频的人工频率死区时，调速器应可自动运行于频率调节模式，反应频率偏差对机组有功功率进行调节（一次调频）。在频率调节的动态过程中，调速器的开度给定及功率给定跟踪实际运行开度及功率，以保证在调节模式转换至开度或功率调节模式时无扰动。在频率调节动态过程结束后，若发电机输出功率与给定值的偏差大于设定的人工功率死区，调速器将自动运行于功率调节模式，反应功率偏差对机组进行调节，包括参加电网二次调频接受电厂 AGC 对机组的给定功率进行调节。在系统频率偏差超过设定的一次调频的人工频率死区，同时出现功率偏差大于人工功率死区时，调速器执行频率调节优先的调节方式，如本篇 2.8.1.1 中 3 所述。

2.8.1.3　开度调节模式

开度调节模式是指调速器按机组的导叶开度与给定导叶开度的偏差对机组进行调节，使机组的导叶开度于给定值（或在规定的偏差下）运行的调节方式及相应的功能结构。此时调速器的开度给定 Y_S投入调节闭环，水轮机闭环调节系统的被控变量（也是调节系统闭环反馈变量）为机组导叶开度 Y（微机调速器可采用与 Y 成比例的调节器输出 Y_1）。人工开度死区 E_y投入，并按电网或电厂要求设置。在导叶运行开度与给定值的偏差大于设定的人工开度死区时，调速器反应开度偏差对机组进行调节，调节器通常采用 PI 调节方式。在开度调节的动态过程中，功率给定跟踪发电功率，以保证调节模式需切换至功率调节模式时无扰动。开度调节模式主要用于在电力系统中要求按带给定导叶开度运行的机组。此时机组可根据电力系统要求承担系统频率调节（参加电力系统一次调频）。

对系统中不参加系统一次调频的机组，在机组导叶开度与给定值的偏差大于设定的人工开度死区时，调速器反应开度偏差对机组进行调节的调节动态过程结束后，机组导叶开度将等于给定开度或在规定的偏差范围内，为按给定导叶开度的无差调节。

对参加电力系统一次调频的机组，在系统频率偏差超过设定的人工频率死区时，调速器应可自动执行频率调节模式，反应频率偏差对机组进行调节（一次调频）。在频率调节的动态过程中，调速器的开度及功率给定跟踪运行开度及发电功率，以保证调节模式需转换至开度或功率调节模式时无扰动。频率调节动态过程结束后，若机组导叶开度与给定值的偏差大于设定的人工开度死区，调速器将自动运行于开度调节模式，反应开度偏差对机组进行调节，包括参加电网二次调频接受电厂 AGC 对机组的给定开度进行调节。在系统频率偏差超过设定的一次调频的人工频率死区，同时出现开度偏差大于人工开度死区时，调速器执行频率调节优先的调节方式，如本篇 2.8.1.1 中 3 所述。

表 2-4 以图 2-3 的调节器为例，给出调速器在上述各调节模式下调节器的运行结构及各调节模式适用的机组运行工况。

表 2-4　调速器各调节模式下图 2-3 调节器的运行结构及各调节模式适用的机组运行工况

调节模式	$F(n)$	$F_S(n_S)$	E_f	P	P_S	E_p	$Y(Y_1)$	Y_S	E_y	b_p	调节规律	适用的机组运行工况
频率调节	√	√	0	×	×	×	×	×	×	0	PID	机组离网
	√	√	√	×	×	×	√	×	×	√	PID	单机带负荷或并列运行
功率调节	×	×	×	√	√	√	×	×	×	#	PI	与其他机组并列运行
开度调节	×	×	×	×	×	×	√	√	√	#	PI	

注　1. F（n）—机组频率（转速），F_S（n_S）—机组频率（转速）给定，E_f—人工频率死区，P—机组功率，P_S—机组功率给定，E_p—人工功率死区，Y—导叶开度，Y_1—调节器输出，Y_S—开度给定，E_y—人工开度死区，b_p—永态差值系数。

2. √—参加调节，×—不参加调节，0—设定为 0，#—作为功率（或开度）差值信号回路中的一个环节。

对某些电厂，水轮机调速器除要求具有上述三种调节模式外，可能还要求具有按水位或流量调节的调节模式。

2.8.2　调速器调节模式的投切

调速器的调节模式通常由调速器根据电力系统及电厂、机组及调速器运行工况的变化或要求进行适应性的自动投入或切换，也可由运行人员手动投切。机组并网时，调速器通常设定为投入功率调节模式或开度调节模式，可在调速器中预先设定，或在机组开机并网前由运行人员选择。由于机组投入电网后，运行人员及计算机监控系统的机组现地单元通常以给定机组发电有功功率对调速器进行给定，故机组并入电网时，若事先无手动选择调节模式，调速器通常设定为自动投入功率调节模式，在有功功率调节闭环故障时（如功率测量故障等），自动（或手动）切换到开度调节模式。调速器调节模式切换应为无扰动切换。

调速器应适应机组及调速器运行工况的变化，将调节模式自动切换至当前运行工况所要求的调节模式，以满足电力系统、电厂及调速器各种运行工况的调节要求，保证调速器调节正确和具有要求的调节性能。因此，调速器通常设置机组及调速器运行工况自动监测及适应性控制，如表 2-5 所示。

表 2-5　运行工况监测及调速器调节模式的适应性控制示例

序号	自动监测的运行工况	调速器的适应性控制
1	机组开机并列前	自动设定为频率调节模式
2	单机带负荷	自动设定为频率调节模式
3	机组与电网解列于空载或空转运行	自动切换至频率调节模式
4	线路等故障使机组于小电网（孤网）运行	自动切换为频率调节模式
5	开机投入电网时	通常自动设定为功率调节模式（也可设定为开度调节模式）
6	功率调节模式运行时，功率反馈故障	自动切换至开度调节模式
7	开度调节模式运行时，开度反馈故障	自动切换至功率调节模式

续表

序号	自动监测的运行工况	调速器的适应性控制
8	空载、空转运行时，频率反馈故障	自动切换至开度调节模式
9	频率调节模式负载运行时，机组频率反馈故障	可自动切换至电网频率，电网频率故障则切换至开度调节模式
10	输电线或联络线达设定的限制功率（对有输电线或联络线功率控制要求的电厂）	自动切换为功率（或开度）调节模式并退出频率调节模式（由电厂 AGC 对各调频机组调速器给出控制指令）
11	一次调频机组的频率偏差、功率偏差超设定死区	频率偏差超死区，运行频率调节模式；功率偏差超死区，但频率偏差未超死区，运行功率调节模式；功率偏差及频率偏差均超死区，运行频率调节模式

注 1. 序号 3、4、5、8、9、10、11 的适应性控制通常还包括调节器 PID 参数的切换。

2. 频率反馈故障包括频率测量故障。频率测量通常以发电机机端电压互感器电压的测频为主用，电压测频故障时，自动切换至齿盘测频，两测频均故障时为频率反馈故障。

对发电功率将影响电力系统有输送功率限制（由系统稳定或过负荷确定）的输电线或联络线输送功率的电厂，电力系统通常要求电厂 AGC 设置输电线极限功率控制，在输电线或联络线达设定的限制功率时，电厂 AGC 按使输电线或联络线不超过限制功率或按电力系统 AGC 对电厂发电有功功率的给定值对电厂机组进行调节，对发电有功功率增加将使输电线或联络线超限制功率的电厂，此时不允许机组调速器在频率降低时对机组进行增功率调节，通常是由电厂 AGC 对调频机组调速器给出切换至功率（或开度）调节模式及退出频率调节模式的指令，使机组调速器按 AGC 对机组的功率（或开度）给定对机组进行调节。此类电厂的机组调速器，应提供接受 AGC 指令切换调节模式的接口。

调速器调节模式自动或手动切换均应为无扰动切换，因此，调速器设置给定值跟踪功能。以实现调速器运行方式的无扰动切换。在调速器于频率调节模式时，功率给定、开度给定分别跟踪机组运行有功功率、运行开度；功率调节模式时，开度给定跟踪机组运行开度；开度调节模式时，功率给定跟踪机组运行功率等。

2.9 调速器故障检测及处理

调速器应设置故障检测及故障处理功能。故障检测应包括硬件及软件的故障检测，包括故障的在线自诊断和离线诊断。故障处理包括报警、显示及故障时调节系统的适应性控制及处理。在调速器柜应有相应的故障指示灯指示，在调速器电气柜可通过显示屏及键盘（或触摸屏）对调速器故障进行查询和显示。在发生影响调速器正常工作的故障时，调节系统应具有适应性控制及处理功能，以保证故障时调速器的正确调节，机组运行不发生扰动。所有故障需提供给电厂相关监控及保护系统，供相关系统进行监控处理，包括控制、报警、显示记录等。其中作用于跳闸或重要的报警信号，如过速停机、事故低油压停机、事故低油位停机、主配压阀拒动等信号，应以触点及硬布线方式提供给水力机械保护系统及电厂计算机监控系统。所有故障信息应以通信接口方式提供给电站计算机监控系统，根据电厂要求，通信接口可采用冗余通道。发生影响调速器正常工作的故障项目及调节系统的适应性控制及处理示例见表 2-6。

表 2-6　　调速器故障时的适应性控制或处理示例

序号	故障项目	调速器的适应性控制或处理
1	运行调节器故障	冗余调节器切换，无冗余调节器时切换至手动
2	对外通信通道故障	冗余通道切换（采用冗余通道时）
3	功率反馈故障	自动切换至开度调节模式
4	频率反馈故障	自动切至有功率（开度）调节模式，自动同期时切至手动同期
5	机端 TV（或称残压）测频或齿盘测频故障	TV(残压）测频故障切至齿盘，均故障时见序号 4
6	网频测频故障	禁止相关应用
7	水头信号故障	水头保持或自动切至人工水头
8	油压装置事故低油压或压力油罐事故低油位	触点输出至水力机械保护（动作水力机械事故停机）
9	调速器失灵（主配压阀拒动）	触点输出至水力机械保护（动作过速限制器停机条件）
10	电源故障	冗余电源切换；电源消失时，主配压阀自动复中，调速器切换至手动
11	自动调节器故障	自动切至电手动（若设置）或机械液压手动

注　1. 上述故障均同时动作于报警。

2. 除上述故障项目外，其他仅动作于报警的故障有液压系统故障，油压装置备用油泵启动，压力油罐压力升高、降低，回油箱备用油泵启动回油箱油位过高等。

2.10　调速器控制操作及运行监视的接口界面

调速器设置控制操作及运行监视的接口界面，以满足电厂对机组及调速器运行监控的要求，包括运行人员的监控及电厂自动监控系统的监控，电厂机组正常运行、事故和故障及检修维护等情况下的监控，在机组调速器现地及电厂控制室的监控，通过开关（或按钮）、人机接口显示画面及操作键盘或触摸屏、指示灯、表计进行监控等的接口界面。

调速器控制操作及运行监视的接口界面，随水轮发电机容量的大小、不同的调速器生产厂家等有不尽相同的配置。表 2-7 为采用冗余结构的大型水轮发电机调速器控制操作及运行监视配置示例，调速器设置电气柜、液压柜及油压装置控制柜，电气柜布置在机组单元控制盘室内，液压柜布置在发电机层发电机旁，油压装置控制柜布置在油压装置旁。按 NB/T 35076《水力发电厂二次接线设计规范》的规定，在机组机旁盘上应能进行手动紧急停机、关进水闸（阀），并应采用独立于计算机监控的操作设备及回路。由于本例的计算机的机组现地控制单元盘布置于机组的单元控制盘室内，仅调速器的液压柜布置于机组机旁，故在调速器液压柜上布置了手动事故停机按钮（也称紧急停机按钮）、关进水闸门停机按钮（也称紧急事故停机按钮），在现地控制单元盘及主控室也作了相同的布置，并按规程要求，均采用强电硬布线接线。

表 2-7　　调速器控制操作及运行监视接口配置示例

项目	配置内容
一、调速器电气柜	
操作或切换开关（或按钮）	①现地/远方选择；②自动/手动选择；③开度限制增/减；④有功（频率）增/减；⑤接力器锁锭投入、拔出（可分别采用按钮）
表计	①转速；②功率；③导叶开度；④开度限制；⑤油压
指示灯	①接力器锁锭投入、拔出；②交、直流电源；③故障（总）；④调速器投入；⑤现地控制；⑥手动控制
人机接口（显示器及键盘或触摸屏）	1. 操作 ①现地/远方选择；②自动/手动选择；③开度限制增/减；④频率（转速）、有功（开度）增/减；⑤自动/人工水头选择；⑥主/备调节器选择（调节器为冗余时）；⑦空载或空转频率跟踪/给定频率选择；⑧频率及功率（开度）人工死区投入、切除；⑨调节模式选择；⑩一次调频投、退；⑪孤网运行模式投、退；⑫接力器锁锭投入、拔出。 2. 设定 ①频率及功率（开度）设定；②频率及功率（开度）人工死区设定；③永态差值系数设定；④最大、最小开度（或功率）限制设定。 3. 查询和显示 ①调速器故障显示*；②频率、开度、功率给定值；③机组频率、电网频率；④机组功率；⑤导叶开度；⑥导叶开度限制；⑦频率、开度、功率人工死区；⑧PID 各运行工况、运行模式下调节参数；⑨永态差值系数；⑩调节器运行状态（主、备）；⑪水轮机工作水头；⑫机组运行工况；⑬并网、孤网、空载运行；⑭一次调频投入/退出；⑮调节模式；⑯孤网运行模式投、退；⑰自动/手动状态；⑱人工水头投入、退出
远方控制接口（触点、模拟量）	①远方开机、正常停机、动作（复归）事故停机电磁阀停机、动作（复归）过速限制器；②频率、有功（开度）增/减；③开度限制增/减；④频率、功率（开度）给定；⑤人工死区投入、切除；⑥频率跟踪/给定频率选择；⑦永态差值系数设定；⑧一次调频投入/退出；⑨接力器锁锭投入、拔出；⑩调相/发电转换；⑪调节模式选择；⑫孤网运行模式投、退
二、液压柜	
操作或切换开关（或按钮）	①现地/远方选择；②自动/手动选择；③开度限制增/减；④有功（频率）增/减；⑤接力器锁定投入、拔出（可分别采用按钮）；⑥机组事故停机按钮；⑦关机组进水快速闸门停机按钮
表计	①转速；②功率；③导叶开度；④开度限制；⑤油压
指示灯	①接力器锁锭投入、拔出；②调速器投入；③现地控制；④手动控制；⑤故障（总）；⑥直流电源
三、油压装置控制柜	
操作或切换开关（或按钮）	①每油泵的自动（工作）/备用/手动选择；②每油泵自动选择；③油压装置的自动/手动补气
表计	①交流电压；②油压；③油温；④发电机制动气压

续表

项目	配置内容
指示灯	①交、直流电源；②油泵运行；③补气开启、关闭；④故障：油泵故障，压力罐压力过高、过低，压力罐油位过高、过低，回油箱油位过高、过低，回油箱油混水，回油箱油温过高

注　DL/T 563《水轮机电液调节系统及装置技术规程》、GB/T 11805《水轮发电机组自动化元件（装置）及其系统基本技术条件》、DL/T 1245《水轮机调节系统并网运行技术导则》等规程中规定了相关的接口配置要求。

*　调速器故障显示可包括程序出错和 CPU 故障，输入/输出通道故障，通信模块故障，测频（速）系统故障，导叶反馈系统故障（接力器位移信号故障），功率传感器及其反馈通道故障，水头信号故障，电源系统故障，冗余调节器自动切换、自动/电手动自动切换、液压系统故障（电液转换单元发卡故障，主配压阀拒动故障，转换阀发卡故障，液压系统不跟随故障，高、低液位报警，高、低油压报警，油温高报警，油过滤器堵塞报警，油过滤器除水元件湿度高报警等）。

2.11　开机、停机等工况转换过程调速器的控制操作

调速器可按给定的控制指令，自动完成机组的开机并列、停机、调相-发电等工况转换的相关控制操作，调速器的停机令通常包括正常停机及动作事故停机电磁阀停机及动作过速限制器（也称事故配压阀）停机两种事故停机。下面是其一般的控制操作过程，具体需参见厂家的产品技术资料。

2.11.1　调速器的开机控制操作

调速器接受外部的开机指令，自动打开水轮机导叶使机组于额定空转稳定运行，电气开度限制打开至开机启动开度，调速器自动进入频率调节模式，接受外部对机组频率的调整指令（由同期装置或运行人员手动给出）或跟踪系统频率（可选择设定），按使机组频率满足与系统同期并列条件对机组进行调节，使机组快速平稳地与系统同期并列。在发电机并网运行后，自动将导叶开度限制开至当前水头对应的最大值，PID 参数自动切换至并网运行参数，调速器自动进入功率调节模式，接受外部的发电给定值、调整或控制等指令，对机组进行控制。

调速器的外部开机指令通常由计算机监控系统的机组现地控制单元，按照计算机监控系统电厂控制级的开机指令，以接点方式给出。运行人员可在电厂中控室或机组现地控制单元屏手动发布开机令，根据电厂的具体情况，也可由电厂的自动发电控制（AGC）进行自动开机或由电厂的远方监控及电力系统调度远方开机。

为使开机转速上升过程有较短的时间及较小的超调，目前在调速器中主要采用开环和闭环两种控制方式。

1. 开环开机

调速器接受开机令后，自动将导叶开启到设定的启动开度，待机组转速上升至某一设定值（如 45Hz）时，使导叶关小至稍高于设定的空转开度，以 PID 调节使机组于空转或空载稳定运行。

开环开机的机组转速上升特性与设定的开启开度及空载开度关系较大，在合适的设定值下，可取得较快的上升时间及较小的超调。为取得合适的空载开度设定值，通常要求调速器应按机组当前运行水头，对启动开度设定值进行修正。

2. 闭环开机

调速器的闭环开机控制，是在开机过程中，将机组开机转速上升的期望特性作为给定频率，对机组转速进行闭环调节，使开机转速上升过程跟踪期望特性，实现快速平稳开机，而不受机组运行水头变化等的影响。

机组开机转速上升的期望特性，常用的有两段直线、指数曲线两种特性，通常需按具体机组的惯性时间常数等进行设定。

2.11.2 调速器的正常停机控制操作

调速器接受外部的正常停机指令，自动按机组当前的运行状态对机组进行停机操作。

对发电状态的机组，接受停机令后，调速器自动将导叶按设定的关闭速度关闭至空载开度，发电机功率相应地卸至0。机组与电网解列后（通常可采用发电机或发电机-变压器组断路器跳闸位置判断），将导叶开度以设定的速度关至0，电气开度限制关至全关。导叶关闭至空载开度的关闭速度（即机组卸负荷速度），通常需根据电力系统及电厂的要求，在调速器中进行设定。导叶由空载关闭至0的速度，主要根据电厂机组的要求设定。对正常停机，调速器通常采用动作开度限制使导叶由空载关闭至全关。

对调相状态的机组，接受停机令后，首先打开导叶至当前水头对应的空载开度，使机组转为发电运行状态。机组与电网解列后（通常可采用发电机或发电机-变压器组断路器跳闸位置判断），使导叶开度按设定的速度关至0。

对空载或空转状态的机组，接受停机令后，调速器将自动使导叶开度以设定的速度关至0。

调速器的外部停机指令，通常由计算机监控系统的机组现地控制单元，按照计算机监控系统电厂控制级的停机指令，以触点方式给出。运行人员可在电厂中控室或机组现地控制单元屏手动发布停机令，根据电厂的具体情况，也可由电厂的AGC进行自动停机，或由电厂的远方监控及电力系统调度远方停机。机组由停机程序停机且程序预置仅停至空转时，调速器接受停机令后将导叶仅关至空转额定转速。

2.11.3 动作事故停机电磁阀停机时调速器的控制操作

机组发生电气事故、水力机械事故时，相关保护按规程规定动作，投入事故停机电磁阀，迅速关闭导叶，使机组快速停机，以减少或避免对机组设备的损害。事故停机电磁阀也可由运行人员手动机组事故停机按钮启动。

调速器接受保护投入事故停机电磁阀的控制令后，事故停机电磁阀的投入线圈带电，调速器液压随动系统使水轮机导叶以整定的关闭速度快速关闭。通常采用两段关闭速度的分段关闭，在导叶开度大于拐点开度时，以主配压阀整定的第一关闭速度快速关闭；导叶开度小于拐点开度后，以分段关闭装置整定的较慢的第二关闭速度关闭。在导叶全关后使导叶保持于全关闭位置，直至事故停机电磁阀的复归线圈带电复归。事故停机电磁阀的工作原理及关闭导叶时液压随动系统的控制过程可参见本篇2.3。

2.11.4 动作过速限制器停机时调速器的控制操作

过速限制器可由相关保护的输出触点启动或由机械液压过速保护装置启动，机组甩负荷转速上升到110%～115%额定转速，又遇调速器主配压阀拒动时，保护延时动作过速限制器。根据电厂的具体情况也可设置手动启动。

调速器接受保护投入过速限制器的控制令后，过速限制器电磁阀的投入线圈带电，调速器液压随动系统使水轮机导叶以整定的关闭速度快速关闭。通常采用两段关闭速度的分段关闭，在导叶开度大于拐点开度时，以第一关闭速度快速关闭，导叶开度小于拐点开度后，以分段关闭装置整定的较慢的第二关闭速度关闭。在导叶全关后使导叶保持于全关闭位置，直至过速限制器的电磁阀的复归线圈带电复归。由于过速限制器要考虑调速器主配压阀失灵情况下关闭导叶，故过速限制器关闭导叶的第一关闭速度，需在过速限制器中整定。过速限制器的工作原理及动作关闭导叶时液压随动系统的控制过程可参见本篇 2.3。

2.12　调速器的外部接口接线及产品参数

2.12.1　调速器的外部接口接线

调速器设置机组及电厂监控所需的与外部系统或装置的接口，通常应包括以触点或模拟量通过硬布线连接的输入、输出（I/O）接口及通信接口。与设备控制操作、设备安全等相关信息，应采用触点或模拟量通过硬布线连接。调速器微机的外部接口，应采取隔离及抗干扰措施。

图 2-28 所示为大型电厂水轮机调速器通过硬布线方式与外部接口的接线示例。调速器的工作状况直接关系着水轮发电机组的安全、可靠运行及自动化监控，其与控制相关的命令或给定值及主要的故障信息等，应采用以触点或模拟量及硬布线连接的接口方式，直接与相关的外部系统、装置或设备连接，不应经过其他系统、装置（如通过计算机监控系统等）转接，或使用经其重复（如重复继电器）后的输出，保证调速器接线上自成独立系统，不受其他系统或装置故障或退出运行的影响。

本例机组设发电机断路器。调速器采用冗余结构，参照本篇的 2.4 及 2.5 要求配置，两套调节器按固定主、备工作。油压装置设 2 台油泵，主、备运行。

图 2-28 中，调速器的发电有功功率信号（模拟量）由机组现地控制单元（LCU）提供，调节系统不再设置发电机功率测量部件。调速器对外部（机组 LCU）提供导叶开度（接力器行程）、机组转速（频率）模拟量，计算机监控系统外的其他系统需要这些信号时，可由机组 LCU 提供。为简化描述，图 2-28 中输入命令的大部分、各开关量输入均以同一公共点连接，并仅标为引自 LCU 屏，实际工程中各 I/O 接口的连接通常有不同公共点，机组 LCU 也可能有两块或以上的屏。调速器输入命令，根据需要可增加各油泵的远方启、停命令，投、切压力油罐补气命令，投入、退出导叶锁锭命令等。本例机端电压互感器电压频率测量，两套调节器为共用一个电压互感器电压，根据需要，每套调节器可分别取自机端不同的电压互感器。

本例水力机械保护系统设备布置在机组 LCU 屏，但其接线自成系统，独立工作而不受 LCU 故障或投、退的影响，设备在屏上为单独布置，其工作、设备检修维护与 LCU 间不相互影响。图 2-28 中由调速器电气柜引出至 LCU 屏的水力机械保护使用的过速信号、主配压阀拒动信号、油压过低（事故下降）等信号，直接进入 LCU 屏中的水力机械保护接线（图中未表示）。计算机监控系统需要这些信号时，可在水力机械保护接线中设置其重复继电器。

转速（频率）测量中的大轴齿盘感应头与调速器电气柜中的测速信号装置的连接属于调速器内部连接（通常需采用屏蔽电缆并按调速器厂家要求进行屏蔽接地）。

调速器与外部接口的接线，随生产厂家产品、具体工程的设计将有不相同的接线。

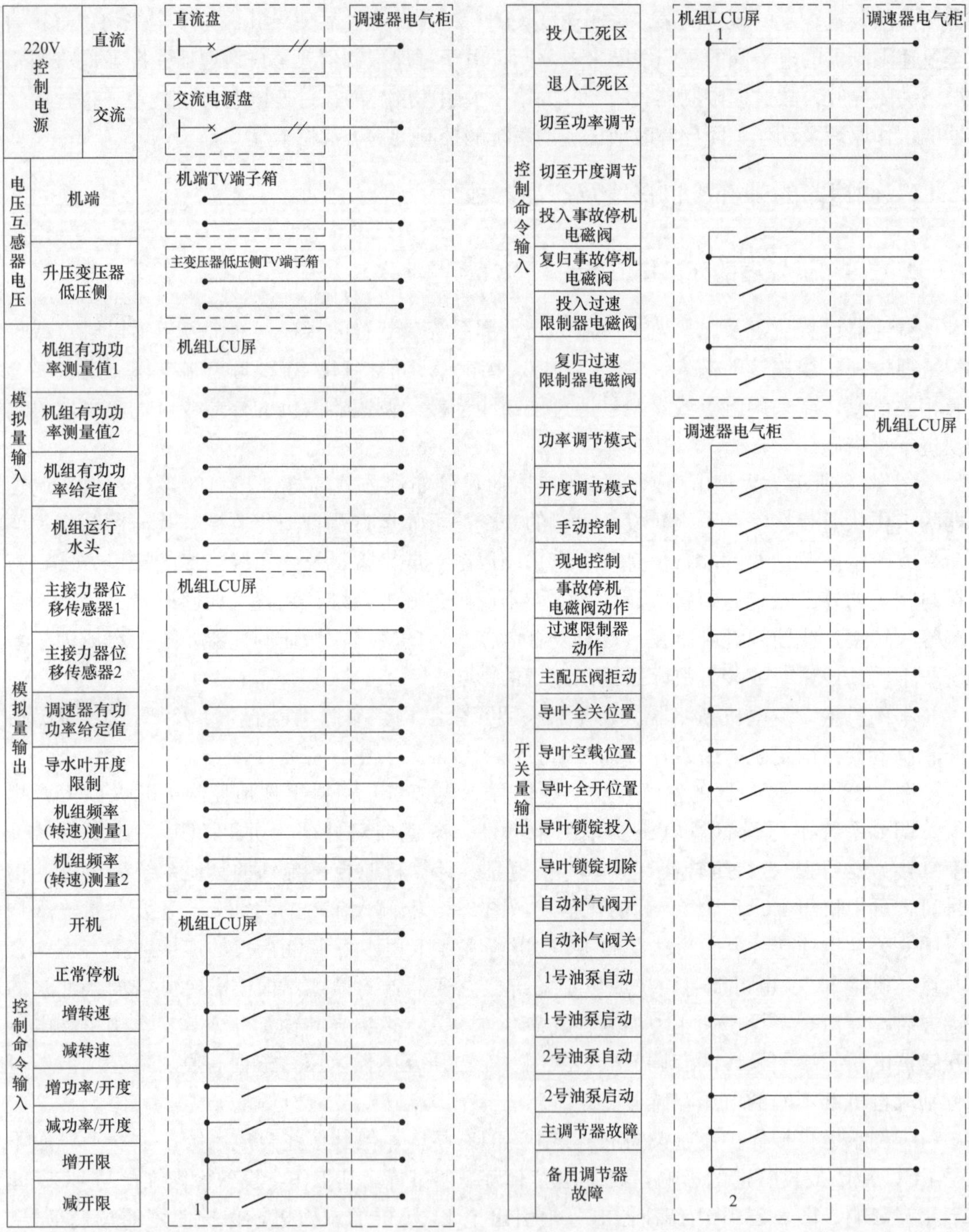

图 2-28　水轮机调速器通过硬布线方式与外部接口的接线示例（一）

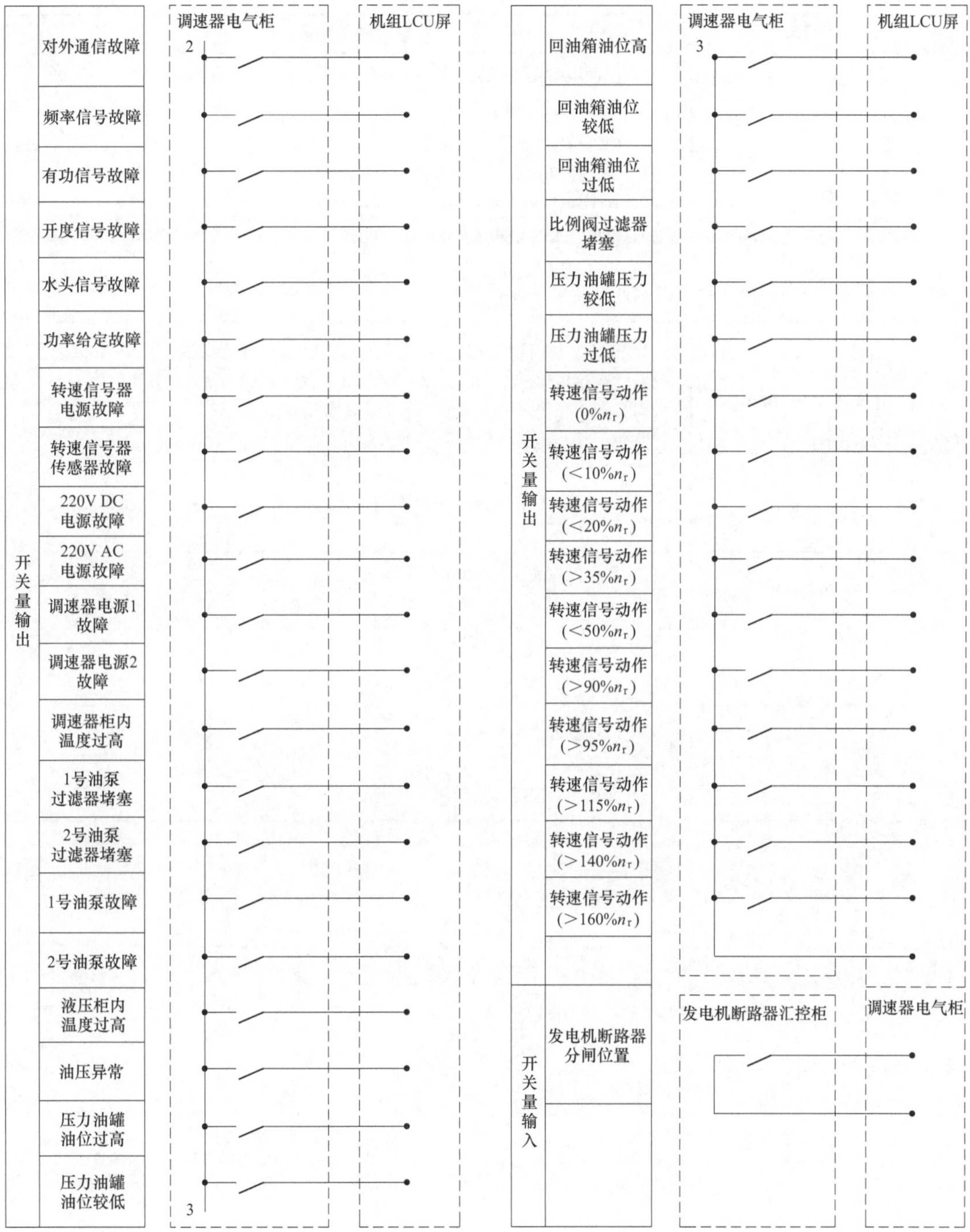

图 2-28 水轮机调速器通过硬布线方式与外部接口的接线示例（二）

2.12.2 调速器产品参数

表 2-8 为大型水轮机调速器产品主要技术参数示例。

表 2-8　　水轮机调速器产品主要技术参数示例

序号	项目	参数或性能要求
1	调节参数	(1) 比例增益 k_p调整范围：0～20。 (2) 微分增益 k_d调整范围：0～20s。 (3) 积分增益 k_i调整范围：0～20s^{-1}。 (4) 永态差值系数 b_p调整范围：0～10%。 (5) 人工转速死区调整范围：0～±0.5Hz。 (6) 电气开度限制调整范围：0～100%。 (7) 频率给定调整范围：45～55Hz。 (8) 功率给定调整范围：0～120%
2	输入、输出信号	(1) 机组测频信号，机端 TV 电压为 0.2～180V，测频范围：0.5～100Hz。 (2) 系统测频信号，母线 TV 电压为 80～180V，测频范围：45～55Hz。 (3) 功率、水头等输入信号，直流 0～5V 或 4～20mA。 (4) 开关量输入信号：继电器动合触点
3	对外接口	(1) 开关量输出：继电器动合触点。 (2) 通信接口：modbus
4	液压系统	(1) 额定工作油压：6.3MPa。 (2) 主配压阀直径为 200mm
5	电源	(1) 直流：220V DC±15%；2.5A。 (2) 交流：220V AC±15%；2.5A
6	使用环境	(1) 海拔不大于 4500m。 (2) 空气温度：－10～55℃。 (3) 开启相对湿度不大于 90%，无冷凝

3 水轮机调节系统的数学模型及传递函数

对初始条件为 0 的线性定常数控制系统，系统的动态性能通常可完全由传递函数来表征，并可利用传递函数研究系统的结构或参数变化对系统性能的影响。

由自动控制原理可知，线性定常数系统（或系统中的环节或元件）的传递函数，是在初始条件为 0 时，系统（或系统中的某一环节或元件）输出变量的拉普拉斯变换与输入变量的拉普拉斯变换之比。初始条件为 0，是指在 $t=0$ 时，输入、输出变量均为 0，输入作用是在 $t=0$ 时作用于系统。故在分析控制系统各环节的传递函数时，各环节的输入、输出变量，均以 $t=0$ 以后 t 时刻相对于 $t=0$ 时刻的偏差值表示，以有名值或相对于某一特征值（如额定值）的相对偏差值表示，本书采用相对于某一特征值（如额定值）的相对偏差值表示。

对初始条件不为 0 的系统或环节，传递函数一般不能完全表征其动态性能，如输入作用下积分环节的输出响应，环节传递函数不能表征环节输出需考虑的 $t=0$ 时的初始值。对有内部变量的系统或环节，传递函数通常也不能正确表征其动态性能，特别是当内部变量不能从输入变量或输出变量反应时。对系统采用空间状态法研究，可以弥补传递函数的缺陷。

在工程的实际应用中，水轮机调节系统通常可视作为初始条件为 0 的线性定常数控制系统，系统的动态性能、系统结构或参数对系统性能的影响，均可用系统的传递函数进行分析。下面以图 1-1 的水轮机调节系统结构示例，分析并给出水轮机调节系统各环节的数学模型及传递函数。利用传递函数分析调节系统结构或参数对系统性能的影响或由此确定调节系统运行应用时的参数整定值或范围，如 PID 参数范围，读者可参考自动控制或水轮机调节的有关文献。附录 B 给出了利用传递函数对水轮机调节系统 PID 参数稳定域的分析计算示例。

3.1 调速器数学模型及传递函数

由图 2-1，调速器由调节器和液压系统两部分串联组成，对其数学模型及传递函数分析如下。

3.1.1 调节器的数学模型及传递函数

调速器的调节器在不同调节模式下，将有不同的结构。由图 2-3 及本篇 2.2.1 的叙述，可得到如图 2-29 所示的微机调速器在频率调节、功率调节和开度调节三种调节模式下的调节器结构示例。

在分析调节器的传递函数时，调节器各环节的输入、输出变量通常以偏差相对值表示。图 2-29 中，$f=(F-F_0)/F_r=\Delta F/F_r$，$F_0$、$F$、$f$ 分别为发电机的 $t=0$ 时频率、$t=0$ 后 $t=t$ 时的频率及频率偏差相对值，F_r 为额定频率。$p=(P-P_0)/P_r=\Delta P/P_r$，$P_0$、$P$、$p$ 分别为发电机 $t=0$ 时有功功率、$t=0$ 后 $t=t$ 时的有功功率及有功功率偏差相对值，

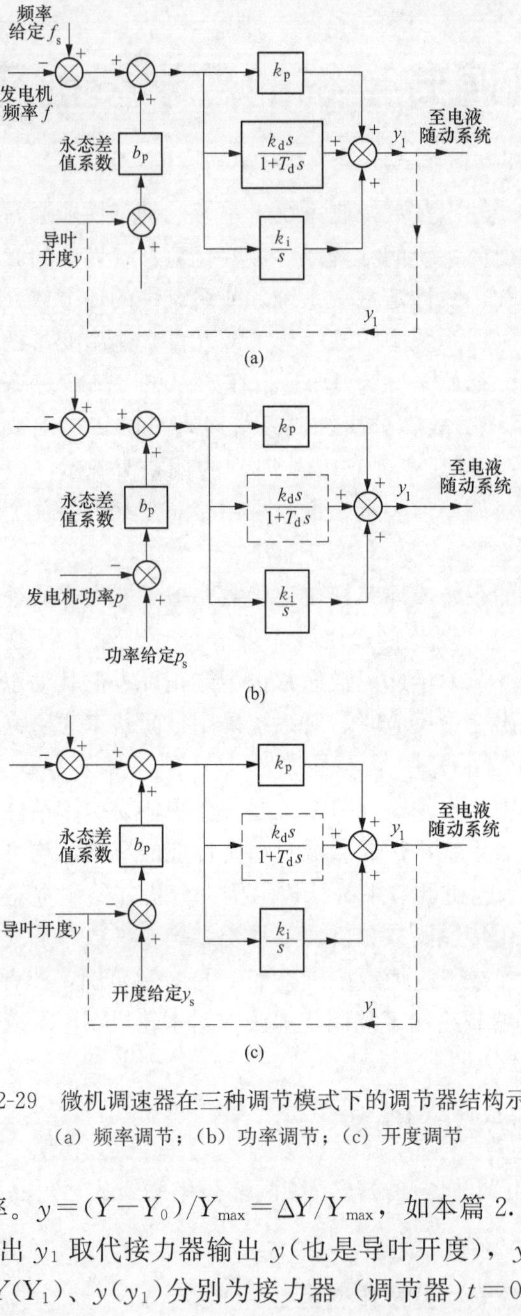

图 2-29　微机调速器在三种调节模式下的调节器结构示例

（a）频率调节；（b）功率调节；（c）开度调节

P_r为机组额定有功功率。$y=(Y-Y_0)/Y_{max}=\Delta Y/Y_{max}$，如本篇 2.2.1 所述，在微机调速器中，通常以调节器输出 y_1 取代接力器输出 y（也是导叶开度），$y_1=(Y_1-Y_{10})/Y_{1max}=\Delta Y_1/Y_{1max}$，$Y_0(Y_{10})$、$Y(Y_1)$、$y(y_1)$分别为接力器（调节器）$t=0$ 时的输出值、$t=0$ 后 $t=t$ 时的输出值及偏差相对值，$Y_{max}(Y_{1max})$ 为接力器（调节器）输出行程的最大值。$f_s=(F_s-F_{s0})/F_r=\Delta F_s/F_r$，$F_{s0}$、$F_s$、$f_s$分别为调速器的 $t=0$ 时的给定频率、$t=0$ 后 $t=t$ 时的给定频率及给定频率的偏差相对值。有功功率及开度给定值的偏差相对值（p_s、y_s）的定义类同 f_s，基准值分别为 P_r、Y_{max}。在调节动态过程分析中，通常按调节动态过程中给定值不发生变化考虑，如对频率给定值，在 $t=0$ 后有 $\Delta F_s=0$、$f_s=0$。根据调节系统的统一要求，功率偏差相对值 p 也可以采用其他基准值，如取机组额定容量 S_r为基准，此时，调节系统的其他与有功功率相关的环节，偏差相对值也需取额定有功功率 S_r为基准。

调速器在频率调节模式运行时，调节器结构及各环节的传递函数如图 2-29（a）所示。此时调节器的输入变量为发电机频率 f 与频率给定值 f_s 的偏差值，调节器的输出变量为 y_1。由 2.2.8 可知，在机组离网运行时，调速器通常投入频率调节模式，永态差值系数 b_p 设置为 0，为频率的无差调节。机组在电网中与其他机组并列运行并参加电网一次调频时，b_p 环节投入，采用开度 y（微机调节器通常以 y_1 取代）反馈，以斜率为 $-b_P$（永态差值系数）的静特性参加电网频率调节，为频率的有差调节，b_p 按电厂或电网要求设置。调速器在频率调节模式时，通常采用 PID 调节器。另外，由于可设 $t=0$ 时，系统工作于图 2-25 静态特性的 a 点、$t=t$ 时工作于 b 点，故永态转差系数 b_p 的计算式（2-1）可计算为 $b_p=-[(F_b-F_a)/F_r]/[(Y_b-Y_a)/Y_{max}]=-[(F-F_0)/F_r]/[(Y-Y_0)/Y_{max}]=-f/y$；同样，式（2-2）也可以表示为 $b_p=-f/p$。

调速器在功率调节、开度调节模式运行时的调节器结构及各环节的传递函数见图 2-29（b）、图2-29（c）。此时调节器的输入变量为发电机的有功功率 p 或开度 y（微机调节器可以 y_1 取代）与功率给定 p_s 或开度给定 y_s 的偏差值；调节器的输出为 y_1；调节闭环包括 b_p 环节，b_p 环节输出变量偏差相对值的基准与频率调节模式相同。显然，若功率调节、开度调节模式的调节闭环不包括 b_p 环节，而将功率偏差（开度偏差）信号直接接入 PID 环节的输入，此时 PID 环节输入变量的偏差相对值的基准将是机组额定出力 P_r（或最大开度 Y_{max}），PID 环节也与 b_p 投入调节闭环时有不同的设定参数。调速器在功率调节模式和开度调节模式时，通常采用 PI 调节器，不投入微分环节。

调节器 PID 各环节的 k_p、k_d、k_i 参数，按电厂机组及电力系统在各种运行方式下，保证调节系统有满足规程要求的动态调节性能整定。不同运行方式下，可能有不同的整定参数。

3.1.2　液压随动系统的数学模型及传递函数

下面主要以图 2-6 的系统结构示例，对调速器液压随动系统的数学模型及传递函数进行分析。

3.1.2.1　末级液压放大部件（主配压阀及主接力器）的数学模型及传递函数

以图 2-6 的末级液压放大部件为例，末级液压放大部件的输入为前置液压放大部件辅助接力器活塞的输出位移（Y_{12}），输出为主接力器活塞行程（位移）Y。末级液压放大部件的主配压阀活塞受控于辅助接力器活塞，系统稳态时，主配压阀活塞处于中间位置，其至主接力器的油口均遮断。调节器有输出控制信号时，辅助接力器活塞移动，主配压阀活塞随辅助接力器活塞的移动产生位移（Y_{12}）而偏离中间位置，打开其至主接力器的油口，主接力器活塞在油压作用下移动，移动速度随主配压阀活塞的位移（油口开度）增大而增加，成函数关系。当认为主接力器活塞的移动速度与主配压阀活塞的位移关系特性（也称为主接力器速度特性）为线性特性时（即认为接力器活塞的移动速度正比于辅助接力器活塞位移），以偏差相对值表示的主接力器活塞的运动方程可表示为（位移均以其最大值为基准）[3,6]

$$\frac{\mathrm{d}y}{\mathrm{d}t}=\frac{1}{T_y}y_{12}\quad 或\ y=\frac{1}{T_y}\int y_{12}\,\mathrm{d}t \tag{2-5}$$

式中：$y=\Delta Y/Y_{max}=(Y-Y_0)/Y_{max}$，为主接力器位移偏差相对值，$Y_0$、$Y$、$y$ 分别为主接力器 $t=0$ 时（系统于稳态时）的输出、$t=0$ 后 $t=t$ 时的输出及输出的偏差相对值，Y_{max} 为主接力器输出的最大值；$y_{12}=(Y_{12}-Y_{120})/Y_{12max}=\Delta Y_{12}/Y_{12max}$，为辅助接力器位移偏差

相对值，Y_{120}、Y_{12}、y_{12}分别为辅助接力器 $t=0$ 时的输出、$t=0$ 后 $t=t$ 时的输出及输出的偏差相对值，$Y_{12\max}$为辅助接力器输出的最大值，辅助接力器活塞的位移 Y_{12}，以主配压阀活塞于中间位置（其位移为 0）时的辅助接力器活塞位置的位移为 0 计算（即主配压阀活塞于中间位置时 $Y_{12}=0$），或 $t=0$ 时有 $Y_{12}=Y_{120}=0$；T_y称为主接力器反应时间常数（也称主接力器时间常数），为主接力器速度特性（$dy/dt \sim y_{12}$）斜率的倒数，s。

对式（2-5）取拉氏变换后得 $y(s)=y_{12}(s)/T_y s$，故末级液压放大部件的传递函数为

$$G_y(s)=\frac{y(s)}{y_{12}(s)}=\frac{1}{T_y s} \tag{2-6}$$

当辅助接力器活塞的输出位移于最大值 $Y_{12}=Y_{12\max}$时（相应的主配压阀油口于最大开度）$y_{12}=1$，由式（2-5），有 $y=(Y-Y_0)/Y_{\max}=t/T_y$，式中 t 为主接力器从 Y_0移动至 Y 所需的时间。此时若主接力器从导水叶全关 $Y_0=0$ 至导水叶全开 $Y=Y_{\max}$（主接力器移动全行程），有 $y=t/T_y=1$，或 $t=T_y$，即主接力器反应时间常数 T_y数值上等于主配压阀于最大位移时（油口于最大开度时）主接力器移动全行程所需的时间。

实际上，主接力器速度特性 $dy/dt \sim y_{12}$为非线性特性，在主配压阀活塞不同的位置上，速度特性有不同的斜率，即有不同的 T_y，在有关规程中，通常定义 $T_y=dy_{12}/d(dy/dt)$。对应于主接力器最大速度的主配压阀的最大位移 $Y_{12\max}$（或油口的最大开度），通常在主配压阀以机械限位（如用螺栓或螺母）的方式整定（见本篇 2.3.1），对导水叶关闭和开启油口通常有不同的整定值，导水叶关闭方向通常有较大的移动速度而有较小的反应时间常数 T_y。

3.1.2.2　前置液压放大、电液转换及综合放大部件的传递函数

1. 前置液压放大部件

以图 2-13 前置液压放大部件为例，部件的输入为电液转换部件的位移输出 Y_{11}，输出为辅助接力器活塞位移 Y_{12}。当输入变量及输出变量均取为主配压阀的最大开口 $Y_{12\max}$时，类同末级液压放大部件的分析，可得到引导阀与辅助接力器部分（未考虑反馈环节）的与式（2-6）形式相同的传递函数。在计及反馈环节后（内反馈，反馈环节传递函数为 1，见本篇 2.3.1 及图 2-13），前置液压放大部件有如下的传递函数[1]

$$G_{y12}(s)=\frac{1}{T_{y12}s+1} \tag{2-7}$$

式中：T_{y12}为辅助接力器时间常数，其数值相对于末级液压放大部件时间常数 T_y通常小得多，在工程实际应用中对调速器系统的动态性能进行分析时通常可忽略，而有 $G_{y12}(s)=1$。类同的分析也适用于图 2-11 的液压随动系统。

带内反馈的流量输入、位移输出的前置液压放大部件的传递函数，当反馈环节传递函数为 1 时，其形式与式（2-7）相同[1]，工程实际应用中也通常取 $G_{y12}(s)=1$。

2. 电液转换部件及综合放大部件

由于电液转换部件的时间常数通常远小于末级液压放大部件的时间常数 T_y而可忽略，两部件可视作一个比例环节，环节的输出变量为以 $Y_{12\max}$为基准的电液转换部件输出位移，综合放大部件输入变量的基准值通常取与调节器输出变量相同的基准值，取为调节器输出行程的最大值 $Y_{1\max}$（也是接力器输出行程的最大值 $Y_{\max}$），电液转换部件及综合放大部件环节的传递函数 $G_{y11}(s)$ 可表示为 $G_{y11}(s)=k_y$，k_y根据调速器的电液转换部件及综合放大部件在具体电厂水轮机应用时的参数计算。

3. 调速器液压随动系统的环节结构及传递函数

由上分析，对图 2-6 或图 2-11 结构的调速器液压随动系统，系统中由综合放大部件输入至末级液压放大部件输出的各个部件，在工程实际应用中可有如图 2-30 所示的环节结构。主接力器的位移反馈环节传递函数通常取为 1。按 IEC 61362《水轮机调节系统规范导则》的说明，调速器液压系统的 T_y/k_y 系数一般：对导叶或喷针接力器，T_y/k_y＝0.1～0.25s；对桨叶接力器，T_y/k_y＝0.2～0.8s；对偏流板接力器，T_y/k_y＝0.1～0.15s。

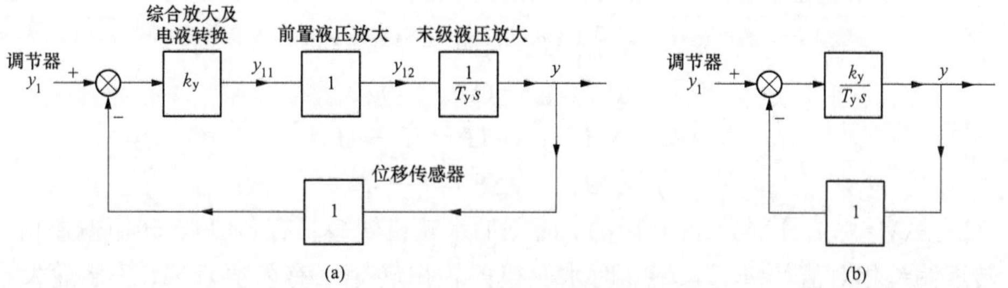

图 2-30　调速器液压随动系统环节结构

(a) 系统环节结构及传递函数；(b) 等效结构及传递函数

3.2　水轮机及其引水系统的数学模型及传递函数

由图 2-1 可知，对混流式或定桨式水轮机调节系统，水轮机及其引水系统环节的输入变量为调速器输出的主接力器行程 Y，输出变量为水轮机转矩 M_t（或输出有功功率 P_t）。

3.2.1　水轮机的转矩方程

在水头 H 和流量 Q 的水流作用下以 ω_m 角速度转动的水轮机输出转矩 M_t 可计算为[1]

$$M_t=\frac{\rho H Q_w \eta}{\omega_m}=\frac{P_t}{\omega_m} \tag{2-8}$$

式中：M_t 为水轮机输出转矩，kg・m；ρ 为水的密度，kg/m^3；H 为水轮机的工作水头，m；Q_w 为水轮机的流量，m^3/s；η 为水轮机效率；ω_m 为水轮机的机械角速度，rad/s（弧度/秒）。

式（2-8）的分子单位为 kg・m/s，为水轮机的输出功率 P_t，故有 $M_t=\frac{P_t}{\omega_m}$。水轮机输出转矩也常用 N・m（牛顿・米）为单位，数值关系为 1kg・m＝9.8N・m；相应的以单位为 kg・m/s 的水轮机输出功率也可表示为常用的 kW，1kg・m/s＝9.8kN・m/s＝9.8kJ/s＝9.8kW。

式（2-8）中，ρ 可认为为常数；于某一运行点上运行的水轮机，在小波动情况下可认为其效率不变。水轮机的流量 Q_w 主要取决于水轮机主接力器行程 Y 对应的导叶开度，并与水轮机水头 H 及转速（频率）有关。故水轮机的输出转矩，即水轮机输出转矩 M_t 可表示为 H、Y、F 的函数，即 $M_t=f_m(H,Y,F)$[3,6]。

分析及试验表明（参见图 2-31），水轮机输出转矩随主接力器行程的变化为非线性特性。故在用传递函数对小扰动下水轮机调节系统进行分析时，需对水轮机的非线性特性进行线性化处理，在水轮机的某一运行点上将非线性特性线性化。即认为在系统小扰动下，某一工况点附近运行的水轮机参数仅有很小的变化，近似地认为水轮机转矩与其他相关参数之间的关系是线性的，可用线性方程进行描述，用传递函数来描述水轮机的特性。

对 M_t 函数在某一初始运行点（$t=0$ 及 H_0、Y_0、F_0、M_{t0}）展开为泰勒级数并忽略二阶及以上高阶项时，以偏差相对值表示的水轮机的输出转矩 m_t 可表示为如下的线性方程式[6]

$$m_t = \Delta M_t / M_r = \frac{\partial f_m}{\partial h} h + \frac{\partial f_m}{\partial y} y + \frac{\partial f_m}{\partial f} f = e_h h + e_y y + e_f f \tag{2-9}$$

$$m_t = \Delta M_t / M_r = (M_t - M_{t0}) / M_r$$

$$y = \Delta Y / Y_{max} = (Y - Y_0) / Y_{max}$$

$$h = \Delta H / H_r, \Delta H = H - H_0$$

$$f = \Delta F / F_r, \Delta F = F - F_0$$

式中：M_t、ΔM_t、m_t 分别为 $t=0$ 后的 t 时刻的水轮机转矩（有名值）、转矩偏差值（有名值）、转矩偏差相对值，M_{t0} 为 $t=0$ 时水轮机的输出转矩（有名值）；M_r 为水轮发电机额定转矩；Y、ΔY、y 分别为 $t=0$ 后的 t 时刻的主接力器行程（cm）、行程偏差值（cm）、行程偏差相对值；Y_0 为 $t=0$ 时主接力器行程；Y_{max} 为主接力器最大行程（cm）；H、ΔH、h 分别为 $t=0$ 后的 t 时刻的水轮机水头、水头偏差值、水头偏差相对值；H_r 为水轮机额定水头，H_0 为 $t=0$ 时的水轮机水头；F、ΔF、f 分别为 $t=0$ 后的 t 时刻的水轮机组频率、频率偏差值、频率偏差相对值；F_r 为水轮机组额定频率；F_0 为 $t=0$ 时的水轮机组频率；$e_h = \frac{\partial f_m}{\partial h}$、$e_y = \frac{\partial f_m}{\partial y}$、$e_f = \frac{\partial f_m}{\partial f}$ 称为水轮机的传递系数。

水轮机通常通过压力引水管道获得工作水头及流量。在主接力器行程 Y 及对应的导叶开度变化，使流经水轮机及压力引水管道中的流量发生变化时，压力引水管道将出现水锤使水轮机水头发生变化，影响水轮机的输出转矩［见式（2-9）中的 $e_h h$］。

3.2.2 水轮机的流量方程及压力引水系统环节的传递函数

1. 水轮机的流量方程

分析表明，水轮机流量 Q_w 除取决于水轮机主接力器行程 Y 对应的导叶开度外，尚受水头 H 及转动频率 F 的影响，为 H、Y、F 的函数，即 $Q_w = f_q(H,Y,F)$[3,6]，Q_w 随 H、Y、F 的变化也为非线性特性，在用传递函数对系统进行分析时，需进行线性化处理，在水轮机的某一运行点上将非线性特性线性化。

对 Q_w 函数在某一初始运行点（$t=0$ 及 H_0、Y_0、F_0、Q_{w0}）展开为泰勒级数并忽略二阶及以上高阶项时，以偏差相对值表示的水轮机的流量 q 可表示为[6]

$$q = \Delta Q_w / Q_{wr} = \frac{\partial f_q}{\partial h} h + \frac{\partial f_q}{\partial y} y + \frac{\partial f_q}{\partial f} f = e_{qh} h + e_{qy} y + e_{qf} f \tag{2-10}$$

$$\Delta Q_w = Q_w - Q_{w0}$$

式中：$q = \Delta Q_w / Q_{wr}$，Q_w、ΔQ_w、q 分别为 $t=0$ 后的 t 时刻的水轮机流量、流量偏差值、流量偏差相对值；Q_{wr} 为水轮机额定流量；Q_{w0} 为 $t=0$ 时的水轮机流量；$e_{qh} = \frac{\partial f_q}{\partial h}$、$e_{qy} = \frac{\partial f_q}{\partial y}$、$e_{qf} = \frac{\partial f_q}{\partial f}$ 也称为水轮机的传递系数；其余见式（2-9）。

2. 压力引水系统环节的传递函数

在小扰动下对水轮机调节系统进行分析时，水轮机流量变化引起的压力引水管道水锤对水轮机的工作水头的影响，在工程实际应用中，通常可用引水系统环节的传递函数来描述。此时压力引水管道环节输入变量的偏差相对值为水轮机流量 q，输出变量的偏差相对值为水轮机水头 h。

当将其传递函数展开为泰勒级数并分别取其分子、分母的前 2 项或仅取 1 项时，不考虑压力引水管道中水力摩擦损失的压力引水系统的传递函数 $G_w(s)$ 可表示为[6]

$$G_w(s)=\frac{h(s)}{q(s)}=-h_w\frac{T_r s+\dfrac{T_r^3 s^3}{24}}{1+\dfrac{T_r^2 s^2}{8}} \tag{2-11}$$

$$G_w(s)=\frac{h(s)}{q(s)}=-h_w T_r s=-T_w s \tag{2-12}$$

式中：$q(s)$、$h(s)$ 分别为压力引水系统环节的输入变量偏差相对值 q（水轮机流量偏差相对值）的拉普拉斯变换、输出变量偏差相对值 h（水轮机水头偏差相对值）的拉普拉斯变换，s 为拉普拉斯算子；h_w 为管道特性常数，$h_w=T_w/T_r$，$T_r=2L_r/\alpha$；T_w 为水流惯性时间常数，是管道在 H_r 作用下流量从零到额定值所需的时间，s；T_r 为水锤压力波反射时间，s；L_r 为压力管道总长，m；α 为水锤压力波传播速度，m/s；H_r 为水轮机额定水头，m。

水锤压力波传播速度 a(m/s)，对均匀薄壁圆管由下式计算，即

$$a=\frac{a_0}{\sqrt{1+\dfrac{E_0}{E}\dfrac{D}{\delta}}} \tag{2-13}$$

式中：a_0 为声波在水中的传播速度，一般为 1435m/s；E_0 为水的弹性模量，一般为 $19.6\times10^8 P_a$；E 为管壁材料的弹性模量，钢管一般为 $19.6\times10^{10} P_a$；D 为管道直径，m；δ 为管道厚度，m。

钢管的 $D/\delta=50\sim200$，一般取 100。一般 $a=1000$m/s。

式（2-12）中的水流惯性时间常数 T_w(s) 由下式计算，即

$$T_w=(Q_{wr}/gH_r)\cdot\sum(L_{ri}/F_{wi}) \tag{2-14}$$

式中：Q_{wr} 为水轮机额定流量，m^3/s；g 为重力加速度，m/s^2；H_r 为水轮机额定水头，m；L_{ri}、F_{wi} 分别为 i 段引水管道长、管道截面面积，m、m^2。

式（2-12）用于 $T_r\leqslant1$ 的短压力引水道（长度小于 600～800m，忽略管道中的水力摩擦）的水轮发电机组，此时不考虑水体和管壁的弹性，即考虑刚性水锤的压力引水道[3,6]。

当压力管道为等截面且 T_w 仅考虑水轮机的压力引水管道计算时（如可忽略蜗壳、尾水管影响），T_w 可计算为

$$T_w=L_r Q_{wr}/gH_r F_w$$

式中：L_r 为压力管道总长，m；F_w 为压力管道截面面积，m^2；其余见式（2-14）。

3.2.3　水轮机的传递系数

式（2-9）及式（2-10）中的水轮机的传递系数 $e_h=\dfrac{\partial f_m}{\partial h}$、$e_y=\dfrac{\partial f_m}{\partial y}$、$e_f=\dfrac{\partial f_m}{\partial f}$、$e_{qh}=$

$\dfrac{\partial f_q}{\partial h}$、$e_{qy}=\dfrac{\partial f_q}{\partial y}$、$e_{qf}=\dfrac{\partial f_q}{\partial f}$，分别描述水轮机转矩及流量（偏差相对值）随水头、主接力器行程及水轮机转动频率（偏差相对值）的变化关系，这些系数通常需从水轮机特性求取，并随水轮机运行点的不同而有不同的数值。

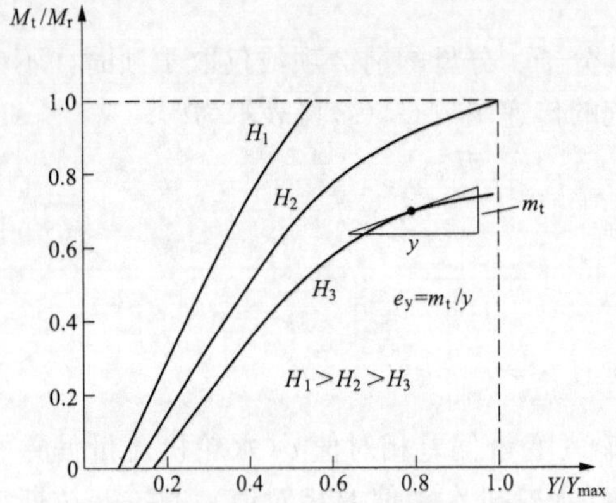

图 2-31　水轮机转矩与主接力器行程关系

例如，$e_y=\dfrac{\partial f_m}{\partial y}$为水轮机转速和水头不变时，由主接力器行程变化产生的水轮机转矩偏差相对值 $\Delta M_t/M_r$ 与主接力器行程相对值 $\Delta Y/Y_{max}$ 的比值，也是 M_t/M_r 与主接力器行程相对值 Y/Y_{max} 关系曲线上某一运行点切线的斜率，$e_y=\dfrac{\partial f_m}{\partial y}=\dfrac{\Delta M_t/M_r}{\Delta Y/Y_{max}}=\dfrac{m_t}{y}$，如图 2-31 所示，$\Delta M_t$ 为 M_t 仅有 ΔY 变化时的变化量。$e_f=\dfrac{\partial f_m}{\partial f}$为水轮机流量和水头不变时，由频率变化产生的水轮机转矩偏差相对值 $\Delta M_t/M_r$ 与频率偏差相对值 $\Delta F/F_{max}$ 的比值，$e_f=\dfrac{\partial f_m}{\partial f}=\dfrac{\Delta M_t/M_r}{\Delta F/F_{max}}=\dfrac{m_t}{f}$，由式（2-8）可知，在转速（频率）升高偏离额定值运行时，水轮机输出转矩将减少，从而抑制转速（频率）的进一步升高；转速（频率）降低偏离额定值运行时，水轮机输出转矩将增加，从而抑制转速（频率）的进一步降低。因而 e_f 也称为水轮机的自调节系数，e_f 总为负值，水轮发电机并网运行时，输出有功功率随系统频率的变化特性与之相同，对系统频率的变化起阻尼作用。

由图 2-31 可见，由于水轮机特性的非线性，e_y 将随水轮机运行点的不同而有不同的数值，其他传递系数也有类似变化。水轮机的 6 个传递系数随具体的水轮机及水轮机的运行工况点将有不同的数值，见表 2-9 示例[1]。

表 2-9　水轮机传递系数示例

水轮机	y	e_f	e_y	e_h	e_{qf}	e_{qy}	e_{qh}
混流式	0.8	−0.96	0.50	1.45	0	0.66	0.47
	0.6	−0.85	1.40	1.10	0.10	0.94	0.40
轴流定浆式	0.9	−0.51	0.57	1.22	0.34	0.55	0.31
	0.6	−0.91	1.50	1.12	0.27	0.55	0.21
斜击式	0.9	−0.60	0.96	1.30	0	1.01	0.50

3.2.4　水轮机及其引水系统环节的传递函数

根据式（2-9）、式（2-10）及式（2-12），可得到如图 2-32 所示的水轮机及其压力引水系统环节结构，此时引水系统按刚性水锤考虑。水轮机的 6 个传递系数随具体的水轮机及水轮机的运行工况点而有不同的数值，如表 2-9 所示。在工程实际应用时，通常可进行某些简化，如文献［6］建议采用 $e_{qf}=0$，并将 e_f 移出至发电机环节。此时由图 2-32 可得如图 2-33 所示的水轮机及其引水系统环节的简化结构及传递函数，简化结构的传递函数

为（取 $q=1$，水轮机于额定流量工况）

$$G_{tw}(s)=\frac{m_{tw}(s)}{y(s)}=\frac{e_y+(0.5e_y-1.5e_{qy})T_w s}{1+0.5T_w s} \tag{2-15}$$

式中：$m_{tw}=m_t-m_{tf}=m_t-e_f f$，为未考虑由频率变化引起的转矩变化量（$m_{tf}$）的简化环节的输出转矩。

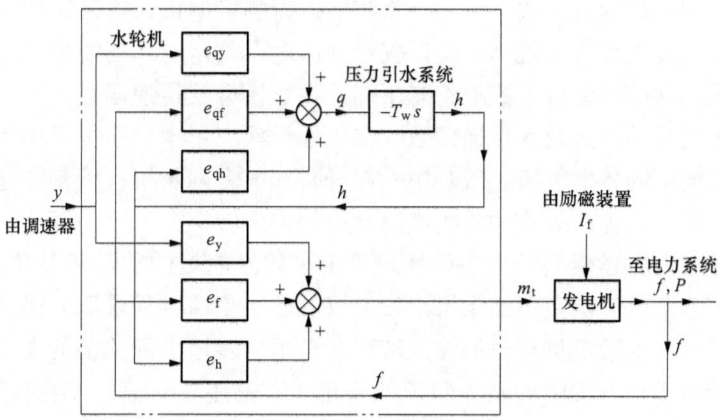

图 2-32　水轮机及其引水系统环节结构

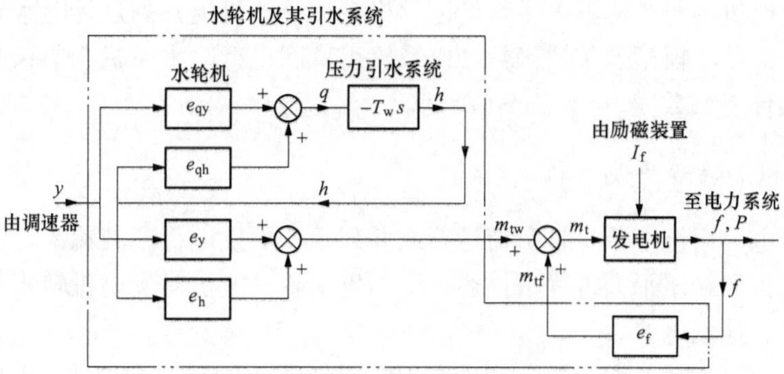

图 2-33　水轮机及其引水系统的简化结构及传递函数

粗略分析时，可采用所谓理想水轮机的水轮机及其引水系统的传递函数[6]：理想水轮机的传递系数取为 $e_h=1.5$、$e_y=1$、$e_f=-1$、$e_{qh}=0.5$、$e_{qy}=1$、$e_{qf}=0$，并将 e_f 移出至发电机环节。此时，式（2-15）可简化为

$$G_{tw}(s)=\frac{m_{tw}(s)}{y(s)}=\frac{1-T_w s}{1+0.5T_w s} \tag{2-16}$$

3.3　发电机和电力系统的数学模型及传递函数

由图 1-1 可知，机组并网运行时，水轮机调节系统包括由发电机、电力网及用电设备

组成的电力系统环节，环节的输出变量为电力系统频率，输入变量为水轮机及其引水系统环节（以下简称为水轮机环节）输出的水轮机转矩 M_t（或有功功率 P_t）及励磁装置输出的发电机励磁电流 I_f。机组离网运行时，调节系统在水轮机环节后仅有发电机环节，发电机环节的输入变量与机组并网运行时相同，输出变量为发电机频率及电压。工程应用中，在分析频率或有功功率小扰动下的水轮机调节系统时，发电机励磁电流通常按不发生变化考虑，在分析水轮机调节系统中的电力系统（或发电机）环节的数学模型及传递函数时，认为电力系统（或发电机）环节的输入变量仅有水轮机的输出转矩。

电力系统中运行的发电机通常是以与系统中其他发电机并列运行的方式出现，但也可能出现单机带电网负荷运行方式，如在小系统中运行的发电机或大系统中有地区电网负荷的电厂机组，在主输电线故障跳闸、电厂仅带地区电网负荷时，可能出现单机带负荷运行情况。电力系统在这两种运行方式下将有不同的数学模型及传递函数。对水轮机调节系统中电力系统环节的数学模式及其传递函数，在工程设计应用中，通常采用等效发电机进行分析，将电力系统中的各发电机（或其中一部分）和电力网及用电设备一起视作一个发电机，等效发电机的输入为所等效的各机组原动机的输出转矩，输出为频率；水轮机调节系统中电力系统环节的数学模型及传递函数，可由等效发电机的数学模型及传递函数求得。发电机的数学模型及传递函数，通常可由发电机的转矩平衡方程求取。描述作用在发电机转子上的主动转矩（即发电机环节的输入转矩）与阻力转矩平衡关系的发电机转矩平衡方程，当发电机转矩平衡方程中的阻力转矩的变化量（偏差相对值），均描述为发电机频率变化量（偏差相对值）的函数时，此时的发电机转矩平衡方程即成为描述发电机输入、输出关系的数学方程，由此可得到发电机（或以等效发电机描述的电力系统）的数学模型及传递函数。

下面从分析发电机的数学模型入手，给出单机带负荷、机组并列运行时水轮机调节系统中电力系统环节的数学模型及传递函数，以及机组离网运行时水轮机调节系统中的发电机环节数学模型及传递函数。

3.3.1 发电机的转矩平衡方程

离网运行、在电力系统中单机带负荷运行或并列运行的发电机，其输入、输出变量关系，可用同步发电机的转矩平衡方程来描述。下面以水轮发电机对发电机转矩平衡方程的描述，同样适用于其他发电机。

在对称负荷下稳定运行的发电机，作用在发电机转子上的转矩有如式（2-17）所示的转矩平衡方程式[7]，即

$$M_t = M_j + M_e + M_d + M_c \tag{2-17}$$

式中：M_t、M_j、M_e、M_d、M_c取相同的单位（有名值，如 kg · m）。

将（2-17）各转矩以偏差相对值表示时，同步发电机的转矩平衡方程为

$$m_t = m_j + m_e + m_d + m_c \tag{2-18}$$

式中：m_t为水轮机输出转矩（也是发电机的输入转矩）的偏差相对值，$m_t=(M_t-M_{t0})/M_b$，M_{t0}、M_t分别为 $t=0$ 时水轮机的输出转矩、$t=0$ 后 $t=t$ 时的输出转矩，M_b为基准转矩；m_j为机组的惯性转矩偏差相对值，$m_j=(M_j-M_{j0})/M_b$，M_{j0}、M_j分别为 $t=0$ 时机组的惯性转矩、$t=0$ 后 $t=t$ 时的惯性转矩；m_e为发电机的电磁转矩偏差相对值，m_e

$=(M_e-M_{e0})/M_b$，M_{e0}、M_e分别为 $t=0$ 时发电机的电磁转矩、$t=0$ 后 $t=t$ 时的电磁转矩；m_d为发电机与转子转差率成正比的阻尼转矩偏差相对值，$m_d=(M_d-M_{d0})/M_b$，M_{d0}、M_d分别为 $t=0$ 时发电机的阻尼转矩、$t=0$ 后 $t=t$ 时的阻尼转矩；m_c为发电机的损耗转矩偏差相对值，$m_c=(M_c-M_{c0})/M_b$，M_{c0}、M_c分别为 $t=0$ 时发电机的损耗转矩、$t=0$ 后 $t=t$ 时的损耗转矩。各 M_t、M_j、M_e、M_d、M_c及其增量与 M_b取相同的单位（有名值，如 kg·m）。

通常将 M_t称为发电机的主动转矩（或原动机输出转矩），为机组原动机（水轮机）输出作用在发电机转子上的驱动转矩，M_j、M_e、M_d、M_c为发电机阻力转矩，故式（2-17）为描述作用在发电机转子上的主动转矩与阻力转矩的平衡方程。下面分别讨论式（2-18）中各阻力转矩在发电机频率（转速）变化时，各转矩偏差相对值的变化，以确定发电机输出变量和输入变量的关系、数学模型及传递函数。

3.3.1.1　机组的惯性转矩

水轮发电机组转速变化时，机组将出现惯性转矩 M_j。由力学定律，绕固定轴转动刚体在转速变化时的惯性转矩可由下式计算[7]，即

$$M_j=\Delta M_j=J\frac{d\omega_m}{dt} \tag{2-19}$$

式中：J 为机组转动部分的转动惯量；ω_m为机组转动的机械角速度。由于在机组转速发生变化前（$t=0$ 前）的稳态运行时有$(d\omega_m/dt)=0$ 及 $M_{j0}=0$，故有式（2-19）$\Delta M_j=M_j-M_{j0}=M_j$。机组转速增加时，$\Delta M_j>0$，$M_j$为抑制转速增加的阻力矩。

机组机械角速度 ω_m与电角速度 ω 及频率 F 有如下关系，即

$$\omega_m=\frac{\omega}{p_p}=\frac{2\pi F}{p_p} \tag{2-20}$$

式中：ω_m机组转动的机械角速度，rad/s；ω 为机组的电角速度，rad/s；p_p为发电机转子磁极的极对数；F 为机组频率，Hz。

转矩偏差相对值的基准转矩 M_b，通常取为发电机的额定转矩。由动力学可知，旋转物体的机械功率等于转矩与机械角速度的乘积。发电机的额定转矩通常可取对应于发电机额定功率 P_r(kW) 的转矩值 M_r[6,7]，$M_r=102P_r/\omega_{mr}$，kg·m，其中 ω_{mr}为机组的额定机械角速度，rad/s。机组惯性转矩偏差相对值以发电机额定转矩 M_r为基准时，由式（2-19）及式（2-20）可得以机组频率变化率表示的 m_j计算式为

$$\begin{aligned}m_j&=\frac{\Delta M_j}{M_r}=\frac{J}{M_r}\frac{d\omega_m}{dt}==\frac{J}{102P_r}\left(\frac{2\pi F_r}{p_p}\right)\cdot\frac{d}{dt}\left(\frac{2\pi F}{p_p}\right)\\&=\frac{J}{102P_r}\left(\frac{2\pi F_r}{p_p}\right)^2\cdot\frac{d(F_0+\Delta F)}{F_r dt}=\frac{J\omega_{mr}^2}{102P_r}\frac{d}{dt}\left(\frac{\Delta F}{F_r}\right)=T_a\frac{df}{dt}\end{aligned} \tag{2-21}$$

式中：$m_j=\Delta M_j/M_r$，为以 M_r(kg·m) 为基准的惯性转矩偏差相对值。$T_a=J\omega_{mr}^2/102P_r$，为转矩偏差相对值以对应于发电机额定功率 P_r 的转矩 M_r 为基准计算时的机组惯性时间常数，是机组在 M_r 作用下频率从零到额定值所需的时间，s；机组转动部分的转动惯量 $J=m_{(s)}R^2$，kg·m^2；$m_{(s)}$为转动部分质量，kg；R 为旋转体的计算半径，m。$f=(F-F_0)/F_r=\Delta F/F_r$，为以额定频率 F_r为基准的机组频率偏差相对值。机组频率 $F=F_0+\Delta F$，F_0为 $t=0$ 时的机组频率。其余见式（2-19）及式（2-20）。

机组惯性时间常数 T_a，通常由制造厂家给出的机组飞轮力矩 GD^2(T·m^2，吨·米^2，

包括发电机及水轮机转动部分，并以旋转体的计算直径 D 计算)、额定转速 n_r(r/min，转/分钟）计算，此时式（2-21）的 T_a 计算式中相关物理量需进行换算[6]：转动惯量 J 以 GD^2(T·m^2)计算时，$J=m_{(s)}R^2=(1000G/9.81)(D/2)^2=1000GD^2/(4\times9.81)$；$\omega_{mr}$(rad/s) 以 n_r(r/min)计算时，$\omega_{mr}=\pi n_r/30$，代入式（2-21）中的 T_a 计算式有

$$T_a=J\omega_{mr}^2/(102P_r)=\frac{GD^2\cdot10^3}{4\times9.81}\cdot\left(\frac{\pi n_r}{30}\right)^2/(102P_r)=\frac{GD^2n_r^2}{365P_r} \tag{2-22}$$

控制系统分析时，以发电机额定功率 P_r 为基准计算的机组惯性时间常数 T_a，可能需换算到以控制系统分析用的功率基准值 P_b，换算式为

$$T_{a(b)}=T_a\cdot\frac{P_r}{P_b} \tag{2-23}$$

式中：$T_{a(b)}$ 为以 P_b 为功率基准值的机组惯性时间常数，s；P_b 的单位应取与计算 T_a 用的 P_r 同一单位（如 kW）。

在分析并列运行发电机的输出有功功率或电磁转矩时，以标幺值或偏差相对值表示的输出有功功率，基准值通常取为发电机额定容量 S_r（kVA)，转矩的基准值取为机组对应于 S_r 的转矩值 $M_{r(s)}$，$M_{r(s)}=102S_r/\omega_{mr}$，kg·m，此时，机组的惯性时间常数以 T_J 表示[4,8]。以机组频率变化率表示的机组惯性转矩偏差相对值 $m_{j(s)}$ 及 T_J 由式（2-21）及式（2-23）可计算为

$$m_{j(s)}=\frac{\Delta M_j}{M_{r(s)}}=\frac{\Delta M_j}{102S_r/\omega_{mr}}\cdot\frac{P_r}{P_r}=\frac{\Delta M_j}{102P_r/\omega_{mr}}\cdot\frac{P_r}{S_r}=\frac{m_j}{k_b}=\frac{T_a}{k_b}\cdot\frac{df}{dt}=T_J\cdot\frac{df}{dt} \tag{2-24}$$

$$T_J=T_a/k_b=T_a/(S_r/P_r)=GD^2n_r^2/365S_r\text{(s)} \tag{2-25}$$

式中：$k_b=S_r/P_r$，为基准转换系数。由式（2-24)，有 $m_j=k_bm_{j(s)}$。

也有文献将机组惯性时间常数采用 H 表示，$H=T_J/2$[8,9]。

3.3.1.2　发电机的电磁转矩

发电机的电磁转矩 M_e 是通过电磁感应作用由发电机气隙合成磁场将机组的原动机转矩（对水轮发电机为水轮机输出转矩）传变到定子的电磁转矩。以 ω_m 机械角速度旋转的发电机，电磁转矩与对应的电磁功率 P_e 关系为 $M_e=102P_e/\omega_m$。P_e 在扣除定子铜耗后，为发电机对电力网输出的有功功率 P。工程应用中，通常可忽略定子铜耗而认为 $P=P_e$，在水轮机调节系统中，可认为发电机环节对电力网的输出为发电机的电磁转矩（或电磁功率)。显然，空载或空转运行的发电机，不出现电磁转矩及电磁功率。采用发电机额定转矩 $M_r=102P_r/\omega_{mr}$ 为基准转矩的发电机电磁转矩偏差相对值 m_e 可计算为

$$m_e=\frac{\Delta M_e}{M_r}=\frac{\Delta M_e\omega_{mr}}{102P_r}=\frac{\Delta P_e}{P_r}=p_e=p \tag{2-26}$$

式中：转矩 ΔM_e、M_r 单位为 kg·m；ω_m 为发电机机械角速度，rad/s；$p_e=\Delta P_e/P_r$、$p=\Delta P/P_r$，为以发电机额定功率 P_r 为基准的发电机电磁功率、有功功率偏差相对值，P_r、P 单位均为 kW。由式（2-26）可知，当基准值取相同的有功功率时，发电机的电磁转矩偏差相对值 m_e 等于电磁功率、有功功率的偏差相对值 p_e、p。

发电机输出的有功功率及其对应的电磁转矩，取决于发电机运行方式及电力系统的运行状态，发电机在空载或空转、单机带负荷、于电力系统中并列运行等运行方式下，将有不同的输出及不同的计算方法。

1. 空载或空转运行的发电机

此时发电机定子开路，无有功功率输出，不出现电磁转矩及电磁功率，$m_e = p = 0$。

2. 单机带负荷运行的发电机

单机带负荷运行的发电机，发电机输出有功功率 P 取决于并等于电网负荷（包括网络的损耗）的有功功率 P_1，而电网的频率取决于并等于机组的频率。

按负荷吸收有功功率与电网频率变化的关系，电网中的负荷通常有与电网频率变化无关的负荷（如照明、电弧炉、电阻炉、整流器负荷等）及随频率变化的负荷，随频率变化的负荷包括与频率一次方（如机床、压缩机等负荷）、二次方（如变压器涡流损耗等负荷）或更高次方成正比的负荷，以及与频率变化率成正比的负荷［如电动机，其惯性转矩与频率变化率成正比，类同式（2-21）］。故发电机输出的电磁转矩（与相应的电磁功率及有功功率）将随发电机运行频率变化而变化。当忽略与频率二次方或更高次方成正比的负荷功率变化时（其占负荷有功功率变化的份额很小），电网负荷有功功率随频率变化的偏差相对值 p_1（以电力系统额定功率 P_{sr} 为基准）可计算为[4,6]

$$p_1 = k_1 f + T_1 \frac{df}{dt} \tag{2-27}$$

式中：k_1 为电网负荷的频率调节效应系数（其倒数通常称为负荷的调差系数），见式（2-28）；T_1 为电网负荷中旋转电机的等效惯性时间常数，见式（2-29）；$T_1(df/dt)$ 为与频率变化率成正比的负荷惯性转矩的偏差相对值，f 见式（2-21），类同式（2-26）的分析，当相对值均采用电力系统额定功率 P_{sr} 为基准时，$T_1(df/dt)$ 也是与频率变化率成正比的负荷功率的偏差相对值。由于单机带负荷的电力系统，发电机输出有功功率总等于电网负荷有功功率，且电力系统额定功率 P_{sr} 等于发电机额定功率 P_r，故频率变化时，以 P_r 为基准的发电机输出有功功率偏差相对值 p 等于以 P_{sr} 为基准的电网负荷有功功率偏差相对值 p_1（以 P_r 为基准），即式（2-27）中的 $p_1 = p$。

电网负荷的频率调节效应系数 k_1，表示负荷有功功率随电网频率偏差的变化关系，由式（2-28）计算[4]，即

$$k_1 = \frac{\Delta P_{lf}/P_{sr}}{\Delta F/F_r} = \frac{p_{lf}}{f} \tag{2-28}$$

式中：ΔP_{lf} 为电网频率偏差为 ΔF 时，负荷有功功率变化值（差值）；P_{sr} 为电力系统额定功率，通常取为额定频率时电力系统负荷（最大）的有功功率；p_{lf} 为频率变化 f 时的负荷有功功率偏差相对值，以 P_{sr} 为基准；f 见式（2-21）。电网负载的频率调节效应系数一般为 $k_1 = 1 \sim 3$[4]，通常由电力系统调度部门提供。

电网负荷中旋转电机的等效惯性时间常数 T_1（通常以电力系统额定功率 P_{sr} 计算）可计算为

$$T_1 = \sum_{i=1}^{n} T_{li} k_i \tag{2-29}$$

式中：T_1 通常由电力系统调度部门提供，一般可取[6] $T_1 = (0.24 \sim 0.3) T_{ag}$，$T_{ag}$ 为电力系统等效发电机组的惯性时间常数，将在本篇 3.3.3 中描述；T_{li} 为电网负荷中旋转电机 i 以旋转电机额定功率 P_{lri} 计算的机组惯性时间常数，由厂家提供，s；系数 $k_i = P_{lri}/P_{sr}$，对单机带负荷系统，有 $P_{sr} = P_r$。

电网负荷的频率调节效应系数 k_1 总为正值，在电网频率升高时（如由于水轮机输出功

率增加使机组出现过剩有功功率)，负荷的有功功率将增加，使机组的过剩功率减少，从而抑制发电机转速的进一步升高。故在某些文献中，将负荷随频率变化对发电机频率的调节效应称为发电机负荷自调节效应，并采用发电机负荷自调节系数 e_g取代 k_1。

3. 在电力系统中并列运行的发电机

在多台发电机并列运行的电力系统中，发电机输出的总有功功率总是等于电网负荷的总有功功率（含网络的有功损耗）[4]。在水轮机调节系统动态调节过程分析的实际应用中，对所分析发电机输出的电磁转矩（或电磁功率、有功功率），通常可根据所分析的发电机所在的电力系统状况或与所分析的发电机连接的系统母线侧的电力系统状况等，简化为三种情况进行计算：发电机间为“刚性联结”的电力系统中的发电机、经升压变压器及输电线连接至无穷大电源系统的发电机或连接至有限电源系统的发电机，分述如下。

（1）发电机间为“刚性联结”系统中的发电机电磁转矩或有功功率。

对水轮机调节系统的调节动态性能进行分析时，当认为在系统受扰动后的调节动态过程中，电力系统中各发电机和电网各处的频率相同，各发电机间保持同步运行、功角无相对摆动，此时电力系统中各发电机间可称为“刚性联结”。例如，电力系统有较集中的负荷中心、主要发电机均在负荷中心附近、网络结构比较紧密、各发电机及负荷类同在同一系统母线上连接的电力系统。系统频率变化时，系统中参加频率调节的各调频机组的调速器将反映频率变化对机组进行调节，所分析的某一台发电机输出的电磁转矩（或电磁功率、有功功率）的偏差相对值，通常可根据所分析的发电机所连接的系统母线侧系统有无调频机组，分为两种情况进行计算。

1）电力系统中仅所分析的机组参与系统调频，与分析的发电机连接的系统母线侧系统无调频机组。此时系统中仅所分析的机组反映系统频率变化对其输出有功功率进行调节，系统频率变化时，由于所分析发电机的输出有功功率变化量总是等于电网负荷功率的变化量，故当所分析的机组考虑为一台机组时，发电机输出有功功率的偏差相对值 p（以发电机额定功率 P_r为基准），可类同单机带负荷发电机进行分析计算，由于电网负荷功率偏差相对值 p_1的基准为电力系统的额定有功功率 P_{sr}，故 p 和 p_1间需进行功率基准转换，即

$$p=p_1/k_m=\left(k_1 f+T_1\frac{df}{dt}\right)/k_m=p_e=m_e \tag{2-30}$$

式中：k_m为所分析发电机功率偏差相对值与电力系统负荷功率偏差相对值的功率基准转换系数，$k_m=P_r/P_{sr}$，其余见式（2-26）、式（2-27）。

2）与所分析的发电机连接的系统母线侧系统有调频机组。此时与分析发电机连接的系统母线侧的调频发电机，在系统频率变化时，其输出功率将发生变化。如系统频率升高时，系统母线侧调频机组的调速器将反应频率升高对机组进行调节，减少发电机的输出有功功率。故与系统负荷功率变化量 p_1相平衡的系统发电机的功率变化量，为所分析的发电机功率变化量 p 及系统母线侧系统调频机组功率变化量 p_{sb}的总和。或系统的功率平衡方程可表示为所分析的发电机功率变化量 p 对系统负荷功率变化量 p_1与系统母线侧系统调频发电机功率变化量 p_{sb}的差值间的平衡。工程实际应用的简化计算中，p_{sb}可认为是按调频机组功频静态特性的调差率（或称调差系数或差值系数，对水轮发电机又称为永态差值系数）及当时的系统频率偏差而变化，见式（2-2）。以偏差相对值描述的平衡方程式及所分析的发电机（一台）的功率 p（或电磁功率 p_e、电磁转矩 m_e）偏差相对值的计算式为

$$p=(p_1-p_{sb})/k_m=\left[\left(k_1f+T_1\frac{df}{dt}\right)-\sum_{i=1}^{n_{sb}}\left(-\frac{k_{msbi}}{b_{psbi}}f\right)\right]/k_m$$
$$=\left[T_1\frac{df}{dt}+(k_1+k_{sb})f\right]/k_m=p_e=m_e \tag{2-31}$$

式中：p_{sb}为所分析发电机连接的系统母线侧系统的各调频发电机总有功功率的偏差相对值，以电力系统额定有功功率P_{sr}为基准，$p_{sb}=\sum_{i=1}^{n_{sb}}p_{sbi}=\sum_{i=1}^{n_{sb}}(-k_{msbi}/b_{psbi})f$；$i=1\sim n_{sb}$为系统母线侧系统$n_{sb}$台调频机组的$i$机组；$p_{sbi}=-(k_{msbi}/b_{psbi})f$，$p_{sbi}$为$i$调频机组有功功率偏差相对值，以$P_{sr}$为基准，$k_{msbi}=P_{rsbi}/P_{sr}$为系统母线侧系统$i$调频机组的功率基准转换系数，$P_{rsbi}$为$i$调频机组的额定功率，$b_{psbi}$为系统母线侧系统$i$调频机组的调差系数（对水轮发电机为永态差值系数），见式（2-2）；系数$k_{sb}=\sum_{i=1}^{n_{sb}}(k_{msbi}/b_{psbi})$；刚性连接系统中各发电机频率$f$相同；其余见式（2-30）。

（2）连接至无穷大电源系统的发电机（或等效发电机）电磁转矩或有功功率。

当所分析的发电机在受扰动后的调节动态过程中，可忽略系统母线频率及电压的变化，仅考虑所分析的发电机（或等效发电机）运行参数（频率、机端电压、功率等）的变化时（如大系统中某一或少数机组的输入功率发生扰动时），可认为与发电机连接的系统为无穷大电源系统（简称无穷大系统）。

通过输电线与无穷大电源系统中电压为U_{sb}的系统母线连接的一台凸极发电机（如图2-34所示），忽略电阻时，其输出有功功率$P_{(s)}$与相应的电磁功率$P_{e(s)}$和电磁转矩$M_{e(s)}$可计算为[4]

$$P_{(s)}=P_{e(s)}=M_{e(s)}=\frac{E_qU_{sb}}{X_{d\Sigma}}\sin\delta+\frac{U_{sb}^2}{2}\left(\frac{X_d-X_q}{X_{d\Sigma}X_{q\Sigma}}\right)\sin2\delta \tag{2-32}$$

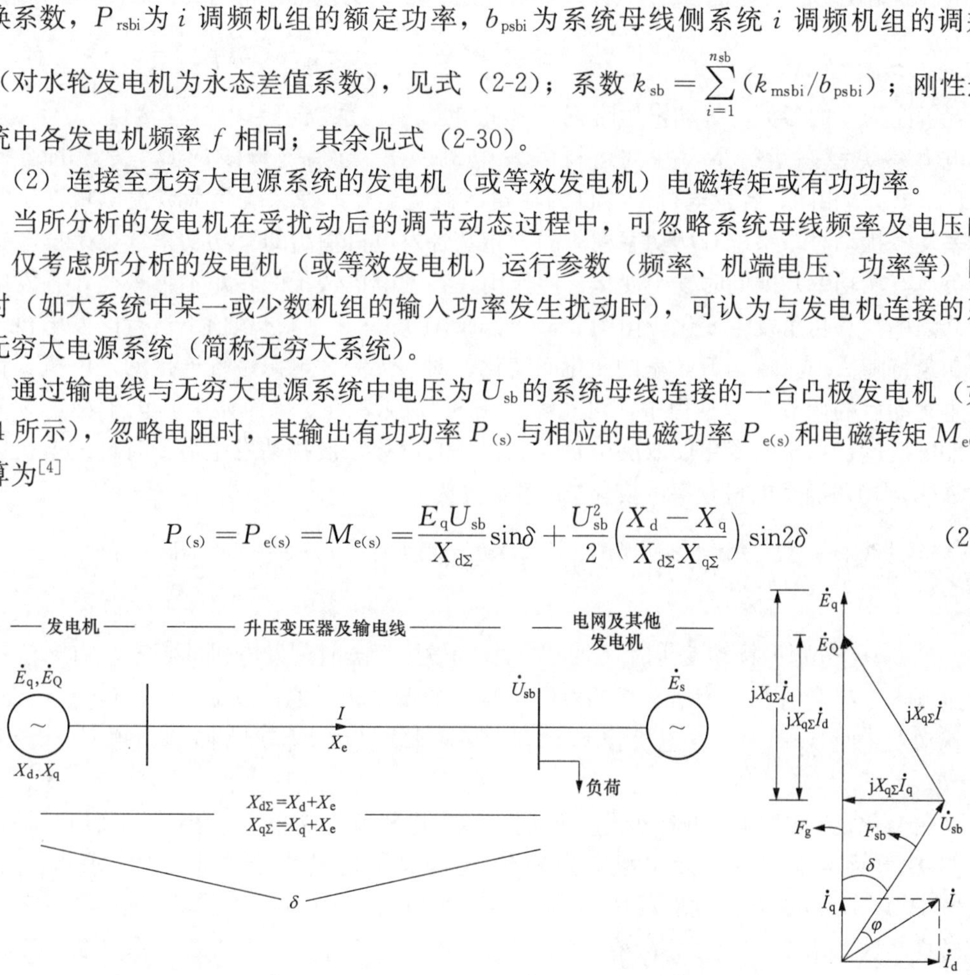

图2-34　通过输电线与电力系统母线连接的发电机

式中：E_q为正比于励磁主磁通的发电机空载电动势，当忽略主极漏磁通且不考虑磁路饱和时（即发电机空载特性按线性考虑），E_q正比于发电机的励磁电流；U_{sb}为系统母线电压；$X_{d\Sigma}=X_d+X_e$，X_e为发电机机端的外部系统电抗（包括升压变压器、输电线），X_d发电机的直轴同步电抗；δ为功角，是E_q与U_{sb}之间的夹角；$X_{q\Sigma}=X_q+X_e$，X_q为发电机的横轴（也称交轴）同步电抗。式（2-32）中的电压及电动势、阻抗、有功功率均为以发电机额定电压、额定容量S_r为基准的标幺值，电磁转矩为以对应于发电机额定容量S_r的转矩

$M_{r(s)}$为基准的标幺值，即 $P_{(s)}=P/S_r, M_{e(s)}=M_e/M_{r(s)}=(P_e/\omega_m)/(S_r/\omega_{mr})$，$S_r$、$P$、$P_e$、$M_e$为以有名值表示的发电机额定容量、有功功率、电磁功率、电磁转矩，忽略发电机定子铜耗时有 $P=P_e$；ω_m、ω_{mr}为机组机械角速度、额定角速度，小扰动下的调节动态过程中发电机的转速变化不大，可认为 $\omega_m=\omega_{mr}$，故有 $M_{e(s)}=M_e/M_{r(s)}=(P_e/\omega_m)/(S_r/\omega_{mr})=P_e/S_r=P/S_r=P_{e(s)}=P_{(s)}$，见式（2-32）。

在分析小扰动下的水轮机调节系统时，通常可不考虑发电机励磁电流（或 E_q）及系统母线电压U_s的变化，发电机输出有功功率 P（及与相应的电磁转矩）仅取决于发电机的运行功角 δ，系统受扰动时发电机输出有功功率的变化 ΔP 仅取决于功角变化 $\Delta\delta$。功角变化 $\Delta\delta$ 时发电机输出功率的变化量 $\Delta P_{(s)}$（以发电机额定容量 S_r为基准）可由式（2-32）计算为

$$\Delta P_{(s)}=\left(\frac{\partial P_{(s)}}{\partial\delta}\right)\Delta\delta=\left(\frac{E_{q0}U_{sb}}{X_{d\Sigma}}\cos\delta_0+\frac{X_d-X_q}{X_{d\Sigma}\cdot X_{q\Sigma}}U_{sb}^2\cos2\delta_0\right)\Delta\delta=k_1\Delta\delta \tag{2-33}$$

式中：脚注为 0 的参数为扰动发生时刻 $t=0$ 时的数值；系数 $k_1=\partial P_{e(s)}/\partial\delta$。

电力系统稳态运行下，并列运行各发电机的 E_q 与系统母线的 U_{sb} 矢量的运行频率（F_g、F_{sb}）相同，各发电机于各自的功角下稳定运行。在系统负荷或发电机输出的有功功率发生扰动时，系统有功功率潮流的分布及各发电机输出的有功功率（也是发电机承担的负荷有功功率）即同时发生变化，使作用在各发电机转子的转矩不再平衡，各发电机转速（频率）及功角发生变化。由图 2-34 可知，在某一 E_q、U_{sb}数值下运行的发电机，其运行功角将随 E_q或 U_{sb}运行频率的变化而变化。对与无穷大电源系统连接的发电机，在系统发生扰动后的调节动态过程中，可忽略系统母线频率的变化而认为其仍于额定频率运行，发电机运行功角的变化仅取决于发电机频率的偏移。设扰动发生后 t 时刻发电机频率变化 ΔF_g，功角随发电机频率的变化 $\Delta\delta$ 可计算为

$$\Delta\delta=\int_0^t(2\pi\cdot\Delta F_g)\mathrm{d}t=2\pi\int_0^t(F_g-F_{g0})\mathrm{d}t=2\pi F_r\int_0^t\left[\frac{(F_g-F_{g0})}{F_r}\right]\mathrm{d}t=\omega_r\int_0^t f_g\mathrm{d}t \tag{2-34}$$

式中：F_{g0}、F_g分别为扰动发生时（$t=0$）、扰动发生后 t 时刻发电机的频率，有名值；F_r为额定频率，有名值；f_g为所分析的发电机频率的偏差相对值，以 F_r为基准。

扰动发生时（$t=0$），发电机频率 F_{g0}与系统母线（或 E_q与 U_s向量）频率 F_{sb0}相同，$F_{g0}=F_{sb0}=F_r$。

功角变化 $\Delta\delta$ 或发电机频率变化 ΔF_g时，以发电机额定功率 P_r为基准的发电机输出功率的偏差相对值 P，可由发电机额定容量 S_r为基准的功率变化量 $\Delta P_{(s)}$求得：$\Delta P_{(s)}=(P-P_0)/S_r=\Delta P/S_r=\Delta P/(P_rS_r/P_r)=\Delta P/(P_rk_b)=p/k_b$，其中，$k_b=S_r/P_r$，为基准转换系数。由于 $m_e=p$，故有 $\Delta P_{(s)}=p/k_b=m_e/k_b$。以式（2-34）代入式（2-33），可得到系统受扰动后频率（及相应的发电机功角）变化时，以发电机额定功率 P_r为基准的发电机输出有功功率（或输出电磁转矩）偏差相对值 p(或 m_e）的计算式为

$$p=m_e=k_b\Delta P_{(s)}=k_b\left(\frac{\partial P_{(s)}}{\partial\delta}\right)\Delta\delta=k_bk_1\Delta\delta=k_bk_1\omega_r\int_0^t f_g\mathrm{d}t \tag{2-35}$$

（3）连接至有限电源系统的发电机（或等效发电机）电磁转矩或有功功率。

当所分析的发电机在受扰动后的调节动态过程中，需考虑系统母线频率的变化，并可能与所分析的发电机有不相同的动态变化过程时（如所分析的发电机接至的系统母线，相对于所分析的发电机为有限容量电源的电力系统母线，并连接有其他调频发电机时），可

认为与所分析的发电机连接的系统为有限电源系统。对水轮机调节系统在小扰动下的调节动态过程进行分析时，通常可以将与所分析发电机连接的电网及其他发电机视作一个等效发电机，将电力系统简化为两机系统，对所分析的发电机的电磁转矩或有功功率进行分析，并在调节的动态过程中可认为与发电机连接的系统母线电压不发生变化。此时，所分析的发电机的电磁转矩或有功功率随运行功角的变化，可类同连接至无穷大电源系统的发电机，采用式（2-33）进行计算。由于此时需考虑所分析的发电机频率与系统母线频率可能有不相同的动态变化过程，故 $\Delta\delta$ 类同式（3-34）可计算为

$$\Delta\delta=\int_0^t(2\pi\cdot\Delta F)\mathrm{d}t=2\pi\int_0^t(F_\mathrm{g}-F_\mathrm{sb})\mathrm{d}t=2\pi F_\mathrm{r}\int_0^t\left[\frac{(F_\mathrm{g}-F_\mathrm{g0})}{F_\mathrm{r}}-\frac{(F_\mathrm{sb}-F_\mathrm{sb0})}{F_\mathrm{r}}\right]\mathrm{d}t$$

$$=\omega_\mathrm{r}\int_0^t(f_\mathrm{g}-f_\mathrm{sb})\mathrm{d}t=\omega_\mathrm{r}\int_0^t f_\Delta\,\mathrm{d}t \tag{2-36}$$

式中：F_{sb0}、F_{sb}分别为扰动发生时（$t=0$）、扰动发生后 t 时刻系统母线的频率，有名值；f_{sb}为系统母线频率的偏差相对值，以 F_r为基准；$f_\Delta=f_g-f_{sb}$，发电机与系统母线频率偏差相对值的差值；余见式（2-34）。扰动发生时（$t=0$），发电机与系统母线频率相同，$F_{g0}=F_{sb0}=F_r$。

以式（2-36）代入式（2-35）中的 $\Delta\delta$，可得系统受扰动后频率（及相应的发电机功角）变化时，发电机输出功率（或输出电磁转矩）偏差相对值 p(或 m_e）的计算式为

$$p=m_\mathrm{e}=k_\mathrm{b}\left(\frac{\partial P_{(\mathrm{s})}}{\partial\delta}\right)\Delta\delta=k_\mathrm{b}\left(\frac{E_{\mathrm{q0}}U_\mathrm{sb}}{X_{\mathrm{d}\Sigma}}\cos\delta_0+\frac{X_\mathrm{d}-X_\mathrm{q}}{X_{\mathrm{d}\Sigma}X_{\mathrm{q}\Sigma}}U_\mathrm{sb}^2\cos2\delta_0\right)\Delta\delta=k_\mathrm{b}k_1\omega_\mathrm{r}\int_0^t f_\Delta\,\mathrm{d}t \tag{2-37}$$

式（2-37）中的电压及电动势、阻抗均取为以发电机额定电压、额定容量为基准的标幺值。

3.3.1.3　与转子转差率近似成正比的阻尼转矩

与转子相对于气隙合成磁场的转差率近似成正比的阻尼转矩，主要出现在电力系统中转子对气隙合成磁场有相对运动的发电机，如发电机负荷或水轮机输出转矩变化时，将使发电机转矩不再平衡，在不平衡转矩作用下转子偏离同步转速运行，而此时电网中其他发电机通常仍运行在同步转速或仅有较小的偏差，使偏离同步转速运行的发电机气隙合成磁场仍近似为同步转速，转子相对于气隙合成磁场出现转差，发电机阻尼绕组出现感应电流，其与定子电流作用产生与转差率（$\Delta\omega_m/\omega_{mr}$）成比例的异步转矩，转矩的方向总是指向阻止转子偏离同步转速的方向，对频率（转速）变化起阻尼作用[7]。实心转子此时也将出现类似阻尼转矩。在转差率较小时，可近似认为阻尼转矩与转差率成正比，以偏差相对值（转矩基准为 M_r）表示的阻力转矩 m_d可计算为

$$m_\mathrm{d}=e_\mathrm{d}\frac{\Delta\omega_\mathrm{m}}{\omega_\mathrm{mr}}=e_\mathrm{d}\frac{2\pi(F-F_\mathrm{r})/p_\mathrm{p}}{2\pi F_\mathrm{r}/p_\mathrm{p}}=e_\mathrm{d}\frac{\Delta F}{F_\mathrm{r}}=e_\mathrm{d}f \tag{2-38}$$

式中：e_d为与转差率成正比的发电机阻尼转矩的阻尼系数；其余见式（2-20）。

单机运行时，发电机频率就是电网频率，转子转速变化时，可认为发电机转子相对于气隙合成磁场不出现转差，阻尼绕组不出现感应电流[7]，$m_d=0$。机组空载或空转时，发电机无定子电流，转子不出现阻尼转矩。

3.3.1.4　发电机的损耗转矩

发电机的损耗转矩包括机械损耗、附加损耗、发电机铁损等损耗所产生的阻力转矩。

以偏差相对值（转矩基准为 M_r）表示的损耗转矩 $m_c=\Delta M_c/M_r$。其中某些损耗与机组频率成比例（频率升高，损耗增加），如发电机铁损、风阻损耗等。m_c可计算为

$$m_c=\frac{\Delta M_c}{M_r}=e_c\frac{\Delta F}{F_r}=e_c f \tag{2-39}$$

式中：e_c为发电机损耗转矩的频率特性系数。

3.3.2 离网运行的发电机及单机带负荷的电力系统环节的数学模型及传递函数

发电机环节的数学模型及传递函数，可由发电机的转矩平衡方程求取。在求取发电机环节的数学模型及传递函数时，以转矩偏差相对值表达的发电机转矩平衡方程中的各转矩应取相同的基准值。对水轮机调节系统，转矩偏差相对值的基准通常取与发电机额定有功功率对应的转矩值（$M_r=P_r/\omega_{mr}$），有功功率的偏差相对值以 P_r为基准；对发电机励磁系统，转矩偏差相对值的基准通常取与发电机额定容量 S_r对应的转矩值（$M_r=S_r/\omega_{mr}$），有功功率的偏差相对值以 S_r为基准，各偏差相对值带脚注（s）。两种基准偏差相对值可以基准转换系数 $k_b=S_r/P_r$进行转换，如 $m_e=k_b m_{e(s)}$。

3.3.2.1 离网运行的发电机数学模型及传递函数

由本篇 3.3.1 的分析可知，发电机离网运行时，如空载或空转运行，发电机转矩平衡方程中的阻力转矩仅有惯性转矩、损耗转矩。由式（2-18）、式（2-21）、式（2-39）可得发电机空载运行时的转矩平衡方程为

$$m_t=m_j+m_c=T_a\frac{df}{dt}+e_c f \tag{2-40}$$

式中：各参数见式（2-18）、式（2-21）、式（2-39）。各转矩 m 的基准为以机组额定功率 P_r计算的额定转矩 $M_r=P_r/\omega_{mr}$；发电机频率偏差相对值 f 的基准为额定频率 F_r；机组惯性时间常数 T_a，单位为 s，T_a可理解为发电机在加上额定主动转矩下（$m_t=1$），机组转速从 0 加速到额定旋转频率经历的时间（s，忽略 e_c时）。

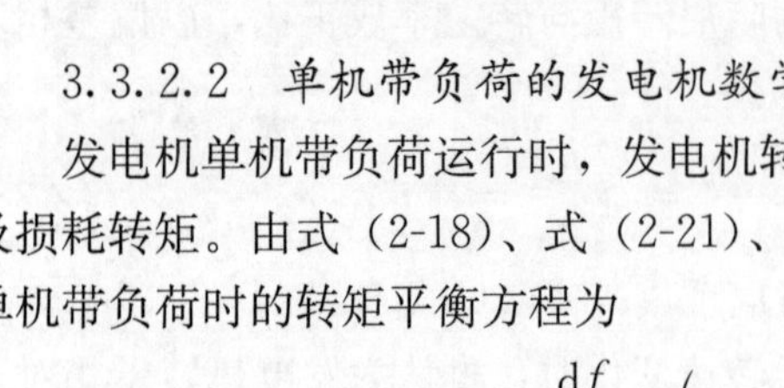

图 2-35 离网运行的发电机环节结构

式（2-40）取拉氏变换后为 $m_t(s)=(T_a s+e_c)\cdot f(s)$，发电机离网运行时的传递函数为

$$G_g(s)=\frac{f(s)}{m_t(s)}=\frac{1}{T_a s+e_c} \tag{2-41}$$

离网运行的发电机环节结构见图 2-35。

3.3.2.2 单机带负荷的发电机数学模型及传递函数

发电机单机带负荷运行时，发电机转矩平衡方程中的阻力转矩有惯性转矩、电磁转矩及损耗转矩。由式（2-18）、式（2-21）、式（2-26）、式（2-27）及式（2-39）可得发电机单机带负荷时的转矩平衡方程为

$$m_t=m_j+m_e+m_c=T_a\frac{df}{dt}+\left(k_1 f+T_1\frac{df}{dt}\right)+e_c f=(T_a+T_1)\frac{df}{dt}+(k_1+e_c)f \tag{2-42}$$

式中：各参数见式（2-18）、式（2-21）、式（2-26）、式（2-27）、式（2-39）。各转矩 m 的基准为以机组额定功率 P_r计算的额定转矩 $M_r=P_r/\omega_{mr}$；发电机频率偏差相对值 f 的基准

为额定频率 F_r；机组惯性时间常数 T_a，单位为 s。式（2-42）取拉氏变换后为 $m_t(s)=[(T_a+T_l)s+(k_1+e_c)]f(s)$，发电机单机带负荷时的传递函数为

$$G_g(s)=\frac{f(s)}{m_t(s)}=\frac{1}{(T_a+T_l)s+(k_1+e_c)} \tag{2-43}$$

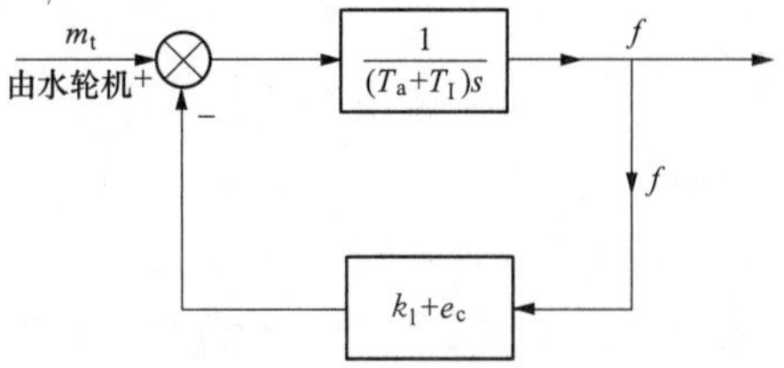

图 2-36　单机带负荷运行的发电机环节结构

单机带负荷运行的发电机环节结构见图 2-36。该结构也是单机带负荷运行时，水轮机调节系统中电力系统的环节结构。

3.3.2.3　单机带负荷的电力系统环节数学模型及传递函数

水轮机调节系统中，在分析电力系统环节数学模型及传递函数时，电力系统环节的输入变量可认为仅有水轮机的输出转矩，输出为电网频率（电力系统频率）。由本篇 3.3.1 的分析，单机带负荷运行时，电力系统中仅有一台发电机组，发电机输入为水轮机的输出转矩，发电机输出频率即是电力网的频率，发电机的输出有功功率总是等于电网负荷有功功率。故单机带负荷运行的发电机数学模型、传递函数及环节结构，即式（2-42）、式（2-43）及图 2-36，就是单机带负荷运行时，水轮机调节系统中电力系统环节的数学模型、传递函数及环节结构。

3.3.3　机组并列运行的电力系统数学模型及传递函数

对多机组并列运行的电力系统，水轮机调节系统中的电力系统环节是由系统中运行的各发电机、电力网及用电设备组成，环节的输入为所分析的各机组的水轮机输出转矩，输出为电网频率（电力系统频率）。在小扰动下对水轮机调节系统的调节动态性能进行分析时，工程设计的实际应用中，通常对多机组并列运行时的电力系统环节的数学模型进行一些简化，并采用等效发电机模型进行分析，将电力系统中的各发电机和电力网一起或仅将部分发电机视作一个发电机，对电力系统环节的数学模型进行分析。类同本篇 3.3.1 对发电机电磁功率的分析，对水轮机调节系统中的电力系统环节，通常可简化为三种电力系统模型进行分析：各发电机间为"刚性联结"时的电力系统模型、所分析的机组接至无穷大电源系统母线时的电力系统模型、所分析机组接至有限电源系统母线时的电力系统模型，分述如下。

3.3.3.1　各机组间为"刚性联结"的电力系统模型

如本篇 3.3.1 所述，电力网络中各发电机间为"刚性联结"时，在系统受扰动后的调节动态过程中，各发电机和网络各处频率相同，各发电机间功角无相对摆动。当整个电力系统以一个等效发电机进行描述时，水轮机调节系统中的电力系统环节的数学模型及传递函数，可由等效发电机转矩平衡方程求得。

1. "刚性联结"时的电力系统的等效发电机的转矩平衡方程

为从描述"刚性联结"电力系统整个系统的等效发电机的转矩平衡方程中，求取水轮机调节系统中的电力系统环节的数学模型及传递函数，通常将作用在等效发电机转子上的主动转矩变量（即以偏差相对值表示的等效发电机的输入转矩）分为两部分：所分析的各机组水轮机输出转矩的偏差相对值 $m_{t(n)}$、所分析的各机组接入的电网母线侧的机组原动机输出转矩的偏差相对值 m_{tsb}。等效发电机此时有如下的转矩平衡方程式

$$m_{t(n)}+m_{tsb}=m_{jg}+m_{eg}+m_{dg}+m_{cg} \tag{2-44}$$

式中：各项的含义见式（2-18），脚注 g 表示为对等效发电机。各转矩的分析计算说明如下。

（1）$m_{t(n)}$为水轮机调节系统中所分析的各机组的水轮机输出至电力系统环节（或其等效发电机）的转矩偏差相对值。$m_{t(n)}=(M_{t(n)}-M_{t(n)0})/M_{rs}$，$M_{t(n)0}$、$M_{t(n)}$分别为 $t=0$ 时等效发电机的输入转矩、$t=0$ 后 $t=t$ 时的输入转矩，M_{sr}为对应于电力系统额定有功功率 P_{sr}的电力系统额定转矩。所分析的机组有 n 台机组时，$m_{t(n)}$可计算为

$$m_{t(n)}=\sum_{i=1}^{n}m_{ti}k_{mi} \tag{2-45}$$

式中：m_{ti}为所分析的 i 机组的水轮机输出转矩，以其发电机额定转矩 M_{ri}（对应于额定有功功率 P_{ri}）为基准计算的转矩偏差相对值，见式（2-9）；系数 $k_{mi}=M_{ri}/M_{sr}=P_{ri}/P_{sr}$；$i=1\sim n$ 为所分析的机组。

（2）m_{tsb}为与分析机组的发电机所连接的电网母线侧系统中各调频机组原动机输出的转矩偏差相对值。类同本篇 3.3.1 的分析，当电网母线侧系统中有 n_{sb}台机组参与系统调频时，在系统频率变化时，这些机组将反映系统频率变化调节其原动机的输出转矩，简化分析时，可认为各调频机组原动机输出转矩是按机组的功频静态特性的调差率（或称调差系数或差值系数，对水轮发电机又称为永态差值系数）及当时的系统频率偏差而变化。按机组的功频静态特性参与系统频率调节，各调频机组原动机输出转矩偏差相对值类同式（2-31）可按式（2-46）计算

$$m_{tsb}=\sum_{i=1}^{n_{sb}}m_{tsbi}=\sum_{i=1}^{n_{sb}}p_{sbi}=\sum_{i=1}^{n_{sb}}\left(-\frac{k_{msbi}}{b_{psbi}}f\right)=-k_{sb}f \tag{2-46}$$

式中：$m_{tsb}=(M_{tsb}-M_{tsb0})/M_{sr}$，$M_{tsb0}$、$M_{tsb}$分别为 $t=0$ 时、$t=0$ 后 $t=t$ 时电网母线侧系统中调频机组原动机输出转矩（有名值）；M_{sr}为对应于电力系统额定有功功率 P_{sr}的电力系统额定转矩；m_{tsbi}为电网母线侧 i 调频机组原动机的输出转矩偏差相对值，以 M_{sr}为基准；其余见式（2-31）。

与分析机组的发电机所连接的电网母线侧系统中无参与系统调频机组时，$m_{tsb}=0$。

（3）m_{jg}为等效发电机组的惯性转矩偏差相对值，$m_{jg}=(M_{jg}-M_{jg0})/M_{sr}$，$M_{jg0}$、$M_{jg}$分别为 $t=0$ 时等效发电机组（包括等效发电机及其原动机等）的惯性转矩、$t=0$ 后 $t=t$ 时的惯性转矩，M_{sr}为对应于电力系统额定有功功率 P_{sr}的电力系统额定转矩。由式（2-21），m_{jg}可计算为

$$m_{jg}=T_{ag}\frac{\mathrm{d}f}{\mathrm{d}t}=\left(\sum_{i=1}^{m}T_{ai}k_{mi}\right)\frac{\mathrm{d}f}{\mathrm{d}t} \tag{2-47}$$

式中：T_{ai}为电力系统中 i 机组以其额定功率 P_{ri}为基准计算的机组惯性时间常数，$i=1\sim m$ 为电力系统中并列运行的各机组，水轮发电机组惯性时间常数的计算见式（2-22），s；$T_{ag}=\sum_{i=1}^{m}T_{ai}k_{mi}$ 为等效发电机组的惯性时间常数，s；f 为等效发电机频率（电力系统频率，也是各发电机的频率）的偏差相对值，$f=F-F_0/F_r$，F 为 $t=0$ 后的 t 时刻等效发电机的频率，F_0为 $t=0$ 时等效发电机的频率，F_r为电力系统额定频率。其余见式（2-45）。

（4）m_{eg}为等效发电机的电磁转矩偏差相对值，$m_{eg}=(M_{eg}-M_{eg0})/M_{sr}$，$M_{eg0}$、$M_{eg}$分

别为 $t=0$ 时等效发电机的电磁转矩、$t=0$ 后 $t=t$ 时的电磁转矩，M_{sr} 为对应于电力系统额定有功功率 P_{sr} 的电力系统额定转矩。

如本篇 3.3.1 的叙述，电力系统中并列运行机组输出的总有功功率取决于并总是等于电网负荷（包括网络的损耗）的有功功率。忽略定子铜耗时，可认为发电机输出的总电磁功率或电磁转矩总是等于电网负荷转矩 m_{ls}，与单机带负荷的情况类同，电网频率变化时等效发电机的电磁转矩偏差相对值 m_{eg} 可类同式（2-26）、式（2-27）计算为

$$m_{eg}=\frac{\Delta M_{eg}}{M_{sr}}=m_{ls}=\frac{\Delta M_{ls}}{M_{sr}}=k_1 f+T_1\frac{\mathrm{d}f}{\mathrm{d}t} \tag{2-48}$$

式中：M_{ls}、m_{ls} 为电网负荷的电磁转矩有名值、偏差相对值；k_1 为电网负载的频率调节效应系数，见式（2-28）；T_1 为电网负荷中旋转电机的等效惯性时间常数，见式（2-29）。

（5）m_{dg} 为等效发电机的阻尼转矩偏差相对值。正如本篇 3.3.1 的分析，对所分析的机组及电网中参加调频的机组，在电力系统频率变化时，调速器将调节水轮机输出转矩，使机组转速变化，发电机转子相对于气隙合成磁场出现转差，发电机出现与转差率近似成正比的阻尼转矩。其他带固定负荷机组在频率变化时不调节其水轮机输出转矩，在小扰动下分析时可认为发电机转子相对于气隙合成磁场不出现转差，发电机不出现阻尼转矩。等效发电机的阻尼转矩偏差相对值 m_{dg} 可计算为

$$m_{dg}=\sum_{i=1}^{n}k_{mi}m_{di}+\sum_{i=1}^{n\mathrm{sb}}k_{mi}m_{di}=\sum_{i=1}^{n}k_{mi}e_{di}f+\sum_{i=1}^{n\mathrm{sb}}k_{mi}e_{di}f=e_{dg}f \tag{2-49}$$

式中：m_{dg} 的基准为电力系统额定转矩 M_{sr}，见式（2-45）；m_{di} 为所分析的机组及电网中参加调频的 i 机组发电机的阻尼转矩偏差相对值，以 i 发电机额定转矩 M_{ri}（对应于额定功率 P_{ri}）为基准，按式（2-38）计算；e_{di} 为 i 发电机的阻尼转矩的阻尼系数；$e_{dg}=\sum_{i=1}^{n}k_{mi}e_{di}+\sum_{i=1}^{n\mathrm{sb}}k_{mi}e_{di}$ 为等效发电机的阻尼系数，$i=1\sim n_{sb}$ 及 f，均见式（2-31）；k_{mi} 及 $i=1\sim n$ 见式（2-45）。

（6）m_{cg} 为等效发电机的损耗转矩偏差相对值，$m_{cg}=(M_{cg}-M_{cg0})/M_{sr}$，$M_{cg0}$、$M_{cg}$ 分别为 $t=0$ 时等效发电机的损耗转矩、$t=0$ 后 $t=t$ 时的损耗转矩，M_{sr} 为对应于电力系统额定有功功率 P_{sr} 的电力系统额定转矩。M_{cg} 可计算为

$$m_{cg}=\sum_{i=1}^{m}m_{ci}k_{mi}=(\sum_{i=1}^{m}e_{ci}k_{mi})=e_{cg}f \tag{2-50}$$

式中：m_{ci} 为并列运行 i 发电机的以其发电机额定转矩 M_{ri} 为基准计算的损耗转矩偏差相对值，计算见式（2-37）；e_{ci} 为 i 发电机损耗转矩的频率特性系数；f 为等效发电机的输出频率（电力系统频率）的偏差相对值，见式（2-47）；e_{cg} 为等效发电机损耗转矩的频率特性系数；$i=1\sim n$ 为电力系统并列运行各机组。其余见式（2-47）

2. “刚性联结”电力系统中水轮机调节系统的电力系统环节结构及传递函数

“刚性联结”电力系统中的水轮机调节系统的电力系统环节结构及传递函数可由等效发电机的转矩平衡方程求取。水轮机调节系统的电力系统环节的输入为 $m_{t(n)}$，输出为电力系统频率 f。由于平衡方程中电网母线侧系统中各发电机原动机的输出转矩（m_{tsb}），在电网母线侧系统中有、无参与系统调频机组时有不同的计算式，故水轮机调节系统的电力系统环节在这两种情况下也有不同的结构及传递函数。

(1) 与所分析机组连接的电网母线侧系统中无调频机组。

此时整个电力系统转矩平衡方程式中的 $m_{tsb}=0$。由式(2-44)、式(2-47)、式(2-48)~式(2-50),可得电力系统机组间为"刚性联结"、电网母线侧系统中无调频机组时,整个电力系统的转矩平衡方程为

$$\begin{aligned} m_{t(n)} &= m_{jg}+m_{eg}+m_{dg}+m_{cg}=T_{ag}\frac{df}{dt}+T_1\frac{df}{dt}+k_1f+e_{dg}f+e_{cg}f \\ &= (T_{ag}+T_1)\frac{df}{dt}+(k_1+e_{dg}+e_{cg})f=T_s\frac{df}{dt}+(k_1+e_{dg}+e_{cg})f \end{aligned} \tag{2-51}$$

式中:各参数见式(2-44)、式(2-47)、式(2-48)~式(2-50)的说明。对式(2-51)取拉氏变换后,得 $m_{t(n)}(s)=[T_s s+(k_1+e_{dg}+e_{cg})]f(s)$,此时水轮机调节系统的电力系统环节传递函数 $G_s(s)$ 为

$$G_s(s)=\frac{f(s)}{m_{t(n)}(s)}=\frac{1}{T_s s+(k_1+e_{dg}+e_{cg})} \tag{2-52}$$

式中:T_s 为电力系统时间常数,$T_s=T_{ag}+T_1$,s。

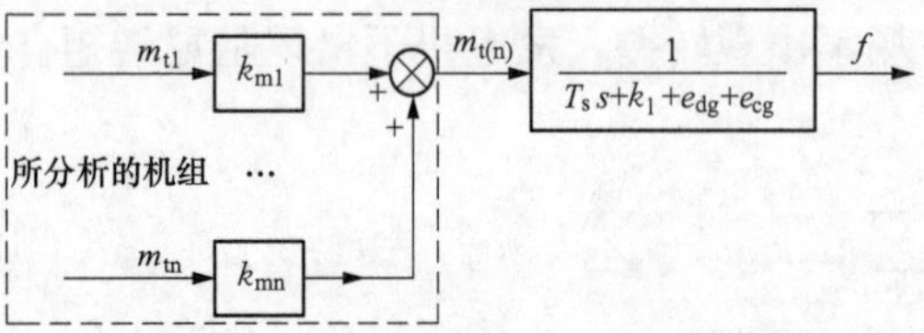

图 2-37 "刚性联结"、电网母线侧无调频机组的电力系统环节结构

"刚性联结"、电网母线侧无调频机组的电力系统环节结构见图 2-37。

(2) 与所分析机组连接的电网母线侧系统中有调频机组。

此时电力系统转矩平衡方程式中包括电网母线侧系统中调频机组原动机输出转矩 m_{tsb}。由式(2-44)、式(2-46)、式(2-47)、式(2-48)~式(2-50),可得电力系统机组间为"刚性联结"、电网母线侧系统中有调频机组时,电力系统的转矩平衡方程为

$$\begin{aligned} m_{t(n)} &= m_{jg}+m_{eg}+m_{dg}+m_{cg}-m_{tsb}=T_{ag}\frac{df}{dt}+T_1\frac{df}{dt}+k_1f+e_{dg}+e_{cg}f+k_{sb}f \\ &= (T_{ag}+T_1)\frac{df}{dt}+(k_1+e_{dg}+e_{cg}+k_{sb})f=T_s\frac{df}{dt}+(k_1+e_{dg}+e_{cg}+k_{sb})f \end{aligned} \tag{2-53}$$

式中:各参数见式(2-44)、式(2-46)、式(2-47)、式(2-48)~式(2-50)。对式(2-53)取拉氏变换后,得 $m_{t(n)}(s)=[T_s s+(k_1+e_{dg}+e_{cg}+k_{sb})]f(s)$,此时

电力系统的传递函数 $G_s(s)$ 为

$$G_s(s)=\frac{f(s)}{m_{t(n)}(s)}=\frac{1}{T_s s+(k_1+e_{dg}+e_{cg}+k_{sb})} \tag{2-54}$$

式中:T_s 为电力系统时间常数,$T_s=T_{ag}+T_1$,s。

"刚性联结"、电网母线侧有调频机组的电力系统环节结构见图 2-38。

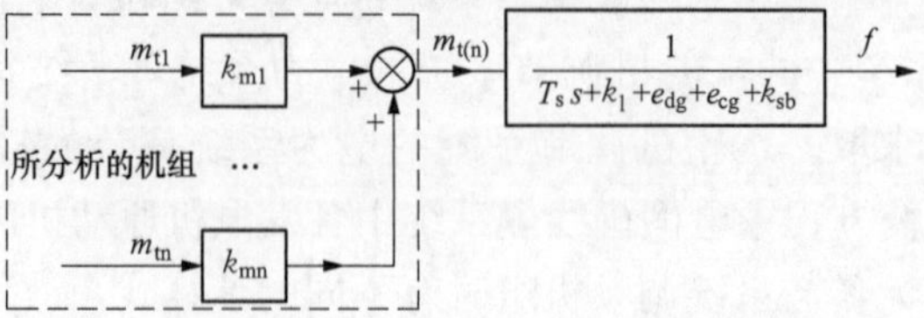

图 2-38 "刚性联结"、电网母线侧有调频机组的电力系统环节结构

机组间为“刚性联结”的电力系统模型，也可用于描述电力系统中的部分发电机和电网或一部分发电机。

3.3.3.2 所分析机组接至无穷大电源系统母线时的电力系统模型

当与所分析机组连接的电力系统母线，在水轮机调节系统调节动态过程中，可忽略其运行频率及电压的变化时，则可认为与所分析机组连接的母线为无穷大电源（相对于所分析的机组容量）电力系统（简称无穷大系统）母线。当电力网的负荷考虑为全部接入无穷大电源侧时，水轮机调节系统仅包括所分析的机组（不考虑电力系统母线侧系统），调节系统中的电力系统环节仅包括所分析的机组的发电机，而可用所分析机组的发电机（以下简称所分析的发电机）的等效发电机来描述，等效发电机的输入为所分析机组的水轮机输出转矩，输出为发电机频率。系统受扰动使稳态运行的发电机输入或输出转矩变化时，作用于发电机轴上的不平衡转矩将使发电机转速（频率）改变，发电机的运行功角及输出的有功功率相应变化，发电机功角的变化可认为仅由发电机频率变化所致，调节动态过程中的发电机输出有功功率（电磁转矩）的变化按式（2-35）计算。例如，电力系统中某一（或若干）相对于系统容量较小的机组，在发电机输入或输出转矩受扰动后的调节动态过程中，对电力系统频率影响很小，而可将水轮机调节系统中的电力系统环节，视作一台与无穷大电源系统连接的等效发电机对调节系统进行分析。

机组接至无穷大电源系统时，水轮机调节系统中以等效发电机描述的电力系统的数学模型及传递函数，可采用发电机转矩平衡方程进行分析。当接至无穷大电源系统为多台发电机时，可认为所分析的各发电机间为“刚性联结”，按受扰动后各发电机有相同的频率调节动态过程考虑。具体分述如下。

（1）等效发电机的输入（也是等效发电机组的原动机输出）转矩偏差相对值 m_{tg} 按式（2-55）计

$$m_{tg}=\sum_{i=1}^{n} m_{ti}k_{mgi} \tag{2-55}$$

式中：$m_{tg}=(M_{tg}-M_{tg0})/M_{gr}$，$M_{tg0}$、$M_{tg}$ 分别为 $t=0$ 时等效发电机的输入转矩、$t=0$ 后 $t=t$ 时的输入转矩，M_{gr} 为等效发电机额定转矩，为对应于所分析机组总额定有功功率 P_{gr} 的转矩；m_{ti} 为所分析的 i 机组发电机的输入（也是 i 机组水轮机的输出）转矩，见式（2-9）；系数 $k_{mgi}=M_{ri}/M_{gr}=P_{ri}/P_{gr}$；$i=1\sim n$ 为所分析的接入无穷大电源系统的各机组。

（2）等效发电机组的惯性转矩偏差相对值 m_{jg} 按式（2-56）计算，即

$$m_{jg}=T_{ag}\frac{\mathrm{d}f_g}{\mathrm{d}t}=(\sum_{i=1}^{n}T_{ai}k_{mgi})\frac{\mathrm{d}f_g}{\mathrm{d}t} \tag{2-56}$$

式中：$m_{jg}=(M_{jg}-M_{jg0})/M_{gr}$，$M_{jg0}$、$M_{jg}$ 分别为 $t=0$ 时等效发电机组的惯性转矩、$t=0$ 后 $t=t$ 时的惯性转矩，M_{gr} 见式（2-55）；T_{ai} 为所分析的 i 机组惯性时间常数，s，以其额定功率 P_{ri} 为基准计算，见式（2-22）；$T_{ag}=\sum_{i=1}^{n}T_{ai}k_{mgi}$ 为等效发电机组时间常数，s，电力系统负荷的惯性转矩归入无穷大电源侧考虑；$i=1\sim n$ 及系数 k_{mgi} 见式（2-55）；f_g 为等效发电机频率的偏差相对值，$f_g=F-F_0/F_r$，F 为 $t=0$ 后的 t 时刻等效发电机的频率，F_0 为 $t=0$ 时等效发电机的频率，F_r 为等效发电机额定频率。由于已假定所分析的各组频率有相同的调节动态过程，而无穷大电源系统的频率保持于额定频率 F_r 运行，故所分析的

各机组有相同的并等于等效发电机的频率偏差相对值 f_g。

（3）等效发电机的电磁转矩偏差相对值 m_{eg}，参照本篇 3.3.1 的分析，当所分析的为多台并列运行机组并假定各发电机间为“刚性联结”时，受扰动后各机组将有相同的频率及功角变化（$\Delta\delta$）过程，故将所分析的多台机组的发电机视作一台等效发电机时，等效发电机的 m_{eg} 可参照本篇 3.3.1 的分析，类同式（2-35）按式（2-57）进行计算，即

$$m_{eg}=p_g=k_{bg}k_{1g}\omega_r\int_0^t f_g\mathrm{d}t=k_g\omega_r\int_0^t f_g\mathrm{d}t \tag{2-57}$$

式中：$m_{eg}=(M_{eg}-M_{eg0})/M_{gr}$，$M_{eg0}$、$M_{eg}$ 分别为 $t=0$ 时等效发电机的电磁转矩、$t=0$ 后 $t=t$ 时的电磁转矩，M_{gr} 见式（2-55）；p_g 为以等效发电机额定功率 P_{gr} 为基准计算的等效发电机输出有功功率的偏差相对值，P_{gr} 以所分析机组总额定有功功率计算；f_g 见式（2-56）；系数 $k_g=k_{bg}k_{1g}$，基准转换系数 $k_{bg}=S_{gr}/P_{gr}$，S_{gr} 为所分析机组总额定容量，P_{gr} 为所分析机组总额定有功功率；系数 k_{1g} 类同式（2-33）按式（2-58）计算，即

$$k_{1g}=\left(\frac{\partial p_{(s)}}{\partial\delta}\right)=\frac{E_{q0}U_{sb}}{X_{dg\Sigma}}\cos\delta_0+\frac{X_{dg}-X_{qg}}{X_{dg\Sigma}\cdot X_{qg\Sigma}}U_{sb}^2\cos2\delta_0 \tag{2-58}$$

式中：X_{dg}、X_{qg} 为等效发电机的直轴、横轴同步电抗；$X_{d\Sigma}=X_{dg}+X_e$、$X_{q\Sigma}=X_{qg}+X$，X_e 为等效发电机机端的外部电抗，见式（2-32）；其余见式（3-33）。

（4）等效发电机的阻尼转矩偏差相对值 m_{dg}。m_{dg} 为等效发电机转子相对于气隙合成磁场的转差率近似成正比的阻尼转矩偏差相对值。由于接至无穷大电源系统的发电机，在受扰动后的调节动态过程中，发电机频率相对于无穷大系统频率将出现偏移，正如本篇 3.3.1 的分析，发电机将出现与转差率近似成正比的阻尼转矩。等效发电机的阻尼转矩偏差相对值 m_{dg} 可计算为

$$m_{dg}=\sum_{i=1}^{n}k_{mgi}m_{di}=\sum_{i=1}^{n}k_{mgi}e_{di}f_g=e_{dg}f_g \tag{2-59}$$

式中：m_{dg} 为等效发电机阻尼转矩的偏差相对值，以等效发电机额定转矩 M_{gr} 为基准，M_{gr} 等于与所分析的各机组的发电机额定有功功率总和 P_{gr} 相对应的转矩；m_{di} 为所分析的接入无穷大电源系统的发电机中 i 发电机的阻尼转矩偏差相对值，以 i 发电机额定转矩 M_{ri}（对应于额定功率 P_{ri}）为基准，按式（2-38）计算；e_{di}、e_{dg} 为 i 发电机、等效发电机的阻尼转矩的阻尼系数；f_g 见式（2-56）；$i=1\sim n$ 及 k_{mgi} 见式（2-55）。

（5）等效发电机的损耗转矩偏差相对值 m_{cg} 按式（2-60）计算，即

$$m_{cg}=\sum_{i=1}^{n}k_{mgi}m_{ci}=\sum_{i=1}^{n}k_{mgi}e_{ci}f_g=e_{cg}f_g \tag{2-60}$$

式中：m_{cg} 为等效发电机损耗转矩的偏差相对值，以等效发电机额定转矩 M_{gr} 为基准，M_{gr} 见式（2-55）；e_{ci}、e_{cg} 为 i 发电机、等效发电机的损耗转矩的频率特性系数；f_g 见式（2-56）；$i=1\sim n$ 及 k_{mgi} 见式（2-55）。

由式（2-55）、式（2-56）、式（2-57）、式（2-59）、式（2-60），可得发电机接入无穷大电源系统时电力系统等效发电机的转矩平衡方程为

$$\begin{aligned}m_{tg}&=m_{jg}+m_{eg}+m_{dg}+m_{cg}=T_{ag}\frac{\mathrm{d}f_g}{\mathrm{d}t}+k_g\omega_r\int_0^t f_g\mathrm{d}t+e_{dg}f_g+e_{cg}f_g\\&=T_{ag}\frac{\mathrm{d}f_g}{\mathrm{d}t}+k_g\omega_r\int_0^t f_g\mathrm{d}t+(e_{dg}+e_{cg})f_g\end{aligned} \tag{2-61}$$

式中：各参数见式（2-55）、式（2-56）、式（2-57）、式（2-59）、式（2-60）。对式（2-61）取拉氏变换后，得 $m_{\mathrm{tg}}(s)=[T_{\mathrm{ag}}s+\frac{k_{\mathrm{g}}\omega_{\mathrm{r}}}{\mathrm{s}}+(e_{\mathrm{dg}}+e_{\mathrm{cg}})]f_{\mathrm{g}}(s)$。

等效发电机的传递函数 $G_{\mathrm{s}}(s)$ 为

$$G_{\mathrm{g}}(s)=\frac{f_{\mathrm{g}}(s)}{m_{\mathrm{tg}}(s)}=\frac{1}{T_{\mathrm{ag}}s+(e_{\mathrm{dg}}+e_{\mathrm{cg}})+\frac{k_{\mathrm{g}}\omega_{\mathrm{r}}}{s}} \tag{2-62}$$

所分析的机组（机组 $i=1\sim n$）接入无穷大电源系统时，水轮机调节系统中以等效发电机描述的电力系统环节结构见图 2-39。

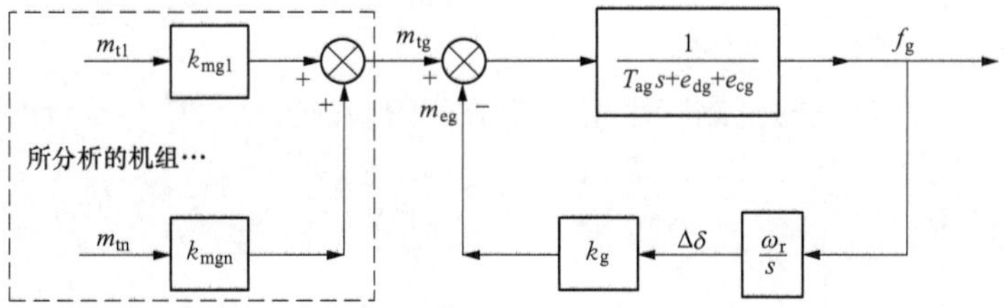

图 2-39　所分析的机组接入无穷大系统时的电力系统环节结构

3.3.3.3　所分析机组接至有限电源系统母线时的电力系统模型

在系统受扰动后的水轮机调节系统调节动态过程中，当所分析的水轮发电机组的频率与其接入的系统母线的频率均发生变化且可能有不同的动态过程时，可认为所分析机组接至有限电源系统母线。此时可将水轮机调节系统中的电力系统环节视作两等效发电机系统：所分析机组的发电机的等效发电机、系统母线侧各发电机及电网的等效发电机，以两个等效发电机的两机系统，对电力系统输入、输出关系及其传递函数进行分析。在系统扰动时，两等效发电机间将出现频率偏差，使所分析的发电机运行功角及对系统母线侧系统输出的电磁转矩和有功功率发生变化，见式（2-37）计算。对所分析的发电机的等效发电机，其输入为所分析机组的原动机输出转矩，输出为等效发电机频率；电压母线侧等效发电机的输入为所分析的发电机输出的电磁转矩，以及电压母线侧调频机组（若有）原动机的输出转矩，输出为电压母线侧系统频率，电力系统的负荷可考虑为全部接入系统母线侧。两个等效发电机的转矩平衡方程及由此导出的等效发电机数学模型及传递函数，可作如下考虑。

1. 所分析的发电机的等效发电机

对所分析的发电机的等效发电机，可用同步发电机转矩平衡方程进行分析，当所分析的为多台发电机时，各发电机间按“刚性联结”考虑，受扰动后各发电机有相同的频率调节动态过程。此时，等效发电机转矩平衡方程 $m_{\mathrm{tg}}=m_{\mathrm{jg}}+m_{\mathrm{eg}}+m_{\mathrm{dg}}+m_{\mathrm{cg}}$ 中各转矩，除电磁转矩外，其余的输入转矩、惯性转矩、阻尼转矩及损耗转矩的偏差相对值的计算与发电机接入无穷大电源系统时的电力系统等效发电机相同，其中 $i=1\sim n$ 为所分析的 n 台发电机。等效发电机的电磁转矩偏差相对值 m_{eg}，参照本篇 3.3.1 的分析及式（2-37），所分析的为多台并列运行机组时，可按式（2-63）进行计算，即

$$\begin{aligned}m_{\mathrm{eg}}=p_{\mathrm{g}}&=\sum_{i=1}^{n}(k_{\mathrm{mgi}}m_{\mathrm{ei}})=\sum_{i=1}^{n}(k_{\mathrm{mgi}}p_{\mathrm{i}})=\sum_{i=1}^{n}[k_{\mathrm{mgi}}k_{\mathrm{bi}}k_{\mathrm{1i}}\omega_{\mathrm{r}}\int_{0}^{t}(f_{\mathrm{g}}-f_{\mathrm{sb}})\mathrm{d}t]\\&=[\omega_{\mathrm{r}}\int_{0}^{t}(f_{\mathrm{g}}-f_{\mathrm{sb}})\mathrm{d}t]\sum_{i=1}^{n}(k_{\mathrm{mgi}}k_{\mathrm{bi}}k_{\mathrm{1i}})=k_{\mathrm{g}}\omega_{\mathrm{r}}\int_{0}^{t}f_{\Delta}\mathrm{d}t\end{aligned} \tag{2-63}$$

式中：$m_{eg}=(M_{eg}-M_{eg0})/M_{gr}$，$M_{eg0}$、$M_{eg}$分别为$t=0$时等效发电机的电磁转矩、$t=0$后$t=t$时的电磁转矩，$M_{gr}$为等效发电机额定转矩，见式（2-55）；$p_g$为以所分析发电机的等效发电机额定功率$P_{gr}$为基准计算的等效发电机输出有功功率的偏差相对值，$P_{gr}$以所分析机组总额定有功功率计算；系数$k_{mgi}$见式（2-55）；$m_{ei}$为所分析的发电机中$i$发电机的以其发电机额定转矩（对应于额定功率$P_{ri}$）为基准计算的电磁转矩偏差相对值，按式（2-37）计算；p_i为i发电机以其发电机额定功率P_{ri}为基准计算的发电机输出的有功功率偏差相对值；系数k_{bi}、k_{1i}为i发电机的系数k_b、k_1，k_b、k_1见式（2-33）、式（2-34）；f_g、f_{sb}分别为所分析的发电机、系统母线侧等效发电机频率的偏差相对值，以额定频率为基准；系数$k_g=\sum_{i=1}^{n}(k_{mgi}k_{bi}k_{1i})$。

式（2-63）中i发电机的电磁转矩偏差相对值的m_{ei}据式（2-37）可计算为

$$\begin{aligned} m_{ei}=p_{ei}=k_{bi}p_{e(s)i}&=k_{bi}\left(\frac{E_{q0}U_{sb}}{X_{d\Sigma}}\cos\delta_0+\frac{X_d-X_q}{X_{d\Sigma}\cdot X_{q\Sigma}}U_{sb}^2\cos2\delta_0\right)_i\cdot\Delta\delta_i \\ &=k_{bi}k_{1i}\omega_r\int_0^t(f_{gi}-f_{sb})\mathrm{d}t=k_{bi}k_{1i}\omega_r\int_0^t(f_g-f_{sb})\mathrm{d}t \end{aligned} \tag{2-64}$$

式中：各参数的含义及计算参见式（2-37）。f_{gi}为i发电机频率偏差相对值，以系统额定频率F_r为基准，由于假定所分析的各发电机频率有相同的调节动态过程，有相同的并等于等效发电机的频率偏差相对值f_g，故$f_{gi}=f_g$。

由式（2-55）、式（2-56）、式（2-59）、式（2-60）、式（2-63），可得所分析的发电机的等效发电机转矩平衡方程为

$$m_{tg}=m_{jg}+m_{eg}+m_{dg}+m_{cg}=T_{ag}\frac{\mathrm{d}f_g}{\mathrm{d}t}+k_g\omega_r\int_0^t(f_g-f_{sb})\mathrm{d}t+(e_{dg}+e_{cg})f_g \tag{2-65}$$

式中：各参数见式（2-55）、式（2-56）、式（2-59）、式（2-60）、式（2-63）的说明。对式（2-65）取拉氏变换后，所分析的发电机的等效发电机转矩平衡方程为

$$m_{tg}(s)=[T_{ag}s+(e_{dg}+e_{cg})]f_g(s)+\frac{k_g\omega_r}{s}f_\Delta(s) \tag{2-66}$$

2. 系统母线侧各发电机及电网的等效发电机

系统母线侧各发电机及电网的等效发电机，可按受扰动后电压母线侧各发电机有相同的频率调节动态过程考虑，采用系统各发电机间为“刚性联结”时的电力系统模型，电力系统负荷按全部接入系统母线侧考虑。所不同的是，系统母线侧系统的等效发电机的输入，为被分析发电机的等效发电机输出的电磁转矩偏差相对值m_{eg}，以及母线侧系统调频机组（若有）原动机输出的转矩偏差相对值m_{tsb}，等效发电机的发电机惯性转矩m_{jb}、阻尼转矩m_{db}及损耗转矩m_{cb}仅计入系统母线侧的发电机。系统母线侧系统的等效发电机转矩平衡方程为

$$(m_{tsb}+k_{eg}m_{eg})=m_{jb}+m_{eb}+m_{db}+m_{cb} \tag{2-67}$$

式中：除m_{eg}外，转矩平衡方程式（2-67）中各转矩以式（2-47）～式（2-50）计算，仅将其式中的脚注g改为b，f改为f_{sb}，偏差相对值的基准值均取为电力系统的额定转矩M_{sr}，M_{sr}等于与系统额定有功功率（系统各发电机额定有功功率总和）P_{sr}相对应的转矩。输入电磁转矩偏差相对值m_{eg}按式（2-63）计算，基准值为被分析发电机的等效发电机的

额定转矩 M_{gr}，故进入式（2-67）计算时，需归算至以 M_{sr} 为基准而乘以系数 $k_{eg}=M_{gr}/M_{sr}$。母线侧系统无调频机组时 $m_{tsb}=0$。

由式（2-67）及（2-47）、式（2-48）～式（2-50），可得电压母线侧系统的等效发电机转矩平衡方程为

$$
\begin{aligned}
(m_{tsb}+k_{eg}m_{eg}) &= m_{jb}+m_{eb}+m_{db}+m_{cb}=T_{ab}\frac{\mathrm{d}f_{sb}}{\mathrm{d}t}+T_1\frac{\mathrm{d}f_{sb}}{\mathrm{d}t}+k_1 f_{sb} \\
&\quad +e_{db}f_{sb}+e_{cb}f_{sb}=(T_{ab}+T_1)\frac{\mathrm{d}f_{sb}}{\mathrm{d}t}+(k_1+e_{db}+e_{cb})f_{sb} \\
&= T_{sb}\frac{\mathrm{d}f_{sb}}{\mathrm{d}t}+(k_1+e_{db}+e_{cb})f_{sb}
\end{aligned}
\tag{2-68}
$$

式中各参数见式（2-67）及式（2-47）、式（2-48）～式（2-50）的说明。对式（2-68）取拉氏变换后，电压母线侧系统的等效发电机转矩平衡方程为

$$
m_{tsb}(s)+k_{eg}m_{eg}(s)=[T_{sb}s+(k_1+e_{db}+e_{cb})]f_{sb}(s) \tag{2-69}
$$

3. 所分析机组接至有限电源系统母线时电力系统环节结构

由所分析的发电机的等效发电机转矩平衡方程式（2-66）及系统母线侧系统的等效发电机转矩平衡方程式（2-69），可得所分析的机组接入有限电源系统时的电力系统环节结构，见图 2-40。

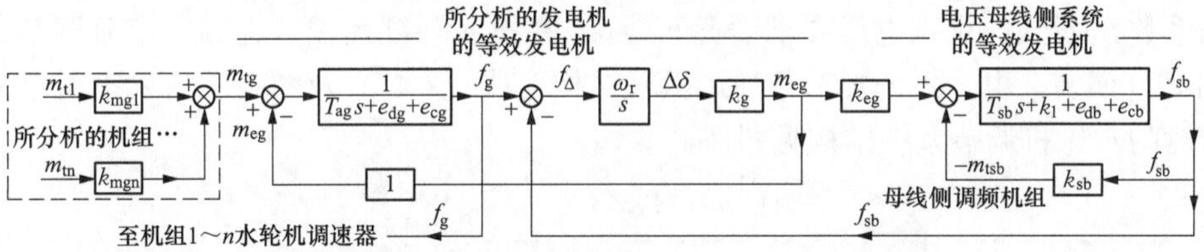

图 2-40　接入有限电源系统时的电力系统环节结构

3.4　机组各种运行方式下的水轮机调节系统结构

由上面的分析可知，水轮机调节系统某些环节在机组不同的运行方式下有不同的数学模型及传递函数，某些环节仅出现在某些运行方式中。故水轮机调节系统在机组不同的运行方式下，将有不同的调节系统结构及系统传递函数。机组的不同运行方式主要有发电机离网运行、单机带负荷运行、与电网中其他发电机并列运行时参与系统调频或按给定功率调节等运行方式。下面根据前面有关章节的分析，分别给出机组在各种运行方式下调节系统的结构示例。在下面给出的调节系统结构示例中，调速器的调节器为采用图 2-3 的并联 PID 结构，图中未表示人工死区及限值设置，未表示频率、功率、导叶开度等的测量环节，这些测量环节均按传递函数为 1 考虑；液压随动系统采用图 2-30 结构；水轮机及引水系统采用理想水轮机模型，环节传递函数见式（2-16），传递系数 e_f 移出至发电机环节，e_f 为负数值。

3.4.1　发电机离网运行时的水轮机调节系统结构

正如本篇 2.8.1.1 的叙述，发电机离网运行时，如空载或空转无负荷运行时，调速器自动投入频率调节模式。调速器采用 PID 调节，永态差值系数 b_p 投入，采用开度反

馈（取PID环节输出反馈），b_p按电厂要求设定。根据电厂要求也可设置$b_p=0$，或为较小的数值。此时发电机转矩平衡方程中的阻力转矩仅有惯性转矩、损耗转矩，传递函数及环节结构见式（2-41）及图2-35。发电机离网运行时的水轮机调节系统结构见图2-41。

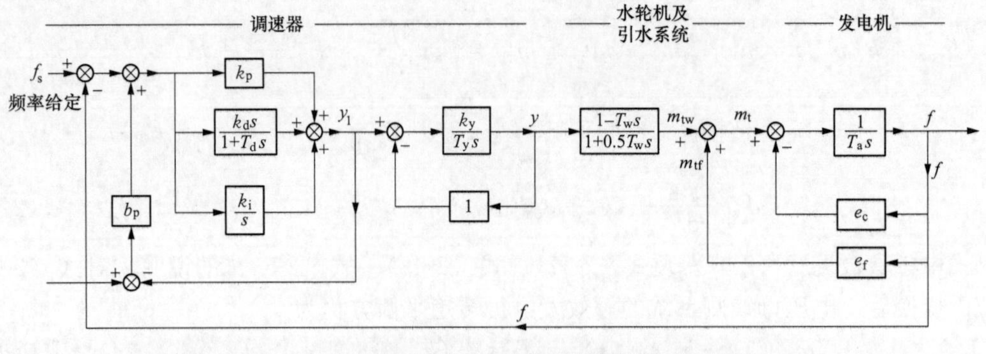

图2-41　发电机离网运行时的水轮机调节系统结构

3.4.2　发电机单机带负荷时的水轮机调节系统结构

发电机单机带负荷时，电网的频率也是发电机频率。此时为维持系统频率于额定值运行，机组调速器通常运行于频率调节模式，频率给定f_s及调节闭环频率f反馈投入。永态差值系数b_p投入，根据电厂要求设置$b_p>0$，并投入开度反馈，为频率有差调节。调节器采用PID调节。电力系统环节传递函数及结构见式（2-43）及图2-36。发电机单机带负荷运行时的水轮机调节系统结构见图2-42。

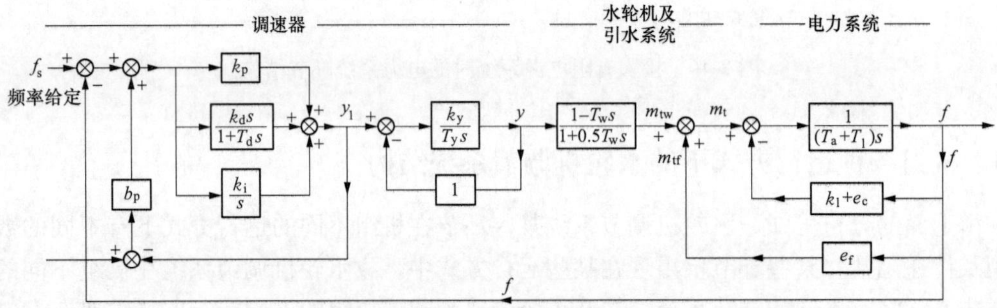

图2-42　发电机单机带负荷运行时的水轮机调节系统结构

3.4.3　机组并列运行时的水轮机调节系统结构

多台机组在电网中与其他发电机并列运行时，正如本篇2.8所述，电力系统各运行机组调速器一般均按系统运行要求运行于频率调节模式、功率调节模式或开度调节模式。电力系统通常指定系统中的一部分机组为系统的调频机组（通常称为参加系统一次调频机组），这些机组在系统频率偏差大于设定的人工死区时，调速器运行于频率调节模式，反映系统频率变化对水轮机的输入转矩进行调节（通过调节导叶开度），其余机组按给定的有功功率运行，调速器于功率（或开度）调节模式。

下面根据上面有关章节的分析及叙述，分别给出并列运行发电机在这三种调节模式下水轮机调节系统结构示例。

3.4.3.1　调速器于频率调节模式运行时的水轮机调节系统结构

并列运行机组调速器于频率调节模式运行时的调节系统结构示例见图 2-43。此时频率给定及闭环频率 f 反馈投入，永态差值环节（采用开度反馈）投入，$b_p \neq 0$（按电力系统或电厂要求设定），调节器采用 PID 调节。在电力系统 f 与给定频率 f_s之差大于设定的人工频率死区时，调速器反应频率偏差对机组进行调节（为频率的有差调节）。

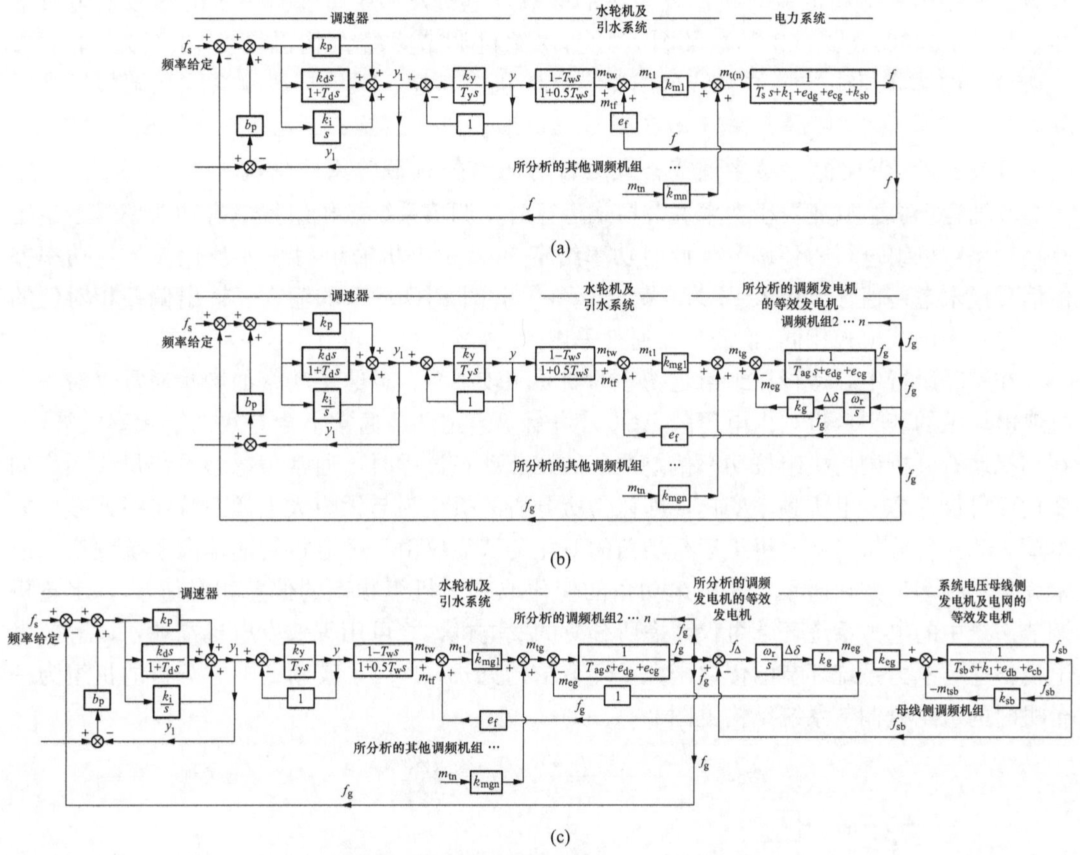

图 2-43　调速器于频率调节模式运行时的水轮机调节系统结构示例

（a）所分析的为“刚性联结”系统中的机组；（b）所分析的发机组接入无穷大系统；

（c）所分析的机组接入有限电源系统

如本篇 3.3.3 所述，在分析机组的调频动态调节特性时，在工程设计实际应用中，根据所分析的调频机组所在的电力系统状况或与所分析组连接的系统母线侧的电力系统状况等，水轮机调节系统中的电力系统环节，可选择为各发电机间为“刚性联结”的电力系统模型、所分析机组接入无穷大系统的电力系统模型及接入有限电源系统母线的电力系统模型，而相应地有不同的水轮机调节系统结构，见图 2-43 的系统结构示例。

（1）所分析的调频机组为“刚性联结”系统中的机组时，水轮机调节系统中的电力系统环节采用各发电机间为“刚性联结”的电力系统模型，其传递函数及结构见式（2-54）及图 2-38。此时水轮机调节系统结构见图 2-43（a），图中 $i=1\sim n$ 为所分析的调频机组，本例按与所分析的调频机组连接的系统母线侧有调频机组考虑。在进行小扰动下的调频动态特性分析时，可忽略各非调频机组原动机输出转矩的变化，按其输出的转矩偏差相对值为 0 考虑。

(2) 所分析的调频机组接入无穷大系统时，水轮机调节系统的电力系统环节采用所分析机组接入无穷大电源系统的电力系统模型，其传递函数及结构见式 (2-62) 及图 2-39。此时水轮机调节系统结构见图 2-43 (b)。

(3) 所分析的调频机组接入有限容量系统时，水轮机调节系统中的电力系统环节，其数学模型由所分析的调频机组发电机的等效发电机及系统母线侧系统的等效发电机描述，见式 (2-66)、式 (2-69) 及图 2-40。水轮机调节系统结构见图 2-43 (c)。本例按与所分析的调频机组连接的系统母线侧有调频机组考虑。系统母线侧系统无调频机组时 $m_{tsb}=0$。

3.4.3.2 调速器于功率调节模式运行时的水轮机调节系统结构

并列运行机组调速器于功率调节模式运行时，调节系统按机组发电有功功率等于给定有功功率对机组进行闭环调节。此时功率给定 p_s及发电机输出功率 p 反馈投入，功率差值信号经永态差值环节接入 PID 环节 ($b_p \neq 0$，此时 PID 环节的输入、输出偏差相对值的基准与频率调节模式相同)，调节器通常采用 PI 调节，微分环节不投入。

在实际运行中，运行机组给定功率的变动比较平缓，且给定功率的增减通常仅对一台机或电厂中的若干台机（由电厂的 AGC）进行，给定调节通常不会导致系统频率的波动，在小扰动下分析调功机组按功率偏差调节的调节动态过程时，通常可忽略系统母线频率的变化而可仅考虑发电机频率变化，即认为所分析的机组为与无穷大电源系统母线连接。如本篇 3.3.3 的分析，此时机组运行功角的变化可认为仅由于发电机转速偏离系统频率（通常为额定频率）变化所致，即机组功角的变化取决于机组频率的偏差相对值 f_g，水轮机调节系统中的电力系统环节可仅考虑所分析的发电机，并可用等效发电机描述，以等效发电机描述的电力系统环节的传递函数及环节结构见式 (2-62) 及图 2-39。分析的机组为一台机时的水轮机调节系统结构见图 2-44。

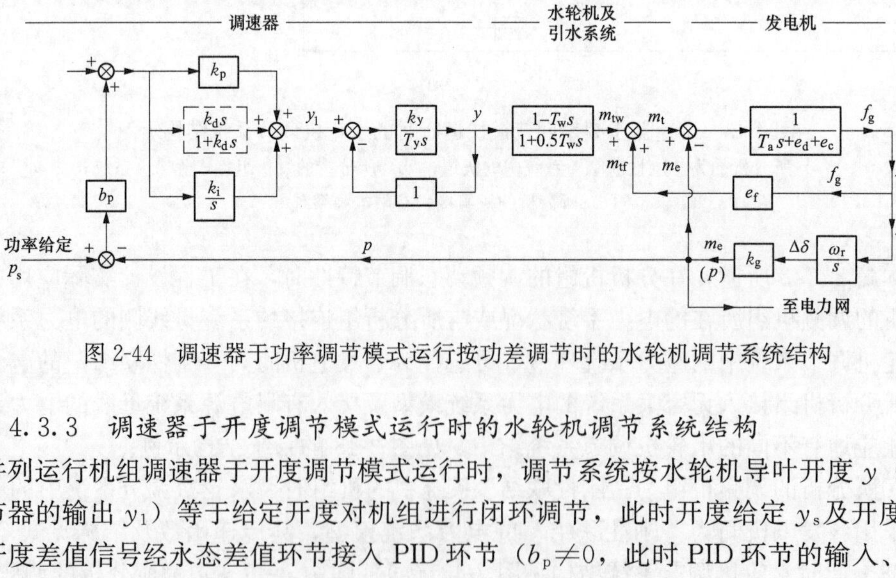

图 2-44 调速器于功率调节模式运行按功差调节时的水轮机调节系统结构

3.4.3.3 调速器于开度调节模式运行时的水轮机调节系统结构

并列运行机组调速器于开度调节模式运行时，调节系统按水轮机导叶开度 y（也可取用调节器的输出 y_1）等于给定开度对机组进行闭环调节，此时开度给定 y_s及开度反馈投入，开度差值信号经永态差值环节接入 PID 环节 ($b_p \neq 0$，此时 PID 环节的输入、输出偏差相对值的基准与频率调节模式相同)。调节器通常采用 PI 调节，微分环节不投入。分析的机组为一台机时的调节系统结构见图 2-45。

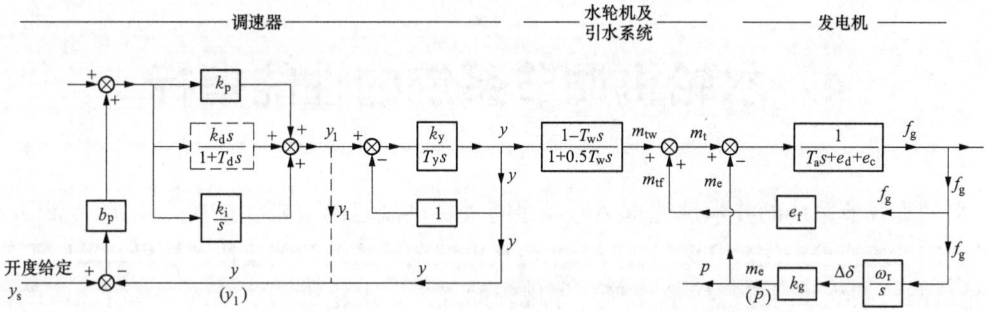

图 2-45　调速器于开度调节模式运行时的水轮机调节系统结构

4 水轮机调节系统的性能指标

水轮机调节系统的技术性能指标应满足有关标准规定的要求。按照GB/T 9652.1《水轮机调速系统技术条件》、DL/T 563《水轮机电液调节系统及装置技术规程》、DL/T 1245《水轮机调节系统并网运行技术导则》等规程的规定，水轮机调节系统应具有如下的技术性能指标。

4.1 水轮机调节系统的静态性能指标

(1) 静态特性曲线应近似为直线。静态特性曲线线性度误差 ε 不超过5%。

(2) 在永态差值系数 $b_p=4\%$ 时，测至主接力器的转速死区和在水轮机静止及输入转速信号恒定的条件下接力器的摆动值不超过表2-10的规定值。

表 2-10　转速死区和接力器摆动规定值

项目	调速器操作功 E_R(N·m)			
	大型，$E_R>75\ 000$	大型，$18\ 000\leqslant E_R\leqslant 75\ 000$	小型，$3000\leqslant E_R<18\ 000$	特小型，$E_R<3000$
转速死区(%)	0.02	0.06	0.1	0.2
接力器摆动值(%)	0.1	0.25	0.4	0.8

(3) 双调整反击式水轮机调速器的轮叶随动系统不准确度 i_a 不得超过0.8%，实测协联关系曲线与理论（设计）曲线的偏差应不大于轮叶接力器全行程的±1%。

4.2 水轮机调节系统的动态性能指标

(1) 自机组启动至频率（转速）达 $99.5\%f_r\sim101\%f_r$(同期带，f_r额定频率）的时间，不得大于自机组启动开始至频率（转速）达 $80\%f_r$时间的5倍。

(2) 机组空载自动运行，频率扰动阶跃变化量不小于 $4\%f_r$时，动态调节性能应满足：

1) 频率最大超调量不超过扰动量的40%。

2) 从扰动开始至调节稳定的调节时间不超过35s。

3) 在调节时间内，频率超过±0.5Hz的波动次数不超过2次。

4) 频率变化衰减度（与起始偏差符号相同的第2个转速偏差峰值与起始偏差峰值之比）应不大于30%。若频率变化特性是单调无超调响应过程，则衰减度视为0。

(3) 机组空载转速摆动相对值要求。

1) 在手动空载工况，励磁系统自动运行且机端电压变化不大于额定值的±2.5%，接力器3min内位置漂移不超过±0.2%的条件下，水轮发电机组手动空载转速摆动的相对值满足对大型机组不超过±0.24%，对中小型、微型机组不超过±0.4%。

2) 手动空载转速摆动的相对值满足上述1）之规定值时，自动工况的水轮发电机组3min内机组转速摆动的相对值，对大型机组不超过±0.18%，对中小型不超过±0.33%，对微型机组不超过±0.38%。

3）手动空载转速摆动的相对值不满足上述1）之规定值，则自动空载运行转速摆动的相对值不得大于相应手动空载转速摆动相对值。

（4）机组甩100％负荷时，调节动态品质应满足：

1）最大转速上升及最大水压上升满足调节保证计算设计要求。

2）调节过程中，偏离稳态转速3％(1.5Hz）的波动次数不超过2次，对解列后需带厂用电的机组，甩负荷后机组最低转速不低于额定转速的85％。

3）调节时间应满足：

a. 从甩负荷后接力器第一次向开启方向运动时起，到机组转速摆动相对值不超过±1％为止，历时不大于40s。

b. 从甩负荷开始到机组转速摆动相对值不超过±1％为止的调节时间，与从甩负荷开始到机组转速升至最高转速所经历的时间的比值，对中、低水头反击式水轮机不得大于8，对高水头反击式水轮机及冲击式水轮机不得大于15。

（5）调速器于功率调节模式、机组带负荷稳定运行，功率响应过程的动态调节性能要求如下。

1）有功功率最大超调量不超过扰动量的45％。

2）以调速器接受到功率调节指令为起点的调节时间应满足：

a. 当有功功率的目标变化量不小于机组额定有功功率的25％时，调节时间应不大于45s。

b. 当有功功率的目标变化量为机组额定有功功率的5％～25％时，调节时间宜为30～45s。

c. 当有功功率的目标变化量小于机组额定有功功率的5％，且大于人工功率死区 E_p 时，调节时间宜不大于30s。

3）在调节时间内，功率偏差超过5％额定功率的波动次数（功率的波峰个数与波谷个数之和的一半）不得超过2次。

（6）对具有孤立运行工况的电厂，调速器系统应具有孤网整定识别能力，保证机组在孤网运行工况下的稳定运行并满足：

1）当外部负荷发生（不大于机组额定功率的15％）而引起频率变化时，调节过程中频率变化衰减度摆动应不大于30％。

2）在无外部负荷突变的条件下，频率摆动应在±3％范围内。

（7）手动状态下，接力器于稳定位置时30min位移漂移量，在空载状态，应在其全行程的－0.2％～＋0.2％范围内；并网运行时，应在－0.5％～＋0.5％范围内。

（8）具有自复中功能的调速器，在自复中功能投入时，主接力器在30min内位移漂移量应不大于1％。

（9）在调速器的调节参数、指令信号及输入信号不变的条件下，油压在正常工作范围内变化时，所引起的主接力器位移变化应不大于全行程的0.5％。

4.3　机组参加电网一次调频时，水轮机调节系统的性能要求

按DL/T 1245《水轮机调节系统并网运行技术导则》，机组参加电网一次调频时，水轮机调节系统性能应满足：

(1）实测频率/转速死区，对大型水轮机宜不大于0.04％，对中小型水轮机宜不大于0.06％。

（2）阶跃响应：

1）以功率作为响应目标时，自频差超出一次调频死区开始，至机组有功功率开始向目标功率变化时的功率响应滞后时间，对额定水头 50m 及以上的水轮发电机组不大于 4s，对额定水头 50m 以下的水轮发电机组不大于 8s；至机组有功功率达 90%目标功率的上升时间应不大于 15s；至机组有功功率调节达稳定，所经历的时间不大于 30s。

2）以开度作为响应目标时，自频差超出一次调频死区开始，至主接力器开始向目标开度变化时的开度响应滞后时间应不大于 2s；至主接力器位移达 90%目标值的上升时间应不大于 12s；至开度调节达稳定，所经历的时间不大于 24s。

（3）参数设定要求为永态差值系数 b_p应不大于 4%（或调差率 $e_p \leqslant 3\%$）；人工频率/转速死区，应不大于 0.05Hz(b_p对应 $F/F_r \sim Y/Y_{max}$静特性，e_p对应 $F/F_r \sim P/P_r$静特性)。

4.4　水轮机调节系统中局部系统或环节的性能指标要求

（1）测频单元。

1）测频范围宜为 10～100Hz。

2）频率测量分辨率，中小型电厂水轮机调速器应小于 0.005Hz，对大型电厂或重要的中小型电厂应小于 0.003Hz。

3）在±10%额定转速范围内，测频单元响应时间宜不大于 40ms，响应延滞时间宜不大于 25ms。

（2）接力器行程反馈环节的测量精度宜小于 0.05%，线性度误差不超过 0.5%。

（3）电源模块在空载及额定负载状态下，输入电压波动不超过－15%～＋15%时，输出电压值波动不超过－1%～＋1%。

（4）电气-液压转换组件。

1）静态性能：传递函数实际值与设计值误差应小于设计值的 5%，线性度误差小于 5%，死区及滞环小于 0.5%，重复精度小于 0.2%。

2）动态性能：相应频宽应不小于 5～7Hz，阶跃调节时间不超过 10～25ms。

（5）油压装置性能要求。

1）油压装置正常工作油压变化范围应在名义工作油压的±5%以内。

2）非孤网运行时，油压装置油泵从正常工作油压下限启动开始至油压升至停泵油压，即正常工作油压上限，历时宜不大于 60s；孤网运行时宜不大于 35s。

3）油压低至正常工作油压下限的 6%～8%时，备用油泵应启动。

4）油压装置各压力信号器动作油压值与整定值的偏差，不得超过整定值的±2%。液位压力信号器动作值与整定值的偏差不得超过±10mm。

5）空气安全阀的动作值应为名义工作油压的 114%。

6）在机组静止或稳态状态下，对间歇运行的油压装置油泵，其启动间隔不得小于 30min。

4.5　其他

（1）平均故障间隔时间（MTBF）应不小于 12 000h。

（2）由调速器故障导致年强迫停运率，对大型或重要电厂机组应不大于 0.1%，对中小型机组应不大于 0.3%。

（3）调节系统的电磁兼容应满足有关规程的要求。

第三篇

水轮发电机励磁控制系统及装置

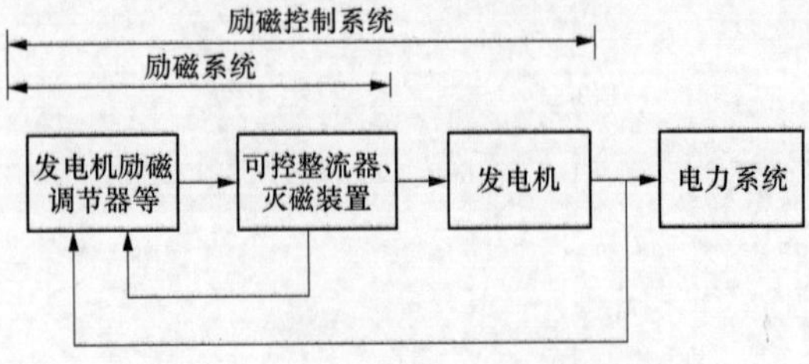

图 3-1　励磁控制系统方块图

水轮发电机励磁控制系统是指水轮发电机励磁装置和被控对象组成的闭环自动控制系统。励磁自动控制系统的被控对象为发电机，由励磁装置对发电机的励磁进行控制，见图 3-1。励磁装置包括励磁调节器（励磁调节、控制、保护等单元）及励磁功率电源（如可控整流器）和灭磁装置等，通常称为发电机励磁系统。在本书以下各章节的描述中，发电机励磁装置均称为发电机励磁系统。本篇内容引自参考文献[10]，引用时有修改。

1　水轮发电机励磁系统的任务、技术要求及结构

1.1　励磁系统的任务

励磁系统提供并控制发电机励磁，是发电机的重要组成部分。其主要任务如下。

1. 提供发电机在各种运行方式下所需的励磁

发电机运行所需的励磁由励磁系统提供，发电机对励磁电压及电流的需要随运行方式而改变，励磁系统应能提供发电机在各种运行方式下要求的励磁，保证发电机的安全可靠运行。

2. 维持发电机机端电压

励磁系统按电厂及电力系统的要求，对发电机励磁进行控制，使发电机机端电压维持于给定值运行。电厂及电力系统的要求通常包括对机端电压给定值或电压变化范围、机端电压调差率等的要求。维持机端电压的励磁调节及控制通常包括发电机正常运行的调节及对发电机励磁的限制（包括异常情况下的限制）。励磁系统的调节性能应满足有关标准规定的要求，包括电压响应时间、调压精度、对阶跃响应的超调量及振荡次数，以及无功功率在并列运行发电机间分配的稳定性等。

发电机机端的电压水平，关系着电厂及电网高压母线电压的维持，直接影响着供电的质量及电网运行的稳定性。因此，维持发电机机端电压于给定值运行是发电机励磁系统的基本任务。

3. 提高电力系统的稳定性

采用励磁控制提高电力系统稳定，是电力系统稳定措施中最为经济有效的措施。分析、试验及实际应用表明，在励磁系统中设置电力系统稳定控制单元如电力系统稳定器 PSS（Power System Stability）或采用最优控制等，可提高电力系统的小干扰及大干扰稳定性，包括功角及电压稳定性[11]。电力系统中的发电机，应根据电力系统的要求在励磁系统中设置 PSS 或采用最优控制。

在电力系统发生短路、主输电线或大机组切除等大扰动时，分析及试验表明，发电机

配置高起始电压响应励磁系统，可以提高电力系统大干扰稳定性或改善电力系统大干扰下的稳定条件[11]（如减少相关电厂的切机台数、避免装设复杂的稳定措施）。一般而言，较高顶值电压倍数及较高电压响应速度的励磁系统，更有利于电力系统大干扰稳定性的提高或改善。故电力系统出于大干扰稳定的需要，可能要求某些电厂的发电机励磁系统取较高的顶值电压倍数。

4. 对发电机进行快速灭磁及对发电机转子过电压进行保护

发电机或发电机-变压器组内部短路或发电机误强励时，在继电保护动作跳发电机或发电机-变压器组断路器后，短路点或误强励仍然存在，继续威胁着发电机或变压器等设备的安全。此时，避免或限制事故扩大、减少设备损坏的仅有措施，是切断发电机的励磁电源，快速消耗发电机转子中储存的磁场能量，以迅速降低发电机定子的电动势，即对发电机进行快速灭磁。按照 GB/T 7409.3《同步电机励磁系统 大、中型同步发电机励磁系统技术要求》及 DL/T 583《大中型水轮发电机静止整流励磁系统技术条件》的规定，大中型发电机的励磁系统，均应具有灭磁功能并应装设灭磁装置。

在发电机失步、非全相、机端短路等故障或在电力系统操作、雷击等情况下，发电机转子将出现过电压，过电压可能超过发电机转子绝缘及励磁系统功率整流器晶闸管的耐受能力而威胁机组及励磁系统的安全。励磁系统需装设过电压保护，以抑制在发电机转子及励磁功率整流器出现的过电压，包括抑制正向及反向过电压、来自整流器侧和发电机转子的过电压。

1.2 励磁系统的技术要求

为保证发电机及电力系统的安全可靠及稳定运行，发电机励磁系统应能在电力系统及电厂的各种运行方式及各种运行条件下，提供发电机所需的励磁并满足电力系统及电厂对发电机励磁的控制要求。具体的技术要求主要包括：

（1）励磁系统应能在发电机规定的运行条件下，提供发电机需要的励磁，并应保证发电机在励磁电流和电压为发电机额定励磁电流和电压的 1.1 倍下长期连续运行。发电机规定的运行条件，通常包括发电机的额定容量、规定的功率因数范围（迟相及进相）、额定频率和额定电压及其规定的偏差范围等。

（2）励磁系统应满足发电机强励时的励磁顶值电压、顶值电流及顶值电流的持续时间要求，以及电压响应时间的要求。

发电机的励磁系统顶值电压要求通常由电力系统提供，包括励磁顶值电压倍数及励磁系统保证该倍数的电力系统及电厂的运行条件。按照 IEEE421.1《IEEE 关于同步电机励磁系统的定义》，励磁顶值电压是励磁系统在规定条件下可提供的最大直流电压。励磁顶值电压倍数是励磁系统顶值电压与发电机额定励磁电压之比。按照 GB/T 7409.3《同步电机励磁系统 大、中型同步发电机励磁系统技术要求》的规定，对励磁电源取自发电机端的电势源静止励磁系统，其励磁顶值电压倍数应按 80%的发电机额定电压计算。故对采用自并励励磁方式的发电机（励磁变压器通常接于机端），发电机的励磁顶值电压倍数，是指发电机端电压（通常指正序电压）下降到 80%的发电机额定电压时，励磁系统可提供的最大直流电压与发电机额定励磁电压之比。励磁顶值电压倍数通常由电力系统相关部门根据电力系统稳定（通常为大干扰稳定）的要求确定。

根据IEEE及我国的有关标准，发电机的励磁系统顶值电流是指励磁系统所能提供的最大励磁电流。通常指在规定的强励时间内，励磁系统可输出的最大直流电流。发电机的励磁系统顶值电流及其持续时间，通常应满足电厂及电力系统的要求，并取决于励磁系统设备或发电机转子回路的热承受能力。对水轮发电机励磁系统，我国有关规程规定在输出顶值电流情况下，允许持续时间应不小于20s。

励磁系统电压响应时间，根据DL/T 583《大中型水轮发电机静止整流励磁系统技术条件》的规定，是指从对输出额定励磁电压的励磁系统施加阶跃信号起，励磁电压达到顶值电压与额定励磁电压差的95%瞬间的时间。按DL/T 583，水轮发电机励磁系统的电压响应时间应不大于40 ms。

（3）励磁系统对发电机励磁的自动控制与调节，应具有电厂及电力系统所要求的控制方式，功能及性能指标应满足有关标准规定的要求，并使发电机在安全稳定的范围内运行。按DL/T 583的要求，在励磁系统中应设置电力系统稳定器（PSS）或采用其他提高电力系统稳定的控制。

（4）励磁系统应设置故障在线检测自诊断及保护与处理、系统参数在线显示及整定、现场调试及试验等功能，以保证系统工作的正确及安全可靠，并满足运行监视、维护及现场调试的要求。系统应根据有关标准的要求在结构上设置冗余。

（5）励磁系统的灭磁装置，在发电机任何需要灭磁的工况下应能可靠地对发电机进行灭磁，灭磁时间应尽可能短。根据我国有关规程的规定，发电机需要灭磁的工况应包括发电机误强励、机端或发电机-变压器组母线三相短路、发电机内部或发电机-变压器组的变压器内部短路等。

（6）励磁系统应设置过电压保护，以防止发电机及电力系统故障或异常运行和操作等过程中产生的过电压危及发电机转子及励磁系统。过电压保护应工作可靠，保护装置的性能指标应满足有关标准的要求。

（7）应满足机组及电厂运行对励磁系统操作、控制及监视的要求，主要包括：

1）接受开机命令及相关的信息，完成机组开机过程中励磁系统的相关操作、控制及监视，包括起励；

2）接受正常停机命令及相关的信息，完成机组停机过程中励磁系统的相关操作、控制及监视，包括装设有电气制动的发电机停机制动的操作、控制及监视；

3）接受事故停机灭磁命令及相关的信息，对发电机进行灭磁并完成机组停机过程中励磁系统的相关操作、控制及监视；

4）接受励磁系统外部的电压或无功给定，对发电机电压或无功进行调节；

5）提供电厂运行操作控制及监视所需的励磁系统信息，包括励磁系统的正常运行状态数据信息、故障或事故等信息；

6）提供继电保护所需的励磁系统信息，如转子接地保护、失磁保护等所需的信息。

（8）励磁系统应具有对电力系统及电厂发电机的各种故障运行或异常运行的适应性。在电力系统及电厂发电机的各种故障运行或异常运行工况下，励磁系统应能正确工作。如电力系统振荡或发电机失步、非全相、机端短路等励磁系统外部故障或异常，励磁装置的电厂厂用电源在规定范围内的电压升高及频率升高等。励磁系统及其元部件应能承受发电机机端可能出现的电压及频率的异常升高而不影响其正确工作，不影响系统性能及元部件的可用性，如发电机过电压保护动作跳闸灭磁过程中机端的过电压及频率升高。

(9) 励磁系统应适用于电厂的电磁及自然环境条件，满足有关规程规定的电磁兼容性及使用环境条件的要求。与发电机转子回路电气上连接的设备或回路，应具有与发电机转子相同的电气绝缘水平。

(10) 其他。根据电厂的具体情况可能出现的其他要求。如当电力系统要求电厂发电机对线路进行充电时，发电机励磁系统应能在额定频率、额定电压和欠励情况下对线路充电，使发电机的充电容量满足要求，此时发电机不应产生自励或不稳定现象。又如当机组停机采用电气制动时，通常要求励磁系统提供发机组停机制动所需的励磁功率，并设置相关的控制；有长距离输电的电厂发电机，可能有负励磁的控制要求等。

(11) 励磁系统的可用性、可靠性及寿命应满足电厂及有关规程的要求。

1.3　自并励励磁方式的特点

发电机有多种励磁方式。目前主要有全静止励磁方式以及有旋转部件的励磁机励磁方式。励磁机励磁方式又可分为直流励磁机励磁方式及交流励磁机带整流器励磁方式（也称他励方式），前者由直流励磁机输出提供发电机励磁，后者包括交流励磁机带静止整流器（无整流子励磁）及交流励磁机带旋转整流器（无刷励磁）两种励磁方式，整流器由交流励磁机供电，由整流器输出提供发电机励磁。全静止励磁（也称自励方式）采用静止整流电源，由整流器输出提供发电机励磁，又可分为自并励及自复励方式。自并励方式的励磁功率整流器采用励磁变压器（典型的接线为励磁变压器接于发电机机端）供电。自复励方式的励磁功率整流器，由接于发电机端的变压器与串联于发电机定子回路的变流器联合供电，并有交流侧或直流侧的串联或并联的几种接线。

自并励励磁方式与其他励磁方式相比，有接线最为简单、无旋转部件、可靠性高、投资少、维护工作小及费用较低等优点，并可为采用励磁控制提高电力系统稳定性提供最好的平台。在励磁系统某些特性上，如某些运行方式下的强励电压特性、短路电流特性及机组开机起励特性，自并励励磁方式也有不及其他励磁方式之处，如下面所述。但正如下面的分析，自并励方式不及其他励磁方式之处，并不影响其实际的应用及其优点的存在。下面的分析及结论，早已为理论研究、试验及实际应用所证明。目前大中型水轮发电机，基本上都采用自并励励磁方式。

1.3.1　强励电压特性与电力系统稳定

在电力系统发生短路故障时，励磁系统通过对发电机进行快速强励，以提高或改善电力系统大干扰稳定性，是励磁系统的任务之一。由于自并励发电机励磁电源取自发电机机端，当电力系统短路影响到发电机机端电压时，特别在发电机近端发生三相短路使发电机端电压有较大幅度降低时，在短路持续期间，自并励励磁系统提供的强励励磁电压将低于采用其他励磁方式（在顶值电压相同时）。自并励励磁系统强励电压的这种特性对电力系统大干扰稳定性的影响，早年已进行了许多分析研究，结论认为自并励与其他励磁方式相比，对电力系统稳定的作用相当，不具有重要意义的差别[11]，水轮发电机采用自并励，与采用其他励磁方式一样，同样可满足电力系统稳定的要求。主要的论据可归纳如下。

（1）自并励励磁系统强励电压特性不及其他励磁方式，主要出现在发电机近端发生三相短路，且短路未切除前。其他短路情况下，如远端及其他类型短路，由于机端有一定的电压，强励电压特性的差别较小或无差别。

（2）励磁系统控制仅在转子电流变化使发电机电动势改变时，才能对电力系统的稳定性起作用。由于发电机转子具有较大的时间常数（若干秒），故在由主保护切除短路前的短路持续时间内（大型机组一般为 0.1s），励磁系统强励下的转子电流通常仅有很小的变化，强励对发电机电动势的影响十分有限。对他励晶闸管整流励磁发电机的算例（顶值电压倍数 1.8）表明，在近机端三相短路后的 0.1s 期间，E_Q（横轴同步电抗 X_q后的发电机电动势）仅增加 2.84%。此间自并励发电机（顶值电压为空载额定电压 7.0 倍）电动势仅低于他励晶闸管整流励磁方式的 3.3%[11]，相差并不明显。故在由主保护切除的近机端三相短路持续期间，自并励发电机与其他励磁方式的发电机相比，对电力系统大干扰稳定性的作用差别不大。

（3）当发生近端三相短路、主保护拒动由后备保护动作切除短路时（大型机组一般为 0.2～0.5s），此时短路的持续期间稍长，使自并励发电机电动势与采用其他励磁方式有稍大的差别。但机端或近端三相短路期间，发电功率基本上不能外送，此期间强励对发电机转矩的平衡、减少转子的摇摆作用不大，对电力系统大干扰稳定性的影响很小，特别对输电距离较远、与地区电网联系较弱的水力发电厂影响更小。

（4）电力系统的三相短路概率很低（占短路总数的 6%～7%），目前大型发电机及高压电网的保护均采用双重化，三相短路发生在发电机近端且主保护拒动的概率更低。

（5）自并励发电机在短路切除后，机端电压恢复迅速[11]，发电机随之即具有与其他励磁方式相同的强励电压特性。

故发电机采用自并励励磁方式与采用其他励磁方式相比，对电力系统大干扰稳定性的作用无明显的差别，水轮发电机采用自并励励磁方式也可满足电力系统大干扰稳定的要求。一些水力发电厂接入系统的稳定计算也表明，发电机采用自并励，与采用他励或自复励比较，电力系统需要采取的大干扰稳定措施基本相同。根据电厂在电力系统中地位的重要性，电力系统可能要求某些电厂发电机励磁系统的励磁顶值电压倍数取较高的数值以满足系统的大干扰稳定要求。一般而言，发电机不同励磁方式的选用，通常不会改变电力系统在高压电网中需要采取的大干扰稳定措施。

对电力系统小干扰稳定性，分析研究及实际应用表明，发电机采用自并励励磁系统，在配置了电力系统稳定装置后，可提高电力系统小干扰下的稳定性，其效果与其他励磁方式相同。相对于其他励磁方式，发电机的自并励方式可为采用励磁控制提高电力系统稳定性提供最好的平台。

1.3.2 短路电流特性及发电机的后备保护

在包括机端在内的电厂或电力系统短路时，由下面的计算分析可见，自并励发电机提供的短路电流有与其他励磁方式不同的特性，并因此对发电机的后备保护有不同的要求。

1.3.2.1 三相短路时的短路电流

1. 自并励发电机的三相短路电流

自并励发电机经外部阻抗的三相短路电流周期分量（标幺值）可由式（3-1）计算[12]，即

$$i_k=\left(\frac{1}{X''_{dw}}-\frac{1}{X'_{dw}}\right)e^{-\frac{t}{T''_d}}+\frac{1}{X'_{dw}}e^{-\frac{1}{T_{dk}}} \tag{3-1}$$

式中：$X''_{dw}=X_w+X''_d$，$X'_{dw}=X_w+X'_d$，X_w为发电机机端至短路点间的电抗（外部电抗），X''_d、X'_d分别为发电机的直轴次暂态及直轴暂态电抗，各电抗以标幺值表示；T''_d为发电机直轴次暂态短路时间常数；T_{dk}为自并励发电机三相短路时，励磁回路等效时间常数，也是定子短路电流周期性暂态分量的衰减时间常数及转子暂态电流非周期分量衰减时间常数。

忽略励磁功率整流器换相压降的影响时，发电机三相短路的 T_{dk} 由式（3-2）计算[12]，即

$$T_{dk}=\frac{T'_{d0}X'_{dw}/X_{dw}}{1-K_aX_w/X_{dw}} \tag{3-2}$$

式中：T'_{d0}为发电机直轴暂态开路时间常数（或称发电机定子开路时，转子绕组时间常数）；$X_{dw}=X_w+X_d$，X_d为发电机直轴同步电抗；K_a为励磁系统顶值电压系数。

当采用三相全控桥式励磁功率整流器时，K_a由式（3-3）计算[12]，即

$$K_a=\frac{\cos\alpha_{min}}{\cos\alpha_0} \tag{3-3}$$

式中：α_{min}、α_0分别为发电机强励及空载时，励磁功率整流器的控制角。

由式（3-2），当（$1-K_aX_w/X_{dw}$）=0 时，有 $T_{dk}=\infty$，发电机提供的三相短路电流的暂态分量将不衰减而保持起始值。此时发电机的外部电抗称为临界外电抗 $X_{w(lj)}$，由式（3-4）计算，即

$$X_{w(lj)}=\frac{X_d}{K_a-1} \tag{3-4}$$

在 $X_w<X_{w(lj)}$ 时，T_{dk} 为正值，发电机提供衰减的无稳态值的三相短路电流；$X_w>X_{w(lj)}$ 时，T_{dk}为负值，发电机提供随短路持续时间增大的三相短路电流。

计及励磁功率整流器换相压降的 T_{dk}值，可取为式（3-2）计算值的 0.9～0.96（参见 DL/T 684《大型发电机变压器继电保护整定计算导则》）。

2. 其他励磁方式的发电机三相短路电流

其他励磁方式的发电机三相短路电流周期分量（标幺值）的计算式[12]为

$$i_k=\left(\frac{1}{X''_{dw}}-\frac{1}{X'_{dw}}\right)e^{-\frac{t}{T''_d}}+\left(\frac{1}{X'_{dw}}-\frac{1}{X_{dw}}\right)e^{-\frac{t}{T'_d}}+\frac{1}{X_{dw}} \tag{3-5}$$

式中：T'_d为发电机直轴暂态短路时间常数，其余各参数见式（3-1）及式（3-2）。

短路期间不调节励磁时，式（3-5）最后一项（$1/X_{dw}$）$=I_\infty$，为短路电流的稳态值。

3. 自并励励磁方式与其他励磁方式的发电机三相短路电流特性比较

由上述的短路电流计算式可见，自并励励磁方式相对于其他励磁方式，发电机三相短路电流有不同的特性。

（1）在发电机端或经外部电抗短路时，短路电流暂态分量有与其他励磁方式不相同的衰减时间常数，次暂态分量的初始值及衰减时间常数与其他励磁方式相同。

（2）发电机经外部电抗的三相短路电流的暂态分量，有随时间衰减、不衰减及增大三种情况，存在一个临界外电抗。在外部电抗等于临界外电抗时，短路电流的暂态分量不随短路持续时间衰减；外部电抗小于临界外电抗时，短路电流的暂态分量随短路持续时间衰

减；外部电抗大于临界外电抗时，短路电流的暂态分量随短路持续时间增大。

(3) 发电机近端三相短路时（$X_w < X_{w(lj)}$），发电机提供衰减至零的无稳态值的短路电流，其他励磁方式则有稳态值。

自并励发电机端及外部发生不对称短路时，短路电流暂态分量也有与其他励磁方式不相同的衰减时间常数 $T_{dk}^{(n)}$（忽略励磁功率整流器的换相压降的影响）[12]，即

$$T_{dk}^{(n)} = \frac{T'_{d0}(X'_{dw} + X_{\Delta}^{(n)})/(X_{dw} + X_{\Delta}^{(n)})}{1 - K_a(X_w + X_{\Delta}^{(n)})/(X_{dw} + X_{\Delta}^{(n)})} \tag{3-6}$$

式中：$X_{\Delta}^{(n)}$ 为不对称短路计算用的额外电抗。各种不对称短路下的 $X_{\Delta}^{(n)}$ 分别为两相短路 $X_{\Delta}^{(2)} = X_{2\Sigma}$，时间常数为 $T_{dk}^{(2)}$；两相接地短路 $X_{\Delta}^{(1,1)} = X_{2\Sigma} // X_{0\Sigma}$，时间常数为 $T_{dk}^{(1,1)}$；单相接地短路 $X_{\Delta}^{(1)} = X_{2\Sigma} + X_{0\Sigma}$，时间常数为 $T_{dk}^{(1)}$。$X_{2\Sigma}$、$X_{0\Sigma}$ 分别为短路点的负序、零序综合电抗。

1.3.2.2 自并励发电机的后备保护

发电机机端及外部阻抗小于临界外阻抗处发生三相短路时，自并励发电机提供的短路电流将按衰减特性衰减至零，而其他励磁方式则衰减至某一稳态值。自并励发电机这一特性，要求发电机后备保护需采用相适应的措施，以保证后备保护的正确动作。目前通常采用带电流记忆（保持）的低压过电流保护作后备保护，在短路发生时，过电流动作并保持，经保护延时后若短路仍存在（低电压仍动作），则保护动作出口跳闸。

1.3.3 发电机的开机起励

自并励发电机励磁电源取自机端，在发电机开机启动转速达额定后，发电机机端为电压很低的残压。目前的励磁系统一般均具有发电机残压起励功能，在机端残压不低于某一电压值时，励磁系统可利用发电机的残压实现发电机的开机建压。但发电机的残压通常不够稳定，残压值可能受发电机的检修、异常或故障运行方式等的影响而降低，某些大型发电机的残压也相对较低，使残压值不能满足励磁系统残压起励的要求。故按照我国有关规程的规定，采用自并励的大中型水轮发电机除考虑残压起励外，应设置采用外部电源的起励电源，以使开机后的发电机能建立起满足励磁调节器正常工作的机端电压，并由励磁调节器维持机端于额定电压（或给定电压）运行。

1.4 发电机自并励励磁系统结构示例

发电机的自并励励磁系统通常由励磁变压器、励磁功率整流器、调节器、灭磁系统设备（磁场断路器及灭磁电阻）、起励装置、过电压保护及其他辅助设备组成，属全静止励磁系统或称静止整流励磁系统。大型水轮发电机自并励励磁系统的结构示例见图 3-2。

励磁变压器通常接于发电机定子出线端与发电机断路器（若有）间的发电机母线。励磁变压器高压侧不应安装自动开关或快速熔断器，一般均采用与发电机母线直接连接的接线方式。由于发电机必须带励磁变压器运行，励磁变压器故障时，励磁变压器的继电保护将动作发电机（或发电机-变压器组）断路器跳闸、停机、灭磁。励磁变压器需按继电保护规程设置继电保护装置，按电气测量规程装设电气测量装置，相应地在励磁变压器的高压侧需装设保护及测量用的电流互感器。对大型或重要的发电机，需要对励磁变压器采用差动保护时或所采用的励磁系统有要求时，在励磁变压器低压侧也需相应地设置电流互

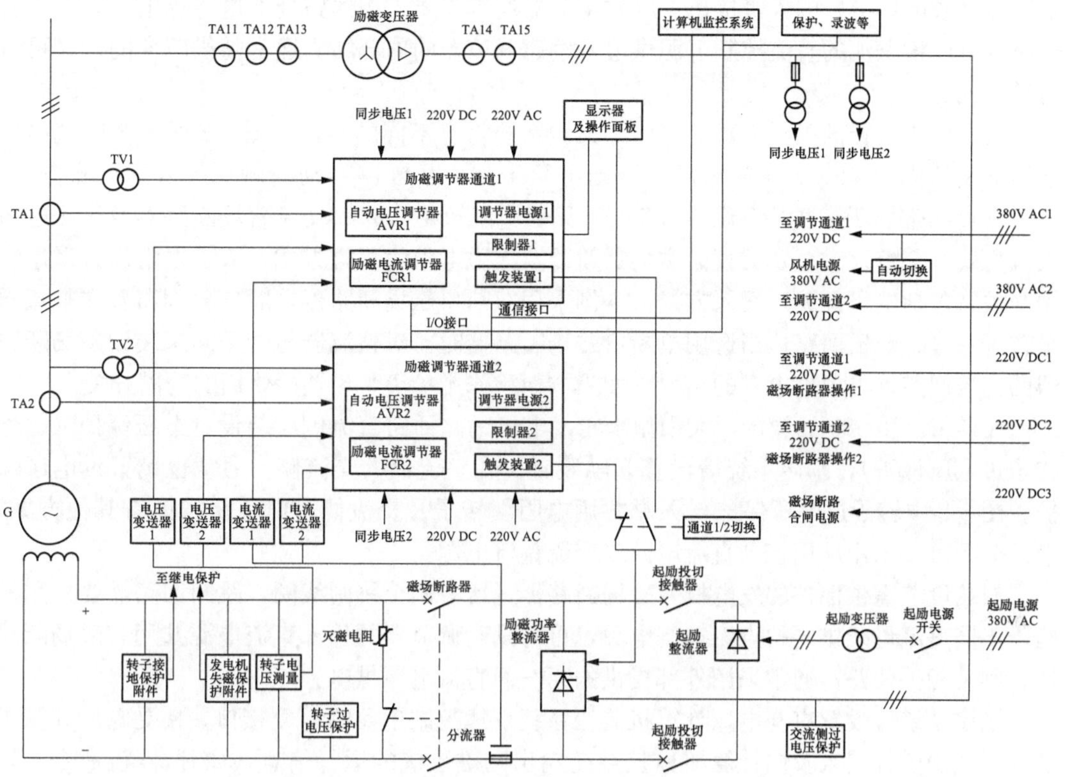

图 3-2 大型水轮发电机自并励励磁系统结构示例

感器。

本例中，励磁变压器采用两套差动保护，且要求测量励磁变压器有功电量。

励磁功率整流器接于励磁变压器的低压侧，水轮发电机通常采用由 2 个或多个并联整流桥组成的全控桥式三相整流器。本例整流器的每个整流桥的交流侧及直流侧不设置开关，某一整流桥故障不能继续运行时，由励磁系统使之退出并发出故障信号，故障的整流桥在发电机停机后进行处理。当励磁功率整流器采用强迫风冷方式时，励磁功率整流器需配置冷却风机，冷却风机需采用两路互为备用的供电电源供电。本例的励磁功率整流器采用强迫风冷。

按 DL/T 583 规定，大中型水轮发电机励磁系统应设置互为热备用的两套独立的调节通道。每个调节通道应具备一个自动电压调节通道（AVR）及一个励磁电流调节通道（FCR）。按照 GB/T 14285《继电保护和安全自动装置技术规程》等规程的规定，两套励磁调节器的发电机定子电压信号应取自机端不同的电压互感器，以防止其中一个电压互感器故障引起发电机误强励；两套励磁调节器的定子电流信号宜取发电机不同的定子电流互感器，并宜采用专用的电压互感器绕组、电流互感器绕组（也可以与发电机电气测量共用装于发电机机端的测量级电流互感器二次绕组，此时，仪表盘的电气测量电流回路输入宜采用可短接的电流端子）；两套励磁调节器所需的发电机转子电流及电压（若有）信号，通常也取自不同的电流变送器、电压变送器，并各有自己的同步电压变压器。触发脉冲的输出经通道切换后送至整流器晶闸管的触发控制单元。两套调节通道应以一个公用的接口与外部系统联系，包括输入、输出（I/O）接口及通信接口，并通常配置带有共用显示器及键盘（或触摸屏）的人机接口。励磁调节器通常需要采用两路外部电源供电，并至少有一路为电厂蓄电池的直流控制电源供电。励磁调节器的内部结构通常随供应商的产品可有多种型式。

按发电机选择的灭磁方式的不同，灭磁系统将有不同的结构。图 3-2 所示为直流磁场断路器及碳化硅（SiC）灭磁电阻，灭磁电阻采用磁场断路器动断触点投入的灭磁方式。另尚有直流磁场断路器及氧化锌（ZnO）灭磁电阻灭磁方式、交流磁场断路器及灭磁电阻灭磁方式（交流灭磁）及交直流磁场断路器及灭磁电阻的灭磁方式，灭磁电阻尚有采用专用开关（包括电子开关）投入方式。本例采用双断口磁场断路器，断口分别布置在整流器至转子的＋、－极回路。当选用单断口磁场断路器时，对整流器与转子间未装设磁场断路器的连接回路，可根据电厂的需要（如为方便检修维护等）设置检修用的隔离开关。

按照 DL/T 583 的规定，大中型水轮发电机励磁回路直流侧应装设过电压保护（也称转子过电压保护），励磁系统需设置起励装置。在整流器的交流侧，通常也设置过电压保护。图 3-2 中转子过电压保护与灭磁共用电阻，转子及交流侧过电压保护尚有其他方案。起励电源可以采用厂用控制直流电源或交流整流电源。

对装设双重主保护的发电机，磁场断路器通常有两个跳闸线圈，跳闸回路需要采用两路由不同直流母线供电的直流控制电源，可与励磁调节器的外部直流电源共用。磁场断路器合闸及相关回路，通常采用外部提供的第三回直流电源供电。

励磁系统应设置有与电厂计算机监控系统现地控制单元的 I/O 接口，接受电厂计算机监控系统的监控输入及向计算机监控系统输出励磁系统的运行信息，如开/停机命令、发电机电压或无功的增/减、PSS 投/退及其他需要交换的监控信息，包括励磁系统故障信息、励磁系统的电气测量等信息。这些接口应采用硬布线方式连接，根据需要可再设置通信接口。

励磁系统与继电保护的 I/O 接口，包括继电保护启动磁场断路器跳闸灭磁的输入信号、装于励磁系统的转子接地保护及发电机失磁保护附件的输出（转子电压信号输出）、作用于停机跳闸的励磁系统事故和过电压保护动作停机跳闸的输出等信号，均应以硬布线方式直接与继电保护装置连接。

励磁系统控制所需的一些信号，如机组转速信号（投入起励）、发电机（或发电机-变压器组）断路器位置信号等，一般应以硬布线方式直接与相应的装置连接（如直接接至调速器屏、断路器汇控柜或保护屏）。

根据电厂及励磁系统的具体情况，在励磁系统结构中，尚可能有其他的组成部分及不同的接线。如系统结构中可能尚有与发电机电气制动相关的回路等。

2 励磁变压器

2.1 励磁变压器的技术要求

采用自并励励磁方式的发电机，其励磁电源的励磁功率整流器由三相励磁变压器供电。励磁变压器的高压侧通常接于发电机机端母线，低压侧接晶闸管三相全控桥式整流器，励磁功率整流器的负载为有很大电感、对地绝缘的发电机转子，见图 3-2。励磁变压器负载及接线的特点，以及电网和电厂对发电机励磁系统的特定要求，使自并励的水轮发电机励磁变压器工作条件及技术要求与一般应用的电力变压器并不完全相同，主要有：

（1）励磁变压器绕组电流为非正弦电流，变压器的设计需要考虑绕组中谐波电流的影响。由于发电机转子时间常数通常为若干秒级，故励磁功率整流装置晶闸管电流及交流侧（即励磁变压器低压侧）线电流均可看作为矩形波，存在着基波分量和谐波分量，谐波电流将增加变压器的铜损和铁损，并使发电机端电压波形畸变。故励磁变压器设计与制造时需要考虑变压器绕组谐波电流的影响，包括变压器的铁心磁密、容量、过负荷能力等均需要对谐波电流的影响进行考虑。谐波电流将可能引起变压器运行的谐波噪声，故在铁心与绕组的结构及机械强度上，需要考虑降低谐波噪声的措施。

（2）作为直接接到发电机机端的励磁变压器，需按发电机端电气设备的技术要求进行设计。按照 GB/T 1094.1《电力变压器 第 1 部分：总则》的要求，在发电机甩负载时，变压器与发电机相连的端子上，应能承受 1.4 倍额定电压，历时 5s。通常还要求在发电机机端电压为 1.3 倍额定电压的过电压下运行 60s。励磁变压器应能在 110%额定电压下长期连续运行。

（3）励磁变压器低压绕组额定电压应按满足发电机强励时的励磁顶值电压要求进行设计选择。发电机强励时，对励磁功率整流器的输出电压有最高要求，为发电机励磁顶值电压。励磁顶值电压按发电机所在的电力系统要求选取。

（4）变压器容量应能满足发电机长期连续运行所要求的励磁能力，在发电机励磁电流和电压为发电机额定负载下励磁电流和电压的 1.1 倍时，能长期连续运行。

（5）励磁变压器的过载能力应能满足发电机强励的励磁容量及持续时间的要求。励磁变压器在发电机强励时，发电机在励磁顶值电压下运行，励磁电流的稳态值也为励磁顶值电流。此时，励磁功率对励磁变压器的负载能力有最高要求。

（6）励磁变压器高压、低压绕组间需设置静电隔离屏蔽并接地。在变压器投入和高压侧暂态过电压时，通过励磁变压器高压、低压绕组间的分布电容，在励磁变压器低压绕组上将产生过电压。为减少此时励磁变压器低压侧的过电压，在励磁变压器高压、低压绕组之间需设置静电屏蔽并与变压器铁心一起接地，以避免过电压威胁励磁功率整流器的安全。静电屏蔽还可减少变压器低压绕组的高次谐波及过电压对高压绕组及电网的影响，提高励磁变压器的电磁兼容性。

（7）励磁变压器作为电力变压器的一种应用类别，还需满足一般电力变压器的技术要求。主要包括下列方面：

1）运行温升及绝缘耐热等级；

2）承受短路能力；

3）绝缘水平；

4）其他，如噪声水平、局部放电水平、三相对称性；

5）对辅助设备的设置要求，包括电流互感器、温度监视设备等。

（8）实际工程应用对励磁变压器通常尚有一些与工程相关的技术要求，如：

1）励磁变类型及结构；

2）组装方式及防护等级；

3）在电厂现场的安装方式及要求，包括与发电机母线的连接等。

为方便运输，或适宜与发电机离相封闭母线相连接，大型发电机励磁变压器通常采用单相变压器组成三相变压器组的结构方式，并通常要求单相变压器有相同的结构，有良好的互换性。

2.2 励磁变压器的类型、接线组别、使用条件及温升限值、额定电压及容量计算

2.2.1 励磁变压器的类型

励磁变压器通常采用干式变压器并安装在电厂厂房内，安装在户外时也可以采用油浸式变压器。励磁变压器的类型通常应考虑使用的电气及自然环境条件、运行维护的要求和使用的安全性等方面进行选择。

目前我国水力发电厂发电机励磁变压器通常布置于厂房内，并主要采用以环氧树脂为绝缘材料的环氧树脂浇注干式变压器。环氧树脂是难燃、阻燃、自熄的固体绝缘材料。环氧树脂干式变压器具有较好的防潮、防腐、抗湿热、阻燃和自熄特性，适用于室内或防火要求高的场合。有局部放电值低、抗短路能力及耐雷电冲击能力强、体积小、质量轻、损耗及噪声低、安装维护方便简单、可靠性高和寿命长等特点。高热下树脂不会产生有毒有害气体。环氧树脂干式变压器绝缘等级有 F、H 级，目前常用的主要为环氧树脂浇注型干式变压器，绕完线的变压器绕组放进模具里，在真空状态下用环氧树脂浇注，然后在高温下固化。

常用的电力干式变压器除环氧树脂浇注式外，还有浸渍式及绕包式等类型，并有采用 NOMEX 绝缘材料干式变压器。NOMEX 绝缘干式变压器的匝间、层间绝缘等均采用 NOMEX 纸或其制品。低压绕组通常为铜箔绕组，高压绕组为层式结构，使用 NOMEX 纸包铜线绕制。NOMEX 材料制品包括纸、层压板、预制件等，是美国杜邦公司的专利产品。NOMEX 是一芳香聚酰胺聚合物，发明于 20 世纪 60 年代。由于它具有优越的化学、机械、电气以及物理等性能，目前已被广泛应用于电气设备制造、宇航设备、劳动保护设备以及消防、环境保护等设备上。主要特点：属于 C 级绝缘材料，耐热温度为 220℃（环氧树脂可达 200℃），并可承受较大的温度梯度；相对介电常数较其他绝缘材料更接近于空气，使绝缘与冷却介质间的电场分布更为均匀；NOMEX 纸不吸水，具有较好的防潮性

能，即使在相对湿度为95%的状态下，仍可保持90%的完全干燥时的介质强度；较好的机械强度（包括抗张、抗撕裂和抗压强度、抗摩擦和抗割穿性能及较好的挠性）；较好的阻燃性能及较好的防火能力；绝缘材料的降解处理回收能较好地满足环境保护方面要求。NOMEX材料型变压器通常提供的绝缘等级为H级或更高的等级。

另外还有导线用玻璃布绝缘，层间使用陶瓷垫块，绕组采用陶瓷绝缘子支撑的浸渍式干式变压器。其高压绕组导线绕在玻璃钢筒上，低压绕组为线绕或箔绕，高、低压绕组及绝缘筒整体在真空罐中，在常压下浸渍液态绝缘材料，再加热烘干。

干式变压器绕组通常采用箔绕或线绕，包括低压及高压绕组，材料通常为铜或铝，容量较大的干式变压器的低压绕组通常采用箔式绕制。采用箔式绕制的绕组，较有利于变压器三相电抗平衡及抗突发短路能力和耐雷电冲击能力；导体内电荷及绕组电场分布均匀，集肤效应及局部放电相对较小；其薄截面有利于减少导体内的涡流；由于铜箔的光滑和少焊接，绕组的温度梯度能较好地保持一致，降低了产生局部热点的可能性。

干式变压器冷却方式可有自然空气循环冷却（冷却方式标志为AN）或强迫空气循环冷却（风机冷却，冷却方式标志为AF）方式。励磁变压器通常采用自然空气循环冷却。

在美国的H级干式变压器市场中，用NOMEX材料的干式变压器占据主导地位。而欧洲等地区的干式变压器则主要采用环氧树脂浇注型。在我国的发电机励磁系统中，励磁变压器目前基本上为采用环氧树脂浇注干式变压器。

2.2.2 励磁变压器的接线组别

为使励磁系统的功率整流器得到正弦的交流电压源，励磁变压器的接线组别通常采用Yd11接线或Yd5。由电机学可知，三相绕组组成的△回路构成了三次谐波电流的环形通道，从而使变压器磁路中的主磁通及其感应出的电动势保持正弦形。另外，相同容量及电压的变压器，采用d接线的相电流为Y接的$1/\sqrt{3}$。励磁变压器低压侧通常有较大的电流，故采用△接线可减小绕组导体截面，有利于变压器的制造，特别对容量较大的励磁变压器。高压侧采用Y接线可方便高压侧的连接。

2.2.3 励磁变压器的使用条件及温升限值

励磁变压器属于电力变压器的一种类型，励磁变压器的使用条件及温升限值应遵循一般电力变压器的有关标准的一般规定。

变压器某一部分的温升，为该部位的温度与冷却介质温度之差。变压器某一部分的运行温度，可表示为冷却介质（环境空气或冷却水）温度与该部分温升之和。变压器各部分的温升限值是变压器在规定条件下可承受的温升。温升限值是变压器的特性参数之一，是制造厂的保证值。温升限值不允许有正偏差。对有一个分接范围超过±5%的带分接绕组的变压器，温升限值应适用于每个分接，温升型式试验应在最大电流分接上进行（在独立绕组变压器中，最大电流分接一般是最大负载损耗分接）。变压器的温升限值通常对不同的负载情况有不同的规定。对励磁系统常用的干式变压器，在GB/T 1094.11《电力变压器 第11部分：干式变压器》（IEC 60076-11，MOD）及GB/T 1094.12《电力变压器 第12部分：干式电力变压器负载导则》（IEC 60076-12，MOD）中，对干式变压器电气绝缘耐热等级和在正常使用条件下绕组的温升限值，有如表 3-1 所示的规定。

表 3-1　干式变压器绕组的绝缘耐热等级和温升限值

绝缘系统温度（℃）	额定电流下绕组的平均温升限值（K）	绕组热点温度额定值（℃）	绕组热点温度最高允许值（℃）
105（A）	60	95	140
120（E）	75	110	155
130（B）	80	120	165
155（F）	100	145	190
180（H）	125	175	220
200（N）	135		
220（C）	150	210	250

注　表中第 1 栏是干式变压器的绝缘耐热等级，可用绝缘系统温度（括号外数值）或括号内的字母表示。

冷却空气温度超过变压器正常使用条件规定温度的某一个数值时，表 3-1 的变压器的温升限值应按超过的数值降低，并应将其修正到最接近的整数值。变压器在高于海拔 1000m 处使用时，表 3-1 的变压器的温升限值应按海拔每增加 500m 降低 2.5%（对自冷式变压器）或 5%（对风冷式变压器）来计算。

变压器铁心、金属构件及其邻近处材料的温度，不应对变压器任何部分造成损害。

变压器选择较高的电气绝缘耐热等级设计时电流密度可以取得较高，可缩小变压器的尺寸。此时变压器适用于环境允许温升较高的场所。

按照 DL/T 583《大中型水轮发电机静止整流励磁系统技术条件》，励磁变压器的电气绝缘耐热等级一般考虑在 B 级及以上，并要求在变压器设计时应考虑绕组中谐波电流引起的发热。

发电机励磁变压器采用干式变压器时，励磁变压器通常布置于厂内，从厂内环境考虑，正常运行时的变压器温升不宜过高。

2.2.4　励磁变压器的额定电压及容量

2.2.4.1　*励磁变压器低压绕组额定电压*

励磁变压器低压绕组额定电压按满足励磁系统顶值电压要求设计，以保证励磁系统可提供发电机强励所要求的励磁系统顶值电压。按照 DL/T 583 的定义，励磁系统顶值电压（也称顶值电压）是指励磁系统强励励磁电流达到规定的顶值电流时，励磁绕组两端整流电压的平均值。对自并励励磁系统，励磁绕组两端的电压为励磁功率整流器的输出电压。目前励磁功率整流器通常采用晶闸管三相全控桥式整流器，励磁功率整流器输出电压的平均值 U_d 可计算为[12]

$$U_d = 1.35U_{20}\cos\alpha - \frac{3}{\pi}I_d X_{TE} - \sum\Delta U$$

式中：U_{20} 为励磁变压器低压绕组空载线电压（有效值），V；α 为励磁功率整流器晶闸管的控制角；I_d 为励磁功率整流器输出电流，A；X_{TE} 为励磁变压器每相电抗，Ω，U_d 的计算式于此项忽略了整流桥至交流电源间每相回路的其他电抗（如电缆等），整流器的交流侧电缆较长时，此项应以每相电缆电抗与 X_{TE} 之和取代式中的 X_{TE}；$\sum\Delta U$ 为励磁变压器至发电机转子+、一端之间的电流回路总电阻压降（包括整流器交流侧回路、晶闸管快速熔断器、整流器直流侧至转子绕组+、一极回路电阻的压降）及导通晶闸管（一对）的电压降，V。

发电机强励时，励磁功率整流器的输出电压U_d应为励磁系统的顶值电压。发电机强励所要求的励磁顶值电压，通常以顶值电压倍数k_{cu}与额定励磁电压U_{fr}之积$k_{cu}U_{fr}$表示，即强励时有$U_d=k_{cu}U_{fr}$。此时励磁功率整流器输出电流I_d的最大值为顶值电流$k_{ci}I_{fr}$，k_{ci}为励磁顶值电流倍数，为励磁系统顶值电流与额定励磁电流I_{fr}之比。按 GB/T 7409.3，对采用自并励励磁方式的发电机，励磁顶值电压倍数应按机端电压下降至80%的发电机额定电压计算。故满足发电机强励要求的励磁功率整流器输出电压由上面U_d的计算式应有下式关系

$$k_{cu}U_{fr}=1.35\times 0.8U_{2r}\cos\alpha_{min}-\frac{3}{\pi}k_{ci}I_{fr}X_{TE}-\sum\Delta U \tag{3-7}$$

式中：U_{fr}、I_{fr}为发电机的额定励磁电压、电流，V、A；U_{2r}为励磁变压器低压绕组额定线电压（有效值），V；α_{min}为强励时励磁功率整流器晶闸管的控制角，由励磁系统供应商确定，通常取4^0～10^0，简化计算时也可取为0^0；强励时，$\sum\Delta U$通常可取4～10V，整流器的交流或直流侧有较长的电缆时，可取较大的数值或具体计算电缆的电阻压降，也可以具体地计算电流回路各部分的压降后总加；X_{TE}为励磁变压器每相电抗，Ω，按下式计算，即

$$X_{TE}=u_k\frac{U_{2r}}{\sqrt{3}I_{2r}}$$

式中：u_k为励磁变压器的阻抗电压，以变压器额定电压的百分数表示；I_{2r}为励磁变压器低压绕组的额定电流。

将X_{TE}的计算式代入式（3-7），整理后可得满足发电机励磁系统顶值电压要求的变压器低压绕组额定线电压U_{2r}（V）的计算式为

$$U_{2r}=\frac{k_{cu}U_{fr}+\sum\Delta U}{1.35\times 0.8\cos\alpha_{min}-\frac{\sqrt{3}}{\pi}\times k_{ci}I_{fr}\left(\frac{u_k}{I_{2r}}\right)} \tag{3-8}$$

2.2.4.2　励磁变压器低压绕组额定电流计算

励磁变压器应提供发电机长期连续运行所需的励磁电流，其低压绕组额定电流通常按发电机于额定励磁电流运行并考虑一定裕度系数进行计算选择。对目前通常采用的晶闸管三相全控桥式励磁功率整流器，发电机励磁电流也即是功率整流器整流侧电流，励磁变压器低压绕组电流也即是功率整流器交流侧电流，故励磁变压器低压绕组额定电流I_{2r}可由发电机额定励磁电流I_{fr}计算为[13]

$$I_{2r}=\sqrt{\frac{2}{3}}k_iI_{fr}\sqrt{1-3\psi(\alpha_r,\gamma_r)} \tag{3-9}$$

式中：k_i为励磁变压器低压绕组的电流裕度系数，据电厂情况可取1.1～1.3，通常按保证发电机在1.1倍的发电机额定励磁电流下长期连续运行取为1.1；$\psi(\alpha_r，\gamma_r)$可计算为[13]

$$\psi(\alpha_r,\gamma_r)=\frac{1}{2\pi}\frac{\sin\gamma_r[2+\cos(2\alpha_r+\gamma_r)]-\gamma_r[1+2\cos\alpha_r\cos(\alpha_r+\gamma_r)]}{[\cos\alpha_r-\cos(\alpha_r+\gamma_r)]^2} \tag{3-10}$$

式中：α_r、γ_r 分别为功率整流器输出为额定工况时（电压为 U_{fr}、电流为 I_{fr}时）励磁晶闸管的控制角、换相角，rad。

以角度表示的 γ_r可计算为[13]

$$\gamma_r = \cos^{-1}\left(\cos\alpha_r - \frac{\sqrt{2}X_k I_{fr}}{U_{2r}}\right) - \alpha_r \tag{3-11}$$

以角度表示的 α_r可计算为[13]（整流器输出 $U_{dr}=U_{fr}$，忽略晶闸管换相过程及晶闸管导通正向压降和回路电阻压降）

$$a_r = \cos^{-1}\left(\frac{U_{fr}}{1.35U_{2r}}\right)$$

发电机额定运行工况下的换相角通常较小，可近似按换相角及 $\psi(\alpha_r, \gamma_r)$ 值为 0 对励磁变压器低压绕组额定线电流 I_{2r}进行计算。此时式（3-9）可简化计算为

$$I_{2r} = \sqrt{\frac{2}{3}}k_i I_{fr} = 0.816k_i I_{fr} \tag{3-12}$$

上述计算公式计算的励磁变压器低压绕组的额定电压及电流，均指变压器低压绕组基波电压及电流的有效值。

2.2.4.3 *励磁变压器额定容量计算及过载能力*

励磁变压器的额定容量，通常按发电机在 1.1 倍的额定励磁电流和电压下能长期连续运行、变压器的过载能力可满足发电机强励时的励磁容量要求进行计算选择。

1. 励磁变压器额定容量计算

励磁变压器的额定容量，通常按励磁变压器额定电流和电压的基波分量计算并考虑谐波的附加损耗后确定。励磁变压器的非正弦工作电流，其高次谐波将产生附加的绕组铜损和铁损，在确定励磁变压器的额定容量时，通常以适当加大由基波分量计算的变压器容量的方法来考虑谐波的附加损耗，并按式（3-13）计算励磁变压器的额定容量 S_{tr}[14]

$$S_{tr} = k_s\sqrt{3}U_{2r}I_{2r} \tag{3-13}$$

式中：k_s为变压器考虑谐波的附加损耗后的容量增加系数，根据制造厂及电厂的情况可取 1.1～1.3；U_{2r}、I_{2r}为励磁变压器低压绕组以基波分量计算的额定线电压及额定电流，分别由式（3-8）及式（3-9）计算。

在有条件可具体计算励磁变压器谐波产生的损耗时，可在基波分量计算的容量基础上加上谐波损耗作为变压器的额定容量。

2. 变压器的过载能力

励磁变压器通常以其过载能力来满足发电机强励对励磁容量的要求。发电机强励时，励磁功率整流器输出电压在很短时间内接近励磁顶值电压，但转子电流将按转子的时间常数以指数函数上升，至励磁顶值电流后，励磁功率整流器输出电压将被限制至此时的转子电压上。按 GB/T 7409.3 的要求，发电机强励时，励磁系统的顶值电流倍数一般为发电机额定励磁电流的 1.5～2。按 DL/T 583 要求，在输出顶值电流情况下，允许持续时间应不小于 20s。可见，按发电机 1.1 倍额定励磁电流及励磁顶值电压计算选择的励磁变压器，需要以其过载能力来满足发电机强励所要求的励磁容量。

变压器通常均具有一定的过载能力，变压器制造商通常也可以给出所提供变压器的过载能力特性。变压器的过载能力，通常与变压器发生过载前的变压器负荷、过载时的运行

环境温度有关。

图 3-3 所示为环氧树脂浇注干式变压器的过负荷特性。由于励磁变压器低压绕组的额定电压是按满足发电机强励时的励磁顶值电压要求选择，励磁顶值电压通常为 1.5～2.0 的发电机额定励磁电压，故发电机正常运行时，励磁变压器负荷距额定值仍有较大的裕度。对具有图 3-3 特性的励磁变压器，若发电机的强励能力按 2 倍额定励磁电流持续 20s 考虑，发电机强励时，变压器的过负荷通常可在允许的过载能力范围内并尚有一定的裕度。一般而言，容量按式（3-13）计算的励磁变压器，其正常允许的过载能力可以满足发电机强励的要求。

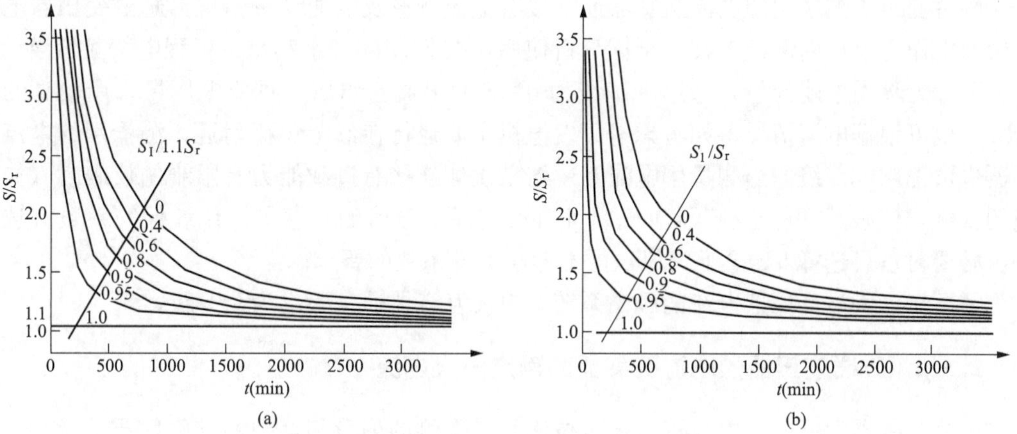

图 3-3　环氧树脂浇注干式变压器的过负荷特性

（a）环境温度 20℃；（b）环境温度 40℃

S—变压器负荷；S_r—变压器额定容量；S_1—变压器初始负荷

当需要对励磁变压器在发电机强励时的过载能力进行校核时，可根据具体发电机所取的顶值电流及发电机的有关参数，按上述计算方法对发电机强励时励磁变压器应具有的容量进行计算，以计算的容量及发电机的强励持续时间，对照励磁变压器制造商提供的变压器过载特性进行校核。

2.3　励磁变压器的电流互感器配置及参数选择

励磁变压器需按继电保护规程设置保护，按电气测量规程装设电气测量装置，某些制造商的励磁系统还要求有励磁变压器交流电流的输入（通常为低压绕组电流），故励磁变压器需要装设电流互感器，其配置、类型、额定一次电流、准确级及额定负荷等应满足保护、测量的要求。

2.3.1　励磁变压器的电流互感器的配置及类别

由于自并励发电机的励磁变压器容量通常仅为发电机容量的百分之几，励磁变压器电流互感器通常不纳入发电机或发电机-变压器组差动保护电流回路。故励磁变压器高压侧的电流互感器仅作励磁变压器的保护、测量等使用。根据电厂发电机的具体情况，电流互感器可仅在高压侧装设或同时在低压侧装设，后者如励磁变压器需要设置差动保护时。由于自并励系统励磁变压器直接与发电机母线连接，其间无断路器，故励磁变压器保护装置通常归入发电机或发电机-变压器组保护装置范围。按照NB/T 35010《水力发电厂继电保护设计规范》的规定，对100MW及以上容量的发电机，应装设两套构成冗余的继电保护装置，并需要两组互为独立的保护用的电流互感器绕组。

根据DL/T 866《电流互感器和电压互感器选择及计算导则》，110kV及以下系统保护用电流互感器一般可不考虑短路暂态的影响，按短路周期分量考虑选用P类互感器。P类互感器的标准准确级有5P、10P两种，对应的复合误差分别为5%、10%。故励磁变压器高、低压侧保护用电流互感器可根据电厂情况选择5P或10P类电流互感器。当励磁变压器设置差动保护时，高压侧与低压侧宜采用相同的准确级。

励磁变压器测量用的电流互感器通常接有电流测量及电能计量装置，励磁变压器电能计量通常作为电厂内部经济技术指标分析使用，按SL 456《水利水电工程电气测量设计规范》可归为Ⅳ类电能计量，选用准确级为0.5S的电流互感器，重要电厂可采用较高的准确级。也可根据电厂情况，如考虑电厂发电机主要运行在额定负荷附近，测量用的电流互感器也可选用0.5级。当测量用电流互感器二次侧连接有过载能力有限制的仪表时（如常规的指针式仪表），电流互感器应选用具有仪表保安限值的互感器，仪表保安系数宜选择10，必要时也可选择5，电子式仪表可不考虑保安系数的要求。

需要接入励磁变压器电流的励磁系统，电流互感器通常要求为0.5级。

2.3.2 励磁变压器的电流互感器的额定一次电流

电流互感器的额定一次电流，通常按满足二次侧的测量和保护的准确性要求及动、热稳定要求选取。选用母线式电流互感器时，不需要考虑短路动热稳定要求。

2.3.2.1 按满足二次侧的测量或保护的准确性要求选择励磁变压器电流互感器额定一次电流

1. 按电气测量准确性要求选择电流互感器的额定一次电流

按有关标准的规定，电气测量用0.2S、0.5S级电流互感器的测量准确度，是指在电流互感器一次电流为电流互感器额定一次电流的某一百分数范围内电流互感器可保证的测量准确度。如对0.5S级电流互感器，在电流互感器一次电流为电流互感器额定一次电流的20%～120%范围内，电流互感器测量的电流误差不超出±0.5%、相位误差不超出±30′。一次电流超出此范围时将有较大的测量误差，如一次电流为电流互感器的额定一次电流为5%时，测量的电流误差仅能保证不超出±0.75%、相位误差不超出±45′。故为保证测量的准确度，测量用的电流互感器的额定一次电流宜按接近及不低于一次回路的正常最大负荷电流选择，即按接近及不低于发电机额定运行时的励磁变压器电流进行选择。考虑励磁变压器的电气测量主要作为励磁变压器运行监视及厂内部经济技术指标分析用，可根据具体电厂的情况，如为与励磁变压器保护共用电流互感器，额定一次电流也可以适当增大。

2. 按保护准确性要求选择电流互感器的额定一次电流

励磁变压器保护用电流互感器的测量准确性，应能保证在保护区内短路时电流互感器的误差不致影响保护的可靠动作，在保护区外短路时不因电流互感器的误差导致保护误动。保护用的P类电流互感器的准确度，是指在流过电流互感器的一次电流为电流互感器额定一次电流的某一倍数下，电流互感器可保证的测量准确度，该倍数称为电流互感器准确限值系数（k_{alf}）。电流互感器额定一次电流与准确限值系数之积称为电流互感器的额定准确限值一次电流，以稳态对称电流（有效值）表示。P类电流互感器的准确度，通常采用复合误差表示。故电流互感器的额定准确限值一次电流，为电流互感器能满足复合误差要求的最大一次电流。P类电流互感器的准确限值系数一般为5、10、15、20、30。具体的一个P类互感器，通常以准确级及准确限值系数标示，如5P20，是表示该电流互感器为P类电流互感器，在一次电流为20倍的电流互感器额定一次电流时（即一次电流为额定准确限值一次电流时），准确级为5P（复合误差限值为5%）。当流过电流互感器的一次电流超过其额定准确限值一次电流时，测量误差将超过规定的误差限值。故为使保护可靠、正确地动作，保护用的P类电流互感器的额定一次电流及电流互感器的准确限值系数，应按使电流互感器的额定准确限值一次电流不低于保护区内部及外部短路时流过互感器的最大故障电流（周期分量有效值）进行选择，以保证满足保护对电流互感器测量的准确性要求。

（1）高压侧保护用电流互感器。接于励磁变压器高压侧电流互感器的励磁变压器保护，按惯常的保护设计方式，其保护范围为包括变压器高压出线的整个励磁变压器及其低压侧回路。励磁变压器通常接于发电机母线，励磁变压器保护区内的最大短路电流为励磁变压器高压出线端短路电流，即发电机电压母线短路电流。此时为使保护可靠、正确地动作，高压侧电流互感器额定准确限值一次电流应按不低于发电机电压母线短路电流进行选择。由于发电机母线短路电流很大，满足复合误差要求的电流互感器需取很大的额定一次电流，特别对大容量发电机，发电机母线短路电流可达100kA以上（周期分量的有效值），当取准确限值系数为20时，电流互感器额定一次电流需取5000A。所要求的电流互感器将有较大的体积、较高的价格，并可能引起布置上的困难，而且由于电流互感器额定一次电流远大于（可达20倍以上）励磁变压器额定电流，使保护选用的互感器不能配置励磁变压器的电气测量绕组，而需为电气测量另配置一套测量用电流互感器。

事实上，接于发电机端或机端与发电机断路器间母线上的励磁变压器，其高压出线端及一部分绕组属发电机差动保护的保护范围。故可利用发电机差动保护和励磁变压器保护共同实现对整个励磁变压器的保护，以降低对其高压侧电流互感器一次额定电流的要求。此时励磁变压器的主保护在考虑了足够的保护重叠区基础上，可仅对发电机差动保护范围以外的励磁变压器的部分绕组进行保护。假设发电机差动保护对励磁变压器的最大保护范围可达到励磁变压器绕组内的d点，则在该处（d点）发生两相短路时，发电机差动保护应能可靠动作并有满足要求的灵敏度。由此可计算d点的两相短路电流$I_{Sd}^{(2)}$为

$$I_{Sd}^{(2)}=I_{op}k_{sen} \tag{3-14}$$

式中：I_{op}为发电机差动保护整定的动作电流值，对具有比率制动特性的差动保护，I_{op}通常按$0.1\sim0.3I_{gr}$整定（I_{gr}为发电机定子额定电流）；k_{sen}为保护的灵敏度系数，一般取$k_{sen}\geqslant1.5$，大型发电机按DL/T 684《大型发电机变压器继电保护整定计算导则》，应取$k_{sen}\geqslant2$。

由于发电机差动保护范围已包括了励磁变压器高压出线至励磁变压器绕组内的d点，故励磁变压器保护的保护范围可仅考虑为励磁变压器绕组内的d点至变压器低压侧回路。励磁变压器保护用的高压侧电流互感器的额定准确限值一次电流，可按在此保护范围内满足保护要求的测量准确度进行选择，即可按不低于d点的三相短路电流进行选择。d点的三相短路电流$I_{Sd}^{(3)}$可由式（3-14）计算的两相短路电流按式（3-15）计算，即

$$I_{Sd}^{(3)} = I_{op} k_{sen} \times 2/\sqrt{3} \tag{3-15}$$

式中：$2/\sqrt{3}$ 为短路点（d）两相短路电流与三相短路电流的换算系数。

高压侧电流互感器额定准确限值一次电流 I_{pal1} 按不低于式（3-15）计算的三相短路电流选择为

$$I_{pal1} = k_{alf1} I_{pr} > I_{Sd}^{(3)}$$

式中：k_{alf1} 为高压侧电流互感器准确限值系数；I_{pr} 为高压侧电流互感器额定一次电流。

由上式及式（3-15）可求得高压侧电流互感器额定一次电流 I_{pr} 为

$$I_{pr} > \frac{2I_{op}k_{sen}}{\sqrt{3}k_{alf1}} \tag{3-16}$$

由于 d 点的三相短路电流小于变压器高压出线端的三相短路电流，按式（3-16）选择的励磁变压器高压侧保护用电流互感器，可取较小的额定一次电流。如本篇 2.4 示例，当发电机差动保护整定的最小动作电流按 $0.2I_{gr}$ 整定时，$I_{Sd}^{(3)}$ 不足 3kA。此时励磁变压器高压侧保护用电流互感器准确限值系数可取 20，电流互感器额定一次电流可取 200A，可兼顾保护及电气测量的要求。

励磁变压器高压侧保护用电流互感器的准确限值一次电流，还需考虑在保护范围外短路时，电流互感器应可保证其测量准确度，不因复合误差超过准确度要求导致保护不正确动作。励磁变压器低压侧无电源，低压侧回路包括发电机转子＋、一端，在水力发电厂中通常归入励磁变压器的继电保护范围。故按保护范围外短路保证测量准确度考虑时，励磁变压器高压侧保护电流互感器准确限值一次电流，仅需按躲过励磁变压器高压侧保护区外部短路切除电压恢复时变压器的励磁涌流考虑。变压器的励磁涌流通常不超过 8～10 倍的变压器额定电流[15]，故励磁变压器高压侧保护电流互感器准确限值一次电流应不小于 8～10 倍的励磁变压器额定电流。当高压侧电流互感器额定准确限值一次电流按大于 d 点三相短路电流进行选择、按式（3-16）计算时，由于变压器内 d 点的短路电流大于变压器低压出线端三相短路电流，而以变压器额定电压百分数表示的励磁变压器的阻抗电压数值通常为百分之几（一般不大于 8%），故计算选择的高压侧电流互感器，其额定准确限值一次电流将大于 8～10 倍的励磁变压器额定电流，可满足躲开励磁变压器励磁涌流的要求。

额定准确限值一次电流按不低于 d 点的三相短路电流进行选择的高压侧电流互感器，在高压侧电流互感器安装处至 d 点发生三相短路时，电流互感器对由高压侧系统提供的短路电流将不能保证其测量准确度。但变压器该部分已在发电机差动保护范围，其保护不受励磁变压器保护动作情况的影响。

（2）低压侧保护用电流互感器。低压侧保护用电流互感器的额定准确限值一次电流 I_{pal2}，可按励磁变压器低压出线端三相短路电流 $I_{S2}^{(3)}$ 进行选择，即

$$I_{pal2} = k_{alf2} I_{sr} > I_{S2}^{(3)}$$

式中：k_{alf2} 为低压侧电流互感器准确限值系数；I_{sr} 为低压侧电流互感器额定一次电流。

励磁变压器低压出线端三相短路电流 $I_{S2}^{(3)}$ 可按式（3-17）计算，即

$$I_{S2}^{(3)} = \frac{I_{2r}}{u_k} \tag{3-17}$$

式中：I_{2r}为励磁变压器低压侧额定电流；u_k为以变压器额定电压百分数表示的励磁变压器阻抗电压。

由上两式可求得励磁变压器低压侧保护用电流互感器额定一次电流I_{sr}为

$$I_{sr} > \frac{I_{2r}}{k_{alf2} u_k} \tag{3-18}$$

2.3.2.2　按满足动、热稳定要求选择励磁变压器电流互感器额定一次电流

直接套装在母线（或一次导体）上的母线式电流互感器，不需要考虑短路动热稳定要求。其他型式的电流互感器需满足电流互感器安置处的短路动热稳定要求，其一次电流还需要按满足动、热稳定要求进行选择。

（1）满足动稳定要求的电流互感器一次额定电流可按式（3-19）进行计算选择[16]，即

$$I_r \geqslant \frac{i_{ch}}{\sqrt{2} k_d} \tag{3-19}$$

式中：k_d为以电流互感器一次额定电流I_r（有效值）为基准的电流互感器动稳定倍数，由电流互感器制造厂在产品技术参数中提供；i_{ch}为短路冲击电流（瞬时值），由式（3-20）计算，即

$$i_{ch} = \sqrt{2} k_{ch} I_S^{(3)} \tag{3-20}$$

式中：k_{ch}为短路电流冲击系数，短路发生在容量为12MW及以上的发电机电压母线上时，取$k_{ch}=1.9$，其他取1.8或按短路回路的时间常数计算；$I_S^{(3)}$为电流互感器安装处三相短路电流周期分量（有效值）。

励磁变压器高压侧三相短路电流周期分量（有效值）$I_{S1}^{(3)}$可由式（3-21）计算（按发电机-变压器组单元及升压变压器高压侧系统阻抗为0计算），即

$$I_{S1}^{(3)} = \frac{I_{gr}(X_T + X''_d)}{X_T X''_d} \tag{3-21}$$

式中：I_{gr}为发电机定子额定电流；X_T为归算至发电机额定容量S_{gr}的升压变压器电抗标幺值，$X_T = u_k S_{gr}/S_{Tr}$，u_k为以变压器额定电压的百分数表示的升压变压器阻抗电压，S_{Tr}力升压变压器额定容量；X''_d为发电机的直轴次暂态电抗以发电机额定容量为基准的标幺值。

励磁变压器低压侧三相短路电流周期分量（有效值）$I_{S2}^{(3)}$的计算见式（3-17）。

（2）满足热稳定要求的电流互感器一次额定电流可按式（3-22）进行计算选择[16]，即

$$I_r \geqslant \frac{\sqrt{Q_d/t}}{k_{th}} \tag{3-22}$$

式中：k_{th}为以电流互感器一次额定电流I_r（有效值）为基准的电流互感器t时间的热稳定倍数，由电流互感器制造厂在产品技术参数中提供，t通常为1s（或5s）；Q_d为短路电流的热效应，由式（3-23）计算，即

$$Q_d = (I_S^{(3)})^2 t_j \tag{3-23}$$

式中：$I_S^{(3)}$按式（3-21）、式（3-17）分别对高、低压侧三相短路电流进行计算；t_j为短路热效应计算时间，宜按励磁变压器后备保护（过电流保护）动作跳闸时，短路开始至短路电流被切断的时间计算。

2.3.2.3　电流互感器额定一次电流的确定

保护用电流互感器（或绕组）额定一次电流应满足式（3-16）（高压）或式（3-18）（低

压）的要求，除母线式电流互感器外，其他型式的电流互感器还需同时满足式（3-19）及式（3-22）的要求。当励磁变压器设置差动保护时，高压侧与低压侧宜采用相同的准确限值系数，并宜有相同的准确级，例如均采用 5P20，以减少因电流互感器特性差异所产生的不平衡电流。额定一次电流需要选用较大的数值时，需要注意保护装置整定对输入最小电流的要求。

2.3.3　电流互感器额定二次电流及额定二次负荷

电流互感器额定二次电流可根据电厂情况取 1A 或 5A。当励磁变压器设置差动保护时，为减少因电流互感器特性的差异产生的不平衡电流，高压侧与低压侧宜采用相同的额定二次电流值（1A 或 5A）。

电流互感器额定二次负荷用容量 S_{br}(VA）或阻抗 Z_{br}(Ω）表示，其间的关系为 $Z_{br}=S_{br}/I_{sr}^2$，I_{sr}为电流互感器额定二次电流。以容量表示的电流互感器的额定二次负荷，可根据需要选用 2.5、5、7.5、10、15、20、30、40、50VA，特殊情况也可选用更大的额定值。

1. 测量用电流互感器额定二次负荷的选择

测量用电流互感器额定二次负荷通常按电流互感器实际连接的负荷及保证测量的准确度进行选择。按有关标准的规定，电气测量用的 0.2S、0.5S 级和 0.1、0.2、0.5、1 级电流互感器的测量准确度，是指在电流互感器实际连接的二次负荷为额定二次负荷的 25%～100%范围内，电流互感器可保证的测量准确度。实际连接的二次负荷超出该范围时，电流互感器将不能保证标准规定的测量误差限值。故测量用的电流互感器额定二次负荷，应按电流互感器实际连接的二次负荷不超出额定二次负荷的 25%～100%进行选择。大中型发电机励磁变压器电气测量用的电流互感器通常采用三相星形接线，以阻抗表示的电流互感器实际连接的二次负荷 Z_b可按式（3-24）计算，即

$$Z_b=Z_m+R_l+R_c \tag{3-24}$$

式中：Z_m为仪表电流线圈阻抗，Ω；R_l为连接导线（单程）电阻，连接导线可忽略电抗仅考虑电阻，Ω；R_c为接触电阻，一般为 0.05～0.1Ω。

为保证电流互感器的测量准确度，电流互感器额定二次负荷 Z_{br}应按使 Z_b=(25%～100%）Z_{br}进行选择。对准确级为 0.1、0.2、0.2S 的额定负荷不大于 15VA 的电流互感器，测量准确度的二次负荷范围根据需要可扩大为 1VA～100%额定负荷。

2. 保护用电流互感器额定二次负荷的选择

按有关标准的规定，保护用的 P 类电流互感器的测量准确度，是在电流互感器实际连接的二次负荷为额定二次负荷下可保证的测量准确度。实际连接的二次负荷超过额定二次负荷时，电流互感器将不能保证标准规定的测量误差限值。故保护用的 P 类电流互感器的额定二次负荷，通常按大于电流互感器实际连接的二次负荷进行选择。大中型发电机励磁变压器保护用的电流互感器通常采用三相星形接线，以阻抗表示的电流互感器实际连接的二次负荷 Z_b可按式（3-25）计算，即

$$Z_b=Z_r+R_l+R_c \tag{3-25}$$

式中：Z_r为继电器线圈阻抗，对数字保护可忽略电抗仅考虑电阻 R_r，Ω；其他同式（3-24）。

保护用电流互感器的额定二次负荷 Z_{bn} 应按大于 Z_b 进行选择。

2.4　励磁变压器及其辅助设备参数及选择计算示例

2.4.1　励磁变压器及其辅助设备参数示例

表 3-2 为大型发电机励磁变压器及其辅助设备主要技术参数示例。有关参数计算见本篇 2.4.2。

表 3-2　　发电机励磁变压器及其辅助设备主要技术参数示例

序号	项目	参数或性能要求	说明
一、励磁变压器			
1	型式及额定容量	环氧树脂浇注干式三相变压器，额定容量为 2540kVA	
2	高压绕组额定线电压	13.8kV	
3	低压绕组额定线电压	900V	
4	接线组别	Yd11	
5	绝缘耐热等级	F	
6	冷却方式	自然空冷	
7	噪声水平	≤55dB(A)	
8	局部放电水平	≤10PC	按 GB/T 1094.11《电力变压器 第 11 部分：干式变压器》的规定
9	绝缘水平	1min 工频耐受电压（kV，有效值）：高压绕组 38，低压绕组 3 雷电冲击耐受电压（kV，峰值）：高压绕组 95，低压绕组 10	按 GB/T 1094.11—2022《电力变压器 第 11 部分：干式变压器》的规定。低压绕组雷电冲击耐受电压采用该标准附录 C 的北美使用的规定。见下面的补充说明 1
10	承受短路能力	变压器短路耐受能力应符合 GB/T 1094.5《电力变压器 第 5 部分：承受短路的能力》（IEC 60076-5，MOD）的规定	见下面的补充说明 2
11	过电压运行能力	变压器及与发电机相连的端子上，应能承受 1.4 倍额定电压，历时 5s。变压器应能在 110%额定电压下长期连续运行，并能在 130%额定电压下运行 60s	1.4 倍额定电压历时 5s 为 GB/T 1094.1《电力变压器 第 1 部分：总则》规定。其余为用户要求
12	过载能力	承受 2 倍额定励磁电流历时 20s	发电机顶值电流倍数为 2，历时 20s
13	相间绕组直流电阻不平衡率	不大于 2%	按 GB/T 10228《干式电力变压器技术参数和要求》的规定，见补充说明 3

续表

序号	项目	参数或性能要求	说明
14	三相电压不对称度	不大于5%	按DL/T 583《大中型水轮发电机静止整流励磁系统技术条件》的规定
15	高压绕组与低压绕组线圈间屏蔽	高压绕组与低压绕组间应有屏蔽并接地	
16	变压器防护	IP20	变压器布置于室内
17	温度监测	1个报警和1个跳闸触点、4～20mA温度模拟量输出、带温度指示器的温度信号器	见下面的补充说明4
18	电加热器	停机投入、开机退出，温度自动控制，可手动开/停	用于凝露较多的厂房
二、电流互感器			
1	高压侧	母线式电流互感器，5P20/5P20/0.5，变比为200/1，容量为10/30/30VA	按反事故措施要求励磁变压器设构成冗余的两套电流保护，不设差动保护
2	低压侧	母线式电流互感器，0.5/0.5，变比为1500/1	按制造商励磁系统的要求装设

注 1. 据电厂要求励磁变压器可设置外防护罩（防护等级通常采用IP20）。设计技术要求还应包括与发电机母线的连接要求、低压引出电缆的引出要求、二次接线的引出要求等。

2. 发电机参数：额定容量为143MVA，额定电压为13.8kV，额定励磁电流为1650A，励磁顶值电压、电流倍数为2。

对表3-2的补充说明：

1. 励磁变压器的绝缘水平

在GB/T 1094.11《电力变压器 第11部分：干式变压器》（IEC 60076－11，MOD）中，对干式变压器的绝缘水平有如表3-3所示的规定。对标称系统电压1kV及以下干式变压器的额定雷击冲击耐受电压，北美使用的绝缘水平规定见表3-4。

表3-3　干式变压器绝缘水平　kV

标称系统电压（均方根值）	设备最高电压（均方根值）	额定短时外施耐受电压（均方根值）	额定雷电冲击耐受电压（峰值）	
			组Ⅰ	组Ⅱ
≤1	≤1.1	3	—	—
3	3.6	10	20	40
6	7.2	20	40	60
10	12	35	50	75
15	17.5	38	75	95
20	24	50	95	125
35	40.5	70	145	170

表 3-4　　北美使用的干式变压器绝缘水平　　kV

用于系统基本绝缘水平为 200kV 及以下的干式变压器的绝缘水平												
最高系统（相间）电压（kV）	标称系统（相间）电压（kV）	低频电压绝缘水平（r·m·s）	常用的基本雷击冲击绝缘水平（峰值，波前时间 1.2μs）									
			10	20	30	45	60	95	110	125	150	200
0.25	0.25	2.5	—									
0.6	0.6	3	*s*	*a*	*a*							
1.2	1.2	4	*s*	*a*	*a*							
2.75	2.5	10		*s*	*a*	*a*						
5.6	5	12			*s*	*a*	*a*					
9.52	8.7	19				*s*	*a*	*a*				
15.5	15	34					*s*	*a*	*a*			
18.5	18	40						*s*	*a*	*a*		
25.5	25	50						*b*	*s*	*a*	*a*	
36.5	34.5	70								*b*	*s*	*a*
截波：最小闪络时间（μs）			1	1	1	1.3	2	2	1.8	2	2.3	2.7

注　*s*—标准值；*a*—在遭受过电压且要求保护裕度更大时，选用较高的绝缘水平值；*b*—当避雷器可用更低的闪络水平时，选用较低的绝缘水平。

表 3-3 中的雷电冲击耐压，应按变压器遭受雷电过电压和操作过电压的程度、系统中性点的接地方式以及过电压保护装置的类型（如果采用）来选择组Ⅰ或组Ⅱ的耐受电压值。

2. 励磁变压器的承受短路能力

按 GB/T 1094.5《电力变压器 第 5 部分：承受短路的能力》（IEC 60076-5，MOD），对有两个独立绕组的三相变压器，承受外部短路的热和动稳定效应而无损伤的条件有如下规定：

（1）如无其他规定，对称短路电流应使用测出的变压器短路阻抗加上系统短路阻抗来计算。为计算变压器设计和试验所需的对称短路电流值，用户需提供变压器安装地点的系统短路视在容量。如果用户没有提供，对系统标称电压 20kV 及以下的变压器，系统短路视在容量将取为 500MVA。对不大于 2500kVA 的变压器，如果系统短路阻抗等于或小于变压器短路阻抗的 5%，则在计算短路电流时，系统短路阻抗可忽略不计。

（2）在额定电流（主分接）下的变压器短路阻抗最小值应不低于表 3-5 给出的数值，如果需要更低的短路阻抗值，则变压器承受短路的能力应由制造厂与用户协商确定。

表 3-5　　具有两个独立绕组的变压器短路阻抗最小值

额定容量（kVA）	630 及以下	631～1250	1251～2500	2501～6300	6301～25 000
最小短路阻抗（%）	4.0	5.0	6.0	7.0	8.0

（3）通常按三相短路考虑。在上述条件下，变压器承受对称短路电流的持续时间为

2s、承受外部短路的动稳定效应而无损伤。按 GB/T 1094.5，变压器承受对称短路电流持续时间 2s 后，变压器承受短路后的平均温度最大允许值见表 3-6。对自耦变压器和短路电流超过 25 倍额定电流的变压器，经制造厂与用户协商后，短路电流持续时间可以小于 2s。

表 3-6　　变压器绕组在短路后的平均温度最大允许值

变压器的型式	绝缘系统温度（℃）（括号内为绝缘耐热等级）	温度最大值（℃）	
		铜绕组	铝绕组
油浸式	105（A）	250	200
	105（A）	180	180
干式	120（E）	250	200
	130(B)、155(F)、180(H)、200、220	350	200

注　1. 当绕组由高抗拉强度的铝合金导线制成时，可由制造厂与用户协商确定更高的温度最大值，但不得超过相应的铜绕组的温度。

2. 当油浸式变压器所使用的绝缘系统不是 A 级时，可由制造厂与用户协商确定不同的温度最大值。

3. 绕组直流电阻不平衡率

干式变压器绕组直流电阻不平衡率，在 GB/T 10228《干式电力变压器技术参数和要求》中有如下规定：对 2500kVA 及以下的配电变压器，其绕组直流电阻不平衡率：相为不大于 4%，线为不大于 2%；对于 630kVA 及以上的电力变压器，其绕组直流电阻不平衡率：相（有中性点引出时）为不大于 2%，线（无中性点引出时）为不大于 2%。

4. 励磁变压器的非电量监测

关于一般电力变压器的非电量监测，在变压器的相关标准中有如下的规定：

（1）对干式电力变压器，在 GB/T 10228《干式电力变压器技术参数和要求》中，规定变压器运行温度的监测装置可根据用户要求装设；在 JB 2426《发电厂及变电所自用三相变压器技术参数和要求》中，规定 630kVA 及以上的干式变压器应装设压力式温度计测量绕组上部温度。

（2）对油浸电力变压器，在 GB/T 6451《三相油浸式电力变压器技术参数和要求》中规定：对电压等级 6～35kV 油浸电力变压器，800kVA 及以上的变压器宜装设气体继电器并应装有压力保护装置，1000kVA 及以上的变压器须装设测温装置（带触点及温度指示），8000kVA 及以上的变压器应装有远距测温用的测温元件。JB 2426 中，规定 400kVA 及以上的变压器宜装设气体继电器，800kVA 及以上的变压器应装有压力保护装置及带触点的测温装置。

励磁变压器的非电量监测可参照上述相关标准设置，考虑励磁变压器关系着发电机的安全可靠运行，励磁变压器温度监测的设置可根据电厂具体情况适当地提高要求。采用三相式励磁变压器的一般电厂，可仅在一相绕组装设带触点及模拟量输出及显示器的温度信号装置，模拟量提供给计算机监控系统。容量较大的或重要的大型发电机或励磁变压器采用三个单相变压器构成时，根据电厂的情况也可考虑每相均装设温度监测装置。根据计算机监控的要求，也可将变压器的电阻温度探测（RTD）信号直接提供给计算机监控系统。RTD 通常采用铂金属电阻温度探测器，0℃时电阻为 100Ω。

2.4.2 励磁变压器及电流互感器主要参数的选择计算示例

2.4.2.1　励磁变压器参数选择计算

本例的发电机与励磁变压器参数选择计算相关参数：额定励磁电流 $I_{fr}=1650A$，额定励磁电压 $U_{fr}=442.2V$（发电机转子 100℃时电阻 $R_f=0.268\Omega$），强励电压顶值倍数 $k_{cu}=2$，强励电流顶值倍数 $k_{ci}=2$。励磁系统强励时功率整流器晶闸管的控制角，通常由励磁系统集成商确定，本例取 $\alpha_{min}=10^0$。计算所需的励磁变压器阻抗电压可预先设定，本例取 $u_k=6\%$。

1. 励磁变压器低压绕组额定电压计算

变压器低压绕组额定电压计算式见式（3-8）。当取计算变压器低压绕组额定电流的裕度系数 $k_i=1.1$、总电阻压降 $\sum\Delta U=6V$、I_{2r}按式（3-12）计算时，则有

$$U_{2r}=\frac{k_{cu}U_{fr}+\sum\Delta U}{1.35\times0.8\cos\alpha_{min}-\frac{\sqrt{3}}{\pi}\times k_{ci}I_{fr}\left(\frac{u_k}{I_{2r}}\right)}=\frac{k_{cu}U_{fr}+\sum\Delta U}{1.35\times0.8\cos\alpha_{min}-\frac{\sqrt{3}}{\pi}\times k_{ci}\left(\frac{u_k}{0.816k_i}\right)}$$

$$=\frac{2\times442.2+6}{1.35\times0.8\times\cos10^\circ-\frac{\sqrt{3}}{\pi}\times2\times\left(\frac{0.06}{0.816\times1.1}\right)}=899.5(V)$$

取 900V。

2. 励磁变压器低压绕组额定电流计算

由式（3-12），取电流裕度系数 $k_i=1.1$，变压器低压绕组额定电流可计算为

$$I_{2r}=\sqrt{\frac{2}{3}}k_iI_{fr}=0.816k_iI_{fr}=0.816\times1.1\times1650=1481(A)$$

3. 励磁变压器额定容量计算

当考虑谐波附加损耗的容量增加系数 k_s取为 1.1 时，由式（3-13），励磁变压器额定容量为

$$S_r=k_s\sqrt{3}U_{2r}I_{2r}=1.1\times\sqrt{3}\times900\times1481=2539.5(kVA)$$

取 2540kVA。

该容量干式变压器产品的阻抗电压为 $u_k=6\%$。根据厂家提供的变压器过负荷特性，选择的变压器具有满足发电机强励要求的过负荷能力。

2.4.2.2　电流互感器参数计算

本例励磁变压器保护用电流互感器仅需在高压侧配置，低压侧配置的电流互感器为励磁系统自用并按制造商要求配置。励磁变压器高压侧电流互感器额定一次电流选择计算如下：

励磁变压器保护按仅对发电机差动保护范围以外的励磁变压器的部分绕组进行保护。此时保护范围的最大短路电流按式（3-15）计算。满足保护范围内保护要求的测量准确度的高压侧电流互感器，其额定准确限值一次电流 I_{pal1}按不低于式（3-15）计算的三相短路电流进行选择，电流互感器额定一次电流按满足式（3-16）计算。

本例的发电机差动保护整定的动作电流 $I_{op}=0.2I_{gr}$，发电机定子额定电流 $I_{gr}=5983A$，保护的灵敏度系数 $k_{sen}=2$，当电流互感器的准确限值系数 k_{alf1}取值为 20 时，励磁

变压器高压侧保护用电流互感器额定一次电流 I_{pr} 由式（3-16）应满足

$$I_{pr} > \frac{2I_{op}k_{sen}}{\sqrt{3}k_{alf1}} = \frac{2\times(0.2\times5983)\times2}{20\times\sqrt{3}} = 138.2(A)$$

按电流互感器额定一次电流的标准值，满足上式要求的电流互感器额定一次电流为150、200、250A 等，为使励磁变压器保护与发电机差动保护对励磁变压器有较大的重叠区，并考虑电气测量的要求，本例取 200A。电流互感器配置 0.5 级的测量绕组。

电流互感器采用母线式，额定一次电流选择不需考虑动、热稳定要求。

3 励磁功率整流器

3.1 励磁功率整流器的技术要求

自并励方式的发电机由功率整流器提供励磁，功率整流器由励磁变压器供电，励磁变压器通常接于发电机机端。水轮发电机励磁系统的励磁功率整流器通常应满足下列要求：

(1) 整流器的输出（电流、电压）能力应满足发电机在各种运行工况下（包括强励）的励磁要求。

(2) 按照 DL/T 583 的规定，励磁功率整流器应采用三相全控桥式接线，以提高动态响应性能和实现逆变灭磁。目前通常采用晶闸管三相全控桥式整流器。

(3) 整流器中并联支路（整流桥）数，根据 DL/T 583 的规定应按 $N+1$ 原则考虑冗余，即在 N 模式下（一桥故障时）能满足发电机所有运行工况的要求（包括强励在内）。根据电厂的情况，也可要求在二桥故障时能满足除强励外所有运行方式的要求。并联支路应保证均流系数不小于 0.85。整流器各整流桥（支路）采用每臂 1 个晶闸管接线。

(4) 在电厂及发电机的各种运行工况下，整流器应能承受来自交流侧及直流侧的过电压，以及承受来自发电机转子的过电流（如发电机失步、非全相、机端短路等引起的发电机转子过电流），而不影响其正常工作，并有足够的安全裕度。

(5) 根据电厂的具体情况及要求，整流器冷却方式可采用自然冷却（包括热管冷却）、强迫风冷（开敞式或密闭式）或水冷却方式。采用强迫风冷（开敞式或密闭式）或水冷却方式时，冷却系统应有满足电厂要求的保证工作可靠性的相关措施。对风冷整流器，可根据电厂的要求具有短时停风运行的能力。

(6) 整流器与直流输出相连接的电气组件及回路，应具有与发电机转子相同的电气绝缘水平。整流器与交流输入相连接的电气组件及回路，应具有与励磁变压器低压绕组相同的电气绝缘水平。

(7) 整流器应设置必要的检测、保护装置，包括触发脉冲及导通检测、整流器晶闸管快速熔断器熔断检测、整流器支路故障退出检测、风机停风或冷却流量中断等检测，整流器晶闸管关断过电压保护及过电流保护（快速熔断器保护）、风机电源监视等监测及保护。当检测到故障或保护动作时，应给出相关的信号。

整流器设置的晶闸管过电流保护，在整流器内部短路及直流侧短路时，应能对功率整流器晶闸管及直流侧回路进行可靠的保护。

(8) 整流器应具有切除脉冲的控制功能。

(9) 晶闸管整流组件（包括晶闸管和散热器、触发回路、保护及检测元件等）应设计成模件型式，便于互换和检修。

(10) 功率整流器柜面板应设测量柜内支路（桥）输出电流的表计。当整流器采用强迫风冷方式时，功率整流器柜面可设冷却风机的运行状态指示。

3.2 晶闸管全控桥式整流器工作原理

3.2.1 基本工作原理

目前水轮发电机励磁系统的功率整流器多数采用晶闸管三相全控桥式整流器，由一个桥构成的励磁功率整流器的等值电路如图 3-4 所示（为方便起见，励磁变压器低压侧以Y接线进行分析）。图 3-4 中 L 为励磁变压器 TE 的等值电感（每相），e_a、e_b、e_c为励磁变压器低压绕组相电动势（瞬时值），U_2为变压器低压绕组线电压（有效值），I_d、U_d为整流器输出电流、电压（平均值）。整流器正常工作时，对晶闸管 V1、V2、V3、V4、V5、V6 按顺序分别给出触发脉冲，交流侧及各晶闸管的电流波形见图 3-5，其中 α 为晶闸管的控制角，γ 为换相角（又称换流角、重叠角或交叠角）。（V5，V1）表示 V5 于此处关断而 V1 导通，（V6，V2）等类推。在（V5，V1）开始时刻，V1 得到触发脉冲，此时加于 V1 上的电压 e_a高于 e_c，V1 处于正向电压而导通。V1 导通后，加于 V5 上的电压 e_c低于 e_a，V5 处于反向电压，经换相时间后 V5 关断。由 V1 导通至 V5 关断的换相过程（或称换流过程）对应的相位角为换相角 γ。由于大中型同步发电机励磁绕组时间常数一般为数秒以上，远大于晶闸管每周期的导通时间（约 6ms），故可认为晶闸管每次导通的非换相期间的电流近似不变。

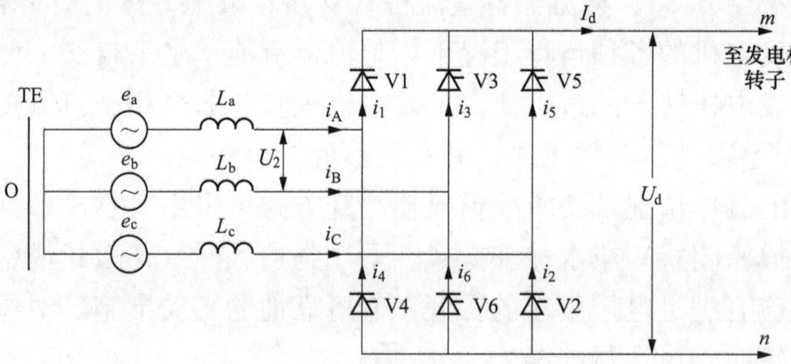

图 3-4　由一个桥构成的励磁功率整流器的等值电路

整流器的电压输出受控于晶闸管的控制角。由图 3-5 可见，由于整流器的晶闸管换相触发脉冲间隔为 60°，当控制角 α<60°时，整流器晶闸管的换相是在换相前两个导通的晶闸管所处的相间电压为零前进行，即在图 3-6 的（a）中 ωt_1、ωt_2 等所对应的相电势 e 波形交点前的 $\omega t'_1$、$\omega t'_2$ 等处进行。例如在 $\omega t'_1$ 前，晶闸管 V1、V6 导通，整流器输出为 e_{ab}>0，故整流器直流侧输出波形［图 3-6（a）的 u_d阴影部分，图 3-6 各图均忽略晶闸管换相过程］不出现负电压。此时整流器工作于整流状态，向发电机转子输出正向电压 u_d。当控制角 α 为 60°<α<90°时，整流器仍工作在整流状态，但整流器的晶闸管换相是在导通晶闸管所处的相间电压为零（e 波形的交点）以后的 $\omega t'_1$、$\omega t'_2$ 等处进行，如在 $\omega t'_1$时，整流器的输出 e_{ab}已由正过零变负，e_{ab}<0，直流侧输出波形出现了负值，如图 3-6（b）所示。在整流器输出电压由正变负使转子电流有减小趋势时，作为整流器电感性负载的发电机转子将产生反电动势（正向指向转子负极），以维持转子电流并使晶闸管继续导通。在励磁功率整流器输出波形为正时，交流电源通过整流器向发电机转子供电；整流器输出波形为负时，由转子感应电动势维持转子电流，转子向励磁功率整流器及其交流侧回路释放

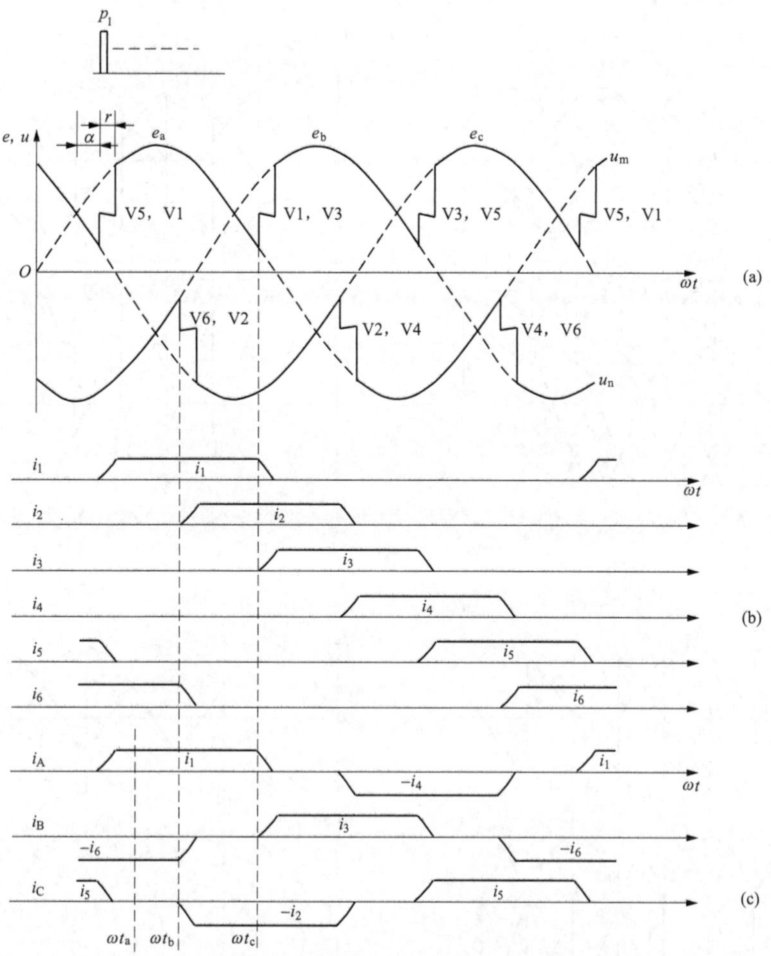

图 3-5　三相全控桥式整流器电流及电压波形

（a）直流电压正、负端 m、n 对中性点的电压波形；（b）整流元件电流波形；（c）交流电流波形

储能。控制角 α 小于 90 时，整流器工作在整流状态，整流器输出电压的正波形面积总大于负波形面积，输出电压平均值 U_d 为正值，并随控制角的增加而减小。当控制角为 90°时，整流器输出电压波形的正、负两部分面积相等，总输出电压为 0，见图 3-6（c）。控制角增大至 $\alpha>90°$，整流器输出电压波形中负值的绝对值将大于正向，整流器输出电压平均值为负，整流器工作在逆变状态，如图 3-6 的（d）。另外，由于在换相时，换相后导通的两个晶闸管所接的相间正弦电压总是高于换相前导通的两个晶闸管所接的相间正弦电压，使换相时（$\omega t'_1$、$\omega t'_2$ 等）整流器输出电压波形出现正向突变，如图 3-6 所示（图中均忽略了整流器晶闸管的换相过程）。

3.2.2　三相全控桥整流器输出电压的计算

由图 3-6 可见，在某一控制角 α 下，三相全控桥式整流器输出电压波形在一个周期内可分为相同的 6 段，即 ωt 由（$\pi/6+\alpha$）～（$\pi/2+\alpha$）、（$\pi/2+\alpha$）～（$5\pi/6+\alpha$）、…等段。整流器的输出电压平均值 U_d 可由任一段输出电压波形的平均值求得，下面以（$\pi/6+\alpha$）～（$\pi/2+\alpha$）段输出的 e_{ab} 电压波形求取。由图 3-6，励磁变压器低压绕组相间电动势

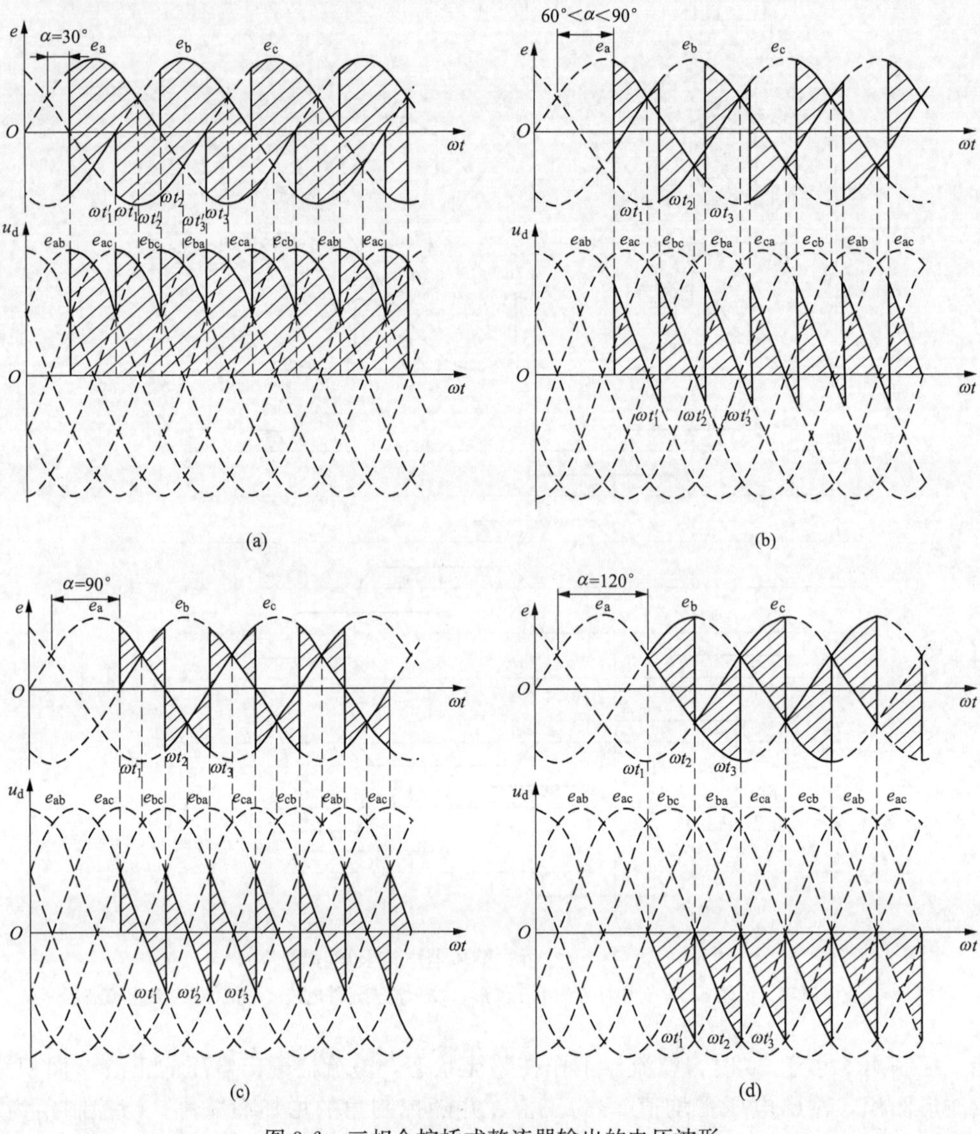

图 3-6　三相全控桥式整流器输出的电压波形

(a) 控制角 $\alpha=30°$；(b) $60°<\alpha<90°$；(c) $\alpha=90°$；(d) $\alpha=120°$

瞬时值 e_{ab} 可表示为

$$e_{ab}=\sqrt{2}E_2\sin(\omega t+30°)$$

式中：E_2 为励磁变压器低压绕组相间（线）电动势有效值，数值上等于变压器低压绕组的空载线电压 U_{20}。

为工程计算方便，以下以 U_{20} 取代 E_2 进行计算。当忽略晶闸管换相过程（认为图 3-5 中的 $\gamma=0$）、忽略晶闸管导通的正向压降及回路电阻压降时，整流器的输出电压平均值 U_d 由 e_{ab} 的（$\pi/6+\alpha$）～（$\pi/2+\alpha$）段的积分可求得

$$U_d=\frac{1}{\frac{2\pi}{6}}\int_{\frac{\pi}{6}+\alpha}^{\frac{\pi}{2}+\alpha}\sqrt{2}U_{20}\sin(\omega t+30°)\mathrm{d}\omega t$$

$$=\frac{3}{\pi}\sqrt{2}U_{20}[-\cos(\omega t+30^{\circ})]_{\frac{\pi}{6}+\alpha}^{\frac{\pi}{2}+\alpha}$$

$$=\frac{3}{\pi}\sqrt{2}U_{20}\cos\alpha=1.35U_{2}\cos\alpha \tag{3-26}$$

事实上整流电路的 a、b、c 各相回路中通常都存在电感，接受触发脉冲导通的晶闸管的电流 i 不可能瞬间突变，有一个从 0 逐渐上升到整流器输出电流 I_{d}的过程，与此同时，换相关断的晶闸管电流相应地从 I_{d}逐渐降至 0。此过程称为换相过程，换相过程对应的电角度称为换相角 γ，如图 3-5 所示。在换相过程中，换相导通及换相关断晶闸管变化的电流将在所连接的相阻抗上产生电压降落。但由于换相开始后，换相后导通的两个晶闸管所接的相间正弦电压总是高于换相前导通的两个晶闸管所接的相间正弦电压，换相发生后，整流器的电压输出即切换至换相后导通的两个晶闸管所接的相间正弦电压上（参见图 3-6、图 3-7），故仅换相后导通的晶闸管连接相的阻抗电压降落对整流器的输出电压产生影响，使整流器输出电压在换相期间出现数值上等于换相后导通相的阻抗电压降的电压降落。当忽略回路电阻及晶闸管的电压降落，仅考虑相回路的电抗压降时，每次换相时整流器输出电压所降低的电压积分值可计算为[12]

$$\Delta A=\int_{0}^{\gamma}\left(L\frac{\mathrm{d}i}{\mathrm{d}t}\right)\mathrm{d}\omega t=L\omega\int_{0}^{I_{\mathrm{d}}}\mathrm{d}i=I_{\mathrm{d}}X=I_{\mathrm{d}}X_{\mathrm{TE}}$$

式中：L、X 为整流器交流电路相回路中的电感、电抗，$X=\omega L$，认为各相相等；ω 为整流器交流电压的电角速度，$\omega=2\pi f$，f 为交流电压频率；X_{TE}为励磁变压器电抗。

根据具体工程的情况，当可忽略整流器交流回路电缆等的电抗时，交流电路相回路电抗可考虑为励磁变压器的电抗 X_{TE}。三相全控式整流器每周换相 6 次，故换相引起整流器输出电压的平均压降 ΔU_{γ}可计算为[12]

$$\Delta U_{\gamma}=\frac{6}{2\pi}\Delta A=\frac{3}{\pi}I_{\mathrm{d}}X_{\mathrm{TE}}$$

另外，由于励磁功率整流器的正常负载为具有大电感的发电机转子，在整流器晶闸管非换相期间，可认为转子电流（也是整流器输出电流）近似不变，在交流回路的电抗上不产生电压降。故若设整流器交流回路及至发电机转子绕组回路的电阻压降（包括励磁变压器电阻、整流器交流电缆电阻、快速熔断器电阻、整流器至转子绕组的回路电阻压降）及整流器导通的两臂晶闸管电压降的总压降为$\sum\Delta U$，则三相全控式整流器输出电压的平均值可计算为

$$U_{\mathrm{d}}=1.35U_{20}\cos\alpha-\frac{3}{\pi}I_{\mathrm{d}}X_{\mathrm{TE}}-\sum\Delta U \tag{3-27}$$

整流器工作在逆变状态时，三相全控式整流器输出电压通常以逆变角 β 计算，$\beta=180^{\circ}-\alpha$。忽略晶闸管换相过程、晶闸管导通的正向压降及回路电阻压降时，三相全控式整流器逆变状态的输出电压由式（3-27）可计算为

$$U_{\mathrm{d}}=1.35U_{20}\cos(180^{\circ}-\beta)=-1.35U_{2}\cos\beta \tag{3-28}$$

为使整流器工作在逆变状态，整流器的逆变角必须大于最小逆变角 β_{min}。整流器的最小逆变角，由下式确定

$$\beta_{min} > \gamma + \delta$$

式中：γ 为换相角，主要取决于交流回路的电抗及整流器的运行参数，一般为 15°～25°；δ 为晶闸管关断时间对应的电角度，见本篇 3.3。

故工作在逆变状态下整流器输出平均电压绝对值的最大值 U_{dm}（忽略晶闸管换相过程及回路电阻和晶闸管的电压降）为式（3-29）计算值的绝对值，即

$$U_{dm} = 1.35U_{20}\cos(180 - \beta_{min}) \tag{3-29}$$

若整流器的逆变角小于最小逆变角 β_{min}，则将导致逆变失败[12]。故逆变状态下整流器的最大控制角必须保证逆变角不小于 β_{min}，即逆变控制角 α 应为 $90° < \alpha \leqslant (180° - \beta_{min})$。

换相角 γ 可采用式（3-30）计算[13]，即

$$\gamma = -\alpha + \cos^{-1}\left(\cos\alpha - \frac{2XI_d}{\sqrt{2}U_{20}}\right) = -\alpha + \cos^{-1}\left(\cos\alpha - \frac{2X_{TE}I_d}{\sqrt{2}U_{20}}\right) \tag{3-30}$$

式中：整流器交流电路相回路电抗 X，在可以忽略电缆等的电抗时，可考虑为励磁变压器的电抗 X_{TE}。

3.2.3 阀电流及整流器交流侧电流计算

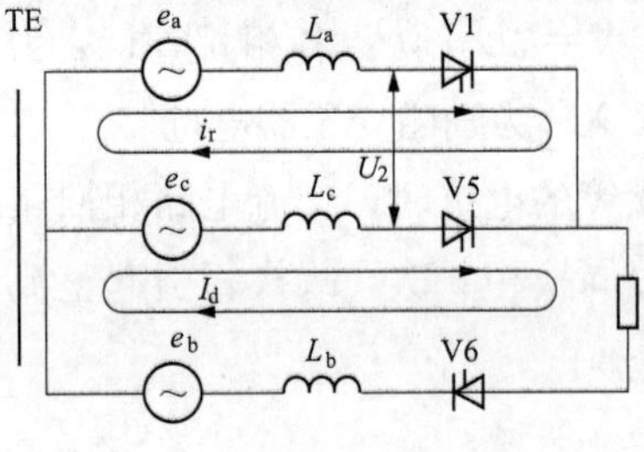

图 3-7 换相过程等值回路

（V5 向 V1 换相、换相后 V1、V6 导通）

1. 阀电流计算

图 3-4 整流桥每臂的晶闸管通常称为整流桥的一个阀（即阀 V1、V2～V6）。由图 3-5 可见，每一阀在一周期内流过一次宽度为 $2\pi/3$ 的电流，该电流包括换相过程的上升段和下降段及幅值为 I_d 导通段。I_d 为整流桥的输出电流（对图 3-4 也是整流器输出电流）。

整流器换相过程的阀电流可由换相回路方程求得。图 3-7 所示为 V5 向 V1 换相过程的等值回路。由于换相过程 $e_a > e_c$，故换相电流 i_γ 有如图 3-7 所示的方向。设换相过程 V1、V5 的阀电流为 i_1、i_5，并设各阀交流回路电感相同，即各相电感 $L_a = L_b = L_c = L$，由图可列出换相过程的微分方程为[13]

$$L\frac{di_1}{dt} - L\frac{di_5}{dt} = e_a - e_c$$

因 $i_1 = i_\gamma$，$i_5 = I_d - i_\gamma$，代入上式得

$$L\frac{di_\gamma}{dt} - L\frac{d(I_d - i_\gamma)}{dt} = e_a - e_c$$

整理后得

$$2L\frac{di_\gamma}{dt} = \sqrt{2}U_{20}\sin\omega t$$

U_2 为变压器低压绕组线电压（有效值）。对上式求积分后得

$$i_\gamma = -\frac{\sqrt{2}U_{20}}{2\omega L}\cos\omega t + A$$

式中：A 为积分常数。由图 3-5，换相开始 $\omega t=\alpha$ 时，有 $i_\gamma=i_1=0$。由上式求得

$$A=\frac{\sqrt{2}U_{20}}{2X}\cos\alpha$$

故有

$$i_\gamma=-\frac{\sqrt{2}U_{20}}{2\omega L}\cos\omega t+A=\frac{\sqrt{2}U_{20}}{2X}(\cos\alpha-\cos\omega t) \tag{3-31}$$

式中：$X=\omega L$ 为阀交流回路相电抗。

由图 3-5 可知，在换相结束 $\omega t=\alpha+\gamma$ 时，V5 关断、V1 导通，有 $i_5=0$ 及阀电流 $i_6=i_1=I_d$，整流桥的输出电流 I_d 由式（3-31）得

$$I_d=\frac{\sqrt{2}U_{20}}{2X}[\cos\alpha-\cos(\alpha+\gamma)] \tag{3-32}$$

I_d 也是阀导通期非换相段（$\alpha+\gamma\leqslant\omega t\leqslant120°+\alpha$）的阀电流。换相过程上升段（$\alpha\leqslant\omega t\leqslant\alpha+\gamma$）电流可由式（3-31）及式（3-32）计算为

$$i_{\gamma1}=I_d\frac{\cos\alpha-\cos\omega t}{\cos\alpha-\cos(\alpha+\gamma)}$$

同样，换相过程下降段（$120°+\alpha\leqslant\omega t\leqslant120°+\alpha+\gamma$）电流可计算为

$$i_{\gamma2}=I_d-I_d\frac{\cos\alpha-\cos(\omega t-120^0)}{\cos\alpha-\cos(\alpha+\gamma)}$$

故阀电流的有效值 $I_{T(RMS)}$ 可计算为

$$\begin{aligned}I_{T(RMS)}&=\left\{\frac{1}{2\pi}\left[\int_\alpha^{\alpha+\gamma}i_{\gamma1}^2\mathrm{d}(\omega t)+\int_{\frac{2\pi}{3}+\alpha}^{\frac{2\pi}{3}+\alpha+\gamma}i_{\gamma2}^2\mathrm{d}(\omega t)+I_d^2\left(\frac{2\pi}{3}-\gamma\right)\right]\right\}^{\frac{1}{2}}\\&=I_d\times\frac{1}{\sqrt{3}}\sqrt{1-3\psi(\alpha,\gamma)}=0.577I_d\sqrt{1-3\psi(\alpha,\gamma)}\end{aligned} \tag{3-33}$$

式中的 $\psi(\alpha,\gamma)$ 可由式（3-34）计算，即

$$\psi(\alpha,\gamma)=\frac{1}{2\pi}\frac{\sin\gamma[2+\cos(2\alpha+\gamma)]+\gamma[1+2\cos\alpha\cos(\alpha+\gamma)]}{[\cos\alpha-\cos(\alpha+\gamma)]^2} \tag{3-34}$$

式中：γ 由式（3-30）计算。在 γ 为 0 时（忽略换相过程时），有 $\sqrt{1-3\psi(\alpha,\gamma)}=1$，为其最大值。

2. 整流桥交流侧电流计算

由图 3-5 可见，在一个周期内，整流桥交流侧电流是由通过两个同相阀的电流组成。故整流桥交流侧电流（即励磁变压器低压绕组电流 I_2）的有效值类同阀电流计算式（3-33），可计算为

$$\begin{aligned}I_2&=\left\{\frac{2}{2\pi}\left[\int_\alpha^{\alpha+\gamma}i_1^2\mathrm{d}(\omega t)+\int_{\frac{2\pi}{3}+\alpha}^{\frac{2\pi}{3}+\alpha+\gamma}i_2^2\mathrm{d}(\omega t)+I_d^2\left(\frac{2\pi}{3}-\gamma\right)\right]\right\}^{\frac{1}{2}}\\&=I_d\cdot\frac{\sqrt{2}}{\sqrt{3}}\sqrt{1-3\psi(\alpha,\gamma)}=0.816I_d\sqrt{1-3\psi(\alpha,\gamma)}\end{aligned} \tag{3-35}$$

当忽略换相过程（$\gamma=0$）时，励磁变压器低压绕组线电流 I_2 与整流侧电流 I_d 有如下关系

$$I_2=0.816I_d$$

整流器在控制角及换相角大于 0 时，励磁变压器低压绕组线电流与在整流侧电流的转换系数将小于 0.816。

3.2.4 整流器整流桥（支路）的并联及电流均衡

整流器可采用两个或多个整流器桥（支路）并联的接线方式（描述在本篇 3.7），以使整流器具有更大的输出功率并实现整流桥的冗余。根据 DL/T 583《大中型水轮发电机静止整流励磁系统技术条件》的规定，大中型水轮发电机的励磁功率整流器，并联运行的支路数冗余度要求以不小于 $N+1$ 的模式配置，在 N 模式下应保证发电机所有工况的运行（包括强行励磁在内）。

当整流器由两个及以上的并联支路构成时，需要考虑防止整流器并联支路间电流分配不均匀的电流均衡措施。整流器并联支路间电流分配的不均匀，通常包括晶闸管开通瞬态及导通后稳态的电流不均衡。前者主要由于晶闸管开通时间（或电流上升率）的差异所致，后者取决于包括晶闸管在内的支路电流回路的 V-A 特性。故在整流器的各支路中选择动态及稳态特性相近的晶闸管元件，并使各支路的电流回路有相近的阻抗，是实现整流器支路间电流均衡的主要措施。为使各支路的电流回路有相近的阻抗，通常要求整流器各支路至励磁变压器的交流电缆（型号相同）应有相同的长度，并对电缆与整流器柜的接线方式作相关的考虑。根据电厂发电机的具体情况及励磁系统供应商的设计，也可采取某些专门的均流措施，如在每支路上串接均流电抗器或通过对晶闸管导通角的控制实现支路电流均衡等。

整流器支路间电流均衡度，通常以均衡系数 k_I 表示。k_I 是整流器并联运行各支路电流的平均值与支路最大电流之比

$$k_I=\frac{\sum_{i=1}^{m}I_i}{mI_{max}}$$

式中：m 为并联支路数；I_i 为 i 支路电流；I_{max} 为并联支路中的最大支路电流。

通常要求 k_I 应不小于 0.85。

3.3 晶闸管参数及选择计算

3.3.1 晶闸管参数

晶闸管有多种类型。如三极晶闸管有反向阻断三极晶闸管、反向导通三极晶闸管、双向三极晶闸管、门极关断晶闸管等。反向阻断三极晶闸管又有普通三极晶闸管、快速三极晶闸管之分，普通三极晶闸管为对开关时间等参数没有特别要求的主要用于工频的反向阻断三极晶闸管，快速三极晶闸管为对开关时间等参数有特别要求的可在 400Hz 以上频率工作的反向阻断三极晶闸管。励磁系统功率整流器通常采用普通三极晶闸管，其主要特征参数见表 3-7。在工程设计中，通常按晶闸管的额定电压及额定电流满足发电机各种运行方

式的要求对晶闸管进行计算选择。

表 3-7　　　　普通三极晶闸管主要特征参数

<table>
<tr><th>序号</th><th>参数名称</th><th>代号</th><th>参数的含义</th><th>主要测试条件</th><th>示例</th></tr>
<tr><td colspan="6">一、最大额定值</td></tr>
<tr><td>1</td><td>反向重复峰值电压
repetitive peak reverse voltage</td><td>V_{RRM}</td><td>在晶闸管阳极与阴极间重复施加而不使晶闸管反向击穿的最大反向电压（峰值），是晶闸管反向电压的额定值，通常取不大于90%的反向不重复峰值电压。施加于晶闸管的重复性反向电压（峰值）不应超过反向重复峰值电压</td><td rowspan="4">在规定的条件下，以工频正弦半波电压测试</td><td rowspan="2">4400V* (t_p=10ms)
（结温可达110℃时，V_{RRM}/V_{DRM} = V_{RSM}/V_{DSM}，为5200V）</td></tr>
<tr><td>2</td><td>断态正向重复峰值电压
repetitive peak forward off-state voltage</td><td>V_{DRM}</td><td>正向阻断状态下，在晶闸管阳极与阴极间可重复施加而不使晶闸管导通的最大正向电压（峰值），是晶闸管额定正向电压，一般取不大于90%正向不重复峰值电压。施加于晶闸管的重复性正向电压（峰值）不应超过正向重复峰值电压</td></tr>
<tr><td>3</td><td>反向不重复峰值电压
non-Repetitive peak reverse voltage</td><td>V_{RSM}</td><td>在晶闸管阳极与阴极间施加的不可重复的反向电压（峰值），为反向击穿电压减去某一数值的电压值（按制造厂规定，如反向击穿电压减100V）。施加于晶闸管的反向过电压峰值不应超过反向不重复峰值电压。
反向击穿电压（reverse breakdown voltage，V_{BR}），是在晶闸管阳极与阴极间施加的使晶闸管反向雪崩击穿的反向电压，若外加反向电压达到或超过这个电压时，将造成晶闸管永久性破坏</td><td>5200V* (t_p=10ms)、5700V(t_p=5ms，单脉冲)</td></tr>
<tr><td>4</td><td>断态正向不重复峰值电压
non-Repetitive peak forward off-state voltage</td><td>V_{DSM}</td><td>在晶闸管阳极与阴极间施加的不可重复的正向电压（峰值），为正向转折电压减去某一数值的电压值（按制造厂规定，如正向转折电压减100V）。施加于晶闸管的正向过电压峰值不应超过正向不重复峰值电压。
正向转折电压（breakover voltage，V_{BO}）是门极开路条件下，在晶闸管阳极与阴极间施加的使晶闸管从断态进入通态的正向阳极电压，若外加正向电压达到或超过这个电压时，正向阻断状态的元件将误导通，经过数次这样的导通，元件将会损坏</td><td>5200V* (t_p=10ms)</td></tr>
</table>

续表

序号	参数名称	代号	参数的含义	主要测试条件	示例
5	通态平均电流 average on-state current	I_{TAVM}	在规定的环境温度及散热器或晶闸管壳温度下，允许流过晶闸管的最大的正弦半波电流在一个周期内的平均值，也是晶闸管的额定电流，晶闸管电流额定值是按正弦半波电流平均值标定的	在规定的壳温（或结温）下，以工频正弦半波电流测试（电阻负载）	1890A（壳温 t_c=85℃），2520A（壳温 t_c=60℃）
6	通态均方根电流 R. M. S. on-state Current（RMS forward Current）	I_{TRMSM}	在规定的环境温度及散热器或晶闸管壳温度下，允许流过晶闸管的最大的正弦半波电流在一个周期内的均方根值（即有效值），$I_{TRMSM}=(\pi/2)\ I_{TAVM}$		3960A
7	通态浪涌电流 surge on-state current（surge forward current）	I_{TSM}	一种由电路异常（如故障）引起的，使结温超过额定结温的不重复性最大通态过载电流（峰值），也称通态不重复浪涌电流		31kA（$t_{Vj}=25$℃、$t_p=10$ms）、28.5kA（$t_{vj}=t_{vjmax}$、$t_p=10$ms）
8	I^2t 值 I^2t value	I^2t	通态浪涌电流（折算为有效值）的平方在浪涌电流持续期间内的积分值	在规定的结温下，以工频正弦半波电流测试	$4.8\times10^6\ A^2s$（$t_{vj}=25$℃、$t_p=10$ms）、$4.0\times10^6\ A^2s$（$t_{vj}=t_{vjmax}$、$t_p=10$ms）
9	通态电流临界上升率 critical rate of rise of on-state current	$(di/dt)_{cr}$	额定结温下，门极开通过程中不使晶闸管损坏的最大阳极电流上升率	$V_D\leqslant67\%V_{DRM}$，50Hz，$i_{GM}=3A$，$di_G/dt=6A/\mu s$，$t_{vj}=t_{vjmax}$	150A/μs
10	断态电压临界上升率 critical rate of rise of on-state voltage	$(dV/dt)_{cr}$	额定结温、门极开路状态下，不导致晶闸管从断态到通态转换的最大正向电压上升率。当施加于晶闸管上的正向电压变化率低于断态电压临界上升率时，晶闸管可保持于阻断状态	$V_D=67\%V_{DRM}$，$t_{vj}=t_{vjmax}$	2000V/μs
11	正向断态电流和反向电流 forward off-state and reverse current	i_D，i_R	规定结温下，门极开路，分别施加50Hz正向和反向重复峰值电压（V_{DRM}、V_{RRM}）时晶闸管电流	$V_D=V_{DRM}$ $V_R=V_{RRM}$ $t_{vj}=t_{vjmax}$	max. 100mA

续表

序号	参数名称	代号	参数的含义	主要测试条件	示例
二、特征值					
1	通态电压 on-state voltage	V_T	额定结温条件下，晶闸管通过某一通态电流时的管压降	在规定的结温下，以工频正弦半波电流测试	典型 1.57V，max. 1.7V（$t_{vj}=t_{vjmax}$，$I_T=2000A$）
2	维持电流 holding current	I_H	规定（或额定）结温下，导通的晶闸管门极开路后，逐步减少阳极电流使晶闸管能维持导通的最小电流值，一般在毫安数量级	$t_{vj}=25℃$，$V_D=12V$	350mA
3	擎住电流 latching current	I_L	晶闸管从门极触发，刚从断态转入通态，撤除门极触发信号后仍能维持通态的最小阳极电流	$t_{vj}=25℃$，$V_D=12V$，$di_G/dt=6A/\mu s$，$t_q=20\mu s$，$i_{GM}=3A$	max. 3A
4	门极控制延迟时间 Gate controlled delay time	t_{gd}或t_d	用门极触发脉冲使晶闸管从断态转入通态，由门极脉冲前沿的规定点起到阳极电压从初始值降至规定值止的时间间隔。 门极脉冲前沿的规定点通常取门极峰值电压V_{GM}的10%，阳极电压从初始值降至的规定值取断态峰值电压的90%	$t_{vj}=25℃$，$i_{GM}=3A$，$di_G/dt=6A/\mu s$	2μs
5	（电路换向）关断时间 circuit commutated turn-off time	t_q	导通后的晶闸管需通过施加阳极反向电压来关闭。在阳极电压电路外部切换后，从通态电流减少至零瞬间起，到晶闸管恢复正向阻断能力（能承受规定的断态电压而不致开通）所需的时间，称为晶闸管的关断时间	$t_{vj}=t_{vjmax}$，$V_{RM}=100V$，$V_D=0.67V_{DRM}$，$I_{TM}=I_{TAVM}$ $dV_D/dt=20V/\mu s$，$dI_T/dt=10A/\mu s$	典型 400μs
6	峰值反向恢复电流 peak reverse recovery current	I_{RM}	在反向恢复期间产生的反向电流峰值	$t_{vj}=t_{vjmax}$，$I_{TM}=2000A$，$V_R\leqslant 0.5V_{RRM}$，$V_{RM}\leqslant 0.8V_{RRM}$ $di/dt=10A/\mu s$	max. 350A

续表

序号	参数名称	代号	参数的含义	主要测试条件	示例
7	恢复电荷 Recovered charge	Q_r	从规定的通态电流条件向规定的反向条件切换后，在规定的积分时间内，晶闸管恢复的总电荷。恢复电荷包括储存的载流子和耗尽层电容两部分电荷，为反向恢复电流对时间的积分，积分时间从阳极电流过零开始	$t_{vj}=t_{vjmax}$， $I_{TM}=2000A$， $V_R \leqslant 0.5V_{RRM}$， $V_{RM} \leqslant 0.8V_{RRM}$ $di/dt=10A/\mu s$	max. 18mAs
8	最高运行结温 MAX. operating junction temperature	t_{vjmax}	正常运行时允许的晶闸管结温最大值		125℃
9	热阻 thermal resistance	R_{thjc}	器件的等效温度和外部规定基准点温度之差，与器件稳态耗散功率之比：结与管壳间	两侧冷却	max. 0.0086k/W
		R_{thch}	管壳与散热器间	两侧冷却	max. 0.0025k/W
10	工作温度	t_{cop}			−40～+125℃
11	储存温度	t_{stg}			−40～+150℃

三、门极参数

序号	参数名称	代号	参数的含义	主要测试条件	示例
1	门极触发电压和触发电流 gate trigger voltage and current	V_{GT}、I_{GT}	能使晶闸管由断态转入通态所需的最小门极电流称为门极触发电流。产生门极触发电流所需的门极电压称为门极触发电压	$t_{vj}=25℃$， $V_D=6V$，	max. 2.5V，350mA
2	门极不触发电流 gate non-trigger current	I_{GD}	不至于使晶闸管由断态转为通态的最大门极电流	$t_{vj}=t_{vjmax}$	$V_D=6V$，20mA； $V_D=0.5V_{DRM}$，10mA
3	门极不触发电压 gate non-trigger voltage	V_{GD}	不至于使晶闸管由断态转为通态的最大门极电压	$t_{vj}=25℃$， $V_D=0.5V_{DRM}$	0.4V
4	门极正向峰值电压和峰值电流 peak forward gate voltage and current	V_{FGM}、I_{FGM}	门极允许施加的正向电压、电流最大瞬时值，包括瞬态电压、电流		12V、10A*（为另一产品 $V_{DSM}=5200V$、$I_{TAVM}=3875A$ 的数据）

续表

序号	参数名称	代号	参数的含义	主要测试条件	示例
5	门极反向峰值电压 peak reverse gate voltage	V_{RGM}	门极允许施加的反向电压最大瞬时值，包括瞬态电压		10V*（为另一产品 $V_{DSM}=5200V$、$I_{TAVM}=3875A$ 的数据）

注 1. t_p为正弦半波持续时间（半个周期时间）；t_{vj}为等效结温，基于半导体器件热电特性，简化表示的理论温度；V_D为断态阳极电压，V_R为反向（负的）阳极电压；i_G为门极电流。

2. 晶闸管的其他参数的意义、测试条件等可参见 GB/T 2900.32《电工术语 电力半导体器件》、GB/T 15291《半导体器件 第 6 部分：晶闸管》(IEC 60747-6)。

3. 表中参数示例列的数值，除标记 * 外，均为某一型号晶闸管的参数。

3.3.2 晶闸管额定电压的选择计算

晶闸管额定电压是晶闸管的断态正向重复峰值电压 V_{DRM}或反向重复峰值电压 V_{RRM}，是晶闸管允许重复施加的最大正向或反向电压（峰值）。在晶闸管的实际应用中，施加于晶闸管的重复性的电压（峰值）不应超过正向或反向重复电压峰值，即不应超过晶闸管的额定电压。故励磁功率整流器晶闸管的额定电压，应按不低于励磁系统实际运行中可能施加于晶闸管的重复性的最大电压峰值进行选择，包括发电机端的工频电压升高及励磁系统过电压（见本篇 4.1），并有足够的裕度，可按满足式（3-36）进行计算选择，即

$$V_{RRM}, V_{DRM} \geqslant K_{ut} k_{pf} k_{u} \times \sqrt{2} \times U_{2r} \tag{3-36}$$

式中：U_{2r}为励磁变压器低压绕组额定线电压（有效值）。

对式中各系数，参考文献［12］建议：电压裕度系数 K_{ut}取大于 2；过电压倍数 k_{Pf}取 1.3～1.6，视整流器的类型及过电压保护完备情况而定；k_u为相对于额定电压的整流器交流电源电压（工频）升高系数，通常取 1.05～1.1，特殊情况（如考虑发电机甩负荷电压升高时）可取更高的数值。

对励磁功率整流器交流电源取自发电机机端的自并励励磁系统，整流器交流电源工频电压升高取决于发电机机端的电压升高。发电机正常运行时，机端电压的正常变化范围一般为 1.05～1.1 倍的发电机额定电压。发电机甩负荷且励磁系统工作正常时，按照 DL/T 583，机端电压升高不超过额定电压的 1.15 倍。在机组甩负荷转速升高并出现励磁调节器故障失灵时，发电机机端可能出现较高的电压升高，过电压取决于励磁系统的故障情况及机组的转速升高值，并可能导致发电机定子过电压保护动作。由于目前水轮发电机定子过电压保护通常整定为 1.3 倍额定电压启动、延时 0.3s 动作跳闸灭磁，故在发电机定子过电压保护启动至动作跳闸灭磁的延时过程中，发电机端电压将超过 1.3 倍额定电压。另外，DL/T 583 规定了励磁系统需考虑误强励工况。发电机误强励时，机端有较高的电压，如附录 C 的计算示例，误强励时定子过电压保护启动后的发电机机端电压可达额定电压的 1.45 倍。故建议 k_u可取为定子过电压保护启动后机端电压升高倍数的最大值。在无具体分析计算数据时，k_u可取 1.4～1.5。此时，由于选择的晶闸管的额定电压已考虑了机端较严重的电压升高运行工况，电压裕度系数可取较小的数值，建议取为 $K_{ut}\geqslant 1.4$。

水力发电厂发电机励磁系统目前基本上均采用设置了过电压保护的三相全控桥式励磁功率整流器，并通常按系统的过电压倍数 $k_{Pf}=1.4\sim1.5$（一般取 1.5，见本篇 4.2）设置过电压保护。

故式（3-36）各系数可根据电厂具体情况取值为电压裕度系数 $K_{ut}\geqslant1.4$，过电压倍数 $k_{Pf}=1.4\sim1.5$；电源工频电压升高系数 $k_{u}=1.4\sim1.5$，或取误强励时及发电机过电压保护启动后的机端电压升高倍数中的最大值。

另外，晶闸管通常采用快速熔断器保护，快速熔断器熔断时将产生较高的分断弧压，为确保晶闸管的安全，与之串联的晶闸管的反向不重复峰值电压应大于此时施加于晶闸管上的电压。在晶闸管额定电压选择时可考虑对此进行校验，相关描述见本篇的 3.7。

3.3.3 晶闸管额定电流的选择计算

晶闸管额定电流是晶闸管的通态平均电流，是在规定的环境温度及散热器或晶闸管壳温温度下，允许流过晶闸管的最大电流（正弦半波电流平均值）。晶闸管额定电流通常按满足发电机强励要求选择，额定电流的确定通常尚需校验晶闸管正常运行的结温，对某些电厂还需校验整流器在二桥故障时的负载能力。

3.3.3.1 晶闸管额定电流计算

励磁功率整流器中并联支路（桥）数通常按 $N+1$ 进行配置，在一桥故障时（N 支路并联运行时）能满足发电机所有运行工况的要求（包括强励在内）。某些电厂还要求在二桥故障时（$N-1$ 支路并联运行时）能满足除强励外所有运行方式的要求。

在发电机强励情况下，要求励磁功率整流器提供的输出电流（平均值）为 $I_{d}=k_{ci}I_{fr}$，k_{ci}为励磁系统顶值电流倍数，I_{fr}为发电机额定励磁电流。对以 N 并联支路（桥）运行的整流器，一个整流桥的输出电流（平均值）I_{d1}可计算为

$$I_{d1}=\frac{I_{d}}{Nk_{I}}=\frac{k_{ci}I_{fr}}{Nk_{I}} \tag{3-37}$$

式中：k_{I}为整流器并联支路的均流系数，通常应不小于 0.85。

当忽略整流桥晶闸管的换相过程时，流过励磁功率整流器桥臂晶闸管电流的有效值 $I_{T(RMS)}$由式（3-33）可计算为

$$I_{T(RMS)}=\frac{I_{d1}}{\sqrt{3}}=\frac{k_{ci}I_{fr}}{\sqrt{3}Nk_{I}} \tag{3-38}$$

选择的晶闸管的额定电流应大于式（3-38）计算的数值。由表 3-7 可知，晶闸管额定电流（即晶闸管的通态平均电流 I_{TAVM}）是以工频正弦半波电流测试并以工频正弦半波电流平均值标定。故需将以正弦半波电流平均值标定的晶闸管额定电流换算成用正弦半波电流有效值表示，以便按式（3-38）的计算值对整流器桥臂晶闸管进行选择。

幅值为 I_{m}的工频正弦半波电流的平均值 I_{TAV}及有效值 I_{TRMS}（或称均方根值）可分别计算为

$$I_{TAV}=\frac{1}{2\pi}\int_{0}^{\pi}I_{m}\sin\omega t\,d\omega t=\frac{I_{m}}{\pi}$$

$$I_{TRMS}=\sqrt{\frac{1}{2\pi}\int_{0}^{\pi}(I_{m}\sin\omega t)^{2}\mathrm{d}\omega t}=\frac{I_{m}}{2}$$

由上两式可得到工频正弦半波电流的平均值与有效值的关系为

$$I_{TRMS}=\frac{\pi}{2}I_{TAV} \tag{3-39}$$

故采用工频正弦半波电流测试并以工频正弦半波电流平均值表示的晶闸管额定电流 I_{TAVM}（通态平均电流），当采用有效值表示时（即晶闸管的通态均方根电流 I_{TRMSM}），他们在数值上可有式（3-40）关系，即

$$I_{TRMSM}=\frac{\pi}{2}I_{TAVM} \tag{3-40}$$

当晶闸管额定电流按大于式（3-38）的计算值进行选择，并考虑一定的电流裕度（K_i）时，有

$$I_{TRMSM}\geqslant K_{i}I_{T(RMS)}=\frac{K_{i}k_{ci}I_{fr}}{\sqrt{3}Nk_{I}}$$

对上式按式（3-40）将 I_{TRMSM}以 I_{TAVM}取代后，可得到整流器 N 并联支路数运行时，满足发电机强励要求的整流器桥臂晶闸管额定电流（通态平均电流 I_{TAVM}）的选择计算式为

$$I_{TAVM}\geqslant\frac{2K_{i}k_{ci}I_{fr}}{\sqrt{3}\pi Nk_{I}} \tag{3-41}$$

式中：K_i为电流裕度系数，为提高励磁系统的可靠性及使晶闸管有较长的寿命，需适当降低晶闸管额定电流使用，取较大的电流裕度，K_i通常取 2 以上[12]。

对要求在二桥故障时（$N-1$ 支路运行时）还能满足发电机除强励外所有运行方式要求的发电机励磁系统，此时发电机要求励磁功率整流器提供的输出电流（平均值）通常可按 $I_d=1.1I_{fr}$考虑。

类同上述的分析计算，可得到二桥故障时，满足发电机除强励外所有运行方式要求的整流器桥臂晶闸管额定电流（通态平均电流 I_{TAVM}）的选择计算式为

$$I_{TAVM}\geqslant\frac{2K_{i}\times1.1I_{fr}}{\sqrt{3}\pi(N-1)k_{I}} \tag{3-42}$$

对有二桥故障运行方式要求的励磁系统，功率整流器桥臂晶闸管的额定电流 I_{TAVM}应同时满足式（3-41）及式（3-42）的要求。

3.3.3.2　晶闸管正常运行的结温校验

对由式（3-41）、式（3-42）计算的晶闸管额定电流，需校验其在正常运行条件下的运行结温是否超过晶闸管运行结温的允许值。晶闸管的运行结温通常按其正常运行的功率损耗及其产品技术说明给出的功耗与温升关系特性参数进行计算。晶闸管的正常运行条件主要包括运行环境温度、散热器的型式及运行工况（负载电流）等。晶闸管的最高运行结温出现在最大功耗的运行工况，通常可按励磁功率整流器在 N 及 $N-1$ 支路运行工况下的晶闸管运行结温进行计算，若晶闸管运行结温不超过允许值，则可认为所选择的晶闸管额定电流是合适的。

1. 晶闸管正常运行的功率损耗计算

运行中晶闸管的功耗主要包括通态功耗 P_{Ton}、开通功耗 P_{on}及关断功耗 P_{off}。晶闸管

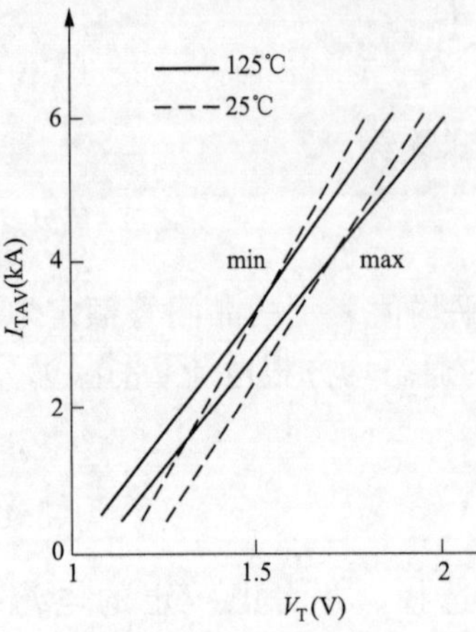

图 3-8　晶闸管 V_T-I_{TAV}特性

产品通常给出通态电压 V_T 与流过晶闸管的电流平均值 I_{TAV} 的关系曲线（见图 3-8），以及开通功耗 W_{on} 和关断功耗 W_{off}（每次开通和关断时）与流过晶闸管的平均电流 I_{TAV} 等参数的关系曲线。晶闸管的通态功耗可由 V_T 及其电流平均值进行计算。

流过晶闸管的电流平均值为 I_{TAV} 时，晶闸管的总功耗 P_T 可计算为

$$\begin{aligned}P_T &= P_{Ton} + P_{on} + P_{off} \\ &= V_T I_{TAV} + 50(W_{on} + W_{off}) \qquad (3\text{-}43)\end{aligned}$$

式中：V_T 为产品给出的 $V_T - I_{TAV}$ 关系曲线上对应于 I_{TAV} 的通态电压；W_{on}、W_{off} 为晶闸管每次开通和关断时的功耗，产品通常给出相关的特性曲线，电源频率为 50Hz 时，晶闸管在 1s 内有 50 次开通及 50 次关断。

晶闸管的最大总功耗应取运行中的最大电流计算，通常可取为励磁整流器在 N 支路运行满足发电机强励时流过晶闸管的电流值，对有两桥故障运行要求的发电机取 N 支路运行及 $N-1$ 支路两种运行方式中的最大值。

式（3-38）给出了 N 支路运行时流过整流器桥臂晶闸管的电流有效值计算式。由于晶闸管产品给出的各功耗及通态电压 V_T，通常以与正弦半波电流平均值的关系给出。故在计算晶闸管的电流功耗时，需将式（3-38）以有效值计算的晶闸管电流，按流过晶闸管电流的有效值相等，换算为以正弦半波电流平均值表示的电流值。式（3-39）给出了正弦半波电流以平均值与以有效值表示时的数值关系。按流过晶闸管电流的有效值相等考虑时，即式（3-39）与式（3-38）计算的电流有效值相等时，有

$$I_{TRMS} = I_{T(RMS)} = \frac{\pi}{2} I_{TAV} = \frac{k_{ci} I_{fr}}{\sqrt{3} N k_I}$$

由上式可得 N 支路运行时，流过整流器桥臂晶闸管的以正弦半波电流平均值表示的最大电流 I_{TAV} 为

$$I_{TAV} = \frac{2 k_{ci} I_{fr}}{\sqrt{3} \pi N k_I} \qquad (3\text{-}44)$$

按类同 3.3.3.1 考虑，$N-1$ 支路运行时，流过整流器桥臂晶闸管的以正弦半波电流平均值表示的最大电流 I_{TAV} 可计算为

$$I_{TAV} = \frac{2 \times 1.1 I_{fr}}{\sqrt{3} \pi (N-1) k_I} \qquad (3\text{-}45)$$

式（3-45）仅用于有 $N-1$ 支路运行方式的励磁系统，此时式（3-43）计算时的 I_{TAV} 取式（3-44）与式（3-45）计算的最大值。

2. 晶闸管正常运行的结温计算

晶闸管正常运行的结温温升通常可由晶闸管的运行功耗 P_T(kW) 与散热路径的总热阻 R_{th}(℃/kW) 计算，若晶闸管运行环境的最高温度为 t_{cm}，则晶闸管正常运行的最高结温 t_{jm} 可计算为

$$t_{jm}=t_{cm}+P_{T}R_{th} \tag{3-46}$$

晶闸管运行环境的最高温度 t_{cm} 通常由励磁功率整流器供应商提供，主要与晶闸管采用的冷却方式及功率柜结构等有关，如某些供应商在采用强迫风冷方式时取 45℃，采用热管冷却方式时取 40℃。晶闸管采用热管冷却方式时，总热阻 R_{th} 通常由热管冷却晶闸管组件供应商提供（通常提供在近似无风及正常大气压运行条件下的总热阻）。采用散热器冷却时，总热阻 R_{th} 由晶闸管的结一壳热阻 R_{thjc}、壳与散热器接触热阻 R_{thch} 及散热器热阻 R_{thh} 组成（$R_{th}=R_{thjc}+R_{thch}+R_{thh}$），通常由晶闸管及励磁系统供应商提供。散热器热阻 R_{thh} 通常与散热器所处的空气气流速度有关，在强迫风冷的风速下与无风情况下将有不同的数值。

由式（3-46）计算的晶闸管正常运行最高结温，应不大于晶闸管厂家提供的正常运行时允许的晶闸管最高运行结温。

另外，励磁系统功率整流器的晶闸管，应可承受系统或电厂某些异常或故障运行方式下流过的短时暂态电流而不影响其正常使用（晶闸管的快速熔断器也不应熔断）。如发电机机端三相短路、异步运行、系统振荡等励磁系统的外部故障或异常、发电机误强励灭磁等情况下，在短路被切除或异常消失后，励磁功率整流器应保持正常状态。这些短时暂态电流，通常以发电机误强励灭磁流过晶闸管的短时电流有较大的数值，特别对灭磁电阻投入产生附加分断电流的灭磁系统（如灭磁电阻采用碳化硅且未串接二极管）。发电机机端三相短路时转子的最大电流（峰值）可达发电机转子额定电流的 3.5 倍[17]；误强励时的转子电流最大值，如附录 C 计算示例，约为发电机转子额定电流的 4 倍，对灭磁电阻投入产生附加电流的灭磁系统，流过整流器晶闸管电流将有更高的倍数。晶闸管对这些短时暂态电流的承受能力通常可用其通态浪涌电流进行校验。一般情况下，对多桥构成的励磁功率整流器，按式（3-41）、式（3-42）选择的晶闸管，其浪涌电流承受能力通常可承受励磁系统外部故障或异常等引起的短时暂态过电流。

3.4　整流器晶闸管的快速熔断器保护

在整流器外部或内部异常运行状态下，为保证整流器的安全可靠工作、避免元件损坏或故障扩大，需为励磁功率整流器提供过电压及过电流保护。整流器晶闸管过电压保护通常作为励磁系统过电压保护的一部分，在励磁系统设计中统一考虑。整流器晶闸管的过电流保护通常由晶闸管短路保护及过载保护构成，短路保护通常设置在整流器中并采用快速熔断器保护，过载保护由其他保护提供，如励磁系统中设置的励磁电流限制及励磁变压器的过电流保护，本节仅描述整流器晶闸管的快速熔断器保护。

对采用三相全控桥式晶闸管整流器的大中型发电机自并励励磁系统，在整流器中设置的晶闸管的快速熔断器保护，主要是针对整流器直流侧短路（包括发电机转子正极和负极短路）、整流桥桥臂晶闸管短路等系统内部短路引起的晶闸管过电流，并通常在每一晶闸管串接快速熔断器作为短路保护。快速熔断器的时间-电流特性曲线示例见图 3-9。快速熔断器参数应以保护整流器晶闸管不因短路过电流损坏、能安全可靠地切断和隔离短路点及满足正常运行要求进行选择。其主要参数包括熔断器的额定电压、额定电流、额定分断能力及 I^2t 等，通常按下述方法进行选择计算。

3.4.1 快速熔断器额定电压的选择计算

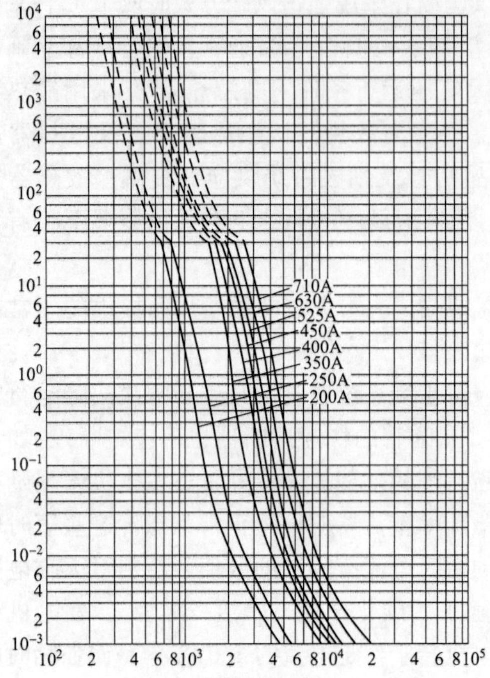

图 3-9 快速熔断器的时间-电流特性曲线示例

快速熔断器额定电压是验证熔断器各种额定值所有试验所依据的电压值。熔断器的使用电压及工频恢复电压应不高于熔断器的额定电压。使用电压是指熔断器回路中可能出现的熔断器可能发生熔断的最大电压。工频恢复电压是熔断器熔断熄弧后熔断器两端的电压。额定电压低于使用电压或恢复电压的熔断器通常不易熄弧甚至爆裂[18]。按照 GB 13539.1《低压熔断器 第 1 部分：基本要求》（IEC 60269-1, IDT），熔断器使用电压的最大值应不超过熔断器额定电压的 110%，对额定电压为 690V 的熔断器，最大使用电压不应超过熔断器额定电压的 105%。故快速熔断器的额定电压 U_{fur}（以有效值表示）应按高于熔断器的使用电压进行选择，即

$$U_{fur}=K_{fu}k_{fu}U_{2r} \tag{3-47}$$

式中：K_{fu} 为电压可靠系数，通常可取 1.05～1.1；k_{fu}为熔断器使用电压相对于 U_{2r} 的电压（工频）升高倍数；U_{2r}为励磁变压器低压绕组额定线电压（有效值）。当熔断器的使用电压需要考虑误强励或发电机定子过电压保护启动后机端电压升高引起的短时工频电压升高时（即需要考虑熔断器在此情况下熔断），k_{fu}的取值可与式（3-36）的交流电源工频电压升高系数 k_u 作相同的考虑，取为发电机误强励或定子过电压保护启动后机端工频电压升高倍数的最大值，在无具体分析计算数据时，k_{fu}可取 1.4～1.5。不考虑发电机误强励及定子过电压保护启动后机端的短时工频电压升高情况时，熔断器的使用电压可考虑为发电机正常电压升高，k_{fu}可取 1.05～1.1，或考虑为发电机甩负荷时的电压升高，k_{fu}取 1.15。

快速熔断器熔断燃弧时，其两端将出现高于熔断器额定电压的电弧电压（描述在本篇图 3-15），过电压可达回路工作电压（以有效值表示）的 2 倍或以上，最大电弧电压的具体数值通常由熔断器制造厂家提供。熔断器熔断时产生的电弧电压将与交流电压叠加一起施加于整流器关断的晶闸管上，为避免晶闸管因施加电压超过晶闸管的反向不重复峰值电压而损坏，在熔断器额定电压选择时需要对此进行相关的考虑（描述在本篇 3.7）。由于较高额定电压的熔断器通常将有较高的熔断弧压，故晶闸管过电流保护快速熔断器的额定电压，一般情况下，宜按稍高于熔断器可能发生熔断的使用电压选择。

3.4.2 快速熔断器额定电流的选择计算

快速熔断器的额定电流是指在规定条件下熔断体能长期承载而不使性能降低的电流。

快速熔断器额定电流应满足对晶闸管保护及使用条件下可长期持续运行的要求，通常按实际流过晶闸管的电流及柜内温度条件进行计算选择。一般按不低于发电机正常运行方式下流过晶闸管的最大电流 $I_{T(RMS)}$（有效值）及不大于整流器晶闸管的额定电流（通态平均电流 I_{TAVM}，归算至有效值）对快速熔断器额定电流 I_{fur}进行选择[18]，即

$$\frac{\pi}{2}I_{TAVM}\geqslant I_{fur}\geqslant K_{fi}k_{a}I_{T(RMS)} \tag{3-48}$$

发电机正常运行方式下流过晶闸管的最大电流 $I_{T(RMS)}$，通常可考虑为发电机强励时或发电机转子电流为 1.1 倍发电机额定励磁电流时流过晶闸管的电流。

快速熔断器额定电流按发电机强励流过晶闸管电流进行选择时，快速熔断器额定电流 I_{fur}由式（3-48）可计算为

$$\frac{\pi}{2}I_{TAVM}\geqslant I_{fur}\geqslant K_{fi}k_{a}I_{T(RMS)}=K_{fi}k_{a}\times\frac{k_{ci}I_{fr}}{k_{I}N\sqrt{3}} \tag{3-49}$$

式中：$\frac{\pi}{2}I_{TAVM}$为以有效值表示的晶闸管额定电流，见式（3-40）；K_{fi}为可靠系数，通常取 1.1～1.5[18]；k_a为环境温度系数，根据整流器柜内运行温度取 1～1.2[18]；发电机强励时流过晶闸管的最大电流 $I_{T(RMS)}$为 $k_{ci}I_{fr}$，k_{ci}为励磁系统顶值电流倍数，I_{fr}为发电机额定励磁电流；k_I为整流器并联支路的均流系数，通常可取 0.85；励磁功率整流器的并联支路（桥）数一般按 $N+1$ 进行配置，在 N 支路并联运行时（一桥故障时）能满足发电机所有运行工况的要求（包括强励在内）；一个三相全控桥式整流器桥中，以有效值表示的桥臂晶闸管电流等于桥输出电流除以$\sqrt{3}$［见式（3-38）］，故有式中$\sqrt{3}$。

当电厂还要求功率整流器在二桥故障时（$N-1$ 支路运行时）能满足发电机除强励外所有运行方式的要求时，快速熔断器额定电流 I_n尚应满足式（3-50）要求，即

$$\frac{\pi}{2}I_{TAVM}\geqslant I_{fur}\geqslant K_{fi}k_{a}\times\frac{1.1I_{fr}}{k_{I}(N-1)\sqrt{3}} \tag{3-50}$$

式中：$1.1I_{fr}$为此时发电机运行要求整流器的最大输出电流。

功率整流器有二桥故障继续运行要求时，晶闸管额定电流应取式（3-49）与式（3-50）计算值的最大值。

根据 GB/T 13539.4《低压熔断器 第 4 部分：半导体设备保护用熔断器的补充要求》(IEC 60269-4，IDT)，快速熔断器通常具有一定的过载能力，在大于熔断器额定电流的某一倍数及某一持续时间下，熔断体特性不会发生明显变化。故若快速熔断器允许的过载能力的电流倍数及持续时间大于水力发电厂发电机强励倍数及持续时间（通常可按 2 倍额定励磁电流持续 20s)，快速熔断器的额定电流可按发电机正常长期运行时的转子电流（取 1.1 倍发电机额定励磁电流）进行计算选择，此时熔断器在承受强励运行状态后不会影响其正常使用。在实际运行中，发电机强励也是发生概率十分小的短时的运行方式。此时，对无 $N-1$ 运行要求的发电机，励磁整流器快速熔断器额定电流 I_{fur}由式（3-49）可计算为

$$\frac{\pi}{2}I_{TAVM}\geqslant I_{fur}\geqslant K_{fi}k_{a}\times\frac{1.1I_{fr}}{k_{I}N\sqrt{3}} \tag{3-51}$$

当电厂还要求功率整流器在二桥故障时（$N-1$ 支路运行时）能满足发电机除强励外所有运行方式的要求时，按发电机正常长期运行的转子电流选择的快速熔断器的额定电流可按式（3-50）计算。

快速熔断器额定电流按发电机正常长期运行的转子电流进行计算选择，比按发电机强励时流过晶闸管的电流进行计算选择，熔断器将有较小的额定电流，在流过相同的短路电流时，熔断器将有较短的熔断时间，有较高的电流倍数（相对于熔断器额定电流的倍数），更有利于对晶闸管的保护。对励磁变压器短路阻抗较大的采用较多支路并联整流器的大型发电机，可考虑采用这种选择方式（如本篇 3.7 的计算示例）。但若熔断器的特性不能满足发电机强励倍数及持续时间下的过载要求时，熔断器的额定电流仍需按式（3-49）进行选择。

实际选择的额定电流尚应考虑使熔断器的额定分断能力及 I^2t 满足晶闸管的保护要求。另外，某些型号熔断器产品技术参数给出的熔断 I^2t，可能为流过熔断器的电流大于熔断器额定电流某一倍数时的数值，在低于这个电流倍数时可能有较大的熔断 I^2t 值（描述在本篇 3.7 的图 3-17），从而要求额定电流的选择需要考虑熔断器熔断 I^2t 对短路电流倍数的要求，或在校验与晶闸管 I^2t 的配合时，需采用按实际流过熔断器的短路电流倍数（最小值）所对应的 I^2t 值。

一般而言，按本节上述计算选择的熔断器，在发电机强励、误强励、机端三相短路及发电机外部或系统故障及异常（如异步运行、系统振荡、非全相）等状态下，熔断器不会发生熔断。熔断器也不应在这些外部故障状态下熔断，励磁系统在这些状态消失后应能保持正常工作。

3.4.3　快速熔断器的额定分断能力计算

快速熔断器的额定分断能力是指在规定的使用及性能条件下，熔断器在规定电压下能够分断的预期电流值（有效值）。快速熔断器的额定分断能力（以电流有效值表示）应按大于熔断器需要分断的最大电流进行选择，以保证熔断器在晶闸管最大过电流时能可靠地快速分断。最大电流可按整流桥在熔断器的最高使用电压下，发生一臂晶闸管击穿短路或整流器直流侧正、负极短路时，流过整流桥晶闸管及其保护熔断器的最大短路电流考虑，可采用下式计算

$$I_{\mathrm{bf}}=kk_{\mathrm{u}}I_{\mathrm{s}}^{(3)}=\frac{kk_{\mathrm{u}}I_{2\mathrm{r}}}{u_{\mathrm{k}}} \tag{3-52}$$

式中：I_{bf}为快速熔断器的额定分断能力。k 为裕度系数，其设置及具体取值的考虑描述见本篇 3.7。k_{u}为短路前发电机机端电压升高系数（相对于发电机额定电压），其取值与快速熔断器额定电压的选择计算相同，当熔断器的使用电压需要考虑发电机定子过电压保护启动后的短时电压升高时，可取为发电机定子过电压保护启动后机端电压升高倍数的最大值，在无具体分析计算数据时，k_{u}可取 1.4～1.5；不考虑发电机定子过电压保护启动后的短时电压升高情况时，熔断器的使用电压升高可考虑为发电机正常电压升高，k_{u}可取 1.05～1.1，或考虑为发电机甩负荷时的电压升高，k_{u}取 1.15。$I_{\mathrm{s}}^{(3)}$ 为整流器交流侧在额定电压下的三相短路电流（周期分量有效值）。$I_{2\mathrm{r}}$为励磁变压器低压绕组额定电流（有效

值）。u_k为以变压器额定电压百分数表示的励磁变压器阻抗电压。

3.4.4　快速熔断器 I^2t 的选择计算

快速熔断器 I^2t 是给定时间内流过熔断器电流平方的积分。又分为熔断器弧前时间内积分、熔断时间内积分（熔断 I^2t）。在整流器发生短路故障时，为可靠地保护晶闸管，快速熔断器的熔断特性应处于被保护晶闸管允许的短时过电流特性之下，通常是使快速熔断器在最大使用电压时的熔断 I^2t 值按小于晶闸管元件允许的 I^2t 值进行选择。文献［18］建议快速熔断器在最大使用电压时的熔断 I^2t 值应不大于晶闸管元件允许 I^2t 的 0.9（某些熔断器制造商建议此系数取 0.85）。快速熔断器的熔断 I^2t 值将随使用电压变化（描述在本篇 3.7。快速熔断器的熔断 I^2t 值及随使用电压变化的修正系数，以及晶闸管元件允许的 I^2t 通常由元件的制造商提供。

晶闸管元件允许的 I^2t 也可由晶闸管的浪涌电流计算[18]，即

$$I^2t = I^2_{TS(RMS)} \times t$$

式中：$I_{TS(RMS)} = I_{TSM}/\sqrt{2}$ 为晶闸管允许的通态浪涌电流均方根值；I_{TSM}为晶闸管通态浪涌电流（峰值）；t 为晶闸管承受浪涌电流半周时间（工频 50Hz 时为 0.01s）。

另外，熔断器产品技术数据中给出的熔断 I^2t，可能为流过熔断器的电流大于熔断器额定电流某一倍数时的数值，在低于这个倍数分断时，熔断器将有较大熔断 I^2t 值（描述在本篇 3.7）。故在计算与晶闸管 I^2t 的配合时，需采用短路时实际流过熔断器的短路电流倍数所对应的 I^2t 值（由产品制造商提供），或在熔断器额定电流的选择时，需要考虑熔断 I^2t 对短路电流倍数的要求。I^2t 值的选择尚需保证实际使用的熔断 I^2t 值不应超过制造厂的规定值。

快速熔断器（又称半导体器件保护用熔断器）的主要特性参数见表 3-8。

表 3-8　　快速熔断器的主要特性参数

<table>
<tr><th>序号</th><th>参数名称</th><th colspan="2">参数的含义</th><th>参数示例</th></tr>
<tr><td>1</td><td>额定电流
rated current</td><td>指熔断器熔体（fuse-link）的额定电流，在规定条件下，熔断体能长期承载而不使性能降低的电流</td><td rowspan="2">对交流为正弦额定频率下的有效值，对直流为平均值，且直流电压脉动瞬时值不应大于 105%平均值及不应小于 91%平均值</td><td>630A</td></tr>
<tr><td>2</td><td>额定电压
rated voltages</td><td>指熔断器熔体的额定使用电压，是验证熔断器各种额定值所有试验所依据的电压值。熔断器的额定电压是熔断体及熔断器支持件（fuse-holder）额定电压的最低值。熔断器的使用电压及工频恢复电压应低于熔断器的额定电压</td><td>2000V AC</td></tr>
</table>

续表

序号	参数名称	参数的含义	参数示例
3	额定分断能力 rated breaking capacity	在规定的使用及性能条件下，熔断器在规定电压下能够分断的预期电流值（有效值）。规定条件通常包括周围空气温度、回路的功率因数及时间常数等。预期电流（prospective current）是当电路中的熔断器以一个阻抗可以忽略不计的导体取代时，电路内可能流过的电流（交流为有效值）。额定分断能力是以在仅含线性阻抗的电路中，对交流是在额定功率因数及额定频率时以外施恒定正弦电压所进行的型式试验为依据，对直流是以外施平均电压所进行的型式试验为依据。在非线性阻抗与含直流分量的交流电压中应用时，都可能对分断的严酷性产生重大影响。 熔断器的额定分断能力应大于实际应用时流过的短路电流值。 推荐的额定分断能力：交流至少为50kA，直流至少为8kA	额定电压下（交流）100kA（RMS）
4	截断电流 cut-off current（let-through current）	熔断体分断期间电流达到的最大瞬时值，由此阻止电路电流达到最大值。对交流，通常与使用的电压、频率及功率因数有关。对直流，为在规定的电路时间常数下的最大值，在时间常数较小的电路中将超过给出的数值	
5	焦耳积分 I^2t Joule integral	给定时间内流过熔断器电流平方的积分。又分为熔断器弧前时间内积分、熔断时间内积分（熔断 I^2t）。 弧前 I^2t 交流以额定频率下的对称电流计算，直流以规定的电路时间常数下的电流有效值计算。某些熔断器的弧前 I^2t 特性随电路的时间常数而变化。熔断 I^2t 交流以规定的功率因数及给定的外加电压下的对称电流计算，直流以规定的电路时间常数及给定的外加电压下的电流有效值计算。 实际使用的熔断 I^2t 值不应超过制造厂的规定。制造厂通常以在规定条件下分断额定分断能力电流值时的熔断 I^2t 给出	熔断 I^2t：1.95×10^6 A^2s（在额定电压时）、0.722×10^6 A^2s（在 0.5 额定电压时） 弧前 I^2t：0.26×10^6 A^2s
6	时间-电流特性 time-current characteristic	在规定的熔断条件下，作为预期电流函数的时间（弧前时间或熔断时间）曲线。弧前时间（pre-arcing time）是从一个足够使熔断体熔化的电流出现至电弧出现的时间，也称熔化时间（melting time）。熔断时间（total cleaning time）为弧前时间和燃弧时间（arcing time）之和。燃弧时间是电弧出现至完全熄灭的时间。时间-电流特性通常以周围空气温度为 20～25℃条件下给出。 弧前时间一般为熔断时间的 1/3	通常在产品技术说明中提供

续表

序号	参数名称	参数的含义	参数示例
7	周围空气温度（或称环境空气温度） Ambient air temperature	产品给出的熔断器使用环境中的周围空气温度，是指距熔断器1m处的空气温度。 产品给出的使用条件通常为周围空气温度不超过40℃，此时相对湿度不超过50%。（在20℃时相对湿度可达90%），24h平均值不超过35℃，最低温度为−5℃，年平均值不超过+20℃。 超过产品给出的使用环境温度时，熔断器的额定电流需降低使用。产品通常给出熔断器额定电流对使用环境温度的修正系数K的关系曲线，见本表示例。此时熔断器允许的长期负载电流＝K×熔断器按产品规定的环境温度给出的额定电流	按标准为40℃，本例为45℃。修正系数特性如下（熔断器额定电流对应的使用环境温度为45℃） 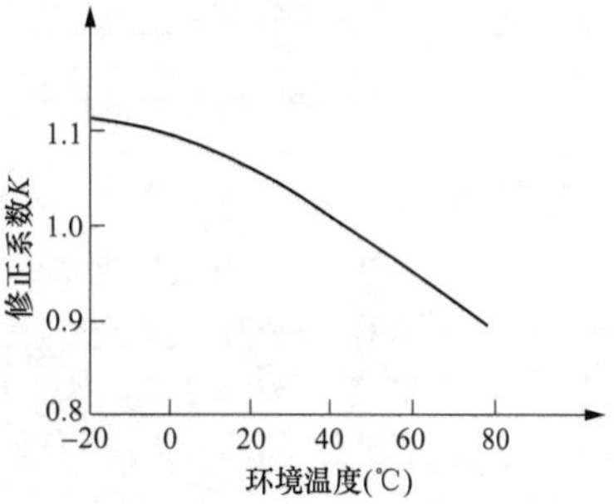
8	其他	（1）熔断器在额定电流下的功率损耗、熔断体温升。 （2）熔断器熔断信号	（1）功率损耗为145W、温升为160K。 （2）一对切换触点

注　熔断器的其他参数及定义参见GB 13539.1《低压熔断器 第1部分：基本要求》（IEC 60269-1，IDT）及GB/T 13539.4《低压熔断器 第4部分：半导体设备保护用熔断器的补充要求》（IEC 60269-4，IDT）。

3.5　整流器的冷却方式

发电机励磁功率整流器属大功率整流器，通常装设在整流器柜内。整流器运行时的损耗将产生大量热量，故励磁系统设计需要考虑励磁功率整流器的散热冷却，避免使励磁功率柜内温度过高，使可控硅整流器运行在允许的温度下，以保证整流器运行的安全可靠。励磁功率整流器的散热冷却，目前主要采用自然冷却（包括热管冷却）、强迫风冷（开敞式或密闭式）方式及水冷冷却方式。

3.5.1　自然冷却方式及热管冷却

励磁功率整流器采用自然冷却方式时，整流器柜设有空气进出口，但不设置冷却风机，或仅设置后备风机，柜内的空气靠自然循环与柜外空气进行交换。采用自然冷却的励磁功率整流器，不需要依赖风机便可满足发电机运行要求，有较高的可靠性，并改善了柜内的积尘问题，冷却系统相对强迫风冷等其他冷却方式简单，减轻了运行维护工作量。此时整流器柜结构及柜内设备的布置，在满足防尘及屏柜防护等级要求的同时，需确保柜内与柜外空气得到良好的自然循环，并通常装设温度越限报警装置和后备风机。

自然冷却方式的励磁功率整流器，可采用普通散热器（如铝材散热器）或热管散热的晶闸管。晶闸管采用普通散热器的自然冷却方式，主要应用在励磁功率较小的中、小型发电机励磁功率整流器中。晶闸管采用热管冷却的冷却方式，由于热管具有优良的散热性能，目前在大型发电机已有应用。励磁功率整流器的热管冷却，通常采用晶闸管、热管及散热片整体组装的结构方式。

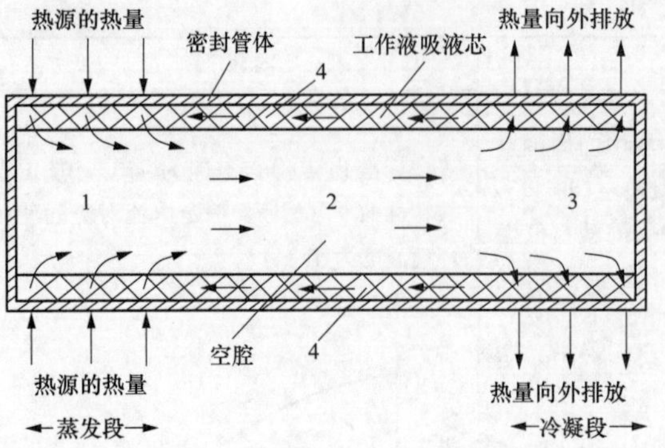

图 3-10　热管的原理结构

1—工作液体吸收热量变成蒸汽；2—蒸汽沿管腔向冷凝段迁移；
3—蒸汽冷凝为液体被吸液芯吸收并释放热量；
4—工作液体沿管壁吸液芯流回蒸发段

热管是利用管内工作液体相变的物理过程传递热量的器件，通常由有较高真空度的密封管、管内壁设置的毛细多孔材料构成的吸液芯及芯内的工作液体组成，管的一端为蒸发段，另一端为冷凝段，根据需要在两段间可设绝热段，如图 3-10 所示。工作液体依工作温度的不同通常可有氦、氮、水、甲醇、水银、液态金属钠、钾、银等。当发热体的热量传入蒸发段时，吸液芯内的工作液体受热蒸发，产生的蒸汽通过管内空间流向温度及压力较低的冷凝段，在冷凝段冷凝并放出热量，蒸汽冷凝重新变为液体后，沿管壁吸液芯由毛细力使其流回蒸发段，重复进行热的传递，使接于蒸发段的发热体（如晶闸管）的热量向冷凝段管外的空气散发或传递至与之连接的物体（如散热片）。

热管具有导热性能高、使用寿命长的特点，在广泛的领域中早有大量的应用。

3.5.2　强迫风冷

励磁功率整流器采用强迫风冷冷却方式时，整流器柜需设风机，使柜内形成空气流，由空气流带走晶闸管的热量，以加快晶闸管的冷却。冷却风机通常随励磁系统的投入、退出而投退。强迫风冷的冷却方式为水力发电厂发电机励磁功率整流器常用的冷却方式，按照空气流的途径可分为开敞式强迫风冷和密闭式强迫风冷两种冷却方式。密闭式强迫风冷目前有柜内密闭式及室内封闭式强迫风冷两种方式。

1. 开敞式强迫风冷

开敞式强迫风冷方式是利用励磁功率柜内安装的风机从整流器柜的空气进口抽取柜外的空气，并通过柜的排风口将柜内热风排至柜外。采用开敞式强迫风冷时，柜的进风口应设滤尘器，以过滤入口空气中的尘埃。开敞式强迫风冷的冷却系统比较简单，适用于励磁功率整流器柜布置在发电机旁，可利用主厂房作为整流器柜热风排放空间的大中型发电机。励磁功率整流器柜采用开敞式强迫风冷方式，需要柜内外空气交换，进口风虽然设置滤尘器，但仍需要定期对整流器及柜内其他设备进行除尘，对滤尘器进行清扫，通常需设置柜内温度或通风状况等监视。

2. 柜内密闭式强迫风冷

柜内密闭式强迫风冷是使风机形成的冷却晶闸管的空气流在封闭的整流器柜内循环流通，在柜内的风道设冷却器，由冷却器冷却柜内空气将热量带出柜外。通常采用水冷却器，冷却水由电厂技术供水系统或电厂厂房暖通系统的冷却水系统提供。采用密闭式强迫风冷方式时，励磁功率整流器柜内外无空气交换，可保证柜内空气的清洁度，减少柜内设备的清扫维护。但通常需在柜内设水冷却器，需要将水管接入柜内，不利于励磁系统的安全运行；系统比较复杂，维护麻烦，并可能需要较大的柜体。通常也需要设柜内温度或通风状况等监视。

柜内密闭式强迫风冷通常采用每台发电机各功率柜公用冷却风机及水冷却器的结构方

式，并设各功率柜公用的风道、两台以主备方式运行的风机。

3. 封闭室内循环的强迫风冷

当励磁柜布置在单独的房间，如与发电机的其他屏柜布置在机组单元盘室，正常情况下为闭门运行，房间处于封闭状态。此时励磁功率整流器柜的散热冷却可与房间的空调系统结合，构成以整个房间作为冷却风道的室内封闭式强迫风冷系统，如图 3-11 所示。此时励磁功率整流器柜仍采用开敞式强迫风冷结构，但柜内热风以排风道排放至房间的密封吊顶夹层上，吊顶夹层上设房内空调冷风机的进风口，由房间的空调冷风机冷却吊顶上的热风，并向房间输送冷风，形成房间—励磁功率整流器柜进风口—柜内—排风道—吊顶夹层—空调进风道—空调冷风机—房间的循环风道，使励磁功率整流器柜与整个房间及空调构成一个大空间的封闭式强迫风冷系统，保证了励磁功率整流器柜进风口对空气温度及清洁度的要求，避免了整流器柜热风向室内直接外排时对室内其他屏柜设备的影响，也避免了通常的在柜内构成密闭式强迫风冷的系统复杂性及将水管接入柜内对安全的不利因素。此时励磁功率整流器柜内通常也与开敞式强迫风冷一样，通常设置温度或通风状况等监视。

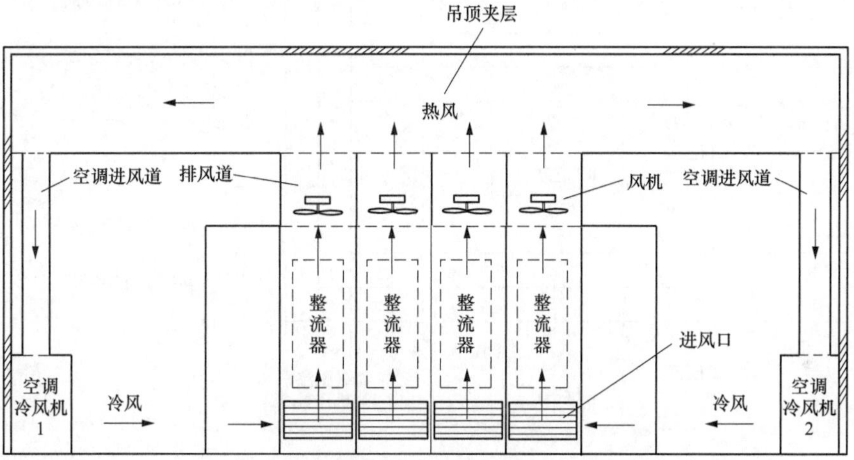

图 3-11　励磁功率整流器的封闭室内循环强迫风冷

4. 励磁功率整流器的冷却风机

采用强迫风冷方式的励磁功率整流器，需依靠柜内的风机才能正常运行，在风机停止运行后通常仅能运行很短的时间。为保证发电机的连续可靠运行，按照 GB/T 583 的要求，强迫风冷方式的风机应采用两路电源供电，两路电源互为备用，能自动切换，也可以采用双风机备用方案。

风机的两路供电电源，可采用接于不同厂用变压器或母线的两路厂用电电源，或一路厂用电和一路经辅助变压器接至励磁变压器低压侧。励磁功率整流器柜采用单风机时，两路电源应互为备用自动切换。

大型电厂整流器柜宜采用两风机的冗余方案，每一风机能提供每柜所需要的全部冷风，另一套备用。当风机故障时，备用风机能自动投入。两冷却风机应设计成主备自动轮流工作方式。每柜的两台风机电源可分别接于不同厂用变压器的厂用电电源，或一路厂用电和一路经辅助变压器接至励磁变压器低压侧。也可以采用两路电源连接成互为备用后，对每柜的两套风机供电，即风机接至两路电源以主备自动切换方式供电的公共母线上。

当励磁功率整流器采用密闭室内循环的强迫风冷冷却方式时，室内空调机也宜采用两套构成冗余，其能力按一套运行可满足冷却要求考虑。

冷却风机按满足励磁功率整流器柜冷却风量、风压的要求进行选择。当风机电源采用接于机端的变压器供电时，对机组甩负荷或过速等情况下电源短时的频率及电压升高，风机应具有相应的承受能力。应选择噪声较低的风机，在距屏柜 1m 处噪声应不大于 70dB（见 DL/T 583）。通常应设置风机电源监视，在功率整流器柜可据需要设置风机的运行状态指示。

强迫风冷的风机电源及控制接线示例见图 3-12。图 3-12（a）所示为主备电源自动切换供电方案，两路电源进线设空气断路器（Q1、Q2）、电源监视继电器（K1、K2）及带机械互锁的接触器（K3、K4），本例中励磁功率整流器柜的风机，均通过空气断路器（Q11 等）及接触器（K11 等）接在以主备方式供电的公共母线上。图 3-12（b）所示为两路电源对每柜两台风机分别供电方案，两回厂用进线根据需要也可在励磁柜上设一隔离开关。两方案的风机电源及风机的投切通常均由励磁系统的控制模块控制，包括励磁系

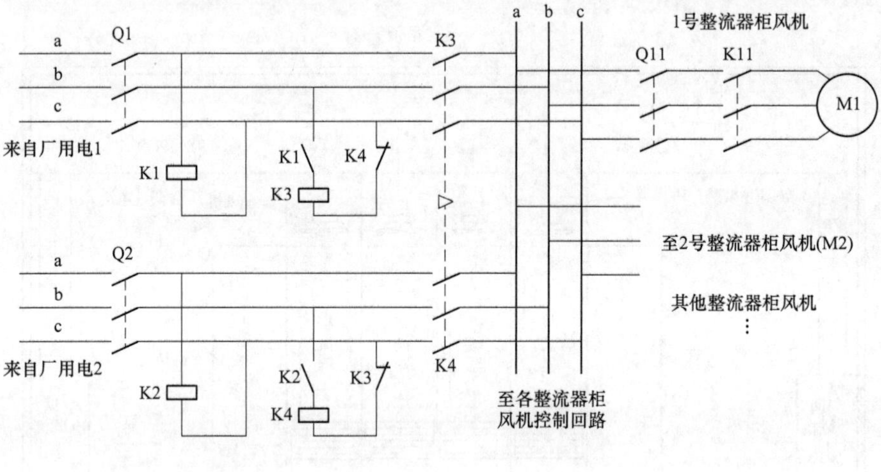

(a)

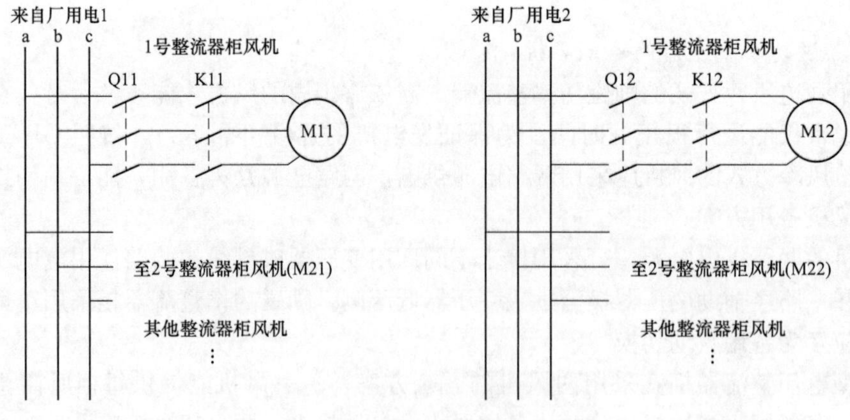

(b)

图 3-12　风机供电电源接线示例

（a）主备电源自动切换电源供电；（b）两路电源对每柜两台风机分别供电

统开停机时风机的启停控制及风机的主备自动切换等，一般可不设置手动操作，电源及各风机的空气断路器位置信号均接入控制模块（图中未表示）。励磁屏（调节器屏或操作屏）上通常设有风机供电电源的运行状态显示（指示灯或显示屏显示）。

3.5.3　水冷却方式

励磁功率整流器采用水冷方式时，通常将晶闸管安装在冷却单元上，由冷却单元将晶闸管的热量传递给流动的水，如图 3-13 所示。

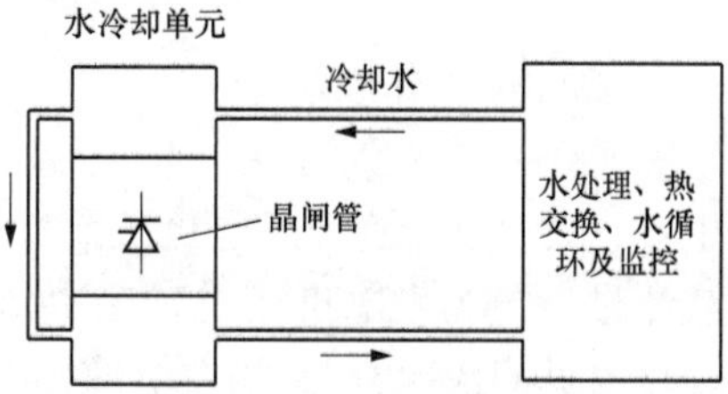

图 3-13　功率整流器的水冷方式

与自然冷却及强迫风冷相比，水冷却的冷却效率最高。水冷却整流器柜可采用密封结构，可保持柜内空气的清洁，有利于整流器的运行。此时电厂需要设置冷却水处理及循环系统，以保证冷却水的纯净及满足冷却系统的其他要求，如通常需要对冷却水温进行监控，以免出现结露；励磁功率整流器柜内需要接入冷却水，设置冷却水管等设施；冷却单元和晶闸管组件带电部位间需要有可靠的绝缘。相对于自然冷却及强迫风冷，水冷却方式系统比较复杂，投资高，具有较多的维护工作量，可靠性相对较低。目前在水力发电厂中应用较少。

3.6　整流器交、直流侧电缆

励磁功率整流器交流及直流侧电缆，一般采用铜芯电力电缆。电缆类型及参数的选择，包括电缆的外护层类型、芯数、绝缘类型及额定电压、截面及根数等，通常有如下的考虑。

3.6.1　电缆外护层类型、芯数、绝缘类型及额定电压的选择

正如本篇第 3 章和随后的第 4 章的分析，可控整流器交、直流侧电缆载流为非正弦，并存在周期性的、峰值较高的、在三相电路中不对称的晶闸管关断过电压，故励磁电力电缆需采用无铠装、无屏蔽电缆，以免谐波电流或晶闸管关断过电压引起电缆铠装或屏蔽发热。发电机的励磁电流较大，从电缆可取较高的持续载流量（与同截面三芯电缆相比）及便于安装维护等方面考虑，整流器交、直流侧宜选取单芯电缆，特别是对大型发电机。采用单芯电缆时，为减轻电流引起的电缆钢构架发热，整流器交流侧电缆通常要求按 ABC 三根成组排列。也可以考虑采用非导磁材料（如环氧树脂板）的电缆支架，以避免支架发热。

电缆的绝缘及外护套类型宜按低毒、阻燃、低烟的防火要求进行选择，可选用交联聚乙烯绝缘及聚乙烯外护套电缆。也可采用交联聚乙烯绝缘及聚氯乙烯外护套电缆。

电缆的额定电压，可根据 GB 50217《电力工程电缆设计标准》的规定，按安全性要求较高的情况取回路工作电压的 1.73 倍。电缆的绝缘耐压水平，直流侧应与发电机转子回路相同（转子回路的绝缘耐压要求见本篇 4.3），交流侧与励磁变压器低压绕组相同。

3.6.2　电缆截面及根数的选择

励磁电缆截面主要根据发电机励磁所要求的电缆载流量进行选择，包括长期运行及发电机强励短时运行时要求的电缆载流量，电缆截面还需进行短路热稳定校核。

1. 按满足发电机长期运行要求的载流量进行选择

按照DL/T 583，励磁系统应保证发电机在1.1倍额定励磁电流下能长期连续运行。发电机长期持续运行所要求电缆总的持续载流量，对直流侧电缆可计算为

$$I_{LD} \geqslant 1.1 I_{fr}/K \tag{3-53}$$

对交流侧每相电缆可计算为

$$I_{LA} \geqslant 1.1 \times 0.816 I_{fr}/K \tag{3-54}$$

式中：I_{LD}、I_{LA}分别为发电机长期持续运行时励磁功率整流器直流侧、交流侧电缆总的持续载流量，I_{fr}为发电机额定励磁电流；K 为考虑不同敷设条件的电缆持续载流量修正系数，可参见GB 50217。如在电缆桥架上无间距敷设的多层并列电缆持续载流量修正系数，叠置电缆层数为1时修正系数为0.8（梯架）及0.7（托盘）、2层时为0.65（梯架）及0.55（托盘）等。0.816为控制角为0^0时，整流器交流侧电流与直流侧电流的转换系数，见本篇3.2。

从方便安装维护等方面考虑，单根电缆的截面不宜过大。大型机组通常采用多根电缆来满足发电机励磁载流量的要求。单根电缆截面确定后，每根电缆的持续载流量I_{LN}可由选定的电缆类型、使用及敷设条件等从GB 50217查得，通常可按在空气中敷设、环境温度为40℃、缆芯最高工作温度为90℃考虑。每根电缆的持续载流量I_{LN}确定后，整流器交、直流侧的电缆根数，按电缆在励磁功率整流器柜侧的接线方式有不同的计算方法。

（1）对整流器由两个及以上支路（柜）组成且在各励磁功率整流器支路（柜）间设置有交流汇流排的系统（直流汇流排通常均设有），整流器直流侧的电缆总根数n_D可由I_{LN}计算为

$$n_D \geqslant I_{LD}/I_{LN} \tag{3-55}$$

交流侧每相电缆总根数n_{A1}可由I_{LN}计算为

$$n_{A1} \geqslant I_{LA}/I_{LN} \tag{3-56}$$

交流侧三相电缆总根数为$3n_{A1}$。

（2）当整流器由两个及以上支路（柜）组成，各支路（柜）间不设公共的交流汇流排、交流侧电缆在励磁柜侧采用各支路（柜）分别接线时，交流电缆总的载流量需考虑整流器支路（柜）实际运行个数的变化以及支路间电流均流系数的影响。如通常要求整流器在一柜（支路）退出时（即N柜运行时，整流器按$N+1$支路配置），能满足发电机包括强励在内的所有运行方式对励磁电流的要求，某些电厂还要求二柜（或支路）退出时（即$N-1$柜运行时）能满足发电机在1.1倍额定励磁电流下可长期连续运行。在一个柜退出及两柜退出情况下，采用支路（柜）分别接线方式时交流侧的电缆数将不相同。考虑支路间存在电流不均衡后，每一支路交流每相电缆的载流量I_{Li}应满足

$$I_{Li} \geqslant \frac{I_{LA}}{k_I N} \text{或} I_{Li} \geqslant \frac{I_{LA}}{k_I(N-1)} \tag{3-57}$$

整流器的支路数为$N+1$，式中k_I为整流器并联支路的电流均流系数，通常要求不低于0.85。每一支路交流每相电缆根数n_i可计算为

$$n_i \geqslant I_{Li}/I_{LN} \tag{3-58}$$

交流侧每相电缆总根数为$(N+1)n_i$，交流侧三相电缆总根数为$3(N+1)n_i$。直流侧电缆总根数仍按式（3-55）计算。

当励磁功率整流器各支路间的电流均衡采用交流电缆均衡方式时，各支路电缆通常分

别与励磁变压器连接，支路间无交流汇流排。

2. 发电机强励运行时电缆载流量的校核

由本节上述计算选择的电缆，需按满足发电机强励短时运行要求的电缆载流量进行校核。

发电机强励运行要求的电缆总的持续载流量，对直流侧电缆可计算为

$$I_{\mathrm{LCD}} \geqslant k_{\mathrm{ci}} I_{\mathrm{fr}}/K \tag{3-59}$$

对交流侧每相电缆总的持续载流量可计算为

$$I_{\mathrm{LCA}} \geqslant 0.816 k_{\mathrm{ci}} I_{\mathrm{fr}}/K \tag{3-60}$$

式中：I_{LCD}、I_{LCA}分别为发电机强励运行时励磁功率整流器直流侧、交流侧电缆总的持续载流量；k_{ci}为励磁电流顶值倍数；其余见式（3-54）。

在发电机强励持续时间 t 内电缆（单根）允许的短时载流量 I_{Lt}，可由电缆制造商提供的 1s 内允许的载流量 I_{L1} 以式（3-61）计算，即

$$I_{\mathrm{Lt}} = \frac{I_{\mathrm{L1}}}{\sqrt{t}} \tag{3-61}$$

强励持续时间 t 由具体电厂励磁系统的设计确定，水轮发电机通常取 20s。

满足发电机强励运行要求的电缆总的持续载流量时，对直流侧电缆，I_{Lt}应满足

$$I_{\mathrm{Lt}} \geqslant \frac{I_{\mathrm{LCD}}}{n_{\mathrm{D}}} \tag{3-62}$$

对交流侧电缆，当各支路间有交流汇流排时，I_{L1}应满足

$$I_{\mathrm{Lt}} \geqslant \frac{I_{\mathrm{LCA}}}{n_{\mathrm{A1}}} \tag{3-63}$$

各支路电缆分别与励磁变压器连接，支路间无交流汇流排时，I_{Lt}应满足

$$I_{\mathrm{Lt}} \geqslant \frac{I_{\mathrm{LCA}}}{N k_{\mathrm{I}} n_{\mathrm{i}}} \text{ 或 } I_{\mathrm{Lt}} \geqslant \frac{I_{\mathrm{LCA}}}{(N-1) k_{\mathrm{I}} n_{\mathrm{i}}} \tag{3-64}$$

式中：k_{I}为整流器并联支路电流均流系数；n_{i}为一个支路交流每相电缆根数，式（3-64）后一计算式仅对有 $N-1$ 运行要求的励磁系统。

3. 电缆短路热稳定校核

励磁功率整流器交、直流侧电缆应具有耐受交、直流侧短路电流的热稳定能力。励磁功率整流器交、直流侧的短路电流，可分别按变压器低压绕组短路、励磁功率整流器直流侧短路计算。短路持续时间可按励磁变压器后备保护（过电流保护）动作跳闸时，短路开始至短路电流被切断的时间计算。励磁功率整流器交流侧励磁电缆的短路电流 I_{2s} 可由式（3-65）计算，即

$$I_{\mathrm{2s}} = I_{\mathrm{2r}} k_{\mathrm{u}} / u_{\mathrm{k}} \tag{3-65}$$

励磁功率整流器直流侧励磁电缆的短路电流 I_{DS}可由式（3-66）计算[17]，即

$$I_{\mathrm{DS}} = 3 \frac{\sqrt{2}}{\pi u_{\mathrm{k}}} I_{\mathrm{2r}} k_{\mathrm{u}} \tag{3-66}$$

式中：u_{k}为以励磁变压器额定电压的百分数表示的变压器阻抗电压；I_{2r}为励磁变压器低压绕组额定电流（有效值）；k_{u}为短路前发电机端电压相对于额定电压的倍数，一般可取 1.05。

电缆（单根）可承受的短路电流及允许时间，通常可由制造厂家提供。电缆（单根）

在短路持续时间 t_S内可承受的短路电流 I_{LS}，也可以由电缆制造商提供的 1s 内允许的载流量 I_{L1}类似式（3-61）进行计算，即

$$I_{LS}=\frac{I_{L1}}{\sqrt{t_S}} \tag{3-67}$$

电缆可承受的短路电流能满足短路热稳定要求时，对直流侧电缆，I_{LS}应满足

$$I_{LS}\geqslant\frac{I_{DS}}{n_D} \tag{3-68}$$

对交流侧电缆，当各支路间有交流汇流排时，I_{LS}应满足

$$I_{LS}\geqslant\frac{I_{2S}}{n_{A1}} \tag{3-69}$$

各支路电缆分别与励磁变压器连接，支路间无交流汇流排时，I_{LS}应满足

$$I_{LS}\geqslant\frac{I_{2S}}{Nk_In_i}\text{ 或 }I_{LS}\geqslant\frac{I_{2S}}{(N-1)k_In_i} \tag{3-70}$$

式中：k_I为整流器并联支路的电流均流系数；n_i为一个支路交流每相电缆根数，式（3-70）后一计算式仅对有 $N-1$ 运行要求的励磁系统。

3.7 励磁功率整流器参数计算及接线示例

3.7.1 励磁功率整流器参数示例

水电厂发电机励磁功率整流器主要特征参数示例见表 3-9。

表 3-9　　励磁功率整流器主要特征参数示例

序号	项目	特征参数
1	整流器并联支路数	5，按 $N+1$ 冗余配置
2	每支路串联元件数	1
3	并联支路均流系数	>0.9
4	励磁功率整流器柜数	5
5	晶闸管元件	
5.1	晶闸管元件反向重复峰值电压	5200V
5.2	晶闸管元件通态平均电流	1890A
5.3	强励时晶闸管控制角	4°
5.4	发电机空载时晶闸管控制角	80°
5.5	逆变时晶闸管控制角	150°
6	晶闸管保护用快速熔断器	
6.1	额定电压	2000V
6.2	额定电流	1260A（2×630A）
6.3	额定分断能力	100kA
6.4	分断能力范围及应用类别	aR①
7	整流器冷却方式	强迫风冷
7.1	每柜风机数	1+1

续表

序号	项目	特征参数
7.2	风机额定电压、功率	380V AC，2kW
7.3	风机噪声	<65dB（距柜 1m 处）
8	监测器件	每柜设置风机运行状态指示、支路输出电流、柜内气流及温度监测
9	整流器的绝缘水平	1min 工频耐受电压（有效值）：与直流输出连接的电气组件与发电机转子相同，为 10 倍额定励磁电压（额定励磁电压小于 500V）。与交流输入连接的电气组件与励磁变压器低压绕组绕组相同，为 3kV（见表 3-2）

注　本例的发电机：额定励磁电流 $I_{fN}=4300A$，顶值电流倍数 $k_{ci}=2$；励磁变压器：低压绕组额定线电压 $U_{2N}=1200V$，容量 9000kVA，阻抗电压 $u_k=8\%$。

① 分断能力范围及应用类别以 2 个字母表示。对半导体器件保护用熔断体，第一个字母表示分断能力范围：a 为部分范围分断能力的熔断体，在规定的条件下，能分断规定的某一电流至额定分断能力之间的所有电流，通常作为短路保护；g 为全范围分断能力的熔断体，在规定的条件下，能分断使熔断体熔化的电流至额定分断能力之间的所有电流，可作为过载及短路保护。第二个字母表示使用类别：R 为快速作用并有较低的 I^2t，S 为低功耗熔断器。详见 GB/T 13539.4《低压熔断器 第 4 部分：半导体设备保护用熔断体的补充要求》（IEC 60269-4，IDT）。

3.7.2　励磁功率整流器主要参数选择计算

本例励磁变压器低压绕组额定线电压（有效值）$U_{2r}=1200V$，容量为 9000kVA，阻抗电压 $u_k=8\%$。发电机额定励磁电流 $I_{fr}=4300A$，励磁系统顶值电流倍数 $k_{ci}=2$。功率整流器并联支路数 $N+1=5$，在 N 模式下（一桥故障时）能满足发电机所有运行工况的要求（包括强励在内），二桥故障（$N-1$ 支路运行时）能满足除强励外所有运行方式的要求。功率整流器每支路串联元件数为 1。

3.7.2.1　晶闸管主要参数计算

1. 晶闸管额定电压计算

晶闸管额定电压（即晶闸管的断态正向重复峰值电压 V_{DRM} 或反向重复峰值电压 V_{RRM}）按式（3-36）计算。当电压裕度系数 $K_{ut}=1.4$、过电压倍数 $k_{pf}=1.5$、交流侧电源（发电机机端）电压升高系数取发电机误强励时的数值 $k_u=1.4$，由式（3-36）可计算为

$$V_{RRM},V_{DRM}=K_{ut}k_{pf}k_u\times\sqrt{2}U_{2r}=1.4\times1.5\times1.4\times\sqrt{2}\times1200=4989.3(V)$$

取 V_{DRM} 及 V_{RRM} 为 5200V。

快速熔断器熔断时施加于晶闸管的最高电压校验。关于此时晶闸管的承受电压及其校验，下面的考虑仅供进一步讨论的参考。整流器发生短路故障时，如图 3-14（a）所示在 V1 向 V3 换相结束后 V1 即发生反向导通短路故障（桥臂晶闸管短路）而形成 a、b 两相短路时[17]，或图 3-14（b）所示在 V1 向 V6 导通下发生整流器直流侧短路时，快速熔断器 F1 将熔断并产生弧压，如图 3-14 所示。熔断器熔断产生的弧压将施加在未导通的晶闸管上，如图 3-14（a）的 V5 或图 3-14（b）的 V3，施加在晶闸管上的电压为交流短路两相的相间电压与弧压之和。在熔断器燃弧分断过程中，弧压是变化的，短路两相的相间电压随分断电流的下降而升高，其叠加电压的最大值通常难以计算。在工程应用中曾有建议

采用熔断器熔断过程中的最高弧压与额定交流电压峰值之和，作为快速熔断器熔断时施加于晶闸管的最高电压来校验晶闸管的电压承受能力。

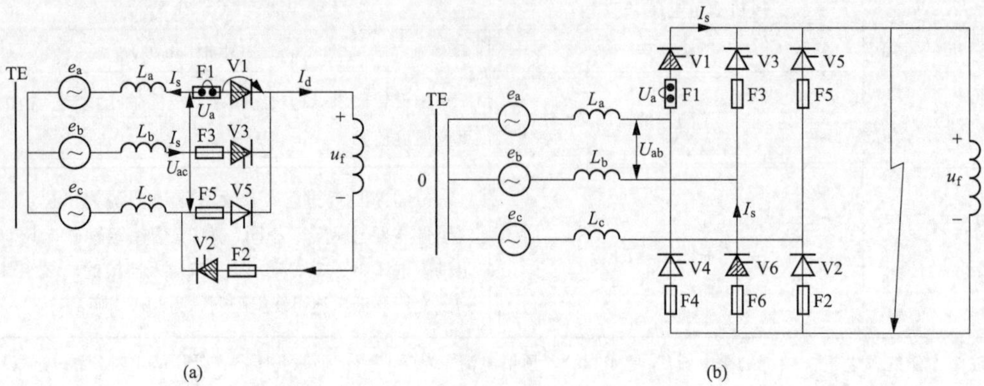

图 3-14　熔断器出现熔断弧压时的整流器回路

（a）桥臂短路；（b）直流侧短路

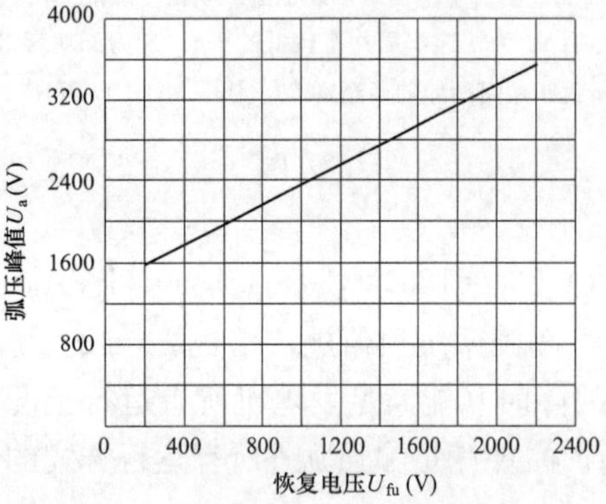

图 3-15　快速熔断器弧压特性示例

本计算示例晶闸管过电流保护采用的快速熔断器，熔断过程中的最高弧压（峰值）与熔断器的恢复电压有如图 3-15 所示的特性。设熔断器的恢复电压等于熔断器的额定电压，对本例熔断器额定电压U_{fur}为 2000V AC，由图 3-15，熔断弧压U_a为 3300V。当按熔断器熔断过程中的最高弧压与额定交流电压峰值之和校验晶闸管的电压承受能力，并考虑整流器交流侧交流电压升高系数为 1.4 时，快速熔断器熔断过程中施加于晶闸管电压的最大值（峰值）U_{Tfm}可计算为

$$U_{Tfm}=U_a+k_u U_{2r}\sqrt{2}=3300+1.4\times1200\times\sqrt{2}=5675.9(\text{V})$$

所选择晶闸管的反向不重复峰值电压V_{DSM}为 5700V（在$t_p=5$ms，单脉冲），故快速熔断器熔断过程中施加于晶闸管电压的最高峰值电压未超过晶闸管的反向不重复峰值电压。

2. 晶闸管额定电流计算

按满足 N 模式下运行要求选择的晶闸管的额定电流（通态平均电流）I_{TAVM}以式（3-41）计算。当取电流裕度系数$K_i=2$，整流器并联支路的均流系数$k_I=0.85$，I_{TAVM}可计算为

$$I_{TAVM}\geqslant\frac{2K_i k_{ci} I_{fr}}{\sqrt{3}\pi N k_I}=\frac{2\times2\times2\times4300}{\sqrt{3}\times\pi\times4\times0.85}=1859.4(\text{A})$$

按满足 $N-1$ 模式下运行要求选择的晶闸管的额定电流（通态平均电流）I_{TAVM}以式（3-42）计算为

$$I_{TAVM}\geqslant\frac{2K_i 1.1 I_{fN}}{\sqrt{3}\pi N k_I}=\frac{2\times2\times1.1\times4300}{\sqrt{3}\times\pi\times3\times0.85}=1363.6(\text{A})$$

故晶闸管的额定电流应按满足N模式下运行的要求选择，I_{TAVM}应不低于1859.4A。根据制造厂的规格，选择$I_{TAVM}=1890A$。

晶闸管结温验算（略）。

3.7.2.2　快速熔断器主要参数计算

1. 快速熔断器额定电压计算

快速熔断器额定电压按式（3-47）计算选择。当取电压可靠系数$K_{fu}=1.1$、使用电压升高系数$k_{fu}=1.4$时，快速熔断器额定电压U_{fur}（有效值）可计算为

$$U_{fur}=K_{fu}k_{fu}U_{2r}=1.1\times1.4\times1200=1848(V)$$

按熔断器产品的规格，快速熔断器额定电压取2000V。

2. 快速熔断器额定电流计算

快速熔断器的额定电流按发电机正常长期运行时的转子电流（取1.1倍发电机额定励磁电流）进行计算选择，长期运行时流过熔断器的最大电流按$N-1$模式考虑并由式（3-50）计算。当取可靠系数$K_{fi}=1.1$、整流器并联支路的均流系数$k_I=0.85$、环境温度系数$k_a=1.0$时（功率整流器柜布置于有空调的盘室内），快速熔断器的额定电流I_{fur}可计算为

$$I_{fur}\geqslant K_{fi}k_a\times\frac{1.1I_{fr}}{k_I(N-1)\sqrt{3}}=1.1\times1.0\times\frac{1.1\times4300}{0.85\times(4-1)\times\sqrt{3}}=1178(A)$$

按熔断器产品的规格，快速熔断器额定电流取1260A，采用2个630并联。

3. 快速熔断器额定分断能力计算

快速熔断器的额定分断能力按式（3-52）计算。当取发电机机端电压升高系数$k_u=1.4$、裕度系数$k=1.6$时，快速熔断器的额定分断能力I_{bf}可计算为

$$I_{bf}=kk_uI_S^{(3)}=\frac{kk_uI_{2r}}{u_k}=\frac{1.6\times1.4\times0.816\times4300}{0.08}=98.25(kA)$$

快速熔断器额定分断能力选取100kA。

计算式中的裕度系数是考虑三相全控桥式整流桥晶闸管短路电流的特点而设置。三相全控桥式整流桥在一臂晶闸管发生击穿成为永久性导通时，整流回路将形成交流两相短路，在整流器未设置短路故障检测及故障控制（如切除故障桥脉冲）时，在触发脉冲的作用下将演变成三相短路。整流器直流侧正、负极短路时也呈现类似的过程。由于短路是通过整流器桥臂晶闸管的组合而形成三相或两相及直流侧短路回路，短路过程中流过短路回路中各晶闸管的电流并不相同，见表3-10。在整流桥一臂晶闸管击穿短路时，在最严重的情况下，流过晶闸管的最大短路电流峰值，可达整流器交流侧三相短路电流周期分量幅值的2.3倍（假定回路电阻为0时，短路电流按交流回路额定电压下短路考虑）。整流器直流侧正、负极短路时情况与之类似，对仅1支路的整流器，流过晶闸管的最大短路电流峰值也达三相短路电流周期分量幅值的1.866倍。另外，在整流桥一臂晶闸管击穿短路及在整流侧短路时，流过晶闸管的短路电流均为非正弦电流，并通常均含有非周期分量（也称直流分量）。故在进行快速熔断器的额定分断能力选择时，为考虑整流器短路电流的这些特点，在计算式（3-52）中设置裕度系数k，k值建议取1.5～2，对相关的考虑可进行进一步的分析与研究。

表 3-10　　三相全控桥式整流器桥臂或直流侧短路时流过晶闸管的短路电流[17]

短路类型	流过晶闸管的短路电流（峰值）最大倍数					
	V1	V2	V3	V4	V5	V6
桥臂一晶闸管击穿短路	2.299	—	1.432	—	1.863	—
整流器直流侧短路	—	1.000	1.866	1.866	1.0000	—

注　1. 对桥臂晶闸管击穿短路，是假定 V1 向 V3 换相结束后，V1 即发生反向导通短路故障。

2. 对整流器直流侧短路，是假定在 V3 开通时发生短路故障，表中为仅有一桥的整流器参数。

3. 表中的倍数以励磁变压器低压侧三相短路电流周期分量的初始峰值为基准。系统未设置整流器短路故障检测及故障控制，整流器及晶闸管 V1～V6 见图 3-4。

4. 快速熔断器 I^2t 计算

快速熔断器的熔断 I^2t 值按小于晶闸管元件允许的 I^2t 值进行选择。所选择的晶闸管产品给出的允许 I^2t 值为 $4.8\times10^6\,A^2s$（等效结温 $t_{Vj}=25℃$、正弦半波持续时间 $t_p=10ms$）及 $4.0\times10^6\,A^2s$（等效结温 $t_{Vj}=t_{Vjmax}$、$t_p=10ms$），当快速熔断器的熔断 I^2t 值取为 0.9 的晶闸管元件的允许 I^2t 时，快速熔断器的熔断 I^2t 应满足

$$I^2t\leqslant 0.9\times4.0\times10^6=3.6\times10^6(A^2s)$$

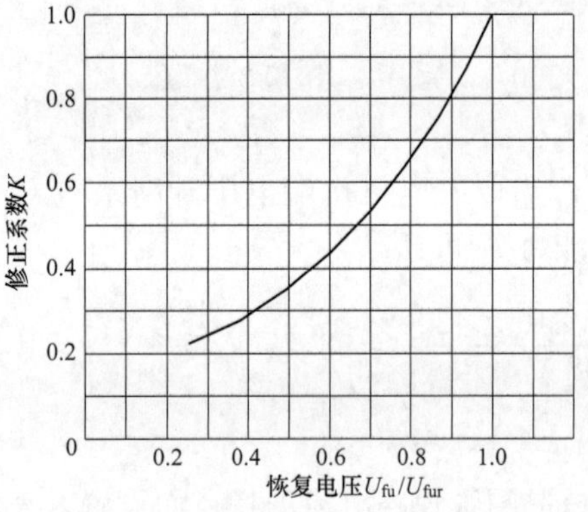

图 3-16　快速熔断器熔断 I^2t 的电压修正系数

选择的 2000V/630A 快速熔断器额定电压下的熔断 I^2t 为 $1.95\times10^6\,A^2s$，实际最高使用电压及工频恢复电压为 1.4 倍的励磁变压器低压绕组的额定线电压，为熔断器额定电压的 0.84 倍（1.4×1200/2000=0.84）。由熔断器熔断 I^2t 的修正系数特性（见图 3-16，由熔断器厂家提供），I^2t 的修正系数为 0.72。故实际最高使用电压下，2 个 2000V/630A 并联的熔断器的熔断 I^2t 值为

$$2\times1.95\times0.72=2.8\times10^6\ (A^2s)$$

小于 $3.6\times10^6\,A^2s$。

另外，熔断器产品技术数据中给出的熔断 I^2t，可能为流过熔断器的电流大于熔断器额定电流某一倍数时的数值。熔断器在低于这个倍数分断时，将有较大的熔断 I^2t 值，如图 3-17 所示[23]。故若选择的熔断器有这种特性，并在工程实际应用中，有可能在短路电流倍数较低（如图 3-17 小于 10 倍）的情况下使用，则熔断器与晶闸管配合的熔断 I^2t，应按短路时实际流过熔断器的最小短路电流倍数所对应的熔断 I^2t 值计算。在低电流倍数下，流过熔断器的电流倍数与熔断器熔断 I^2t 的变化关系可由产品制造商提供。电流倍数通常以预期短路电流 I_{fup} 与熔断器额定电流 I_{fur} 之比表示。

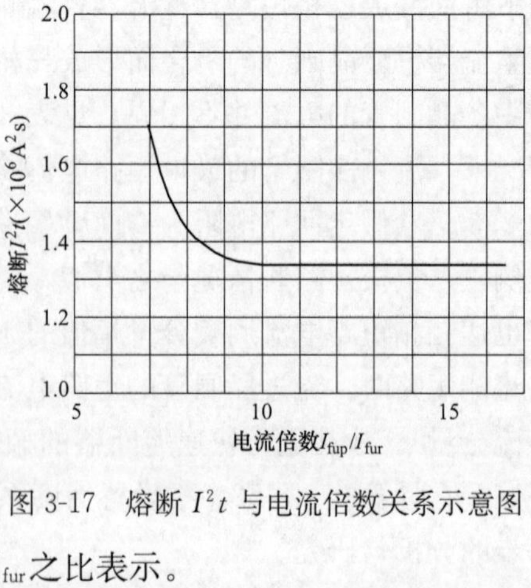

图 3-17　熔断 I^2t 与电流倍数关系示意图

5. 熔断器分断能力范围及应用类别选择

本例快速熔断器的分断能力范围及应用类别选用 aR 类熔断体，对晶闸管提供短路保护，这也是目前励磁功率整流器晶闸管保护熔断器通常的选用方案。对于 a 类熔断体的特性，GB 13539.1《低压熔断器 第 1 部分：基本要求》（IEC 60269-1，IDT）给出了如图 3-18 所示的 a 类熔断体的过载曲线与时间-电流特性。$K_0I_{fur}\sim K_1I_{fur}$ 间的过载曲线对应于 I^2t 为常数值；在熔断体的承载电流不超过 K_1I_{fur} 时，在曲线对应的时间内熔断体不溶化；熔断体的承载电流在 $K_1I_{fur}\sim K_2I_{fur}$ 之间，在弧前时间大于曲线对应的时间时，熔断体可以溶化；熔断体的承载电流超过 K_2I_{fur}，熔断体在熔断曲线对应的熔断时间熔断。小于 K_1I_{fur} 的过载保护由其他保护提供，如励磁系统中设置的励磁电流限制及励磁变压器的过电流保护，这些保护通常可同时作为发电机转子过载保护及与快速熔断器一起构成整流器晶闸管的过电流保护。对其他应用的整流器，也可以由整流器交流或直流回路中设置的过电流开关电器提供过载保护，如图 3-18 所示的虚线曲线所示。这也是大型功率整流器晶闸管过电流保护常用的配置方式[18]。实际应用时，流过晶闸管的最小短路电流不应低于 K_1I_{fur}，K_1 值及图 3-18 的坐标值由熔断器制造商提供。

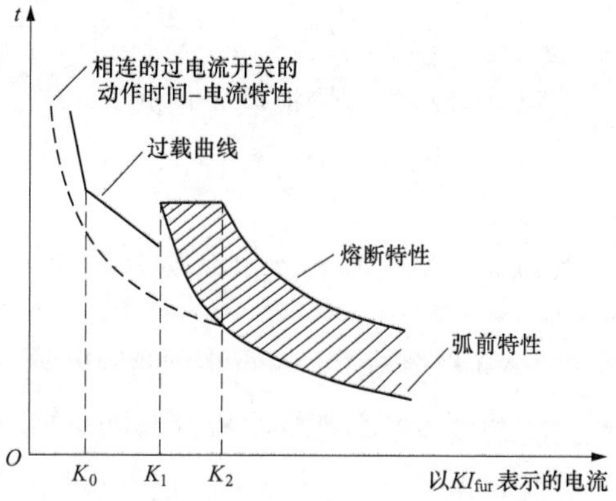

图 3-18　a 类熔断体的过载曲线与时间-电流特性

3.7.2.3　整流器交、直流侧电缆选择

1. 发电机长期运行要求的电缆总载流量计算

直流侧电缆采用叠置 1 层桥架布置，电缆持续载流量的敷设条件修正系数 K 为 0.8（参见 GB 50217《电力工程电缆设计标准》）。电缆总载流量 I_{LD} 由式（3-53）可计算为

$$I_{LD}\geqslant 1.1I_{fr}/K=1.1\times 4300/0.8=5912.5(\text{A})$$

交流侧电缆采用 1 层桥架布置，三相的三根组间有一定距离，电缆持续载流量的敷设条件修正系数 K 取为 0.98（参见 GB 50217）。交流侧每相电缆总载流量 I_{LA} 由式（3-54）可计算为

$$I_{LA}\geqslant 1.1\times 0.816I_{fr}/K=1.1\times 0.816\times 4300/0.98=3938.5(\text{A})$$

2. 电缆截面、根数选择

选用交联聚乙烯绝缘、截面 185m^2、单芯电力电缆，电缆在电厂中为水平排列布置，允许持续载流量 I_{LN} 为 546A（参见 GB 50217）。

整流器各柜间直流侧设互联母线。故直流电缆总根数 n_D 由式（3-55）及 I_{LN} 可计算为

$$n_D\geqslant I_{LD}/I_{LN}=5912.5/546=10.83(\text{根})$$

取 12 根。

整流器各柜间无交流侧互联母线。电厂要求二柜（或支路）退出时（即 $N-1$ 运行方式）能满足发电机在 1.1 倍额定励磁电流下可长期连续运行。当取并联支路间的电流均流系数 $k_I=0.85$，每一支路交流电缆每相的载流量 I_{Li} 由式（3-57）可计算为

$$I_{Li} \geqslant \frac{I_{LA}}{k_I(N-1)} = \frac{3938.5}{0.85 \times (4-1)} = 1544.5(A)$$

每一支路交流每相电缆根数 n_i 由式（3-58）可计算为

$$n_i \geqslant I_{Li}/I_{LN} = 1544.5/546 = 2.83(根)$$

取 3 根。

整流器每柜交流侧三相电缆总根为 3×3=9(根)，交流侧电缆总根数为 5×9=45(根)。

3. 发电机强励运行时电缆载流量校核

发电机强励运行所要求电缆总的持续载流量，对直流侧电缆可由式（3-59）计算为

$$I_{LCD} \geqslant k_{ci}I_{fr}/K = 2 \times 4300/0.8 = 10\,750(A)$$

对交流侧所要求的每相电缆总持续载流量可由式（3-60）计算为

$$I_{LCA} \geqslant 0.816k_{ci}I_{fr}/K = 0.816 \times 2 \times 4300/0.8 = 8772(A)$$

在发电机强励持续时间 t（t=20s）下电缆（单根）允许的短时载流量 I_{Lt}，可由电缆制造商提供的 1s 内允许的载流量 I_{Lt} 以式（3-61）计算为

$$I_{Lt} = \frac{I_{L1}}{\sqrt{t}} = \frac{26.9}{\sqrt{20}} = 6.015(kA)$$

式中：I_{L1}=26.9kA 为所选择截面 185m^2 交联聚乙烯绝缘铜芯电力电缆 1s 内允许的载流量（见表 3-11）。

表 3-11　交联聚乙烯绝缘聚氯乙烯护套同芯电力电缆 1s 内允许的载流量　kA

标称截面（mm^2）	95	120	150	185	240	300	400
铜芯	13.9	17.5	21.8	26.9	34.8	43.4	57.8
铝芯	9.2	11.6	14.4	17.7	23.0	28.7	38.2

注　以上数据为电缆的单回路连续负载，在该负载下导体温度从 90℃上升到 250℃。

直流侧电缆共 12 根，20s 总允许的短时载流量为

$$n_D I_{Lt} = 12 \times 6.015 = 72.18(kA)$$

大于发电机强励运行所要求直流电缆总的持续载流量 I_{LCD}（10.75kA）。

交流侧电缆为各支路分别与励磁变压器连接，支路间无交流汇流排。I_{Lt} 应满足式（3-64）要求，即

$$I_{Lt} \geqslant \frac{I_{LCA}}{(N-1)k_I n_i} = \frac{8.772}{(4\text{-}1) \times 0.85 \times 3} = 1.15(kA)$$

发电机强励运行要求交流电缆单根的持续载流量（1.15kA）小于所选择电缆（单根）在强励持续 20s 期间的允许载流量 I_{Lt}(6.015kA)。

某电缆制造商给出的交联聚乙烯绝缘聚氯乙烯护套铜芯电力电缆 1s 内允许的载流量 I_{L1} 见表 3-11。

电缆短路热稳定校核（略）。

3.7.3　励磁功率整流器接线

图 3-19 所示为采用 5 支路（5 桥）的励磁功率整流器接线示例。晶闸管关断过电压采用阻容（RC）保护，过电流采用快速熔断器（F）保护，熔断器带辅助触点。每支路直流

输出设监测电流表（A 及分流器 RS）。对每一晶闸管通常设有导通监视（图 3-19 中未表示）。图中未表示每功率柜与冷却相关的设施，如强迫风冷的风机、气流监测及温度监测等。从系统可靠性和操作的安全性及实际运行的必要性等方面考虑，本例励磁功率整流器各支路不设置交流开关及阳极开关，在发电机运行过程中，若励磁功率整流器某一支路发生故障退出运行（通常由励磁系统检测故障并切除该支路晶闸管触发脉冲使该支路退出运行），由运行人员根据电厂及电力系统要求使该机组退出运行，不考虑在发电机运行状态下带电检修更换整流器某一支路的运行方式。

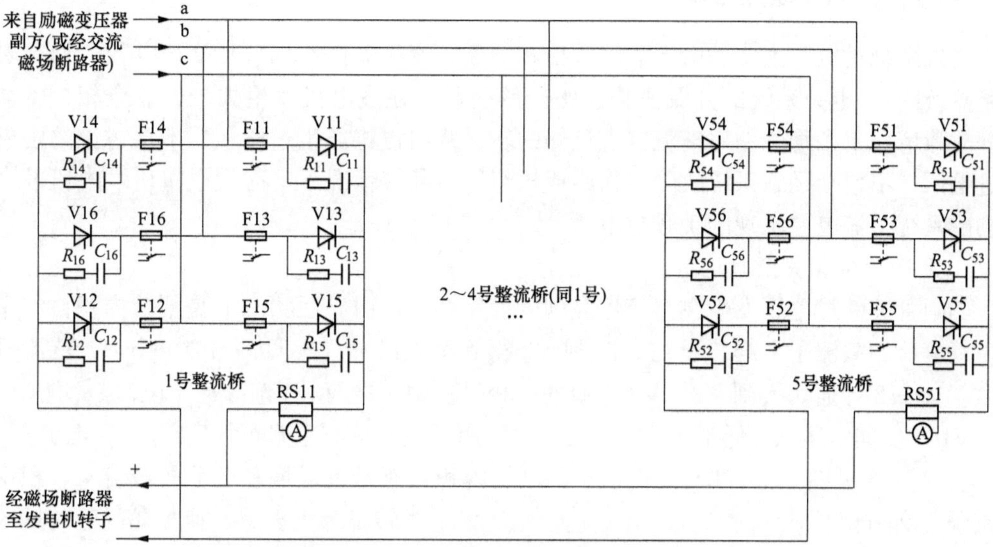

图 3-19　励磁功率整流器接线示例

4 励磁系统过电压及保护

4.1 励磁系统过电压及过电压保护配置

4.1.1 励磁系统过电压

励磁系统过电压主要是由于晶闸管换相关断、变压器操作（包括变压器投、切及磁场断路器跳闸）、电力系统的开关操作及雷击等引起，在发电机发生失步、非全相、机端短路等故障情况下，励磁功率整流器直流侧的转子绕组也将产生过电压。本章讨论的励磁系统过电压，不包括励磁系统故障误强励或机组甩负荷等情况下，因发电机机端电压升高而在励磁系统交流电源出现的工频过电压。

1. 晶闸管换相关断过电压

晶闸管关断过电压发生在整流器晶闸管换相期间，由导通状态下晶闸管内积蓄的带反向恢复电荷的载流子引起。设在 t_1 时刻 V3 得到触发脉冲［参见图 3-20（b）］，整流桥发生由 V1、V2 导通切换到 V2、V3 导通的换相过程中，在 V3 逐渐导通、电流 i_{V3} 增加的同时，V1 在反向电压（e_a 低于 e_b，见图 3-5）作用下电流 i_{V1} 逐渐减小至 t_2，V3 电流达 I_f，V1 电流为 0［见图 3-20（b）］。但由于晶闸管内积蓄有带反向恢复电荷的载流子，积蓄的载流子使晶闸管形成反向（负）电流 i_R。由于发电机转子为大电感，换相晶闸管的反向电流，主要在换相导通的晶闸管及励磁变压器（TE）绕组形成闭合回路，见图 3-20（a）。该反向电流达到最大值后（t_3），由于反向恢复电荷迅速复合完毕，电流迅速回 0（t_4），据试验观测 $t_3 \sim t_4$ 间仅几微秒，使变压器绕组感应出很高的关断过电压（也称换相过电压），不采取抑制措施时，实测的交流过电压值（计及换相尖峰过电压）可高达正弦波电压峰值的 2～4 倍[10]。关断过电压周期性地随晶闸管的换相出现在整流器的交流侧及直流侧，见图 3-20（c）、图 3-20（d）。由于在 i_R 迅速回 0 关断时（$t_3 \sim t_4$ 间），i_R 流经的励磁变压器相绕组中产生的感应电动势，总是使换相后导通的两个晶闸管所接的相间电压短时升高［可参见图 3-20（a）的 i_R 电流流向及图 3-6］，故对整流器的直流输出，换相末期出现的晶闸管关断产生的过电压，总是叠加于整流器直流侧输出的正弦相间电压的正向电压上，即以正向过电压出现，如图 3-20（d）所示。

2. 变压器操作过电压

变压器操作过电压，主要包括：

（1）变压器投入突加电压时，由高压绕组与低压绕组间电容及低压绕组与铁心间电容的耦合，高压侧的瞬时入侵电压将按电容反比分配给低压绕组，可能使低压绕组感受高压侧瞬时入侵电压的一半或更高，使低压绕组产生的过电压。另外，由高压绕组漏抗与低压绕组分布电容组成的振荡电路，在变压器合闸对振荡电路突加电压的瞬变过程中，可能使低压绕组产生高达 2 倍正常峰值电压的瞬变电压峰值。

（2）空载变压器突然断开电源时，由于激磁电流及与其成正比的磁通量突然消失，使变压器绕组产生瞬态过电压，可达正常峰值电压的 4～5 倍或更高[12]。

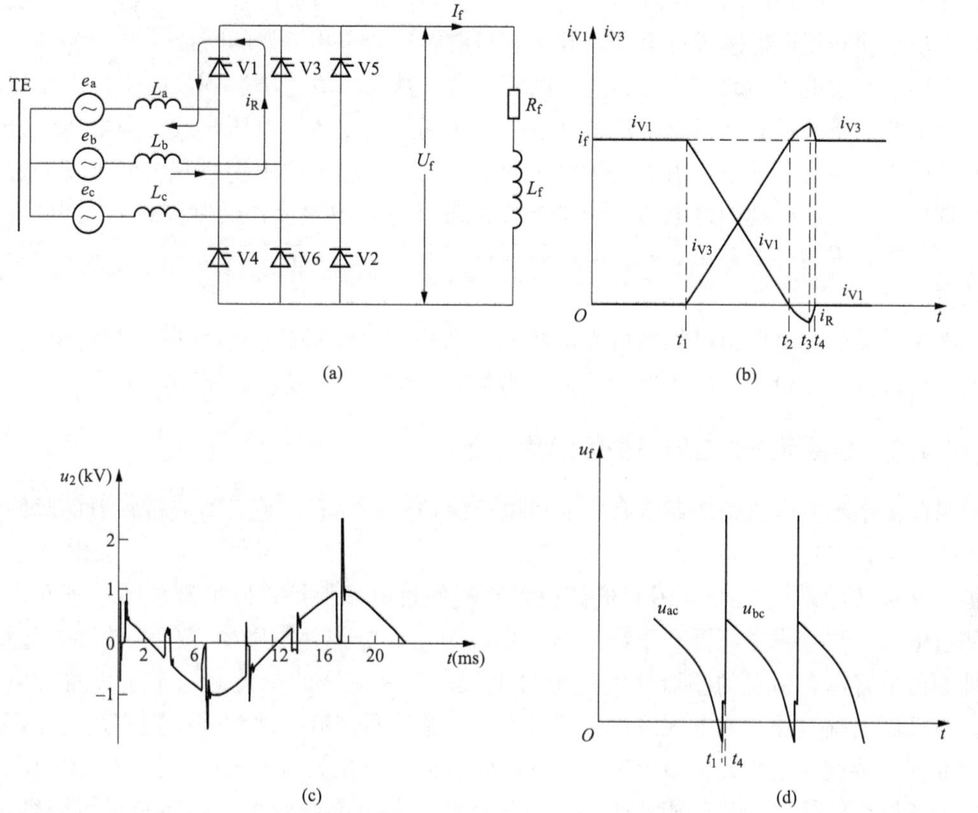

图 3-20 晶闸管换相关断过程及过电压

(a) 励磁功率整流桥；(b) 换相过程晶闸管 V1、V3 电流变化；(c) 交流侧过电压 u_2；(d) 直流侧过电压 u_f

(3) 磁场断路器跳闸时，由于励磁变压器负载电流突变为 0，使变压器绕组将产生过电压。

变压器操作产生的过电压，为短时瞬态过电压。

3. 电力系统的开关操作及雷击过电压

电力系统的断路器或隔离开关操作及雷击等产生的过电压，以电容或磁耦合方式传递给励磁变压器低压绕组及励磁功率整流器，而电厂设备的过电压保护，通常未考虑励磁整流器晶闸管的保护要求。电力系统的过电压，主要为短时瞬态过电压。

4. 发电机失步、非全相、机端短路等故障情况下产生的过电压

发电机失步通常发生在失磁或电力系统振荡等运行工况，此时发电机转子在转差下异步运行，与由定子电流产生的旋转磁场相对运动，切割磁力线产生感应过电压，即滑差过电压。感应电压呈周期性变化并随失步而持续存在，幅值与滑差频率、定子电流、转子绕组匝数等有关，水轮发电机通常有较多转子绕组匝数而可能产生很高的交变的滑差过电压。当转子滑差电压使转子电流减少（转子中滑差感应电动势极性由一指向＋）并企图向负值反向时，将导致功率整流器导通的晶闸管关断，转子电流被阻断而产生很高的感应过电压。

发电机非全相或机端两相短路时，定子中的负序电流在发电机气隙中形成速率等于同

步转速但旋转方向相反的负序旋转磁场，以两倍同步转速与以同步转速运行的发电机转子相对运动，使转子产生感应过电压，并具有与滑差过电压相类似的特征。

上述各种过电压的数值可能超过晶闸管反向不重复峰值电压达到反向击穿电压使晶闸管反向击穿，或超过断态正向不重复峰值电压达到其正向转折电压，或正向电压上升率超过允许值使晶闸管误导通。由于实际使用的整流器不可能按适用于所有可能出现的过电压进行选择，且可能出现的过电压实际上难以准确计算，故整流器通常需设置过电压保护，将系统可能出现的加于整流器的过电压限制在一个合理的水平上，以保证整流器的安全可靠运行。

上面所述的过电压也可能超过发电机转子过电压绝缘的耐受能力而威胁机组的安全。故发电机转子需要设置过电压保护，并作为励磁系统的一项功能置于励磁系统。

4.1.2 励磁系统过电压保护的配置

目前大中型发电机励磁系统常用的过电压保护配置方案，是对整流桥每臂的晶闸管设过电压保护，以抑制晶闸管换相关断过电压，并通常采用阻容过电压保护（或称阻容吸收保护，又称缓冲器）；在整流器直流侧设置直流侧过电压保护，以抑制包括转子在内的直流侧过电压；在励磁变压器高压绕组与低压绕组间设屏蔽并与励磁变压器铁心一起接地，以抑制由电容耦合引起的整流器交流侧过电压；在整流器的交流侧通常也设置过电压保护，以抑制由整流器交流电源侧产生的过电压。整流器交流电源侧采用阻容过电压保护且其与晶闸管装设处之间无明显阻抗时，各晶闸管抑制换相关断的过电压保护，也可共用配置在整流器交流侧的一套三相式阻容过电压保护，每臂晶闸管可不再单独设置阻容保护，或在功率整流器的每一整流桥交流侧设置一套整流桥式或集中式阻容保护装置，作为晶闸管换相关断过电压及交流侧过电压保护。某些供应商提供的励磁系统，在变压器原副绕组间采取屏蔽接地及在整流桥每臂晶闸管设置阻容过电压保护后，整流器交流侧不再配置过电压保护，换相及来自交流电源侧的过电压均由每臂晶闸管的阻容过电压保护进行抑制。晶闸管换相关断过电压通常由阻容过电压保护进行抑制。

4.2 晶闸管及整流器交流侧过电压保护

励磁功率整流器晶闸管及交流侧设置过电压保护，以抑制晶闸管换相关断过电压（以下简称晶闸管关断过电压）及来自整流器交流电源侧的过电压。

过电压保护的目标要求，主要以设置过电压保护后整流器交流侧回路的过电压倍数衡量。过电压保护采用与晶闸管并联的阻容（RC 串联）保护时，还需考虑过电压保护对晶闸管电流和电压上升率的影响。过电压倍数通常以整流器交流侧计及过电压的线电压峰值与正弦线电压峰值之比计算，并通常以晶闸管关断过电压进行测试或分析计算。过电压倍数也称电压尖峰系数或过电压冲击系数。过电压倍数的选择，应使设置过电压保护后加于晶闸管的过电压低于晶闸管元件的额定电压（反向重复峰值电压）且有一定的裕度。三相全控桥式整流器交流侧的过电压倍数可取 1.4～1.5，通常取 1.5[1]。设置过电压保护后晶闸管的电流和电压上升率，应分别小于晶闸管的通态电流临界上升率和断态电压临界上升率

[1] 参见原加拿大 CGE 公司的《power converter handbook》。

率并有一定的裕度。在晶闸管开通动态过程中，与晶闸管并联的阻容保护的电容将对导通的晶闸管放电而增加晶闸管的电流上升率。

整流器的晶闸管关断过电压保护及整流器交流侧过电压保护有多种接线方案，通常是以满足过电压保护要求并有较好的技术经济合理性对方案进行选择（如采用RC保护时有较小的电阻功耗及电容值等）。各方案的元器件参数，可采用经验公式及图表估算。由于过电压情况及其保护机理比较复杂，过电压保护方案及接线中各元件参数选择，及其对过电压的抑制效果，通常需要根据励磁回路和晶闸管参数及过电压保护目标要求，采用过电压保护模拟仿真系统进行计算确定。

目前常用的接线方案主要有在每桥臂晶闸管装设的晶闸管关断过电压保护，在整流器交流侧装设的三相式阻容保护、整流桥式阻容保护（也称反向阻断式阻容保护）、压敏电阻过电压保护，以及集中式阻容过电压保护。抑制晶闸管换相关断过电压目前通常采用阻容式过电压保护，压敏电阻（如氧化锌电阻）通常仅用于抑制操作、雷击等产生的称为浪涌过电压的短时瞬态过电压。下面是各方案目前常用的接线及有关元件参数的选择计算。

4.2.1　每桥臂设置的晶闸管关断过电压保护

励磁功率整流桥每臂晶闸管通常设阻容吸收保护，以抑制晶闸管的关断过电压，如图3-21所示（还有其他构成方式，如电容C上也可并联一电阻等）。下面叙述其电容、电阻参数的计算及选择。

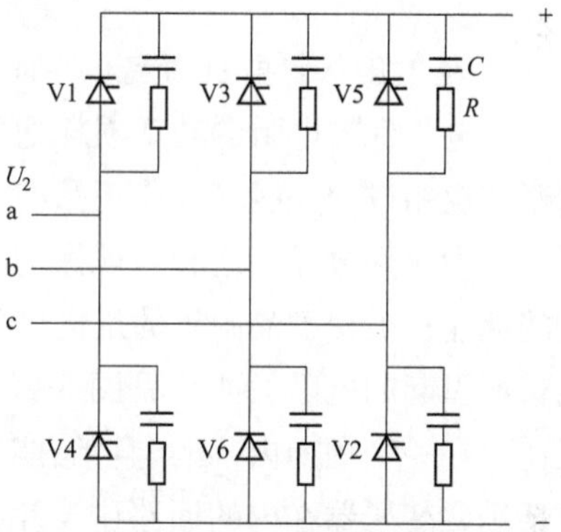

图3-21　桥臂晶闸管的阻容保护

4.2.1.1　过电压保护的电容量、电阻值及功率的选择

1. 过电压保护的电容量及电阻值选择计算

过电压保护的电容量及电阻值需满足关断过程的能量吸收和晶闸管过电压倍数的抑制要求，以及电流和电压上升率的限制要求，并避免动态过程振荡及回路电流过大。可用下面经验公式计算[18]，即

$$C=(1\sim5)I_{\mathrm{TAVM}}\times10^{-3}(\mu\mathrm{F}) \tag{3-71}$$

$$R=(1\sim3)\sqrt{\frac{2L}{C}}(\Omega) \tag{3-72}$$

式中：I_{TAVM}为晶闸管的通态平均电流，A。L为整流桥每相交流回路电感，并认为各相相同（即认为$L=L_a=L_b=L_c$，参见图3-20或图3-7），$L=L_T+L_1$，L_T为励磁变压器每相漏电感，μH；L_1为励磁变压器每相连接至整流器晶闸管的电缆电感，μH。C为电容，μF。

式（3-72）电阻值按避免换相动态过程振荡考虑。

励磁变压器每相漏电感L_T(μH)由励磁变压器的阻抗电压u_k（也称短路电压）计算为

$$L_T=\frac{u_k U_{2r}^2}{2\pi f S_{tr}}\times10^6(\mu\mathrm{H}) \tag{3-73}$$

式中：u_k为励磁变压器阻抗电压，以变压器额定电压百分数表示；U_{2r}为励磁变压器低压绕组额定线电压（有效值），V；f 为交流电源工频频率，Hz；S_{tr}为励磁变压器额定容量，VA。

以式（3-71）、式（3-72）计算的电容量及电阻值有较大的取值范围，具体参数的选用，通常还需要进行进一步的计算，以确定具体选用的电容量及电阻值，是否满足励磁系统过电压倍数的抑制要求以及晶闸管及电容对电流和电压上升率的限制等要求。某些励磁系统设备供应商可给出一些图表化的曲线及相关的经验公式，按晶闸管反向恢复电荷（或电流）及晶闸管电流回路参数（电感、电压等），根据晶闸管过电压倍数的抑制要求及电流或电压上升率的限制要求，对电容量及电阻值进行选择。目前过电压保护电容、电阻参数的选择，较多的为采用整流回路晶闸管过电压仿真计算。阻容保护中，较大容量的电容有利于吸收过电压及抑制电压上升率 du/dt，但将增加电阻的功耗及晶闸管导通的电流上升率 di/dt 以及电容、电阻的体积；较大的电阻值有利于抑制换相过程 RC 电流和电压的振荡及减小晶闸管的导通电流及其上升率 di/dt，但将影响过电压及电压上升率的抑制效果。

2. 过电压保护电阻额定功率的选择计算

过电压保护电阻的功率损耗通常以电阻在电路中 1s 的耗能计算。电阻的耗能通常可忽略非换相过程耗能（或称正弦波电压损耗）而按换相过程耗能考虑。换相过程电阻耗能可考虑为两部分耗能之和：被保护晶闸管两端电压在换相（本臂及其他臂）期间的变化产生的耗能；被保护晶闸管的反向恢复电流突然回零关断时，RC 保护吸收电流回路释放的能量所引起的电阻耗能［见图 3-20（a）、3-20（b）］。前者等于与换相期间电压变化值成正比（在一个周期内）的电容储能［式（3-74）前项］，后者等于晶闸管反向恢复电流在包括励磁变压器在内的回路中产生的储能［式（3-74）后项］。被保护晶闸管每周期关断一次，交流电源频率为 f(Hz) 时，1s 的电阻耗能（即电阻的功率损耗）为上述计算耗能的 f 倍，故电阻的功率损耗 P_w可由式（3-74）计算❶，即

$$P_w = 3.5fC(U_2)^2 \times 10^{-6} + fLI_{RM}^2 \times 10^{-6}(W) \tag{3-74}$$

式中：P_w为电阻的功率损耗（W，按工频计算）；f 为交流电源工频频率，Hz；U_2为系统正常工作时励磁功率整流器交流侧线电压（有效值），可取（1.05～1.1）U_{2r}，V；U_{2r}为励磁变压器低压绕组额定线电压（有效值）；I_{RM}为晶闸管峰值反向恢复电流，A；其他参数同式（3-71）及式（3-72）。

实际选用的电阻额定功率 P_R，应考虑电阻在功率整流器应用的特点和要求（如励磁功率柜对电阻温升的要求、柜内环境条件包括冷却情况等）以及所选电阻的类型，按大于式（3-74）的计算值进行选择，即 $P_R = KP_W$。P_R通常取较大的裕度，以避免实际应用中电阻过热，某些励磁系统供应商取系数 K 为 1.7❶，或取接近 2。由于电阻器一般均有较大的短时过负荷能力（见表 3-12），上述按正常工作交流电压选择的 P_R通常可承受误强励时交流侧的短时工频过电压。

---

❶ 参见原加拿大 CGE 公司的《power converter handbook》。

3. 过电压保护的电容量、电阻值及其功率损耗的仿真计算选择

过电压保护的电容量、电阻值及其额定功率的选择，以及其对过电压的抑制效果，宜采用整流回路过电压模型进行仿真计算。按照具体励磁系统整流回路各设备或器件的实际参数，在整流器的各种正常运行方式下（如各支路投入、1 支路或 2 支路退出），对阻容保护的电容器容量、电阻的阻值的各种组合［通常在式（3-71）及式（3-72）计算的数值范围内组合］进行过电压仿真计算，并以过电压倍数满足励磁系统要求及电流和电压上升率满足晶闸管及电容要求等条件，对过电压保护的电容量、电阻值及其额定功率进行选择。

4.2.1.2　过电压保护电容、电阻类型及其他参数选择

过电压保护电容（在电容器产品上通常称为吸收电容）、电阻的类型及其他参数，需考虑保护回路使用的特点进行选择。电容器的额定电压应不低于励磁变压器连续运行时低压绕组线电压峰值（包括换相等产生的尖峰过电压）并有一定的裕度；对可能施加于电容器上的短时过电压（如误强励等工况下包括此时换相等产生的尖峰过电压），需要根据此时过电压的情况（数值及持续时间）及电容器过电压的承受能力（见表 3-13），来确定是否需要提高电容器的额定电压水平。电容器允许的电压变化率及峰值电流应满足其所在电路的要求，电压变化率很高的换相尖峰过电压将使电容器产生很大的峰值电流。宜采用低损耗、低等效串联电阻及低自感的适用功率柜环境的电容器，通常采用电力电子电容器。电阻通常采用无感型，一般取 5～50Ω。

表 3-12、表 3-14 分别给出有关标准对电阻器电力电子电容器的几个主要参数的含义及选择使用的要求或规定。不同类型或用途的电容器通常有不同的参数及其定义，并可能对表中的同名参数有不尽相同的定义，通常在其对应的标准中给出。表 3-13 给出 GB/T 17702 及 GB/T 25121《轨道交通　机车车辆设备　电力电子电容器》对电力电子电容器过电压承受能力的规定，电力电子电容器可允许在某一持续时间内承受一定倍数（相对电容器的额定电压）的过电压，而不影响电容器的使用寿命。

表 3-12　　固定电阻器的几个主要参数及含义

序号	参数名称	参数的含义	示例
1	额定电阻值 Rated resistance	指电阻器设计确定的电阻值	50Ω（本例产品可提供 1～100kΩ）
2	额定功率 rated power （又称标称功率、额定耗散功率）	电阻器在规定的环境温度条件下（如本例为－55～＋40℃）连续工作所允许的最大耗散功率。环境温度超过规定条件时，电阻器允许的耗散功率将随环境温度的升高而下降，对本例有如右图的特性（称降功率特性或负载特性，T 为环境温度）。特性转折点对应的温度（本例为 40℃）也称为电阻器的额定温度 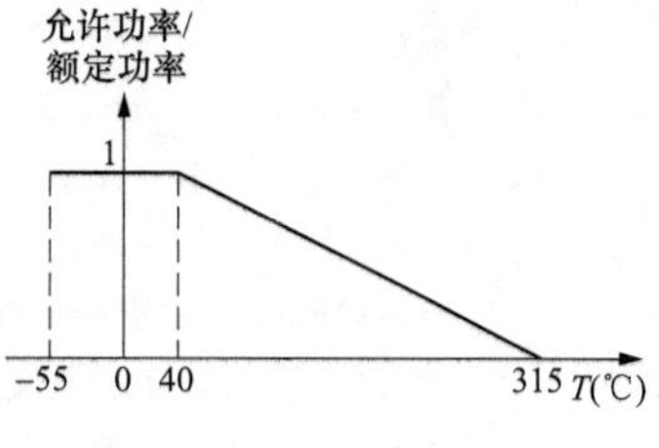 	10～3500W（环境温度－55～40℃）
3	额定温度 Rated temperature	额定功率下连续工作时允许的最高环境温度	40℃

续表

序号	参数名称	参数的含义	示例
4	最大表面温度 Maximum temperature	在额定功率及对应的环境温度下（如 40℃，某些电阻为 70℃）连续运行时，电阻器允许的最高表面温度。 （某些电阻以相对于额定温度的额定温升给出）	≤375℃
5	使用温度范围 operating temperature range	电阻器可连续运行的环境温度范围	−55 ～315℃
6	额定功率下阻值变化		≤±3%
7	短时负荷能力		10 倍额定功率 6s
8	电极与安装架间耐压		3kV

注 电阻器其他参数的定义可参见 GB/T 5729《电子设备用固定电阻器 第 1 部分：总规范》(IEC 60115-1)。

表 3-13　　电力电子电容器的最高允许电压

过电压	$1.1U_{Cr}$	$1.15U_{Cr}$	$1.2U_{Cr}$	$1.3U_{Cr}$
一天内的持续时间	30%有载持续时间	30min	5min	1min

注 1. 在电容器的寿命周期内，持续 30ms 的 $1.5U_{Cr}$过电压允许出现 1000 次。

2. U_{Cr}为电容器的额定电压。

3. 本表引自 GB/T 17702《电力电子电容器》、GB/T 25121《轨道交通 机车车辆设备 电力电子电容器》。

表 3-14　　电力电子电容器的几个主要参数及含义

序号	参数名称	参数的含义	例 1	例 2
1	额定电容量 rated capacitance	是电容器设计所确定的和通常在电容器上所标出的电容量值。也称标称电容量。 测试条件为频率 50(60)Hz、环境温度 20℃	1μF	1μF
2	额定电压 rated voltages	(1) 可有额定直流电压、额定交流电压及下列定义： 额定直流电压（rated d. c. voltage）是设计电容器确定的、在规定条件下（环境温度等）可连续运行的、波形不变极性的最高峰值电压。 额定交流电压（rated a. c. voltage）是设计电容器确定的、在规定条件下（频率、环境温度等）可运行的、波形可为变极性的、任一极性下的重复性最高峰值电压。电压可有多种波形、平均值可正可负。 对可以用于直流电压及交流电压的电容器，额定电压通常以额定直流电压和额定交流电压给出。 (2) 施加在电容器上的直流电压、交流电压（峰值）以及这些电压上叠加有重复性峰值电压时的总电压峰值，其最高值不应超过电容器的额定电压。 (3) 在高于额定电压规定的条件下使用时，应按制造厂给出的使用电压与频率及环境温度关系曲线，确定电容器可连续运行的使用电压（通常需低于额定电压）	10 000V DC 4000V AC	4000V DC 3400V AC

续表

序号	参数名称	参数的含义	例1	例2
3	最大峰值电流 maximum peak current	电容器可连续运行的最大重复性峰值电流。 $I_p = C\times(du/dt)_{max}$ 式中：I_p 为最大峰值电流，A；C 为电容量，μF；$(du/dt)_{max}$为最大重复性电压上升率（电压变化率），或称额定电压变化率，为电容器可以允许连续施加的最大电压变化率，V/μs。 电容器的最大峰值电流通常相关于产品规定的使用频率及环境温度	1200A	3500A
4	最大浪涌电流（I_s） maximum surge current	由于系统操作或系统其他干扰所导致的可允许的峰值电流，此电流只允许出现有限的次数。最大浪涌电流 $I_s = C\times(du/dt)_s$，C 为电容量；$(du/dt)_s$为电容器允许出现有限次数的最大非重复性电压上升率		8800A
5	等效串联电阻 equivalent series resistance（ESR）	一个有效电阻，在规定的运行条件下，该电阻的损耗功率等于该电容器耗散的有功功率	3.1mΩ	1.3mΩ
6	自感 Self inductance	电容器自感	25nH	<20nH
7	使用温度范围 operating temperature range	电容器可连续运行的环境温度范围	−40 ～+85℃	−25 ～+85℃
8	储存温度 storage temperature		−40 ～+85℃	−55 ～+85℃

注　1. 电容器参数的测试条件及其他参数的定义可参见 GB/T 17702《电力电子电容器》或 GB/T 25121《轨道交通　机车车辆设备　电力电子电容器》。

2. 例 1 为金属化膜（聚丙烯电介质）电容器，例 2 为油浸箔式电容器，两类电容器均有各种电容量及相关参数的多种规格产品。

晶闸管关断过电压也可采用配置在整流器交流侧的阻容过电压保护进行抑制，见 4.2.2～4.2.4。

4.2.2　交流侧三相式阻容保护

在整流器交流侧设置的三相式阻容保护接线见图 3-22。通常采用△接法以减小电容量。该保护可仅用于抑制励磁变压器及系统操作等产生的浪涌瞬态过电压，也可同时用作抑制晶闸管关断过电压。通常装于励磁变压器低压侧。

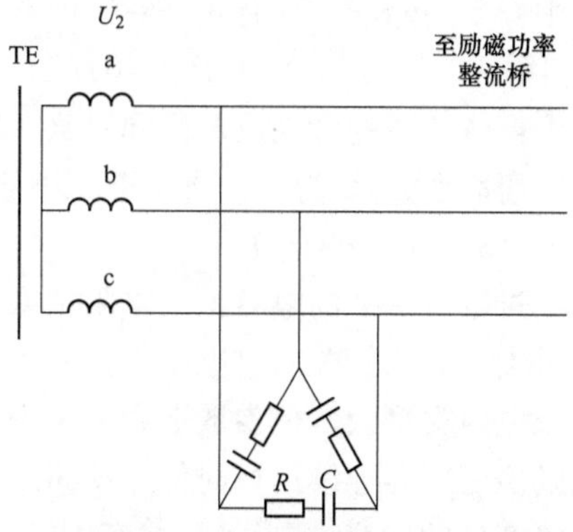

图 3-22　交流侧三相式阻容保护接线

4.2.2.1　保护元件中电容容量及电阻值的计算

1. 仅用于抑制交流侧浪涌过电压时

当保护按抑制励磁变压器及系统操作等产生的浪涌瞬态过电压考虑时，保护元件中的电容，可按断开（从高压侧）空载励磁变压器时产生的能量冲击进行计算选择[12]，即

$$C=\frac{10^6}{2\pi}\times\frac{1}{k_{\mathrm{Pf}}^2}\times\frac{I_{(0)2}}{fU_{(0)2}}(\mu\mathrm{F}) \tag{3-75}$$

式中：k_{Pf}为过电压倍数，也是电容上电压的最高值相对于励磁变压器低压绕组额定电压峰值的倍数，通常取1.4～1.5较为经济；$I_{(0)2}$为折算至低压绕组的励磁变压器的空载电流有效值，A；f为电源频率，Hz；$U_{(0)2}$为励磁变压器低压绕组额定电压（相电压有效值），V。

式（3-75）是按空载励磁变压器的全部磁场能量转换成电容器的储存电能考虑。实际上在断开空载励磁变压器时，断路器的分断电弧要消耗大部分的能量，励磁变压器铁心及导线电阻也有损耗，励磁电缆对地电容及各种寄生电容也有吸收作用，故实际选用的电容比式（3-75）计算值要小。对三相桥式励磁整流器，保护元件中的电容通常采用式（3-76）计算[18]，即

$$C=\frac{17\ 320}{3}\times\frac{\xi I_{2\mathrm{r}}}{fU_{2\mathrm{r}}}(\mu\mathrm{F}) \tag{3-76}$$

式中：ξ为变压器励磁电流对额定电流的标幺值，一般取0.02～0.05，根据具体情况也可取小于0.02的ξ值；$U_{2\mathrm{r}}$、$I_{2\mathrm{r}}$为整流器交流侧额定线电压、相电流；f为电源频率，Hz。

电阻R按避免动态过程振荡选择，并使交流侧电压不超过允许的过电压值。通常采用式（3-77）计算[18]，即

$$R=0.51\frac{U_{2\mathrm{r}}}{\xi I_{2\mathrm{r}}}(\Omega) \tag{3-77}$$

2. 同时用于抑制晶闸管关断过电压时

当保护同时用于抑制晶闸管关断（换相）过电压时，电容量及电阻值可按上述晶闸管关断过电压保护所述方法进行选择。

4.2.2.2　电阻功率的计算

电阻功率可按式（3-78）计算[18]，即

$$P_{\mathrm{R}}=(0.25\xi I_{2\mathrm{r}})^2R(\mathrm{W}) \tag{3-78}$$

或按式（3-79）计算电阻在励磁功率整流器换相过程中的功耗［忽略正弦波电压损耗；此时每个相间的RC每周需吸收2次晶闸管反向恢复电流在包括励磁变压器在内的回路中产生的储能，故有式（3-79）第2项的计算］❶，即

$$P_{\mathrm{w}}=6fCU_2^2\times10^{-6}+2fLI_{\mathrm{RM}}^2\times10^{-6}(\mathrm{W}) \tag{3-79}$$

式中：各参数的含义及单位同式（3-74），实际选用的电阻功率$P_{\mathrm{R}}=KP_{\mathrm{w}}$，某些励磁系统供应商取系数$K$为1.7或接近2。当整流器有两个及以上的运行支路时，式中I_{RM}需换成以式（3-86）计算的I_{R}。

过电压保护的电容量、电阻值及其功率等参数的选择，以及其对过电压的抑制效果，也可类同晶闸管关断过电压保护的考虑，采用整流回路过电压模型进行模拟仿真计算。电容及电阻类型及其他参数选用的考虑同晶闸管关断过电压保护。电容器的额定电压应不小于励磁变压器连续运行时低压绕组线电压峰值及可承受如误强励时的短时过电压（包括换相等产生的尖峰过电压），并有一定的裕度。

图3-22所示的交流侧三相式阻容保护接线在实际应用时，通常在阻容保护接入励磁

❶ 参考原加拿大CGE公司的《power converter handbook》导出。

变压器低压绕组各相的回路上串接短路保护用的熔断器（图 3-22 中未表示）。

4.2.3　交流侧整流桥式阻容保护

整流器交流侧整流桥式阻容保护接线见图 3-23[18]。由整流桥直流侧的阻容吸收交流侧的过电压，以保护晶闸管整流器。电阻 R_2 提供电容的放电回路。整流桥可阻止电容器向功率整流器的晶闸管放电，故图 3-23 的过电压保护又称为反向阻断式过电压保护（而三相式阻容保护的放电电流将通过励磁功率整流器的晶闸管，加大晶闸管的电流上升率）。该保护可仅用于抑制励磁变压器及系统操作等产生的浪涌瞬态过电压，也可同时用作抑制晶闸管关断过电压。

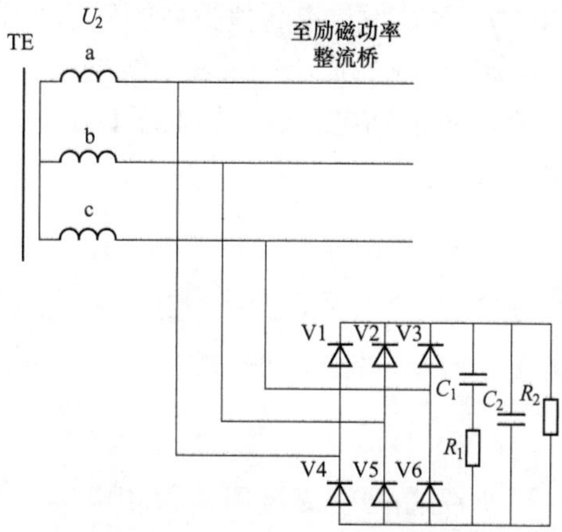

图 3-23　整流桥式阻容保护接线

4.2.3.1　保护元件中电容容量及电阻值的计算

1. 仅用于抑制交流侧浪涌过电压时

保护元件的选择计算如下[18]

$$\left.\begin{aligned}C&=(43\ 300\sim 121\ 244)\frac{\xi I_{2r}}{fU_{2r}}\\C_1&=C-C_2\quad C_2\leqslant 0.1C\end{aligned}\right\}\tag{3-80}$$

$$\left.\begin{aligned}R_1&=(0.4\sim 0.8)\sqrt{\frac{2L_T}{C}}\\R_2&=\tau/C\end{aligned}\right\}\tag{3-81}$$

式中：L_T为励磁变压器每相漏电感，μH；τ 为放电时间常数，文献［18］建议取为 2s（在水力发电厂励磁系统应用时通常取较小的时间常数）；C 为电容，μF；R_1、R_2 为电阻，Ω；其余参数见式（3-76）。

该保护目前在水力发电厂励磁系统应用时，通常无电阻 C_1、R_1 的串联接线。

2. 同时用于抑制晶闸管关断过电压时

在水力发电厂应用时通常无电阻 C_1、R_1。保护装置采用在变压器低压侧装设一套的方式设置时，元件的选择计算如下[10]。

当认为换相关断过程晶闸管反向恢复电流回路中电感储存的能量完全由电容 C_2 吸收（即忽略回路电阻等损耗），则有

$$\left.\begin{aligned}\frac{1}{2}C_2(U_{C22}^2-U_{C21}^2)\times 10^{-6}&=2W_L\\C_2&=\frac{4W_L}{(U_{C22}^2-U_{C21}^2)}\times 10^6\end{aligned}\right\}\tag{3-82}$$

式中：C_2 为电容，μF；U_{C21}、U_{C22} 为 C_2 吸收储能前后电容器上的电压，V；W_L 为晶闸管反向恢复电流回路（流经 2 相）每相的电感储能，J。

吸收储能后电容器上的电压 U_{C22}，可考虑为装设过电压保护后交流回路的最大峰值电压，即

$$U_{C22}=k_{pf}\sqrt{2}U_{2r} \tag{3-83}$$

式中：k_{pf}为装设过电压保护后励磁功率整流器交流回路的过电压倍数，一般为1.4～1.5；U_{2r}为励磁变压器低压绕组额定线电压。

吸收储能前电容器上的电压U_{C21}，可按不计及过电压考虑，过电压保护整流器输出的电压峰值为

$$U_{C21}=\sqrt{2}U_{2r} \tag{3-84}$$

晶闸管反向恢复电流回路每相的电感储能W_L(J)可计算为

$$W_L=\frac{1}{2}LI_R^2\times10^{-6} \tag{3-85}$$

式中：L为晶闸管交流回路每相电感；μH，见式（3-72）的说明；I_R为晶闸管换相关断过程中，流经励磁变压器低压绕组的晶闸管反向恢复电流峰值，对多支路的励磁功率整流器，为每次换相关断时，各支路最后关断的一个晶闸管反向恢复电流的总电流，A。

当反向恢复电流峰值按与晶闸管的通态平均电流成比例、对多支路的励磁功率整流器按各支路反向恢复电流同时出现且峰值时间重合考虑时，I_R(A)可计算为

$$I_R=m\frac{I_{TAV}}{I_T}I_{RM}=m\frac{2\times1.1I_{fr}}{m\sqrt{3}\pi I_T}=\frac{2\times1.1I_{fr}}{\sqrt{3}\pi I_T} \tag{3-86}$$

式中：I_{TAV}为励磁功率整流器输出1.1倍额定励磁电流（I_{fr}）时，每支路晶闸管的通态电流，以平均值表示，计算式参考式（3-45），不考虑均流系数；I_{RM}为晶闸管在通态电流为I_T（平均值）时的峰值反向恢复电流；m为励磁功率整流器的运行支路数。

放电电阻R_2电阻值的选择，应使得C_2上的电荷经由R_2放电后，在不大于换相关断过电压出现周期的时间t_d(ms)内，使C_2上的电压由U_{C22}降低至U_{C21}，即

$$\left.\begin{aligned}U_{C21}&=U_{C22}e^{-\frac{t_d}{R_2C_2}}\\R_2&=\frac{t_d}{C_2\ln(U_{C22}/U_{C21})}\times10^3\end{aligned}\right\} \tag{3-87}$$

R_2(Ω)阻值不宜过小，以免C_2放电过快，使R_2出现由U_2正弦波整流输出电压产生的电流，增加无用的功耗。故t_d宜按接近但不大于换相关断过电压出现周期取值，对50Hz系统，t_d可近似取为3.3ms，其他参数见式（3-82）。

4.2.3.2　电阻功率的计算

电阻R_2的功率P_w以其在电路中1s的耗能计算。由于t_d的取值接近于换相过电压出现周期，而每次换相过电压的持续时间及相应的C_2充电时间很短，故可认为R_2每个换相周期的耗能等于此间C_2对其放电所释放的储能。晶闸管每次换相过程反向恢复电流在交流回路电感中的储能，当忽略回路电阻等损耗时，可认为完全由C_2吸收后通过C_2对R_2放电完全成为R_2的耗能。反向恢复电流流经2相回路，励磁功率整流器每秒换相$6f$次，故P_w(W)可计算为[10]

$$P_w=6f\times2\left(\frac{1}{2}LI_R^2\right)10^{-6}=6fLI_R^2\times10^{-6}\quad(\text{W}) \tag{3-88}$$

式中：f 为交流电压频率，Hz。L 为反向恢复电流回路的每相电感，$L=L_T+L_1$，L_T 为励磁变压器每相漏电感，由式（3-73）计算，μH；L_1为励磁变压器每相连接至励磁功率整流器晶闸管电缆的电感，μH。I_R为晶闸管换相关断时反向恢复电流峰值，A，由式（3-86）计算。

电阻功率的选择类同晶闸管过电压保护，实际选用的电阻功率 P_R应按大于 P_W，按 $P_R=KP_W$选择，K 值根据具体采用的电阻器允许表面温升及散热条件选取，文献［10］建议取为 4（允许表面温升≤125℃时）。

电容及电阻类型及其他参数选用的考虑同晶闸管关断过电压保护。电容器的额定电压应不小于励磁变压器连续运行时整流桥直流侧电压峰值及可承受如误强励时的短时过电压（包括换相等产生的尖峰过电压），并有一定的裕度。

4.2.4　集中式阻容过电压保护

集中式阻容吸收过电压保护接线见图 3-24，通常按每整流桥装设。过电压保护的整流桥交流侧通过熔断器接至功率整流器整流桥的交流侧，过电压保护的整流桥直流侧有三组阻容吸收元件，分别接于过电压保护整流桥的直流侧及励磁功率整流桥直流输出的+、-端。

C_1、R_1及 C_2、R_2通过过电压保护整流桥的二极管，构成励磁功率整流器每桥臂晶闸管的阻容过电压吸收回路，以抑制晶闸管关断过电压。C_3、R_3与过电压保护整流器构成反向阻断式过电压吸收回路，以抑制交流侧过电压。该保护体积小、安装维护简单方便。

电阻、电容参数可分别参考上述的晶闸管关断过电压的阻容保护及整流桥式（阻断式）过电压保护进行选择计算。

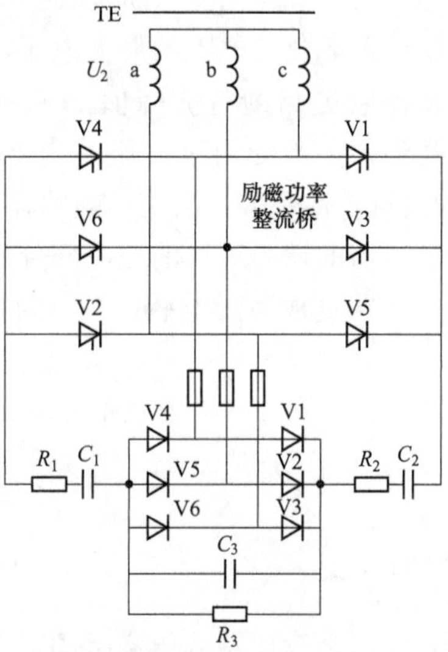

图 3-24　集中式阻容吸收过电压保护接线

图 3-25　压敏电阻过电压保护接线

4.2.5　压敏电阻过电压保护

整流器交流侧压敏电阻过电压保护接线见图 3-25。

过电压保护是利用压敏电阻具有的稳压特性抑制电路中出现的短时瞬态浪涌过电压，过电压保护装置的压敏电阻采用氧化锌电阻，并采用三相三角形接线以抑制操作过电压。氧化锌电阻通常可按其压敏电压大于长期承受的电压峰值，并满足有关规程对氧化锌电阻负荷率的要求、最大电流峰值下的残压 U_{im}不大于被保护晶闸管的反向不重复峰值电压 V_{RSM}、其工作能量容量 W 可承受过电压的冲击能量进行选择。即[18]

$$U_{10mA} \geqslant \frac{U_{fp}}{0.6} = \frac{k_u k_{pf}}{0.6}\sqrt{2}U_{2r} \quad (V) \tag{3-89}$$

$$U_{im} \leqslant K_{sf} V_{RSM} \quad (V) \tag{3-90}$$

$$W = K_E \times \frac{1}{2} L_{(0)} (\sqrt{2} I_{(0)2})^2 = K_E L_{(0)} I_{(0)2}^2 \tag{3-91}$$

式中：U_{10mA}为氧化锌电阻的压敏电压；U_{fp}为氧化锌电阻长期承受的电压峰值；0.6为氧化锌电阻的负荷率（也称荷电率，按DL/T 583要求应小于0.6）；k_u为交流电源工频电压升高系数，按正常运行考虑为1.05～1.1；k_{pf}为过电压倍数（也称电压尖峰系数或电压冲击系数），可根据晶闸管及整流器交流侧过电压保护对过电压的抑制情况选取，三相全控桥整流器一般为1.4～1.5；U_{2r}为励磁变压器低压绕组额定线电压，V；U_{im}可考虑为氧化锌电阻的V-A特性上，对应于最大电流峰值的电压值，最大电流峰值通常考虑为操作过电压下流过氧化锌电阻的最大电流，对一般发电机，最大电流峰值可取3～5kA[18]，大型发电机需取更高的电流峰值，V；K_{sf}为安全系数，一般取0.85～0.9；W为氧化锌电阻（每组）需承受的过电压冲击能量，按断开空载励磁变压器时产生的能量冲击考虑；K_E为能量转换系数，由空气断路器分断励磁变压器时，K_E取0.3～0.5，断路器的分断电弧、变压器的铁心等均消耗一部分的励磁变压器空载激磁能量；$L_{(0)}$为折算至低压绕组的励磁变压器空载激磁电感；$I_{(0)2}$为折算至低压绕组的励磁变压器空载电流（相电流有效值）。

当$L_{(0)}$、$I_{(0)2}$单位分别取H（亨）、A（安）时，式（3-91）计算结果单位为J（焦耳）。$L_{(0)}$可采用式（3-92）计算[12]，即

$$L_{(0)} = \frac{U_{(0)2}}{2\pi f I_{(0)2}} \quad (H) \tag{3-92}$$

式中：$U_{(0)2}$为变压器低压绕组额定电压（相电压有效值），V。

4.3 整流器直流侧过电压（转子过电压）保护

励磁功率整流器直流侧需装设过电压保护（也称转子过电压保护），以抑制由系统操作、雷击或发电机失步、非全相、机端短路等故障情况下，在包括转子在内的整流器直流侧出现的过电压，包括抑制正向及反向过电压、来自整流器侧和发电机转子的过电压。

转子过电压保护的对象为励磁功率整流器、发电机转子及其相关的回路。过电压的抑制要求，应使得设置直流侧过电压保护后，加于晶闸管的过电压低于晶闸管元件的额定电压（反向及正向重复峰值电压），加于发电机转子及其相关回路的过电压应低于有关规程规范规定的允许数值，并有一定的裕度。

下面分述大中型水轮发电机中，直流侧过电压保护（以下称转子过电压保护）常用的接线及工作原理、过电压保护的整定计算、保护用非线性电阻整组特性及工作能容量的选择。

4.3.1 转子过电压保护的接线及工作原理

在大中型水轮发电机中，发电机转子过电压目前主要采用非线性电阻保护，非线性电阻可采用氧化锌（ZnO）或碳化硅（SiC）电阻。过电压保护的非线性电阻可采用与灭磁

电阻共用，见图 3-26（a）、图 3-26（b），也可以单独设置［此时通常采用氧化锌电阻，如图 3-26（c）］。

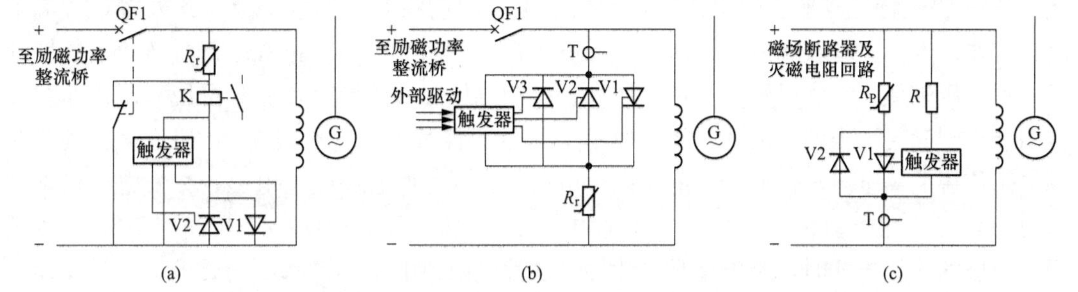

图 3-26 发电机转子过电压保护接线示例

（a）共用碳化硅电阻、磁场断路器；（b）共用碳化硅电阻、电子开关；（c）氧化锌电阻、单独设置

4.3.1.1 转子过电压保护与灭磁共用非线性电阻

转子过电压保护与灭磁共用非线性电阻时，过电压保护通常由触发器、正向及反向电子开关（V1、V2，如晶闸管开关，也称电子跨接器）及动作信号设备（电流继电器 K 或互感器 T）等组成，触发器通过电阻等元件跨接在发电机（G）转子的＋、－极间。转子出现正向或反向过电压时，触发器动作使电子开关（V1 或 V2）接通投入灭磁非线性电阻（R_r），由非线性电阻的限压特性将转子回路的电压限制在要求的水平上，以保证发电机转子、励磁系统功率整流器及相关回路的安全。过电压保护动作后通常经短延时作用于发电机跳闸停机及跳磁场断路器灭磁，以便在过电压保护投入时间较长或过电压保护电子开关误动时，保证非线性电阻的安全。保护动作后过电压保护动作信号可由电流继电器 K 给出（过电压保护动作触点信号），或从互感器 T 取得过电压保护动作信息。过电压保护的动作值在触发器中整定。发电机灭磁时，图 3-26（a）所示的灭磁电阻 R_r 由磁场断路器 QF1 的动断触头投入，图 3-26（b）所示的 R_r 为由外部输入的灭磁启动信号驱动的灭磁电阻投入电子开关 V3 投入。目前转子过电压保护非线性电阻共用灭磁电阻的方案，主要应用在灭磁电阻采用碳化硅非线性电阻的励磁系统，并通常采用图 3-26（a）或 3-26（b）接线。

转子过电压保护与发电机灭磁共用非线性电阻时，过电压保护动作后，转子电压将受非线性电阻 *V-A* 特性所抑制。由于灭磁非线性电阻 *V-A* 特性通常按发电机灭磁要求选择，故仅在灭磁非线性电阻 *V-A* 特性可同时满足过电压保护要求时，过电压保护方可采用与发电机灭磁共用非线性电阻方案，否则需采用图 3-26（c）的非线性电阻单独设置的过电压保护。

转子过电压保护非线性电阻与发电机灭磁电阻共用时，非线性电阻容量及特性参数通常按发电机灭磁要求进行选择。

4.3.1.2 转子过电压保护非线性电阻单独设置并采用氧化锌电阻

图 3-26（c）所示为采用氧化锌（ZnO）非线性电阻的发电机转子过电压保护，非线性电阻（R_p）为单独设置，仅用于过电压保护，发电机灭磁采用励磁系统另外设置的灭磁电阻及相应的灭磁控制接线。此时过电压保护通常仅设置正向过电压电子开关（V1）及

触发器。氧化锌非线性电阻通过反接二极管（V2）跨接在转子＋、－极，氧化锌压敏电压按反向过电压保护的动作整定值要求选择，转子反向过电压大于整定值时，非线性电阻将工作在 *V-A* 特性较平缓的限压段，使转子电压限制在要求的水平上。此方案是考虑了氧化锌非线性电阻有较高的压敏电压且漏电流很小，而在发电机正常运行时转子重复性的反向过电压较低，在满足转子对过电压保护抑制电压要求的同时，通常可使氧化锌非线性电阻能得到满足要求的荷电率（要求应小于 0.6），详细描述在本篇 6.2，保证氧化锌非线性电阻使用的安全可靠。而转子的正向过电压（包括晶闸管关断过电压）在发电机正常运行时通常有较高的数值，氧化锌非线性电阻正向过电压保护回路采用正常跨接在转子＋、－极的接线方式时，难以满足氧化锌非线性电阻荷电率小于 0.6 的要求，故需要设置开关在发电机正常运行时断开与发电机转子的连接，仅在过电压时投入。采用氧化锌非线性电阻的图 3-26（c）过电压保护，氧化锌电阻的压敏电压通常大于发电机正常运行的转子电压峰值，在发电机正常运行时氧化锌灭磁电阻仅有漏电流，此漏电流通常小于电子开关维持电流，故电子开关在过电压消失及触发器复归后可自动复归（关断），整个过电压保护接线恢复正常保护功能。过电压保护动作信息可由互感器 T 取得，保护动作后，可延时动作发电机跳闸停机及跳磁场断路器灭磁，也可仅作用于信号。由于碳化硅非线性电阻不具有氧化锌非线性电阻的压敏电压特性，且漏电流较大，故图 3-26（c）接线的过电压保护电阻仅能使用氧化锌电阻。

4.3.2 转子过电压保护动作电压的整定计算

下面描述转子过电压保护动作电压的整定，包括过电压保护触发器动作电压的整定及图 3-26（c）所示接线氧化锌非线性电阻压敏电压的确定。

转子过电压保护动作电压的整定值，根据 DL/T 583，应低于励磁功率整流器的最大允许电压，应使转子过电压的瞬时值不超过出厂试验时转子绕组对地耐压试验电压幅值的 70%。转子过电压保护动作电压的整定值，还需根据过电压保护接线的特点，高于励磁功率整流器输出的某一电压峰值。对反向过电压保护，通常还需考虑在发电机灭磁转子出现反向电压时应不动作。下面是对转子过电压保护动作电压整定值的有关考虑及计算。

4.3.2.1 *转子过电压保护整定对励磁功率整流器允许最高电压的考虑及计算*

励磁功率整流器通常采用每桥臂 1 个晶闸管的三相全控桥式整流器，由本篇 3.2 及图 3-4 可见，处于关断状态的晶闸管将通过与其相连接的导通的晶闸管承受整流器的输出电压（即转子电压）。故整流器允许的最高电压为晶闸管断态正向重复峰值电压（V_{DRM}）及反向重复峰值电压（V_{RRM}），也是晶闸管的额定电压。转子过电压保护按低于励磁功率整流器允许的最高电压整定时，正向过电压保护整定值（U_{fstp}）应小于晶闸管反向重复峰值电压（V_{RRM}），反向过电压保护整定值（U_{fstn}）的绝对值应小于晶闸管断态正向重复峰值电压（V_{DRM}），即

$$U_{fstp} < V_{RRM} \tag{3-93}$$

$$|U_{fstn}| < V_{DRM} \tag{3-94}$$

式中：U_{fstp}为转子正向过电压保护整定值；V_{RRM}为晶闸管反向重复峰值电压；U_{fstn}为转子反向过电压保护整定值（负电压）；V_{DRM}为晶闸管断态正向重复峰值电压。

4.3.2.2　转子过电压保护整定对出厂试验时转子绕组对地耐压试验电压幅值的考虑及计算

按照DL/T 489《大中型水轮发电机静止整流励磁系统试验规程》的规定，出厂试验时，转子绕组对地耐压试验的电压值（工频电压有效值），对额定励磁电压500V及以下的发电机转子为10倍额定励磁电压且最小值不得低于1500V，对额定励磁电压500V以上的发电机转子为2倍额定励磁电压加4000V。故出厂转子试验绕组对地耐压试验电压幅值U_{ft}可计算为

$$\begin{aligned}U_{ft} &= 10\sqrt{2}U_{fr}(\text{V}),\text{且} \geqslant 1500\sqrt{2}(\text{V}) \quad (U_{fr} \leqslant 500\text{V}) \\ &= \sqrt{2}(2U_{fr}+4000)(\text{V}) \quad (U_{fr} > 500\text{V})\end{aligned} \tag{3-95}$$

式中：U_{fr}为额定励磁电压，即发电机运行在额定电压、电流、功率和转速下的转子电压。

按DL/T 483的要求，转子过电压保护的动作整定值应保证转子过电压的瞬时值不超过出厂试验转子绕组对地耐压试验电压幅值的70%。故过电压保护的整定值应满足

$$U_{fstp} < 0.7U_{ft} \tag{3-96}$$

$$|U_{fstn}| < 0.7U_{ft} \tag{3-97}$$

式中：U_{ft}由式（3-95）计算。

4.3.2.3　转子过电压保护整定对励磁功率整流器输出电压峰值的考虑及计算

下面的分析表明，为保证过电压保护的正确可靠动作，转子过电压保护动作电压的整定值，需要高于励磁功率整流器输出的某一电压峰值。由于转子过电压保护电阻与灭磁电阻共用和单独设置且采用氧化锌电阻时，过电压保护各有其特点，其过电压动作值整定对励磁功率整流器输出电压峰值也有不完全相同的考虑。

1. 转子过电压保护电阻与灭磁电阻共用时

由3.2可知，励磁功率整流器输出电压的正及负峰值（不计及晶闸管关断过电压）将随整流器晶闸管的控制角及交流电压而变化。在整流器控制角不大于30°时，不计及换相尖峰电压的整流器输出电压的正峰值等于交流正弦电压峰值。

在发电机误强励时，机端及整流器交流侧将出现较高的电压，此时励磁功率整流器控制角可考虑为0°，励磁功率整流器输出将有很高的正向电压峰值。发电机误强励时，发电机定子电压及励磁电流将迅速增加，直至发电机定子过电压保护（或励磁变压器过电流保护）动作跳闸及跳磁场断路器灭磁。故励磁系统的转子正向过电压保护动作的整定值可不需躲过误强励整流器输出电压峰值。在机组转速升高兼励磁调节失灵机端出现过电压时，也可作相同的考虑。

发电机强励时，整流器控制角通常不大于10°，整流器输出电压的正峰值等于交流正弦电压峰值（不计换相尖峰电压）。整流器输出的最大（绝对值）反向（负）电压峰值发生在整流器控制角不小于150°的逆变工况，并等于交流电压负峰值。由于在引起发电机强励的故障消失后，发电机将恢复正常运行。发电机正常停机及非电气事故停机时，通常采用逆变灭磁，不跳磁场断路器。故当转子过电压保护动作联动发电机跳闸并跳磁场断路器

灭磁时，转子过电压保护在发电机强励及正常停机及非电气事故停机逆变时不应动作。

转子过电压保护与发电机灭磁共用电阻时，灭磁电阻的 V-A 特性通常按发电机灭磁要求选择，过电压保护动作投入灭磁电阻后，发电机转子电压将被灭磁电阻的 V-A 特性所限制，被抑制的转子电压有可能低于强励、逆变时整流器输出的电压峰值（正及负），此时可能使发电机强励、逆变时整流器的输出受到限制，故从避免这种情况考虑，转子过电压保护在发电机强励及正常停机及非电气事故停机逆变时也不应动作。

因此，转子正向过电压保护的动作值应按高于强励时整流器输出的电压峰值整定，反向过电压保护的动作值（绝对值）应按高于正常停机及非电气事故停机逆变时整流器输出的电压峰值（绝对值）整定。由本篇 4.1 可知，整流器输出的正向电压将叠加有晶闸管关断过电压及浪涌等来自整流器交流侧的过电压，整流器输出的反向电压不出现晶闸管关断过电压，但仍可能叠加其他来自整流器交流侧的过电压。故转子正向过电压保护动作的整定值，应按高于发电机强励时整流器含有过电压的输出电压峰值考虑，当忽略强励时发电机机端的电压降时，正向过电压保护动作整定值 U_{fstp} 可计算为

$$U_{fstp} > k_{pf}\sqrt{2}U_{2r} \tag{3-98}$$

式中：k_{pf} 为整流器回路的过电压倍数（也称电压尖峰系数或电压冲击系数），根据晶闸管及交流侧过电压保护情况取值，对目前励磁系统常用的三相全控桥式整流器，在交流回路及晶闸管设置过电压吸收装置后，k_{pf} 一般为 1.4～1.5，k_{pf} 宜通过励磁系统过电压仿真计算确定；U_{2r} 为励磁变压器低压绕组的额定电压（有效值）。

转子反向过电压保护动作整定值，应按其绝对值高于发电机正常停机及非电气事故停机逆变时，整流器输出电压的负峰值（含有过电压的）考虑。励磁功率整流器逆变时的控制角通常为 150°，此时整流器输出电压的负峰值为交流电压的负峰值。当考虑非电气事故停机或手动紧急关进水闸门跳闸停机时，逆变有可能在发电机甩负荷机端电压升高情况下投入，反向过电压保护动作整定值 U_{fstn} 可计算为

$$|U_{fstn}| > k_u k_{pf}\sqrt{2}U_{2r} \tag{3-99}$$

式中：k_u 为相对于发电机额定电压的机端电压升高系数，取 1.15，为励磁系统正常时发电机甩负荷时机端电压的最大升高值（见 DL/T 583），其余各量见式（3-98），并认为整流器交流侧及晶闸管设置的过电压保护对正向及反向过电压有相同的抑制效果，即有相同的 k_{pf}。

2. 转子过电压保护电阻单独设置并采用氧化锌电阻时

由图 3-26（c）可见，此时正向过电压保护有投入开关，其接线同过电压保护共用灭磁电阻方案，保护整定也有相同的考虑，由于保护接线在过电压消失后可自动复归，即使在保护仅动作于信号时，也需避免在重复性的晶闸管关断过电压下保护反复动作，故整定值需按式（3-98）计算。

反向过电压保护无投入开关，氧化锌非线性电阻通过二极管跨接于转子＋、－极间，直接承受发电机转子的反向电压。在转子反向电压绝对值不高于氧化锌非线性电阻的压敏电压 U_{10mA} 时，氧化锌电阻仅有漏电流流过，相当于关断状态；当转子反向电压（绝对值）大于 U_{10mA} 电压时，转子电压将被限制在氧化锌电阻 V-A 特性近似稳压段对应的电压上。

故可认为反向过电压保护的动作电压为氧化锌电阻的压敏电压，即 $U_{fstn}=U_{10mA}$。

由于过电压保护氧化锌电阻通过二极管正常跨接于转子+、-极间，需要保证氧化锌电阻在承受转子长期出现的反向电压时其荷电率不大于0.6，即转子长期重复出现的加于氧化锌电阻上的反向电压应不大于氧化锌电阻压敏电压的0.6倍。由于发电机误强励、强励、逆变、灭磁等均属于短时运行工况，晶闸管关断过电压不在整流器输出的反向电压出现，而由整流器交流侧来的过电压如浪涌过电压等均为短时瞬态过电压。故在发电机转子长期出现的最大反向电压，可考虑为发电机空载运行时整流器输出电压的负峰值。故为保证氧化锌电阻的荷电率不大于0.6，需按0.6倍的 U_{10mA} 大于发电机空载运行时整流器输出电压负峰值对 U_{10mA} 取值。即

$$|U_{fstn}|=U_{10mA}>\frac{1}{0.6}k_u\sqrt{2}U_{2r}\times|\sin(\alpha_0+120°)| \tag{3-100}$$

式中：α_0 为发电机空载运行时励磁功率整流器晶闸管的控制角，一般约80°；其余参数见式（3-99）。

整流器输出电压的负峰值计算引自参考文献［17］。

但按上式计算的整定值将使反向过电压保护在发电机逆变时动作。故正如本小节上面的分析，当转子过电压保护动作联动发电机跳闸灭磁时，整定值应采用式（3-99）计算；当转子过电压保护仅动作于信号时，由于保护接线在过电压消失后可自动复归，暂态的短时反向过电压通常不影响整流器逆变的应用，而转子反向电压无重复性的晶闸管关断过电压，故反向过电压保护动作值可按大于逆变时整流器输出的电压峰值（绝对值，不考虑过电压）整定。励磁功率整流器逆变时的控制角通常为150°，此时直流输出电压的负峰值为交流电压的负峰值，当考虑逆变有可能在发电机甩负荷机端电压升高情况下投入时，过电压保护仅动作于信号时，反向过电压保护整定的动作电压可计算为

$$|U_{fstn}|=U_{10mA}>k_u\sqrt{2}U_{2r} \tag{3-101}$$

式中：各参数含义及取值同式（3-99）。显然，按式（3-101）计算的 U_{10mA}，可满足过电压保护氧化锌电阻的荷电率不大于0.6的要求。

4.3.2.4　转子过电压保护动作电压整定值对发电机灭磁（跳磁场断路器灭磁）时转子最高电压的考虑及计算

发电机正常停机及机械事故停机时采用逆变灭磁，电气事故时采用跳磁场断路器灭磁。过电压保护动作电压整定对逆变灭磁的考虑已如上述。发电机跳磁场断路器灭磁时，灭磁电阻先于磁场断路器主触头QF1分闸前投入，在磁场断路器的分断弧压作用下，转子两端电压由灭磁开始的正向电压变化成反向电压，转子电流随之向灭磁电阻转移。在电流完全转移时，转子反向电压出现最大值（绝对值），该最大值在分断最大转子电流时有最高的电压值（绝对值）。由于发电机跳磁场断路器灭磁时转子两端出现的电压为反向电压，故仅反向过电压保护整定需要对发电机灭磁工况进行考虑。

当转子过电压保护与灭磁共用电阻时，由于发电机灭磁时电阻已由灭磁用的开关投入，故与之并联的反向过电压保护开关，其动作整定可不考虑发电机跳磁场断路器灭磁时的转子电压。

转子过电压保护采用氧化锌电阻且单独设置时［如图3-26（c）接线］，过电压保护及发电机灭磁各自配置的氧化锌电阻，其特性及容量均分别按过电压保护要求和发电机灭磁要求、分别单独工作的运行工况进行选择。在发电机跳磁场断路器灭磁时，过电压保护的氧化锌电阻不应投入。故采用氧化锌电阻且单独设置的反向过电压保护动作电压 U_{fstn}，即氧化锌电阻压敏电压 U_{10mA}，通常应按高于发电机跳磁场断路器灭磁时转子的最高反向电压 U_{fm} 的绝对值整定。即

$$U_{fstn}=U_{10mA}>|U_{fm}| \tag{3-102}$$

4.3.2.5　转子过电压保护动作电压整定值

1. 转子过电压保护与灭磁共用电阻时过电压保护动作电压整定值

根据本节上面的分析，此时转子过电压保护通常动作于停机灭磁，其整定值应低于晶闸管的额定电压、低于出厂试验转子绕组对地耐压试验电压幅值的70%，并高于所考虑的励磁功率整流器的输出电压峰值。满足这些要求的整定值可计算：正向过电压保护整定值 U_{fstp} 应同时满足式（3-93）、式（3-96）、式（3-98）的要求，反向过电压保护整定值 U_{fstn}（负电压）应同时满足式（3-94）、式（3-97）、式（3-99）的要求。具体计算式为

$$k_{pf}\sqrt{2}U_{2r}<U_{fstp}<V_{RRM} \quad \text{且}\ U_{fstp}<0.7U_{ft} \tag{3-103}$$

$$k_{u}k_{pf}\sqrt{2}U_{2r}<|U_{fstn}|<V_{DRM} \quad \text{且}\ |U_{fstn}|<0.7U_{ft} \tag{3-104}$$

式中：k_{pf} 为整流侧过电压倍数，取值见式（3-98）；U_{2r} 为励磁变压器的低压绕组额定电压（有效值）；V_{RRM} 为晶闸管反向重复峰值电压；U_{ft} 为出厂试验转子绕组对地耐压试验电压幅值，由式（3-95）计算；k_{u} 为相对于发电机额定电压的机端电压升高系数，取1.15；V_{DRM} 为晶闸管断态正向重复峰值电压。

2. 转子过电压保护采用氧化锌电阻且单独设置时［图3-26（c）接线］的过电压保护动作电压整定值及氧化锌电阻的压敏电压

此时转子正向过电压设置有电子开关，保护动作电压 U_{fstp} 的整定与上述1相同，U_{fstp} 按同时满足式（3-93）、式（3-96）、式（3-98）的要求考虑，并采用式（3-103）计算。

转子反向过电压保护的动作电压 U_{fstn}，即氧化锌电阻的压敏电压 U_{10mA} 值，根据本节上面的分析，应低于晶闸管的额定电压、低于出厂试验转子绕组对地耐压试验电压幅值的70%、高于所考虑的励磁功率整流器逆变灭磁时整流器输出的最高电压峰值，并高于发电机灭磁时转子最高电压（反向电压）U_{fm} 的绝对值。即同时满足式（3-94）、式（3-97）、式（3-99）（转子过电压保护动作停机灭磁时）或式（3-101）（转子过电压保护仅动作信号时）、式（3-102）的要求。具体计算式为

$$k_{u}k_{pf}\sqrt{2}U_{2r}<U_{10mA}<V_{DRM}\text{（动作于停机）或}\ k_{u}\sqrt{2}U_{2r}<U_{10mA}<V_{DRM}\text{（动作于计数）}$$

$$\text{且}\ |U_{fm}|<U_{10mA}<0.7U_{ft} \tag{3-105}$$

式中：U_{fm} 为发电机灭磁时转子最高电压（反向电压）；其余各参数见式（3-103）、式（3-104）。

4.3.3　转子过电压保护用非线性电阻整组特性的选择

转子过电压保护动作后，转子电压将被抑制在由过电压保护非线性电阻 V-A 特性所

确定的电压上。从对转子回路的设备安全考虑，过电压时非线性电阻上的最高电压，应小于晶闸管的额定电压（即断态正向重复峰值电压 V_{DRM} 及反向重复峰值电压 V_{RRM}）及转子绕组绝缘所允许的过电压。对于后者，可根据 DL/T 583 关于直流侧过电压保护装置动作整定值选择的要求，按保证转子绕组两端过电压的瞬时值，不超过转子绕组出厂试验对地耐压试验电压幅值 U_{ft} 的 70%考虑。故转子过电压保护动作后转子的最高电压 U_{fp}，也是转子过电压保护动作后非线性电阻的最高电压，应满足下式关系

$$V_{RRM} > U_{fp} < V_{DRM} \quad 且\ U_{fp} < 0.7U_{ft} \tag{3-106}$$

式中：U_{ft} 的计算见式（3-95）。

非线性电阻的电压，取决于流过非线性电阻的电流，较大的电流对应较高的电压。故过电压保护非线性电阻的整组 *V-A* 特性，应按转子过电压保护动作后，流过非线性电阻的电流为最大时，非线性电阻上的电压 U_{fp} 不超出式（3-106）计算的数值进行选择。

由于产生转子过电压的工况比较复杂，通常难以对过电压保护动作后非线性电阻的电流进行定量计算。故转子过电压保护的非线性电阻整组特性，宜采用仿真计算确定，或在分析计算基础上取一定的裕度进行选择。对过电压保护动作后流过非线性电阻的最大电流，参考文献［18］建议对雷击过电压保护取为 5～20kA，对中小容量整流器的操作过电压保护取 3～5kA。

当过电压保护的非线性电阻与灭磁电阻共用时，灭磁电阻整组特性的选择在满足发电机灭磁要求的同时尚需满足式（3-106）的要求。

当过电压保护的非线性电阻采用氧化锌电阻且单独设置时，灭磁电阻整组特性的选择除应满足式（3-106）的要求外，还应满足式（3-105）的要求。

4.3.4　转子过电压保护非线性电阻的工作能容量

转子过电压保护非线性电阻的工作能容量，取决于过电压保护动作后非线性电阻的电压、电流及其持续时间。在发电机转子的各种过电压工况中，晶闸管关断尖峰过电压为周期性出现，其持续时间一般为微秒级；雷电及操作过电压为短时出现且衰减很快；发电机失步振荡时的滑差过电压，发电机非全相、发电机端两相短路等事故或异常情况下的转子过电压，通常呈周期性波形，且衰减较慢，可能有较高的幅值，对属于继电保护范围的事故，过电压的持续时间取决于相关继电保护的动作时间，在某些异常情况下（如振荡中心在电网中的电力系统振荡）引起的过电压，可能有较长的持续时间，一般为转子过电压保护非线性电阻工作能容量计算选择需要考虑的工况。故转子过电压的特征及其对非线性电阻容量的要求，通常将涉及发电机及电力系统的瞬态过渡过程，需要针对具体的电厂发电机及具体的电力系统进行专项的难度较大的研究，至今研究仍少。对目前工程上采用的过电压保护与灭磁共用非线性电阻方案（非线性电阻容量按发电机灭磁要求选择），一般认为可满足发电机转子过电压保护的要求，但也缺少较充分的分析研究及论证。转子过电压非线性电阻工作能容量的确定，宜根据电厂及电力系统的具体情况，进行相关的分析研究或仿真计算与试验。

表 3-15 是与这些事故相关的主保护及通常整定的动作时延。对引起转子过电压的发

电机或电力系统事故，大多数情况下继电保护将无延时或短延时跳闸，事故引起的转子过电压持续时间很短。

表 3-15　引起转子过电压的发电机事故、相关的主保护及通常整定的动作时延

发电机事故	相关主保护	保护动作后延时跳闸	备注
失步振荡	失磁保护	(1) 不允许失磁运行的发电机，延时取 0.5～1.0s。 (2) 按发电机制造厂及电力部门确定的允许失磁异步运行的时间（水轮发电机一般不考虑失磁后的异步运行）	据 DL/T 684《大型发电机变压器继电保护整定计算导则》
	失步保护	当失步振荡中心在发电机-变压器组内部时，滑极次数整定 1～2 次动作于跳闸	
非全相	非全相保护	0.2～0.5s[15]	
机端两相短路	差动保护	0s	保护装置动作时间（示例）：0.025～0.03s

4.4　励磁系统过电压保护计算示例

4.4.1　每桥臂设置的晶闸管关断过电压保护电容、电阻参数计算

4.4.1.1　过电压保护的电容量选择计算

本例晶闸管的通态平均电流 $I_{TAVM}=1890A$，当取计算系数为 1 时，过电压保护的电容量由式（3-71）可计算为

$$C=1\times I_{TAVM}\times 10^{-3}=1\times 1890\times 10^{-3}=1.89(\mu F)$$

当计算系数按式（3-71）取 1～5 时，电容量的取值范围为 1.89～9.45μF。

4.4.1.2　电容器额定电压选择计算

电容器的额定电压应不低于励磁变压器连续运行时低压绕组线电压峰值（包括换相等产生的过电压）并有一定的裕度。励磁变压器低压绕组额定线电压 $U_{2r}=1200V$，当取发电机连续运行时的励磁变压器低压绕组线电压为 $1.1U_{2r}$、设置阻容保护后的过电压倍数为 1.5 时，电容器的额定电压 U_{cr} 应不低于下式的计算值，即

$$U_{cr}=1.5\times 1.1\sqrt{2}U_{2r}=1.5\times 1.1\times\sqrt{2}\times 1200=2800(V)$$

短时过电压承受能力校验。以误强励时施加于电容器上的电压校验所选电容器的短时过电压承受能力。当误强励时励磁变压器低压绕组电压按 $1.45U_{2r}$ 考虑时，施加于电容器上的电压峰值 U_{cm} 可计算为

$$U_{cm}=1.5\times 1.45\sqrt{2}U_{2r}=1.5\times 1.45\times\sqrt{2}\times 1200=3691(V)$$

过电压值为电容器额定电压的 1.32 倍。

过电压保护电容选择电力电子电容器。按照 GB/T 17702 或 GB/T 25121《轨道交通　机车车辆设备　电力电子电容器》对电力电子电容器短时过电压能力的规定（见表 3-13），电容器在额定电压的 1.3 倍过电压下，一天内的持续时间为 1min。由于励磁系统误强励导致发

电机定子过电压的持续时间一般在几秒以内，故所选电容器具有承受发电机误强励过电压的能力而不影响电容器的使用寿命。

4.4.1.3　过电压保护的电阻值

过电压保护的电阻值按式（3-72）计算。与整流器交流回路每相电感 L 计算相关的基本参数为励磁变压器容量 $S_{tr}=9000\text{kVA}$、低压绕组额定线电压 $U_{2r}=1200\text{V}$、阻抗电压 $u_k=0.08$，励磁功率整流器每支路每相至励磁变压器的交流电缆为 3 根单芯的截面为 185mm^2 的 3～6kV 交联聚乙烯绝缘电缆，单根电缆电感为 0.308mH/km（见表 3-16），整流器至励磁变压器电缆连接距离为 40m。由此以式（3-73）计算励磁变压器的每相漏电感 L_T 为

$$L_T=\frac{u_kU_{2r}^2}{2\pi fS_{tr}}\times 10^6=\frac{0.08\times 1200^2}{2\pi\times 50\times 9\ 000\ 000}\times 10^6=40.7(\mu\text{H})$$

表 3-16　　3～6kV 交联聚乙烯绝缘电缆的电感、电容值

标称截面（mm²）		25	35	50	70	95	120	150	185	240	300	400
单芯	电感（mH/km）	0.42	0.408	0.385	0.366	0.344	0.331	0.315	0.308	0.301	0.296	0.295
	电容（μF/km）	0.24	0.26	0.30	0.34	0.38	0.42	0.46	0.50	0.54	0.56	0.61
三芯	电感（mH/km）	0.363	0.351	0.331	0.314	0.301	0.289	0.280	0.273	0.266	0.263	0.259
	电容（μF/km）	0.70	0.78	0.90	1.02	1.14	1.26	1.38	1.50	1.62	1.68	1.83

连接整流器每支路每相至励磁变压器交流电缆的电感 L_1 为（计算忽略电缆间的互感）

$$L_1=\frac{0.308\times 10^3\times 40}{3\times 1000}=4.11(\mu\text{H})$$

整流器每相交流回路电感 L 可计算为

$$L=L_T+L_1=40.7+4.11=44.81(\mu\text{H})$$

当取式（3-72）计算系数为 3 及过电压保护电容取 2μF 时，过电压保护电阻值可估算为

$$R=3\times\sqrt{\frac{2L}{C}}=3\times\sqrt{\frac{2\times 44.81}{2}}=20.1(\Omega)$$

当计算系数按式（3-72）取值 1～3，电容量取 2μF 时，电阻取值范围是 6.7～20.1Ω。

4.4.1.4　电阻功率计算

电阻功率损耗 P_W 由式（3-74）计算。所选择的晶闸管峰值反向恢复电流最大值 $I_{RM}=350\text{A}$（见表 3-7，由晶闸管制造厂提供），当取系统正常工作时的励磁功率整流器交流侧线电压 U_2（有效值）为 $1.1U_{2r}$、过电压保护电容取 2μF 时，电阻功率损耗 P_w 由式（3-74）可计算为

$$\begin{aligned}P_W&=3.5fC(U_2)^2\times 10^{-6}+fLI_{RM}^2\times 10^{-6}\\&=3.5\times 50\times 2\times(1.1\times 1200)^2\times 10^{-6}+50\times 44.81\times 350^2\times 10^{-6}=884.3(\text{W})\end{aligned}$$

实际选用的电阻功率 $P_R=KP_W$，当取 $K=1.7$ 时，P_R 为 1503W。

4.4.2 励磁功率整流器直流侧过电压（转子过电压）保护动作电压整定值计算

4.4.2.1 过电压保护与灭磁共用电阻时的过电压保护动作电压整定值

此时过电压保护动作电压的整定值，应低于晶闸管的额定电压、低于出厂试验转子绕组对地耐压试验电压幅值的70%，并高于所考虑的励磁功率整流器的输出电压峰值。满足这些要求的正向过电压保护整定值 U_{fstp} 按式（3-103）计算，反向过电压保护整定值 U_{fstn}（负电压）按式（3-104）计算。

1. 直流侧（转子）正向过电压保护整定值计算

与直流侧过电压保护整定值计算相关的参数为励磁变压器低压绕组额定线电压 $U_{2r}=1200V$、发电机额定励磁电压 $U_{fr}=456V$、晶闸管断态正向重复峰值电压及晶闸管反向重复峰值电压 $V_{DRM}=V_{RRM}=5200V$。当取整流器直流侧过电压倍数（或称电压尖峰系数）$k_{pf}=1.5$ 时，整流器直流侧正向过电压保护整定值 U_{fstp} 按式（3-103）可计算为

$$k_{pf}\sqrt{2}U_{2r}<U_{fstp}<V_{RRM} \quad 且\, U_{fstp}<0.7U_{ft}$$

代入相关数据后有

$$k_{pf}\sqrt{2}U_{2r}=1.5\times\sqrt{2}\times1200=2546(V)$$

$$0.7U_{ft}=0.7\times(10\times\sqrt{2}\times U_{fr})=0.7\times(10\times\sqrt{2}\times456)=4514(V)$$

由于 $0.7U_{ft}<V_{RRM}$，故正向过电压保护整定值 U_{fstp} 应满足

$$2546V<U_{fstp}<4514V$$

2. 整流器直流侧反向过电压保护整定值计算

当机端电压升高系数（相对于发电机额定电压）k_u 取 1.15，其他参数按 4.4.2.1 中 1 取值时，整流器直流侧反向过电压保护整定值 U_{fstp} 由式（3-104）可计算为

$$k_u k_{pf}\sqrt{2}U_{2r}<|U_{fstn}|<V_{DRM}$$

$$且\,|U_{fstn}|<0.7U_{ft}$$

代入相关数据后有

$$k_u k_{pf}\times\sqrt{2}U_{2r}=1.15\times1.5\times\sqrt{2}\times1200=2928(V)$$

$$0.7U_{ft}=0.7\times(10\times\sqrt{2}\times456)=4514(V)$$

由于 $0.7U_{ft}<V_{DRM}$，故反向过电压保护整定值 U_{fstn} 应满足

$$2928V<|U_{fstn}|<4514V$$

在电厂实际整定时，正、反向过电压保护通常取数值相同的整定值。本例取 3000V。

4.4.2.2 过电压保护采用氧化锌电阻且单独设置时的过电压保护动作电压整定值

此时整流器直流侧正向过电压设置有电子开关，正向过电压保护动作电压 U_{fstp} 的整定与 4.4.2.1 中 1 相同并按式（3-103）计算。即

$$2546V<U_{fstp}<4514V$$

整流器直流侧反向过电压保护的动作电压 U_{fstn}，即氧化锌电阻的压敏电压 U_{10mA} 值，由式（3-105）并按过电压保护仅动作于信号考虑。发电机最高灭磁电压 $U_{fm}=-1800V$。当取整流器直流侧过电压倍数 $k_{pf}=1.5$ 时，整流器直流侧反向过电压保护整定值 U_{fstp} 由式（3-105）可计算为

$$k_u\sqrt{2}U_{2r}<U_{10mA}<V_{DRM}$$

$$且|U_{fm}| < U_{10mA} < 0.7U_{ft}$$

$$k_u \times \sqrt{2}U_{2r} = 1.15 \times \sqrt{2} \times 1200 = 1951.6(V)$$

$$0.7U_{ft} = 0.7 \times (10 \times \sqrt{2} \times 456) = 4514(V)$$

由于 $0.7U_{ft} < V_{DRM}$，U_{fm}绝对值小于交流电压峰值 1951.6V，故有

$$1951.6V < U_{10mA} < 4514V$$

5 励磁调节器及励磁控制

5.1 励磁调节器的功能要求

励磁调节器是励磁系统的重要组成部分。其功能是通过对励磁功率整流器晶闸管控制角的控制，实现发电机励磁的自动及手动调节，使发电机电压及无功满足电厂及电力系统的运行要求，并保证发电机在安全稳定的范围内运行。为此，励磁调节器通常设置调节功能、限制器功能、故障检测及保护等功能。

5.1.1 调节功能

根据电力系统及电厂的要求，电厂每台发电机的励磁调节器通常设置有下列的调节功能。

5.1.1.1 *发电机电压、无功及励磁电流的自动调节*

1. 调节模式

励磁调节器通常应设置发电机电压自动调节（AVR）、无功功率自动调节及励磁电流自动调节（FCR）三种调节模式。根据电力系统及电厂的需要，还可以设置按给定发电机功率因数的自动调节。

励磁调节器对发电机电压、无功、励磁电流或功率因数的自动调节，通常采用按给定值调节模式。励磁调节器接受外部对发电机电压、无功功率、励磁电流或功率因数的给定值对发电机励磁进行调节，使发电机的机端电压、发电无功、励磁电流或功率因数自动维持于给定值运行，调节闭环如图 3-27 所示，当发电值达到设定的给定值后，励磁调节器即停止对励磁功率整流器晶闸管控制角的调整，使励磁功率整流器在相应的输出下稳定运行。发电机机端电压、无功功率、励磁电流或功率因数的检测通常在励磁系统内部设置。

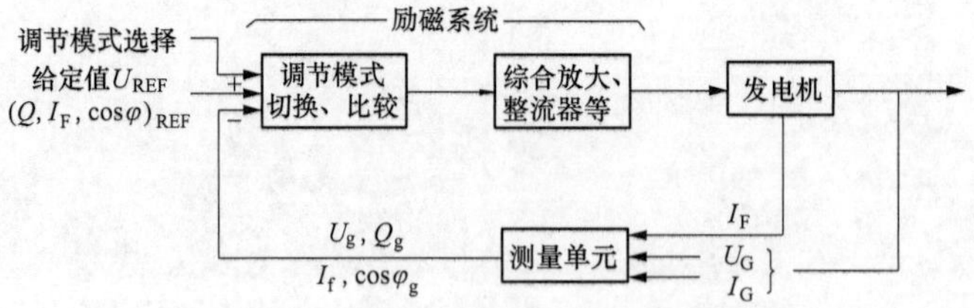

图 3-27 励磁控制系统按给定值的自动调节

U、I、Q、$\cos\varphi$—电压、电流、无功功率、功率因数；

脚注 G（g）、F（f）、REF—发电机端、转子、给定值

（1）自动电压调节。自动电压调节模式是并网运行发电机励磁调节应具有的基本调节模式。发电机机端电压正常需维持于给定值运行，以保证设备安全经济运行及电力系统的

稳定运行。在自动电压调节模式下改变电压给定值，对未并列的发电机为改变发电机的机端电压，对并列运行的发电机将同时改变机端电压及发电机的无功功率。自动电压调节包括了电力系统故障情况下的强行励磁调节，在机端电压异常下降时，励磁调节器将按照整定的调节特性及要求的励磁顶值电压和顶值电流，对励磁功率整流器的控制角进行控制。

励磁调节器的自动电压调节通常采用有差调节方式，按给定的调差特性对发电机电压进行闭环有差自动调节，以满足电力系统对发电机无功的调节要求，并保证并列运行的发电机间无功功率分配的稳定性。此时励磁调节器的电压调节将按电压给定值与发电机端电压的偏差值，以及按给定的调差特性给出的发电机负荷电流补偿值，对发电机励磁进行调节。并列运行的发电机在机端电压偏离给定值时，经励磁调节器调节后，调节稳态的机端电压与电压给定值将有一个由调差特性确定的偏差值。此时，调节器需引入发电机定子电流，并设负荷电流补偿单元，以提供带负荷电流补偿的调节反馈信号 U_C，见图 3-28。

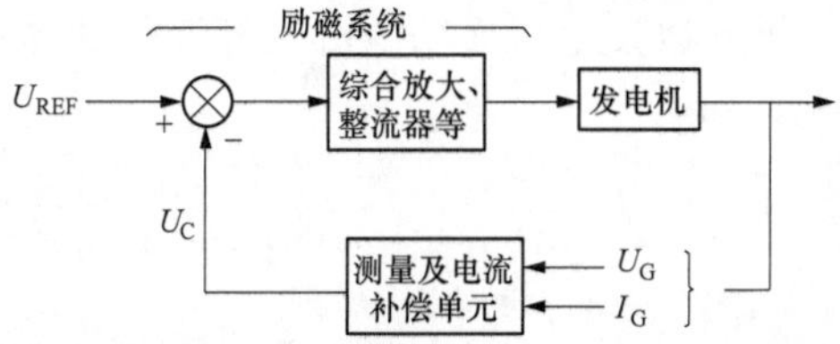

图 3-28 励磁控制系统的电压自动调节

发电机的电压调节可由励磁调节器设置为具有正或负调差的电压调节特性，如图 3-29（a）所示。具有正调差特性的发电机，在机端电压低于给定值时，将按调差特性增加发电机励磁，使发电机的发电无功功率增加，对由于发电无功缺额引起的系统电压降低，可以起到加速系统电压恢复的调节作用，故一般电厂发电机通常采用正调差特性的有差自动调节。负调差特性通常用于需要通过控制发电机励磁，对与机端连接的外部阻抗的无功压降进行补偿，以维持机端外部某一母线电压的电厂发电机。调差特性的斜率可由电厂根据电力系统的要求在励磁调节器中设定。在改变发电机电压给定值时，设定斜率的发电机调差特性将随给定值的改变相对原特性平行移动[如图 5-29（b）所示，由 A 移至 B]。有差调节可使并列运行的发电机间稳定地分配无功。如图 3-29（c）所示，在发电机母线并列运行的发电机，在母线电压变化时，经过励磁调节器的调节，发电机将按设定的电压有差调节特性在新的运行点上稳定运行。

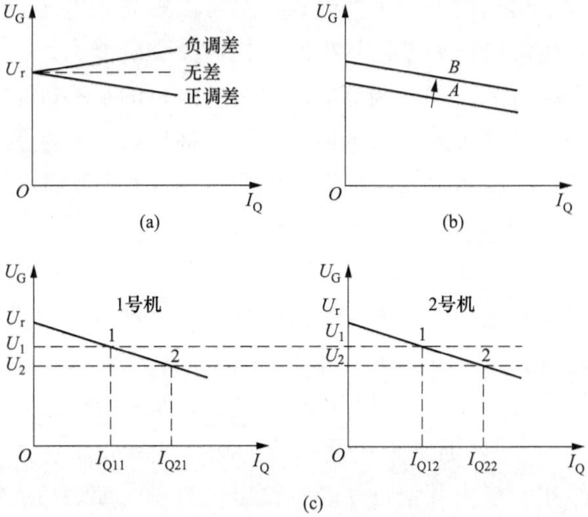

图 3-29 发电机的电压调节特性

（a）调节特性；（b）调节特性平行移动；（c）机组间无功分配

发电机电压调节特性的斜率通常以发电机端电压调差率表示。发电机端电压调差率是指励磁调节器投入电压自动调节且调差单元投入时，在设定的电压给定值及功率因数为 0 情况下，发电机无功电流 I_Q变化所引起的发电机机端电压变化的变化率，即[12]

$$D=-\left(\frac{\Delta U_g}{U_{gr}}/\frac{\Delta I_Q}{I_{gr}}\right)\times 100\% \tag{3-107}$$

式中：D 为发电机电压调差率（也称调差系数）；ΔU_g为发电机在励磁调节器投入电压自动调节、调差单元投入、功率因数为 0 及设定的电压给定值情况下，无功电流变化 ΔI_Q所引起的发电机机端电压的变化；U_{gr}为发电机额定电压；I_{gr}为发电机定子额定电流。

通常以发电机无功电流从零变化到额定定子电流值时，发电机端电压变化率的百分数表示，即

$$D=[(U_{g0}-U_{g1})/U_{gr}]\times 100\% \tag{3-108}$$

式中：U_{g0}、U_{g1}分别为发电机在励磁调节器投入电压自动调节、调差单元投入、功率因数为 0 及设定的电压给定值情况下，发电机无功电流为 0 时的发电机端电压及无功电流由零变化到额定定子电流值时的发电机端电压；U_{gr}为发电机额定电压。

为满足并列运行发电机间无功分配的稳定性及合理性要求，电网中并列运行的发电机一般不采用无差电压调节特性。

（2）无功功率的自动调节。励磁调节器接受外部对发电机无功功率的给定值对发电机励磁进行调节，使发电机的发电无功功率自动维持于给定值运行，又称恒无功调节。在机组投入电厂自动电压控制（AVC）时，发电机的发电无功功率由电厂 AVC 给定。运行人员也可以手动设定给定值。

（3）励磁电流的自动调节。励磁调节器按给定的发电机转子电流对发电机励磁进行调节，使发电机转子电流自动维持于给定值运行。该调节模式通常作为大中型发电机自动电压调节模式故障时的后备调节，发电机转子电流给定值一般仅采用操作员手动增、减脉冲的给定方式给定。该调节模式也称为手动模式，通常以独立于电压自动调节环节的方式设置。此时发电机励磁无机端电压偏差信号控制，机组无强励能力。

（4）功率因数的自动调节。励磁调节器按给定发电机的功率因数对发电机励磁进行调节，使发电机的功率因数自动维持于给定值运行，又称恒功率因数调节。该调节模式通常根据电力系统要求设置。在机组投入电厂自动电压控制（AVC）时，发电机的功率因数由电厂 AVC 给定。运行人员也可以手动设定给定值。

2. 给定值的给定方式、跟踪及限制

（1）为满足电力系统及电厂对发电机励磁的自动及手动调节要求，励磁调节器通常设置有下列的给定值给定方式。

1）以增、减脉冲输入方式对发电机的电压或无功等进行给定，脉冲的持续时间对应一定的给定值增量（＋或－），通常采用硬布线的输入接线；增、减脉冲可由操作员手动操作励磁增、减开关给出，或由其他自动装置给出（自动同期装置、计算机监控系统的机组现地控制单元等）。

2）以数字输入或模拟量输入方式对发电机的电压或无功进行给定。模拟量输入方式

通常以给定值与发电值之差的偏差值给定，也可以采用给定值与调节器中给定单元的设定值之差的偏差值给定；给定值一般由计算机监控系统的机组现地控制单元给出。

采用硬布线接线的以增、减脉冲输入的给定方式为励磁调节器必须设置的基本给定方式，也是电厂计算机监控系统对励磁系统的基本给定方式。

（2）为实现调节模式的无扰动切换，调节器设置给定值的跟踪功能。例如，在电压调节、无功调节及功率因数调节模式下，励磁电流调节的励磁电流给定值自动跟踪发电机的励磁电流。在励磁电流调节模式下，电压调节的电压给定值自动跟踪发电机电压。在电压调节及励磁电流调节模式下，无功功率调节的无功给定值自动跟踪发电机的无功功率，功率因数调节的功率因数给定值自动跟踪发电机的功率因数。发电机与电力系统解列空载运行或机组停机时，励磁调节器自动将电压给定设定为额定空载值。

（3）励磁调节器应具有给定值的上、下限限制功能，以限制给定值超过运行限值。上、下限整定值应能现地和远方调整。

3. 调节模式的投入及切换

励磁调节器的各调节模式可由运行人员根据电厂或电力系统的要求，在励磁调节器屏或远方进行手动投入或切换。在下列情况下，调节器将对调节模式按预先的安排进行自动切换：

（1）在励磁调节器投入时，若无调节模式的其他切换信号，调节器自动将调节模式置于自动电压调节模式。

（2）在电压互感器断线时调节器自动转为励磁电流调节模式。自动电压调节故障时（对冗余调节器，为两套调节器均故障时），调节器自动切换至励磁电流调节方式运行。

（3）发电机甩负荷变为空载运行时，励磁调节器自动转为电压调节模式。

（4）发电机空载运行时，仅允许投入电压调节模式或励磁电流调节模式，包括手动投入及自动切换投入。无功调节模式及功率因数调节模式仅在发电机并网运行后并通常由电厂 AVC 投入，也可手动投入。

根据电厂运行的需要，还可设置调节模式的其他自动切换方式及相应的运行条件（包括电厂运行方式和状态）监视。

5.1.1.2　提高电力系统稳定的调节

励磁系统通常需要根据电力系统的要求采用提高电力系统稳定的调节。

励磁系统需根据电力系统的要求设置电力系统稳定器（PSS），以增加电力系统振荡（低频振荡）阻尼，提高电力系统的稳定性。电力系统稳定器的输入信号通常是发电机轴转速、频率、功率或他们的组合，其输出作为调节器的输入信号接入励磁调节器。电力系统稳定器通常是设置在励磁调节器中的一个软件功能，由励磁调节器软件实现电力系统的稳定调节，并可由外部输入信号进行投入/退出。

根据电力系统的要求，电厂发电机也可以采用其他的提高电力系统稳定的调节控制，如线性最优控制、非线性最优控制等。

励磁调节器的上述调节功能，应有满足要求的可靠性、调节稳定性及良好的调节品质，包括满足要求的响应性及调节的稳态精确度等。

5.1.2 限制器功能

为保证发电机在安全稳定的范围内运行，励磁调节器通常主要设置下列限制器功能。

1. 最大励磁电流限制器

最大励磁电流限制器用于限制励磁电流不超过励磁顶值电流，在励磁功率整流器部分支路退出或冷却系统故障时，应将励磁电流限制到预设的允许值。

2. 强励反时限限制器

强励反时限限制器用于防止发电机转子过热，限制器的反时限特性应与发电机转子热容量能力特性相匹配。在强励到达允许的持续时间时，限制器应自动将励磁电流减到长期连续运行允许的最大值（通常为1.1倍的额定励磁电流）。在引起强励的原因消失后，励磁系统应能自动恢复到强励前的状态。

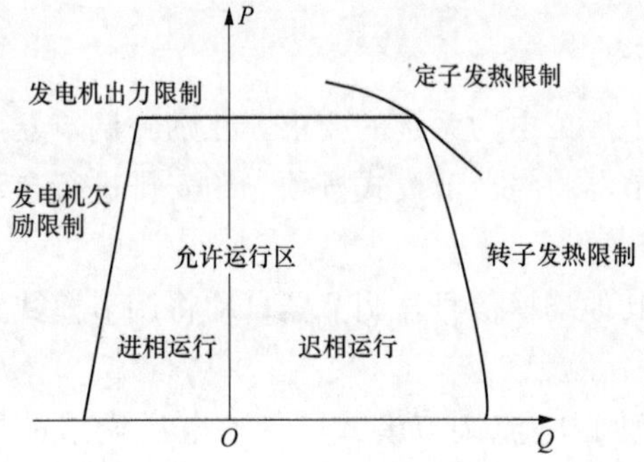

图 3-30 发电机的 P-Q 特性

3. 过励磁限制器

过励磁限制器用以保证迟相运行（滞后功率因数运行）的发电机运行在 P-Q 特性（见图3-30）的允许运行区域内。当发电机运行点由于某些原因超出限制范围时，调节器应能限制（通常经延时）励磁系统的输出，自动使发电机回到限制范围内运行。在引起过励的原因消失后，励磁系统应能自动恢复到过励前的状态。

4. 欠励磁限制器

欠励磁限制器用以保证进相运行的发电机运行在 P-Q 特性（见图3-30）的允许运行区内，防止发电机失磁，当发电机运行点超出 P-Q 曲线进相运行区的限制范围时，限制器应立即动作使运行点回到限制范围内。欠励磁限制器动作应先于继电保护的失磁保护。

5. 电压/频率（或称伏/赫）限制器

电压/频率（U/f）限制器用于防止发电机定子及升压变压器铁心由于过激磁而过热。

发电机定子及升压变压器等带铁心绕组，绕组外加电压 U(V) 与绕组匝数 W、铁心截面 S(M^2)、磁密 B(T) 及频率 f(Hz) 有如下关系，即

$$U = 4.44fWBS \tag{3-109}$$

对具体的铁心绕组，W、S 为定值，设 $K=4.44WS$，式（3-109）可写成

$$B = K\frac{U}{f} \tag{3-110}$$

即铁心绕组的磁密B正比于 U/f。故发电机或变压器在过电压、低频率或过电压且低频率的运行情况下，将使发电机定子及升压变压器因铁心磁密增大而饱和，导致铁心绕组发热。电压/频率（U/f）限制器设置了发电机的 U/f 特性曲线，当发电机运行点超过 U/f 特性允许的运行时间时，限制器将动作并通过控制励磁降低发电机电压，使发电机运行点下降到 U/f 特性曲线允许长期连续运行所对应的运行点运行。图3-31所示为发电机的过激磁特性示例，长期连续运行对应的过激磁倍数为1.05（某些发电机可达1.15倍）。过激磁倍数 n 以工作磁密 B 与额定磁密 B_r 的比值表示，即

$$n = \frac{B}{B_r} \tag{3-111}$$

由式（3-110）可得

$$n = \frac{U/f}{U_{gr}/f_r} = \frac{U/U_{gr}}{f/f_r} \tag{3-112}$$

式中：U_{gr}、f_r为发电机额定电压、额定频率。

由式（3-112）可知，过激磁倍数等于发电机电压的标幺值与频率标幺值的比值。

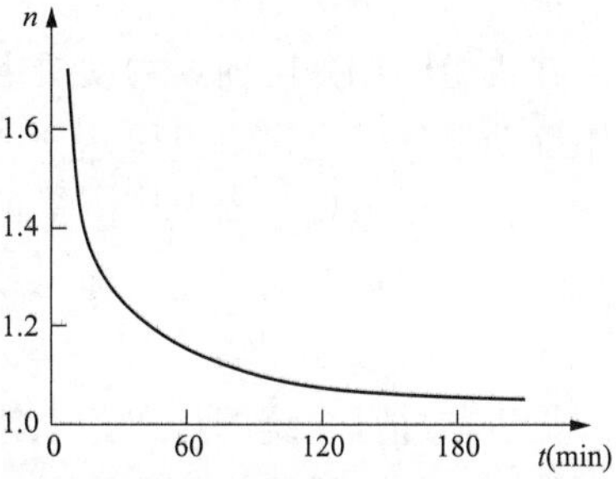

图 3-31　发电机的过激磁特性示例

6. 其他限制器

根据电厂发电机的具体情况可以装设其他限制器，如装设发电机定子电流限制器。应可以通过调节器的软件设定某一限制功能投入或退出。

5.1.3　故障检测与保护

励磁调节器设置故障检测与保护功能，以保证励磁系统的安全可靠运行，主要有下列各项。

（1）故障在线检测及诊断，包括硬件及软件的故障在线诊断、调节通道故障检测及切换等。

（2）电压互感器断线。

（3）电源故障。

（4）通信故障。

（5）励磁绕组温度检测及报警。

（6）整流器故障。

根据电厂的需要，在励磁调节器中也可以设置转子过电流保护、失磁保护等保护功能。

5.1.4　控制操作

满足电厂及电力系统运行要求的励磁系统各种操作，通常作为励磁调节器的功能设置。主要有下列各项：

（1）机组开停机过程中励磁系统的相关操作。

（2）机组的起励控制。

（3）磁场断路器的合、分闸控制。

（4）励磁系统的现地及远方的手动操作。

（5）电气制动（若有）的有关操作。

（6）励磁系统操作控制方式的控制操作等。

5.1.5　其他功能

1. 励磁系统参数的在线显示和整定

励磁系统参数应可在线显示和整定，显示参数应为实际值或标幺值，并以十进制表示。

2. 自动电压跟踪

在机组同期并网前，为使机组电压迅速跟踪系统电压，励磁系统调节器可设置自动电压跟踪功能。发电机端电压达90%～110%额定电压期间，调节器进入自动电压跟踪调节方式，将系统电压作为电压给定值对发电机励磁进行调节，以加快发电机的并网速度。发电机并网后，调节器自动转为自动电压调节模式。

3. 与外部系统的接口

提供与外部系统的接口，以输出外部系统所需的励磁系统信息，并接受外部系统对励磁系统的监控。励磁调节器应以I/O接口及硬布线方式，输出励磁调节系统的各种故障和状态信号及模拟量信息，并接收外部对励磁系统的控制操作和调整命令信息，例如与计算机监控系统的机组现地控制单元、自动准同期装置、手动紧急停机接线等的接口。励磁调节器通常还应提供与电厂计算机监控系统的通信接口，通过通信接口向计算机监控系统提供励磁系统的运行信息，包括各种故障和状态信息、运行参数等，并可接受计算机监控系统的控制调整命令。每一I/O接口模块的每一I/O点都应有发光二极管用于指示该点状态，所有I/O点都应提供光电隔离。

励磁调节器通常还应提供用于PSS试验的接口（白噪声接口及相应的软件）。

4. 时钟同步

根据电厂的情况，可要求励磁调节器微处理器的时钟接受外部时钟系统的时钟同步信号进行时钟同步，包括通过与计算机监控系统的通信口接受电站计算机监控系统的时钟同步，或直接接受电厂同步时钟系统的时钟同步。

5. 励磁系统状态、事件记录及故障实时录波

励磁调节器应可对励磁系统的运行状态、异常及故障等进行记录保存，对故障相关的参数进行实时的录波并保存。

6. 现场调试和试验功能

励磁调节器应提供励磁系统调试终端的接口。通过调试接口可对励磁系统进行调试、修改程序、整定参数或对励磁装置运行状态进行监视等，并可对相关的信息进行外部拷贝和打印。

5.2 励磁调节器结构

作为励磁系统重要组成部分的励磁调节器，其硬件及软件结构，应满足励磁系统功能及工作安全可靠性的要求。对大中型发电机，励磁调节器通常应采用两套独立的调节通道、两套调节器；可以是两套独立的自动调节通道，且其中至少有一套含励磁电流调节通道；也可以是相互独立的一个自动通道及一个励磁电流通道。大型发电机的励磁调节器，通常采用两套独立的自动调节通道，且每套均含励磁电流调节通道。目前，励磁调节器通常均采用基于微处理器的硬件结构，即采用数字式调节器的结构型式。

采用两套独立的自动通道时，每个自动通道通常设计为有自己独立的发电机端电压互感器及电流互感器（或独立的绕组）、转子电流测量装置、同步电压测量变压器、调节器硬件、对励磁功率整流器晶闸管的触发控制输出、与外部输入/输出接口及通信接口的输出、供电电源等，形成双重化的励磁调节器。具有两套独立的自动通道的励磁调节器，两通道通常应共用一个接口与外部系统连接，包括外部系统对励磁系统的控制或

给定的输入、励磁系统对外部系统的输出，包括输入/输出接口及通信接口。其结构示例见图 3-32。

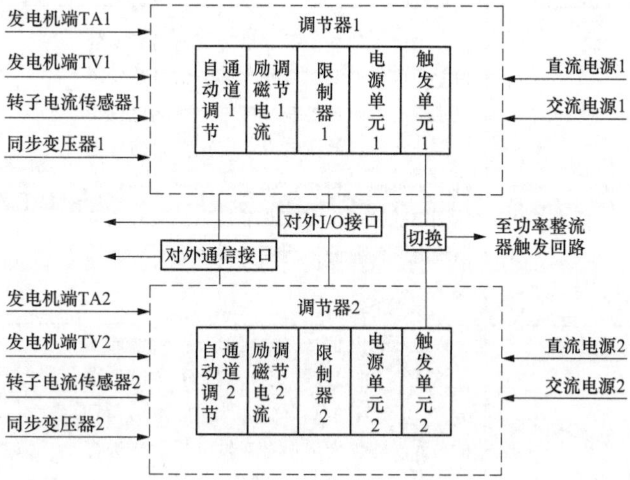

图 3-32　两套自动通道的励磁调节器结构示例

两套独立的调节通道通常以互为热备用、相互自动跟踪的方式运行。两通道同时接收外部对调节器的各种输入信号并运行控制与调节程序，但只有处于工作状态的调节器有输出信号（包括触发脉冲）。运行通道故障时，可在发电机电压及无功不产生明显波动的情况下自动切换到备用通道运行。两套通道也可以通过手动进行主/备切换。当两套通道的自动电压调节同时故障时，调节器自动切换至励磁电流调节方式运行。通道故障通常包括系统自检的各种故障，如电压互感器断线、电源故障、同步信号故障、触发脉冲故障等。

图 3-33 所示为采用两套独立自动调节通道的数字式励磁调节器硬件结构示例，每个自动调节通道均采用基于微处理器的结构方式。

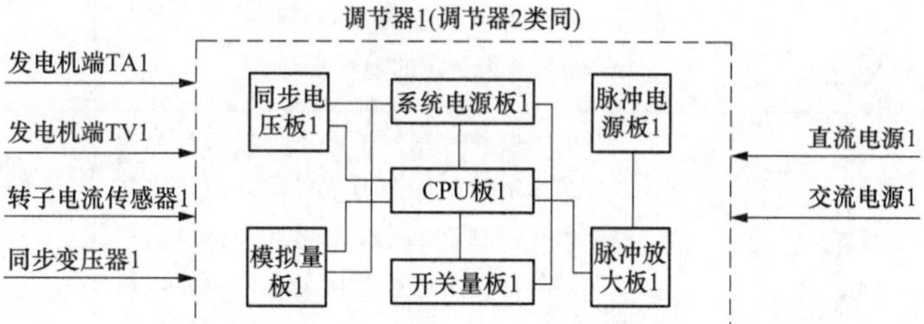

图 3-33　励磁调节器的硬件结构示例

5.3　励磁控制方式及数学模型

在维持发电机端电压的基础上提高电力系统稳定，是发电机励磁控制的主要目标。通过自动控制发电机励磁，提高电力系统稳定，是电力系统各种稳定措施中最为经济有效的措施。发电机的励磁控制，通常是由励磁调节器按设定的控制方式对发电机励磁进行自动调节，励磁控制方式主要有如表 3-17 所示的几种。发电机励磁控制方式随着控制理论的发展已出现一些新的方法或思路，读者可参考相关文献。

表 3-17　　　　发电机的励磁控制方式

序号	励磁控制方式		基本原理及特点	实际应用情况
1	单变量控制	（1）比例控制	以与电压偏差信号（给定值与运行值的偏差）成比例的信号作为调节信号对发电机励磁进行闭环控制。可维持机端电压于给定值运行，但在电力系统振荡时使发电机产生负阻尼转矩，不利于系统稳定；电压调节的稳态精度与调节动态品质对调节系统电压偏差的比例调节系数有不协调的要求	为早期的励磁控制方式，目前在大中型电厂中已不采用
		（2）PID 控制（或 PI 控制）	以电压偏差信号（给定值与运行值的偏差信号）的比例（P）、积分（I）、微分（D）信号的总和（或仅比例、积分信号的总和）作为调节信号对发电机励磁进行闭环控制。采用 PID 控制（或 PI 控制）的励磁控制系统具有较好的稳态及动态调节品质，并可取较小的电压偏差比例调节信号放大系数，满足励磁系统调节性能的要求，并有利于电力系统稳定	为目前常用的励磁控制方式，是励磁系统基本控制方式
2	线性多变量控制	（1）PID 控制＋PSS	励磁系统在保留电压偏差的 PID 控制基础上增设电力系统稳定器（PSS），以电压偏差的 PID 信号及提高电力系统稳定的控制信号，对发电机励磁进行闭环控制，使励磁控制系统具有较好的稳态及动态调节品质的同时，在系统振荡时使发电机产生正阻尼转矩，以阻尼电力系统振荡，提高电力系统稳定。通常以发电机的转速、频率或功率信号（或其组合）经（PSS）相位补偿后作为提高电力系统稳定的励磁控制信号	为我国及欧美地区大中型发电机目前使用的提高电力系统稳定的励磁控制方式
		（2）强力调节	在电压偏差控制的基础上，增加提高电力系统稳定的附加调节信号（发电机电压偏差的一、二次微分，发电机电流的一、二次微分，功角或频率微分等）对发电机励磁进行控制，使励磁系统具有较好的稳态及动态调节品质的同时，提高电力系统稳定性及远距离输电的稳定极限	前苏联地区（俄罗斯等国家）使用的提高电力系统稳定的励磁控制方式，我国在 20 世纪 80 年代前有研究、试验及电厂的试运行
		（3）线性最优控制（LOEC）	采用基于状态空间描述方法的线性多变量现代控制理论解决励磁系统最优控制问题。首先确定所研究系统的数学模型，建立控制系统的状态空间方程，选择与规定控制系统预期的性能指标，以使控制系统的性能指标与预期的性能指标差别达极小值，计算出控制系统的控制规律，并以此规律对励磁系统进行控制	可提供实际应用

续表

序号	励磁控制方式	基本原理及特点	实际应用情况
3	非线性最优控制（NOEC）	采用精确的电力系统非线性模型，独立于网络参数及结构的非线性控制决策，使控制规律可适应系统状态大幅度的变化，对网络参数变化有很好的适应性	可提供实际应用
4	自适应式控制	控制系统在控制过程中不断地测量被控系统的状态、性能或参数，按使系统当前的运行指标接近期望指标，自动改变控制系统的结构、参数，或根据自适应的规律来改变控制作用，使系统达到最优或次优状态	

本节下面主要介绍按电压偏差的比例控制及目前常用的 PID 控制方式。

5.3.1　电压偏差的比例控制

采用电压偏差比例控制的励磁控制系统如图 3-34 所示，K_p为励磁调节器的比例系数。励磁调节器以电压给定值U_{REF}与调节反馈值U_C的偏差$U_I=U_{REF}-U_C$对发电机励磁进行闭环调节。U_C为发电机端电压传感器及发电机负荷电流补偿环节的输出。图 3-34 中给出了该环节的输出与输入的常用的函数关系（见 IEEE 421.5《电力系统研究用励磁系统模型的 IEEE 建议》），其中X_C、R_C为负荷电流补偿所设定的补偿阻抗参数。当调节反馈信号U_C带有负荷电流补偿环节输出时，调节稳态后，发电机端电压U_G将不等于给定电压U_{REF}，而有一个与负荷电流补偿环节输出相关的偏差，此时发电机电压的自动调节为有差调节。

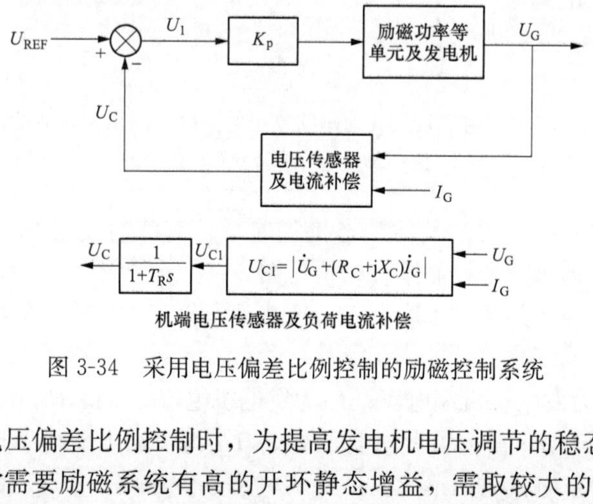

图 3-34　采用电压偏差比例控制的励磁控制系统

励磁系统采用电压偏差比例控制时，为提高发电机电压调节的稳态精度及励磁系统的电压响应速度，通常需要励磁系统有高的开环静态增益，需取较大的K_p值，但从取得较好的调节动态品质（如较小的调节超调量和振荡次数）及励磁系统稳定裕度考虑，励磁系统不希望取过高的开环静态增益。另外，如附录 D 的分析，以机端电压偏差信号控制励磁的发电机，在电力系统受干扰、功角变化或发生振荡时，发电机将产生负的阻尼转矩，从而恶化了电力系统的阻尼及稳定性。大中型电厂发电机在励磁调节精度、电压响应速度、调节动态品质以及对电力系统稳定的作用等方面均有较高的要求，采用比例控制的励磁系统时，按保证调节精度及电压响应速度选择的励磁系统开环增益，可能远高于满足调节动态品质甚至励磁系统稳定要求的允许值，使能较好地同时满足这些要求的开环增益无法选择。

5.3.2 PID（或PI）控制及励磁控制系统的动态校正

为使励磁控制系统具有较好的稳态及动态调节品质并有利于电力系统稳定，目前大中型发电机的励磁调节器基本上采用PID调节器（或PI调节器），或采用其他动态校正的调节器。励磁控制系统采用PID调节器时，调节信号（给定值与发电值的偏差信号，可包括电力系统稳定信号等调节信号）通过励磁调节器的PID校正后，对励磁功率整流器晶闸管控制角进行控制，励磁控制系统结构见图3-35（a）。

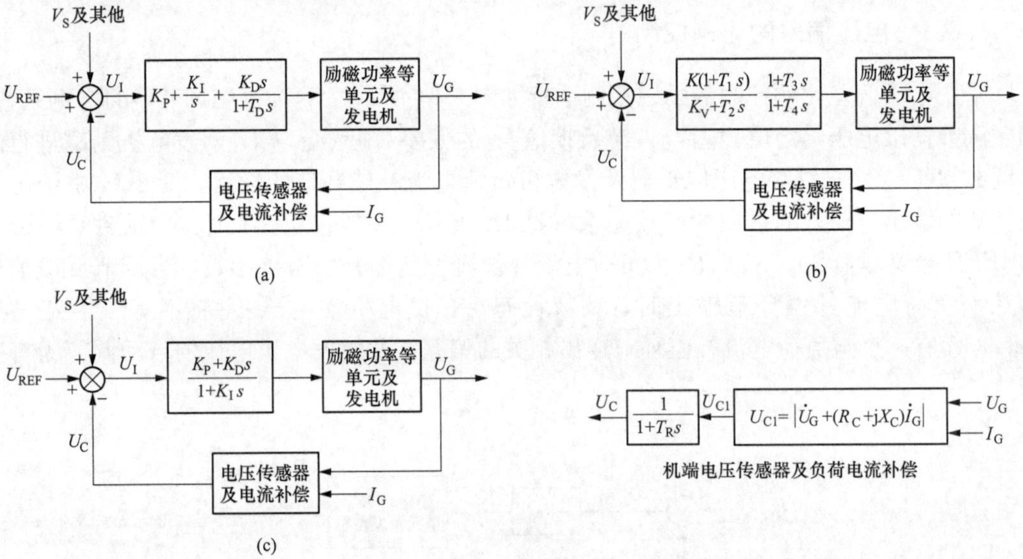

图3-35 采用PID及其他串联校正的励磁控制系统环节结构

（a）PID校正；（b）滞后-超前环节校正；（c）滞后环节校正

水轮发电机励磁系统采用的其他动态校正通常还有滞后-超前环节校正、滞后环节校正等方式，其环节传递函数及控制系统结构见图3-35（b）、图3-35（c）。他们与PID校正均属自动控制原理中线性系统的串联校正，这些动态校正方法也可取得与PID校正类似的效果。

图3-35中，U_G为发电机机端电压；I_G为发电机电流；X_G、R_G分别为负荷电流补偿阻抗的电抗分量及电阻分量；T_R为滤波时间常数；U_C为机端电压传感器及负荷电流补偿单元的总输出；U_{REF}为发电机电压给定值；V_S为电力系统稳定器PSS输出；U_I为调节信号。图3-35中未表示有关环节的输入、输出限制。电力系统稳定器输出信号V_S也可设计为输入至PID环节之后的信号综合单元（图3-35中未表示）。

图 3-35（a）中，K_P、K_I、K_D分别为励磁调节器的比例、积分、微分调节系数，T_D为微分时间常数。图 3-35（b）中，当 $K_V=0$ 并取 $T_4\approx0$ 时，调节器的开环传递函数可表示为

$$W(s)=K\left(\frac{T_1+T_3}{T_2}+\frac{1}{T_2 s}+\frac{T_1 T_3 s}{T_2}\right) \tag{3-113}$$

由式（3-113）可见其作用与 PID 控制大致相同。

图 3-35（c）所示为采用滞后环节校正构成的励磁调节器。可视作是由三个环节构成：比例环节 K_P加上微分环节 $K_D s$ 后（两环节并联）再与惯性环节 $1/(1+K_I s)$ 串联。惯性环节的时间常数通常取较大的数值，使该惯性环节可近似于一个积分环节。该校正环节也可表示为 $K(1+T_1 s)/(1+T_2 s)$，其中 $T_2>T_1$。

由自动控制原理及对发电机励磁控制系统的分析研究表明，励磁调节器采用 PID（或 PI）或其他校正方式控制，与比例式调节器相比，发电机励磁控制系统可具有更好的稳态及动态调节品质，包括调节稳态精度、调节时间、振荡次数、超调量等。由于调节的稳态由积分环节保证，系统的电压偏差调节信号的调节系数 K_P可取较小的数值，在满足励磁系统调节性能的同时并有利于电力系统的稳定性。由于励磁调节器采用 PID 或其他校正方式的目的，主要是使励磁系统具有较好的稳态及动态调节品质，调节器的参数也是按照使励磁系统动态调节品质的要求进行整定。分析研究表明[11]，励磁系统采用动态校正调节器，在一定程度上可扩大系统小干扰稳定区，但对系统阻尼通常无明显增加，在某些运行条件下仍可能出现负阻尼，并由于动态校正将减少电力系统暂态过程中调节器的增益，降低了励磁控制对改善暂态稳定性的作用。故对大中型电站发电机，为满足电力系统稳定对励磁调节的要求，在励磁系统采用 PID 或其他校正方式的调节器后，仍需根据电力系统的要求，设置电力系统稳定器（PSS），其输出接入励磁调节器，作为励磁的附加控制信号对发电机励磁进行控制。

IEEE 421.5《电力系统稳定研究用励磁系统模型的 IEEE 建议》给出的励磁调节器采用滞后-超前环节校正（也称串联 PID 校正）的自并励静态励磁系统模型结构如图 3-36 所示。

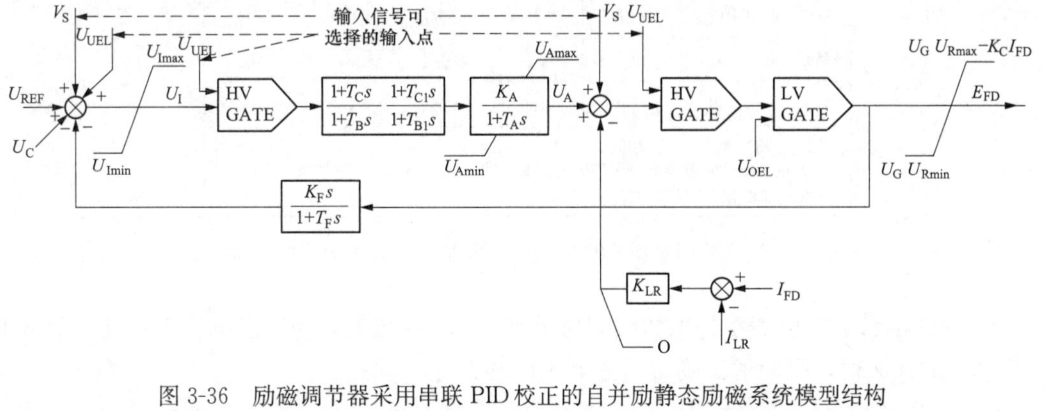

图 3-36　励磁调节器采用串联 PID 校正的自并励静态励磁系统模型结构

图 3-36 中，U_C为机端电压传感器及负荷电流补偿单元的总输出（见图 3-34）；U_{REF}为发电机电压给定值；V_S为电力系统稳定器 PSS 对励磁调节器的输出（经相关的控制保护

后）；U_I为调节器输入；U_{Imax}、U_{Imin}为调节器最大、最小输入限制；带时间常数 T_C、T_B、T_{C1}、T_{B1}的环节构成系统的滞后-超前校正。K_A为励磁功率整流器增益；T_A为励磁功率整流器时间常数；U_{Amax}、U_{Amin}为功率整流器最大、最小输出限制；U_{UEL}为低励限制器输出；U_{OEL}为过励限制器输出；HV GATE(LV GATE）分别为高值（低值）选择门，其输出分别对应于两个输入中的高值（低值）。E_{FD}、I_{FD}为励磁系统输出电压、电流；U_{Rmax}、U_{Rmin}为励磁系统最大、最小输出限制，也可认为是对发电机机端电压的限制（U_G）；K_C为励磁功率整流器负荷系数，正比于换相电抗；K_{LR}为励磁系统输出电流（转子电流）限制器增益；I_{LR}为励磁系统输出电流限制器设定值；带时间常数 T_F的环节为励磁系统稳定器环节，T_F、K_F为励磁系统稳定器时间常数、增益；对自并励励磁系统，T_A、K_F通常均取 0 值，一般不使用稳定器。

图 3-37 所示为在某电厂发电机中使用的采用串联 PID 控制的自并励励磁系统数学模型例。

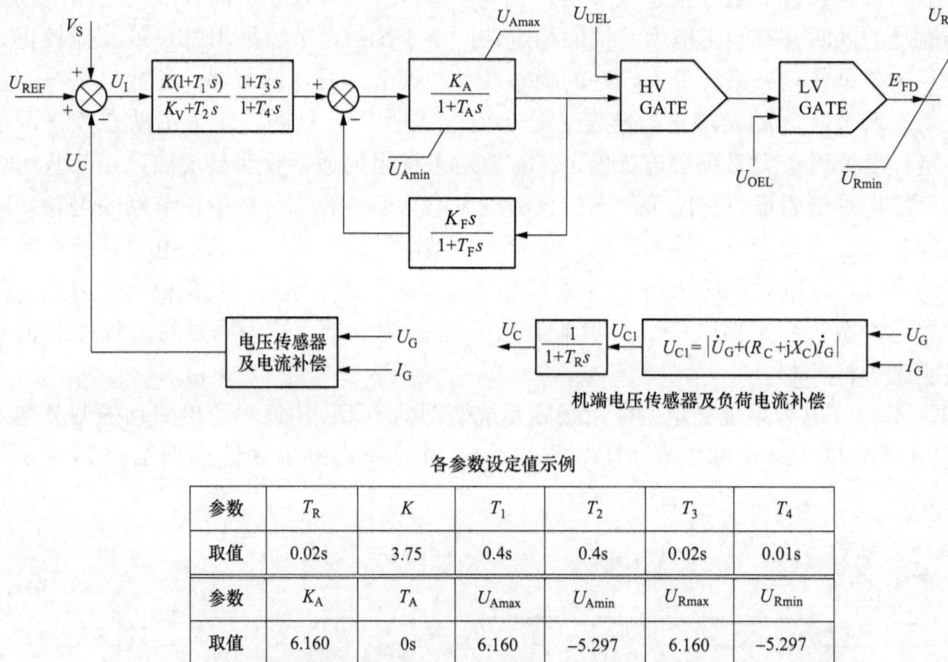

各参数设定值示例

参数	T_R	K	T_1	T_2	T_3	T_4
取值	0.02s	3.75	0.4s	0.4s	0.02s	0.01s
参数	K_A	T_A	U_{Amax}	U_{Amin}	U_{Rmax}	U_{Rmin}
取值	6.160	0s	6.160	−5.297	6.160	−5.297

1.K_V、K_C、K_F、T_F均取0值；
2.发电机励磁系统顶值电压倍数为3.13，直轴暂态开路时间常数T'_{d0}=10.1s，发电机组惯性时间常数T_j=10s。

图 3-37　采用串联 PID 控制的自并励励磁系统数学模型例

图 3-37 的参数取值表中的电压限制值及 K_A、K 的数值，为以发电机额定空载励磁电压为基准的标幺值，限制值按励磁顶值电压计算。

5.4　电力系统稳定器（PSS）

电力系统稳定器（PSS）的作用是为励磁调节器提供附加的控制信号，以增加电力系统的阻尼，提高或改善电力系统的稳定性。PSS 的输入通常是发电机的转速、频率、功率或他们的组合，这些信号经一定的相位补偿后，输入到励磁调节器对发电机励磁进行控制，在电力系统发生扰动振荡时使发电机产生正阻尼转矩，以抑制电力系统的低频振荡（通常是指 0.1～2.5Hz 的低频振荡）。

在 IEEE 421.5 中，提供了四种典型的 PSS 模型，分别为 PSS1A、PSS2B、PSS3B 和 PSS4B 模型。在电厂的实际应用中，电力系统稳定器通常应具有可自动及手动投入/退出的控制功能。

5.4.1　PSS1A 型电力系统稳定器

PSS1A 型为单输入电力系统稳定器。其模型结构方框图见图 3-38。

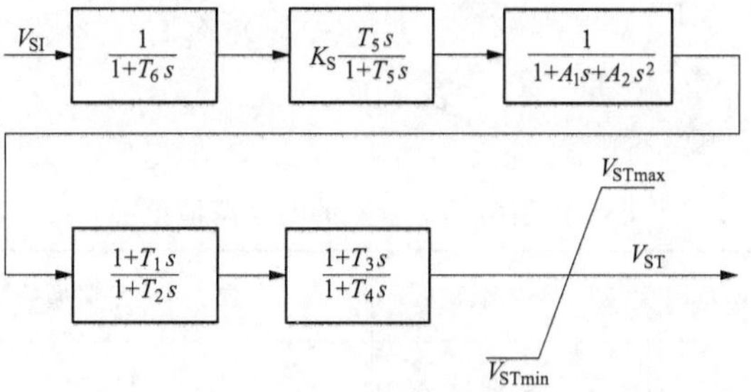

图 3-38　PSS1A 型电力系统稳定器模型结构方框图

在 PSS1A 模型中，其输入信号 V_{SI} 可以是转速、频率、电功率等。图 3-38 中从输入开始，各环节块可分别称为变送器（也称传感器，T_6 环节）、放大器及隔直（也称信号冲洗，T_5）、高频扭振滤波（A_1、A_2）、两级超前-滞后（也称相位补偿，T_1～T_4）环节，以及稳定器的输出限制（V_{STmax}、V_{STmin}），根据励磁系统的情况，该限制也可不在稳定器环节中考虑。

变送器为惯性环节，用于检测输入信号。隔直环节是为清除输入信号中的近似直流的低频信号（如不大于 0.01Hz 的信号）而设置，故称隔直环节或称信号冲洗（washout）环节，T_5 通常有较大的数值，是具有较大惯性时间常数的微分环节，通常对 PSS 输出相位的影响很小（在振荡频率较低时可能有一定的影响），在输入信号为稳态值时，本单元也无输出。高频扭转滤波环节通常用于某些稳定器（如以转速、频率作为输入信号的稳定器），该环节可较好地阻断输入信号中的高频信号（如高于 4.0Hz 的信号），其设置主要是为了更好地阻断机组轴扭振信号的通过，保证稳定器附加信号的调节在任何情况下不产生机组轴系的扭振。后面两级为超前-滞后环节，提供相位补偿，用常数 T_1～T_4 设置。

相位补偿环节直接影响 PSS 的超前相角。一级相位补偿环节的超前相角 φ、最大超前相角 φ_m 及对应的频率 ω_m 由超前时间常数 T_1 及滞后时间常数 T_2 以式（3-114）～式（3-116）的计算式计算[10]。计算式中以 T_3、T_4 取代 T_1、T_2，即适用于 T_3、T_4 的超前环节，则

$$\varphi = \tan^{-1}\frac{(T_1 - T_2)\omega}{1 + T_1 T_2 \omega^2} \tag{3-114}$$

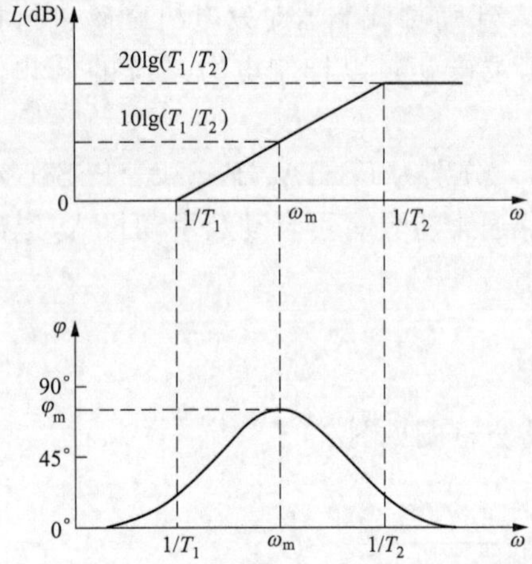

图 3-39　超前相位补偿环节的幅频特性（以渐近线表示）及相频特性

$$\varphi_m = \sin^{-1}\frac{T_1 - T_2}{T_1 + T_2} \tag{3-115}$$

$$\omega_m = \sqrt{\frac{1}{T_1 T_2}} \tag{3-116}$$

ω_m也是环节的频率特性上 ω 为 $1/T_1$与 $1/T_2$ 的几何中心对应的频率（单位 rad/s）。对超前环节，$T_1 > T_2$（或 $T_3 > T_4$）。超前相位补偿环节的幅频特性（以渐近线表示）及相频特性见图 3-39。

PSS1A 型各环节参数的典型取值范围可参见表 3-18。

表 3-18　　PSS1A 型各环节参数的典型取值范围

参数	典型的取值范围	参数名称	参数	典型的取值范围	参数名称
T_6	0～0.04s	变送器时间常数	T_2，T_4	0.01～0.2s	滞后时间常数
T_5	0.5～50s	隔直环节时间常数	K_s	0.1～50	稳定器增益
T_1，T_3	0.1～2s	超前时间常数	V_{STmax}，$\lvert V_{STmin}\rvert$	0.02～0.1	输出信号限幅

在 PSS1A 型的实际应用中，稳定器的输入目前较多采用电功率信号，它具有易于测量、不易引入干扰、不会激发轴系扭振等优点。用电功率作为输入信号的 PSS，在机组有功功率（原动机功率）发生变化时（如增加），PSS 会产生输出信号作用于励磁系统，造成无功功率波动（减少），这种现象称作“反调”。PSS 产生的反调可能为某些机组所不能允许，并可能对系统产生不良影响（如对静态稳定）。通过减小有功功率调节速度、调整有功功率时闭锁 PSS 功能、降低 PSS 限幅值和放大倍数等措施可以减少反调，但这些措施均会直接影响 PSS 对系统稳定的贡献，或使控制系统复杂，对于较大的机组，一般不应采用闭锁措施。为避免反调，PSS1A 可以采用转速或频率输入，但此时需注意阻断输入信号中的高频扭振信号的输入。有效解决反调的方法是采用 PSS2B 型电力系统稳定器。

5.4.2　PSS2B 型电力系统稳定器

PSS2B 型为双输入电力系统稳定器。其模型结构方框图见图 3-40。

图 3-40 中，V_{SI1} 通常为转速或频率，而 V_{SI2} 为功率信号。对每一个输入，有两个隔直（冲洗）环节（T_{w1}～T_{w4}）和一个惯性环节（T_6～T_7）。由指数为 M 和 N 的环节可以得到一个斜坡跟踪（Ramp Track）或简单的滤波器（高频滤波器或称陷波器）特性。在实际应用中，可允许 M 取至整数 5 和 N 至整数 4，如某些应用中取 $M=5$、$N=1$ 或 $M=2$、$N=4$。相位补偿由两个超前-滞后环节提供，用常数 T_1～T_4设置，也可以使用第三个

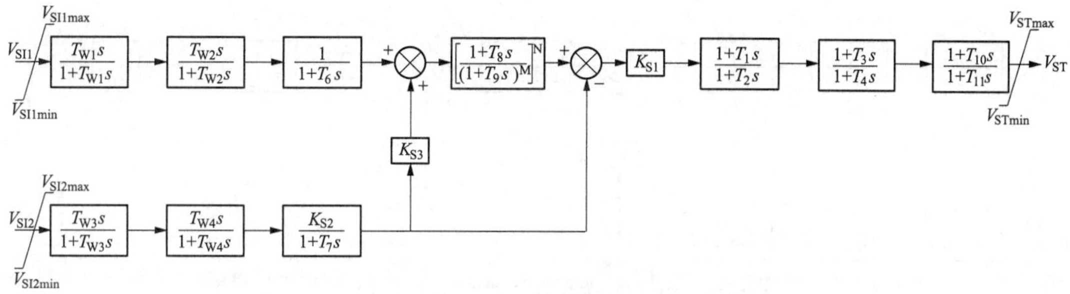

图 3-40　PSS2B 型电力系统稳定器模型结构方框图

超前-滞后环节（超前时间常数 T_{10} 及滞后时间常数 T_{11}）。稳定器设输出限制，根据励磁系统的情况，该限制也可不在稳定器环节中考虑。

PSS2B 模型可用作下述的两种不同类型的双输入稳定器。

（1）相当于电功率输入的稳定器，这里采用频率或转速输入与电功率一起来产生一个等效机械功率信号，以使总信号反映加速功率而对机械功率的变化不敏感，避免出现反调。

（2）作为转速（或频率）和电功率组合的稳定器，通常采用转速信号及电功率信号来形成所希望的稳定信号。

对等效的稳定作用，PSS2B 模型在这两种类型的应用中所用的参数将有很大的差别。如对（1）类型的应用，通常有 $K_{S3}=1$ 及 $K_{S2}=T_7/2H$，H 为发电机的惯性常数，指数为 M 和 N 的环节将用作斜坡跟踪。

由发电机转子运动方程（忽略发电机的阻尼转矩时）[8]，则

$$\frac{d\omega}{dt}=\frac{1}{2H}(T_m-T_e)=\frac{1}{2H}T_{acc} \tag{3-117}$$

式中：ω 为发电机转子速度；H 为发电机惯性常数；T_m 为原动机（水轮机）机械转矩；T_e 为发电机（气隙）转矩（或称电磁转矩）；T_{acc} 为加速转矩。

在额定转速下，以标幺值表示的转矩与功率值相同，故

$$P_m=2Hs\omega+P_e\text{ 或 }\frac{P_m}{2H}=s\omega+\frac{P_e}{2H} \tag{3-118}$$

式中：s 为拉普拉斯算子。式（3-118）表明，可以采用发电机转子转速 ω 及电功率 P_e 信号来合成原动机的机械功率 P_m。但由于原动机的机械功率通常按斜坡规律变化而不是阶跃变化，变化速度较慢，而电功率变化较快。故机械功率的合成需经过斜坡跟踪滤波器的处理，然后再与电功率比较（求差）得到加速功率。在调节机械功率使发电机电功率变化时，可近似认为电功率等于机械功率而差值（K_{S1} 的输入）为 0，PSS 无输出，不出现反调。但在系统扰动（如振荡）引起电功率变化时（此时可认为机械功率不变），差值为电功率的变化量，即 PSS 反映电功率的变化（或称加速功率）对发电机励磁进行控制。

PSS2B 模型是在 PSS2A 模型（1992 年建议）基础上的修改。PSS2A 型电力系统稳定器结构方框图见图 3-41。

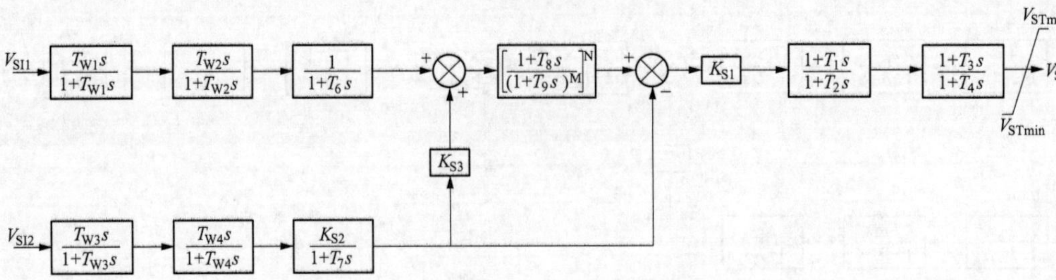

图 3-41 PSS2A 型电力系统稳定器结构方框图

5.4.3 PSS3B 型电力系统稳定器

PSS3B 型为双输入电力系统稳定器。其模型结构方框图见图 3-42。

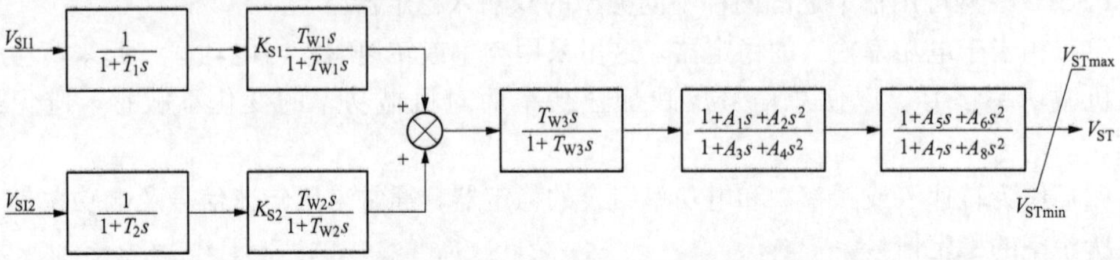

图 3-42 PSS3B 型双输入电力系统稳定器模型结构方框图

图 3-42 中，稳定器的输入 V_{SI1} 为电功率 P_e；V_{SI2} 为转子角频率偏差 $\Delta\omega$。由这两个信号导出等值的机械功率信号，与电功率信号组合后产生一个正比于加速功率的信号。

T_1、T_2 为传感器时间常数，$T_{W1} \sim T_{W3}$ 分别为电功率、转子角速度、导出机械功率的隔直（冲洗）环节时间常数。稳定器信号的放大可通过设定增益常数 K_{S1}、K_{S2} 取得，相位补偿由两个滤波器（$A_1 \sim A_8$）提供。励磁电压调节器允许稳定器信号的最大值、最小值可由 V_{STmax}、V_{STmin} 调整。

5.4.4 PSS4B 型电力系统稳定器

PSS4B 型为多频段电力系统稳定器。其模型结构方框图见图 3-43。

PSS4B 型为三频段电力系统稳定器，分别对应低、中、高频率振荡模式，应用于输入为 $\Delta\omega$（转速输入）的 PSS。低频段对应于电网（包括互联电网）的总体模式（如 0.04～0.06Hz 的振荡频率），中频段对应于区域模式（如 0.1～1.0Hz）、高频段对应于本地模式（如 0.8～4.0Hz）。各频段的增益、相位、输出限幅及滤波器参数可单独调整，可为不同的低频振荡提供合适的阻尼。

电厂机组 PSS 型式的选择及整定参数，通常均由电厂机组所在的电力系统相关部门确定，实际使用的整定值通常需要经过现场的试验调整。

为避免在发电机突然甩负荷时，由于功率的突然减小、转速升高使 PSS 输出去抬高机端电压，文献［11］建议 PSS 应在发电机断路器跳闸时退出，并在 PSS 输出设置输出电压限幅器。

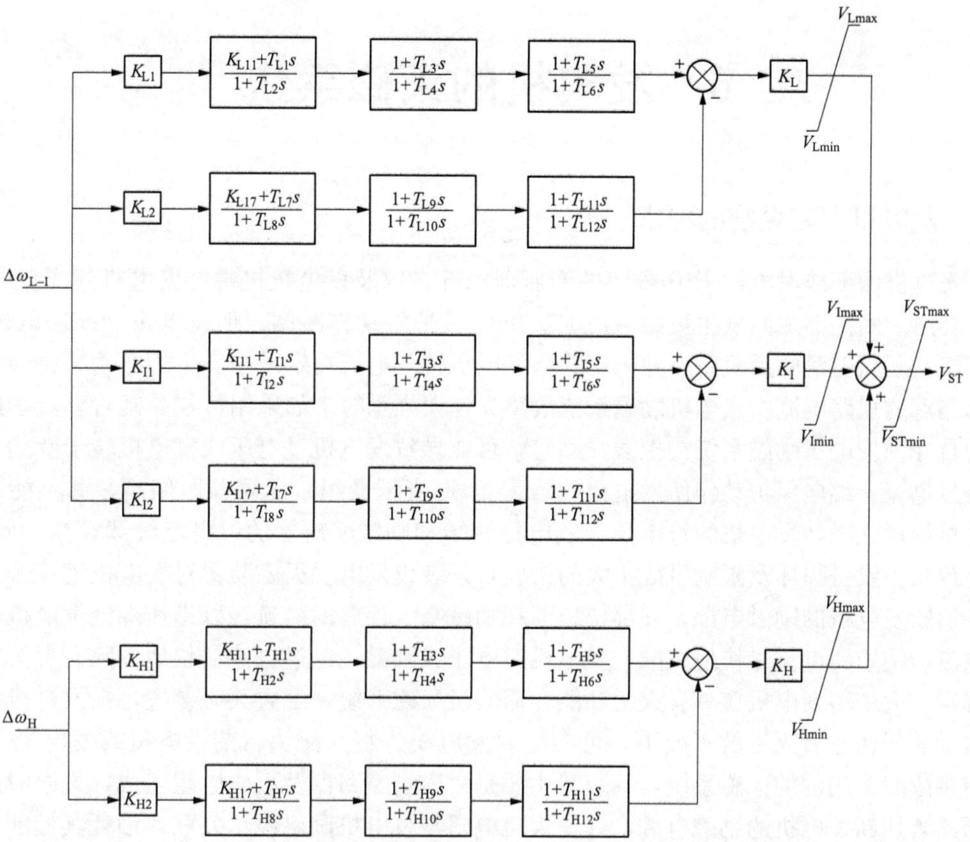

图 3-43　PSS4B 型电力系统稳定器（多频段）模型结构方框图

6 发电机的灭磁系统

6.1 发电机灭磁系统的要求

发电机内部或发电机-变压器组的变压器内部，以及发电机机端至发电机（或发电机-变压器组）断路器之间发生短路事故时，继电保护将动作跳闸，但发电机（或发电机-变压器组）断路器跳闸后短路点并未切除，发电机转子电流在定子中产生的电动势将继续维持短路点的短路电流。发电机励磁系统故障失控误强励时，如采用可控晶闸管整流励磁电源的自并励发电机励磁系统失控误强励时，可能导致发电机过电压或发电机转子及励磁变压器过电流。继电保护动作使发电机（或发电机-变压器组）断路器跳闸后，并不能消除发电机的误强励，发电机的过电压、发电机转子和励磁变压器的过电流继续存在。此时，避免或减少设备损坏及限制事故扩大的措施，是装设发电机灭磁装置对发电机进行快速灭磁，切断发电机的励磁电源，并尽快地消耗励磁绕组存储的能量，以迅速降低发电机的转子电流，使短路电流尽快地衰减、发电机过电压或励磁绕组过电流尽快地消除。有关规程也规定，大中型发电机应具有灭磁功能，需装设灭磁系统，配置灭磁装置，在发电机包括误强励的任何需要灭磁的工况下，可靠地对发电机进行灭磁。目前发电机或发电机-变压器组事故时常用的的灭磁系统，其装置主要是由磁场断路器及灭磁电阻组成，灭磁时由磁场断路器切断发电机的励磁电源，并使灭磁电阻与发电机励磁绕组并联，消耗其储能，实现快速灭磁，以避免或减少发电设备的损坏及缩小事故的影响。本章所述的灭磁系统均指由磁场断路器及灭磁电阻组成的灭磁系统。

发电机灭磁系统通常应满足下列要求：

（1）灭磁系统应在包括误强励在内的任何需要灭磁的发电机（或发电机-变压器组）事故工况下，满足发电机快速灭磁的要求。动作于发电机灭磁的事故及保护见表 3-19。不同的事故类型，发电机灭磁系统将可能有不同的灭磁工况。发电机灭磁系统在发电机需要灭磁的各种事故类型下的工作环境条件，可归纳如表 3-20 所示的几种灭磁工况。

表 3-19　动作于发电机灭磁的事故及保护

序号	事故类型	动作于灭磁的保护	保护动作后的行为
1	发电机定子绕组及其引出线相间短路、定子匝间短路	发电机或发电机-变压器组的纵联差动、发电机零序电流型横差或裂相横差、其他专用匝间短路保护	无延时动作使发电机跳闸、停机、灭磁
		发电机后备保护（带电流记忆的低压过电流、复合电压过电流、低压过电流、负序过电流、低阻抗）第二时限	达时限后使发电机跳闸、停机、灭磁

续表

序号	事故类型	动作于灭磁的保护	保护动作后的行为
2	发电机外部相间短路	发电机后备保护（带电流记忆的低压过电流、复合电压过电流、低压过电流、负序过电流、低阻抗）第二时限	达时限后使发电机跳闸、停机、灭磁
3	发电机定子绕组及引出端单相接地	发电机定子绕组单相接地保护（对中性点采用配电变压器接地的发电机）	无延时动作使发电机跳闸、停机、灭磁
4	发电机定子过电压	发电机过电压保护	延时动作使发电机解列、灭磁
5	发电机定子过负荷、转子表层负序过负荷	相应的过负荷保护的反时限段	反时限段动作使发电机跳闸、停机、灭磁
6	励磁绕组过负荷	励磁绕组过负荷保护	反时限段动作使发电机解列、灭磁
7	发电机过励磁	发电机过励磁保护	定时限的高定值、反时限的上限定时限或反时限动作使发电机解列、灭磁
8	频率过高	高频率保护	延时动作使发电机解列、灭磁
9	调相时电源消失	电源消失保护	延时动作使发电机跳闸、停机、灭磁
10	发电机-变压器组的变压器内部相间及匝间、变压器引出端相间短路、变压器高压侧为中性点接地系统的接地短路	发电机-变压器组差动或变压器差动保护（纵差、零序差动），变压器高压侧为中性点接地系统的高压侧接地保护，变压器重瓦斯、温度过高等	无延时动作使发电机跳闸、停机、灭磁
11	励磁变压器、机组自用变压器或与发电机母线直连的厂用变压器（变压器高压侧无断路器）内部故障或低压侧回路故障，包括励磁主回路故障	变压器差动、速断、过电流、温度过高	保护动作（过电流带延时）使发电机跳闸、停机、灭磁
12	励磁系统故障	发电机转子过电压保护，励磁系统事故	保护动作使发电机跳闸、停机、灭磁
13	发电机火警	发电机火灾报警	火灾报警动作使发电机跳闸、停机、灭磁

注 1. 表中为大中型发电机及发电机-变压器组继电保护的一般配置。根据发电机及发电机-变压器组容量等情况，继电保护的配置将有所不同，详见有关标准的规定。

2. 表中的灭磁均指跳磁场断路器灭磁。

3. 某些发电机的轴电流保护、逆功率保护、发电机（或发电机-变压器组）断路器断口闪络保护也动作跳闸、停机、灭磁。

表 3-20　发电机的事故灭磁工况

序号	灭磁工况	事故类型
1	发电机空载灭磁	发电机定子绕组（或变压器绕组）匝间短路，发电机轴承绝缘损坏、逆功率、定子接地、频率过高，高压侧为中性点接地系统的变压器高压侧接地短路，发电机定子过负荷，转子表层负序过负荷故障，水轮发电机调相解列保护，励磁变压器低压绕组回路短路（包括交流回路及发电机转子的＋、－极回路的短路）
2	发电机负载跳闸灭磁	
3	发电机强励跳闸灭磁	发电机（或发电机-变压器组）外部相间短路，且相应的保护或有关断路器拒动，由发电机后备保护第二段时限动作跳发电机（或发电机-变压器组）断路器并启动灭磁
4	发电机机端三相短路灭磁	发电机定子绕组及其引出线、发电机-变压器组的变压器绕组及其引出线、与发电机母线直接连接的厂用（或励磁）变压器高压侧绕组三相短路
5	发电机空载误强励或负载误强励跳闸灭磁	发电机定子过电压或励磁绕组过负荷

（2）灭磁时间应尽可能短。研究表明[17]，当发电机定子电动势降低至500V以下时，发电机内部的交流电弧将不能维持而自动熄灭。大中型发电机定子由剩磁产生的电动势可达300V，故有文献提出，灭磁过程中当由转子励磁电流产生的发电机定子电动势降低到200V时，可认为电弧电流将不能继续维持而灭磁结束。发电机的灭磁时间，在DL/T 583《大中型水轮发电机静止整流励磁系统技术条件》中，已明确定义为从施加灭磁信号起，至发电机励磁电流衰减到10%空载励磁电流以下的那一时刻的时间。

对发电机灭磁时间的具体取值，目前在有关标准中未见有规定。

（3）灭磁时转子两端电压的最大值不超过要求的数值。目前发电机多数采用转子回路灭磁，在发电机转子励磁回路中设磁场断路器及灭磁电阻。由随后的分析可知，发电机灭磁时，发电机转子及灭磁系统设备将承受高于发电机正常运行时的电压，此电压取决于灭磁系统灭磁工作参数的选择。从发电机及励磁系统设备的安全考虑，根据我国有关标准的规定，灭磁系统灭磁工作参数的选择，应使得灭磁时转子两端电压（也是灭磁电阻上的电压）的最大值，对水轮发电机不超过发电机出厂试验时转子对地交流耐压幅值的50%（见DL/T 583），对采用自并励静止励磁系统的汽轮发电机，不超过发电机额定励磁电压的4～6倍（见DL/T 650《大型汽轮发电机自并励静止励磁系统技术条件》）。

（4）在发电机各种需要灭磁的工况下，能独立可靠地对发电机灭磁。灭磁系统为发电机（或发电机-变压器组）内部事故及励磁系统故障误强励时保护设备安全、防止事故扩大的主要设施，故灭磁系统应按可独立工作的系统设计，灭磁功能的实现不应依赖或受制于其他系统，包括不依赖励磁调节系统及其他控制系统，灭磁系统结构及控制结线应简单可靠，在发电机需要灭磁时能独立、可靠地对发电机进行灭磁。

发电机灭磁系统通常由继电保护启动。按照GB/T 14285《继电保护和安全自动装置技术规程》、NB/T 35004《水力发电厂自动化设计技术规范》等的规定，发电机（或发电机-变压器组）在发生表3-19所列的电气事故时，相应的继电保护在动作跳闸停机的同时，将启动发电机事故灭磁系统对发电机进行灭磁。发电机正常停机或机组非电气事故时，宜采用逆变方式灭磁，如机组发生水力机械事故时，通常先使发电机卸负荷至空载，再跳闸、停机，同时启动励磁整流器逆变进行逆变灭磁。

机组在发生表 3-19 中所列的各种事故时，发电机灭磁系统的工作环境条件，即发电机的灭磁工况并不相同，不同的事故类型，发电机灭磁系统将有不同的灭磁工况。在发电机的实际运行中，灭磁系统需要在多种灭磁工况下对发电机进行灭磁，灭磁系统必须满足发电机在各种灭磁工况下的灭磁要求。在确定灭磁系统性能参数及设备选择时，需要进行分析计算的灭磁工况见表 3-20。

6.2　自并励发电机常用的灭磁方式及选择

水轮发电机已普遍采用自并励励磁系统，目前常用的灭磁方式主要有：

（1）直流磁场断路器及灭磁电阻的灭磁方式（简称直流灭磁方式）。

（2）交流磁场断路器及灭磁电阻的灭磁方式（简称交流灭磁方式）。

（3）交直流磁场断路器及灭磁电阻的灭磁方式（简称交直流灭磁方式）。

上述三种灭磁方式均属于移能型灭磁系统。发电机灭磁时，在磁场断路器分断弧压的作用（对交流灭磁方式还有交流电压的作用）下，使转子电流由流经转子与磁场断路器及整流器构成的回路转移至转子与灭磁电阻构成的回路。在电流完全转移后，磁场断路器分断电流为 0 而熄弧分断，切断转子励磁电源，发电机转子与灭磁电阻构成闭合回路，由灭磁电阻（以及转子电阻）消耗转子储存的磁场能量而使发电机灭磁。在灭磁过程中，磁场断路器不承担转子磁场能量的消耗。

发电机事故灭磁尚有采用带灭弧栅的耗能型（或称吸能型）灭磁断路器的灭磁方式及其他灭磁方式。耗能型灭磁断路器，如原苏联的 AΓΠ 型及我国的 DM-2 型灭磁断路器，以串联方式接在发电机转子的电流回路中。发电机灭磁时，灭磁断路器分闸，发电机转子的磁场能量由断路器灭弧栅的电弧（以及转子电阻）消耗使发电机灭磁。目前已较少应用。

6.2.1　直流磁场断路器及灭磁电阻灭磁方式

采用直流磁场断路器及灭磁电阻灭磁方式的灭磁系统（称直流灭磁系统），灭磁电阻可采用线性电阻、碳化硅（SiC）或氧化锌（ZnO）非线性电阻。三种灭磁电阻的 *V-A* 特性见图 3-44。线性电阻及碳化硅电阻在施加电压后即产生电流。氧化锌电阻的 *V-A* 特性有电压较高的转折点，转折点后有较平缓的特性。*V-A* 特性上对应于转折点的电压称为氧化锌电阻的压敏电压。当氧化锌电阻上的施加电压小于压敏电压时，氧化锌电阻仅有很小的漏电流而处于截止状态。施加电压高于压敏电压后，氧化锌电阻的电流随施加电压增加很快，有较好的稳压特性，此时氧化锌电阻可称为处于导通状态。

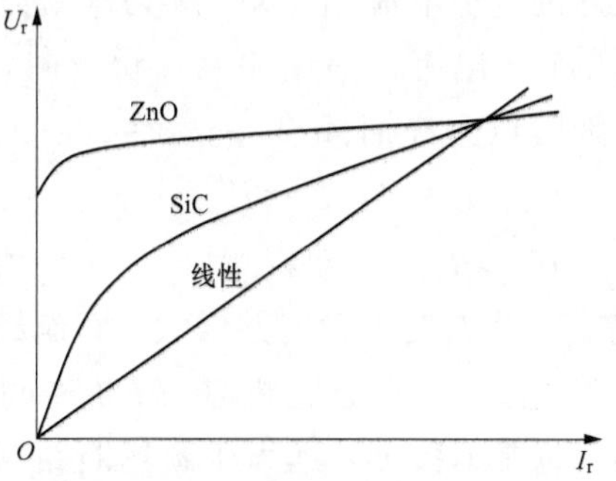

图 3-44　三种灭磁电阻的 *V-A* 特性
（未表示在第三象限近似以 *O* 点对称的特性）

由于氧化锌电阻与线性电阻及碳化硅电阻特性上的差异，在其用作灭磁电阻时，灭磁

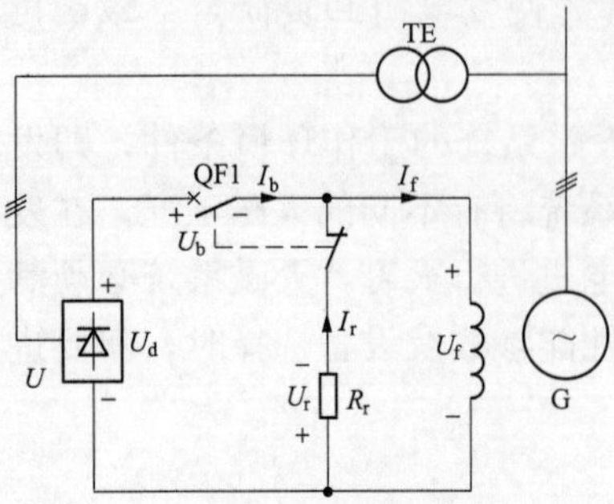

图 3-45　直流磁场断路器及碳化硅或线性灭磁电阻的灭磁系统原理接线示例

系统接线及灭磁过程也稍有不同。

6.2.1.1　直流磁场断路器及碳化硅或线性灭磁电阻的灭磁方式

自并励发电机采用直流磁场断路器及碳化硅灭磁电阻（或线性灭磁电阻）灭磁方式时，灭磁系统原理接线示例见图 3-45。发电机端设励磁变压器 TE，在励磁功率整流器 U 与发电机转子间为磁场断路器 QF1 的主触头，灭磁电阻 R_r经磁场断路器的动断触头（又称放电触头）接于发电机转子的正、负极（也可采用专设的机械开关或晶闸管开关）。发电机正常运行时，主触头闭合、动断触头打开。发电机灭磁时，继电保护启动磁场断路器跳闸，磁场断路器动断触头先闭合使灭磁电阻与发电机转子并联，此后的灭磁分断过程各参数的变化见图 3-46。灭磁电阻 R_r投入后，R_r上电压 $U_r=U_b-U_d$。在磁场断路器主触头分离前（$t=0$ 前），其上的电弧弧压 $U_b=0$，加于 R_r上的电压为功率整流器输出电压 U_d，在 R_r上产生电流 I_r与图 3-45 所示极性相反，该电流流经磁场断路器主触头，使电流 I_b增加 $\Delta I_b=I_r$（I_b为转子电流 I_f与 I_r之和）。至 $t=0$，主触头分离及弧压 U_b出现，反方向 U_r及 I_r和相应的 I_b开始减小，故 I_b在主触头刚分离时（$t=0$）有最大值，此时的转子电流 $I_f=I_{f(0)}$称为灭磁开始时的转子电流。在 $t=0$ 后，反方向 U_r、I_r随弧压升高而减小，至 $t=t_1$，$U_b=U_d$，U_r、I_r为 0，$I_b=I_{f(0)}$。

在 $t>t_1$后，随着弧压 U_b的继续升高，U_r及 I_r变为正向并增大，I_r流经转子绕组。由于发电机转子的时间常数（通常为数秒）远大于磁场断路器灭磁分断燃弧时间（一般为几十毫秒），在燃弧分断期间可认为转子电流不变。故在 $t>t_1$分断弧压使灭磁电阻形成正向电流后，I_b随之减小，转子电流由完全流经功率整流器逐渐转移至流经灭磁电阻，

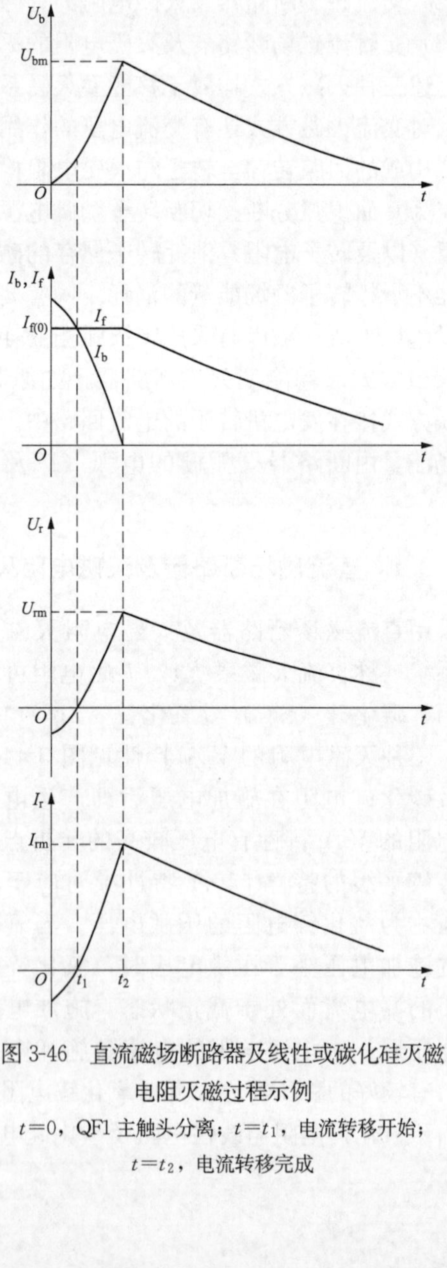

图 3-46　直流磁场断路器及线性或碳化硅灭磁电阻灭磁过程示例

$t=0$，QF1 主触头分离；$t=t_1$，电流转移开始；$t=t_2$，电流转移完成

即所谓的转子电流向灭磁电阻回路转移。随弧压进一步升高，灭磁电阻电流 I_r 继续增加，至灭磁电阻电流等于转子电流时（$t=t_2$），流过断路器主触头的电流 I_b 为 0，直流磁场断路器主触头熄弧分断，切断励磁功率整流器与转子的连接，转子仅与灭磁电阻 R_r 形成闭合回路，转子储能在闭合回路的电阻中消耗，转子电流及发电机端电压快速衰减至 0，使发电机灭磁。灭磁分断时（$t=t_2$）主触头的弧压（也称为恢复电压）为灭磁分断过程中的最高弧压，是保证灭磁分断要求磁场断路器需提供的分断弧压，由图 3-45，该弧压为灭磁分断时功率整流器输出电压与灭磁电阻上电压之和。上述灭磁过程描述及图 3-46 均未考虑灭磁过程投逆变。

由于移能型磁场断路器的灭磁分断，必须在转子并联有灭磁电阻的条件下进行，并在转子电流完全向灭磁电阻回路转移后才能熄弧分断。故为保证磁场断路器分断过程中实现转子电流向灭磁电阻回路的转移，并为减小分断过程的转子过电压及避免磁场断路器分断后发电机转子开路，灭磁启动后在磁场断路器主触头分离前，通常先使灭磁电阻投入与发电机转子并联。目前的一般做法是通过磁场断路器的机械设计，使磁场断路器动断触头在主触头分离前闭合投入灭磁电阻；或专设灭磁电阻开关，灭磁启动时先发合灭磁电阻开关令，开关合闸投入灭磁电阻后再发磁场断路器跳闸令，以保证灭磁电阻于磁场断路器主触头分离前投入。当灭磁电阻采用电子开关投入时，由于电子开关合闸时间通常远小于磁场断路器的分闸时间，故灭磁启动时可以同时发灭磁电阻开关合闸令和磁场断路器的跳闸令。

在发电机机端或励磁变压器低压侧至励磁功率整流器间发生三相短路时，或功率整流器至磁场断路器间＋、－极回路发生短路时，励磁功率整流器输出电压为零，发电机在 $U_d=0$ 下灭磁。

在直流磁场断路器至发电机转子的＋、－极回路发生短路时，若励磁功率整流器导通的晶闸管熔断器未熔断，对自并励发电机，励磁变压器保护将使发电机跳闸并启动灭磁，磁场断路器需分断发电机转子短路电流。此时发电机转子的＋、－极已短路，发电机转子的能量靠自身的电阻消耗而灭磁（即续流灭磁），不能实现快速灭磁。

灭磁系统采用线性灭磁电阻相对于采用非线性电阻，线性灭磁电阻有工作可靠、维护简单、价格较低等特点，但灭磁系统性能较差。分析计算表明，在相同的灭磁电阻最高灭磁电压设定值下，采用线性灭磁电阻的灭磁时间较长，或在要求相同的灭磁时间情况下，灭磁电阻有较高的电压，即要求磁场断路器有更高的分断能力。

目前国内外提供的采用碳化硅或线性灭磁电阻的灭磁系统，灭磁电阻回路通常均未串联二极管，并通常采用机械开关在磁场断路器主触头分离前投入。灭磁电阻投入后，在施加其上的功率整流器输出电压作用下，灭磁电阻上将出现与图 3-45 方向相反的电流，此电流流过磁场断路器主触头而增加了磁场断路器的分断电流，为磁场断路器分断电流增量，在误强励灭磁工况，将使分断电流有较大幅度的增加。由于由整流器输出电压提供灭磁电阻电流的回路时间常数（近似等于励磁变压器的时间常数）很小[17]，分断电流增量在很短的时间内便接近顶值。灭磁电阻回路串联二极管或采用晶闸管开关投入，将可避免分断电流增量出现。灭磁电阻采用晶闸管开关投入时［见本篇 4.3 图 3-26（b）的 V3］，在磁场断路器主触头分断前，施加于晶闸管开关的功率整流器输出电压，对晶闸管开关为反向电压，开关处于关断状态而不出现磁场断路器分断电流增量。晶闸管开关在磁场断路器主触头分断燃弧过程中转子出现反向电压时导通，即在磁场断路器主触头分断前导通，保证灭磁分断过程不发生转子开路。关于灭磁电阻投入产生的磁场断路器分断电流增量，在本篇的 6.3 有进一步分析与计算。

另外，若使灭磁电阻于励磁功率整流器逆变状态下投入，由于此时功率整流器输出电压 U_d 反向（变为负值，参见本篇的 3.2），灭磁电阻上的电流将与图 3-45 所示方向相同，使磁场断路器主触头分断电流减少，从而减少或避免灭磁电阻投入产生的磁场断路器分断电流增量。磁场断路器主触头在逆变 U_d 反向状态下分断，将使灭磁分断对磁场断路器最高弧压（恢复电压）有较低的要求。当转子电流完全转移时灭磁电阻上的电压在数值上小于励磁功率整流器的逆变输出电压时，仅由逆变输出电压便可实现转子电流向灭磁电阻的完全转移，使实现灭磁分断对磁场断路器的弧压无要求。故灭磁启动后，通常使灭磁电阻于励磁系统整流器逆变状态下投入（可以在灭磁启动同时启动逆变），以改善磁场断路器的灭磁分断条件。显然，这种改善将不包括机端三相短路（励磁功率整流器输入电压为零）及励磁系统故障（误强励等）的灭磁工况，此时励磁功率整流器不可能或不一定能实现逆变。

在灭磁电阻投入时完成切除功率整流器触发脉冲，使功率整流器固定在切脉冲前导通的一对晶闸管上运行，施加于转子的电压为励磁变压器副方的交流电压（详细分析在本篇 6.2.2），在交流负半周，可起到如逆变的作用。但若灭磁电阻投入后遇交流正半周，流过灭磁电阻上的电流将与图 3-45 所示方向相反，该电流流过磁场断路器主触头成为灭磁分断电流增量，使磁场断路器灭磁分断电流大幅度增加。故对采用 SiC 及线性灭磁电阻的灭磁系统，通常为采用励磁功率整流器逆变方式来改善磁场断路器的灭磁分断条件。

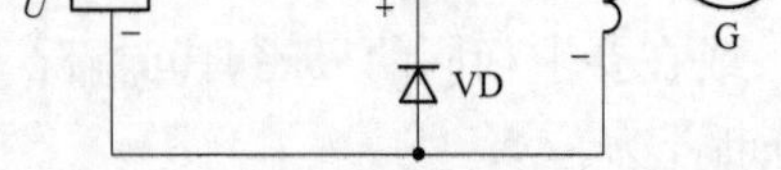

图 3-47　直流磁场断路器与氧化锌灭磁电阻的灭磁系统的原理接线示例

6.2.1.2　直流磁场断路器及氧化锌灭磁电阻的灭磁方式

采用直流磁场断路器及氧化锌（ZnO）灭磁电阻灭磁方式的自并励发电机灭磁系统的原理接线示例见图 3-47，灭磁电阻采用磁场断路器的动断触头投入，也可类同采用碳化硅灭磁电阻的灭磁系统设灭磁电阻开关。

由于氧化锌电阻导通后有较平缓的 V-A 特性，在灭磁电阻投入后，当励磁功率整流器输出加于灭磁电阻的正向电压有可能高于氧化锌电阻压敏电压时，将造成灭磁电阻过电流。此时，灭磁电阻回路可串接二极管 VD，以阻断正向电压在灭磁电阻上产生的电流。另外，为避免氧化锌灭磁电阻故障短路时造成转子短路，氧化锌灭磁电阻通常串联熔断器（图 3-47 未表示）。

发电机正常运行时，图 3-47 中的磁场断路器 QF1 的主触头闭合，动断触头打开。发电机灭磁时，继电保护启动磁场断路器跳闸，磁场断路器动断触头先闭合使灭磁电阻 R_r

与发电机转子并联。此后的灭磁分断过程各参数的变化见图 3-48（未考虑灭磁启动同时投逆变或切脉冲）。灭磁电阻投入后，R_r上电压$U_r=U_b-U_d$。在磁场断路器主触头分离前（$t=0$ 前），其上的电弧弧压$U_b=0$，加于R_r上的电压为功率整流器输出电压U_d，为与图 3-47 所示极性相反的电压。由于R_r回路串接有二极管，可认为流过R_r的电流为 0。磁场断路器主触头分离后（$t>0$），主触头两端出现弧压U_b（+、−如图 3-47 所示），R_r上反向电压U_r随U_b升高而减小至 0 并变为正向，但在U_r达压敏电压前，I_r可认为为 0，I_b等于转子电流［可认为等于灭磁开始的转子电流$I_{f(0)}$］。至$t=t_1$时，氧化锌灭磁电阻R_r上的正向电压U_r达氧化锌的压敏电压值，灭磁电阻导通而出现正向电流I_r，转子电流开始向灭磁电阻回路转移。随U_b上升，I_r增加而I_b减少。至$t=t_2$，灭磁电阻电流等于转子电流（$I_r=I_f$），流过断路器主触头的电流$I_b=0$，磁场断路器熄弧分断，转子与灭磁电阻形成闭合回路，此后由灭磁电阻及转子电阻消耗转子的储能使I_f快速衰减至 0。

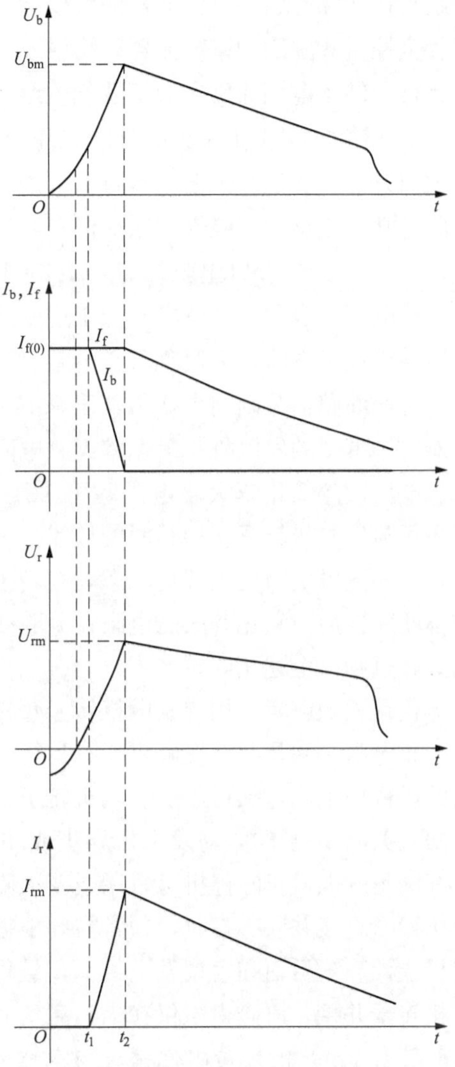

图 3-48　磁场断路器及氧化锌灭磁电阻灭磁过程示例
$t=0$，QF1 主触头分离；
$t=t_1$，电流转移开始；$t=t_2$，电流转移完成

氧化锌灭磁电阻回路通常串接反向二极管，当灭磁电阻采用晶闸管开关投入或功率整流器的输出不会出现高于氧化锌灭磁电阻压敏电压的电压时，也可不串接二极管。故灭磁电阻采用氧化锌时，在灭磁启动投入灭磁电阻后的$U_d>U_b$过程中，灭磁电阻电流为 0，不会产生增加磁场断路器分断电流的增量。

与图 3-46 比较可见，由于氧化锌电阻较碳化硅电阻有较小的非线性系数，在转子电流衰减过程的较大范围内，氧化锌灭磁电阻上的电压有较平缓的特性，维持在较高的电压水平上。故在灭磁电阻最高灭磁电压有相同的设定值时，氧化锌灭磁电阻较碳化硅灭磁电阻能更快地消耗转子能量，使发电机有较短的灭磁时间。

发电机机端或励磁变压器低压侧至转子+、−极间的回路短路时的灭磁过程分析同 6.2.1.1。

采用氧化锌灭磁电阻的灭磁系统，为改善磁场断路器的灭磁分断条件，可使磁场断路器主触头在切除励磁功率整流器的触发脉冲或功率整流器于逆变状态下分闸燃弧。对采用晶闸管全控桥式励磁功率整流器，切触发脉冲后整流器将固定在切脉冲前导通的一对晶闸管上运行，转子电压为励磁变压器低压绕组的交流电压（详细分析在本篇 6.2.2）。其交流负半周电压将与 QF1 主触头的分断弧压叠加在一起，使灭磁电阻导通，正向电流随负电压增大而升高，实现转子电流转移及灭磁分断。逆变的作用与此相同。由于氧化锌灭磁电阻回路通常串接反向二极管，在交流正半周灭磁电阻无电流，不产生磁场断路器分断电流增量。另外，由于 ZnO 电阻的 $U_r \sim I_r$ 特性较平（见图 3-44），当灭磁电阻的整组 *V-A* 特性的标称电压（也称压敏电压）低于逆变或切脉冲状态下功率整流器输出电压的负电压峰值时容易出现过电流，为避免灭磁电阻过电流，灭磁启动后投入切脉冲或逆变的时间，应避免在磁场断路器分闸前出现负电压峰值。

对一个具体的发电机，氧化锌灭磁电阻选定的压敏电压，通常均高于发电机正常运行的转子电压。故氧化锌灭磁电阻除可采用如图 3-47 以开关在灭磁时投入的接线方式外，还可采用与发电机转子直接并联的接线方式（图 3-47 中 QF1 的动断触头短接）。发电机正常运行时，灭磁电阻处于截止状态，在转子回路中相当于开路。发电机灭磁时，灭磁启动跳磁场断路器后，氧化锌灭磁电阻在分断弧压的作用下导通，使灭磁电阻与转子并联。此后的灭磁过程与上述相同。

氧化锌灭磁电阻采用与发电机转子直接并联方式，可简化灭磁系统的接线。但此时将要求灭磁电阻必须具有对发电机所有运行工况的适应性，适应发电机各种运行工况下转子回路的运行环境，包括可承受发电机转子上重复出现的各种电压冲击（包括励磁功率整流器晶闸管关断过电压），对发电机异步或非全相运行转子过电压的非正常运行工况的适应性，并满足发电机正常停机可采用逆变灭磁控制方式的要求等。故采用氧化锌灭磁电阻与发电机转子直接并联方案时，通常需要根据具体的发电机及其灭磁系统的参数，进行相关的分析或计算。目前在大型发电机上，氧化锌灭磁电阻多采用经开关（包括电子开关）与发电机转子并接，灭磁电阻仅在灭磁启动后投入。

6.2.1.3 氧化锌与碳化硅灭磁电阻及其灭磁系统的特点

1. 氧化锌电阻与碳化硅电阻的一般特性

氧化锌电阻和碳化硅电阻与发电机灭磁应用相关的主要特性参数见表 3-21。

表 3-21 氧化锌电阻和碳化硅电阻与发电机灭磁应用相关的主要特性参数

序号	参数	氧化锌电阻	碳化硅电阻	备注
1	非线性系数 β	0.02～0.05	0.14～0.5	
2	漏电流	微安级（$0.5V_{10mA}$时）	毫安级（额定电压时）	V_{10mA}为氧化锌的标称电压
3	允许极限温度（℃）	300	600	
4	电阻温度系数	−0.05%～0.5%	可达−0.5%～−0.6%	
5	*V-A* 特性	有明显的电压较高的导通拐点	无导通拐点	见图 3-44
6	限压性能	好	较差	

续表

序号	参数	氧化锌电阻	碳化硅电阻	备注
7	串并组合	较难	较容易	
8	耐热性	一般	好	
9	产品单片能容量	较小	较大	指目前常用的产品
10	响应速度	≤0.05μs	≤1μs	
11	能量密度（J/cm^3）	300～700	120	

2. 氧化锌电阻主要性能参数的含义

发电机灭磁用的高能氧化锌非线性电阻，通常具有下列特性参数。

（1）压敏电压（又称标称电压）。指在规定的条件下，非线性电阻流过指定的直流电流（10mA）时两端的电压降，用U_{10mA}表示。

（2）持续运行电压。指允许持久地施加在非线性电阻上的电压峰值。此值应等于或小于$0.6U_{10mA}$。电压峰值应考虑电路中长期重复出现的各种电压冲击值，如晶闸管整流器的换相尖峰过电压。

（3）非线性指数（或称非线性系数）。指在规定的条件下，非线性电阻的伏安特性用下式表示时的β值，即

$$U=cI^{\beta}$$

式中：U为氧化锌电阻上的电压降；c为性能常数；I为流过氧化锌电阻的电流；$\beta<1$，高能氧化锌非线性电阻的β值为0.02～0.05。

（4）漏电流。指在$0.5U_{10mA}$电压下流过非线性电阻的直流电流。

（5）额定容量，即工作能容量。指在承受脉宽0.1～1s的冲击波能量后能自动恢复原有特性并对电阻的老化不起主导作用的最大允许能量。

（6）能量容量。指能承受的最大冲击能量，在此能量冲击下非线性电阻不会击穿但会迅速老化。

（7）额定能量密度。指对应于非线性电阻额定容量的单位体积（cm^3）能量。

（8）最大能量密度。指对应于非线性电阻能量容量的单位体积（cm^3）能量。

（9）残压。指在规定的条件下，非线性电阻流过指定的直流电流（200A）时，两端的电压降，用U_{200A}表示。

（10）残压比。指非线性电阻流过指定的直流电流（200A）时非线性电阻的电压（残压U_{200A}）与非线性电阻在10mA电流时的电压U_{10mA}之比，为（U_{200A}/U_{10mA}）×100%

（11）负荷率（或称荷电率）。指在额定负荷下，长期承受的电压峰值U_{fp}与压敏电压之比。

$$S=(U_{fp}/U_{10mA})\times 100\%$$

（12）组合系数。指氧化锌非线性电阻元件以串、并联组合方式应用时，表示其均流与均能效果的参数。均流系数k_I、均能系数k_W分别按下式计算，即

$$k_I=\frac{\sum_{i=1}^{m}I_i}{mI_{max}}$$

式中：m 为并联支路数；I_i为每个并联支路的电流；I_{max}为并联支路中电流的最大值。

$$k_W = \frac{\sum_{i=1}^{m} W_i}{mW_{max}}$$

式中：W_i为每个并联支路的能量；W_{max}为并联支路中能量的最大值。

发电机灭磁电阻为采用多个非线性电阻元件以串、并联组合方式组成，故发电机灭磁要求的灭磁电阻工作能容量，应是考虑了整组非线性电阻元件的均流系数、均能系数后的整组灭磁电阻的工作能容量。

3. 碳化硅电阻主要性能参数的含义

（1）额定电压。非线性电阻连续运行允许的最大电压。

（2）额定耗散功率。由两部分组成：正常运行条件下连续功率耗散及采用时间平均效应计算的由浪涌峰值产生的耗散功率；当使用的电压高于额定电压时，耗散功率将有较大幅度的增加，如有些厂家的碳化硅非线性电阻产品，当使用电压高于额定电压10%时，耗散功率将增加60%。

（3）额定吸收能量。非线性电阻在承受单个浪涌时可吸收的最大能量，而温升在允许范围内（如有些厂家的碳化硅非线性电阻产品允许温升为105K）；当浪涌重复的时间间隔可使非线性电阻冷却至规定的环境温度时（某些厂家的碳化硅非线性电阻为25℃），允许承受重复的浪涌。

上述各额定值均为某一规定环境温度下的数值。若使用的环境温度高于规定的温度，按规定温度给出的额定值需降低使用。如有些厂家的碳化硅非线性电阻，使用温度较规定的环境温度每升高10℃，额定值需降低10%。

灭磁系统的非线性灭磁电阻，通常按偶然事件的使用方式考虑。此时灭磁电阻的工作能容量可按略大于额定吸收能量进行选择，相应地有较高的允许温升。如有些厂家的碳化硅非线性电阻，在作为灭磁电阻使用时按允许温升达130K进行选择（环境温度为25℃时）。重要的电厂，根据非线性电阻生产厂家的产品情况，灭磁电阻的工作能容量也可按额定吸收能量进行选择。

碳化硅电阻元件经串、并联组合应用时，以均流系数k_I、均能系数k_W表示其均流与均能效果。k_I、k_W的计算与氧化锌电阻相同。发电机灭磁要求的灭磁电阻工作能容量，应是考虑了整组非线性电阻元件的均流系数、均能系数后的整组灭磁电阻的工作能容量。

灭磁电阻常用的氧化锌电阻和碳化硅电阻单片产品性能参数见表3-22、表3-23。

表3-22　　氧化锌电阻产品（单片）性能参数

序号	标称电压 U_{10mA}（V）	额定容量（kJ）	残压比 U_{200A}/U_{10mA}	$0.5U_{10mA}$下的漏电流（μA）	非线性系数	外形尺寸（mm）	
						直径	厚
1	200～500	3	≤1.6	≤100	$\beta \leqslant 1/30$	35	10
2		6				52	10
3		15				88	8
4	300～500	20				88	10
5		30				88	15

注　已有单片额定容量100kJ的新产品在发电机灭磁系统中使用。

表 3-23　　　　碳化硅电阻单片产品性能参数

序号	额定电压（V）		额定吸收能量（kJ）	额定直流电压下的电流（mA）	额定功率耗散（W）	允许的峰值电压、电流		直径（mm）	厚（mm）
	直流	交流				电压（kV）	电流（A）		
1	680	600	65	10		5			25.4
2	550	480	50	15		4			19
3	400	350	33	20	20	2.5	50	150	12.7
4	250	220	20	30		1.5			7.6
5	125	110	10	50		0.75			3.8
6	1000	850	14.3	2.5	10	5.4	5		26.2
7	770	650	11.9	3.4	10	3.8	5		21.8
8	515	440	8.3	5	8	2.35	5	75	15.2
9	310	260	4.8	6	8	1.65	10		8.9
10	165	140	2.8	9.4	6	0.85	15		5.1

4. 氧化锌电阻和碳化硅电阻灭磁系统特点

表 3-24 是氧化锌电阻和碳化硅电阻在灭磁应用时的主要特点。

表 3-24　　　　氧化锌电阻和碳化硅电阻在灭磁应用时的主要特点

序号	项目	氧化锌电阻	碳化硅电阻	备注
1	灭磁时间	较短	较长	
2	灭磁过程对转子储能的吸收消耗	较大	较小	灭磁系统参数相同
3	磁场断路器的分断负载	导通前可认为仅为发电机转子	并联灭磁电阻的转子	
4	灭磁电阻投入对断路器主触头分断电流的影响	不增加主触头的分断电流，见 6.2.1.2 的分析	按图 3-45 接线时，将增加主触头的分断电流（灭磁电阻通常未串接反向二极管）	在励磁电源（如自并励发电机的功率整流器）有输出时
5	磁场断路器主触头分断弧压要求	大于灭磁电阻的压敏电压与灭磁时功率整流器输出电压之和	大于灭磁时转子电压与励磁功率整流器输出电压之和	
6	灭磁电阻接入方式	可经磁场断路器的动断触头、开关或直接与转子并联	经磁场断路器的动断触头、开关	
7	灭磁电阻回路熔断器	通常需装设	通常不装设	
8	逆变或切脉冲在灭磁分断中的应用	通常采用切脉冲改善磁场断路器的灭磁分断条件，也可采用逆变	通常采用逆变改善磁场断路器的灭磁分断条件	对直流磁场断路器及灭磁电阻灭磁系统的自并励系统

6.2.2 交流磁场断路器及灭磁电阻灭磁方式

6.2.2.1 灭磁系统接线

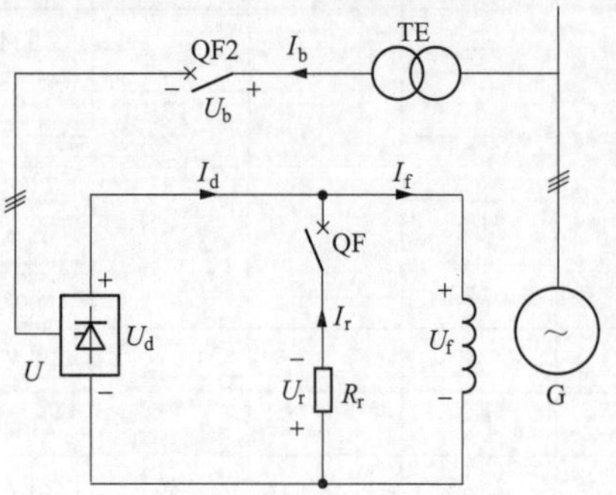

图 3-49 交流磁场断路器及灭磁电阻的灭磁系统（交流灭磁）原理接线示例

自并励发电机采用交流磁场断路器（即设置于励磁整流器阳极的断路器，以下均称为交流磁场断路器）励磁整流器阳极断路器及灭磁电阻灭磁方式的灭磁系统（称交流灭磁系统）原理接线示例见图3-49，在励磁变压器低压绕组设交流磁场断路器QF2（下面简称交流断路器），灭磁电阻采用开关QF投入。灭磁电阻R_r可采用线性电阻、碳化硅或氧化锌电阻，氧化锌灭磁电阻尚可采用如本篇6.2.1.2所述的直接与转子并联连接。

灭磁电阻采用开关投入时，为保证交流断路器分断过程中实现转子电流向灭磁电阻回路的转移，并为减小分断过程过电压及避免发电机转子开路，灭磁电阻应在交流断路器分闸前投入（合QF），并在交流断路器首相分断时完成切除励磁功率整流器的触发脉冲。

6.2.2.2 交流灭磁过程分析

发电机采用交流灭磁时，励磁系统功率整流器需要采用晶闸管三相全控桥接线。在发电机及励磁系统不同的运行工况下，灭磁过程中交流断路器的灭磁分断及断路器分断后发电机的灭磁有不同的过程，如下所述。

1. 励磁变压器低压绕组有电压、励磁主回路无短路故障时的灭磁过程

采用晶闸管三相全控桥的励磁功率整流器等值电路如图3-4所示，励磁系统（含励磁功率整流器）正常工作时，晶闸管的触发脉冲、交流侧及各晶闸管的电流波形见图3-5。

由图3-5可见，在励磁系统工作正常时，除了晶闸管换相过程以外，任一时刻里总有一相电流为零。设灭磁启动投灭磁电阻发跳交流断路器令后，在交流断路器分闸前励磁功率整流器为正常工作状态，则经交流断路器的分闸时间（断路器得到跳闸令至触头分离的时间）后，交流断路器无电流相将首先分断。

交流磁场断路器由灭磁启动跳闸，交流断路器首相分断后，交流断路器其余两相分断过程及灭磁过程的电流、电压参数，按照切除晶闸管的触发脉冲成功与否可有下面的两种情况：

（1）励磁系统工作正常，在交流断路器首相分断后已切除晶闸管的触发脉冲。设交流断路器在ωt_a分闸，此时晶闸管V1、V6导通，C相电流为零，故断路器的C相熄弧分断。A相和B相电流不为零，断路器的A相和B相断口将出现电弧。由于在ωt_a首相分断后，晶闸管的触发脉冲已切除，其他晶闸管因无触发脉冲而不能导通。导通的晶闸管V1、V6在励磁变压器低压绕组交流电压e_a高于e_b时，其阳极处于正电压而保持导通。在e_a接近及低于e_b后，即e_{ab}接近0并向负值变化后，整流器输出电流（即转子电流I_f）有减小的趋势，转子电感便产生感应电动势e_f力图阻止I_f减小，电动势的方向与转子电压的正向相反，绝对值大于e_{ab}。故虽然a相电位低于b相，即$e_{ab}<0$，但转子的感应电动势e_f使加于

V1、V6 上的阳极电压仍为正，维持原来电流 I_f的通道。由于发电机转子的时间常数较大且灭磁开始均有较大的直流电流，在交流的负半周，可随着 e_{ab}向负值的变化产生感应电动势 e_f而保持晶闸管 V1、V6 导通。故在断路器的首相分断后，发电机转子处于励磁变压器低压绕组交流电压供电状态。此时发电机灭磁回路的等效电路见图 3-50。由于转子的时间常数相对于工频交流的变化周期大得多，故交流断路器首相分断后的转子电流可认为仍为直流并等于灭磁开始的转子电流。

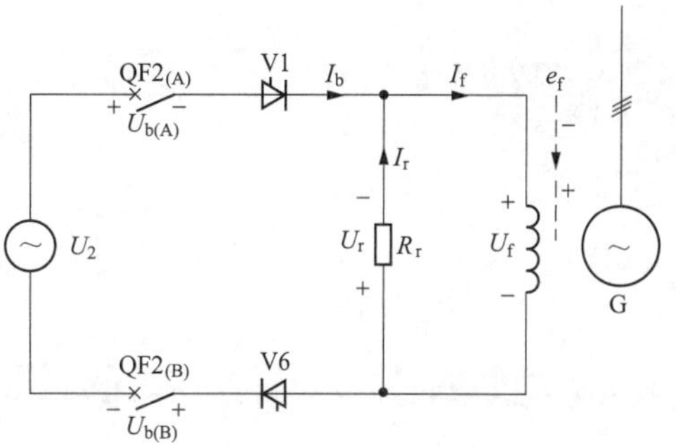

图 3-50　切脉冲后的等效灭磁回路

首相分断后，发电机的灭磁分断过程依采用氧化锌灭磁电阻或碳化硅灭磁电阻而有所不同。

1）灭磁电阻采用碳化硅或线性电阻。当灭磁电阻采用碳化硅电阻或线性电阻时，灭磁电阻投入后即有电流 i_r流过。故灭磁分断过程中流过交流断路器 A、B 两相主触头的电流，为交、直流电流叠加的电流。随着分断弧压的升高及励磁功率整流器输出交流电压变小或变负，转子电压由正变负，流过灭磁电阻的电流 i_r增加（电流及电压的正向如图 3-50 所示）。此过程中 I_f基本保持不变，故 i_b随 i_r增加相应减小。至 $i_r=I_f$时，$i_b=0$，转子电流完全向灭磁电阻回路转移，交流断路器电流过 0 分断。

在励磁变压器低压绕组交流电压达负半周的峰值时，实现转子电流向灭磁电阻回路完全转移对交流断路器的灭磁分断弧压有最小要求。当灭磁电阻最高灭磁电压的设定值按小于励磁变压器低压绕组交流电压峰值整定时，在励磁变压器低压绕组交流电压的负半周将可以实现转子电流向灭磁电阻回路的完全转移，而对交流断路器灭磁分断弧压无要求。

在转子电流完全向灭磁电阻回路转移，交流断路器余下的两相分断后，发电机转子与灭磁电阻构成闭合回路，其后的灭磁过程同采用直流磁场断路器及灭磁电阻的灭磁系统。

2）采用氧化锌灭磁电阻。在断路器的一相分断后，转子电压等于分断弧压与励磁功率整流器输出交流电压叠加的总电压。采用氧化锌灭磁电阻时，若一相分断后的转子电压处于正电压，按照 6.2.1.2 的分析，此时灭磁电阻回路将不产生电流，可认为灭磁电阻电流为 0，流过磁场断路器主触头的电流为此时的转子电流。随着分断弧压的升高及交流电压减小或变为负值，转子电压将由正变负。在转子两端的负电压达到氧化锌灭磁电阻的压敏电压前，流过灭磁电阻的电流仍为 0。当转子两端的负电压达到氧化锌灭磁电阻的压敏电压时，氧化锌灭磁电阻导通，其后的灭磁过程与采用碳化硅或线性灭磁电阻的灭磁系统相同。

由上面的分析可见，脉冲切除的历时应能可靠地保证转子电流的转移，使交流断路器三相熄弧分断。

（2）在交流断路器首相分断后未切除晶闸管的触发脉冲。若在交流断路器首相分断后未切除晶闸管的触发脉冲，至 ωt_b时刻晶闸管 V2 将得到触发脉冲，但由于交流 C 相电源已断开而不能导通，电流仍流经导通的 V1、V6 晶闸管，此时的等效回路同图 3-50。至 ωt_c时刻晶闸管 V3 得到触发脉冲，此时晶闸管 V3 处于正向电压而导通（阳极电压 e_b高于阴极电压 e_a，见图 3-5 的交流电压波形）。晶闸管 V3 导通后，晶闸管 V1 在反向电压作用

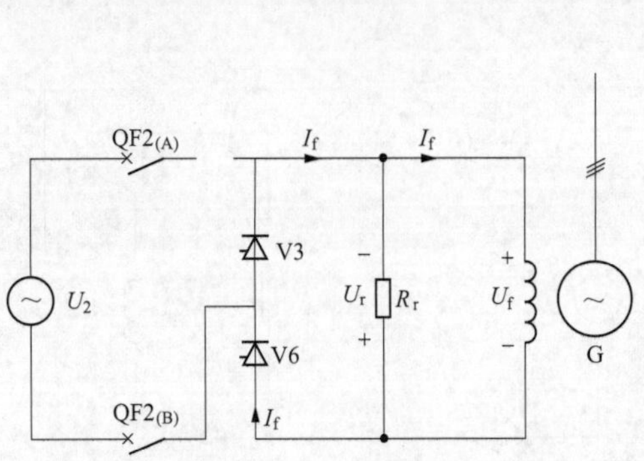

图 3-51 切脉冲失败时的等效灭磁回路

下关断（阳极电压 e_a 低于阴极电压 e_b），切断交流电流回路，交流断路器 A、B 相电流为 0 而熄弧分断，转子被导通的晶闸管 V3、V6 短路（见图 3-51）。A、B 相分断后，导通的晶闸管由转子电流维持导通，转子通过导通的 V3、V6 晶闸管短路。由于导通的晶闸管电阻很小，故转子的能量仅靠转子本身的电阻消耗，即形成续流灭磁，灭磁时间很长。

由上述分析可知，交流断路器首相分断后未切除晶闸管触发脉冲时，交流断路器分断的初始电流与切除脉冲的情况相同，但电流回路是由励磁功率整流器的晶闸管关断。

2. 发电机机端或励磁变压器至交流断路器间三相短路时

此时励磁功率整流器交流侧无电压，励磁功率整流器在短路前导通的一对晶闸管由转子电流维持导通。灭磁启动投灭磁电阻及发跳交流断路器令后，交流断路器无电流相分断，此后灭磁系统等效回路见图 3-52（图中忽略励磁变压器阻抗），流过交流断路器的电流为转子电流，并可考虑为等于灭磁开始的转子电流，即首相分断后，其余两相的分断电流为灭磁开始的转子电流。

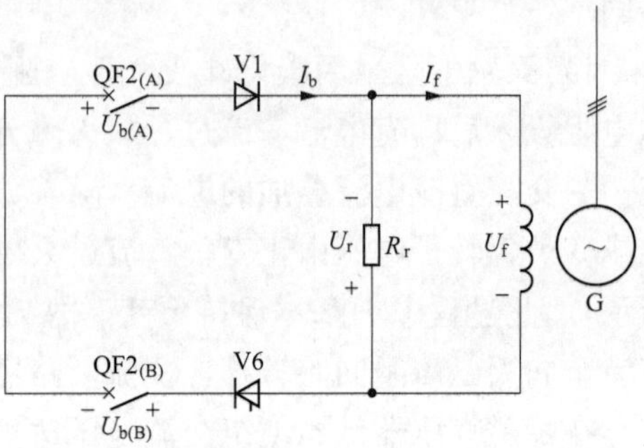

图 3-52 机端或励磁变压器至交流断路器间短路时的等效灭磁回路（首相分断后）

此时流过交流断路器的转子电流基本为直流电流。由于交流电压为 0，故需要依靠分断弧压使转子电流完全向灭磁电阻回路转移后，交流断路器的其余两相才能实现电流过 0 分断。在交流断路器首相分断后，随着断路器分断弧压的升高，发电机转子电流逐渐向灭磁电阻回路转移，当灭磁电阻电流等于转子电流时，流过断路器电流为零，交流断路器熄弧分断。

由前面的分析可知，在发电机机端或交流断路器与励磁变压器间发生三相短路时，实现转子电流向灭磁电阻回路的完全转移完全依靠交流断路器弧压，交流断路器必须有保证转子电流向灭磁电阻回路完全转移所需要的足够高的灭磁分断弧压，才能完成灭磁分断。

在转子电流完全向灭磁电阻回路转移后，交流断路器的其他两相分断，发电机转子与灭磁电阻构成闭合回路，其后的灭磁过程同采用磁场断路器及灭磁电阻的灭磁系统。

3. 交流断路器至发电机转子间的回路短路时

当短路发生在交流断路器与励磁功率整流器间时，通常由励磁变压器保护启动灭磁。此时交流断路器分断电流为励磁变压器低压绕组短路电流，交流断路器在交流短路电流过 0 时分断。此时，整流器交流侧已短路、无电压，整流器在短路前导通的一对晶闸管由转子电流维持导通，发电机转子通过导通的一对晶闸管短路（见图 3-53），转子能量靠自身的电阻消耗而灭磁（即续流灭磁），不能实现快速灭磁。

当短路发生在发电机转子+、-极间，励磁功率整流器导通的晶闸管熔断器未熔断时，励磁变压器保护将启动灭磁。转子+、-极短路时，交流断路器的分断电流可考虑取等于励磁变压器低压绕组三相短路电流[12,13]。交流断路器在交流短路电流过0时分断。由于发电机转子的+、-极已短路，发电机转子的能量靠自身的电阻消耗而灭磁（即续流灭磁），不能实现快速灭磁。

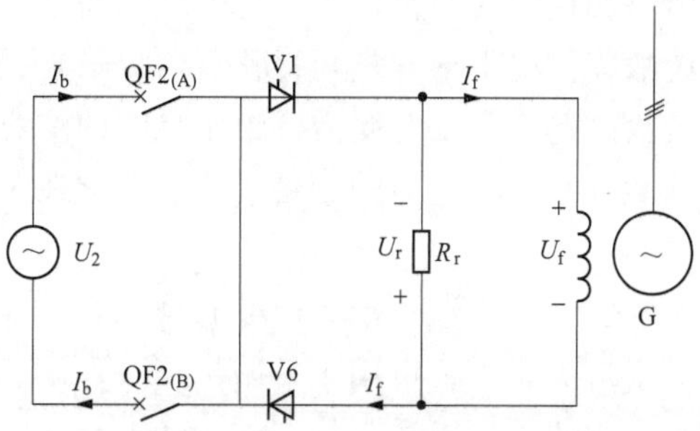

图 3-53　交流断路器与整流器间短路时的等效灭磁回路（首相分断后）

表 3-25 给出采用交流灭磁时，在发电机及励 磁系统不同的运行工况下，灭磁过程中交流断路器的灭磁分断条件及断路器分断后发电机的灭磁效果。

表 3-25　交流灭磁时交流断路器的灭磁分断条件及断路器分断后发电机的灭磁效果

序号	整流器交流侧电压	短路故障情况	切脉冲	交流断路器分断条件	分断弧压	分断电流	发电机灭磁效果
1	有电压	机端及励磁回路无短路	成功	交流负半周+弧压使转子电流完全向灭磁电阻回路转移	应大于转子电流完全向灭磁电阻回路转移时的转子电压与交流电压峰值之差	灭磁开始转子电流 $I_{f(0)}$ 或 $I_{f(0)}+\Delta I_b$，ΔI_b为灭磁电阻投入产生的分断电流增量	快速灭磁
2			失败	由晶闸管关断交流电流回路后无电流分断	无要求	首相分断电流为 $I_{f(0)}$ 或 $I_{f(0)}+\Delta I_b$，续流后分断电流为 0	续流灭磁
3		整流器至转子的+、-极短路	不考虑	短路电流过 0	无要求	等于励磁变压器低压绕组三相短路电流	续流灭磁
4	无电压	机端至交流断路器间短路	无意义	分断弧压使转子电流完全向灭磁电阻回路转移	应大于转子电流完全向灭磁电阻回路转移时的转子电压	灭磁开始转子电流	快速灭磁
5		交流断路器与整流器间短路	无意义	短路电流过 0	无要求	励磁变压器低压绕组短路电流	续流灭磁

表 3-25 中切脉冲成功是指励磁系统工作正常情况下可得到的效果，切脉冲失败项所列的是假定励磁功率整流器的晶闸管无故障下的结果。表 3-25 中未完全考虑励磁系统故障情况下采用交流灭磁时的灭磁效果，如励磁系统故障误强励、励磁功率整流器的晶闸管

故障（如短路或开路）等。交流灭磁需依赖于励磁功率整流器晶闸管的导通情况，在励磁系统故障情况下（含晶闸管整流器故障）灭磁时，励磁系统的故障情况将有可能直接影响交流灭磁的结果，对此需要给予足够的注意，特别是对励磁系统故障误强励时的灭磁，并应注意到某些制造商的励磁系统，要求在励磁系统发生某些故障时，需对发电机进行停机灭磁。

6.2.2.3　交流灭磁系统的特点

交流灭磁方式可用于采用三相全控桥式整流器励磁电源的发电机。由本节上面的分析可见，交流灭磁系统具有下面的特点，在灭磁方式选择及灭磁系统设备参数选择时必须给予注意。

(1) 在励磁系统正常及励磁功率整流器交流侧有电压时，交流灭磁通过在交流磁场断路器首相分断时完成切除励磁功率整流器晶闸管的触发脉冲，使发电机转子在交流磁场断路器首相分断后处于励磁变压器低压绕组两相交流电压供电状态，利用励磁变压器低压绕组交流负半周电压使发电机转子电流完全转移，实现发电机的灭磁，而可以对交流磁场断路器弧压有最低要求或无要求。这是交流灭磁在发电机某些灭磁工况下特有的优点。

显然，交流灭磁方式只能适用于励磁功率整流器采用三相全控桥整流器的励磁系统。

(2) 机端和励磁变压器及其低压绕组三相短路时，由于励磁功率整流器交流侧电压为0，交流磁场断路器必须有足够高的灭磁分断弧压，使转子电流向灭磁电阻回路完全转移，才能实现交流磁场断路器的电流过零分断及发电机的快速灭磁。

交流磁场断路器一般为低压或电压较低的中压交流断路器，分断弧压较低，使满足灭磁弧压要求的交流断路器往往难以选择，特别对大型发电机。

(3) 根据我国有关规程的规定，发电机需考虑误强励灭磁工况，某些制造商尚要求在励磁系统发生某些故障时需要对发电机进行停机灭磁。由于仅靠交流磁场断路器的灭磁分断弧压，通常不能满足误强励等情况下的灭磁要求，需要靠交流电压负半周实现灭磁过程转子电流的转移，特别对大型发电机。但在励磁系统发生故障情况下（包括产生误强励的故障、励磁整流器及其他故障），可能不能实现在交流断路器首相分断后切除触发脉冲，使发电机转子未能处于励磁变压器低压绕组两相交流电压供电状态而使灭磁失败（形成续流状态），或励磁系统需要采取相关措施，如为在励磁调节器故障时保证成功地切除触发脉冲，需设置独立于调节器的切脉冲接线等。

交流灭磁对交流电压的依赖及由此需要考虑相关的设置，使交流灭磁独立性、可靠性不及磁场断路器和灭磁电阻组成的灭磁系统。

(4) 交流灭磁系统交流磁场断路器的灭磁分断，是在直流分量很大的直流叠加交流的回路中或基本为直流电流的回路中进行，并需依靠分断弧压及励磁功率整流器的输出交流电压（负半周），使转子电流向灭磁电阻回路完全转移后分断，分断条件不同于一般交流回路中的交流断路器。一般交流断路器通常仅在交流回路中进行短路分断能力的型式试验及给出断路器在交流系统中的短路分断能力及相关数据。因此，将一般交流断路器用作灭磁系统交流磁场断路器时，需要按断路器在灭磁系统中的应用条件进行有关的测试，以取得交流断路器在励磁系统灭磁应用时的技术性能参数，如灭磁分断能力及分断弧压等参数，才能确定交流断路器在灭磁系统中的可用性及对交流磁场断路器进行选择。

(5) 在交流磁场断路器至转子＋、－极的励磁主回路上（包括励磁功率整流器等）发生短路故障时，交流灭磁系统将不能对发电机进行快速灭磁。

6.2.3　直流及交流侧均设置磁场断路器的灭磁方式

对灭磁系统可靠性及安全性有高要求的大型或重要的发电机，当发电机采用交流整流电源且励磁功率整流器采用全控桥整流器时（如目前普遍应用的自并励发电机），可在设置直流磁场断路器的同时，在励磁电源交流侧设置交流磁场断路器，构成兼有交流和直流灭磁特点的具有冗余灭磁的交、直流灭磁系统。

交、直流侧均设置断路器的灭磁系统原理接线示例见图 3-54，灭磁电阻通常采用专用开关 QF 投入，也可采用直流磁场断路器的动断触头投入。灭磁电阻采用碳化硅或线性灭磁电阻时，目前供应的灭磁系统均未设置串联二极管，氧化锌灭磁电阻通常串联二极管。

在励磁电源交、直流侧均设置断路器的灭磁系统（以下称交直流灭磁系统），发电机灭磁时通常均使两断路器跳闸。当灭磁电阻采用专用开关投入时，为保证断路器分断过程中实现转子电流向灭磁电阻回路的转移，并为减小分断过程过电压及避免断路器分断后发电机转子开路，在灭磁启动后通常先发合灭磁电阻令。灭磁电阻采用直流磁场断路器动断触头投入时，灭磁启动后一般即发跳直流磁场断路器令。为实现交流灭磁，在交流磁场断路器分闸时应完成切除励磁功率整流器触发脉冲。对正常停机需断开励磁交流电源回路并投入灭磁电阻短接转子或需要交流灭磁独立灭磁的发电机，灭磁电阻需设专用开关（包括电子开关）。

6.2.3.1　交直流灭磁系统灭磁过程

下面以图 3-54 对交直流灭磁系统的灭磁过程进行分析。

当灭磁电阻以专用开关投入并采用碳化硅或线性灭磁电阻时，灭磁启动首先发合 QF 令投入灭磁电阻，QF 合闸后启动跳 QF1 及 QF2，并切除励磁功率整流器的触发脉冲（若 QF 为电子开关，也可在灭磁启动后即发跳 QF1 及 QF2 令）。此后的灭磁过程在发电机及励磁系统不同的运行工况下，灭磁过程中交、直流磁场断路器的灭磁分断及分断后发电机的灭磁有如下所述的几种不同的过程。

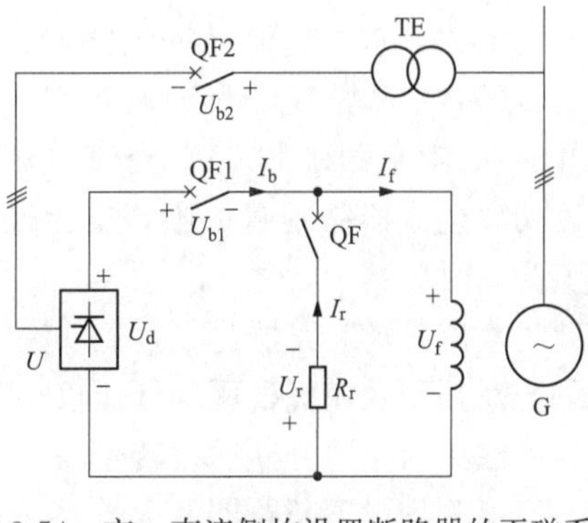

图 3-54　交、直流侧均设置断路器的灭磁系统（碳化硅或线性灭磁电阻）原理接线示例

1. 励磁变压器低压绕组有电压、励磁主回路无短路故障时的灭磁过程

类同本篇 6.2.2 对交流灭磁的分析，在启动跳 QF2 后，QF2 中无电流的一相将首先分断。设 QF2 首相分断后，QF1 未分断，QF2 其余两相将有电流通过并产生电弧。交流磁场断路器首相分断后，交流磁场断路器其余两相分断过程及灭磁过程的电流、电压参数，按照切除晶闸管的触发脉冲成功与否可有下面的两种情况。

（1）首相分断后已切除晶闸管的触发脉冲。灭磁系统此时的等效电路如图 3-55 所示。如同本篇 6.2.2 对交流灭磁的分析，U_r 及 I_r 将随断路器分断弧压与励磁功率整流器输出交流电压叠加的总电压的升高而增加，至 $I_r = I_f$ 时（可认为 $I_f = I_{f(0)}$，见本篇 6.2.2），转子电流完全向灭磁电阻回路转移，$I_b = 0$，交流磁场断路器余下的两相及直流侧断路器分断。发电机转子与灭磁电阻构成闭合回路，其后的灭磁过程同采用直流磁场断路器及碳化

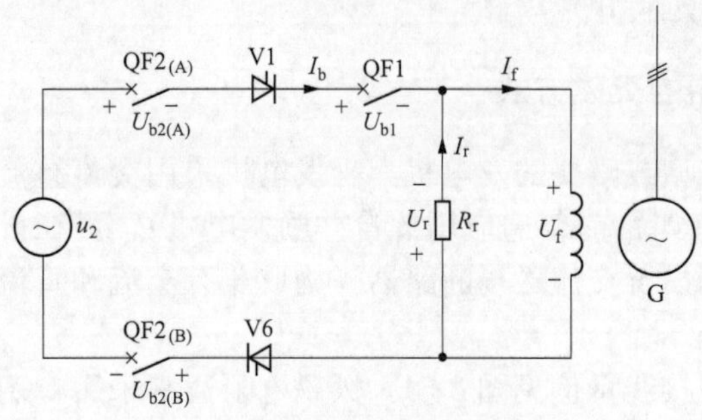

图 3-55　QF2 一相分断后灭磁系统的等效电路（切脉冲后）

硅灭磁电阻的灭磁系统。

在交流负半周，实现转子电流向灭磁电阻回路完全转移对断路器灭磁分断的总弧压 U_{bm} 有最小要求。相对于仅设置直流磁场断路器的灭磁系统，交流侧设置交流磁场断路器后，由于交流负半周将有助于转子电流向灭磁电阻回路转移，而对直流磁场断路器的分断弧压可有较低的要求。

灭磁电阻采用氧化锌电阻时，QF2 首相分断后，在发电机转子电压达氧化锌灭磁电阻压敏电压前，灭磁电阻的电流为 0。发电机转子电压达氧化锌灭磁电阻压敏电压后，氧化锌灭磁电阻导通，其余的灭磁过程与上述采用碳化硅灭磁电阻的灭磁系统相同。当氧化锌灭磁电阻直接地接于发电机转子的＋、－端时（不设置图 3-54 中的 QF 断路器），发电机事故灭磁启动即可发跳 QF1 及 QF2 令。

（2）首相分断后未切除晶闸管的触发脉冲

在励磁变压器低压绕组有电压但不能成功切除励磁功率整流器的触发脉冲时，正如本篇 6.2.2 的分析，交流磁场断路器在一相分断后，励磁功率整流器形成两个串连的晶闸管导通状态（见图 3-56），交流电流回路由励磁功率整流器晶闸管关断，交流断路器在电流为 0 时分断。

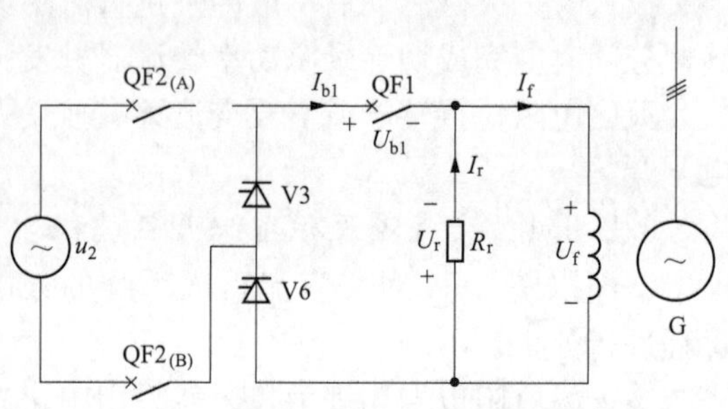

图 3-56　切脉冲失败时灭磁系统等效回路

此时直流磁场断路器为在励磁功率整流器侧电压为零下进行分断。故此时直流磁场断路器的分断弧压及恢复电压均低于仅在直流侧设置直流磁场断路器的灭磁系统。

直流磁场断路器分断后，转子与灭磁电阻构成闭合回路，实现发电机的快速灭磁。故对交、直流侧均设置断路器的灭磁系统，在切脉冲失败时，仍可实现发电机的快速灭磁，避免了仅交流侧设置磁场断路器的交流灭磁系统对切脉冲的依赖。交流灭磁在切脉冲失败时，发电机将形成续流灭磁，灭磁时间很长，详见本篇 6.2.2。

2. 发电机机端或励磁变压器至交流磁场断路器间三相短路时

发电机机端或励磁变压器至交流磁场断路器间三相短路时，励磁功率整流器交流侧无电压。灭磁启动跳交流磁场断路器及直流磁场断路器，设 QF2 首相分断后，QF1 未分断，在交流磁场断路器首相分断后，励磁功率整流器在短路前导通的一对晶闸管由转子电流维持导通，灭磁系统等效回路类似图 3-55 但 $U_2=0$，断路器的分断电流为转子电流。随断路器分断的总弧压升高，转子电流逐渐向灭磁电阻回路转移；当灭磁电阻电流等于转子电流时，流过断路器电流为零，交流磁场断路器及直流磁场断路器熄弧分断。

此时励磁变压器低压绕组无电压，灭磁分断对分断弧压的要求与单独设置直流磁场断路器或交流磁场断路器的灭磁系统相同。对交、直流侧均设置断路器的灭磁系统，当两断路器燃弧时间重叠时，此弧压由交流及直流断路器共同承担。由于直流断路器通常有较高的分断弧压，故相对于交流灭磁系统，交直流灭磁系统可选用灭磁分断弧压较低的交流磁场断路器，使交流磁场断路器可选用通用的交流断路器。当直流断路器分断弧压足够高可以满足此时灭磁分断的弧压要求时，灭磁分断可不要求交流磁场断路器提供灭磁分断弧压。

3. 交流磁场断路器至发电机转子的回路短路时

（1）短路发生在交流磁场断路器与励磁功率整流器间。当短路发生在交流磁场断路器与励磁功率整流器间时，通常由励磁变压器保护启动灭磁。此时交流磁场断路器分断电流 I_{b2} 为励磁变压器低压绕组短路电流。交流磁场断路器为短路分断，并在交流短路电流过 0 时分断。

此时整流器交流侧无电压，整流器在短路前导通的一对晶闸管由转子电流维持导通，见图 3-57。直流磁场断路器在整流侧无电压下分断转子电流，在分断弧压使发电机转子电流向灭磁电阻回路完全转移后分断，实现发电机快速灭磁。而对于交流灭磁系统，此时为续流灭磁。

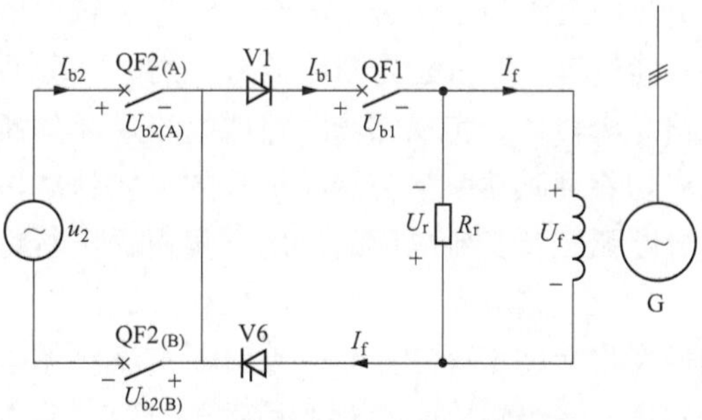

图 3-57　交流磁场断路器与整流器间短路时的等效灭磁回路（首相分断后）

（2）短路发生在发电机转子＋、－极至整流器间。当短路发生在发电机转子＋、－极至整流器间，励磁功率整流器晶闸管的熔断器未熔断时，励磁变压器保护将启动灭磁。此时为整流器直流侧短路，交流磁场断路器的分断电流可考虑取等于励磁变压器低压绕组三相短路电流[12,13]。交流磁场断路器在交流短路电流过 0 时分断。

当短路发生在直流磁场断路器与转子间时，流过直流磁场断路器的电流（即直流磁场断路器的分断电流 I_{bm}）为发电机转子＋、－极短路电流 I_{ds}，断路器为短路分断。由于发电机转子的＋、－极已短路，发电机转子的能量靠自身的电阻消耗而灭磁（续流灭磁），不能实现快速灭磁。

当短路发生在直流磁场断路器与整流器间时，直流磁场断路器在整流侧无电压下分断转子电流，并在分断弧压使转子电流向灭磁电阻回路完全转移后分断，此时发电机为快速灭磁。而对于交流灭磁系统，此时为续流灭磁。

6.2.3.2　逆变在交、直流侧均设置断路器的灭磁系统中的应用

为进一步改善交流磁场断路器及直流磁场断路器的灭磁分断条件，对交、直流侧均设置断路器的灭磁系统，在灭磁启动后也可同时使励磁功率晶闸管整流器工作于逆变状态（上述对灭磁过程的分析未计及灭磁启动后的逆变投入）。逆变与切脉冲配合使用，在某些灭磁工况下，可实现磁场断路器在电流为 0 下分断。

通常，励磁功率整流器的逆变在灭磁启动时投入，并在转子电流向灭磁电阻回路完全转移后及在灭磁电阻投入后经一定延时切除脉冲。灭磁启动投入逆变后，在发电机及励磁系统不同的运行工况下，发电机将有不同的灭磁过程，如下所述。

（1）在整流器交流侧有电压、直流侧无故障及逆变成功时，若逆变开始后灭磁电阻尚未投入，则发电机处于逆变灭磁状态，转子能量倒送至励磁功率整流器交流侧，使转子电流逐渐衰减。灭磁电阻投入与转子并联后，直流磁场断路器及交流磁场断路器的分断可有

下面的两种情况。

1）若励磁功率整流器输出的逆变负电压（绝对值）大于转子电流向灭磁电阻完全转移时的灭磁电阻电压，则在灭磁电阻投入后，在逆变负电压的作用下，灭磁电阻电流上升，转子电流向灭磁电阻回路转移，至转子电流向灭磁电阻回路完全转移时，流过励磁功率整流器晶闸管的电流及流过磁场断路器的电流为零，励磁系统启动切除励磁功率整流器晶闸管的触发脉冲，磁场断路器经分闸时间后，在电流为 0 下分断。

2）若励磁输出的逆变负电压（绝对值）小于转子电流向灭磁电阻完全转移时的灭磁电阻电压，则在灭磁电阻投入后，转子电流不能实现向灭磁电阻回路的完全转移，灭磁电阻电流的最大值小于转子电流，流过励磁功率整流器晶闸管的电流及流过磁场断路器的电流不能过零，需待磁场断路器分闸后，在分断弧压的协助下，才能使转子电流向灭磁电阻回路完全转移，实现磁场断路器电流过 0 分断。故在灭磁电阻投入后，励磁系统经短延时后将切除励磁功率整流器晶闸管的触发脉冲，使灭磁系统形成如图 3-55 所示的接线状态，在分断弧压及交流电压的作用下实现磁场断路器电流过 0 分断。

（2）在整流器交流侧无电压、直流侧短路或逆变失败时，在这些情况下，灭磁开始启动逆变将无助于灭磁分断。整流器交流侧无电压，通常出现在发电机端三相短路、励磁变压器低压绕组短路时。对由励磁调节器故障引起的发电机误强励，误强励灭磁时有可能不能实现整流器的逆变。在这些灭磁工况下，只能依靠交、直流磁场断路器的分断能力切断励磁电源与发电机转子的连接，实现灭磁分断。

因此，在交、直流侧均设置断路器的灭磁系统中，灭磁启动逆变仅能作为改善磁场断路器灭磁分断条件的一种措施，不能作为选择磁场断路器分断能力或其他参数的条件。在选择交流或直流磁场断路器的分断能力及其他参数时，不应考虑逆变的作用。

另外，交、直流侧均设置断路器的灭磁系统，在灭磁启动投入整流器逆变后，需在交流磁场断路器分闸前切除整流器的触发脉冲，以便在整流器交流侧无电压、直流侧短路或逆变失败时，由交、直流磁场断路器实现灭磁分断。切脉冲通常在灭磁电阻投入后于交流磁场断路器首相分断前进行，并应在转子电流向灭磁电阻回路完全转移后（即整流器输出电流为 0 后）或在灭磁电阻投入后经一定延时再将脉冲切除，以便在整流器交流侧有电压时，可由逆变实现转子电流向灭磁电阻回路的完全转移及磁场断路器在 0 电流下分断。

6.2.3.3　交直流灭磁系统对发电机及励磁系统各种运行工况的适应性及可靠性

交、直流均设断路器的灭磁系统，在发电机及励磁系统不同的运行工况下，灭磁过程中交、直流断路器的灭磁分断条件及发电机的灭磁效果（未考虑逆变的投入）见表 3-26。

由上述的分析及比较表 3-26 与表 3-25 可见，灭磁系统交、直流侧均设置断路器与仅一侧设置断路器比较，当交、直流侧断路器均投入灭磁时，可以避免交流灭磁切脉冲失败时或机端至直流磁场断路器间发生短路时发电机的续流灭磁，且灭磁分断对交流磁场断路器的弧压可以无特别要求，对直流磁场断路器灭磁分断弧压的要求可较大幅度地降低（可仅考虑整流器输出为 0 时发电机灭磁分断的要求），并可不考虑直流磁场断路器的短路分断能力要求，使灭磁系统有较好的可靠性而对设备有较低的要求。

表 3-27 给出交、直流侧均设置断路器的灭磁系统，在交流磁场断路器、直流磁场断路器、切脉冲或逆变故障的各种组合情况下，交流磁场断路器和直流磁场断路器对应的分断条件及发电机的灭磁情况，表中考虑了灭磁启动后同时使励磁功率整流器于逆变状态。

励磁系统故障误强励时，在表 3-27 中按此时切脉冲及逆变均为失败考虑。

表 3-26　交、直流断路器的灭磁分断条件及发电机的灭磁效果（未考虑逆变的投入）

序号	整流器交流侧电压	短路故障情况	切脉冲	断路器分断条件	对交、直流断路器分断弧压要求	分断电流	灭磁效果
1	有电压	机端及励磁回路无短路	成功	交流电压＋弧压使转子电流完全向灭磁电阻回路转移（假定 QF2 首相分断后，QF1 未分断）	交流电压峰值大于转子电流完全向灭磁电阻回路转移的转子电压时，可无要求	灭磁开始转子电流 $I_{f(0)}$ 或 $I_{f(0)}+\Delta I_b$	快速灭磁
2			失败	QF2，无电流下分断；QF1，分断弧压使转子电流完全向灭磁电阻回路转移	QF2，无要求；QF1，弧压大于转子电流完全向灭磁电阻回路转移时的转子电压	分断初始电流为 $I_{f(0)}$ 或 $I_{f(0)}+\Delta I_b$，续流后 QF2 无电流分断，QF1 为灭磁开始转子电流	快速灭磁
3		整流器至直流磁场断路器间短路	不考虑	QF2，短路电流过 0；QF1，分断弧压使转子电流完全向灭磁电阻回路转移	QF2，短路分断；QF1，弧压大于转子电流完全向灭磁电阻回路转移时的转子电压	QF2 为转子短路时整流器交流侧电流，QF1 为灭磁开始转子电流	
4		直流磁场断路器至转子间短路	不考虑	QF2，短路电流过 0；QF1，短路分断	QF2，短路分断；QF1，短路分断	QF2 为转子短路时整流器交流侧电流，QF1 为转子短路电流	续流灭磁
5	无电压	机端至交流磁场断路器间短路	无意义	分断弧压使转子电流完全向灭磁电阻回路转移	当 QF1 弧压已大于转子电流完全向灭磁电阻回路转移时的转子电压时，对 QF2 弧压可无要求	为灭磁开始转子电流	快速灭磁
6		交流磁场断路器至整流器间短路	无意义	QF2，短路电流过 0；QF1，分断弧压使转子电流完全向灭磁电阻回路转移	QF2，短路分断；QF1，弧压大于转子电流完全向灭磁电阻回路转移时的转子电压	QF2 励磁变压器低压绕组短路电流；QF1 为转子电流	快速灭磁

由表 3-27 可见，交、直流侧均设置断路器的灭磁系统，可在励磁系统多种故障组合情况下，包括交流或直流磁场断路器拒动、切脉冲或逆变失败等情况及其组合故障情况下，仍可实现快速灭磁，使发电机得到具有冗余的可靠性更高的灭磁系统。

表 3-27　　与灭磁分断相关的故障组合及交、直流侧断路器的分断条件

序号	整流器交流侧电压	交流磁场断路器	直流磁场断路器	切触发脉冲	投逆变	灭磁分断条件		灭磁效果
						交流磁场断路器	直流磁场断路器	
1	有电压、机端及励磁回路无短路	√	×	√	×	交流电压＋弧压使转子电流完全向灭磁电阻回路转移		快速
2		√	×	×	√	逆变负压使转子电流完全向灭磁电阻回路转移		
3		√	√	×（或误强励时）		续流后无电流分断	弧压使转子电流完全向灭磁电阻回路转移	
4		√	×					续流
5		×	√	√	×		交流电压＋弧压使转子电流完全向灭磁电阻回路转移	快速
6		×	√	×	√		逆变负压＋弧压使转子电流完全向灭磁电阻回路转移	
7		×	√	×（或误强励时）			弧压使转子电流完全向灭磁电阻回路转移	
8	有电压、整流器至直流磁场断路器间短路	√	√	动作与否无意义		短路电流过0	分断弧压使转子电流完全向灭磁电阻回路转移	
9		√	×			短路电流过0		续流
10		×	√				弧压使转子电流完全向灭磁电阻回路转移	快速
11	有电压、直流磁场断路器至转子间短路	√	√			短路电流过0	短路分断	续流
12		√	×			短路电流过0		
13		×	√				短路分断	
14	无电压、机端至交流磁场断路器间短路	√	√			分断弧压使转子电流完全向灭磁电阻回路转移		快速
15		√	×			分断弧压使转子电流完全向灭磁电阻回路转移		
16		×	√				弧压使转子电流完全向灭磁电阻回路转移	
17	无电压、交流磁场断路器至整流器间短路	√	√			短路电流过0	QF1，分断弧压使转子电流完全向灭磁电阻回路转移	快速

续表

序号	整流器交流侧电压	交流磁场断路器	直流磁场断路器	切触发脉冲	投逆变	灭磁分断条件		灭磁效果
						交流磁场断路器	直流磁场断路器	
18	无电压、交流磁场断路器至整流器间短路	√	×	动作与否无意义		短路电流过 0		续流
19		×	√				弧压使转子电流完全向灭磁电阻回路转移	快速

注　1. √为正常动作，×为拒动。

2. 励磁整流器交流侧有电压指有可满足转子电流转移作用的电压，无电压指电压为 0 或对转子电流转移的作用可忽略不计的残压。

6.2.3.4　交直流灭磁系统的配置方案及要求

由本节上面的分析可知，交直流灭磁系统为发电机的冗余灭磁系统，兼具有直流灭磁系统及交流灭磁系统的特点，相对仅单侧装设断路器的灭磁系统，可使发电机灭磁有更高的可靠性。交直流灭磁系统可通过交、直流侧断路器灭磁分断能力的选择配置，构成由磁场断路器实现的具有不同冗余度的发电机冗余灭磁系统，可适应不同的电厂情况（如设备情况及重要性），在满足发电机灭磁可靠性要求的条件下，可使电厂得到技术经济合理的冗余灭磁系统。不同冗余度的交直流冗余灭磁系统主要可有如下的三种技术方案，下面分别说明各方案断路器灭磁分断能力的选择配置要求、方案的冗余度及适用的电厂情况。

方案 1：完全冗余的灭磁系统

本方案的直流磁场断路器及交流磁场断路器在发电机各种灭磁工况下，均可单独承担对发电机灭磁。在交流磁场断路器或直流磁场断路器任一故障拒动情况下，或切脉冲失败时，灭磁系统在包括误强励灭磁工况在内的各种灭磁工况下能可靠地对发电机进行灭磁。本方案对发电机的各种灭磁工况均为冗余灭磁。

本方案的直流磁场断路器及交流磁场断路器的灭磁分断能力均按满足发电机误强励灭磁分断要求进行计算选择，交流磁场断路器尚需有足够高的灭磁分断弧压以满足机端三相短路灭磁分断的要求。

本方案可适用于对发电机灭磁可靠性要求特别高且机端三相短路、交流磁场断路器拒动概率相对较大的电厂。

方案 2：除机端短路灭磁工况外为冗余的灭磁系统

本方案的直流磁场断路器可单独承担发电机各种灭磁工况的灭磁。交流磁场断路器可单独承担除机端或励磁变压器至交流磁场断路器间三相短路外的其他灭磁工况的灭磁。在发电机各种内部故障时，交流或直流磁场断路器均可单独承担灭磁，即为冗余灭磁。

本方案的直流磁场断路器按可单独承担发电机各种灭磁工况的灭磁进行计算选择，交流磁场断路器不单独承担机端三相短路或励磁变压器至交流磁场断路器间三相短路的灭磁，只按误强励灭磁进行计算选择，故交流磁场断路器可选择分断弧压较低的一般交流断路器，如真空断路器。

本方案适用于发电机引出采用分相封闭母线的电厂发电机，此时发电机端及励磁变压器至交流磁场断路器间三相短路的概率较小，一般认为可以不予以考虑，故该方案也可认为是完全冗余的灭磁系统。

方案 3：除机端短路灭磁工况外为冗余的灭磁系统，误强励灭磁时交流磁场断路器不拒动

本方案在发电机误强励及发电机内部故障灭磁时，切脉冲成功时由交流磁场断路器实现灭磁分断，切脉冲不成功时由直流磁场断路器在交流断路器动作分断励磁整流器交流侧回路条件下实现灭磁分断。机端短路或励磁变压器至交流磁场断路器间三相短路灭磁由直流磁场断路器单独承担，不考虑交流磁场断路器单独承担，对交流磁场断路器无弧压要求。交流磁场断路器分闸但切脉冲不成功时，发电机处于续流灭磁状态，故直流磁场断路器按分断误强励续流灭磁及机端三相短路灭磁进行计算选择，此时直流磁场断路器的整流器侧无电压，分断能力要求将远低于单独承担误强励灭磁（详细分析在本篇 6.5）。在发电机各种内部故障时，交流或直流磁场断路器均可单独承担灭磁，即为冗余灭磁。

本方案适用于发电机引出采用分相封闭母线的电厂发电机，当认为选用的交流磁场断路器拒动的概率较小时，本方案也可认为是发电机的完全冗余灭磁方案。

另外，上述三个方案均要求交流磁场断路器在励磁系统误强励灭磁工况下可单独对发电机进行灭磁，故灭磁系统应配置独立于励磁调节器的切脉冲设置，以便在调节器故障误强励灭磁时能可靠地切除励磁整流器的触发脉冲，并应设灭磁电阻专用投入开关，不能仅采用直流磁场断路器动断触头的投入方式，以便在直流磁场断路器拒动时仍可实现交流灭磁。

三个方案的性能特征及适用的电厂情况可归纳如表 3-28 所示。

表 3-28　交直流灭磁系统的冗余度及磁场断路器分断能力的配置方案

<table>
<tr><th colspan="2">配置方案或项目</th><th>方案 1</th><th>方案 2</th><th>方案 3</th></tr>
<tr><td rowspan="3">各灭磁工况下灭磁系统冗余情况</td><td>误强励灭磁</td><td rowspan="3">冗余灭磁</td><td>冗余灭磁</td><td>有条件的冗余灭磁（误强励灭磁时交流磁场断路器不拒动）</td></tr>
<tr><td>机端或励磁变压器至交流磁场断路器间三相短路灭磁</td><td>由直流磁场断路器单独承担灭磁分断</td><td>由直流磁场断路器单独承担灭磁分断</td></tr>
<tr><td>发电机内部故障灭磁（空载、负载灭磁）</td><td>冗余灭磁</td><td>冗余灭磁</td></tr>
<tr><td rowspan="2">磁场断路器分断能力的配置要求</td><td>直流磁场断路器</td><td>包括误强励在内的各种灭磁工况下可单独灭磁</td><td>包括误强励在内的各种灭磁工况下可单独灭磁</td><td>按直流磁场断路器整流器侧无电压进行误强励灭磁分断考虑，分断能力将远低于单独承担误强励灭磁</td></tr>
<tr><td>交流磁场断路器</td><td>包括误强励在内的各种灭磁工况下可单独灭磁</td><td>除机端短路灭磁工况外可单独灭磁（可无分断弧压要求）</td><td>除机端短路灭磁工况外可单独灭磁（可无分断弧压要求）</td></tr>
</table>

续表

配置方案或项目	方案 1	方案 2	方案 3
适用的电厂情况	发电机灭磁可靠性要求特别高且机端三相短路、交流磁场断路器拒动概率相对较高的电厂	发电机引出采用分相封闭母线机端三相短路概率较小的电厂	发电机引出采用分相封闭母线，且选用的交流磁场断路器拒动概率较小的电厂
实际应用情况		大型电厂已有实际应用	

注　1. 表中的冗余灭磁指由直流或交流磁场断路器＋灭磁电阻的灭磁方式构成的冗余，不包括逆变灭磁。
2. 各方案的灭磁系统应有独立于励磁调节器的切脉冲设置，并应设灭磁电阻专用投入开关。

三个方案中，从灭磁的冗余度及对磁场断路器分断能力的要求方面，方案 1 有最高的冗余度，但对直流磁场断路器及交流磁场断路器均有最高的要求，特别是对交流磁场断路器有较高的分断弧压要求，使交流磁场断路器难以选择；方案 2 有较好冗余度，对交流磁场断路器分断弧压可无要求，交流磁场断路器可用通用交流断路器而易于选择，目前在大型发电机中已有实际使用；方案 3 的冗余度在三个方案中相对较低，但对直流磁场断路器的分断能力要求在三个方案中最低，对交流磁场断路器分断弧压也无要求。从发电机灭磁可靠性方面，当方案按表 3-28 所说明的适用电厂情况进行选用时，电厂发电机将具有可靠性差别不大的冗余灭磁系统。

6.2.3.5　交直流灭磁系统的操作控制

交、直流侧均设置断路器的灭磁系统通常有如图 3-54 所示的 QF、QF1、QF2 断路器，并在灭磁过程中需投逆变及切脉冲。与仅单侧设置磁场断路器的灭磁系统相同，为保证灭磁过程中发电机的安全性及灭磁系统工作的可靠性，在灭磁分断过程中，对磁场断路器及灭磁电阻开关的操作、逆变及切脉冲的投入需进行合适的控制。

灭磁系统的灭磁控制主要有下列考虑：

（1）为保证实现断路器的移能分断并避免灭磁过程转子开路，通常可使灭磁电阻在磁场断路器分闸前投入，灭磁启动后首先投入灭磁电阻。

（2）为避免灭磁电阻投入的分断电流增量，灭磁启动后应投入逆变，并在灭磁电阻投入后应维持逆变一个短时延，以利用逆变实现转子电流向灭磁电阻的完全转移。

（3）为实现交流灭磁，在交流断路器首相分闸前应切除励磁功率整流器晶闸管的触发脉冲，切脉冲的投入时间应考虑到对逆变的利用。

（4）为减轻磁场断路器的灭磁分断负担，灭磁控制应考虑使磁场断路器有较短的分断燃弧时间。通常应使直流磁场断路器与交流磁场断路器有较小的分闸时间间隔。

（5）对保证灭磁系统工作可靠性的灭磁控制操作，包括灭磁启动，对 QF1 和 QF2 分闸，QF 合闸及切脉冲（宜采用硬件切脉冲）的控制，需采用独立简单的硬布线接线，并采用继电保护输出触点及断路器的辅助触点启动。该接线不应依赖励磁调节器的软件逻辑控制，以便在励磁系统调节器或其他控制器故障时，灭磁系统也能保证对发电机进行灭磁。

图 3-58 给出图 3-54 灭磁系统的操作控制示例，灭磁系统采用碳化硅灭磁电阻。灭磁

启动（t_0）先发合 QF 令及使励磁功率整流器逆变。经 QF 的合闸时间后，QF 合闸（t_1）投入灭磁电阻，并同时发跳 QF1 及 QF2 令。其后的灭磁分断过程有下面两种情况。

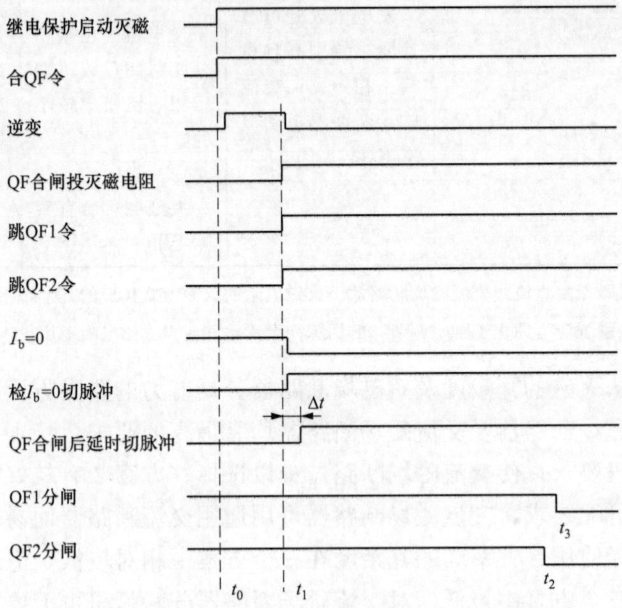

图 3-58　灭磁系统的操作控制示例

（1）若此时励磁功率整流器逆变输出的负电压的绝对值大于实现转子电流向灭磁电阻回路完全转移时的灭磁电阻电压，则灭磁电阻投入后，转子电流即完成向灭磁电阻回路转移，流过直流磁场断路器的电流 I_b为 0，励磁功率整流器晶闸管关断，转子与灭磁电阻构成闭合回路。励磁系统检测到 I_b为 0 后即切除励磁功率整流器的触发脉冲。经 QF2 及 QF1 分闸时间后（t_2及 t_3），两断路器在 0 电流下分断。

（2）若此时励磁功率整流器逆变输出的负电压的绝对值低于实现转子电流向灭磁电阻回路完全转移时的灭磁电阻电压，或逆变失败，则灭磁电阻投入后，转子电流不能完成向灭磁电阻回路转移，流过直流磁场断路器的电流 I_b不为 0。QF 合闸后经延时 Δt，励磁系统即切除励磁功率整流器的触发脉冲。经 QF2 的分闸时间后，QF2 的无电流相首先分断，形成如图 3-55 所示的状态。在磁场断路器的分断弧压及交流电压的作用下，转子电流向灭磁电阻回路完全转移，转子与灭磁电阻构成闭合回路，QF1 及 QF2 在分断电流为 0 时熄弧分断。励磁整流器交流侧无压时（机端或励磁变压器短路）的灭磁过程与此类似。

灭磁电阻投入后延时切脉冲的时延 Δt，其最小值应保证在逆变电压的作用下，实现转子电流向灭磁电阻回路转移所需的时间，以便在整流器交流电压较高且逆变成功时，由逆变实现转子电流向灭磁电阻回路的完全转移。Δt 的最大值不应大于 QF2 的首相分闸时间，以保证交流灭磁在分断过程中的作用。

上面所述的灭磁控制方式，在灭磁启动后至 QF 合闸期间（即 QF 的合闸时间），在励磁功率整流器逆变成功时，发电机将处于逆变灭磁状态。但在误强励情况下，整流器可能不能进行逆变，此时 QF 的合闸时间将成为灭磁开始的延时时间。故灭磁电阻开关 QF 宜选择有较短合闸时间的开关。

当图 3-54 中的 QF1 带有动断触头与 QF 并联连接时（图中未表示），动断触头可于

QF1 主触头分离前闭合，使灭磁电阻投入，则灭磁启动时可同时发合 QF、跳 QF1 开关令及投入逆变。此时切除励磁功率整流器的触发脉冲应可在 I_b为 0 时进行，以及在 QF1 跳闸后及 QF 合闸后经延时（Δt）后进行。

对 QF 采用晶闸管开关或其他电子开关的灭磁系统，灭磁启动时可同时发合 QF、跳 QF1 和 QF2 开关及投入逆变令。

6.2.4　自并励发电机灭磁方式选择

机组正常停机以及机械事故停机时，通常采用励磁整流器逆变方式对发电机进行灭磁。发电机事故时的灭磁方式，根据上述的分析，在灭磁方式的选择上通常可作如下考虑：

（1）直流断路器及灭磁电阻的灭磁方式，在发电机各种灭磁工况下能保证对发电机进行可靠的灭磁，具有不依赖其他外部条件的独立性，宜作为一般大中型发电机首选的灭磁方式。

（2）可考虑交流断路器及灭磁电阻的灭磁方式的必要条件是交流断路器的灭磁分断弧压可满足发电机机端三相短路灭磁工况下灭磁所要求的弧压，且灭磁系统在其他灭磁工况下（包括误强励灭磁），可保证在交流断路器首相分断后的发电机转子处于励磁变压器低压绕组两相交流电压的供电状态。后一条件要求在励磁系统正常且励磁系统功率整流器交流侧有电压时，能可靠地切除励磁整流器晶闸管的触发脉冲，并在励磁系统故障及产生误强励情况下，励磁系统有保证交流灭磁可靠成功的相关措施。此时励磁系统功率整流器必须采用三相全控桥整流器。

（3）直流侧及交流侧均设置磁场断路器的交直流灭磁方式，为冗余灭磁系统，相对直流或交流灭磁系统，可使发电机灭磁具有更高的可靠性，适用于容量较大的大型发电机或重要电厂的发电机，其配置方案可根据电厂的具体情况进行选择。在直流磁场断路器短路分断能力不足时，也可以采用本灭磁方式，由交流磁场断路器承担短路分断。

（4）大中型水轮发电机机组的灭磁系统一般应采用氧化锌或碳化硅非线性灭磁电阻。采用氧化锌灭磁电阻通常会使发电机得到较短的灭磁时间，但相对碳化硅灭磁电阻，目前产品的单片容量较小。灭磁电阻容量较大的发电机，采用氧化锌灭磁电阻可能有较多的电阻片时，从灭磁电阻可靠性及使用维护方便等方面考虑，可采用碳化硅灭磁电阻。一般的大中型发电机，可采用氧化锌灭磁电阻，以使发电机取得较短的灭磁时间。

6.3　直流灭磁系统磁场断路器的选择计算

6.3.1　直流磁场断路器的技术要求及参数

6.3.1.1　直流磁场断路器的一般技术要求

直流灭磁系统的磁场断路器（称直流磁场断路器），除了与直流断路器在一般应用中相同的技术要求外，根据断路器在发电机灭磁系统中应用的特点，尚需满足下列技术要求。

（1）在发电机包括误强励的各种需要灭磁的运行工况下，仅由直流磁场断路器（与灭磁电阻配合）应能可靠地切断发电机励磁电源与发电机转子的连接（对自并励发电机为切断励磁功率整流器与转子的连接）。直流磁场断路器应具有不依赖其他系统或其他措施的满足发电机灭磁分断要求的分断能力，包括不依赖励磁调节器的逆变、切脉冲等控制措施。根据DL/T 583的规定，发电机的灭磁工况需包括误强励灭磁。

(2) 直流磁场断路器主触头应满足发电机各种运行工况下对其通流能力的要求，其动断触头应满足发电机各种灭磁工况下对其闭合电流及分断能力的要求。

(3) 直流磁场断路器主触头、动断触头的电压承受能力应满足发电机各种运行工况（包括各种灭磁工况）的要求。

(4) 对采用直流磁场断路器动断触头投入灭磁电阻的灭磁系统，直流磁场断路器动断触头应在主触头分离前闭合，且提前时间宜尽可能短。对采用碳化硅电阻或线性电阻的灭磁系统，在某些灭磁工况下，较长的提前时间有可能将加重励磁功率整流器晶闸管的负担。

本节下面的分析计算适用于仅直流侧设置磁场断路器的直流灭磁系统。

6.3.1.2　ANSI/IEEE C37.18对直流磁场断路器参数的规定及要求

在ANSI/IEEE C37.18《旋转电机磁场放电回路封闭式断路器》中，针对断路器在电机磁场回路这个特定环境中的应用，根据断路器在旋转电机放电回路中应用的特点，规定了电机磁场放电回路断路器（对发电机为磁场断路器）下述的12个性能参数及要求，给出了有关参数在具体应用时的选择计算方法及测试条件。

(1) 额定（标称）电压（rated nominal voltage class）。该电压是磁场断路器运行及性能所参照的电压，建议取值有250、375、500、750、1000V DC。

(2) 主触头额定短时电压（rated short-time voltage of main contacts）。它是磁场断路器主触头需要分断转子短路电流的转子回路最高直流电压，标准中给出该电压的额定值有350、500、700、750、1000V DC，并要求该电压的取值应不小于转子励磁电源的顶值电压。

(3) 主触头额定最大分断电压（rated maximum interrupting voltage of main contacts）。该电压应不小于磁场断路器在定子突然短路情况下分断转子电流时，磁场断路器主触头上的直流恢复电压。按照标准给出的主触头直流恢复电压的计算式，主触头额定最大分断电压应为

$$\text{主触头额定最大分断电压} \geqslant K_{dc} I_{fr} R_{d} + E \tag{3-119}$$

式中：K_{dc}为发电机定子突然三相短路时转子电流直流分量（短路发生0.1s后的数值，又称非周期分量）相对于转子额定电流I_{fr}的倍数。ANSI/IEEE C37.18说明，对凸极发电机此倍数可能的最大值为$K_{dc}=3$；R_d为灭磁电阻的电阻（本书用R_r）；E为磁场断路器分断时的发电机转子励磁电源电压，对自并励发电机为励磁功率整流器的输出电压（本书用U_d）。

(4) 主触头额定连续电流（rated continuous current of main contacts）。该电流应较按发电机额定容量计算的转子电流大10%。

(5) 主触头在额定短时电压下的额定分断电流（rated interrupting current of main contacts at rated short-time voltage）。ANSI/IEEE C37.18要求该电流应不小于在励磁电源（对自并励为功率整流器输出）为顶值电压时的转子短路电流。

(6) 主触头在额定最大分断电压下的额定分断电流（rated interrupting current of main contacts at rated maximum interrupting voltage）。标准给出了额定分断电流的计

算为

$$\text{额定最大电压下的额定分断电流} \geqslant K_{dc}I_{fr} + E/R_d \tag{3-120}$$

式中：K_{dc}、I_{fr}、R_d、E 的含义同上。

(7) 放电触头（即动断触头）在额定电压下的额定分断电流（rated interrupting current of the discharge contacts at rated nominal voltage）。ANSI/IEEE C37.18 要求该电流应不小于励磁系统在额定励磁电压下施加于主触头的额定连续电流，并说明该参数是考虑磁场断路器在额定励磁电压下发生误跳后又很快重合时，对放电触头分断能力的要求。

(8) 主触头额定 0.5s 短时电流（rated 0.5s short-time current of main contacts）。它是磁场断路器主触头在 0.5s 内可承受的最大通过电流（直流）。ANSI/IEEE C37.18 说明，该参数是考虑发电机励磁回路故障时，要求磁场断路器主触头应具有的电流承受能力，其持续时间为 0.5s；此参数尚应不低于发电机定子突然三相短路时，对磁场断路器主触头电流承受能力的要求。对后一种情况，标准说明应考虑此时转子电流的峰值，对凸极发电机其可能的最大值为 3.5（电流峰值系数 K_c）倍的额定励磁电流，具体的数值应按实际应用的发电机进行计算。

(9) 放电触头（即动断触头）额定 15s 短时电流（rated 15s short-time current of the discharge contacts）。它是磁场断路器放电触头在 15s 内可承受的最大通过电流（直流）。ANSI/IEEE C37.18 说明该参数是考虑同步电动机启动的要求。

(10) 放电触头（即动断触头）额定 0.5s 短时电流（rated 0.5s short-time current of the discharge contacts）。它是磁场断路器放电触头在 0.5s 内可承受的最大通过电流（直流）。标准说明该参数是考虑发电机定子突然三相短路时，磁场断路器放电触头对此时的转子电流（最大值为 $K_{dc}I_f$）应具有持续 0.5s 的承受能力。

(11) 放电触头（即动断触头）额定闭合电流（rated making current of the discharge contacts）。该参数是当横跨在放电触头两端的电压为额定最大电压时，放电触头能可靠闭合的电流（峰值），通常需要根据磁场断路器产品对其放电触头（即动断触头）试验的技术条件确定。标准说明该参数是考虑在发电机定子突然短路灭磁时，放电触头应具有的能可靠地接通灭磁电阻的闭合能力。

(12) 额定控制电压（rated control voltage）。ANSI/IEEE C37.18 规定了磁场断路器性能参数的试验或测试条件。对磁场断路器主触头分断能力，ANSI/IEEE C37.18 要求应按实际应用的发电机励磁回路进行试验，或在试验室中采用等值于磁场断路器实际分断的励磁回路参数的电抗器进行试验。

6.3.1.3　ANSI/IEEE C37.18 在实际应用时需注意的问题

下面是 ANSI/IEEE C37.18 在实际应用中需注意的几个问题。

(1) 在 ANSI/IEEE C37.18 中，磁场断路器主触头额定最大分断电压及在额定最大分断电压下的额定分断电流［式（6-119）、式（6-120）］和 0.5s 短时电流，以及放电触头（即动断触头）0.5s 短时电流和额定闭合电流，均按发电机机端三相短路灭磁工况进行计算。分析表明[17]，按发电机继电保护目前的配置及整定方案，在一般情况下，发电机在误强励灭磁工况下灭磁时，对这些参数有更高的要求。按 DL/T 583 的规定，发电机需要考虑误强励灭磁工况。故磁场断路器主触头额定最大分断电压及在额定最大分断电压下的额定分断电流、主触头 0.5s 短时电流、磁场断路器放电触头的短时电流及额定闭合电流，应按满足发电机误强励灭磁工况要求进行计算选择。

(2) ANSI/IEEE C37.18 给出的磁场断路器主触头在额定最大分断电压下额定分断电流的计算，考虑了灭磁电阻投入在磁场断路器主触头产生的分断电流增量［式（3-120）中的 E/R_d］。但对灭磁电阻串接了二极管或采用晶闸管开关投入的灭磁系统，正如本篇 6.2.1 的分析，灭磁电阻投入后不产生磁场断路器的分断电流增量，计算式（3-120）中应无 E/R_d。

(3) 磁场断路器主触头额定最大分断电压及在额定最大分断电压下的额定分断电流的计算，在 ANSI/IEEE C37.18 给出的计算式（3-110）、式（3-120）中，发电机机端三相短路时的转子电流仅取转子暂态电流的直流分量（也称非周期分量）进行计算。但对定子电流非周期分量衰减时间常数较大的发电机，转子暂态电流中的周期分量在短路发生 0.1s 后仍有较大的数值。故对大型或特大型发电机，在机端三相短路灭磁时，磁场断路器主触头额定分断能力的计算宜考虑转子暂态电流中的周期分量。

(4) 对磁场断路器的额定工作电压，ANSI/IEEE C37.18 仅给出了定义，未说明具体的选择要求。按照低压断路器或接触器的标准，额定工作电压是断路器或接触器与通断能力以及试验类别相关的电压值。故磁场断路器的额定工作电压，应根据发电机灭磁对磁场断路器通断能力的要求进行选择。即以通断能力满足发电机灭磁要求所对应的断路器或接触器的额定工作电压，作为磁场断路器的额定工作电压。

(5) 标准未列出断路器在一般应用中的其他要求，如标准未对磁场断路器的额定绝缘水平、额定短路分断能力等进行规定。

按我国有关规程规定，发电机直流磁场断路器应具有与发电机转子回路相同的额定绝缘水平：与转子回路直接连接的设备或回路的绝缘耐压试验电压值，对发电机额定励磁电压为 500V 及以下者，出厂试验电压（50Hz，有效值）为 10 倍额定励磁电压，且最小值不得低于 1500V；额定励磁电压为 500V 以上者，出厂试验电压为 2 倍额定励磁电压加 4000V。

直流磁场断路器与转子间发生正、负极短路时，若此时励磁功率整流器导通的晶闸管的熔断器未熔断，励磁变压器过电流保护将启动跳直流磁场断路器，由直流磁场断路器切除短路。此时直流磁场断路器为短路分断，要求直流磁场断路器具有的分断能力，是断路器的短路分断能力。

另外，发电机灭磁时，直流磁场断路器是在带有转子及灭磁电阻负载的条件下进行分断，在直流磁场断路器主触头电弧熄灭后，主触头两端仍承受着电压（即恢复电压），该电压为转子电压及励磁电源电压（对自并励发电机为功率整流器输出电压）之和。发电机直流磁场断路器通常属低压电器系列，按低压电器的定义，发电机灭磁所要求的直流磁场断路器的灭磁分断能力，是断路器的额定分断能力，故磁场断路器的灭磁分断能力也可称为断路器的额定分断能力。ANSI/IEEE C37.18 定义的直流磁场断路器主触头在额定最大分断电压下的额定分断电流，按低压电器的定义，定义了直流磁场断路器的额定分断能力。在选择直流磁场断路器的灭磁分断能力（即额定分断能力）时，应注意到断路器分断能力中的分断电压与分断电流，是在断路器能够分断的同一分断过程中的两个参数，即是在某一分断电压下断路器可分断的电流。

对直流磁场断路器分断能力的要求，应包括对其灭磁分断能力（额定分断能力）及短路分断能力的要求，这是两种不同分断工况下的分断。断路器（或接触器）选用做磁场断路器时，应进行额定分断能力及短路分断能力的型式试验。

6.3.2　直流磁场断路器的选择计算

6.3.2.1　直流磁场断路器灭磁分断能力计算

按照ANSI/IEEE C37.18的定义，直流磁场断路器在发电机灭磁时最大的灭磁分断能力，为额定最大分断电压下的额定分断电流，按低压电器标准也可称为磁场断路器的额定分断能力，是ANSI/IEEE C37.18对磁场断路器规定的一个十分重要的参数。发电机灭磁要求直流磁场断路器在发电机各种需要灭磁的工况下均应具有可靠的灭磁分断能力，能可靠地切断励磁功率整流器与转子的连接。发电机在不同的灭磁工况下对磁场断路器的灭磁分断能力的要求是不相同的，按目前电厂继电保护的配置及整定，一般情况下以发电机误强励灭磁工况有最高要求，并可按空载误强励计算[17]。按照DL/T 583《大中型水轮发电机静止整流励磁系统技术条件》的规定，需要考虑发电机在误强励工况下灭磁，故直流磁场断路器的灭磁分断能力一般应按满足发电机误强励灭磁要求进行选择。

1. 直流磁场断路器主触头的额定最大分断电压计算

由图3-45、图3-47，对自并励发电机，灭磁过程直流磁场断路器主触头的分断电压，为灭磁电阻上的电压与励磁功率整流器输出电压之和。分断电压的最大值为直流磁场断路器熄弧分断时灭磁电阻电压与励磁功率整流器输出电压之和，该电压也是直流磁场断路器灭磁分断的恢复电压。按空载误强励灭磁要求计算的直流磁场断路器（主触头）额定最大分断电压U_{bNm}计算如下。

$$\left.\begin{aligned}&U_{\mathrm{bNm}}\geqslant c(I_{\mathrm{f}(i=n)})^{\beta}+1.35U_{2\mathrm{r}}U_{\mathrm{g}(i=n)}/U_{\mathrm{gr}} \quad \text{对非线性灭磁电阻}\\&U_{\mathrm{bNm}}\geqslant R_{\mathrm{r}}(I_{\mathrm{f}(i=n)})+1.35U_{2\mathrm{r}}U_{\mathrm{g}(i=n)}/U_{\mathrm{gr}} \quad \text{对线性灭磁电阻}\end{aligned}\right\}\tag{3-121}$$

式中各参数的意义及计算如下：

（1）$c(I_{\mathrm{f}(i=n)})^{\beta}$、$R_{\mathrm{r}}(I_{\mathrm{f}(i=n)})$ 是空载误强励灭磁磁场断路器熄弧分断时灭磁电阻上的电压（也是灭磁过程灭磁电阻上的最高电压U_{rm}）；c为非线性电阻性能常数；$I_{\mathrm{f}(i=n)}$为误强励灭磁开始的转子电流；β为非线性系数（$0<\beta<1$）；R_{r}为灭磁电阻的电阻，计算方法见下面本小节3。

（2）$1.35U_{2\mathrm{r}}U_{\mathrm{g}(i=n)}/U_{\mathrm{gr}}$为误强励灭磁开始励磁功率整流器输出电压（$U_{\mathrm{dm}}$，平均值，忽略整流桥的换相压降），可认为等于磁场断路器熄弧分断时的输出电压。1.35为功率整流器的整流系数（按全控桥、晶闸管控制角0^{0}）；$U_{2\mathrm{r}}$为励磁变压器低压绕组电压；U_{gr}为发电机额定线电压；$U_{\mathrm{g(i=n)}}$为误强励灭磁开始时的发电机线电压，计算方法见下面本小节3。在计算磁场断路器的灭磁分断能力时，通常按磁场断路器灭磁分断过程中（从灭磁开始至磁场断路器分断）励磁功率整流器输出电压保持不变考虑。

2. 直流磁场断路器在最大分断电压下的额定分断电流计算

直流磁场断路器主触头在额定最大分断电压下的额定分断电流，是以磁场断路器在空载误强励灭磁分断过程中分断电流的最大值计算，并等于灭磁开始转子电流与灭磁电阻投入产生的分断电流增量ΔI_{b}之和。按空载误强励灭磁要求计算的直流磁场断路器（主触

头）在额定最大分断电压下的额定分断电流 I_{bNm} 的计算式可表达为

$$I_{bNm} \geqslant I_{f(i=n)} + \Delta I_b \tag{3-122}$$

式中：$I_{f(i=n)}$ 为误强励灭磁开始转子电流，计算方法见下面本节 3。

灭磁电阻采用晶闸管开关投入或串接二极管时，式（3-122）中无 ΔI_b，见本篇 6.2.1 的分析。灭磁电阻未采用晶闸管开关投入及未串接二极管时，需考虑 ΔI_b 并按式（3-123）进行计算（忽略整流桥的换相压降），即

$$\Delta I_b = U_{dm}/R_r = 1.35U_{2r}U_{g(i=n)}/(U_{gr}R_r) \tag{3-123}$$

式中：各参数见式（3-121）。对非线性灭磁电阻，R_r 为对应于误强励灭磁开始励磁功率整流器输出电压 U_{dm} 时的电阻值。

ΔI_b 也可由灭磁电阻整组特性查出，等于灭磁电阻整组特性上对应于 U_{dm} 的灭磁电阻电流；也可以式 $U_{dm} = c(\Delta I_b)^{\beta}$ 进行计算。

3. 误强励灭磁开始转子电流、电压的计算

按目前电厂继电保护的配置，误强励灭磁开始时的转子电流、电压，可考虑为发电机空载误强励由定子过电压保护启动灭磁时的数值，水轮发电机定子过电压保护可按启动电压为 1.3 倍的定子额定电压、保护延时 0.3s 动作解列灭磁考虑。在励磁系统工程设计中，可采用分段计算或简化计算方法对空载误强励灭磁开始时的转子电流、电压进行计算。

（1）分段计算法。分段计算法是将过电压保护启动至灭磁开始的延时过程分成若干个（n 个）时段，由前一时段末（t_{i-1} 时刻）发电机的转子电流、电压计算出下一时段末（t_i 时刻）的数值，由此求得灭磁开始的数据。通常将发电机定子过电压保护启动时刻作为计算的开始（第 1 时段开始）时刻并设为 $t=0$，此时发电机的转子电流 $I_{f(t=0)}$ 为定子电压为 1.3 倍定子额定电压时的转子电流，可从发电机特性中查到。利用分段计算方法，可计算出第 1 时段末（$i=1$、$t=t_1$）的转子电流 $I_{f(i=1)}$ 及定子电压 $U_{g(i=1)}$，并由此再计算第 2 时段末（$i=2$、$t=t_2$）的转子电流 $I_{f(i=2)}$ 及定子电压 $U_{g(i=2)}$，最后时段末的数值即为灭磁开始的转子电流 $I_{f(i=n)}$ 及定子电压 $U_{g(i=n)}$。计算方法分述如下。

1）i 时段末转子电流计算式。

i 时段末 t_i 时刻的转子电流 $I_{f(i)}$ 可计算为[17]

$$I_{f(i)} = I_{fc(i-1)} - (I_{fc(i-1)} - I_{f(i-1)})e^{-\frac{\Delta t_i}{T_{i-1}}} \tag{3-124}$$

式中：$I_{fc(i-1)}$ 为 t_{i-1} 时刻转子电压 $U_{f(i-1)}$ 对应的转子电流稳态值；$I_{f(i-1)}$ 为 t_{i-1} 时刻的转子电流；T_{i-1} 为 t_{i-1} 时刻转子时间常数；$\Delta t_i = t_i - t_{i-1}$。

式（3-124）对第一计算时段（$i=1$）计算时，$I_{fc(i-1)}$ 为分段计算开始（即发电机定子过电压达 1.3 倍额定电压时，$t=0$）的转子电压 $U_{f(t=0)}$ 对应的转子电流稳态值 $I_{fc(t=0)}$；$I_{f(i-1)}$ 为 $t=0$ 时的转子电流 $I_{f(t=0)}$，在发电机制造厂给出的发电机特性上，可由 $U_{f(t=0)}$ 得到此时转子电流值 $I_{f(t=0)}$；T_{i-1} 为 $t=0$ 时刻转子时间常数 $T_{(t=0)}$；$\Delta t_i = t_i - t_{i-1} = t_1$。对第二计算时段及以后各计算时段，式（3-124）中的 T_{i-1}、$I_{fc(i-1)}$ 可按下面的计算方法计算。

2）$i-1$ 时段末转子时间常数计算。$i-1$ 时段末（t_{i-1} 时刻）的转子时间常数 T_{i-1}，可由式（3-125）求得，即

$$T_{i-1} = T'_{d0}\frac{\tan\beta}{\tan\alpha} \tag{3-125}$$

式中：T'_{do}为定子开路时的转子时间常数，可由发电机厂家提供；α、β为发电机空载特性上分别对应于O点、$I_{f(i-1)}$点的切线角。

发电机的空载特性见图3-59。

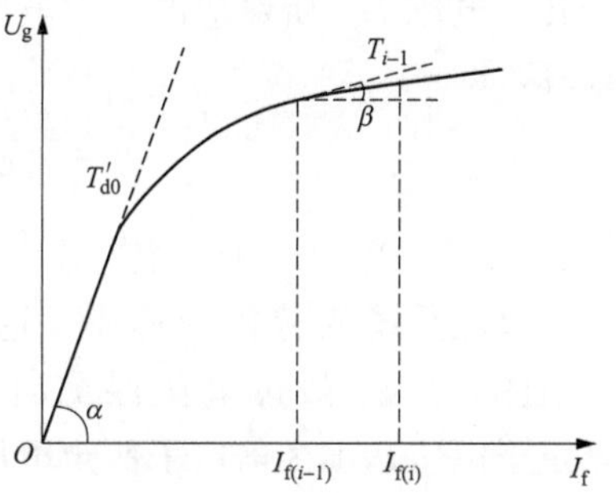

图3-59　发电机的空载特性

I_f—发电机转子电流；U_g—发电机定子电压

3）$i-1$时段末转子电流稳态值的计算。$i-1$时段末（t_{i-1}时刻）转子电流稳态值$I_{fc(i-1)}$，可由t_{i-1}时刻转子电压$U_{f(i-1)}$及转子电阻R_f计算，即

$$I_{fc(i-1)}=U_{f(i-1)}/R_f \tag{3-126}$$

式中：$U_{f(i-1)}$等于t_{i-1}时刻励磁功率整流器的输出电压。

4）$i-1$时段末励磁功率整流器的输出电压计算。$i-1$时段末（t_{i-1}时刻）励磁功率整流器的输出电压$U_{d(i-1)}$［等于此时的转子电压$U_{f(i-1)}$］可由式（3-127）计算（认为误强励时晶闸管控制角为0°，且忽略晶闸管的整流压降），即

$$U_{d(i-1)}=U_{f(i-1)}=1.35U_{2(i-1)}-3I_{f(i-1)}X_{TE}/\pi \tag{3-127}$$

式中：$U_{2(i-1)}$为t_{i-1}时刻励磁变压器低压绕组电压（线电压有效值）；X_{TE}为励磁变压器电抗，$X_{TE}=u_kU_{2r}^2/S_{tr}$，为归算至低压绕组的有名值，$u_k$为励磁变压器阻抗电压，$U_{2r}$为低压绕组额定电压，$S_{tr}$为额定容量。式（3-127）对第一计算时段（$i=1$）计算时，脚注（$i-1$）均以（$t=0$）取代。

5）$i-1$时段末励磁变压器低压绕组电压计算。$i-1$时段末（t_{i-1}时刻）励磁变压器低压绕组电压$U_{2(i-1)}$，可由t_{i-1}时刻的转子电流$I_{f(i-1)}$所对应的机端电压$U_{g(i-1)}$（从发电机空载特性上由$I_{f(i-1)}$查得）以下式计算，即

$$U_{2(i-1)}=U_{2r}U_{g(i-1)}/U_{gr}$$

式中：U_{gr}为发电机定子额定电压。

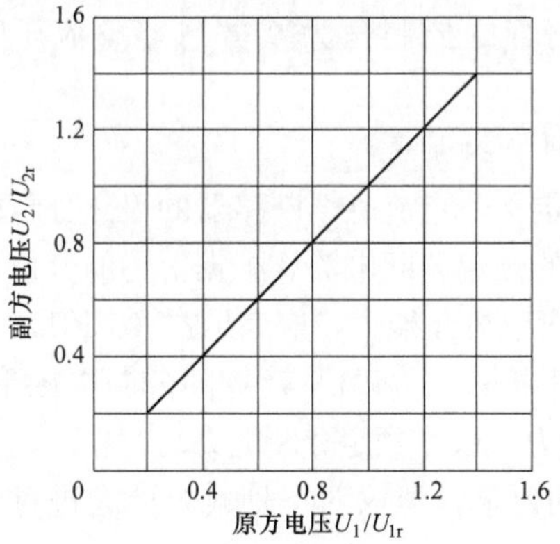

图3-60　励磁变压器变比特性

对第一计算时段（$i=1$）计算时，脚注（$i-1$）均以（$t=0$）取代。分析及试验表明，机端电压达$1.3U_{gr}$或稍高时，空载励磁变压器的电压变比变化不大，如图3-60所示的某厂家干式励磁变压器变比的实测数据。

6）灭磁开始的转子电流、励磁功率整流器的输出电压及励磁变压器低压侧电压计算。当对过电压保护启动至灭磁开始的转子电流取n个时段进行计算时，则灭磁开始时的转子电流$I_{f(0)}$及励磁功率整流器的输出电压（平均值U_{dm}）均为$i=n$时段末的计算值

$$I_{f(0)}=I_{f(i=n)} \tag{3-128}$$

$$U_{dm}=1.35U_{2(i=n)}-3I_{f(i=n)}X_{TE}/\pi \tag{3-129}$$

式中：$I_{f(i=n)}$由式（3-124）计算；灭磁开始时励磁变压器低压侧电压$U_{2(i=n)}$，由灭磁开始

时的转子电流 $I_{f(0)}$ 所对应的机端电压 $U_{g(i=n)}$（可从发电机空载特性上由 $I_{f(i=n)}$ 查得）以下式计算，即

$$U_{2(i=n)} = U_{2r}U_{g(i=n)}/U_{gr} \tag{3-130}$$

式中：U_{gr} 为发电机定子额定电压。

在灭磁系统的分析计算中，通常以磁场断路器主触头刚分离时刻作为灭磁开始时刻（见图 3-46）。故过电压保护启动至灭磁开始的时间间隔，为发电机过电压保护启动（定子电压达 1.3 倍定子额定电压时）至磁场断路器主触头刚分离的时间。当过电压保护启动后经整定延时动作跳磁场断路器灭磁时，过电压保护启动至灭磁开始的时间间隔等于过电压保护延时时间和磁场断路器分闸时间（接收分闸令至断路器主触头开始分离）之和。当过电压保护启动后经整定延时动作灭磁为先合灭磁电阻开关，在灭磁电阻投入后再启动跳磁场断路器时，则过电压保护启动至灭磁开始的时间间隔需增加灭磁电阻开关的合闸时间。

（2）简化计算。发电机机端达 1.3 倍额定电压时转子磁路已较饱和，时间常数已很小，如某些发电机为 0.1～0.2s。故可认为在定子过电压保护启动至动作跳闸灭磁的延时期间，发电机电压仅有较小的增加，灭磁开始时发电机电压为稍高于 1.3 倍的发电机额定电压［如取 1.4～1.5，见式（3-36）对 k_u 取值的说明］，并认为 1.3 倍过电压时的转子电压产生的转子电流，在灭磁开始时已达到稳态值，此稳态值近似等于灭磁开始时的转子电流。这样，空载误强励灭磁开始励磁功率整流器的输出电压 U_{dm} 及转子电流 $I_{f(i=n)}$ 可以用下面的计算式进行估算，即

$$U_{dm} = 1.35 \times (1.4 \sim 1.5) \times U_{2r} \tag{3-131}$$

$$I_{f(0)} = I_{f(i=n)} = 1.35 \times 1.3 \times U_{2r}/R_f \tag{3-132}$$

式中：1.35 为整流系数；U_{2r} 为励磁变压器低压绕组额定电压（有效值）；R_f 为转子电阻。

整流器输出电压按误强励时励磁功率整流器晶闸管的控制角为 0°并忽略整流压降考虑。

4. 直流磁场断路器的灭磁分断能力及建议进一步研究的课题

按照 ANSI/IEEE C37.18 对直流磁场断路器参数的定义，直流磁场断路器的灭磁分断能力为直流磁场断路器（主触头）在额定最大分断电压下的额定分断电流。根据上述的分析计算，按空载误强励灭磁要求选择计算的直流磁场断路器灭磁分断能力，应满足式（3-121）及式（3-122）的要求。即直流磁场断路器应具有在不低于按式（3-121）计算的分断电压下，分断不小于按式（3-122）计算的分断电流的灭磁分断能力（或称额定分断能力）。

关于发电机灭磁对直流磁场断路器灭磁分断能力的要求，建议对下列几个课题进行进一步的研究[17,19]。

（1）避免灭磁电阻投入产生磁场断路器分断电流增量的研究。按照式（3-122）及 ANSI/IEEE C37.18［式（3-120）］的计算，灭磁电阻未串接二极管及未采用晶闸管开关投入时，灭磁电阻投入产生的电流将大幅度地增加磁场断路器的分断电流，大幅度地提高了对磁场断路器分断能力的要求。参考文献［17］建议对此进行相关的试验研究，并建议灭磁电阻回路中串接反向二极管（类似图 3-47）或采用晶闸管开关投入，以避免此分断电流增量。

（2）针对误强励的继电保护或降低发电机定子过电压保护动作延时时间的研究。参考文献［17，19］分析指出，由于发电机继电保护目前无针对误强励保护的配置方案，且发电机定子过电压保护为经延时动作发电机解列灭磁，在很大程度上提高了发电机灭磁对磁场断路器灭磁分断能力的要求，建议对发电机增设针对误强励的继电保护或降低定子过电压保护动作延时进行研究。例如，增设发电机误强励保护，在发电机定子过电压而转子过电流时使发电机快速跳闸灭磁，或将当前带延时（0.3s）的发电机定子过电压保护修改为快速动作（如0.02s），使发电机可在转子电流大幅度升高前及时跳闸灭磁。计算分析表明，此时可大幅度地降低磁场断路器灭磁分断能力的要求，磁场断路器的分断能力可按满足机端三相短路灭磁工况的分断要求进行选择。

另外，直流磁场断路器按满足式（3-121）及式（3-122）的要求选择时，所选择的断路器的灭磁分断能力，即断路器在最大分断电压下的额定分断电流，应是断路器按ANSI/IEEE C37.18的试验要求进行型式试验时所取得的分断能力。按该标准要求，断路器分断能力应在实际应用的发电机励磁回路中进行试验，或在试验室中采用等值于磁场断路器实际分断的励磁回路参数的电抗器进行试验。但对容量较大的发电机，发电机转子的电感及灭磁电阻容量都很大，无论是在实验室或发电机现场，目前都不可能按ANSI/IEEE C37.18规定的试验方法进行断路器的灭磁分断能力型式试验。目前磁场断路器供应商通常仅能提供按通用低压电器标准进行的断路器短路分断能力或额定分断能力型式试验的数据。由于其试验条件与ANSI/IEEE C37.18的要求差别太大，如何使用这些未按ANSI/IEEE C37.18规定的试验方法试验的数据对磁场断路器进行选择，需要进行进一步的分析及试验研究，或对大型发电机的磁场断路器灭磁分断能力型式试验的试验方法进行进一步的探讨。

5. 功率整流器逆变及切脉冲在发电机灭磁分断过程中的应用

由图3-45及式（3-121）可见，对自并励发电机，灭磁过程直流磁场断路器主触头的分断电压，为灭磁电阻上的电压与励磁功率整流器输出电压之和。故若启动灭磁同时启动励磁功率整流器逆变，使励磁功率整流器输出电压U_d反向，将可降低灭磁分断对直流磁场断路器最高分断电压的要求，并使灭磁电阻上的电流成为直流磁场断路器主触头分断电流的负增量，避免了灭磁电阻投入产生的分断电流增量［见式（3-123）］，从而改善直流磁场断路器的灭磁分断条件。采用氧化锌时（通常串接二极管），尚可采用启动灭磁同时启动切脉冲方式，此时励磁功率整流器在交流负半周的输出为负，也可起与逆变相同的作用。但在下列情况下，励磁功率整流器逆变、切脉冲将无助于灭磁分断。

（1）发电机机端三相短路（短路点发生在机端与发电机或发电机-变压器组断路器间）或励磁变压器或其低压绕组回路短路时，发电机将在励磁功率整流器交流侧无电压下灭磁。

（2）励磁系统故障时（如励磁系统误强励时），有可能不能使励磁功率整流器逆变或实现软件切脉冲。

因此，直流磁场断路器的灭磁分断能力仍需按本节上面所述的要求进行选择。即使在认为励磁调节及控制系统十分可靠、不可能发生误强励并能可靠地保证逆变成功及实现切脉冲的情况下，直流磁场断路器的灭磁分断能力仍应按满足发电机机端三相短路灭磁的分断要求进行选择，仅式（3-121）可按$U_2=0$计（等式右第2项无）、式（3-122）可按

$\Delta I_b=0$ 计算。

对励磁变压器接于发电机断路器外与升压变压器之间的发电机母线的发电机，当短路发生在发电机差动保护范围与变压器差动保护范围的重叠区时，即变压器差动保护电流互感器与发电机断路器间、发电机断路器与其外侧的发电机差动保护电流互感器间的发电机电压母线或设备发生三相短路时，在发电机差动保护跳闸灭磁的同时，变压器差动保护也将跳升压变压器高压侧断路器，同样使励磁变压器低压绕组电压为 0，此时励磁功率整流器逆变、切脉冲也无助于灭磁。

6.3.2.2　直流磁场断路器的短路分断能力

在发电机转子与直流磁场断路器间发生正、负极短路时，若励磁功率整流器晶闸管的快速熔断器未熔断，励磁变压器过电流保护将动作停机并跳直流磁场断路器灭磁，此时直流磁场断路器为短路分断，直流磁场断路器需分断短路电流。按照 ANSI/IEEE C37.18 对直流磁场断路器主触头在额定短时电压下额定分断电流的要求，直流磁场断路器的短路分断电流，应不小于在励磁功率整流器输出为顶值电压时的转子短路电流，主触头的额定短时电压是磁场断路器主触头需要分断转子短路电流的转子回路最高直流电压，要求该电压的取值应不小于转子励磁电源的顶值电压。按低压电器标准，此时磁场断路器的分断能力称为磁场断路器的短路分断能力。直流磁场断路器应具有在励磁功率整流器晶闸管输出为顶值电压下转子短路时的短路分断能力。

1. 直流磁场断路器的短路分断电流

直流磁场断路器的短路分断电流应按不低于励磁功率整流器晶闸管输出为顶值电压下转子短路时流过直流磁场断路器主触头的短路电流进行选择。

自并励发电机转子正、负极回路短路电流通常按励磁功率整流器直流输出端短路计算。对采用三相全控桥的励磁功率整流器，若励磁功率整流器输出为顶值电压时的整流器晶闸管控制角考虑为 0，则直流输出端短路电流的平均值 I_{ds} 可计算为

$$I_{ds}=\frac{1}{\frac{2\pi}{6}}\int_{\frac{\pi}{6}+\alpha}^{\frac{\pi}{6}+\alpha}\sqrt{2}\,\frac{k_u I_{2r}}{u_k}\cos\omega t\,d\omega t=\frac{3}{\pi}\sqrt{2}\,\frac{k_u I_{2r}}{u_k}2\sin\frac{\pi}{6}\cdot\cos\alpha=3\,\frac{\sqrt{2}}{\pi\cdot u_k}I_{2r}k_u \quad (3\text{-}133)$$

式中：k_u 为转子短路时发电机端电压相对于额定电压的倍数；I_{2r} 为励磁变压器低压绕组额定电流（有效值）；u_k 为励磁变压器阻抗电压，以变压器额定电压的百分数表示。转子短路时发电机的端电压可根据电厂的具体情况取值，一般电厂可取发电机强励灭磁时的机端电压（$k_u=0.95$），即按励磁系统正常强励时转子短路考虑；重要的或大型发电机也可取为误强励灭磁时的机端最高电压［见式（3-129）］计算，即按误强励灭磁时转子短路考虑。

直流磁场断路器的短路分断电流 I_{dsm} 应不低于式（3-123）的计算值。即

$$I_{dsm}\geqslant I_{ds} \quad (3\text{-}134)$$

此时直流侧短路电流的峰值为

$$I_{dsp}=\frac{1}{u_k}\sqrt{2}\,I_{2r}k_u$$

2. 直流磁场断路器短路分断的恢复电压

直流磁场断路器短路分断的恢复电压为分断转子短路电流后主触头两端的电压，等于

此时励磁功率整流器的输出电压。按照 ANSI/IEEE C37.18，直流磁场断路器的短路分断，需按短路发生在励磁功率整流器晶闸管输出为顶值电压时考虑。故直流磁场断路器短路分断的恢复电压 U_{bsm}，可取不低于误强励时或强励时励磁功率整流器的输出电压 U_{dm}。误强励时 U_{dm} 由式（3-129）计算。当忽略励磁变压器的换相压降时，直流磁场断路器短路分断的恢复电压 U_{bsm} 可计算为

$$U_{bsm} \geqslant 1.35U_{2(i=n)} \tag{3-135}$$

式中：$U_{2(i=n)}$ 由式（3-130）计算。

3. 直流磁场断路器的短路分断能力及额定电压

由本小节上面的分析计算可见，选择的直流磁场断路器的短路分断能力，为在由式（3-135）计算的电压下，具有分断不低于由式（3-133）计算的短路电流的短路分断能力。

由于直流断路器的短路分断能力型式试验通常在断路器的额定电压下（或某一电压下）进行，即直流断路器产品给出的短路分断电流通常在断路器的额定电压下给出。在选择断路器时，对断路器产品所给出短路分断能力的电压条件应给予注意。当所选择的直流磁场断路器的短路分断电流为在断路器额定电压下给出时，用做直流磁场断路器的直流断路器的额定电压，不宜低于由式（3-135）计算的直流磁场断路器短路分断的恢复电压。此外，直流磁场断路器额定电压的确定，尚需考虑灭磁系统对断路器动断触头通断能力的要求，见 6.3.2.3 所述。

直流磁场断路器的热稳定电流应不低于式（3-133）计算的短路电流。

6.3.2.3　直流磁场断路器动断触头的电流闭合能力及分断能力

1. 直流磁场断路器动断触头的电流闭合能力

直流磁场断路器可配置动断触头（即放电触头），用于灭磁时投入灭磁电阻。发电机正常运行时，直流磁场断路器的动断触头为打开状态。灭磁启动跳磁场断路器后，直流磁场断路器的动断触头将在主触头分离前闭合，使灭磁电阻投入与转子并联。按 ANSI/IEEE C37.18 要求，直流磁场断路器动断触头的额定闭合电流应不小于横跨在动断触头两端的电压为额定最大电压时，放电触头能可靠闭合的电流（峰值）。该标准说明该参数是考虑在发电机定子突然三相短路灭磁时，放电触头应具有的能可靠地接通灭磁电阻的闭合能力。由灭磁过程的分析可知，灭磁启动投入动断触头时，触头两端电压为功率整流器的输出电压，其最大值出现在误强励工况。由于 DL/T 583 规定发电机需要考虑误强励工况下灭磁，故此时直流磁场断路器动断触头的可靠闭合电流，应不小于动断触头在误强励灭磁开始的功率整流器输出电压下投入时（闭合时）流过触头的电流。具体可作如下计算。

（1）对采用碳化硅或线性灭磁电阻的灭磁系统（如图 3-45 所示，灭磁电阻未串接反向二极管），灭磁启动投入动断触头时，功率整流器的输出电压将使动断触头出现电流。按误强励灭磁工况考虑时，动断触头可能在整流器输出交流电压峰值下投入。故动断触头的闭合电压 U_{cm}（峰值）为

$$U_{cm} \geqslant \sqrt{2}U_{2(i=n)} \tag{3-136}$$

式中：$U_{2(i=n)}$ 由式（3-130）计算。

此时动断触头闭合电流（反向电流）的最大值（按 ANSI/IEEE C37.18 以峰值表

示）为

$$I_{\mathrm{cm}} \geqslant \sqrt{2}U_{2(i=n)}/R_{\mathrm{r}} \tag{3-137}$$

式中：R_{r}为灭磁电阻的电阻，对非线性灭磁电阻，R_{r}为对应于误强励灭磁开始励磁功率整流器输出电压U_{cm}时的电阻值。I_{cm}也可由灭磁电阻整组特性查出，等于灭磁电阻整组特性上对应于U_{cm}的灭磁电阻电流，也可以式$U_{\mathrm{cm}}=c(I_{\mathrm{cm}})^{\beta}$进行计算。

直流磁场断路器动断触头应在不小于式（3-136）计算的闭合电压U_{cm}下，具有闭合不小于式（3-137）计算的闭合电流的闭合能力。

动断触头闭合后，其通过电流将在主触头分离产生弧压后随弧压上升而衰减及反向，使转子电流向灭磁电阻转移，在转子电流完全向灭磁电阻转移时反向电流有最大值，并可认为等于灭磁开始时的转子电流。故采用碳化硅或线性灭磁电阻的灭磁系统，动断触头的额定0.5s短时电流，可根据具体机组的灭磁过程，取式（3-137）计算的电流值，或按ANSI/IEEE C37.18取发电机定子突然三相短路时的转子电流。

（2）对采用串接有反向二极管的ZnO灭磁电阻的灭磁系统（如图3-46所示），灭磁启动跳磁场断路器动断触头闭合后，施加于ZnO灭磁电阻回路的电压为功率整流器输出的整流电压，由于回路接有反向二极管而无电流通过，动断触头闭合时的电流为0。此后，主触头分离产生弧压，使施加于ZnO灭磁电阻的电压随弧压上升而衰减及反向升高，至使ZnO灭磁电阻导通后，转子电流向灭磁电阻转移，在转子电流完全向灭磁电阻转移时反向电流有最大值，并可认为等于灭磁开始时的转子电流。故对采用ZnO灭磁电阻的灭磁系统，动断触头的额定闭合电流及动断触头的额定0.5s短时电流，通常需要根据具体选择的磁场断路器产品的动断触头试验技术条件确定，动断触头的额定闭合电流取为0，额定0.5s短时电流取为误强励灭磁开始转子电流或按ANSI/IEEE C37.18取发电机定子突然三相短路时的转子电流。

灭磁电阻采用电子开关投入时，电子开关的电流闭合能力及过电流能力同样也应满足上面所述的要求。

2. 直流磁场断路器动断触头的分断能力

按ANSI/IEEE C37.18，直流磁场断路器动断触头需考虑发电机额定运行时，直流磁场断路器发生误跳后再合闸时的分断能力，即直流磁场断路器动断触头应具有在额定励磁电压下分断主触头额定连续电流的额定分断能力。按ANSI/IEEE C37.18，磁场断路器主触头额定连续电流规定为不小于1.1发电机额定励磁电流。故直流磁场断路器动断触头的额定分断电流I_{bm}及额定分断电压U_{bm}应满足

$$I_{\mathrm{bm}} \geqslant 1.1I_{\mathrm{fr}} \tag{3-138}$$

$$U_{\mathrm{bm}} \geqslant 1.1U_{\mathrm{fr}} \tag{3-139}$$

式中：1.1为裕度系数；I_{fr}为发电机额定励磁电流；U_{fr}为发电机额定励磁电压。直流磁场断路器动断触头的额定分断能力应可在不低于由式（3-139）计算的分断电压下分断由式（3-138）计算的分断电流。

6.3.2.4　直流磁场断路器设计参数示例

表3-29给出某电厂发电机灭磁系统直流磁场断路器的设计参数示例，发电机参数及设计参数的具体计算描述在附录C。电厂发电机需考虑误强励灭磁，磁场断路器分断能力

按满足误强励灭磁要求进行选择。表中同时列出 ANSI/IEEE C37.18 对直流磁场断路器参数的选择要求。

表 3-29　某电厂发电机灭磁系统直流磁场断路器的设计参数示例（采用串接二极管的氧化锌灭磁电阻）

序号	项目	设计参数选择要求	设计参数	ANSI/IEEE C37.18 的要求
1	直流磁场断路器额定工作电压	为通断能力满足发电机灭磁要求的断路器的额定工作电压，且不低于式（3-135）计算的短路分断恢复电压（1.82kV）	2kV	直流磁场断路器运行及性能的参照电压
2	主触头额定短时电压	不小于式（3-129）计算的空载误强励功率整流器最高输出电压（1.82kV）	2kV	应不小于励磁电源的顶值电压
3	主触头额定最大分断电压	不小于式（3-121）计算的空载误强励灭磁分断时的恢复电压（3kV）	3kV	大于发电机定子突然三相短路灭磁分断的恢复电压
4	主触头在额定最大分断电压下的额定分断电流	大于式（3-122）计算的空载误强励灭磁分断电流（6.923kA）	8kA（取产品规格）	发电机定子突然三相短路时的灭磁分断电流
5	主触头的额定分断能力	不小于式（3-121）计算的电压下分断式（3-122）计算的电流	3kV 下分断 8kA	发电机定子突然三相短路灭磁要求的分断能力
6	主触头额定连续电流	大于 1.1 的发电机额定转子电流，由式（3-138）计算（1.9kA）	2kA	大于 1.1 的发电机额定转子电流
7	主触头在额定短时电压下的额定分断电流	不小于式（3-133）计算发电机空载误强励下发生转子短路时流过主触头的转子短路电流（52.7kA）	大于 52.7kA	不小于在励磁功率整流器输出为顶值电压时的转子短路电流
8	主触头额定 0.5s 短时通过电流 kA	不小于式（3-133）计算空载误强励时发电机转子短路电流（52.7kA）	大于 52.7kA	发电机励磁回路故障或定子突然三相短路时通过主触头的电流
9	动断触头在额定电压下的额定分断电流	不小于式（3-139）计算的电压下流过主触头的额定连续电流（1.9kA）	2 kA	不小于额定励磁电压下流过主触头的额定连续电流
10	动断触头的分断能力	不小于式（3-139）计算的分断电压下（0.5kV）式（3-138）计算的主触头额定连续励磁电流（1.9kA）	0.5kV 下分断 2kA	在分断电压不小于额定励磁电压下分断主触头的额定连续励磁电流
11	动断触头额定 0.5s 短时通过电流	大于空载误强励灭磁开始时的转子电流 6.923kA，由式（3-128）计算	8kA（取产品规格）	不小于发电机定子突然三相短路灭磁开始时的转子电流

续表

序号	项目	设计参数选择要求	设计参数	ANSI/IEEE C37.18 的要求
12	动断触头额定闭合电流	不小于式（3-137）计算的空载误强励灭磁时投入灭磁电阻的闭合电流（峰值）（仅对 SiC 灭磁电阻）	本例不考虑	不小于定子突然三相短路灭磁时投入灭磁电阻的闭合电流
13	动断触头额定闭合电压	不小于式（3-127）计算的空载误强励灭磁开始时的转子电压峰值（仅对 SiC 灭磁电阻）	本例不考虑	不小于发电机定子突然三相短路灭磁开始时的转子电压
14	动断触头额定闭合能力	负载灭磁工况下投入灭磁电阻的闭合能力	2kV 下闭合 8kA	发电机定子突然三相短路灭磁时投入灭磁电阻的闭合能力
15	断路器分断试验要求	同 ANSI/IEEE C37.18 的要求		按实际应用的发电机灭磁回路或相当的回路中进行测试
16	动断触头提前闭合时间	应有较短的提前时间	小于 3ms	

6.4 交流灭磁系统磁场断路器的选择计算

6.4.1 交流磁场断路器的技术要求

发电机交流灭磁系统的交流磁场断路器，除了与交流断路器在一般应用中相同的技术要求外，根据断路器在发电机励磁系统中应用的特点，交流磁场断路器尚需满足下列技术要求：

（1）交流磁场断路器的灭磁分断能力，应能在发电机的各种灭磁工况下，可靠地切断励磁变压器与励磁功率整流器的连接；交流磁场断路器的灭磁分断弧压，应能满足在发电机所考虑的严重灭磁工况下灭磁分断的要求。

（2）应有足够的短路分断能力切断磁场断路器至转子之间励磁回路的短路。

（3）断路器的电流、电压耐受能力应满足发电机各种运行工况（包括各种灭磁工况）下的运行要求。

6.4.2 交流磁场断路器的参数及其选择计算

在 3.6.2.2 中的分析已说明，交流磁场断路器在发电机灭磁系统中与在通常的交流系统中的工作条件并不完全相同。励磁回路交流磁场断路器的参数，除需根据通常交流系统中断路器参数的选择要求进行选择外，尚需按照交流磁场断路器在发电机灭磁工况下的工作条件进行选择，通常有下列参数及要求。

本节下面的分析及计算适用于仅交流侧设置磁场断路器的交流灭磁系统。

6.4.2.1　交流磁场断路器的额定电流

参照 ANSI/IEEE C37.18 关于磁场断路器额定连续电流的规定，磁场断路器额定连续电流应不小于 1.1 倍的发电机额定励磁电流。故交流磁场断路器的额定电流应按不小于励磁变压器低压绕组的额定电流的 1.1 倍进行选择。

6.4.2.2　额定短路分断电流及工频恢复电压

1. 交流磁场断路器的额定短路分断电流

在交流磁场断路器与励磁功率整流器间发生三相短路或转子＋、－极间发生短路时，励磁变压器过电流保护将动作跳闸停机灭磁（跳交流磁场断路器），交流磁场断路器此时的灭磁分断为短路分断。交流磁场断路器的短路分断能力，即额定短路分断电流 I_{bsm}，应按不低于励磁变压器低压绕组三相短路电流计算。即

$$I_{bsm} \geqslant I_{2r} k_u / u_k \tag{3-140}$$

式中：I_{2r}为励磁变压器低压绕组额定电流（有效值）；k_u为短路前发电机的端电压相对于额定电压的倍数；u_k为励磁变压器阻抗电压，以变压器额定电压的百分数表示。短路前发电机的端电压一般可考虑为发电机正常运行时的机端电压，取 k_u＝1.05～1.1，重要的大型发电机也可取为定子过电压保护启动后的机端过电压。

2. 交流磁场断路器短路分断的工频恢复电压

装于励磁变压器低压绕组至励磁功率整流器间的交流磁场断路器，分断短路电流时的工频恢复电压按分断励磁变压器低压绕组短路考虑。励磁变压器的低压绕组通常采用 d 接线，为不接地系统。交流磁场断路器在分断励磁变压器低压绕组的异地两相接地短路时，工频恢复电压有最大值，并等于分断时励磁变压器低压绕组的线电压（有效值）。励磁变压器低压绕组的线电压的取值，与交流磁场断路器短路分断电流计算作相同的考虑，可计算为

$$U_2 = k_u U_{2r} \tag{3-141}$$

式中：k_u及其取值的考虑同式（3-140）；U_{2r}为励磁变压器低压绕组额定线电压（有效值）。

交流磁场断路器短路分断的工频恢复电压 U_{bsm}，应不低于由式（3-141）计算的励磁变压器低压绕组线电压。即

$$U_{bsm} \geqslant k_u U_{2r} \tag{3-142}$$

6.4.2.3　动稳定及热稳定电流

交流磁场断路器的动稳定及热稳定电流按励磁变压器低压绕组短路考虑，与通常交流回路中断路器的计算方法相同，短路电流计算时的机端电压可类同式（3-140）的考虑对取 k_u＝1.05～1.1 发电机额定电压计算进行取值。

6.4.2.4　灭磁分断电流及分断电压

交流磁场断路器在发电机的各种灭磁工况下的灭磁分断，是在带有转子及灭磁电阻负载的条件下进行分断（参见图 3-49）。按低压开关电器参数的定义及参照 ANSI/IEEE C37.18，交流磁场断路器此时的灭磁分断能力为额定分断能力，并以额定最大分断电压下可分断的额定分断电流表示。

交流磁场断路器的灭磁分断，正如本篇 6.2.2 的分析，分断电流及分断后的恢复电压，是以直流为主叠加交流分量或基本为直流。故交流磁场断路器灭磁分断时额定分断能力的额定分断电流，需以分断总电流及其直流分量的百分数表示。分断电流以总电流的峰值计算，直流分量百分数以交流磁场断路器触头刚分离时，分断电流的直流分量占总电流（以峰值计算）的百分数表示。交流磁场断路器灭磁分断的额定最大分断电压也以峰值计算。

1. 额定分断电流

交流磁场断路器的额定分断电流，应不低于发电机灭磁分断过程中交流磁场断路器的最大分断电流。交流磁场断路器灭磁分断过程的分断电流，取决于灭磁开始转子电流，并在发电机不同的灭磁工况有不同的数值，灭磁开始转子电流及分断电流的最大值通常出现在发电机的误强励灭磁工况。交流磁场断路器的额定分断电流一般可按满足发电机误强励灭磁要求进行计算选择。交流磁场断路器的额定分断电流应按首相分断后其余两相的分断电流计算。

(1) 交流磁场断路器灭磁分断的额定分断电流。交流磁场断路器灭磁分断的额定分断电流 I_{bNm}应按不低于误强励灭磁时的分断电流进行计算，即

$$I_{\mathrm{bNm}} \geqslant I_{\mathrm{f}(i=n)} + \Delta I_{\mathrm{b}} \tag{3-143}$$

式中：$I_{\mathrm{f}(i=n)}$为误强励灭磁开始时的转子电流，其计算见 3.6.3；ΔI_{b}为灭磁电阻投入后产生的分断电流增量，灭磁电阻采用晶闸管开关投入或串接二极管时，式（3-143）中无 ΔI_{b}项；灭磁电阻未采用晶闸管开关投入也未串接二极管时，ΔI_{b}可计算为

$$\Delta I_{\mathrm{b}} = \sqrt{2} \times U_{2((i=n)} / R_{\mathrm{r}} \tag{3-144}$$

式中：$U_{2(i=n)}$为误强励灭磁开始励磁变压器低压绕组电压（有效值），由式（3-130）计算；R_{r}为灭磁电阻的电阻，对非线性灭磁电阻，应取对应于$U_{2(i=n)}$的电阻值计算。

(2) 灭磁分断电流的直流分量百分数。正如本篇 6.2.2 的分析，采用交流灭磁方式的发电机灭磁时，对励磁功率整流器交流侧有电压的灭磁工况（如误强励等灭磁工况），当灭磁电阻未串接二极管也未采用晶闸管开关投入时，交流磁场断路器为在直流叠加交流的电流下进行灭磁分断，断路器触头分离时（即灭磁开始时）灭磁分断电流的直流分量为灭磁开始的转子电流 $I_{\mathrm{f}(0)}$，交流分量为灭磁电阻投入后由励磁变压器低压绕组电压产生的分断电流增量 ΔI_{b}；当灭磁电阻采用晶闸管开关投入或串接有二极管时，交流磁场断路器为在直流电流下进行灭磁分断，断路器触头分离时（即灭磁开始时）灭磁分断电流为灭磁开始的转子电流 $I_{\mathrm{f}(0)}$。

交流磁场断路器灭磁分断电流的直流分量，采用以交流磁场断路器触头分离时刻（灭磁开始时刻）分断电流直流分量占分断电流（以峰值计算）的百分数表示。则误强励灭磁开始时交流磁场断路器灭磁分断电流的直流分量百分数 $I_{\mathrm{d}\%}$可表示为[17]

$$I_{\mathrm{d}\%} = 100 I_{\mathrm{f}(0)} / (I_{\mathrm{f}(0)} + \Delta I_{\mathrm{b}}) = 100 I_{\mathrm{f}(i=n)} / (I_{\mathrm{f}(i=n)} + \sqrt{2} U_{2(i=n)} / R_{\mathrm{r}}) \tag{3-145}$$

式中：$I_{\mathrm{f}(0)}$为灭磁开始的转子电流，误强励时 $I_{\mathrm{f}(0)} = I_{\mathrm{f}(i=n)}$；$U_{2(i=n)}$为误强励灭磁开始励磁变压器的低压绕组电压（有效值），它们的计算见 3.6.3；R_{r}为灭磁电阻的电阻。

灭磁电阻串接二极管或采用晶闸管开关投入时，可认为 $\Delta I_{\mathrm{b}}=0$，式（3-145）中分母的第 2 项为 0，灭磁分断电流直流分量百分数为 100，即可认为交流磁场断路器在直流电流下进行分断。

2. 额定最大分断电压

交流磁场断路器的额定最大分断电压，应不低于发电机误强励灭磁时交流磁场断路器灭磁分断的最大恢复电压。

交流磁场断路器灭磁分断过程中首相分断的恢复电压的最大电压可按交流线电压（峰值）计算。首相分断后其余两相的分断恢复电压，为其余两相熄弧分断时灭磁电阻电压与励磁变压器低压绕组的线电压之和，在熄弧遇交流线电压正峰值时恢复电压有最大值。故

按不低于误强励灭磁分断的最大恢复电压计算的交流磁场断路器的额定最大分断电压U_{bNm}可计算为

$$U_{bNm} \geqslant [c\ (I_{f(i=n)})^{\beta} + \sqrt{2}U_{2(i=n)}]/2k_{cd}$$

$$\text{且}\ U_{bNm} \geqslant \sqrt{2}U_{2(i=n)} \tag{3-146}$$

式中：c为非线性电阻性能常数；$I_{f(i=n)}$为误强励灭磁开始转子电流；β为非线性电阻非线性系数值；$U_{2(i=n)}$为交流磁场断路器熄弧分断时励磁变压器低压绕组线电压（有效值），分别由式（3-128）及式（3-130）计算；k_{cd}为弧压重叠系数，由试验确定，曾对灭磁系统目前常用的几种断路器做过试验，在串联触头数为2～4时，分断电感负载的k_{cd}值在0.85～0.98间，串联触头数越多k_{cd}越小。

3. 交流磁场断路器的灭磁分断能力及测试条件

根据本节上述的分析计算，按满足误强励灭磁工况计算的交流磁场断路器灭磁分断能力，应满足式（3-143）、式（3-145）及式（3-146）的要求。即交流磁场断路器应具有在不低于按式（3-146）计算的分断电压下（或称灭磁分断恢复电压），分断不小于按式（3-143）计算的分断电流的灭磁分断能力，且分断电流的直流分量百分数不低于式（3-145）的计算值。

正如本篇6.2.2的分析，交流断路器在发电机灭磁系统应用时，具有不同于在一般交流回路中应用的特点。除了在交流磁场断路器与转子间发生短路时，交流磁场断路器为短路分断外，在发电机其他灭磁工况下，交流磁场断路器为在发电机转子并联灭磁电阻的负载条件下熄弧分断，且分断的电流、电压有很大直流分量，或基本在直流电流下进行分断（例如采用串接二极管的氧化锌灭磁电阻时）。因此，交流磁场断路器的灭磁分断能力，是交流断路器在发电机灭磁这一特定情况下的分断能力。

参照ANSI/IEEE C37.18对磁场断路器灭磁分断能力测试条件的要求，交流磁场断路器的灭磁分断能力，其测试条件应为应用该断路器的发电机灭磁回路或相当的回路，相当的回路应包括有相同的发电机转子绕组参数、所用灭磁电阻的类型及参数、灭磁系统接线、灭磁分断电流及电压中的直流分量百分数、切除脉冲的分断过程、交直流灭磁的配置方案等，当灭磁电阻未串接二极管及未采用晶闸管开关投入时，尚应考虑灭磁电阻投入产生的断路器分断电流增量。同一断路器对同一发电机，在灭磁电阻为氧化锌或碳化硅电阻和不同的灭磁系统参数及接线时，可能有不同数值的灭磁分断能力。同一发电机在灭磁电阻为氧化锌或碳化硅电阻时，对交流磁场断路器的灭磁分断能力在数值上也有不同的要求。

与直流灭磁方式相类似，按照式（3-143）的计算，当灭磁电阻未串接二极管及未采用晶闸管开关投入时，灭磁电阻投入产生的电流将大幅度地增加磁场断路器的分断电流，大幅度地提高了对磁场断路器分断能力的要求。故为避免此分断电流增量，是否需要考虑在灭磁电阻回路串接反向二极管（类似图3-47），或采用晶闸管开关投入灭磁电阻，需要做进一步的考虑。

6.4.2.5　灭磁分断弧压

按照3.6.2.2的分析，采用交流灭磁时，对发电机端或交流断路器与励磁变压器间发生三相短路的灭磁工况，实现转子电流向灭磁电阻回路的完全转移需完全依靠交流断路器弧压，交流断路器必须有保证转子电流向灭磁电阻回路完全转移所需要的灭磁分断的弧压，才能完成灭磁分断。由图 3-52 可见，该弧压为交流磁场断路器两相触头弧压之和。故按满足机端三相短路灭磁（带短路点灭磁，励磁变低压绕组电压 U_2 为 0）要求的交流磁场断路器灭磁分断弧压 U_{bam}（每相）可计算为

$$U_{bam} \geqslant c(I_{fs(0.1)})^{\beta}/2k_{cd} \tag{3-147}$$

式中：$I_{fs(01)}$ 为机端突然三相短路发生 0.1s 后的转子电流，也是机端三相短路灭磁开始的转子电流 $I_{f(0)}$（按发电机主保护动作灭磁考虑，取短路发生 0.1s 后启动灭磁），短路引起的转子暂态电流周期分量按峰值计算；其余见式（3-146）。$I_{f(0)}$ 可由下式计算[17]，即

$$I_{f(0)} = I_{fs(0.1)} = I_{f0-}\mathrm{e}^{-\frac{0.1}{T_d}} + \left[\frac{(X_d - X'_d)U_{(0)}}{X'_d}\mathrm{e}^{-\frac{0.1}{T'_d}} + \frac{(X_d - X'_d)U_{(0)}}{X'_d}\mathrm{e}^{-\frac{0.1}{T_a}}\right]I_{f0} \tag{3-148}$$

式中：I_{f0-} 为短路发生前转子电流，一般可按 1.1 倍的发电机额定励磁电流计算。X_d 为发电机直轴同步电抗。X'_d 为发电机直轴暂态电抗，以发电机额定容量为基准的标么值。在发电机机端三相短路时，由于定子短路电流的去磁反应，发电机磁路处于不饱和状态，故发电机电抗应取不饱和值计算。$U_{(0)}$ 为短路前的发电机机端电压，以发电机额定电压为基准的标么值，一般可考虑为发电机正常运行时的机端电压，取 $U_{(0)}=1.05 \sim 1.1$。T'_d 为发电机直轴暂态（又称瞬态或瞬变）短路时间常数，或称定子短路时的转子时间常数，是转子非周期分量电流衰减时间常数，自并励发电机机端三相短路时，外部电抗 $X_W=0$，由式（3-2），有 $T_{dk}=T'_{d0}X'_d/X_d=T'_d$。$T_a$ 为定子短路时间常数，或称定子短路电流非周期分量衰减时间常数，也是转子周期分量电流衰减时间常数。I_{f0} 为发电机额定空载励磁电流。当电厂需要考虑发电机强励、过电压或误强励下发生机端短路情况时，I_{f0-} 及 $U_{(0)}$ 应取为相应工况下的数值。

参照 ANSI/IEEE C37.18 对磁场断路器分断能力测试条件的要求，按式（3-147）及式（3-149）计算的发电机灭磁要求交流磁场断路器应具有的弧压，应为在使用该断路器的实际发电机灭磁回路或相当的回路中进行测试所达到的弧压。即该弧压是交流断路器在使用该断路器的发电机灭磁回路中进行灭磁分断时应达到的弧压。由于通常使用的交流断路器的性能参数中一般不给出在发电机灭磁应用时可达到的允许弧压，且交流磁场断路器灭磁分断可达到的允许弧压有可能随发电机及其灭磁回路参数而变化，故交流断路器用于发电机灭磁回路时，一般需要补充相关的试验，以确定交流断路器在实际发电机灭磁系统中的可用性。

6.4.2.6　额定工作电压及其他参数

交流磁场断路器的额定工作电压，类同对直流磁场断路器额定工作电压的考虑，应根据发电机灭磁对交流磁场断路器通断能力的要求进行选择。即以满足发电机灭磁要求的断路器通断能力所对应的断路器额定工作电压，作为磁场回路交流磁场断路器的额定工作电压。

交流磁场断路器其他参数的选择，与一般交流回路应用的交流断路器相同。

6.4.2.7　交流磁场断路器设计参数示例

表 3-30 给出发电机交流磁场断路器与灭磁分断相关的设计参数示例，交流磁场断路器按满足误强励灭磁工况要求考虑，灭磁系统采用串接有二极管的氧化锌灭磁电阻。交流磁场断路器灭磁分断电流不考虑灭磁电阻投入产生的分断电流增量，额定分断电流按不低于误强励灭磁开始转子电流（6.923kA）进行选择，分断电流直流分量为 100%，额定最

大分断电压（每相，峰值）不低于1907V。交流磁场断路器应具有在不低于1907V的额定分断电压下，分断不小于6.923 kA直流电流的额定分断能力。交流磁场断路器在机端或交流磁场断路器与励磁变压器间三相短路灭磁时的分断弧压应不低于0.645kV。交流磁场断路器的额定短路分断电流应不低于39kA，短路分断的工频恢复电压应不低于1.349kV。交流磁场断路器的分断电流及分断弧压的测试条件，应为应用该断路器的发电机灭磁回路或相当的回路。

表3-30　发电机交流磁场断路器与灭磁分断相关的设计参数示例[17]

序号	项目	设计参数选择要求	设计参数	设计参数选择计算说明
1	额定电流	不低于励磁变压器额定电流的1.1倍	2kA	励磁变压器额定电流1.616kA
2	额定最大分断电压（每相，峰值）	不低于误强励分断熄弧时断路器触头两端的电压及此时励磁变压器低压绕组线电压（均以峰值计算）	2kV	误强励分断熄弧时断路器触头（每相）两端电压为1.715kV，励磁变压器低压绕组线电压为1.907kV，由式（3-146）计算
3	额定分断电流	按不低于误强励灭磁时首相分断后其余两相的分断电流	8kA	误强励灭磁时的分断电流为6.923 kA，由式（3-143）计算
4	灭磁分断电流的直流分量	按误强励灭磁分断电流的直流分量	100%	
5	灭磁分断弧压（每相，峰值）	按不低于误强励兼机端发生三相短路灭磁要求的分断弧压	0.7kV	按满足机端三相短路灭磁要求的分断弧压（每相）为0.645kV，由式（3-147）计算
6	额定短路分断电流	按不低于误强励时励磁变压器低压绕组短路电流	40kA	误强励时励磁变压器低压绕组短路电流为39.053kA，由式（3-140）计算
7	短路分断的工频恢复电压（有效值）	按不低于短路分断时的工频恢复电压	1.5kV或2kV	短路分断时的工频恢复电压为1.349kV，由式（3-142）计算
8	短时（20s）电流承受能力	按不低于强励时励磁变压器低压绕组电流	3kA	强励时励磁变压器低压绕组电流为 $2I_{fr}\times 0.816=2\times 1.74\times 0.816=$ 2.84kA，顶值电流倍数为2
9	额定工作电压（有效值）	为通断能力满足序号1～8要求的交流磁场断路器的额定工作电压		
10	额定分断能力	交流磁场断路器应具有在2kV的额定最大分断电压（每相，峰值）下，分断不小于8kA直流电流的额定分断能力。分断能力测试条件为发电机灭磁回路或接线及参数相当的回路		

注　1. 发电机、励磁系统参数：$I_{f0}=946A$，$I_{fr}=1740A$，$R_{f75℃}=0.236\Omega$，$T'_{do}=5.68s$，$T'_d=2.312s$，$T_a=0.216s$，$X_d=0.997$（不饱和），$X'_d=0.406$（不饱和）；氧化锌灭磁电阻，$U_r=905\ (I_r)^{0.03}$。励磁变压器：2600kVA、13.8/0.93kV、6%。

2. 交流磁场断路器弧压重叠系数 $k_{cd}=0.9$。

6.5 交直流灭磁系统磁场断路器的选择计算

6.5.1 磁场断路器灭磁分断能力的选择计算

交直流灭磁系统可通过交、直流磁场断路器灭磁分断能力的选择配置，构成由磁场断路器实现的具有不同冗余度的发电机冗余灭磁系统，以适应不同电厂情况的需要（如设备情况及重要性），主要有三种技术方案。各方案磁场断路器灭磁分断能力的选择配置要求及适用的电厂情况见本篇6.2.3，下面分别叙述各方案交、直流磁场断路器灭磁分断能力的选择计算，计算公式按误强励为发电机最严重灭磁工况考虑。

1. 方案1，完全冗余的灭磁系统

方案1在交流磁场断路器或直流磁场断路器任一故障拒动情况下，灭磁系统在包括误强励灭磁工况在内的各种灭磁工况下能可靠灭磁。此时交流磁场断路器及直流磁场断路器的灭磁分断能力需按可单独对发电机灭磁进行选择，见本篇6.3及6.4。即直流磁场断路器的灭磁分断能力按式（3-121）及式（3-122）进行计算。

交流磁场断路器的灭磁分断能力及灭磁分断弧压按式（3-143）、式（3-146）及式（3-147）进行计算。

2. 方案2，除机端短路灭磁工况外为冗余的灭磁系统，机端或励磁变压器至交流磁场断路器间三相短路灭磁时不考虑直流磁场断路器拒动

方案2交流磁场断路器可单独承担除机端或励磁变压器至交流磁场断路器间三相短路外的其他灭磁工况的灭磁，直流磁场断路器可单独承担发电机各种灭磁工况的灭磁。

此时，直流磁场断路器灭磁分断能力的计算与方案1相同。交流磁场断路器不需要单独承担机端或励磁变压器至交流磁场断路器间三相短路灭磁工况下的灭磁，即交流磁场断路器仅考虑在励磁功率整流器交流侧有电压的情况下单独承担发电机灭磁。此时在交流电压的负半周，实现转子电流向灭磁电阻回路完全转移对交流磁场断路器弧压有最小的要求，使交流磁场断路器易于选择。方案2的交流磁场断路器可承担误强励灭磁工况下的灭磁，可减轻直流磁场断路器的灭磁分断负担。交流磁场断路器的额定分断电流及额定最大分断电压计算同方案1。交流磁场断路器的灭磁分断弧压计算[17]见式（3-149）。

$$\text{交流磁场断路器的灭磁分断弧压}\ U_{\text{bam}} \geqslant [c(I_{f(i=n)})^{\beta} - \sqrt{2}U_{2(i=n)}]/2k_{\text{cd}} \quad (3\text{-}149)$$

式中各参数含义见式（3-146）。

当灭磁电阻的最高灭磁电压按低于励磁变压器低压绕组电压峰值设定时，在励磁功率整流器交流侧有电压的情况下，交流磁场断路器可单独对发电机进行灭磁，而对灭磁分断弧压无要求。由于本方案的交流磁场断路器不考虑机端或励磁变压器至交流磁场断路器间三相短路，仅需要在励磁功率整流器交流侧有电压的情况下单独承担对发电机进行灭磁，故此时灭磁分断弧压可不列入交流磁场断路器的选择条件。

在机端或励磁变压器及至交流磁场断路器间三相短路时，发电机灭磁机端三相短路需由直流断路器分断，交流断路器的燃弧时间为交流断路器分闸至直流断路器分断的时间，该时间主要取决于直流断路器的分断时间及灭磁系统的操作控制（见本篇6.2）。在交流磁场断路器灭磁分断能力测试时，测试条件应采用与实际灭磁系统相应的接线及参数，并在磁场断路器及灭磁电阻开关选择及灭磁系统操作控制的设计时，注意考虑尽可能减少交流磁场断路器此时灭磁分断的燃弧时间。

3. 方案3，除机端短路灭磁工况外为冗余的灭磁系统，误强励灭磁时不考虑交流磁场断路器拒动，机端或励磁变压器至交流磁场断路器间三相短路灭磁时不考虑直流磁场断路器拒动

方案3交流磁场断路器可单独承担除机端或励磁变压器至交流磁场断路器间三相短路外的其他灭磁工况的灭磁，交流磁场断路器的灭磁分断能力的计算及要求与方案2相同。

在误强励灭磁切脉冲失败时，需由直流磁场断路器完成灭磁分断。由于误强励灭磁时不考虑交流磁场断路器拒动，在切脉冲失败时，直流磁场断路器灭磁分断能力可按励磁变压器低压绕组电压为0的分断条件进行选择（见本篇6.2.3），灭磁分断电流取误强励灭磁开始的转子电流，且不出现灭磁电阻产生的分断电流增量 ΔI_b，使灭磁对直流磁场断路器分断能力的要求有大幅度的降低。此时直流磁场断路器主触头的额定最大分断电压 U_{bNm} 及主触头额定最大分断电压下的额定分断电流 I_{bNm} 由式（3-121）、式（3-122）可计算为

$$\left.\begin{aligned}U_{bNm} &\geqslant c(I_{f(i=n)})^{\beta}\\ I_{bNm} &\geqslant I_{f(i=n)}\end{aligned}\right\}\tag{3-150}$$

由于误强励灭磁开始的转子电流通常均高于机端三相短路灭磁，式（3-150）按满足误强励灭磁要求计算选择的直流磁场断路器额定分断能力，可满足机端三相短路时直流磁场断路器单独对发电机进行灭磁的要求。故机端或励磁变压器至交流磁场断路器间三相短路时，交流磁场断路器可不考虑承担对发电机灭磁，而由直流磁场断路器实现灭磁分断。交流磁场断路器选择时，分断弧压不再考虑满足机端三相短路灭磁的要求，仅考虑在励磁功率整流器交流侧有电压的情况下单独承担发电机灭磁，对交流断路器的弧压要求与方案2相同。交流磁场断路器的灭磁分断能力及灭磁分断弧压按式（3-143）、式（3-146）及式（3-149）进行计算。

方案3在误强励灭磁且切脉冲成功时，灭磁分断由交流磁场断路器分断，直流磁场断路器的燃弧时间为直流断路器分闸至交流断路器分断的时间，该时间主要取决于交流断路器的分断时间及灭磁系统灭磁过程的操作控制（见本篇6.2.3）。在进行直流磁场断路器灭磁分断能力测试时，测试条件应采用与实际灭磁系统相应的接线及参数，并在磁场断路器及灭磁电阻开关选择及灭磁系统操作控制的设计时，注意考虑尽可能减少直流磁场断路器此时灭磁分断的燃弧时间。

上述3个方案中对交、直流磁场断路器要求的分断能力及交流磁场断路器的分断弧压，按ANSI/IEEE C37.18规定的对磁场断路器分断能力测试条件的要求，应为磁场断路器在发电机灭磁回路或相当的回路中的灭磁分断能力及分断弧压。相当的回路应包括相同的发电机转子绕组参数、所用灭磁电阻的类型及参数、灭磁系统接线及操作控制、灭磁分断电流及电压中的直流分量百分数、切除脉冲控制等。

6.5.2　磁场断路器的短路分断能力及其他参数的选择计算

在磁场断路器至发电机转子间发生短路时，继电保护将启动发电机灭磁，断路器需进行短路分断。对交、直流均设置断路器的灭磁系统，交流磁场断路器短路分断的故障范围已包括了直流磁场断路器短路分断的故障范围。故短路分断通常可考虑仅由交流磁场断路器承担，直流磁场断路器不考虑承担短路分断，即不考虑发生短路兼发生交流磁场断路器拒动的双重故障情况，短路分断的可靠性与仅单侧设置断路器的灭磁系统相同。此时，交流磁场断

路器短路分断能力按本篇 6.4 进行选择，直流磁场断路器可不考虑短路分断能力。

若电厂发电机对灭磁系统短路分断可靠性有更高的要求时，也可同时要求直流磁场断路器具有短路分断能力。但此时仅对直流磁场断路器至转子间的短路故障构成冗余的短路分断配置，对交流磁场断路器至直流磁场断路器间的短路故障，短路分断仅能靠交流磁场断路器，可靠性仅与交流灭磁系统相同。

交、直流均设置断路器的灭磁系统中断路器的其他参数，可按仅单侧设置断路器的灭磁系统进行选择，见本篇 6.3 及 6.4。断路器的其他参数在这两种灭磁系统中的工作环境条件相同或相近。

6.6 灭磁过程及灭磁电阻容量的选择计算

发电机灭磁过程中，在磁场断路器分断后，转子与励磁电源断开而与灭磁电阻构成闭合回路，转子的能量在灭磁电阻及转子电阻上消耗，直至转子电流为零。根据转子闭合回路的参数可以计算发电机灭磁过程中转子电流、电压随时间的变化过程，由此可求得灭磁时间及灭磁电阻在灭磁过程中的耗能。

对于工程设计的应用，水轮发电机的灭磁过程计算及灭磁电阻容量的选择可以忽略阻尼绕组及灭磁电阻的温度系数进行计算[17]。下面的分析计算均忽略阻尼绕组及灭磁电阻的温度系数。

6.6.1 灭磁开始的转子电流、整流器输出电压及励磁变压器低压侧电压计算

由 3.6.2 的分析可见，磁场断路器及灭磁电阻在发电机灭磁过程中承受的电流、电压，主要取决于灭磁开始时的转子电流 $I_{f(0)}$、励磁功率整流器的输出电压 U_{dm} 或励磁变压器低压绕组电压 U_2。分析表明，$I_{f(0)}$、U_{dm}、U_2 在发电机不同的灭磁工况下将有不同的数值，对磁场断路器及灭磁电阻有不同的要求。因此，为确定发电机灭磁对灭磁系统设备的要求及确定系统的性能参数，需对发电机在不同的灭磁工况下，灭磁开始时的转子电流、励磁功率整流器的输出电压及励磁变压器低压绕组电压进行分析计算，以确定对灭磁系统设备有最高要求的灭磁工况。表 3-31、表 3-32 给出发电机在各种灭磁工况下，灭磁开始时 $I_{f(0)}$、U_{dm}、U_2 的计算式及计算示例。

表 3-31　灭磁开始的转子电流、功率整流器输出电压及励磁变压器低压绕组电压的计算式[17]

序号	灭磁工况	转子电流 $I_{f(0)}$	整流器输出电压（平均值）U_{dm}	励磁变压器 U_2（有效值）
1	额定空载灭磁	I_{f0}	U_{f0}	U_{2r}
2	额定负载跳闸灭磁	I_{fr}	U_{f0}	$1.15U_{2r}$
3	强励跳闸灭磁	$k_{ci}I_{fr}$	$k_{ci}I_{fr}\times R_f$	$0.95U_{2r}$
4	机端三相短路灭磁	$I_{fs(0.1)}$，见式（3-148）、式（3-166）	$k_{cu}U_{fr}$	$0.95U_{2r}$
5	空载误强励灭磁	$I_{f(i=n)}$，见式（3-128）	$1.35U_{2(i=n)}-3I_{f(i=n)}\times X_{TE}/\pi$，见式（3-129）	$U_{2r}U_{g(i=n)}/U_{gr}$，见式（3-130）

注　I_{f0}、U_{f0}为发电机额定空载励磁电流、电压；U_{2r}为励磁变压器低压绕组额定线电压；I_{fr}、U_{fr}为发电机额定励磁电流、电压；k_{ci}、k_{cu}为励磁系统顶值电流、电压倍数；R_f为发电机转子电阻。

表 3-32　发电机灭磁开始的转子电流、功率整流器输出电压及励磁变压器低压绕组电压算例

序号	灭磁工况	转子电流 $I_{f(0)}$(A)		整流器输出电压 U_{dm}(V)		励磁变压器 U_2(V)(有效值)	
		电厂 1	电厂 2	电厂 1	电厂 2	电厂 1	电厂 2
1	额定空载灭磁	946	2352	223	240	930	1243
2	额定负载跳闸灭磁	1740	4345	223	240	1070	1430
3	强励跳闸灭磁	3480	8690	821	886	884	1181
4	机端三相短路灭磁	3765 (4019)	11 459 (12 414)	1027	1329	884	1181
5	空载误强励灭磁	6923	16 926	1820	2143	1349	1740

注　1. 电厂 1：$I_{f0}=946A$，$I_{fN}=1740A$，$R_{f75℃}=0.236\Omega$，$T'_{do}=5.68s$，$T'_{d}=2.312s$，$T_a=0.216s$，$X_d=0.997$（不饱和），$X'_d=0.406$（不饱和）；励磁变压器：13.8/0.930kV，$k_{cu}=2.5$（机端额定电压时），$k_{ci}=2.0$。

电厂 2：$I_{f0}=2352A$，$I_{fN}=4300A$，$R_{f90℃}=0.102\Omega$，$T'_{do}=10.1s$，$T'_{d}=3.2s$，$T_a=0.28s$，$X_d=1.014$（不饱和），$X'_d=0.34$（不饱和）；励磁变压器：20/1.200kV，$k_{cu}=3.0$（机端额定电压时），$k_{ci}=2.0$。

2. 误强励由定子过电压保护动作灭磁（过电压为 $1.3U_{gr}$，保护延时 0.3s）。

3. 机端三相短路灭磁：转子电流，括号内周期分量以峰值计入，括号外以有效值计入。

4. 整流器输出电压为平均值，电厂 2 考虑了换相压降。其他为有效值。

6.6.2　灭磁过程转子电流、电压变化过程计算

灭磁过程转子电流、电压变化的计算，对发电机定子开路及定子短路的灭磁工况有不同的计算方法。本节下面的计算均忽略发电机阻尼绕组的影响。对水轮发电机，忽略阻尼绕组影响计算的灭磁过程转子电流、电压变化过程，通常可满足工程应用准确度的要求。

6.6.2.1　*定子开路时的灭磁过程计算*

除机端三相短路灭磁外，其他灭磁工况可考虑为在发电机跳闸后定子开路的情况下进行。在发电机定子开路及忽略阻尼绕组时，发电机的灭磁回路为转子电感与电阻（转子电阻与灭磁电阻串联）构成的闭合回路，灭磁过程中转子的电流将以转子闭合回路的时间常数按指数函数衰减。对发电机定子开路的灭磁工况，在灭磁开始的一段时间里转子均存在一定程度的饱和，转子电感 L_f 的数值在灭磁过程中将随转子电流变化，而为时间的函数。灭磁电阻采用非线性电阻时，灭磁过程中灭磁电阻 $R_r=c(I_f)^{\beta-1}$ 为转子电流的函数。故发电机定子开路的灭磁过程宜采用计算机仿真计算。工程设计中也可采用分段计算法计算。采用分段计算法计算时，通常将磁场断路器熄弧分断、转子电流开始衰减的时刻设为计算开始时刻（$t=0$），此时的转子电流可认为仍等于灭磁开始的转子电流 $I_{f(0)}$，灭磁过程 i 时段末（t_i 时刻）的转子电流 $I_{f(i)}$ 可采用上一时段末（$i-1$ 时段末的时刻 t_{i-1}）的转子电流 $I_{f(i-1)}$ 以式（3-151）计算[17]，即

$$I_{f(i)}=I_{f(i-1)}e^{-\frac{\Delta t_i}{T_{fd(i-1)}}} \tag{3-151}$$

式中：$T_{fd(i-1)}$ 为转子闭合回路 t_{i-1} 时刻的时间常数，s；Δt_i 为计算时段 i 时段的时间间隔，s，$\Delta t_i=t_i-t_{i-1}$。$T_{fd(i-1)}$ 由式（3-152）计算，即

$$T_{fd(i-1)}=L_{f(i-1)}/(R_f+R_{r(i-1)}) \tag{3-152}$$

式中：$L_{f(i-1)}$为灭磁过程中t_{i-1}时刻的转子电感，H；R_f为发电机转子电阻，由发电机制造厂提供并可取额定运行温度时的电阻值计算，在灭磁过程中可认为转子的电阻为恒值且等于灭磁开始的转子电阻，Ω。$R_{r(i-1)}$为t_{i-1}时刻的灭磁电阻阻值，Ω。

转子电感$L_{f(i-1)}$及采用非线性灭磁电阻时的灭磁电阻$R_{r(i-1)}$可分别采用式（3-153）、式（3-154）计算，即

$$R_{f(i-1)}=T_{(i-1)}R_f \tag{3-153}$$

$$R_{r(i-1)}=cI_{f(i-1)}^{\beta-1} \tag{3-154}$$

式中：$T_{(i-1)}$为发电机空载运行时转子时间常数，s，计算见式（3-125）。c、β分别为非线性灭磁电阻的整组性能常数和非线性系数，在灭磁过程中可近似认为为常数。

灭磁过程中i时刻的转子电压$U_{f(i)}$[该电压也是灭磁电阻上的电压$U_{r(i)}$]，可由式（3-155）（对线性灭磁电阻）或式（3-156）（对非线性电阻）计算，即

$$U_{f(i)}=I_{f(i)}\times R_r \tag{3-155}$$

$$U_{f(i)}=U_{r(i)}=cI_{f(i)}^{\beta} \tag{3-156}$$

对非线性电阻的$U_{r(i)}$，还可以在整组灭磁电阻V-A特性上由$I_{f(i)}$查得。

6.6.2.2　机端三相短路灭磁过程计算

发电机机端突然三相短路时，转子绕组将产生暂态电流。此时发电机转子总电流为暂态电流与励磁功率整流器供给的转子电流（可认为等于短路前转子电流）的总和。转子绕组中的暂态电流由非周期分量$\Delta I'_{fa}$以及周期分量$\Delta I_{f\omega}$组成。在磁场断路器跳闸分断，发电机转子与灭磁电阻并联构成闭合回路后，灭磁过程中转子绕组中的直流分量（暂态电流的非周期分量与短路前的转子电流可统称为直流分量）及周期分量将以不同的时间常数衰减。当灭磁电阻采用非线性电阻时，转子电流中直流分量的衰减时间常数将随转子电流而变化。灭磁过程中转子电流的变化宜采用计算机仿真计算，工程设计中也可采用分段法计算。采用分段计算法计算时，将磁场断路器熄弧分断、转子电流开始衰减的时刻设为计算开始时刻（$t=0$），此时的转子电流可认为仍等于灭磁开始的转子电流$I_{f(0)}$，灭磁电阻与转子构成闭合回路后i时段末（t_i时刻）的转子电流$I_{f(i)}$可由上一时段末［$i-1$时段末的$t_{(i-1)}$时刻］的转子电流计算（周期分量以峰值计、机端电压滞后E_q的角度为0、忽略阻尼绕组影响）[17]，即

$$I_{f(i)}=I_{f0-(i-1)}e^{-\frac{\Delta t_i}{T_{dd(i-1)}}}+\Delta I'_{fa(i-1)}e^{-\frac{\Delta t_i}{T_{dd(i-1)}}}+\Delta I_{f\omega(i-1)}e^{-\frac{\Delta t_i}{T_a}} \tag{3-157}$$

式中：$I_{f0-(i-1)}$为短路前转子电流I_{f0-}在$t_{(i-1)}$时刻的数值；$\Delta I'_{fa(i-1)}$为转子暂态电流的非周期分量在$t_{(i-1)}$时刻的数值；$\Delta I_{f\omega(i-1)}$为转子暂态电流的周期分量在$t_{(i-1)}$时刻的数值，它们在计算开始时刻（$t=0$）的数值，由发电机机端突然三相短路灭磁开始时的转子电流$I_{f(0)}$计算式（3-148）（周期分量以峰值计）可分别计算为

$$I_{f0-(0)}=I_{f0-}e^{-\frac{0.1}{T_d}}$$

$$\Delta I'_{fa(0)}=\frac{(X_d-X'_d)U_{(0)}}{X'_d}e^{-\frac{0.1}{T'_d}}I_{f0}$$

转子暂态电流周期分量按峰值计算时，则

$$\Delta I_{f\omega(0)}=\frac{(X_d-X'_d)U_{(0)}}{X'_d}e^{-\frac{0.1}{T_a}}I_{f0}$$

转子暂态电流周期分量按有效值计算时，即

$$\Delta I_{\mathrm{f}\omega(0)}=\frac{(X_{\mathrm{d}}-X'_{\mathrm{d}})U_{(0)}}{X'_{\mathrm{d}}\sqrt{2}}\mathrm{e}^{-\frac{0.1}{T_{\mathrm{a}}}}I_{\mathrm{f0}}$$

第1时段（$i=1$）末（$t=t_1$）的转子电流 $I_{\mathrm{f}(1)}$ 由（3-157）可计算为（周期分量按峰值计算）

$$I_{\mathrm{f}(1)}=(I_{\mathrm{f0-}}\mathrm{e}^{-\frac{0.1}{T'_{\mathrm{d}}}})\mathrm{e}^{-\frac{\Delta t_1}{T'_{\mathrm{dd}(0)}}}+\left[\frac{(X_{\mathrm{d}}-X'_{\mathrm{d}})U_{(0)}I_{\mathrm{f0}}}{X'_{\mathrm{d}}}\mathrm{e}^{-\frac{0.1}{T'_{\mathrm{d}}}}\right]\mathrm{e}^{-\frac{\Delta t_1}{T'_{\mathrm{dd}(0)}}}+\left[\frac{(X_{\mathrm{d}}-X'_{\mathrm{d}})U_{(0)}I_{\mathrm{f0}}}{X'_{\mathrm{d}}}\mathrm{e}^{-\frac{0.1}{T_{\mathrm{a}}}}\right]\mathrm{e}^{-\frac{\Delta t_1}{T_{\mathrm{a}}}}$$

$$=I_{\mathrm{f0-(1)}}+\Delta I'_{\mathrm{fa}(1)}+\Delta I_{\mathrm{f}\omega(1)} \tag{3-158}$$

式（3-157）和式（3-158）中：$I_{\mathrm{f0-}}$ 为机端突然三相短路前转子电流，$I_{\mathrm{f0-}}$ 的取值见式（3-148）。Δt_i 为计算时段 i 时段的时间间隔，$\Delta t_i=t_i-t_{i-1}$，s。Δt_1 为第1时段时间间隔。T_{a} 为定子短路时间常数，或称定子短路电流非周期分量衰减时间常数，也是转子周期分量电流衰减时间常数，在灭磁电阻投入前后可认为有相同的数值，s。$U_{(0)}$ 为短路前的发电机机端电压，以发电机额定电压为基准的标么值，其取值见式（3-148）。I_{f0} 为发电机额定空载励磁电流。X_{d} 为发电机直轴同步电抗，X'_{d} 为发电机直轴暂态电抗，以发电机额定容量为基准的标么值，在发电机机端三相短路时，由于定子短路电流的去磁反应，发电机磁路处于不饱和状态，故应取不饱和值计算。$T'_{\mathrm{dd}(i-1)}$ 为灭磁电阻与转子组成的闭合回路在时刻 $t_{(i-1)}$ 的时间常数，s，$t_{(i-1)}$ 时刻的 $T'_{\mathrm{dd}(i-1)}$ 可计算为

$$T'_{\mathrm{dd}(i-1)}=T'_{\mathrm{d}}R_{\mathrm{f}}/[R_{\mathrm{f}}+R_{\mathrm{r}(i-1)}] \tag{3-159}$$

式中：R_{f} 为转子电阻；$R_{\mathrm{r}(i-1)}$ 为非线性电阻于 t_{i-1} 时刻的阻值；$T'_{\mathrm{d}}=\dfrac{X'_{\mathrm{d}}}{X_{\mathrm{d}}}T'_{\mathrm{d0}}$ 为定子短路及阻尼绕组开路时的转子时间常数，也称发电机直轴暂态（或称瞬态）短路时间常数，s。发电机机端三相短路时，由于发电机定子短路电流的去磁作用，可不考虑灭磁过程中发电机磁路的饱和，在灭磁过程中可认为 T'_{d} 为常数。

灭磁过程中灭磁电阻上 t_i 时刻的电压 $U_{\mathrm{r}(i)}$ 可由下式计算。

$$\left.\begin{aligned}U_{\mathrm{r}(i)}&=R_{\mathrm{ri}}I_{\mathrm{f}(i)}\quad\text{（线性灭磁电阻）}\\U_{\mathrm{r}(i)}&=cI_{\mathrm{f}(i)}^{\beta}\quad\text{（非线性灭磁电阻）}\end{aligned}\right\} \tag{3-160}$$

采用非线性灭磁电阻时，$U_{\mathrm{r}(i)}$ 也可由非线性灭磁电阻的整组特性 $U_{\mathrm{r}}-I_{\mathrm{f}}$ 上由 $I_{\mathrm{f}(i)}$ 查得。

6.6.3　灭磁时间计算

发电机灭磁时间的定义及计算至今尚没有国际统一的标准。目前较多采用的计算方法是以灭磁开始至转子电流衰减到某一数值的时间作为灭磁时间，但对计算灭磁时间对应的转子电流尚无国际统一的规定。

文献［17］指出，当发电机定子电压降低至500V以下时，发电机的短路电弧将不能维持而自动熄灭。考虑发电机残压通常不大于300V，故灭磁过程中，当由转子励磁电流产生的发电机定子电压降低到200V时，可认为发电机的短路电弧将不能维持而自动熄灭，灭磁结束。该文献建议采用使发电机定子产生200V电压所对应的转子电流，作为计算灭磁时间所对应的转子电流，该电流为发电机空载特性上对应于发电机定子电压为200V时的转子电流。

DL/T 583《大中型水轮发电机静止整流励磁系统技术条件》已对灭磁时间的定义及计算作了规定，灭磁时间定义为从施加灭磁信号起至转子电流衰减到5%额定空载励磁电

流的时间。

设发电机灭磁时间计算所对应的转子电流为 $I_{f(d)}$，当采用线性灭磁电阻且灭磁过程不考虑转子的饱和时，转子闭合回路电流的衰减时间常数 $T_{fd(t)}$ 在灭磁过程中将恒为 T_{fd}；当灭磁开始的转子电流为 $I_{f(0)}$ 时，由式（3-151）可求得此时发电机的灭磁时间 t_d 为

$$t_d = T_{fd}(\ln I_{f(0)} - \ln I_{f(d)}) \tag{3-161}$$

当灭磁电阻为非线性电阻时，发电机灭磁时间宜由计算机仿真计算。工程设计中也可采用分段计算法计算。假设由式（3-151）计算的转子电流在 $i=n$ 时段末衰减至发电机灭磁时间计算所对应的转子电流 $I_{f(d)}$，则可求得灭磁时间 t_d 为

$$t_d = \sum_{i=1}^{n} \Delta t_i \tag{3-162}$$

对采用等时段的计算，灭磁时间由式（6-162）可有

$$t_d = n \cdot \Delta t \tag{3-163}$$

由式（3-161）～式（3-163）可见，这里灭磁时间是从转子电流开始衰减时开始计算，即磁场断路器熄弧分断、转子与灭磁电阻形成独立的闭合回路时 $t=0$。故本书中的灭磁时间，均为灭磁过程中从转子电流开始衰减至转子电流衰减到 5％额定空载励磁电流的时间。转子电流开始衰减与本篇 6.2 定义的灭磁开始时刻之差为磁场断路器分断的燃弧时间，与 DL/T 583 定义灭磁时间的起始时刻（灭磁系统施加灭磁信号时）之差为磁场断路器的分断时间。

由于发电机灭磁时间的定义及计算方法国际上至今尚没有统一的标准，故在给出发电机灭磁时间的同时，应说明灭磁时间的定义及计算方法。

6.6.4 灭磁电阻灭磁过程耗能及容量选择计算

发电机在不同的灭磁工况下需要灭磁电阻承担的耗能并不相同，在各种灭磁工况的灭磁过程中，以发电机机端突然三相短路灭磁（发电机带短路点灭磁）需要灭磁电阻承担的耗能为最大[17]。故灭磁电阻容量宜按发电机三相短路灭磁工况进行计算选择。对水轮发电机，灭磁电阻容量的选择计算，可以不考虑发电机阻尼绕组及灭磁电阻的温度系数的影响，即可采用不考虑阻尼绕组及灭磁电阻的温度系数计算的灭磁过程的耗能，对发电机灭磁电阻工作能容量进行配置，也可根据灭磁电阻温度系数的具体数值及灭磁过程的温升情况，对不考虑温度系数的计算值作适当的修正[17]。

6.6.4.1 三相短路灭磁过程灭磁电阻的耗能计算

三相短路灭磁过程灭磁电阻的耗能，可由机端三相短路灭磁过程计算，也可由灭磁开始发电机转子的储能进行估算。

1. 由机端三相短路灭磁过程计算灭磁电阻耗能

灭磁过程中灭磁电阻耗能 W_r 可由各时间段内（Δt_i）灭磁电阻的耗能 $\Delta W_{r(i)}$ 总加后求得

$$\begin{aligned} W_r &= \sum_{i=0}^{n} \Delta W_{r(i)} \\ &= \sum_{i=0}^{n} I_{f(i)} U_{r(i)} \Delta t_i \end{aligned} \tag{3-164}$$

式中各量的单位：W_r(J)、I_f(A)、U_r(V)、t(s)。

计算取较少分段时，灭磁过程 $I_f \sim t$ 曲线各时段的 $I_{f(i)}\Delta t_i$ 可按梯形面积计算。当各时段 Δt_i 取相等的数值并忽略灭磁电阻电压在相邻时段的差值时，由式（3-164）可变换为[17]

$$W_r = \left[\frac{1}{2}I_{f(0)}U_{r(0)} + \sum_{i=1}^{n} I_{f(i)}U_{r(i)}\right]\Delta t \tag{3-165}$$

式中：$I_{f(i)}$ 为 i 时段末 i 时刻的转子电流，由式（3-157）计算，A；$U_{r(i)}$ 为 i 时段末 i 时刻灭磁电阻的电压，也是转子电压，由式（3-160）计算，V；转子电流开始衰减（$t=0$，$i=0$）时的转子电流 $I_{f(0)}$ 由式（3-166）计算（周期分量取有效值、机端电压滞后 E_q 的角度为 0、忽略阻尼绕组影响）[17]，即

$$I_{f(0)} = I_{fs(0.1)} = \left[I_{f0-} + \frac{(X_d - X'_d)U_{(0)}I_{f0}}{X'_d}\right]e^{-\frac{0.1}{T'_d}} + \frac{(X_d - X'_d)U_{(0)}I_{f0}}{X'_d\sqrt{2}}e^{-\frac{0.1}{T_a}} \tag{3-166}$$

各参数的定义及单位见式（3-148）。灭磁开始灭磁电阻电压 $U_{r(0)}$ 可由式（3-167）计算，即

$$\left.\begin{aligned} U_{r(0)} &= R_r I_{f(0)} \quad &(\text{线性灭磁电阻}) \\ U_{r(0)} &= cI^{\beta}_{f(0)} \quad &(\text{非线性灭磁电阻}) \end{aligned}\right\} \tag{3-167}$$

采用非线性灭磁电阻时，$U_{r(0)}$ 也可由非线性灭磁电阻的整组特性 $U_r \sim I_f$ 上由 $I_{f(0)}$ 查得。

在缺乏发电机参数时，作为对机端三相短路灭磁开始转子电流的一种估算，可以采用 ANSI/IEEE C37.18 中给出的参考数据，对凸极发电机定子突然三相短路，转子电流（短路发生 0.1s 后）的直流分量（或称非周期分量）相对于转子额定电流 I_{fr} 的倍数 K_{dc} 以及总电流峰值相对于转子额定电流 I_{fr} 的倍数 K_c，该标准给出此倍数可能的最大值分别为 $K_{dc}=3$ 及 $K_c=3.5$。即

$$\left.\begin{aligned} I_{f(0)} &= I_{fs(0.1)} = 3I_{fr} \quad &(\text{直流分量}) \\ I_{f(0)} &= I_{fs(0.1)p} = 3.5I_{fr} \quad &(\text{峰值}) \end{aligned}\right\} \tag{3-168}$$

2. 三相短路灭磁开始转子储能计算

机端三相短路时，发电机磁路处于不饱和状态，可认为转子电感为常数。三相短路灭磁开始转子绕组的储能 W_f [J(焦耳)] 可计算为

$$W_f = \frac{1}{2}T'_d R_f I^2_{f(0)} = \frac{1}{2}T'_d R_f I^2_{fs(0.1)} \tag{3-169}$$

式中：T'_d、R_f 含义及单位见式（3-159）；$I_{f(0)}$ 为灭磁开始转子电流，等于短路发生 0.1s 后的转子电流 $I_{fs(0.1)}$，计算见式（3-166），A。

3. 由三相短路灭磁开始转子储能计算或估算灭磁过程灭磁电阻耗能

（1）灭磁电阻采用线性电阻时。采用线性灭磁电阻的发电机灭磁系统，灭磁过程中将由转子电阻 R_f 及灭磁电阻 R_r 共同承担对转子能量的消耗，并按电阻在串联回路中占总电阻的份额消耗转子的能量。三相短路灭磁过程中灭磁电阻的耗能 W_r 可计算为

$$\begin{aligned} W_r &= \frac{1}{2}T'_d R_f I^2_{f(0)} \times \frac{R_r}{R_r + R_f} \\ &= \frac{1}{2}T'_d R_f I^2_{fs(0.1)} \times \frac{R_r}{R_r + R_f} \end{aligned} \tag{3-170}$$

（2）灭磁电阻采用非线性电阻时。采用非线性灭磁电阻时，机端三相短路灭磁过程中灭磁电阻耗能，按一般的统计，灭磁电阻的耗能 W_r 占灭磁开始转子储能 W_f 的 2/3 左右[17]。即灭磁电阻耗能可估计为

$$W_r = \frac{2}{3} W_f \tag{3-171}$$

6.6.4.2　灭磁电阻容量的选择

根据我国有关规程的规定，在最严重灭磁工况下，需要非线性电阻承受的耗能容量应不超过其工作能容量的80%，并当20%的组件退出运行时，应能满足最严重灭磁工况下发电机的灭磁的要求。对灭磁电阻容量的选择，最严重灭磁工况通常是机端三相短路灭磁工况。故选择的灭磁电阻工作能容量W_{ec}应满足

$$W_{ec} \geqslant 1.25 W_r \tag{3-172}$$

式中：W_r为发电机机端三相短路灭磁过程的灭磁电阻耗能。

发电机灭磁电阻通常采用多个非线性电阻元件以串、并联组合方式组成，故发电机灭磁要求的灭磁电阻工作能容量，应是考虑了整组非线性电阻元件的均流系数、均能系数后的整组灭磁电阻的工作能容量。

6.7　灭磁电阻最高灭磁电压及整组性能常数的选择计算

发电机灭磁过程中灭磁电阻上的最高电压（简称灭磁电阻最高灭磁电压）是发电机灭磁系统中一个十分重要的设定参数。其取值将决定发电机的灭磁时间以及对直流磁场断路器或交流磁场断路器分断能力与弧压的要求。由本篇6.2可知，灭磁过程中灭磁电阻上的最高电压，出现在磁场断路器主触头灭磁分断时（此时流过灭磁电阻的电流为灭磁开始的转子电流）。灭磁电阻整组V-A特性，应按灭磁电阻出现最高电压U_{rm}的灭磁工况进行选择，V-A特性上数值为灭磁电阻最高电压U_{rm}点，应对应于该灭磁工况灭磁开始时的转子电流值。根据选择的灭磁电阻整组V-A特性，对灭磁电阻元件的技术参数（额定电压或标称电压等）进行选择。

对一个具体的发电机，灭磁时灭磁电阻上的最高电压取较大数值时，灭磁电阻将有较大的阻值，转子闭合回路将有较小的时间常数，发电机将可取得较短的灭磁时间。故为取得满足电厂发电机要求的尽可能短的灭磁时间，灭磁电阻的最高电压应尽可能取较大的数值。

灭磁时灭磁电阻电压的最高允许值，受限于转子绝缘允许的最高电压及直流磁场断路器在分断严重灭磁工况的转子电流时所允许的最高分断电压，或交流灭磁时交流磁场断路器的灭磁分断弧压。具体的取值尚与灭磁电阻的型式有关。对灭磁时转子绝缘允许的最高电压，我国的相关规程规定为不超过出厂试验时转子对地交流耐压幅值的50%。一般而言，特别对大型机组，灭磁时灭磁电阻电压的最高允许值，通常取决于在分断最严重灭磁工况的转子电流时直流磁场断路器所允许的最高分断电压，或交流灭磁时交流磁场断路器的灭磁分断弧压。为取得较短的灭磁时间，需要求直流磁场断路器在分断最严重灭磁工况的转子电流时有较高的分断电压，或交流灭磁时交流磁场断路器有较高的灭磁分断弧压。

在我国的有关规程中，对发电机灭磁时间的取值或取值范围不做规定，仅要求发电机的灭磁系统应有尽可能短的灭磁时间。故对具体的发电机，应如何从技术经济上对直流磁场断路器的最高允许分断电压（或交流磁场断路器的最大分断弧压）进行合理的选择，需要根据电厂具体情况进行分析研究。

6.7.1　采用直流磁场断路器及灭磁电阻的灭磁系统灭磁电阻最高灭磁电压

发电机灭磁时，为实现转子电流向灭磁电阻回路的完全转移，使直流磁场断路器熄弧

分断及转子与灭磁电阻形成灭磁的闭合回路，灭磁分断过程中灭磁电阻上的最高电压U_{rm}应满足式（3-173）要求[17]，即

$$U_{rm} < U_{bNm} - U_{dm} \tag{3-173}$$

式中：U_{bNm}为直流磁场断路器在分断误强励灭磁开始转子电流$I_{f(i=n)}$时允许的最高分断电压，其值由断路器供应商提供，V；U_{dm}为误强励灭磁分断过程中励磁功率整流器输出的最高电压，也是误强励灭磁开始时励磁功率整流器输出的最高电压，由式（3-129）计算，V。

式（3-173）中，直流磁场断路器分断误强励灭磁开始转子电流时允许的最高分断电压U_{bNm}，应是直流断路器按照ANSI/IEEE C37.18要求的试验条件进行试验所确定的最高分断电压，即是以实际应用的发电机灭磁回路或等效回路进行该分断试验所确定的最高电压。若按式（3-173）计算的灭磁电阻最高灭磁电压U_{rm}对应的发电机灭磁时间太长，不能满足电厂发电机的要求，且U_{rm}尚低于规程要求的最高电压，则需选择更高U_{bNm}的断路器。

另外，参考文献［17］分析指出，发电机若设置针对误强励的继电保护，在转子电流大幅度升高前及时跳闸灭磁，将可大幅度地降低磁场断路器灭磁分断能力的要求，磁场断路器的分断能力有可能仅需按满足机端三相短路灭磁工况的分断要求进行选择，此时式（3-173）中的U_{bNm}相应地为直流磁场断路器在分断机端三相短路灭磁开始时转子电流允许的最高分断电压，U_{dm}为机端三相短路灭磁分断过程中励磁功率整流器的输出的最高电压。

6.7.2 交流灭磁系统灭磁电阻最高灭磁电压

发电机采用交流灭磁系统时，灭磁电阻最高电压取决于灭磁分断时交流磁场断路器的允许弧压及额定最大分断电压。

1. 按交流磁场断路器灭磁分断的允许弧压计算灭磁电阻的最高电压

发电机机端或励磁变压器低压绕组至交流磁场断路器间三相短路时，为保证灭磁分断过程中转子电流向灭磁电阻回路的完全转移及交流磁场断路器的可靠分断，交流磁场断路器灭磁分断的最高弧压，应不低于灭磁分断过程灭磁电阻的最高电压。故灭磁电阻最高灭磁电压U_{rm}应满足式（3-174）的要求[17]，即

$$U_{rm} < 2k_{cd}U_{bam} \tag{3-174}$$

式中：k_{cd}为弧压重叠系数，见式（3-146）；U_{bam}为交流磁场断路器在分断机端三相短路灭磁开始转子电流$I_{f0)} = I_{fs(0.1)}$时可保证的分断弧压（每相的），数值由断路器供应商提供，弧压的测试回路应为发电机的灭磁回路或相当的回路。

交流磁场断路器的分断弧压随其型式不同有较大的差别，为使发电机灭磁取得满足电厂要求的较短的灭磁时间，交流灭磁系统的交流磁场断路器应选择有较高分断弧压的断路器，并且其弧压值必须是在发电机交流灭磁系统中灭磁分断时的数值。

2. 按交流磁场断路器灭磁分断允许的额定最大分断电压计算灭磁电阻的最高电压

为使交流断路器在误强励灭磁时能可靠地分断误强励灭磁开始电流，交流断路器的最大分断电压应大于误强励灭磁分断过程中灭磁电阻最高电压与励磁变压器低压绕组电压之和。故灭磁电阻最高灭磁电压U_{rm}应满足式（3-75）要求[17]，即

$$U_{rm} < 2k_{cd}U_{bNm} - \sqrt{2}U_{2(i=n)} \tag{3-175}$$

式中：k_{cd}见式（3-174）；U_{bNm}为交流磁场断路器在分断发电机误强励灭磁开始电流时允许的最大分断电压（每相触头的），数值由断路器供应商提供，测试回路应为发电机的灭磁回路或其等效回路；$U_{2(i=n)}$为误强励灭磁分断时励磁变压器低压绕组电压（线电压的有效值），由式（3-130）计算。

灭磁系统灭磁电阻最高灭磁电压U_{rm}需同时满足式（3-174）、式（3-175）的要求，并选择计算允许值中的最小值作为灭磁电阻最高电压的设定值。若按式（3-174）、式（3-175）计算的灭磁电阻最高灭磁电压U_{rm}对应的发电机灭磁时间太长，不能满足电厂发电机的要求，而U_{rm}尚低于有关规程要求的最高电压，则需选择更高U_{bam}及U_{bNm}的断路器。

另外，发电机若设置针对误强励的继电保护，在转子电流大幅度升高前及时跳闸灭磁，将可大幅度地降低磁场断路器灭磁分断能力的要求，磁场断路器的分断能力有可能仅需按满足机端三相短路灭磁工况的分断要求进行选择[17]。此时式（3-175）中的U_{bNm}相应地为磁场断路器在分断机端三相短路灭磁开始转子电流时允许的最高分断电压，并以机端三相短路灭磁分断时励磁变压器低压绕组电压（线电压的有效值）取代式中$U_{2(i=n)}$应采用机端三相短路灭磁分断时励磁变压器低压绕组电压（线电压的有效值）。

6.7.3 交直流灭磁系统灭磁电阻最高灭磁电压

交直流侧均设置断路器的灭磁系统，根据发电机对灭磁系统冗余度的不同要求，灭磁系统交流及直流磁场断路器的参数将有不同的配置方案，对不同的配置方案，灭磁电阻最高电压设定值也有不同的选择计算。

1. 完全冗余的交直流灭磁系统（本篇 6.2.3.4 的方案 1）

交直流侧均设置断路器的灭磁系统，发电机灭磁时均启动两断路器跳闸，交、直流断路器均按可独立对发电机灭磁进行选择，故灭磁电阻最高灭磁电压的计算应与直流磁场断路器及灭磁电阻的灭磁系统及交流灭磁系统相同，即按同时满足式（3-173）～式（3-175）的要求进行计算，选择计算允许值中的最小值作为灭磁电阻的最高电压设定值。

2. 除机端短路灭磁工况外为冗余的交直流灭磁系统（本篇 6.2.3.4 的方案 2）

本方案的直流磁场断路器按可单独承担发电机各种灭磁工况的灭磁考虑，故按直流磁场断路器允许最高分断电压计算的灭磁电阻最高灭磁电压应满足式（3-173）要求。

交流磁场断路器按可单独承担除机端或励磁变压器至交流磁场断路器间三相短路外的其他灭磁工况的灭磁考虑，即仅考虑在励磁功率整流器交流侧有电压情况下进行灭磁分断，不考虑单独承担机端及励磁变压器至交流磁场断路器间三相短路时的灭磁分断，交流磁场断路器灭磁分断的允许弧压可按满足误强励灭磁分断要求考虑，故按交流磁场断路器误强励灭磁分断允许弧压要求计算的灭磁电阻最高灭磁电压需满足式（3-176）要求[17]，即

$$U_{rm} < 2k_{cd}U_{bam} + \sqrt{2}U_{2(i=n)} \tag{3-176}$$

式中：k_{cd}见式（3-174）；U_{bam}为交流磁场断路器分断误强励灭磁开始的转子电流时可保证的分断弧压（每相的），数值由断路器供应商提供，测试回路应为发电机的灭磁回路或相当的回路；$U_{2(i=n)}$为误强励时励磁变压器低压绕组电压（线电压的有效值），由式（3-130）计算。

本方案交流磁场断路器的额定最大分断电压需满足误强励灭磁分断要求。故按交流磁场断路器误强励灭磁允许额定最大分断电压计算的灭磁电阻最高电压，应满足式（3-175）的要求。

灭磁电阻最高灭磁电压的设定值应按同时满足式（3-173）、式（3-175）及式（3-176）的要求进行计算，取计算允许值中的最小值。

3. 除机端短路灭磁工况外为冗余的灭磁系统，误强励灭磁时不考虑交流磁场断路器拒动（本篇 6.2.3.4 的方案 3）

本方案的交流磁场断路器可单独承担除机端或励磁变压器至交流磁场断路器间三相短路以外的其他灭磁工况的灭磁。直流磁场断路器可单独承担除误强励以外的其他灭磁工况的灭磁，并可在交流磁场断路器不拒动但切脉冲不成功时承担误强励灭磁分断。故灭磁电阻最高灭磁电压设定值，可同上述方案 2 的考虑，应按同时满足式（3-173）、式（3-175）及式（3-176）的要求进行计算，取计算允许值中的最小值，仅式（3-173）中无 U_{dm} 项（见图 3-56）。

对交直流侧均设置断路器的灭磁系统，表 3-33 给出采用串接有二极管的氧化锌灭磁电阻时灭磁电阻最高灭磁电压的选择计算示例。本例的磁场断路器按本篇 6.2.3.4 的方案 2 进行选择，不考虑由交流磁场断路器单独承担机端及励磁变压器至交流磁场断路器间三相短路灭磁。按照表 3-33 的计算，灭磁电阻最高灭磁电压应取空载误强励按式（3-173）计算的 1180V。

表 3-33　串接有二极管的氧化锌灭磁电阻最高灭磁电压的选择计算示例[17]

序号	灭磁工况	转子电流 $I_{f(0)}$（A）	整流器输出 U_{dm}（V）	励磁变压器低压绕组 U_2	对灭磁电阻最高灭磁电压设定值 U_{rm}（V）的要求		
					按式（3-173）	按式（3-175）	按式（3-176）
1	机端三相短路	4019	1250	884	<1750	<2350	
2	空载误强励	6923	1820	1349	<1180	<1692	<1980

注　1. 励磁变压器 U_2 为有效值，整流器输出 U_{dm} 为峰值。电厂参数同表 3-32 中电厂 1。

2. 直流断路器 $U_{bNm}=3000V$；交流断路器 $U_{bNm}=2000V$（每相，峰值），$k_{cd}=0.9$，$U_{bam}=40V$。

表 3-33 尚给出了按机端三相短路灭磁工况考虑时（发电机不考虑误强励灭磁工况），灭磁电阻最高灭磁电压的计算。此时，各计算式中的参数 U_{dm}、U_2、U_{bNm} 及 U_{bam} 按机端三相短路灭磁工况取值。

6.7.4　非线性灭磁电阻整组性能常数的计算

非线性灭磁电阻整组性能常数 c，可由灭磁电阻最高灭磁电压进行计算。由上述可知，灭磁电阻最高灭磁电压通常按满足发电机误强励灭磁工况的要求进行计算选择，灭磁电阻于最高灭磁电压 U_{rm} 时，灭磁电阻上的电流为最大电流且等于误强励灭磁开始时的转子电流 $I_{f(i=n)}$。故非线性电阻 V-A 特性可表达为

$$U_{rm}=c\,(I_{f(i=n)})^{\beta} \tag{3-177}$$

式中：非线性电阻的非线性系数 β 的数值通常可由灭磁电阻供应商提供，误强励灭磁开始时的转子电流 $I_{f(i=n)}$ 由式（3-128）计算，灭磁电阻最高灭磁电压 U_{rm} 由本节上述的相关计算式计算，最后由式（3-177）求得非线性电阻性能常数 c。

当过电压保护的非线性电阻要求与灭磁电阻共用时，灭磁电阻在满足式（3-177）最高灭磁电压选择要求的同时尚需满足式（3-106）的要求。

非线性灭磁电阻整组的（或元件的）额定电压或标称电压（ZnO 压敏电压），按满足所选择的灭磁电阻整组 V-A 特性要求进行选择。使 V-A 特性上数值为灭磁电阻最高电压 U_{rm}点，对应于灭磁电阻出现最高电压 U_{rm}的灭磁工况灭磁开始时的转子电流值。

6.8 发电机的逆变灭磁

本节前面所述的发电机灭磁，是在发电机（或发电机-变压器组）发生电气事故时，由灭磁系统对发电机进行灭磁。这种灭磁方式是通过切断发电机转子的供电电源，投入灭磁电阻与转子构成闭合回路，使转子储存的能量在闭合回路的电阻中消耗而实现发电机灭磁。

当励磁功率整流器采用晶闸管三相全控桥接线时，发电机尚可采用逆变灭磁方式进行灭磁。正如本篇 3.1 所述，晶闸管三相全控桥整流器的工作状况随晶闸管的控制角的变化可工作于整流状态或逆变状态。逆变灭磁时，使励磁功率整流器由整流状态变为逆变状态，励磁功率整流器的输出电压由正变负，励磁功率整流器由向发电机转子供电变为接受发电机转子的放电电流，转子储存的能量在包括励磁功率整流器及其交流侧的放电回路中释放，直至转子的能量消耗至放电电流不能维持逆变为止，整流器的逆变工作方式可参见本篇 3.2。下面分析发电机的逆变灭磁过程有关计算及应用。

6.8.1 发电机逆变灭磁过程的计算

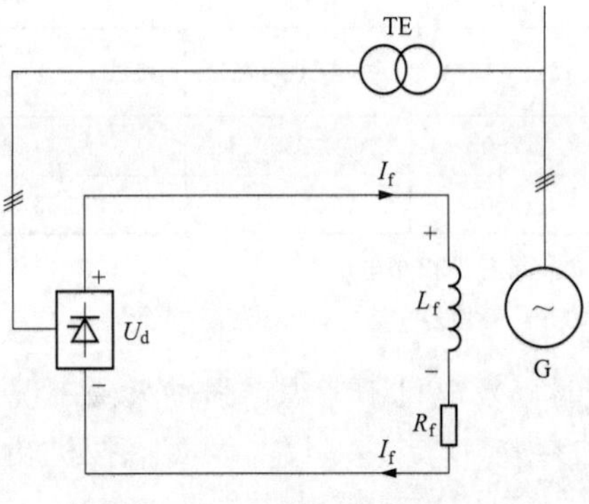

图 3-61　逆变灭磁的等效回路

自并励发电机逆变灭磁的等效回路如图 3-61 所示。当忽略整流器交流侧阻抗的影响时，对自并励或它励发电机，不考虑阻尼绕组时逆变灭磁的回路方程式可表示为

$$L_f \frac{di_f}{dt} + R_f i_f = U_d \tag{3-178}$$

式中：L_f为转子电感；R_f为转子电阻；U_d为逆变灭磁时励磁功率整流器输出的平均电压，U_d由式（3-27）计算。

对自并励系统，灭磁过程中按固定控制角控制的整流器输出 U_d随转子电流的衰减而降低。

转子电感 L_f除了在发电机额定空载以下运行可认为为不依转子电流而变化的常数外，在发电机的其余运行工况均随转子电流而变化。故逆变灭磁过程宜采用计算机仿真计算。在工程设计中也可以采用分段计算方法进行计算。当假定在时刻（i−1）至 i 时间段内励磁功率整流器输出的平均电压 U_{di}及转子电感 L_{fi}为恒定值，由式（3-178）可求得灭磁过程 i 时刻的发电机转子电流为

$$i_{fi} = \left(I_{f(i-1)} - \frac{U_{d(i-1)}}{R_f}\right) e^{-\frac{\Delta t_i}{T_{(i-1)}}} + \frac{U_{d(i-1)}}{R_f} \tag{3-179}$$

式中：$T_{(i-1)} = L_{f(i-1)}/R_f$为灭磁过程（$i$−1）时刻的转子时间常数；$\Delta t_i$为 i 时段的时间长度，$\Delta t_i = t_i - t_{i-1}$。由发电机特性以（$i$−1）时刻的转子电流 $I_{f(i-1)}$可求得 $U_{g(i-1)}$及

$T_{(i-1)}$［见式（3-125)］，再由逆变灭磁时的控制角及与U_{gi}对应的$U_{2(i-1)}$求出$U_{d(i-1)}$［见式（3-27)］。

6.8.2　逆变灭磁的应用

对励磁系统功率整流器采用晶闸管三相全控桥接线的发电机，可采用使励磁功率整流器由整流状态变为逆变状态的逆变灭磁方式进行灭磁。这种灭磁方式不需要对磁场断路器进行跳闸操作及投入灭磁电阻，仅通过控制励磁整流器晶闸管控制角便可实现发电机的灭磁。

但在发电机在下述运行工况下，将不能采用逆变方式进行灭磁。

(1) 由于发电机逆变灭磁需要对励磁功率整流器晶闸管的控制角进行控制，对发电机转子提供负的励磁电源，故在励磁系统故障时，如失控误强励、整流器交流或直流侧短路等故障时，励磁功率整流器将不能实现逆变工作方式，不能对发电机转子提供负的励磁电源。

(2) 由于励磁功率整流器仅能在交流侧有电压时才能实现逆变工作方式，在发电机机端短路时，对采用自并励的发电机，励磁变压器低压绕组电压为零，励磁功率整流器不能进行逆变及对发电机转子提供负的励磁电源。整流器在转子感应电动势下将维持在短路前最后导通的一对晶闸管运行，发电机转子处于续流状态。

另外，若逆变时遇晶闸管触发脉冲或整流器交流电压消失，则情况与机端短路类似，整流器在转子感应电动势下将维持在最后导通的一对晶闸管运行，逆变失败，发电机转子处于续流状态。

对某些发电机，采用磁场断路器（或交流断路器）加灭磁电阻的灭磁系统灭磁，可能较逆变灭磁有较短的灭磁时间。在发电机内部事故时（如匝间短路等），为取得尽可能短的灭磁时间，通常也启动发电机的灭磁系统进行灭磁，而不采用逆变灭磁。

因此，尽管功率整流器采用晶闸管三相全控桥接线的励磁系统通常均设置了逆变灭磁功能，但发电机均需按有关规程规定设置灭磁系统，在发电机事故时由发电机的灭磁系统对发电机进行灭磁。发电机的逆变灭磁通常仅用于发电机的正常停机及非电气事故停机，在发电机正常停机卸负荷跳闸后，投入逆变灭磁，使发电机电压尽快下降至零。某些励磁系统为改善磁场断路器或交流断路器的分断条件，避免灭磁电阻投入产生的附加分断电流，降低灭磁对磁场断路器分断电压的要求，在启动灭磁电阻灭磁系统的同时，也启动逆变灭磁。

7 励磁系统的操作、 测量及信号

励磁系统在电厂运行中通常随发电机的启、停而投、退，并完成开停机过程中励磁系统的相关操作。其灭磁系统在发电机或发电机-变压器组事故时自动投入对发电机灭磁。作为机组的自动化装置，励磁系统通常设置有满足电厂及电力系统运行要求的各种操作控制方式，可根据电厂及电力系统的运行要求自动或由运行人员手动选择或操作控制。励磁系统尚设置与电厂其他自动化控制系统进行信息交换的接口，并根据有关的标准要求设置电气测量装置，以实现机组及电厂运行监控的自动化。

本章阐述的是与励磁系统运行相关的控制操作，不包括在励磁屏现地，通过励磁调节器屏的键盘及显示器（或触摸屏），为满足励磁系统检修维护要求设置的有关操作。

7.1 励磁系统的运行操作

励磁系统需提供满足电厂及电力系统对发电机励磁系统控制要求的操作控制功能，这些功能可由电厂运行人员在励磁屏现地及远方进行操作控制，以及由电厂的计算机监控系统、保护系统或其他自动化系统对励磁系统进行自动操作和控制。通常有下面的操作内容及操作方式。

1. 在励磁屏的现地操作

励磁系统通常设置下列可供运行值班人员在励磁屏（通常为调节器屏）现地进行操作的功能。

（1）励磁系统的现地/远方控制方式切换。为适应励磁系统现地及远方的操作控制方式，励磁系统应设置现地/远方控制方式切换功能。当励磁系统现地/远方控制方式选择于“现地”时，励磁系统仅接受励磁屏（调节器屏）的现地控制，不接受机组现地控制单元的远方控制申请，包括电厂中控室的计算机监控系统电厂控制级通过机组现地控制单元的远方控制申请。机组现地控制单元只能采集、监视来自励磁系统的运行信息和数据，不能对励磁系统发布控制指令或调节给定。

当励磁系统控制方式选择于“远方”时，励磁系统按设定的控制内容接受由现地控制单元发出的远方控制指令进行相关的操作或调节，在励磁屏不能对这些控制内容进行现地控制。

励磁系统现地/远方控制方式的选择通常以硬件方式（如切换开关）设置在励磁屏（通常为调节器屏），其余地方不再设置。盘面上的切换开关应明显地标示出“现地”及“远方”的状态位置。

继电保护、励磁系统事故停机（若有，如转子过电压保护等）、手动紧急停机等启动灭磁的控制，以及不属于励磁系统现地/远方控制方式控制的设定控制功能，均应不受励磁系统的现地/远方控制方式的影响。

（2）励磁系统投/退。

（3）发电机励磁增/减。

（4）自动电压调节（AVC）/励磁电流调节（FCR）调节模式选择。

（5）PSS投/退。

（6）手动起励。

（7）励磁调节器通道1、通道2选择（仅对双通道调节器）。

根据电厂的要求，可以增加下列操作内容：①磁场断路器分/合；②功率柜风扇投/退操作；③电厂或励磁系统制造商要求的其他操作，如手动启动逆变灭磁等。

2. 励磁系统的远方操作

励磁系统通常设置下列可供远方操作的功能，这些操作控制命令，除磁场断路器的跳闸通常直接由继电保护系统输出命令以硬布线方式接入励磁系统外，其他通常由电厂计算机监控系统的机组现地控制单元以硬布线方式传送给励磁系统。这些操作包括：

（1）接受远方正常开/停机指令，进行开/停机顺序控制中属于励磁系统的相关操作。

（2）发电机励磁增/减操作。

（3）自动电压调节（AVC）/励磁电流调节（FCR）调节模式选择。

（4）PSS投/退操作。

（5）恒无功功率/恒功率因数控制方式选择；无功功率/功率因数设定操作。

（6）励磁调节器通道1/通道2选择（仅对双通道调节器）。

（7）接受继电保护系统输出的磁场断路器跳闸命令，对磁场断路器进行分闸操作。

（8）电厂或励磁系统制造商要求的其他操作。

7.2　磁场断路器的操作

励磁系统设置磁场断路器的操作功能及相关接线，并通常有下列考虑。

（1）磁场断路器分、合闸的启动。磁场断路器分闸通常由继电保护（电气事故）及在机旁盘（通常为机组现地单元盘）和中控室设置的事故停机按钮启动。某些励磁系统在励磁系统事故时（如励磁系统的转子过电压保护动作），在跳发电机断路器停机的同时也跳磁场断路器使发电机灭磁，详见本篇6.1及4.3。正如本篇6.2的分析，磁场断路器的主触头必须在灭磁电阻投入与发电机转子并联的条件下分闸，灭磁电阻通常可采用直流磁场断路器的动断触头或专设的投入开关投入。由于直流磁场断路器的机械设计可保证动断触头提前于主触头分闸前闭合投入灭磁电阻，故磁场断路器可直接接受保护动作跳磁场断路器命令进行分闸。灭磁电阻采用专设的电子开关投入时，由于电子开关合闸时间远小于磁场断路器的分闸时间，故灭磁启动时可以同时发灭磁电阻开关合闸令和磁场断路器的跳闸令。灭磁电阻采用专用断路器投入时，灭磁启动后通常需先发灭磁电阻断路器合闸令，灭磁电阻断路器合闸后再发磁场断路器跳闸令。

磁场断路器合闸通常是在机组开机时，由计算机监控系统的机组现地控制单元发“投励磁”令后，由励磁系统的控制逻辑进行合闸。

另在励磁调节器屏上，通常设置有通过键盘或触摸屏对磁场断路器进行手动合/分的操作功能，该功能设置主要供检修维护人员使用，需设电钥匙闭锁，并与励磁系统磁场断路器的其他合/分操作命令共用出口。

磁场断路器也可根据电厂的要求，在励磁调节器屏设置由运行值班人员操作的、以操作开关或按钮直接作用于磁场断路器分/合回路的手动合、分闸硬布线接线。从实际运行的必要性及安全性等方面考虑，某些电厂也可以不设置该手动操作。

（2）在励磁屏上设磁场断路器的合/分位置指示，以方便检修维护及运行监视。

（3）操作回路应设电源监视，并宜设置磁场断路器分闸回路完好性监视，以保证在发电机事故启动灭磁时磁场断路器能可靠分闸。

（4）当磁场断路器设计为仅由励磁系统逻辑回路进行合闸时，磁场断路器可不设置硬布线构成的防跳接线。在磁场断路器的控制流程中，可考虑设置一次合闸逻辑，若发合闸令使磁场断路器合闸后磁场断路器随即分闸，即复归合闸令。

（5）根据我国继电保护标准的规定，机组或发电机-变压器组继电保护采用双重化配置时，每套保护出口跳闸回路应单独作用于断路器的一组跳闸线圈，相关的断路器应配置两组跳闸线圈，断路器控制直流电源由两回取自不同蓄电池供电的独立的 220V DC 电源提供。机组或发电机-变压器组电气事故时，需按有关规程的要求跳磁场断路器灭磁。故对保护采用双重化配置的机组磁场断路器，应选用带两个跳闸线圈的产品，采用两路直流控制电源分别供电的分闸接线，以与继电保护配置相一致，提高发电机灭磁系统的可靠性。

磁场断路器的操作接线示例可参见图 3-62。本例的励磁系统仅在直流侧设置磁场断路器，灭磁电阻采用磁场断路器的动断触头投入。磁场断路器仅有两个跳闸线圈，分闸回路控制电源分别取自不同的蓄电池组。灭磁系统采用碳化硅灭磁电阻，励磁系统的转子过电压保护动作需跳磁场断路器。励磁屏上不设磁场断路器手动合/分闸操作开关，在机旁或

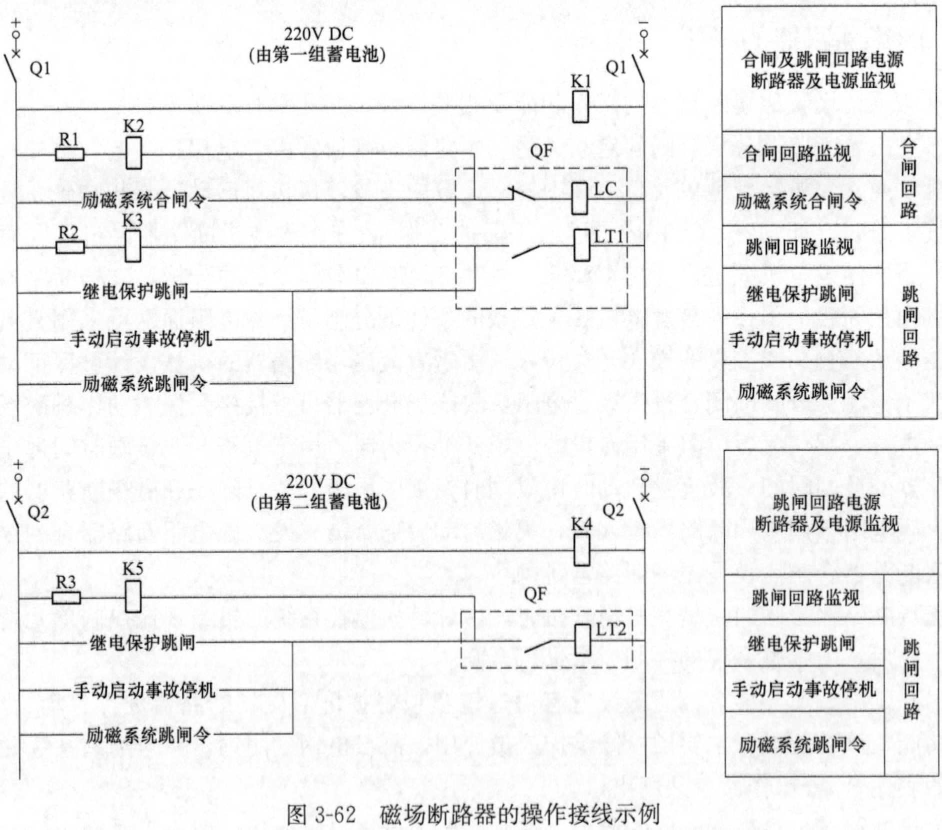

图 3-62　磁场断路器的操作接线示例

K1～K5—中间继电器；R1～R3—电阻；LC、LT—合、跳闸线圈

中控室可手动事故停机按钮启动机组事故停机跳磁场断路器灭磁。图 3-62 中未表示磁场断路器辅助触点的引出、位置信号指示的接线，也未表示在励磁调节器屏通过键盘或触摸屏对磁场断路器的手动合/分操作。

7.3　发电机的起励

按照我国有关规程的规定，采用自并励的大中型水轮发电机励磁系统，除应具有残压起励的功能外，应设置采用外部电源的他励起励装置，以保证发电机的开机建压。

7.3.1　他励起励及残压起励

1. 他励起励

他励起励装置目前主要有采用电厂厂用交流电整流和取自电厂直流控制电源两种接线方式，如图 3-63 所示。厂用交流电整流起励装置通常由厂用交流 380V 供电，设起励变压器（TF，降压变压器）及起励整流器（三相，不可控），起励整流器输出经起励投切接触器（K2）、熔断器（F1、F2）及磁场断路器（QF1）接至发电机转子，熔断器作为直流侧短路保护用，起励变压器的原边通常也设起励回路投切接触器（K1）。起励装置的交流电源在厂用电盘上通常作为一个引出回路，经空气断路器以交流 380V 引出。采用直流控制电源作起励电源时，回路上需装设防止电流倒流的二极管（V）。起励装置的直流电源在电厂直流屏上通常作为一个引出回路，通过空气断路器引出，起励装置的输出回路通常需要串接限流电阻（R）。

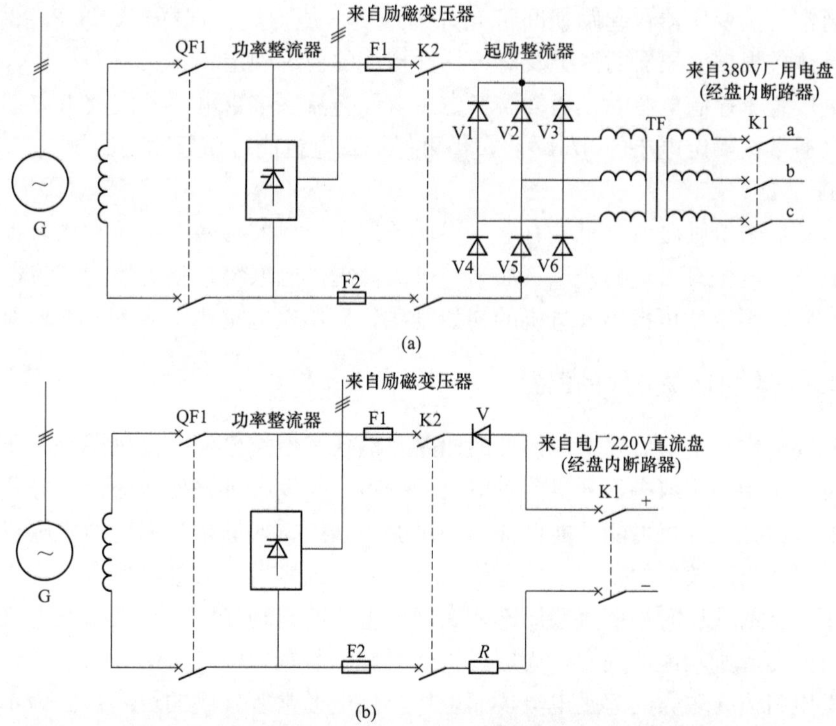

图 3-63　他励起励接线示例

（a）厂用交流整流电源起励；（b）厂用直流电源起励

起励投切开关通常由励磁系统控制，并可在励磁调节器屏上手动操作。励磁系统收到开机命令后，在机组转速接近额定转速（通常取额定转速的90%～95%）时，由励磁系统给出合闸令投入起励装置。在发电机电压达到励磁调节器可正常工作电压后，由励磁系统自动给出分闸令退出起励装置。若起励投入经一定时延后（大型机组如8～10s），发电机端仍未能建立所要求的电压，励磁系统将自动跳开起励开关，切除起励，并给出起励失败报警信息。

励磁调节器可正常工作的发电机机端电压，在DL/T 583中有相关的规定。在DL/T 583中，规定了励磁自动电压调节器应能在发电机额定空载电压的10%～110%范围内进行稳定、平滑的调节。故起励提供的初始励磁，应能使发电机电压达到额定电压的10%以上，例如某些电厂取发电机额定电压的20%～25%，以确保励磁调节器可正常工作，使发电机能可靠起励建压。对具有残压起励功能的励磁系统，在机端电压很低的情况下，便可输出励磁电流使发电机起励建压。此时，由他励起励提供初始励磁使发电机建立的初始机端电压，可取较低的电压值。

他励起励回路及设备参数按发电机所需的他励起励电流进行选择计算。他励起励电流按使发电机可建立起能保证励磁系统可靠工作的端电压考虑，此电流可由发电机所要求的初始机端电压从发电机空载特性查得。

采用电厂厂用交流电380V整流电源时，起励变压器参数可采用类似励磁变压器参数计算方法进行计算，并应考虑厂用电在允许的最低电压运行时（通常考虑为额定电压的85%）仍可满足发电机的起励要求。由于起励过程很短（通常为几至十多秒），故起励变压器容量通常可按变压器在起励期间可允许的过负荷能力进行选择，如取2～3倍的过负荷能力，具体应根据变压器的情况及对可靠性裕度的考虑确定。

采用电厂直流控制电源时，通常需考虑在电厂直流系统蓄电池事故放电末期的直流母线电压下（通常按额定电压的87.5%），仍可保证发电机能可靠起励建压。

2. 残压起励

机组启动后未给励磁前，机端有电压很低的残压。目前励磁系统通常均可提供残压起励功能，只要发电机有一定的残压（如某些供应商提供的系统，整流器的交流电压仅要求大于5V），励磁系统便可提供发电机的初始励磁，利用发电机残压使发电机起励建压。

7.3.2 发电机起励方式的配置

残压起励的优点是不需要增加额外的回路及设备，但需要发电机机端有高于某一数值的残压。发电机的残压取决于开机前发电机的剩磁，受发电机解列前的运行方式及停机时间长短影响，故每次开机可能不能保证出现足够的残压，如进相解列后的发电机通常有较低的剩磁，可能出现较低的残压。发电机初始投入或大修后，发电机残压通常也较低。在发电机出现较低的残压时，仅靠残压不能实现发电机的起励建压。故大型发电机在要求励磁系统具有残压起励功能的同时，尚应设置他励起励装置。

大型发电机需要较大的起励电流，而电厂厂用电通常有较高的可靠性。为不增加电厂直流系统的冲击负荷（起励负荷通常按冲击负荷考虑），大型电厂通常配置由电厂厂用交流380V供电的起励装置。但对有黑启动要求的电厂发电机，他励起励装置应采用电厂直流控制电源供电。

7.4　机组开、停机过程的励磁系统控制

7.4.1　机组开机过程的励磁系统控制

机组开机过程通常由电厂计算机监控系统的开机程序进行自动控制。机组启动后，在转速接近额定转速时（通常设定为90%），计算机监控系统的开机程序向励磁系统发出“投入励磁”指令，励磁系统接受投入指令后，励磁系统将按设定的投入控制顺序将励磁投入运行。

（1）励磁系统接受投入指令后，首先对励磁系统的投入条件进行检查，检查内容通常可包括：

1）励磁系统无故障。

2）无外部跳闸信号（发电机无事故跳闸灭磁信号）。

3）发电机断路器在分闸位置。

4）机组转速大于90%。

5）至上次退出时间已超过规定时限（如10s）。

6）现地/远方模式于“远方”（由计算机监控系统发投入励磁命令时）；

7）其他（如由系统供应商规定的其他检查条件）。

（2）经检查励磁系统具备投入条件后，励磁系统的投入控制顺序依励磁系统磁场断路器的设置方案而略有不同。

1）对仅在直流侧或交流侧设置磁场断路器的励磁系统，发电机正常停机时，在投入逆变灭磁后，通常使磁场断路器分闸并投入灭磁电阻与发电机转子形成闭路，此时励磁系统的投入通常按下面的控制顺序进行。

a. 发磁场断路器合闸令。

b. 磁场断路器合闸后，投入起励（包括起励过程监视）；若灭磁电阻采用专用开关投入，则需先跳开灭磁电阻开关。

c. 发电机电压达到可使励磁系统正常工作电压时（如设定为发电机额定电压的20%），退出起励，励磁系统投入运行，由励磁调节器使发电机于给定电压运行，在发电机并网后按给定的电压及无功运行。

若起励投入后经设定的时延（如10s），发电机电压仍未能达到励磁系统可正常工作的电压，则起励监视将动作，使起励退出，并发出起励失败故障信息。励磁投入失败。

2）对直流及交流侧均设置磁场断路器的励磁系统，发电机正常停机时，在投入逆变灭磁后，通常跳交流磁场断路器及合灭磁电阻开关（图3-54中的QF）投入灭磁电阻与发电机转子形成闭路，不跳直流磁场断路器。而在机组事故停机时，继电保护将动作，发电机事故停机，跳直流及交流磁场断路器灭磁。故在这两种停机情况下，发电机开机过程的励磁系统投入控制将稍有不同，对发电机正常停机后的开机过程，励磁系统的投入控制顺序为：

a. 发交流磁场断路器合闸令。

b. 交流磁场断路器合闸后，跳灭磁电阻开关。

c. 投入起励（包括起励过程监视）。

d. 发电机电压达到励磁系统可正常工作的电压时（如设定为发电机额定电压的

20%），退出起励，励磁系统投入运行，由励磁调节器使发电机于给定电压运行，在发电机并网后按给定的电压及无功运行。

发电机事故停机时，直流及交流磁场断路器均分闸，故机组事故停机后开机过程的励磁系统投入控制顺序，需在发电机正常停机后的开机过程的励磁系统投入控制顺序中增加直流磁场断路器合闸令（可先合直流磁场断路器，在其合闸后再合交流磁场断路器，也可同时进行合闸），其余与正常停机后的励磁系统投入顺序相同。

励磁系统投入也可以在励磁屏（通常为励磁调节器屏）现地手动启动。投入控制顺序与由电厂计算机监控系统的开机程序投入指令启动相同，此时现地/远方模式于“现地”。

7.4.2 机组正常停机过程的励磁系统控制

机组正常停机过程通常由电厂计算机监控系统停机程序进行自动控制。机组正常停机时，正常停机程序启动后即向励磁系统发出停机令，励磁系统接停机令后，按设定的励磁系统停机控制顺序进行整定控制。

（1）自动减励磁卸无功负荷至空载，机组空载后由正常停机程序跳发电机断路器。

（2）发电机断路器跳闸后，励磁系统的停机控制程序按下列顺序将励磁系统退出运行。

1）投入逆变灭磁；

2）检查励磁电流接近0（可取1%～5%空载励磁电流）后退出逆变；

3）合灭磁电阻开关（对仅直流侧设置磁场断路器且灭磁电阻由直流磁场断路器动断触头投入的系统，则无此操作而直接跳直流磁场断路器）；

4）跳磁场断路器；

5）励磁系统退出运行。

发电机停机时，通常使磁场断路器分闸并投入灭磁电阻与发电机转子形成闭路。对直流及交流侧均设置磁场断路器的励磁系统，合灭磁电阻开关后，通常仅跳交流断路器。机组由停机程序停机且程序预置仅停机至空转有压时，励磁系统接受停机令使励磁减至空转额定电压后保持正常运行。

7.4.3 机组事故停机时的励磁系统控制

1. 电气事故停机时

发电机电气事故或手动紧急停机时，相关的保护或紧急停机接线将输出停机灭磁命令至励磁系统，使励磁系统启动对发电机灭磁，并进行与停机相关的控制。

机组事故时励磁系统的控制顺序依励磁系统磁场断路器的设置方案略有不同。

（1）对仅在直流侧设置磁场断路器的励磁系统，励磁系统收到保护动作灭磁停机令后，通常按下面的控制顺序进行控制。

1）合灭磁电阻开关，投入灭磁电阻（若灭磁电阻由磁场断路器动断触头投入，则无此操作而直接跳磁场断路器），并投入逆变；

2）发磁场断路器分闸令；

3）励磁系统退出运行。

（2）对仅在交流侧设置磁场断路器的励磁系统，励磁系统收到保护动作灭磁停机令后的控制顺序为：

1）合灭磁电阻开关，并切除励磁整流器触发脉冲；

2）发磁场断路器分闸令；

3）励磁系统退出运行。

对直流及交流侧均设置磁场断路器的励磁系统，励磁系统收到保护动作灭磁停机令后的控制顺序见本篇 6.2，在 QF1、QF2 分闸后，励磁系统退出运行。

2. 非电气事故停机时

非电气的事故停机，如水力机械保护的事故停机，按有关标准要求宜采用逆变灭磁，不跳磁场断路器，并通常由水力机械保护接线对励磁系统给出相关命令。此时的励磁系统控制与发电机正常停机相同，仅检查条件中无“现地/远方”模式的检查，事故停机控制不受“现地/远方”模式切换的影响。

7.5　机组采用电气制动时的励磁系统及控制

7.5.1　机组停机采用电气制动时励磁系统主回路接线

机组停机采用电气制动可以加快发电机的停机制动过程，并可减少机械制动造成的粉尘和烟雾等对发电机绕组及环境的污染。目前混流式及轴流式水轮机组通常采用电气与机械联合制动方案，电气制动一般采用机端短路制动方式（见图 3-64），在发电机端设三相短路开关（SC）。在发电机停机灭磁完成、励磁系统退出运行后，且机组转速下降至额定

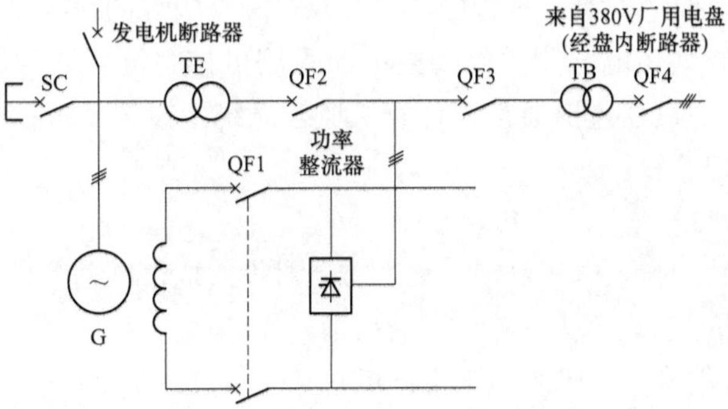

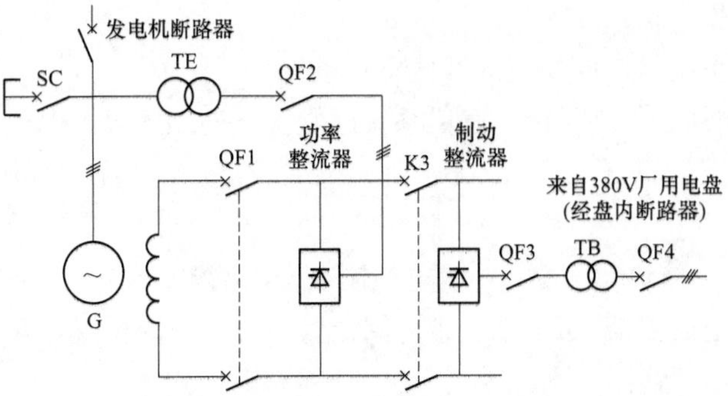

图 3-64　机组电气制动的主回路接线例

（a）共用励磁功率整流器；（b）独立的制动整流器

转速的50%～60%时，投入短路开关使机端形成三相短路，然后再重新给发电机提供励磁（通常为恒定励磁电流），利用发电机定子短路电流（通常将短路电流控制在发电机定子额定电流）提供的制动力矩使发电机制动。电气制动通常在机组转速降低到机械制动投入的转速时（通常为额定转速的5%～10%）退出，然后投入机械制动使机组停转。电气制动用的励磁电源通常由交流厂用电经制动变压器、整流器提供。整流器可与发电机励磁系统功率整流器共用，也可单独设置（采用可控或不可控三相整流器）。前者不需另设整流器，但需在励磁功率整流器交流侧设电源切换开关（QF2、QF3）。制动变压器可采用独立设置的双卷变压器，当整流器与励磁功率整流器公用时，还可以采用与励磁变压器共用一个三卷变压器（原方分别经开关接发电机端及厂用电，图3-64未表示）。制动整流器可采用可控或不可控整流器，采用可控整流器或共用发电机励磁系统功率整流器时，可使制动励磁电流得到较好的控制。由于电气制动需要对定子进行短路，故在发电机电气事故停机时不允许投入使用。另外，在励磁系统故障时，可能使发电机电气制动失败。

7.5.2 机组电气制动时的励磁系统操作控制

机组的停机制动通常由电厂计算机监控系统按设定的控制顺序进行，在停机过程进入电气制动程序时，励磁系统接受计算机监控系统的投入及退出电气制动令对励磁系统进行控制。励磁系统在机组电气制动过程中，主要执行励磁电源的投入、退出，并对发电机定子电流进行恒流控制（当电气制动的励磁电源采用可控整流或共用励磁功率整流器方案时）。机组停机制动的过程监视通常在计算机监控系统中设置，根据需要也可在励磁系统中设置电气制动过程监视。

1. 励磁系统投入电气制动控制顺序

（1）励磁系统收到投入电气制动令后，首先对投入电气制动条件进行检查，检查内容通常有：

1）无电气事故信号（即机组为正常停机）；

2）发电机断路器已分闸；

3）短路开关已投入；

4）其他（如由系统供应商规定的其他检查条件）。

（2）投入电气制动条件满足后，励磁系统通常按下列顺序投入电气制动：

1）检查励磁变压器低压侧开关QF2是否于分闸位置，若在合闸位置，发QF2跳闸令；

2）QF2分闸后，合QF3、QF4，投电气制动交流电源；

3）检查直流磁场断路器QF1是否于合闸位置，若在分闸位置，在QF3、QF4投入后发QF1合闸令合磁场断路器；

4）灭磁电阻采用专用开关投入时，直流磁场断路器合闸后，跳灭磁电阻开关；

5）对发电机定子电流进行恒流控制。

2. 励磁系统退出电气制动控制顺序

励磁系统按计算机监控系统发出的退出电气制动命令退出电气制动。励磁系统收到计算机监控系统退出电气制动令后，通常按下列顺序退出电气制动：

(1) 投入逆变（仅对采用励磁功率整流器或可控整流器输出作制动电源时）在转子电流接近 0（可取 1%～5%空载励磁电流）后退出逆变；

(2) 退出逆变后，合灭磁电阻开关；

(3) 灭磁电阻开关合闸后，跳 QF3、QF4 及跳磁场断路器（对交、直流侧均设置磁场断路器的系统，通常仅跳交流磁场断路器）；

(4) 检查励磁变压器低压侧开关 QF2 是否于合闸位置，若在分闸位置，发 QF2 合闸令。

7.5.3　制动变压器参数计算选择

与电气制动相关的励磁回路设备参数按发电机电气制动所需的励磁电流进行选择计算。该励磁电流可由电气制动时发电机的短路电流从发电机的短路特性上查得。

电气制动采用电厂厂用交流电 380V 整流电源时，制动变压器参数可参照励磁变压器参数计算方法进行计算，并应考虑厂用电在允许的最低电压运行时（通常考虑为额定电压的 85%）仍可满足发电机电气制动的恒电流控制要求。由于发电机投入电气制动的时间很短（通常为几分钟），故制动变压器容量通常可按变压器允许的过负荷能力进行选择，具体应根据变压器的情况及对可靠性裕度的要求确定。

7.6　励磁系统的电气测量、信号及与外部系统的接口

7.6.1　励磁系统的电气测量

根据 SL 456《水利水电工程电气测量设计规范》的规定，励磁系统需配置如表 3-34 所示的电气测量，其中励磁变压器是参照规范中的厂用双卷变压器的测量要求。按照 SL 456 的要求，在现地屏的电气测量可采用测量仪表或带数字显示的测控装置或保护测控装置完成，在中控室的电气测量可采用测量仪表或带数字显示的测控装置或计算机监控系统（带显示器）完成。

表 3-34　　励磁系统的电气测量配置要求

设备名称	现地屏	中控室
励磁主系统	I_f、U_f、Q、U、I_{gz}	I_f、U_f
励磁变压器	I、P、W_P（I 或 P、W_P）	I 或 P

注　I_f—发电机转子电流；U_f—发电机转子电压；Q—发电机无功功率；U—发电机定子线电压；I_{gz}—每个励磁功率整流器柜直流输出电流；I—励磁变压器电流；P—励磁变压器有功功率；W_P—励磁变压器有功电能。括号内为励磁变压器高压侧为 6～10kV 时的测量配置。

励磁变压器有功电能的测量准确度可按Ⅳ类电能计量考虑，按照 SL 456 的要求，准确度级取 2.0。表 3-34 中其他电气量的测量，可按数字式仪表测量准确度考虑，按照 SL 456 的要求，准确度应不低于 0.5 级。

发电机转子电流、电压以及功率整流器柜直流输出电流，通常通过设置在励磁屏中接

于发电机转子回路的变送器及分流（压）器进行测量。测量变送器的输出回路与转子回路间的绝缘耐压水平，应不低于转子回路过电压保护的设定电压，即不低于转子回路在设置过电压保护后出现的晶闸管换相尖峰过电压（转子回路过电压保护电压设定值的计算详见3.4.3）。变送器及分流（压）器的对地绝缘耐压水平，应不低于发电机转子的对地绝缘耐压水平。表3-35所示为可供电厂发电机转子电流或电压测量用变送器的产品参数示例（可设置型直流信号变送隔离器），表3-36为转子电流或电压测量用隔离放大器参数示例（与分流器或分压器配套使用）。

表3-35　转子电流或电压测量用变送器的产品参数示例（可设置型直流信号变送隔离器）

序号	项目	参　数
1	输入电压/电流	0～±20mV…±100V，0～±20mV…±200V/0～±0.1mA…±50mA，0～±0.1mA…100mA，4～20mA
2	电压/电流输入阻抗	约1MΩ/100Ω（<5mA时）、约5Ω（≥5mA时）
3	电压/电流输出	0～±10V，2～10V，0～±5V，1～5V /4～20mA，0～±20mA
4	电压/电流输出阻抗	≥1kΩ/≤600Ω
5	精确度	<0.1%
6	供电电压	20…230+10% V AC/V DC 48～62Hz
7	额定电压	600V
8	输入/输出隔离电压	4kV
9	额定冲击耐压	5kV，1.2/50μs

注　变送器的输入电压/电流，可通过变送器上的开关整定测量范围，如0～±60、100、150、300、500mV，1、5、10、100V；0～±0.3、1、5、10、20、50mA，4～20mA。

表3-36　转子电流或电压测量用隔离放大器参数示例（与分流器或分压器配套使用）

序号	项目	参　数
1	输入电压	0～±60mV，0～±150mV，0～±300mV，0～±500mV
2	输出	0～±20mA或0～±10V
3	输入电阻	>25kΩ
4	输出负载	≤10V（对mA输出），≤20mA（对电压输出）
5	精确度	<0.1%
6	供电电源	230或115V AC（−15%～+10%），48～62Hz，2VA；或24V AC/V DC（−15%～+10%），交流48～500Hz、0.6VA，直流0.6W

续表

序号	项目	参　数
7	工作电压	2000、1000、650V（输入对输出/电源），1000、630、600、300V（输出对电源）
8	试验电压	7kV（输入对输出/电源），4kV（输出对电源）
9	冲击耐压	5kV，1.2/50μs
10	环境温度	－10～＋70℃（运行），－30～＋80℃（运输或储存）

7.6.2　励磁系统信号及与外部系统的接口

励磁系统应设置运行状态、参数检测及故障监视，状态、参数及故障信息通过励磁系统的I/O或通信接口提供给外部系统，并在励磁屏上有详细的信息指示或显示。励磁系统应设置接受外部信息的输入接口，以便根据电厂及机组的运行方式的变化作出相应的自动控制，并与电厂及机组的其他自动化系统相协调。

励磁系统的检测内容、需提供的运行信息及与外部系统的接口，可按DL/T 583《大中型水轮发电机静止整流励磁系统技术条件》的规定并考虑电厂的要求进行设置，具体设置依不同的系统供应商提供的系统及电厂发电机的具体情况而有所不同。表3-37所示为大型发电机励磁系统的运行信息及与外部系统接口示例。本例机组设电气制动。励磁系统各种故障信号及总报警信号分别以触点方式向外部系统提供，各种状态信号分别以触点方式输出至计算机监控系统，其中磁场断路器位置信号尚需要提供给机组故障录波系统，模拟量信息除提供给计算机监控系统外，励磁电压、电流尚需提供给机组故障录波及相角测量系统。各种信息（包括故障详细信息）可由通信接口提供给计算机监控系统，并可在励磁调节器屏显示或指示。励磁变压器的继电保护通常归入发电机保护系统，不属于励磁系统，包括温度信号器的报警与跳闸等。励磁变压器的电气测量可归入计算机监控系统，测温元件（RTD）可直接接至计算机监控系统的机组现地控制单元。

表3-37　　励磁系统的运行信息及与外部系统接口示例

序号	项目	内　容
1	故障信息	①调节器电源消失或故障；②操作电源消失；③转子过电压保护动作；④功率整流器柜故障（柜内温度过高、风机及风机电源故障等）；⑤晶闸管快速熔断器熔断；⑥起励失败；⑦紧急切换至手动调节通道；⑧电压互感器断线；⑨励磁变压器及变压器柜内温度过高（此信号可置于继电保护）；⑩欠励磁限制器动作；⑪过励磁限制器动作；⑫强励反时限限制动作；⑬最大励磁电流限制器动作；⑭电压/频率限制器动作；⑮PSS动作；⑯磁场断路器跳闸回路断线；⑰通道1故障；⑱通道2故障；⑲转子绕组温度过高；⑳定子电流限制器动作；㉑励磁系统总故障信号（以触点输出）；㉒励磁系统故障跳闸灭磁停机输出信号（以触点输出）

续表

序号	项目	内 容
2	对外提供的状态信号（触点）	①"现地/远方"模式在"现地"；②"现地/远方"模式在"远方"；③调节器主通道选择在"通道1"；④调节器主通道选择在"通道2"；⑤磁场断路器合闸；⑥磁场断路器分闸；⑦调节器给定值达上限；⑧调节器给定值达下限；⑨PSS及其他辅助功能的投/退信号；⑩调节器外部通信状态信号；⑪AVR在"投入"；⑫FCR在"投入"；⑬励磁在"投入"；⑭励磁已"退出"；⑮恒无功控制方式投入；⑯允许投入励磁（系统已具备投入条件）；⑰"通道1"运行；⑱"通道2"运行；⑲"通道1"完好；⑳"通道2"完好；㉑起励已投入；㉒PSS已投入；㉓电气制动已投入
3	对外提供的模拟量信号	（1）测量或控制用模拟量（4～20mA）。 ①励磁电压；②励磁电流；③发电机电压给定值；④励磁电流给定值；⑤无功功率给定值；⑥发电机转子温度。 （2）继电保护用模拟量： ①转子电压（供转子一点接地保护）；②转子电压（供失磁保护）
4	外部输入的数字量（开关量，触点）	①投入励磁系统命令；②退出励磁命令；③继电保护动作跳磁场断路器灭磁；④手动紧急停机动作跳磁场断路器灭磁；⑤AVR及FCR选择命令；⑥恒无功、恒功率因数（当有该设置时）选择命令；⑦励磁增/减命令；⑧PSS投、切命令；⑨发电机转速大于90%；⑩发电机断路器跳闸位置；⑪电压互感器二次侧空气断路器跳闸；⑫励磁变压器温度报警；⑬励磁变压器温度跳闸（此两信号可置于继电保护）；⑭电气制动短路开关于合闸位置；⑮电气制动电源交流侧开关于合闸位置；⑯电气制动投入、退出命令
5	其他接口	①机端电流、电压互感器；②电厂直流控制电源；③电厂厂用电；④对外通信接口；⑤时间同步（分脉冲）

另外，发电机转子一点接地及失磁保护所需测量附件如转子电压变送器一般应装设在励磁柜，通过硬布线向继电保护盘提供发电机转子的电压及电流信号。

根据供应商及电厂的要求，励磁系统故障也可按其性质分别动作于跳闸停机或报警。对于可能导致励磁系统控制失灵的励磁系统故障，如励磁调节器系统故障（通道故障等）、调节器电源消失等，可以考虑故障动作于发电机跳闸停机灭磁，以避免引发发电机事故（如失磁或误强励等）。此时，励磁系统故障信息通常以总的"励磁系统故障动作跳闸灭磁停机"及"励磁系统故障报警"信号方式并采用触点出口，运行人员可以由励磁调节器屏的显示器查询详细信息。励磁系统在转子过电压保护（如与灭磁共用碳化硅非线性电阻时）动作时，通常也动作于发电机跳闸灭磁停机，并以独立的触点引出。详细的故障信号也可由通信接口提供给外部系统。励磁系统输出故障跳闸灭磁停机触点通常直接接至发电机继电保护系统，由继电保护系统执行相关的控制。

励磁系统故障动作发电机跳闸时，通常应同时作用于灭磁，以避免在励磁控制失灵及机组甩负荷过速下导致发电机过电压。

8 励磁系统的电磁兼容

8.1 励磁系统的电磁兼容性要求

电磁兼容性是指设备或系统在其所在的电磁环境中能正常工作，且不对该环境中的任何事物构成不能承受的电磁骚扰的能力。设备或系统的电磁兼容性，通常以设备或系统能正常工作的电磁环境及对所在周围环境的电磁骚扰描述。

发电机励磁系统通常包括励磁变压器、大功率的晶闸管整流器、励磁调节器及磁场断路器等设备，其中励磁调节器目前主要由微处理器及其他电子器件构成，系统设备通常布置于电厂内发电机近旁。某些电厂的励磁屏包括调节器屏、灭磁屏（内置磁场断路器）及励磁功率整流器屏等，可能与发电机的微机保护屏、计算机监控系统的现地控制单元屏同室布置。而励磁系统主回路的电缆、控制回路电缆，通常与其他电缆同路径敷设。发电厂是存在强大电磁骚扰源的场所，发电设备的电磁骚扰，使励磁系统中以微处理器及其他电子器件构成的调节器等设备处于严酷的电磁环境中。而励磁系统中的励磁变压器、大功率的晶闸管整流器及磁场断路器等设备，属于电厂中的电磁骚扰源，运行中对其周围环境也构成电磁骚扰，如励磁功率整流器换向过程所产生的电磁干扰等。故励磁系统及其装置，必须具有对其所在电磁环境能正常可靠工作的适应能力，以及不产生对其周围环境构成不能承受的电磁骚扰，即具有在电厂使用所要求的电磁兼容性。励磁系统及其与电厂的相关设计，应满足电磁兼容性的技术要求。DL/T 583《大中型水轮发电机静止整流器励磁系统技术条件》给出了励磁系统各端口的抗扰度要求，见表3-38～表3-41。

表3-38　　机箱端口抗扰度要求

序号	磁场干扰类型	试验规范	参照标准	试验等级	说明
1	射频调幅电磁场	80～3000MHz，10V/m	GB/T 17626.3	三级	
2	静电放电	6kV接触放电 8kV空气放电	GB/T 17626.2	三级	
3	工频磁场	30A/m（持续） 300A/m（1～3s）	GB/T 17626.8	四级	见注1

注　1. 仅适用于含有磁场敏感元件（如霍尔元件、磁场传感器、电流互感器、电压互感器等）的装置。
2. GB/T 17626.3《试验和测量技术 射频电磁场辐射抗扰度试验》，GB/T 17626.2《试验和测量技术 静电放电抗扰度试验》，GB/T 17626.8《试验和测量技术工频磁场抗扰度试验》。

表 3-39　　功能接地端口抗扰度要求

序号	磁场干扰类型	试验规范	参照标准	试验等级	说明
1	射频磁感应的传导骚扰	0.15～80MHz，10V，（非调制，有效值），80% AM（1kHz）	GB/T 17626.6	三级	仅适用于按制造功能规范总长度超过 3m 的电缆连接端口
2	电快速瞬变脉冲群	T_r/T_h：5/50ns；重复频率 5kHz，2kV（峰值）	GB/T 17626.4	三级	

注　GB/T 17626.6《试验和测量技术 射频场感应的传导骚扰抗扰度试验》，GB/T 17626.4《试验和测量技术电快速瞬变脉冲群抗扰度试验》。

表 3-40　　输入、输出及通信端口抗扰度要求

序号	磁场干扰类型	试验规范	参照标准	试验等级	说明
1	射频场引起的传导骚扰	0.15～80MHz，10V，（非调制，有效值），80% AM(1kHz)	GB/T 17626.6	三级	仅适用于按制造功能规范总长度超过 3m 的电缆连接端口
2	电快速瞬变脉冲群	T_r/T_h：5/50ns；重复频率 5kHz，2kV（峰值）	GB/T 17626.4	三级	
3	阻尼振荡波	1MHz，100kHz 差模 1kV（峰值） 共模 2.5kV（峰值）	GB/T 17626.12	三级	
4	浪涌	1kV（线-线） 2kV（线-地）	GB/T 17626.5	三级	
5	工频电压	30V 持续 300V 1s	GB/T 17626.16	四级	

注　GB/T 17626.6《试验和测量技术 射频场感应的传导骚扰抗扰度试验》，GB/T 17626.4《试验和测量技术电快速瞬变脉冲群抗扰度试验》，GB/T 17626.12《试验和测量技术 振铃波抗扰度试验》，GB/T 17626.5《试验和测量技术 浪涌（冲击）抗扰度试验》，GB/T 17626.16《试验和测量技术 0Hz～150kHz 传导共模骚扰抗扰度试验》。

表 3-41　　电源端口抗扰度要求

序号	磁场干扰类型	试验规范	参照标准	试验等级	说明
1	射频场引起的传导骚扰	0.15～80MHz，10V/m（非调制，有效值），电源阻抗 150Ω，80%AM（1kHz）	GB/T 17626.6	三级	见注 1
2	电快速瞬变脉冲群	T_r/T_h：5/50ns；重复频率 5kHz，2kV（峰值）	GB/T 17626.4	三级	
3	阻尼振荡波	1MHz，100kHz 差模 1kV（峰值） 共模 2.5kV（峰值）	GB/T 17626.12	三级	
4	浪涌	1kV（线-线） 2kV（线-地）	GB/T 17626.5	三级	见注 1

续表

序号	磁场干扰类型	试验规范	参照标准	试验等级	说明
5	电压中断	100%降低中断时间 交流为5～50周期 直流为2.5周期	GB/T 17626.11 GB/T 17626.29		仅用于输入端口

注 1. 仅适用于按制造功能规范总长度超过3m的电缆连接端口。

2. GB/T 17626.6《试验和测量技术 射频场感应的传导骚扰抗扰度试验》，GB/T 17626.4《试验和测量技术电快速瞬变脉冲群抗扰度试验》，GB/T 17626.12《试验和测量技术 振铃波抗扰度试验》，GB/T 17626.5《试验和测量技术 浪涌（冲击）抗扰度试验》，GB/T 17626.11《试验和测量技术电压暂降、短时中断和电压变化的抗扰度试验（每相电流不大于16A）》，GB/T 17626.29《试验和测量技术 直流电源输入端口电压暂降、短时中断和电压变化的抗扰度试验》。

表3-39～表3-41中，电快速瞬变脉冲群试验规范中的T_r为试验的电快速瞬变脉冲群单个脉冲波形的脉冲上升时间，T_h为脉冲持续时间。脉冲上升时间为脉冲瞬时值首次达到10%峰值的时刻与随后达到90%峰值的时刻之间的时间间隔，脉冲持续时间为脉冲瞬时值首次达到50%峰值的时刻与达峰值后下降至50%峰值的时刻之间的时间间隔。

8.2 与电磁兼容相关的电厂设计

包括励磁变压器在内的由励磁系统设备供应商成套供应的励磁系统设备，应满足有关标准规定的电磁兼容性要求，具有标准规定的抗扰度及对其所在环境的骚扰度。但发电厂中存在强大电磁骚扰源的某些区域，这些场所可能给励磁系统带来超过所规定的抗扰度的骚扰。而作为电厂电磁骚扰源之一的励磁系统，在某些情况下也可能干扰电厂中其他装置的正常工作。故为保证励磁系统及电厂其他装置的正确可靠工作，保证励磁系统满足在电厂运行时的电磁兼容性要求，在电厂工程设计时，通常需要进行与电磁兼容相关的一些设计。电厂的相关设计通常有下面的几个方面。

（1）在励磁系统的设计文件中，应按照相关的规程明确系统及设备的电磁兼容性技术要求，由励磁系统设备供应商保证成套励磁系统满足电厂使用时的电磁兼容要求。

（2）正确设计输入、输出的连接电缆，避免或减少由电缆进入的电磁干扰。包括：

1）正确使用屏蔽电缆和对绞电缆，并对电缆的屏蔽层进行正确的接地。

a. 励磁系统的弱电输出信号回路应采用屏蔽电缆，并按下列要求选用电缆的屏蔽方式及对屏蔽进行接地。

（a）弱电模拟量或脉冲量的输入、输出电缆，宜采用对绞分屏电缆，必要时选用对绞分屏加总屏蔽电缆，对绞的组合应是同一信号的两条信号线；对绞分屏的内屏蔽在励磁屏侧一点接地，总屏蔽在两端接地。当输入信号在信号源侧已接地时，内屏蔽也可在信号源侧接地。

当弱电模拟量或脉冲量的输入、输出电缆采用仅带总屏蔽的电缆时，总屏蔽在励磁屏侧一点接地。

（b）采用三线连接的电阻温度探测元件（RTD）的输入回路，宜采用三绞芯分屏加总屏蔽电缆，三绞芯的组合应应用于同一个RTD；屏蔽接地同上（1）。当采用总屏蔽电缆时（如从RTD至机组端子箱的电缆），总屏蔽宜在励磁屏侧采用一点接地。

（c）弱电开关量信号回路宜采用带总屏蔽的电缆，并按下列要求对电缆总屏蔽进行接地。

a）至电厂配电装置的电缆，或可能受电磁场干扰的电缆，其总屏蔽应在两端接地。由发电机坑内引至外部的电缆，在发电机坑内外两端接地。

b）受静电感应干扰较大的电缆，其总屏蔽应在励磁屏侧一点接地。发电机坑内由设备或元件接至坑内端子箱的电缆，在端子箱侧一点接地。

c）其余电缆总屏蔽应在两端接地。

（d）敷设在金属电缆管内的弱电开关量信号回路电缆可不采用屏蔽电缆。

（e）不允许用电缆芯两端同时接地作为抗干扰措施。

b. 励磁系统的强电输入/输出回路。

（a）对引至电厂配电装置的电缆应采用带总屏蔽电缆，电缆的总屏蔽采用两端接地。

（b）与高压电缆或大电流母线紧邻且并行较长的电缆、至发电机坑内的电缆宜采用带总屏蔽电缆，电缆的总屏蔽采用两端接地。

（c）至其余场所的电缆可采用普通无屏蔽控制电缆。

c. 屏蔽电缆屏蔽层类型，从屏蔽性能方面考虑，屏蔽效果由好至较差依次为铜带屏蔽、钢带铠装屏蔽、铜丝编织屏蔽、铝塑复合带屏蔽。电缆屏蔽层类型可根据电厂具体情况选择，从使用方便考虑，一般可选用金属（铜）丝编织层屏蔽电缆。

d. 220V 交流电源、直流电源回路采用普通无屏蔽控制电缆。220V 交流电源回路不得采用分芯屏蔽电缆。

e. 电缆屏蔽层，应使用截面不小于 $4mm^2$ 的多股铜质软导线与电厂接地网连接。

2）正确使用多芯电缆。

下列情况的回路不应共用同一根电缆：强电（60V 及以上）与弱电、强电的交流与直流、弱电中的不同电平的回路、电流互感器和交流电压互感器的二次回路。

下列情况的回路应置于同一电缆：弱电回路的每一对往返回路的导线，来自同一互感器的各相线与其中性线，交流电源的相、零、地线，直流电源的正、负回路。

3）在电缆布线及结线上避免或减少外部电磁场对电缆的干扰。与外部系统连接的有关线、缆的路径，应尽可能远离高压及大电流母线和高频暂态电流的入地点，如避雷器和避雷针的接地点、并联电抗器、电容式电压互感器、结合电容及电容式套管等设备的接地点。

4）励磁系统与外部设备间的数字信号传输宜采用光缆，特别是传送距离较长时（如大于 50m 时）。

（3）励磁功率整流器的交流侧及整流侧电缆，包括与励磁变压器及转子连接的主回路及二次回路电缆，应避免与控制及信号电缆平行敷设，或尽可能远离。应避免将励磁功率整流器交流侧、整流侧回路直接引出至其他系统，如将转子电压、电流以直接与转子回路连接的方式引至继电保护屏或录波屏，此时应使用具有电气隔离的测量或变换装置并布置在励磁屏，将测量或变换装置的输出引出。

（4）励磁变压器高低压绕组间设置屏蔽并接地，励磁功率整流器及其交直流侧设置过电压吸收装置。

（5）励磁屏柜应与电厂接地系统可靠连接。

9 励磁系统的性能指标

励磁系统的技术性能指标应满足有关标准规定的要求。按照 GB/T 7409.3《同步电机励磁系统 大、中型同步发电机励磁系统技术要求》及 DL/T 583《大中型水轮发电机静止整流励磁系统技术条件》的规定，励磁系统应有如下的技术性能指标。

(1) 在发电机规定的所有运行方式下，励磁系统应能提供发电机所需的励磁，包括正常、故障或异常运行方式。

(2) 在发电机的励磁电压和励磁电流不超过其额定值的 1.1 倍时，励磁系统应能长期连续运行。

(3) 励磁系统的顶值电压倍数应满足要求。具体电厂发电机的顶值励磁电压倍数，通常由电力系统相关部门确定。水轮发电机一般为 1.5～2.0，50MW 及以上容量的一般为 2 倍。

按照 GB/T 7409.3 的规定，对于励磁电源取自发电机端的电势源静止励磁系统，其励磁顶值电压倍数应按 80%的发电机额定电压计算。故对采用自并励的水轮发电机，发电机的顶值励磁电压倍数，是指发电机端电压（通常指正序电压）下降到 80%的发电机额定电压时，励磁系统可提供的最大直流电压与发电机额定励磁电压之比。

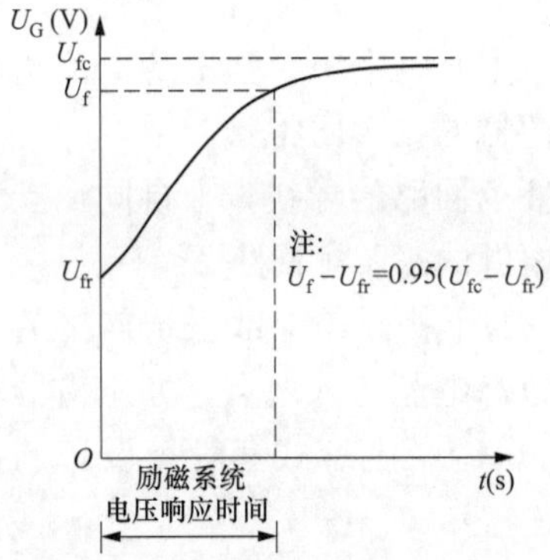

图 3-65 励磁系统电压响应时间

(4) 励磁系统的顶值电流应不超过 2 倍的发电机额定励磁电流，允许持续时间不小于 20s。

(5) 励磁系统电压响应时间不大于 0.1s。按 DL/T 583 的定义，励磁系统电压响应时间，是指从施加阶跃信号起（$t=0$），至励磁电压达到顶值电压（U_{fc}）与额定励磁电压（U_{fr}）差的 95%的时间，见图 3-65。

(6) 自动电压调节器及励磁电流调节单元应能在发电机空载额定电压 10%～110%范围内进行稳定、平滑地调节。

(7) 发电机空载运行状态下，自动电压调节器和励磁电流调节单元的电压给定值变化引起发电机电压变化的速度，在发电机额定电压的 1%/s～0.3%/s 之间。

(8) 励磁系统应保证发电机机端的调压精度优于 0.5%。调压精度通常以发电机的电压静差率表示。根据 DL/T 583 的规定，发电机的电压静差率为发电机在励磁调节器投入电压自动调节、调差单元退出、电压给定值不变、额定转速、额定功率因数情况下，发电机负载从额定视在功率减到 0 时机端电压的变化率，由式（3-180）计算，即

$$E=[(U_{g0}-U_{gr})/U_{gr}]\times 100\% \tag{3-180}$$

式中：E 为发电机电压静差率；U_{g0} 为发电机视在功率减到 0 时的机端电压；U_{gr} 为发电机在额定视在功率时的机端电压。

(9) 保证发电机端电压调差率整定范围为±15%，级差不大于 1%。调差特性应有较

好的线性度。发电机电压调差率的含义及计算见本篇 5.1。

（10）在发电机空载运行时，频率每变化 1%，发电机端电压的变化应不大于额定值的 ±0.25%。

（11）应满足下列情况下的调节性能要求。

1）空载阶跃响应要求。发电机空载运行时，对 ±10% 电压给定值的阶跃信号，发电机端电压的超调量不大于额定电压的 10%，振荡次数不超过 3 次，调节时间不大于 5s。

2）投入建压性能要求。发电机空载运行、转速在 0.95～1.05 额定转速范围内，投入励磁系统使发电机机端电压从零上升至额定值时，端电压超调量不大于额定电压的 10%，振荡次数不超过 3 次，调节时间不大于 5s。

3）发电机甩负荷调节要求。发电机在额定功率因数下突然甩额定负载后，端电压超调量不大于额定电压的 15%，振荡次数不超过 3 次，调节时间不大于 5s。

调节时间、超调量及振荡次数的计算见图 3-66。按 DL/T 583 的规定，空载阶跃的调节时间是指从给定阶跃信号起（$t=0$），至发电机端电压值（U_G）与稳态值（U_{Gs}）的偏差不大于稳态值的 2% 所经历的时间，图 3-66 中 U_{G0} 为 $t=0$ 时的发电机机端电压；对空载起励建压，投入励磁系统时 $t=0$，此时 U_{G0} 为 0（或残压）；对甩负荷，U_{G0} 为甩负荷前的发电机机端电压，甩负荷时 $t=0$。超调量为调节动态过程中，发电机端电压的最大值与稳态值之差（M_p）。按 DL/T 583 的规定，振荡次数为调节动态过程中，发电机端电压第一次达到与稳态值之差的绝对值小于 2% 的稳态值时，发电机端电压的波动次数。

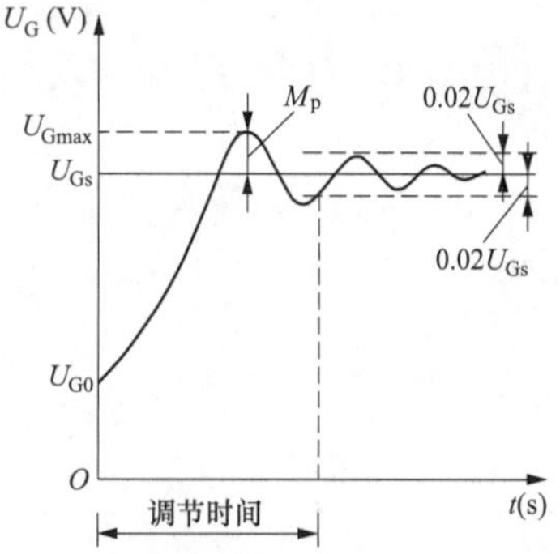

图 3-66　发电机电压调节动态过程

（12）在任何情况下，励磁系统应保证励磁绕组两端过电压的瞬时值不超过该绕组出厂对地耐压试验电压幅值的 70%。发电机励磁绕组出厂对地耐压试验电压要求见本篇 4.3。

（13）在发电机包括误强励在内的任何需要灭磁的工况下，应能可靠地对发电机进行灭磁。灭磁时间应尽可能短。灭磁过程中，应保证励磁绕组的反向电压不超过该绕组出厂对地耐压试验电压幅值的 50%。

（14）励磁回路直流侧过电压保护装置的动作分散性不大于 ±10%。

（15）励磁功率整流器各并联支路的电流均流系数不应低于 0.85。

（16）需配置的起励电源容量应不大于发电机空载励磁电流的 10%。

（17）在下述供电电源电压及频率偏差范围内，励磁系统应能长期连续运行：交流 380V/220V 电压偏差范围为额定值的 −20%～+15%、频率偏差范围为 ±5%Hz，直流 220V/110V 电压偏差范围为额定值的 −20%～+15%。

（18）励磁系统在机端频率为 45～82.5Hz 范围内应能维持正确工作。

（19）励磁系统的年强迫停运率应不大于 0.1%。

励磁系统的强迫停运是指由于励磁系统故障或其他某些非计划原因退出造成发电机停止运行。励磁系统强迫停运率按式（3-181）计算，即

$$FOR=\frac{t_f}{t_f+t_s}\times 100\% \tag{3-181}$$

式中：t_f为统计时段内励磁系统强迫停运小时数；t_s为统计时段内励磁系统投入运行小时数。

（20）励磁系统的电磁兼容应满足有关规程的要求。

在实际工程设计中，通常尚要求励磁系统及其元部件应能承受发电机机端可能出现的电压异常升高而不影响其正确工作，不影响系统性能及元部件的可用性。如附录C计算示例，此时发电机端的过电压可达1.45倍的发电机额定电压。

励磁系统中各元器件性能指标可参见相关标准的规定。

第四篇

机组的同期、机械保护及操作监视

1 机组同期系统及装置

1.1 机组同期系统的技术要求

水轮发电机组需按有关规程要求设置同期系统，装设同期装置，以满足机组同期并列的控制操作需要，使机组在不超过规定的冲击电流下并列合闸，防止机组非同期并列。机组同期系统通常包括自动准同期装置、同期表（或手动准同期装置）、同期检查（也称非同期闭锁）继电器（或装置）、同期方式切换开关等。对机组同期系统通常有下列的一般要求。

(1) 按照NB/T 35004《水力发电厂自动化设计技术规范》及SL 612《水利水电工程自动化设计规范》的规定，发电机出口断路器及发电机-变压器组的高压断路器应作为同期点断路器。

同期点断路器同期合闸方式应可选择为自动准同期或手动准同期，正常采用自动准同期合闸，手动准同期作为后备，并设置同期方式切换开关。同期方式切换开关可根据电厂需要设自动准同期装置试验挡位，利用手动准同期（同期表）考查自动准同期工作的正确性。

从减少同期接线切换以提高同期系统工作的可靠性考虑，大中型电厂通常按每机组分别设置一套同期系统。某些中型电厂（如机组及出线较少的中型电厂）也可考虑全厂公用一套同期系统，此时需按每一同期点断路器设置同期对象选择按钮（或开关），以及相应的同期对象继电器及其接线。自动准同期装置应具有自动调频和调压功能，手动准同期条件检查宜采用组合同步表，组合同步表应配投切开关。

(2) 同期点断路器的自动准同期的合闸回路及手动合闸回路，应串接同期检查（也称非同期合闸闭锁）继电器或装置的触点及同期方式切换开关触点（或相应的继电器触点）加以闭锁。

相应地每套同期系统中应装设一套同期检查继电器或装置。在断路器两端电压相角超过允许的设定值时，闭锁断路器合闸。同期检查继电器或装置宜独立设置。

(3) 自动准同期装置输出的机组转速、电压调整命令，通常需经同期方式切换开关的“自动准同期”挡位触点（或相应的继电器触点）接至机组的调整回路。

(4) 对两个及以上断路器公用的同期系统，如设有发电机断路器的发电机-变压器组单元的同期系统，需按每一断路器设置同期对象选择按钮（或开关），并设置相应的同期对象继电器及其接线。由同期对象继电器触点选择接入同期系统的同期电压，自动准同期合闸通常也经同期对象继电器触点引出。

(5) 为满足手动准同期合闸的需要，在手动准同期表装设处，需设置有断路器的操作开关，机组的转速、电压升/降调整开关。

(6) 通常仅在需要合闸的断路器被选择且同期方式切换开关选择为“自动准同期”或“自动准同期试验”时，才允许将同期电压接入自动准同期装置，并同时接入同期检查装置。

手动准同期的同期表（或装置）通常仅在同期方式切换开关选择为“手动准同期”或“自动准同期试验”时，由同期方式切换开关的触点将同期电压接入。在同期方式选择为“手动准同期”时，同期方式切换开关的触点同时使同期电压接至同期检查装置。

某些型式的同期表需要避免在同期电压差或频率差大于某一范围时投入工作，在机组同期系统使用时，根据电厂的需要，可以在同期表的同期电压接入回路中串接发电机电压监视，在发电机电压达一定值后（如90%），方允许同期电压接入。也可以由运行人员监视同期电压及操作同期方式切换开关来满足同步表的投入要求。

（7）对需要在断路器一侧或两侧无电压情况下进行合闸的断路器，如发电机-变压器组单元的发电机断路器，在断路器的合闸方式中应设置检查无压合闸方式及无压合闸方式投切开关，以及无压检查继电器接线。无压合闸投切开关通常采用单独设置，也可以在同期方式切换开关中设“无压合闸”挡位。无压合闸的合闸命令输出应经无压检查继电器的触点接入断路器的合闸回路。无压检查宜采用接于不同相的电压元件串联并加电压回路完好条件。

发电机-变压器组单元的发电机断路器设置检查无压合闸，可以方便发电机机组采用发电机带升压变压器的开机并列方式。

（8）断路器同期接线通常在断路器合闸后复归，断开接入同期装置及同期检查装置的同期电压。

（9）目前的自动准同期装置大多具有同期电压相位补偿功能，可对接入的同期电压进行相位补偿，不需要考虑升压变压器的接线组别等的一次电压相位关系，故同期电压可直接取断路器两侧电压互感器二次侧星形绕组的输出电压。但手动准同期的同期表及同期检查装置（或继电器）通常无同期电压相位补偿功能，故同期点两侧接入同期系统的电压仍需考虑一次电压相位关系，目前断路器高压侧的同期电压通常采用电压互感器剩余电压绕组电压实现对Yd11升压变压器两侧电压相位进行补偿。

（10）自动准同期的合闸输出和对机组转速、电压调整的输出，应经断路器、调速或励磁系统的现地/远方或自动/手动控制方式切换开关的“远方”或“自动”位置触点接入相应的控制接线。

（11）电厂采用计算机监控时，同期系统除满足上述的一般要求外，通常尚有下列考虑。

1）断路器自动准同期合闸应可由计算机监控系统的断路器合闸控制程序启动，发电机或发电机-变压器组断路器的自动准同期合闸尚可由机组开机程序启动。当断路器合闸控制流程或机组开机控制流程运行至“投自动准同期”且同期方式切换开关在“自动准同期”或“自动准同期试验”时，由监控系统的机组现地控制单元（LCU）输出触点（或通过同期系统设置的重复继电器）将同期电压接入自动准同期装置及同期检查装置。对两个及以上断路器公用的同期系统，LCU输出触点尚需同时启动，投入所选择断路器的同期对象继电器。

2）断路器的手动准同期及无压合闸，通常可考虑仅在现地控制单元屏上操作。根据电厂的需要，也可以在计算机监控系统的断路器操作程序中设置断路器的无压合闸及同频环并合闸方式，并可在中央控制室及现地控制单元通过人机接口对断路器操作程序进行设定。

3）同期系统通常作为电厂的现地控制层系统设置，可根据电厂的要求，按独立于计算机监控系统设计，在计算机监控系统的机组 LCU 退出运行时，同期系统仍可实现断路器的手动准同期合闸（此时可不考虑自动准同期合闸），使机组的手动准同期并列。此时断路器手动合闸开关及控制接线、两个及以上断路器公用的同期系统的同期对象选择按钮及相应的对象继电器、相关继电器的接线与电源、机组转速及电压调节开关及接线，均应考虑独立于现地控制单元设置，并相应地考虑设备及接线在 LCU 屏上的布置，以便在 LCU 退出运行时，可采用手动准同期合闸。

（12）同期系统通常需要提供与电厂计算机监控系统的下列接口及触点。

1）启动自动准同期接口，由计算机监控系统（通常是机组 LCU 以输出触点或其重复继电器触点，下同）将同期电压接至自动同期装置。

2）自动准同期的输出合闸回路中，串接计算机监控系统启动自动准同期输出触点的接口。

3）当计算机监控系统的断路器顺序操作程序设置有断路器的无压合闸方式时，提供与计算机监控系统输出的无压合闸方式触点的接口。

4）对计算机监控系统提供同期方式及无压选择开关当前选择的同期方式触点（自动准同期、手动准同期、自动准同期试验、无压合闸位置）、自动准同期装置故障信息触点。

同期系统属电厂的现地控制层系统，每机组分别设置一套同期系统时，同期系统的各装置通常布置在各机组 LCU 屏或机旁机组控制屏。全厂公用一套时，通常布置在电厂中央控制室。

1.2　机组同期系统接线

图 4-1 所示为发电机-变压器组同期系统图，电厂对每机组分别配置一套同期系统，并布置于机组 LCU 屏。图 4-1 中，断路器高压侧的同期电压采用高压侧电压互感器剩余电压绕组电压进行角度补偿。同期方式可选择自动准同期或手动准同期，手动准同期仅在机组 LCU 屏进行。设置有自动准同期试验接线。在计算机监控系统的 LCU 退出运行时，机组可以采用分步开机及以手动准同期并列。图 4-1 的发电机不设断路器，发电机-变压器组断路器可不考虑无压投入，故断路器同期系统中未设无压投入接线。图 4-1 中的同期切换开关触点仅作示意性表示，对自动及手动准同期挡位，通常需设置重复继电器。

在机组 LCU 屏设同期方式切换开关，正常可置于自动准同期位置或断开位置。在计算机监控系统机组开机顺序控制或发电机-变压器组断路器合闸顺序控制流程中设置启动断路器自动准同期合闸输出，由 LCU 的启动自动准同期的输出触点使同期电压接至自动准同期装置和同期检查装置。自动准同期装置输出机组转速、电压调节命令，均经同期方式切换开关的“自动准同期”挡位触点接至调速器及励磁调节器的调节回路。自动准同期装置输出的合闸命令，经同期方式切换开关的“自动准同期”挡位触点、同期检查装置触点及计算机监控系统顺序控制程序输出的启动自动准同期输出触点接入断路器的合闸回路。在断路器合闸后，由接入 LCU 的断路器位置触点复归自动准同期接线。

自动合闸前需试验自动准同期装置合闸命令输出的正确性时，可使同期方式选择为“自动准同期试验”方式，利用同期表对自动准同期装置的工作正确性进行检查。此时自动准同期输出合闸回路被同期方式开关切断。

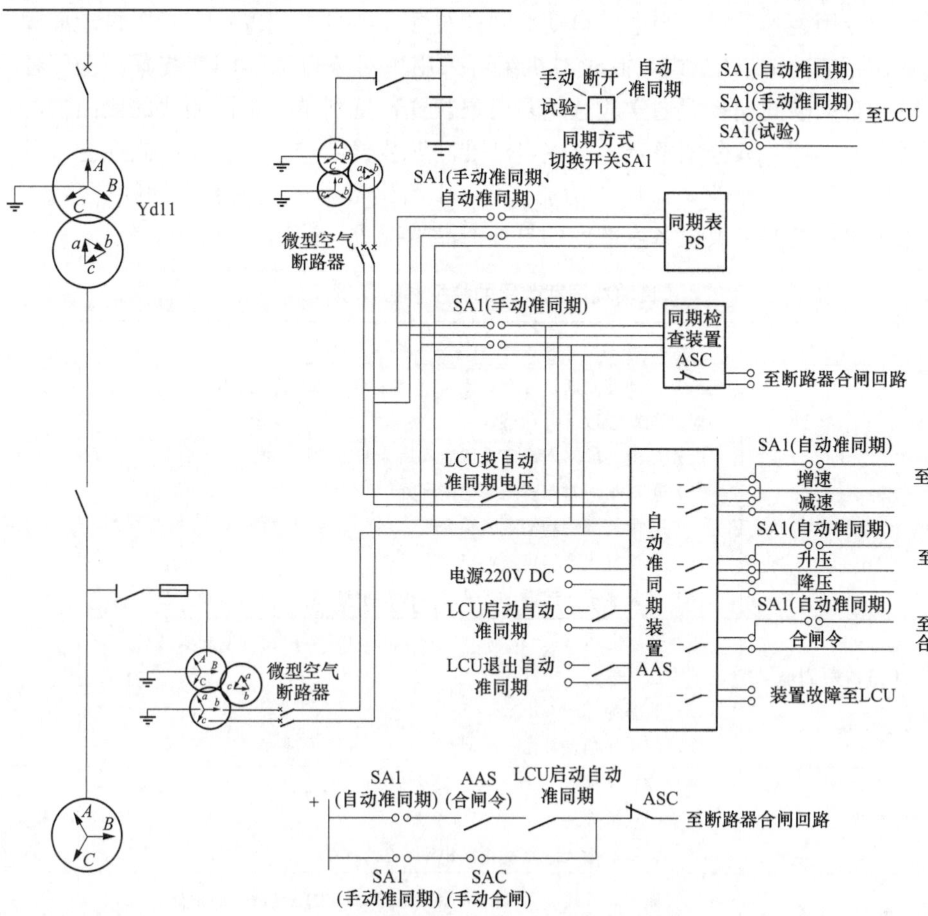

图 4-1　发电机-变压器组同期系统图

准同期的合闸输出和自动准同期对机组转速、电压调节的输出，应经断路器、调速及励磁系统的现地/远方或自动/手动控制方式切换开关的“远方”或“自动”位置触点接入相应的控制接线（图 4-1 中未表示）。

机组采用手动准同期时，由操作人员在机组 LCU 屏将同期方式切换开关切换至“手动准同期”，并操作待同期断路器的选择按钮，投入该断路器的合闸对象继电器（K），使同期电压接入同期系统，通过切换开关触点接至同期检查装置及同期表。手动合闸命令需经过同期方式切换开关的“手动准同期”挡位触点、断路器合闸对象继电器触点及同期检查装置触点接入断路器的合闸回路。

1.3　自动准同期装置、同期仪表及同期检查装置

机组同期系统通常包括自动准同期装置、同期表（或手动准同期装置）、同期检查（也称非同期闭锁）装置（或继电器）、同期方式切换开关等。

1. 自动准同期装置

同期系统中设置自动准同期装置，由自动准同期装置自动检查同期条件，按同期要求自动调节待并机组的频率、电压，以恒定导前时间发出断路器合闸脉冲，实现同期合闸并列。水电厂中的自动准同期，通常采用微机自动准同期装置，并以独立于计算机监控系统

及其他系统的专用装置设置。当电厂自动准同期装置按各机组配置一套时，自动准同期装置通常布置在相应的LCU盘内，此时对机组可采用单对象自动准同期装置。全厂各机组共用一套时，自动准同期装置通常应选用多对象装置，特别是有不同型式的断路器时，需要对每个对象的同期参数分别整定。某些自动准同期装置，兼具有自动准同期合闸及无压合闸功能，以及输电线路断路器环并功能。表4-1给出自动准同期装置的特征参数示例，设计时应根据电厂的要求及设备生产商的具体产品情况进行选用。

表4-1　　自动准同期装置的特征参数示例

序号	项目	性能或特征参数（示例）	备注
1	功能	（1）自动准同期。可有单对象、多对象（如可支持8个同期对象，各对象同期参数可分别整定）。 （2）可由外部输入设定装置启动后为检查无压合闸。 （3）可对某一对象整定为电网环并。 （4）可由外部控制输入闭锁合闸。 （5）内设电压、相角差补偿。 （6）液晶显示、按键、正常及故障指示灯	
2	断路器两侧输入电压	（1）输入电压（1±30%）100或57.7V AC，两侧可分别取其中任一输入电压。 （2）频率为45～65Hz。 （3）内设相角差补偿：0或±30°	
3	控制输入	（1）控制输入有对象选择、装置启动、无压合闸、TV断线闭锁合闸、空触点输入。 （2）装置对输入触点提供的电平：24V DC	
4	控制或信号输出及输出方式	（1）加速、减速、升压、降压控制输出：为继电器空触点脉冲输出，触点容量为220V AC、1A或48V DC、5A，$\cos\varphi=1$，脉冲输出间隔可设定，脉冲宽度由同期装置的PID计算，PID参数可设定，调频、调压回路可投切而不影响频差及压差闭锁和其他功能。 （2）合闸、同期失败输出：为继电器空触点输出	
5	同期参数	（1）允许发出合闸脉冲的频率差：≤0.5Hz，可整定（增减单位0.01Hz）。 （2）允许发出合闸脉冲的电压差：≤30%U_s，U_s为系统电压，可整定（增减单位0.1V）。 （3）在频差≤0.3Hz时，合闸相角差≤1.5°。 （4）合闸导前时间：20～990ms可整定（增减单位10ms）。 （5）调速或调压周期：1～15s可整定（推荐5s）。 （6）允许环并合闸角：0～40°可整定（增减单位0.1°）、对象设定为“线路”时有效，设定为“机组”时无效。 （7）PID因子：1～200可整定（推荐P为40～50，ID为0）	
6	装置电源	220V AC(100～240V AC)或220V DC(120～240V DC)	

2. 同期仪表

同期系统设同期仪表，为运行人员手动准同期操作提供机组与电网的同步信息。按照NB/T 35004《水力发电厂自动化设计技术规范》的规定，检查同期条件的同期仪表宜采用带有频率差、电压差和相位差指示的组合同期表。组合同期表可指示机组与电网电压、频率的相对偏差及相位偏差，指示机组与电网的同步状况，使运行人员可根据同期表指示对机组电压、频率进行手动调整，对断路器进行手动合闸。

组合同期表的外部接线见图 4-1，通常接入机组和电网侧的两相电压（电压互感器二次电压）。组合同期表的主要参数（示例）：额定频率为 50Hz，工作频率为 48～52Hz；额定交流电压为 100V，工作电压为 90～110V。仪表的基本误差（示例）：电压差、频率差指针进入平衡标线时，电压差值不超过额定电压的±2%；频率差值不应超过额定频率的±1.0%；电压差、频率差指针每偏转 1 分格，电压差值不大于额定电压的±5%，频率差值不大于额定频率的±1.5%。

3. 同期检查装置

每套同期系统应装设独立于其他装置的同期检查装置（或继电器），在断路器两侧电压相角差超过允许的设定值时，闭锁断路器合闸，防止机组非同期并列。

同期检查装置采用继电器时的外部接线见图 4-1，通常接入机组和电网侧的两相电压（电压互感器二次电压），反应断路器两侧电压向量的相位差角而动作。在两侧电压相位差角小于整定值时，继电器返回，其动断触点闭合，允许断路器合闸；两侧电压相位差角大于整定值时，继电器动作，其动断触点断开，断开断路器合闸回路。

同期检查继电器的主要参数（两个线圈、电磁型示例）：额定频率为 50Hz，额定交流电压可选择 100、60、30V，动作角整定范围为 20°～40°，任一整定点上刻度准确度不大于±7.5%，同一整定点上的动作值一致性不大于 6%，额定电压下返回系数不小于 0.8、每线圈功率消耗不大于 3VA；触点形式为一动合、一动断，触点断开容量：对电压不大于 220V、电流不大于 2A、时间常数不大于 5×10^{-3}s 的直流有感负荷为 50W；对交流负荷为 250VA。

1.4　机组同期系统的整定计算

同期系统需根据具体应用的发电机、断路器及与系统的连接等参数，按保证机组并列时合闸冲击电流不超过规定值，并使自动准同期过程中对机组频率电压的自动调节有较好的调节品质，对同期检查继电器及自动准同期装置进行整定。需整定的装置及参数主要有同期检查继电器的动作角（相位差角）、自动准同期装置的导前时间、合闸频率差、调频及调压脉冲的宽度和时间间隔等。

1. 同期检查继电器动作角的整定计算

同期检查继电器的动作角，按机组并列时合闸冲击电流不超过规定值对应的相位差角进行整定。同期检查继电器是在断路器两侧电压向量的相位差角大于整定值时动作，两侧电压相位差角小于整定值时返回，其动断触点闭合允许断路器合闸。断路器的理想合闸情况是主触头在相位差角为零时闭合。为在相差角由大变小的过程中使断路器实现理想合闸，同期检查继电器的返回角应为

$$\delta_r = 360 f_{\triangle} t_c \tag{4-1}$$

式中：δ_r 为同期检查继电器的返回角，°；$f_{\triangle}$ 为同期合闸过程中断路器两侧的频率差，Hz；t_c 为断路器的合闸时间（同期装置发出合闸令至断路器主触头闭合的时间），s。

通常可按断路器合闸过程中断路器两侧的频率差不变考虑。

满足式（4-1）要求的同期检查继电器动作角为

$$\delta_{op}=\frac{\delta_{r}}{K_{r}}=\frac{360f_{\Delta}t_{c}}{K_{r}} \tag{4-2}$$

式中：δ_{op}为同期检查继电器的动作角，°；K_{r}为同期检查继电器的返回系数（如 0.8 或 0.85）。

断路器合闸继电器触点常带有电流自保持线圈，合闸回路通电后合闸触点自保持，直至断路器合闸后联动触点断开合闸回路。对合闸继电器触点有电流自保持接线的断路器，出现最严重的合闸情况是在相位差角由小变大的过程中、同期检查继电器临动作前发出合闸脉冲。此时，断路器主触头闭合时的最大相位差角将是

$$\delta_{cm}=\delta_{op}+360f_{\Delta}t_{c}=\left(\frac{1}{K_{r}}+1\right)360f_{\Delta}t_{c}=(1+K_{r})\delta_{op} \tag{4-3}$$

式中：δ_{cm}为断路器主触头闭合时的最大相位差角，°；其余见式（4-1）、式（4-2）。

同期检查继电器的动作角，应按断路器在式（4-3）计算的最大相位差角下合闸时，机组并列时的合闸冲击电流不超过规定值进行整定。

对水轮发电机组，通常要求非同期并列的冲击电流在定子绕组端部所引起的电动力不超过发电机出口三相突然短路时的 1/2（安全系数为 2）。因电动力与电流平方成正比，故机组非同期并列的合闸冲击电流，不应超过发电机出口三相短路电流的 $1/\sqrt{2}$。忽略非周期分量时，在相位差角为 δ_{cm}下非同期并列的合闸冲击电流可计算为[20]

$$I_{cns}=\sqrt{\frac{(E_{d}-U\cos\delta_{cm})^{2}}{(x''_{d}+x_{s})^{2}}+\frac{(U\sin\delta_{cm})^{2}}{(x''_{q}+x_{s})^{2}}} \tag{4-4}$$

式中：I_{cns}为断路器在相位差角 δ_{cm}下非同期并列时的合闸冲击电流，以发电机额定电流为基准的标幺值；E_{d} 为三相突然短路时发电机的电动势，通常取 $E_{d}=1.05$；U 为电力系统等值电压母线电压，标幺值；x''_{d}、x''_{q}为发电机纵轴、横轴超瞬变电抗，以发电机额定容量 S_{N} 为基准的标幺值；x_{s} 为发电机的外部电抗，机端与电力系统等值电压母线间的电抗，以发电机额定容量 S_{N} 为基准的标幺值。

忽略非周期分量时，发电机出口三相短路电流可计算为[20]

$$I''_{k}=\frac{E_{d}}{x''_{d}} \tag{4-5}$$

同期检查继电器动作角 δ_{op} 应按 $I_{cns}<I''_{k}/\sqrt{2}$ 整定。先根据具体发电机有关参数由式（4-5）计算 I''_{k}，按 $I_{cns}<I''_{k}/\sqrt{2}$ 由式（4-4）计算 δ_{cm}，再据具体的断路器及已选定的同期检查继电器参数，以式（4-3）计算 δ_{op}，断路器合闸的频率偏差值 f_{Δ}（准同期合闸允许的频率差），通常由电力系统提供。水轮发电机组准同期合闸允许的频率差通常为 0.1～0.4Hz。

对汽轮发电机，在相位差角 δ 下非同期并列时的合闸冲击电流周期分量 I_{cns}（以发电机额定电流为基准的标幺值）通常可按下式计算[21]，即

$$I_{cns}=\frac{E_{d}+U}{x''_{d}+x_{s}}\sin\frac{\delta}{2}=\frac{2.1}{x''_{d}+x_{s}}\sin\frac{\delta}{2} \tag{4-6}$$

非同期并列允许的合闸冲击电流周期分量通常可按下式计算[21]，即

$$I_{cns,a}=\frac{0.65}{x''_{d}} \tag{4-7}$$

同期检查继电器动作角 δ_{op}应按 $I_{cns}<I_{cns.a}$整定。

2. 自动准同期装置的整定

自动准同期装置根据具体的产品通常需整定参数主要有导前时间、合闸频率差、调频及调压脉冲的宽度和时间间隔等。合闸导前时间通常按断路器的合闸时间（同期装置发出合闸令至断路器主触头闭合的时间）进行整定，合闸频率差通常需根据机组、断路器有关参数及同期检查继电器的参数及整定值，按机组并列时合闸冲击电流不超过规定值进行整定，分析计算与同期检查继电器类同。调频及调压脉冲的宽度和时间间隔，主要根据具体的发电机及其自动装置有关参数，按使准同期过程中机组频率、电压对系统频率、电压有较好的跟踪进行整定。具体整定需参照装置厂家技术资料的要求。

2 水力机械保护

水力发电厂的电气二次工程设计，习惯将水轮发电机组的故障及事故保护分为继电保护（反映电气量）和水力机械保护（反映非电气量），非电气量通常包括转速、温度、压力、液位、流量、振动、摆动、位移等。故机组除需按规程装设继电保护外，尚需按有关规程的规定配置非电量监测的自动化元件（或装置），配置水力机械保护，在机组发生机械故障或事故时，由水力机械保护给出故障报警及事故处理。

水轮发电机组需配置的自动化元件（或装置）及技术要求，在NB/T 10879《水力发电厂计算机监控系统设计规范》、SL 612《水利水电工程自动化设计规范》、NB/T 35004《水力发电厂自动化设计技术规范》，以及GB/T 11805《水轮发电机组自动化元件（装置）及其系统基本技术条件》中有相关的规定。

对机组发生水力机械事故时水力机械保护的动作流程（卸负荷、跳闸、灭磁、停机过程），在SL 612、GB/T 11805中有相关的要求。对轴流式和混流式机组，通常有下列要求。

（1）当机组发生轴承过热、发电机定子过热、油压装置油压或压力罐油位事故下降、轴承润滑水中断超时（根据电厂的需要）、机组振动摆度过大、快速闸门（或筒形阀）下滑至事故位置等水力机械事故时，水力机械保护应启动水力机械事故停机流程，即动作调速器的事故停机电磁阀关导叶卸负荷，发事故信号，并启动正常停机流程。在发电机负荷卸至空载后，再作用于跳发电机或发电机-变压器组断路器及启动灭磁（通常为逆变灭磁）、停机。

（2）当机组转速升高（一级过速，如110%～115%）遇调速器拒动，应延时动作过速限制器，并启动水力机械事故停机流程。对不设置过速限制器的机组，直接关闭机组进水闸（阀），并启动水力机械事故停机流程。

（3）当机组发生过速（二级过速，如150%）、事故停机时导叶剪断销剪断及水淹厂房事故时，应动作关机组进水闸（阀），并启动水力机械事故停机流程。

水力机械事故停机流程中的灭磁宜采用逆变灭磁，根据电厂的需要也可动作跳磁场断路器灭磁。水力机械保护启动后发事故音响及灯光信号并自保持，由值班运行人员手动复归。

机组水力机械保护属机组发生机械事故时保证电厂设施及人身安全、减少设备损失、避免事故扩大的保护设施，要求其工作有高度的可靠性，在保护装置及接线的设置及布置等方面需给予考虑。按照NB/T 35076《水力发电厂机电设计规范》的规定，机组应装设机组电气及水力机械保护直接（同时也通知现地控制单元）动作停机跳闸，必要时能自动关闭机组进水阀、快速闸门及事故闸门，并装设手动紧急停机、关闭机组进水阀、快速闸门等必要的常规监控设备。按NB/T 10879《水力发电厂计算机监控系统设计规范》，机组宜配置独立于计算机监控系统机组现地控制单元的水力机械保护，在机组现地控制单元退出运行时，水力机械保护应能执行完整的停机过程控制。按NB/T 35076《水力发电厂二次接线设计规范》，在机组机旁应能进行手动紧急停机、关进水闸（阀），根据需要，在电厂中央控制室应能手动紧急关闭机组进水闸（阀），并均宜采用强电操作。水力机械保护一般采用继电器强电接线，手动紧急停机按钮和手动紧急关闭机组进水闸（阀）停机按钮及接线通常设置在机组的水力机械保护接线中。

以独立于计算机监控系统的方式设置的常规机组水力机械保护，通常应包括采用独立于计算机监控系统的控制电源、保护启动信号及保护动作跳闸、停机、关进水闸（阀）执行接线等。如采用与计算机监控系统无关的启动触点及控制接线（含事故音响），启动保护的自动化元件输出触点以硬布线直接（不经计算机监控系统）接入常规水力机械保护，常规水力机械保护动作停机及关闸（阀）输出，应以硬布线直接接入（不经计算机监控系统）事故停机电磁阀、断路器、进水闸（阀）、过速限制器的控制回路，对调速器、励磁系统的停机令也应以硬布线直接接入（不经计算机监控系统）调速器、励磁系统。

在电厂计算机监控系统的机组现地控制单元（LCU）也配置包括机组事故及故障保护的水力机械保护时，常规机组水力机械保护的具体接线方案与 LCU 的配合通常有如下考虑：当电厂按 LCU 退出工作机组也退出运行考虑时，常规机组水力机械保护可仅设置水力机械事故保护，并设事故报警信号，由机组自动化元件监测的机组水力机械故障信号均接入 LCU，由 LCU 执行报警、显示及记录。当电厂按 LCU 退出工作机组需机组继续运行时，由机组自动化元件监测的水力机械事故及故障信号均接入常规水力机械保护，并设事故及故障报警信号；当启动常规机组水力机械保护的自动化元件仅能输出一个开关触点时，该触点应使用于常规机组水力机械保护接线，再由常规机组水力机械保护接线向计算机监控系统的机组现地控制单元提供这些自动化元件的动作信息（如采用重复继电器）。

机组水力机械事故保护启动关闭导叶、跳闸、灭磁、关进水闸（阀）后，其余的停机过程控制通常由计算机监控系统完成，包括机组的停机制动、停机组附属设备的控制等。故机组水力机械保护启动后需向计算机监控系统给出启动机组正常停机信息。

按 NB/T 35004 及 SL 612，机组事故时需装设的手动启动事故停机按钮，为按动后即执行跳闸、灭磁、停机的电气事故停机按钮（即紧急停机按钮），以及按动后关机组进水闸（阀）停机的紧急事故停机按钮（即关机组进水闸、阀停机按钮）两种按钮。根据电厂情况，当需要以手动方式使发生机械事故的机组在卸空载后再跳闸、灭磁停机时，可增设水力机械事故停机按钮，手动启动水力机械事故停机流程，各按钮均设置在水力机械保护接线中。

以独立于计算机监控系统的方式设置的机组水力机械保护接线，可布置于机旁盘或机组现地控制单元屏。当机组水力机械保护接线置于机组现地控制单元屏时，可根据具体电厂的情况，在屏内设备（包括接线端子）布置、屏内接线等方面，独立于其他系统，在机组现地控制单元退出工作进行维护时，不影响机组水力机械保护继续投入运行。

图 4-2 给出机组水力机械保护接线示例，采用继电器强电接线，接线布置于机组现地控制单元屏。本例机组为混流式机组，设进水快速闸门及过速限制器。机组各部位的机械事故信号的输入触点接线为示意性接线。电厂按机组 LCU 退出工作时，机组也退出运行考虑，常规机组水力机械保护仅设置水力机械事故保护，并设事故报警信号，机组水力机械故障信号均接入 LCU，由 LCU 执行报警、显示及记录，水力机械事故保护各动作信号也输出至 LCU。图 4-2 未表示回路中连接片的设置，连接片可根据需要设置。装设于中控

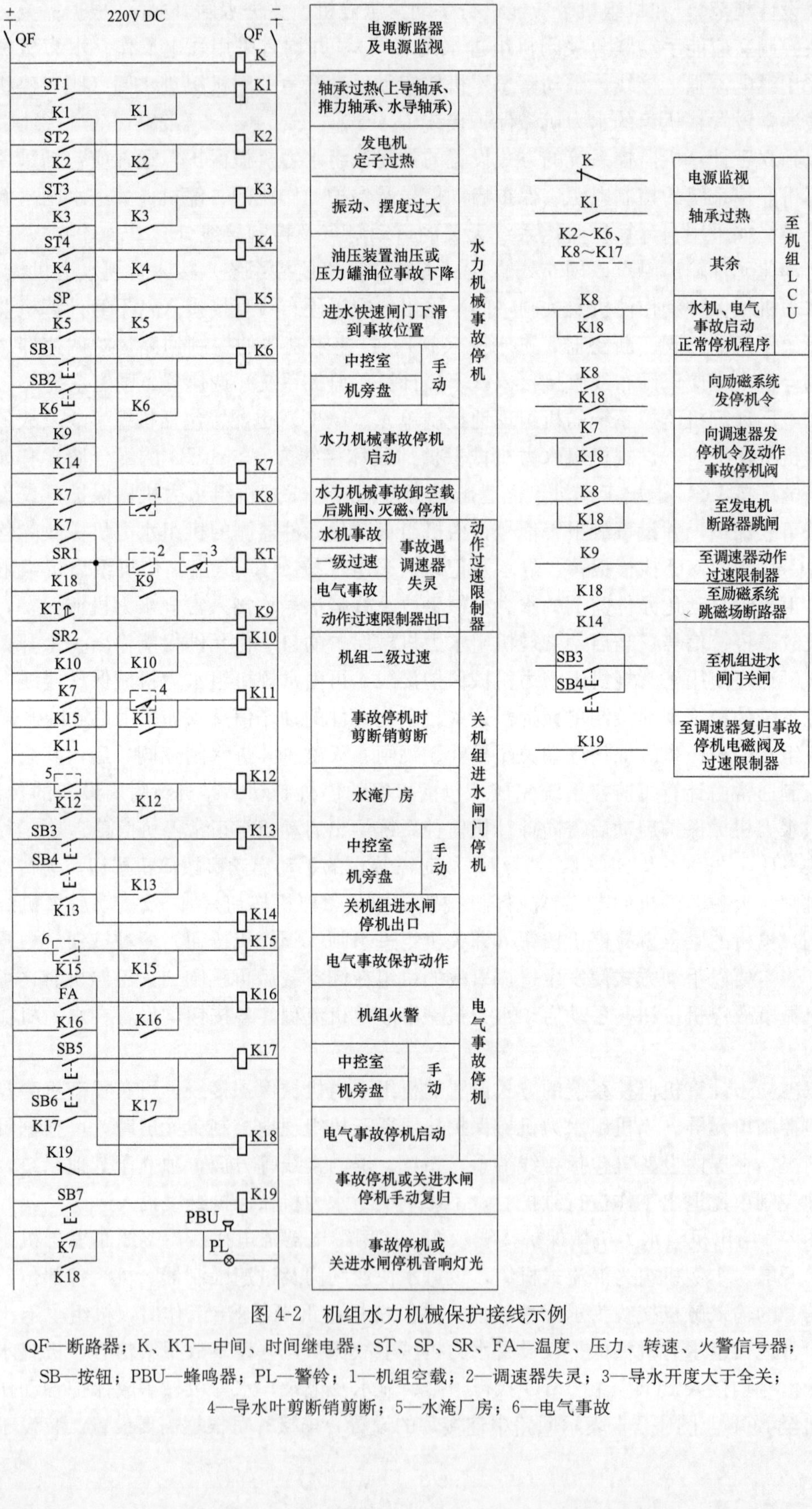

图 4-2　机组水力机械保护接线示例

QF—断路器；K、KT—中间、时间继电器；ST、SP、SR、FA—温度、压力、转速、火警信号器；SB—按钮；PBU—蜂鸣器；PL—警铃；1—机组空载；2—调速器失灵；3—导水开度大于全关；4—导水叶剪断销剪断；5—水淹厂房；6—电气事故

室、机旁的事故关进水闸（阀）的按钮，应有一对动合触点接入闸门的控制回路直接动作关闸门，以保证事故时手动关闸门不受机组水力机械保护接线的影响。根据电厂的要求，设置了执行水力机械事故停机流程的手动按钮（SBE1、SBE2），分别布置在主控室和机组现地控制单元盘上，在机组发生水力机械事故（如轴承或定子过热、机组振动摆度过大等）需由值班人员手动停机时，可手动按动该按钮动作调速器事故停机电磁阀，在卸负荷至空载后再跳闸、灭磁停机，以避免机组甩负荷（使用事故停机按钮时）或不必要的关进水闸、阀（使用紧急事故停机按钮时）。该按钮与电气事故停机按钮及关机组进水门停机按钮一起，分别布置在中控室和机组现地控制单元盘上，本例电厂也要求设置电气事故及水力机械事故遇调速器失灵时动作过速限制器的控制接线，以便此时可自动快速关闭导叶停机。机组的事故停机电磁阀、过速限制器的控制回路及电源，设置在调速器控制回路中，采用调速器电源。水力机械事故停机灭磁采用逆变灭磁，由励磁系统在接受停机令后，于发电机断路器跳闸后自动投入逆变灭磁。水力机械事故保护动作后自保持，手动复归（包括调速器中的事故停机电磁阀、过速限制器）。

根据电厂的具体情况，机组水力机械保护也可以采用以独立于计算机监控系统设置的专用的可编程控制器。

3 水轮发电机组及其辅助设备、进水闸控制操作

3.1 机组控制操作的一般要求

水轮发电机组的控制操作，其内容主要包括机组的正常开机、停机、发电/调相等工况转换的控制操作，机组事故停机的控制操作，机组调速和励磁装置、机组各辅助设备、发电机（或发电机-变压器组）断路器及进水闸（阀）等机组设备的控制操作，包括自动启动及由运行人员手动启动的控制操作。自动启动如由电厂计算机监控系统、保护系统及自动装置启动，手动启动包括运行人员在中控室、机旁现地及设备现地，以手动操作按钮（或开关）或通过监控系统人机接口（如画面及键盘）发布控制指令的手动操作。

机组正常开机、停机、发电/调相等工况转换的控制操作，通常采用顺序控制，顺序控制程序通常配置在本机组旁的机组自动控制屏中（电厂采用计算机监控时配置在机组现地控制单元屏中），可接受机组现地或远方（电厂控制级）的一个控制操作指令，自动完成机组正常开机、停机、发电/调相等工况转换操作，包括对机组辅助设备、发电机（或发电机-变压器组）断路器的集中控制操作。机组事故时的控制，由机组继电保护及水力机械保护以硬布线强电设置接线执行跳闸、灭磁、关导叶或机组进水闸（阀）控制，并启动正常停机顺序控制程序使机组停机，在机组现地控制单元中通常也设置有由保护及手动启动的机组事故停机的顺序控制程序。另在机组调速器和励磁装置、机组各辅助设备、发电机（或发电机-变压器组）断路器及机组进水闸（阀）现地，分别配置设备的现地控制系统，按机组的运行要求对本设备进行自动控制，并接受机组现地控制单元及现地操作人员的控制指令，完成本设备的启、停控制。

机组控制操作需设置运行人员手动启动，包括正常开、停及事故停机控制的手动启动。按照NB/T 10878《水力发电厂机电设计规范》及NB/T 35076《水力发电厂二次接线设计规范》的规定，在电厂中控室及机旁盘应能对机组的工况转换进行操作，在机旁盘应能进行机组进水闸（阀）的启/闭、手动紧急停机操作，以及根据需要在电厂中控室对机组事故情况下的紧急操作，包括手动紧急关闭机组进水闸（阀）操作，并宜采用强电操作。按照NB/T 35004《水力发电厂自动化设计技术规范》及SL 612《水利水电工程自动化设计规范》，机组现地单元屏应设置开/停机按钮、事故停机按钮（执行电气事故停机流程）和紧急事故停机按钮（执行关闭机组进水快速闸、阀停机流程）。按照规程的规定及电厂的要求，机组控制操作手动启动的设置通常考虑为在机旁的机组控制屏及电厂中控室设置正常开/停机按钮、事故停机按钮和关机组进水闸（阀）停机的紧急事故停机按钮，电厂采用计算机监控时，机组现地控制单元及中控室的电厂控制级操作员工作站的人机接口（如画面及键盘），通常也设置相同的手动操作；在机组各辅助设备、发电机（或发电机-变压器组）断路器及机组进水闸（阀）现地的现地控制屏，设置辅助设备的手动启/停或断路器的手动合/分、机组进水闸（阀）的手动开启/关闭操作开关或按钮。

机组的控制操作系统应满足机组及电厂在各种运行工况下对机组的控制操作要求，确

保控制操作命令的正确发布和执行，并防止误控。通常有下列的一般考虑。

（1）机组的控制操作系统应可接受现地或远方的以一个命令发布的控制指令完成所要求的控制操作，包括电厂控制级及机组现地的控制操作指令、保护系统及自动控制系统的控制指令，以及运行人员手动给出的正常开/停机指令、事故停机指令。机组辅助设备及进水闸（阀）应可接受设备现地及远方的控制指令完成所要求的控制操作。

（2）机组的控制操作系统按在机组现地可独立完成对机组的控制操作设置，不受计算机监控系统的电厂控制级或电厂的其他相关系统退出运行的影响。机组各辅助设备的现地控制系统，按在设备现地可独立完成对本设备的控制操作设置，不受机组现地控制单元或其他相关系统退出运行的影响。

（3）机组的控制操作系统与电厂计算机监控系统电厂控制级等电厂自动化系统接口的设计，应保证在监控系统现地控制单元及其他电厂自动化系统退出运行时，对机组的运行状态不产生影响、不影响在机组现地对机组的控制调节的操作。涉及设备安全的操作闭锁应设置在该设备的控制或调节系统中。

（4）机组的手动准同期及断路器合闸的同期检查（闭锁）或检无压系统宜按独立于LCU设置（可布置在LCU盘），在现地控制单元退出运行时，机组或断路器应仍可以进行相关的操作。

（5）机组及其辅助设备、发电机（或发电机-变压器组）断路器及机组进水闸（阀）的控制系统或接线，应设置远方/现地控制选择切换开关，仅当开关于远方位置时，方允许接受远方的自动或手动操作命令。

（6）机组正常情况下的工况转换及机组辅助设备的启、停通常采用顺序控制方式。顺序控制应具有安全性、实时性，并应对操作人员具有可操作性（包括对控制流程的监视与控制），除满足机组控制操作的一般要求外，还应满足下列要求。

1）顺序控制应可以在电厂控制级及机组现地级由操作人员通过人机接口及操作开关（按钮）进行申请，根据需要也可由计算机监控系统软件（如AGC）启动，以一个命令使机组自动按设定的控制流程完成对机组及主要设备的控制。

2）仅当机组具备顺序控制启动条件时，系统才接受操作员的启动申请。机组的启动条件不具备时，在操作人员对监控系统提出操作申请后，监控系统应通过其人机接口向操作人员通告启动条件不具备信息及未满足的条件内容（数据库点的名称及状态等），并使操作员的操作申请成为无效。机组顺序控制的启动条件应可根据具体电厂机组的条件进行设置。监控系统应允许操作人员通过人机接口，对机组顺序控制启动条件中某些未满足项（数据库点）进行手动人工设置（如跨越或设值）以使条件满足。

3）顺序控制程序启动后，监控系统应闭锁影响该设备执行顺序控制的其他控制操作。如计算机监控系统的操作员站的手动切换（有两个操作员站时）、操作员站显示屏的切换（每操作员站有两个显示屏时）等。

4）控制顺序中对任何一个控制对象发出控制命令前，均应先检查该对象的当前状态，若其状态已是欲发命令所要求的状态，则控制流程自动转入执行流程的下一步；若其当前状态不是欲发命令所要求的状态，则控制流程应首先检查对该对象执行控制命令的条件是否具备，仅当条件满足时才允许发出控制命令；条件不具备时，程序应中止流程的执行及使控制程序退出，并通过人机接口向操作人员通告故障或出错信息（宜包括说明故障内容或出错原因)。监控系统应允许操作人员通过人机接口，对设备可执行控制命令的条件中某些未满足项（数据库点）进行手动人工设置（如跨越或设值）以使条件满足。允许设备执行控制命令的条件通常是设备无故障、电源正常，且设备于远方控制方式。

5）在控制顺序的每一个控制命令发布后，程序应对命令的执行过程进行监视并对执行过程不正常进行自动处理，通常包括：

a. 操作目标状态及执行时间监视。控制命令发布后，当某一控制过程达到操作目标时，程序即按顺序执行下一操作。若在控制命令发布后，超过设定的时间后设备仍未达到控制目标状态，程序将中止流程的执行及使控制程序退出（也可使程序返回到预先设置的机组设备处于安全状态的位置，下同），并通过人机接口向操作人员通告命令执行超时信息。

b. 设备控制条件监视及执行过程机组故障处理。若在执行过程中出现不允许顺序控制继续执行的情况（如电厂或执行该命令的设备发生不允许执行该控制的事故、故障或运行方式的变化等），程序将中止控制命令的执行并使顺序控制程序退出，并通过人机接口向操作人员通告不允许执行控制命令的具体原因。

6）顺序控制执行过程中，应允许运行人员手动中断程序的执行并使程序退出。在顺序控制程序中及监控系统的人机接口中（电厂控制级及现地控制级）应有相应的设置。此项通常在控制命令执行过程时间较长的设备控制流程中，设置对操作员有无要求中断顺序控制程序申请的检查，有操作员请求时，使程序退出并给出相关信息。

7）设备的顺序控制程序应在设备达到顺序控制目标后自动退出，如机组开机顺序控制程序设置在机组投入电网并列运行后自动退出。为适应电厂在某些情况下对机组运行方式的要求，机组的正常开机顺序控制程序可允许机组启动至电厂需要的某几个安全稳定状态后退出（可在顺序控制程序启动前预选，并设置隐含）。根据电厂的要求，对正常停机顺序控制程序也可以作类同的设置。

8）顺序控制程序应根据具体电厂的设备控制要求进行设计，并与电厂的现地监控系统（如调速、励磁、同期、机组各辅助设备及进水闸阀的控制等系统）的设置情况相协调。设置在计算机监控系统的设备顺序控制程序，一般不应重复或取代设备现地监控系统的控制功能及它们内部已有的程序。设备的现地监控系统一般应有接受监控系统控制命令的输入接口，可接受监控系统控制命令自动完成相关的控制，监控系统的顺序控制仅需对设备现地监控系统发布控制命令及接受其输出的命令执行结果信息，包括命令执行失败信息。

顺序控制程序（或主程序）主要设置在机组现地控制单元中，但控制程序中的某些局部流程，可在机组设备的现地控制系统设置，由现地监控系统完成，如调速器及励磁系统的开、停机控制流程，包括其启动条件检查、控制过程监视及超时报警等；机组各辅助设备控制过程监视及超时报警等。

9）为使设备的允许控制条件能更好地反映电厂的实际情况，允许控制条件可以包括由操作员手动设置的数据库点，以便在允许控制条件中增加某些非遥测信息，如检修接地开关或接地线信息等。

10）顺序控制程序应考虑为加快设备顺序控制程序执行的有关设计。例如，控制过程监视应有较短的扫查周期，以加快设备控制按顺序的转移；顺序控制程序应允许进行并列控制，包括并列输出命令及进行过程监视，如对机组某些辅助设备的并列控制等。

（7）在计算机监控系统的机组现地控制单元设置的机组事故停机的顺序控制程序，根据事故停机的特点，通常还有某些不同的考虑，在本篇 3.3.2 有具体的描述。

下面分别叙述机组正常情况下的工况转换顺序控制操作、事故停机控制操作、机组辅助设备控制操作、发电机（或发电机-变压器组）断路器及机组进水闸（阀）控制操作的技术要求、其顺序控制流程或控制接线。机组调速器和励磁装置的现地控制详见第二篇 2.11 及第三篇第 7 章。

3.2　机组开机并列的控制操作

机组的开机并列，正常情况下主要采用顺序控制操作，在机组现地或远方以一个命令使机组自动完成开机并列操作，包括机组辅助设备的启动及投入运行。根据电厂的需要，开机程序也可设置仅开至空转无压或空转有压运行等稳定状态，由操作员在申请开机时预置，无预置时隐含为开至并网运行。在特殊情况下或机组调试阶段，也可以采用手动分步操作方式使机组开机及并列。

机组开机并列的顺序控制操作程序按本篇 3.1 的一般要求，通常有下列的具体控制流程及相关的考虑（对混流式和轴流式机组）。

（1）机组正常开机的顺序控制的启动，可在计算机监控系统的电厂控制级及机组现地级由操作人员通过人机接口及操作正常开机开关（按钮）进行申请，或由计算机监控系统的自动发电控制（AGC）软件启动（或经操作人员认可后启动）或远方调度（如电站的远方监控中心、电力系统调度等）申请启动。按照规程的规定及电厂的要求，在机旁的机组控制屏及电厂中控室通常设置正常开机按钮。电厂采用计算机监控时，操作人员还可通过机组现地控制单元及中控室的电厂控制级操作员工作站的人机接口（如画面及键盘），进行启动机组正常开机顺序控制程序的手动操作。

申请启动或自动启动后，程序即检查机组开机程序启动条件。机组开机程序的启动条件可根据具体电厂机组的条件进行设置，通常为下列各条件均具备。

1）机组及其辅助设备和相关设备（励磁系统、调速器、发电机或发电机-变压器组断路器等）无事故及故障，包括控制电源正常。

2）机组现地控制单元（LCU）的远方/现地切换开关位置与提出申请地点相符，当机组现地控制单元（LCU）的远方/现地切换开关于“现地”位置时，顺序控制程序仅接受机组现地操作人员的开机申请。机组的辅助设备和相关设备的远方/现地切换开关于“远方”，顺序控制程序可接受中控室的电厂控制级操作人员的开机申请。

3）发电机或发电机-变压器组断路器在分闸位置。

4）导叶接力器的手动锁锭（若有）在退出位置。

5）机组制动气源压力正常，制动闸块均已落下。

6）机组进水闸（阀）在全开位置（与机组联动操作的进水阀无此要求）。

7）机端接地开关在分闸位置。

机组启动条件需根据电厂及机组的情况增加，如对电气制动短路开关分闸状态等安全条件的检查等。

机组开机程序的启动条件任一条件不满足时，程序发“启动条件未具”故障信息和显示未满足的故障内容并退出（出口）。机组开机程序的启动条件均满足后，程序发“开机程序启动”显示信息。

(2) 开机程序启动后，即闭锁影响开机程序执行的其他控制，如计算机监控系统的操作员站的手动切换（有两个操作员站时）、操作员站显示屏的切换（每操作员站有两个显示屏时）等。

(3) 闭锁影响开机程序执行的其他控制后，程序转入执行机组开机的辅助设备控制流程。按机组开机要求通常可包括：

1）投入机组技术供水系统。

2）主轴密封围带（若有）排气。

3）拔出导叶锁锭（有电锁锭时）。

4）投入液压减载（也称高压油顶起）装置（若有）。

5）投入油雾吸收器（若有）。

6）切除机坑加热器（若有）。

控制顺序对某一辅助设备发出控制命令前，程序首先检查设备的当前状态，若设备已处于欲发命令所要求的状态，控制程序将不再对该设备执行控制。若设备状态不是欲发命令所要求的状态，程序将检测该设备执行控制命令的条件是否具备，并对具备控制条件的辅助设备发控制令。若不处于欲发命令所要求状态的某一辅助设备未具备控制条件，则自动退出开机程序并给出相关信息。辅助设备执行控制命令的条件通常是设备无故障、电源正常，且设备于远方控制方式。

在对不是欲发命令所要求状态的各辅助设备发出控制命令后，程序周期地分别对每一辅助设备是否达到启（或停）命令要求的状态进行检查，在各辅助设备均达到命令要求的状态后，机组的辅助设备控制流程完成，程序发机组辅助设备已具备开机条件信息，并进入开导叶流程。在对机组辅助设备发出控制命令后，若设备超过整定的时间仍未达到命令所要求的状态，程序将自动退出，并给出控制失败信息。设备命令执行情况检查，也可由各设备的现地控制系统进行，并向顺序控制程序提供完成或超时信息。

对控制命令执行时间较长的辅助设备，在程序检查控制命令执行情况的过程中，通常设置检查机组及其相关设备有无出现不允许开机的事故或故障、有无出现操作员要求退出开机程序的请求，若有，则使程序中断及退出。

(4) 机组辅助设备控制流程完成后，机组即进入开导叶流程。程序检查调速器是否具备开机条件，并在调节满足时向调速器发开机令，使调速器投入机组开机过程自动控制，打开水轮机导叶，见第二篇 2.11。若调速器不具备开机条件，程序将退出运行。

向调速器发开机令后，程序对调速器执行开机控制是否超时、机组是否发生不允许开机故障及操作员是否申请退出开机程序进行监视，若有，则程序将退出运行。调速器执行开机命令情况的检查，也可由调速器的控制系统进行，并向顺序控制程序提供完成或超时信息。

调速器的开机条件通常是调速器无故障、电源正常，且于“远方”控制方式。

(5) 机组转速达 90% 额定转速后，程序将给出停液压减载（也称高压油顶起）装置（若有）令。在液压减载停止运行后，机组处于空转无压运行状态。

(6) 对可预置仅开至空转无压运行的开机程序，在机组处于空转无压运行状态后，程序将检查操作员在申请启动开机程序时是否已作预置，若是，则程序退出运行并给出相关信息；若无预置，或程序不设此预置，程序则继续执行开机流程。

（7）程序在检查励磁系统具备开机条件后，对励磁系统发开机令，使励磁系统投入机组开机过程自动控制，发电机起励升压。向励磁系统发开机令后，程序对励磁系统执行开机控制是否超时、机组是否发生不允许开机故障及操作员是否申请退出开机程序进行监视，若有，程序将退出运行并给出相关信息。励磁系统的开机条件及开机过程控制见第三篇 7.4。励磁系统执行开机命令情况的检查，也可由励磁系统进行，并向顺序控制程序提供完成或超时信息。

（8）机组转速大于 90%额定转速、机端电压达 95%额定电压后，机组处于空转有压运行状态。对可预置仅开至空转有压运行的开机程序，程序将检查操作员在申请启动开机程序时是否已作预置，若是，则程序将退出运行；若无预置，或程序不设此预置，程序则继续执行开机流程。

（9）程序在检查自动准同期具备投入条件满足后（通常为同期装置无故障，且机组同期选择为自动准同期），发出投入自动准同期令。由自动准同期控制机组转速及电压，达同期并列条件时，发断路器合闸令使机组投入电网并列运行。机组并网运行后自动退出机组开机程序。

若同期选择为手动，则投自动准同期条件不满足，程序退出，由运行人员以手动准同期合断路器使机组并网运行。

（10）开机并列顺序一般不包括提升机组进水闸门的控制（机组进水闸门在正常停机时通常不关闭）。根据机组开机的控制要求可包括开启机组进水阀（如蝶阀）的控制。

机组开机并列的手动分步操作方式主要在特殊情况下或机组调试阶段使用。包括在机组调速器、励磁及各辅助设备的现地控制屏上，以手动方式（此时设备应切换至现地控制方式）启动各辅助设备，然后手动启动调速器开导叶及投入机组励磁装置；在机组现地控制屏上，手动选择手动准同期或自动准同期使机组并列。手动准同期时，需手动调节机组转速及电压，并在同期调节满足时进行手动合闸使机组并列运行。

机组的开机顺序控制程序随水轮发电机的类型、机组的生产厂家等而有所不同，具体控制流程需按机组生产厂家的产品技术资料进行设计。

图 4-3 所示为机组开机控制流程示例，开机程序仅考虑由操作员申请启动，未考虑由电厂自动发电控制（AGC）发开机令。本例涉及机组开机控制的机组辅助设备情况为机组技术供水采用的自流供水源，由供水阀控制；主轴密封采用充气围带，机组停机后充气，开机启动时放气；导叶设有电锁锭，机组停机后投入，开机启动时拔出；机组设液压减载（也称高压油顶起）装置，机组启动开机后或停机后在转速低于 90%额定转速时投入，机组转速大于 90%额定转速后及机组停转后退出；机组停机采用机械制动。

下面以机组技术供水投入控制为例，对控制流程作进一步说明。在图 4-3 的控制程序示例中，技术供水控制程序在开机条件满足后由开机程序启动，技术供水由带有输出触点的压力信号器（SP）监视，$SP=1$ 时表示技术供水已正常投入。程序启动后先检查 SP 状态，若 $SP=0$，则在检查技术供水操作条件具备后（通常为检查技术供水系统是否有不允许执行投入命令的故障，其他辅助设备类同）监控系统即发投技术供水令 YV-OP。此

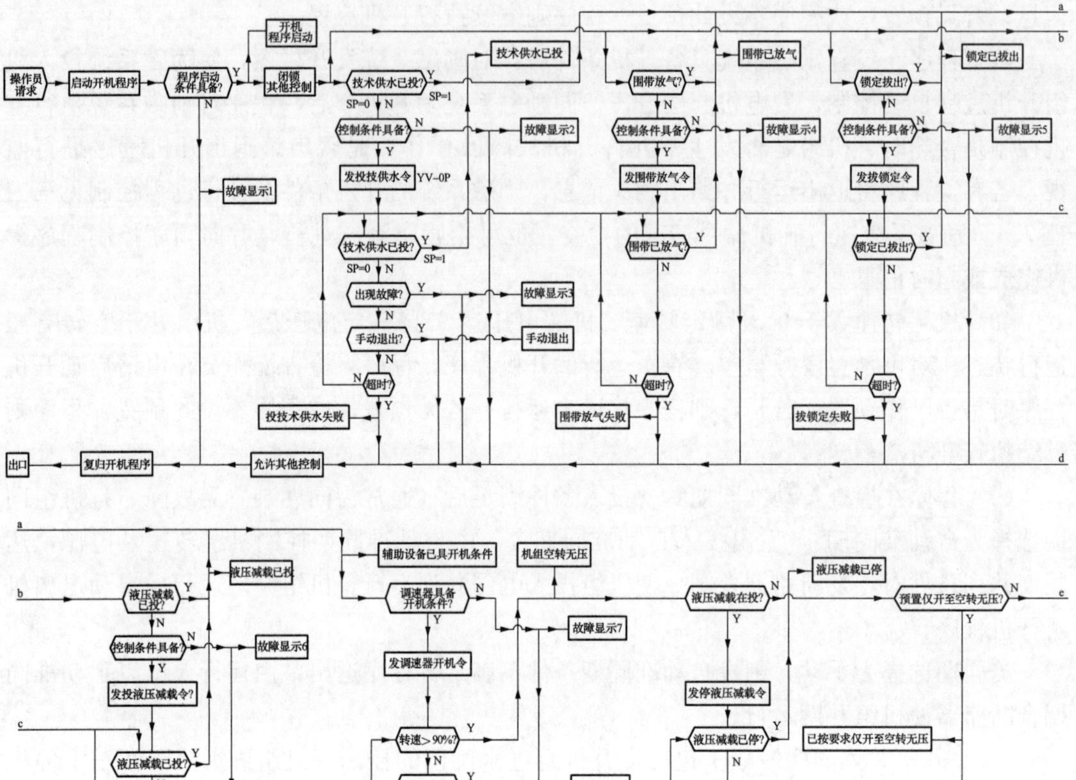

图 4-3　机组开机控制流程示例

后，程序按设置的时间间隔周期地检查 SP 状态。在检查 SP 状态期间，程序尚周期地进行以下检查。

1）不允许程序继续进行的状况检查（图 4-3 中的“出现故障?”）。若电厂出现不允许开机程序继续执行的故障情况，如机组或电厂出现不允许开机的情况（事故或故障等，包括技术供水的现地监控系统故障），程序将自动退出，并在操作员站显示器显示相关的故障信息。

2）操作员手动中断程序请求检查（图 4-3 中的“手动退出?”）。若操作员手动输入请求中断及退出程序（由操作员站），程序将自动退出，并在操作员站显示器显示相关信息。

3）命令执行超时检查。若投技术供水令发出后，超过设定的时延仍未出现 $SP=1$ 条件，程序将发出“投技术供水失败”故障信息，并使程序退出和显示相关信息。时延设定应大于技术供水投入的最大控制时间（由发命令至技术供水水压正常，$SP=1$）。命令执行超时检查也可在各辅助设备的现地控制系统中，水压正常及执行超时信息由现地控制系统提供。图 4-3 中其他设备命令执行超时的整定值，也按该设备命令执行的最大时间整定。

对执行检查时间很短的控制流程（如电磁阀控制），不允许程序继续进行的状况检查及操作员手动中断程序请求检查也可以不设置，可仅在执行检查时间较长的控制流程中进行此两项检查。在命令执行超时检查循环中，也可根据控制对象的控制要求，确定是否需要同时再进行控制条件具备检查及再发控制令。

图 4-3 用作施工设计图时，各设备的控制过程均应与图 4-3 中技术供水投入流程相同，在流程图中控制框附近标示出流程输出命令、检查条件等的设备代号及其状态（如供水水压正常，$SP=1$），标示出超时时间的整定值等。

3.3　机组停机的控制操作

机组的停机通常有正常停机及事故停机两种不同情况。正常停机为按电力系统或电厂计划安排的停机，通常是使机组先卸负荷，卸完负荷后再发机组停机令，使机组停机。事故停机为在机组发生事故时，由继电保护或水力机械保护启动或运行人员手动启动的停机。

3.3.1　机组正常停机的控制操作

机组的正常停机，正常情况下主要采用顺序控制操作，在机组现地或远方以一个命令使机组自动完成机组的停机操作，包括停止机组辅助设备运行。根据电厂的需要，停机顺序控制程序可设置机组停机仅停至空转无压或空转有压运行等稳定状态，由操作员在申请停机时预置，无预置时隐含为全停。在特殊情况下或机组调试阶段，也可以采用手动分步操作方式停机。

对机组正常停机的顺序控制程序，按本篇 3.1 的一般要求，通常有下列的具体控制流程及相关的考虑（对混流式和轴流式机组）。

(1) 机组正常停机的顺序控制应可在计算机监控系统的电厂控制级及机组现地级由操作人员通过人机接口及操作正常停机开关（或按钮）进行申请，并可由计算机监控系统的自动发电控制（AGC）软件自动启动（或经操作人员认可后启动）、远方调度（如电站的远方监控中心、电力系统调度等）申请启动、由机组的事故停机顺序控制程序启动时自动启动。机组的事故停机通常由继电保护及水力机械保护以强电直接动作紧急关导叶、灭磁、跳闸后，其余的停机控制（如对机组辅助设备等的控制）需要由机组正常停机的顺序控制完成。按照规程的规定及电厂的要求，在机旁的机组控制屏及电厂中控室通常设置正常停机按钮。电厂采用计算机监控时，操作人员还可通过机组现地控制单元及中控室的电厂控制级操作员工作站的人机接口（如画面及键盘），进行启动机组正常停机顺序控制程序的手动操作。

申请启动或自动启动后，程序即检查机组停机程序启动条件。机组正常停机控制的启动条件应考虑避免发生影响机组安全的不完全停机。一般可考虑为机组（含调速、励磁、继电保护、水力机械保护等）及其辅助设备的各控制电源均正常，机组现地控制单元（LCU）的远方/现地切换开关位置与提出申请地点相符，机组的辅助设备和相关设备的远方/现地切换开关于“远方”。需要时也可以再检查监控、保护系统或装置是否有故障或事故。当机组现地控制单元（LCU）的远方/现地切换开关于“现地”位置时，顺序控制程序仅接受机组现地操作人员的停机申请。

机组停机程序的启动条件任一条件不满足时，程序发“顺序停机启动条件未具”故障信息后退出，并显示未满足的故障内容。机组顺序停机程序的启动条件均满足后，程序发“开机程序启动”显示信息。

(2) 停机程序启动后，即闭锁影响开机程序执行的其他控制，如计算机监控系统的操作员站的手动切换（有两个操作员站时）、操作员站显示屏的切换（每操作员站有两个显示屏时）等。

(3) 停机程序在闭锁影响停机程序执行的其他控制后，首先检查调速器、励磁系统投入停机控制条件是否具备，在具备停机控制条件时，对调速器、励磁系统发停机令（停机程序可预置仅停至空转无压或空转有压运行时，同时给出预置信息）；随后程序周期地分别检查调速器、励磁系统是否执行停机控制，将机组有功、无功功率卸至空载。

若调速器或励磁系统未具备停机控制条件，或在接收停机命令后超过整定的时间机组有功或无功仍未卸至0，程序将自动退出，并给出相应的故障信息。在程序检查控制命令执行情况的过程中，若机组出现不允许停机的事故、故障或出现操作员要求退出停机程序的请求，程序将中断并退出。

对调相机组，停机程序在闭锁影响停机程序执行的其他控制后，将首先将机组由调相转为发电，再向调速器、励磁系统发停机令。

(4) 机组有功功率、无功功率卸至零或小于整定值时，对发电机（或发电机-变压器组）断路器发跳闸令。停机程序可预置仅停至空转无压或有压运行时，断路器跳闸后，程序将检查操作员是否已作预置，若预置为空转有压，则程序退出；若预置为空转无压，程序在检查机组无压后退出；无预置时（或程序无此预置设置时），程序将继续执行。

(5) 机组转速下降至90%额定转速时，投入液压减载（也称高压油顶起）装置（若有）。

(6) 断路器跳闸、导叶全关、液压减载投入后，投入机组制动。

1) 对仅采用机械制动的机组，在转速下降至15%～25%额定转速时，投入机械制动。

2）对采用联合制动机组的正常停机，在转速下降至50%～60%额定转速时投入电气制动，转速下降至5%～10%额定转速时投入机械制动。

（7）机组停转后。

1）关停机组各辅助设备，如停技术供水、停液压减载油泵、关油雾吸收器（若有）、解除机械制动、关闭制动吸尘泵（若有）、向空气围带（若有）充气等。

2）制动闸反向充气（机组全停后制动闸未落下时）。

3）复归调速器、励磁系统的停机令，投入机坑加热器（若有）。

（8）停机控制顺序一般不包括机组进水闸门的控制（正常停机时通常不关闭进水闸门）。根据机组停机的控制要求可包括关闭机组进水阀（如蝶阀）的控制。

机组停机的手动分步操作方式主要在特殊情况下或机组调试阶段使用。包括在机组调速器、励磁及各辅助设备的现地控制屏上，以手动方式（此时设备应切换至现地控制方式）启动各辅助设备；在机组现地控制屏上，手动操作卸负荷、跳断路器、停调速器及励磁、投入液压减载、投导叶锁锭、投制动、停止各辅助设备等，至机组完全停机。

机组的停机顺序控制流程随水轮发电机的类型、机组的生产厂家等有所不同，具体控制流程需按机组生产厂家的产品技术资料进行设计。

图4-4所示为机组发电转正常停机控制流程示例。本例未考虑由电厂自动发电控制（AGC）发停机令。本例控制流程按停机程序启动后使机组全停考虑。该例机组控制流程设计的考虑等与本篇3.2的开机顺序控制流程示例类同，涉及机组停机控制的机组辅助设备，除本篇3.2所述外，对停机尚有机组的事故停机电磁阀、过速限制器。

机组停机条件及各设备的允许操作条件及其检查和处理、命令执行过程中程序对不允许停机流程继续执行的事故或故障的检查及处理、操作员“手动退出”控制流程的输入点的设置及处理等的考虑，与开机程序相同。

3.3.2　机组事故停机的控制操作

1. 机组事故停机的控制方式及要求

机组事故时，机组继电保护及水力机械保护将动作跳闸、灭磁、关导叶或进水闸（阀），并启动正常停机顺序控制程序使机组停机；另外，在计算机监控系统的机组现地控制单元中，通常也设置有由保护及手动启动的机组事故停机顺序控制程序。

机组事故停机需按有关规程的要求设置运行人员手动启动。按GB/T 35004《水力发电厂自动化设计技术规范》、SL 612《水利水电工程自动化设计规范》、NB/T 10878《水力发电厂机电设计规范》及NB/T 35076《水力发电厂二次接线设计规范》的规定，在机旁的机组控制盘应设置事故停机按钮和关进水闸（阀）停机的紧急事故停机按钮，根据电厂的需要，在电厂中控室应能手动紧急关进水闸（阀）停机。电厂采用计算机监控时，操作人员通常还可通过机组现地控制单元及中控室的电厂控制级操作员工作站的人机接口（如画面及键盘），进行启动机组事故停机顺序控制程序及关进水闸（阀）停机的紧急事故停机的手动操作。

机组发生事故时，从减小事故对电力系统的影响、避免或减少设备损坏等方面考虑，事

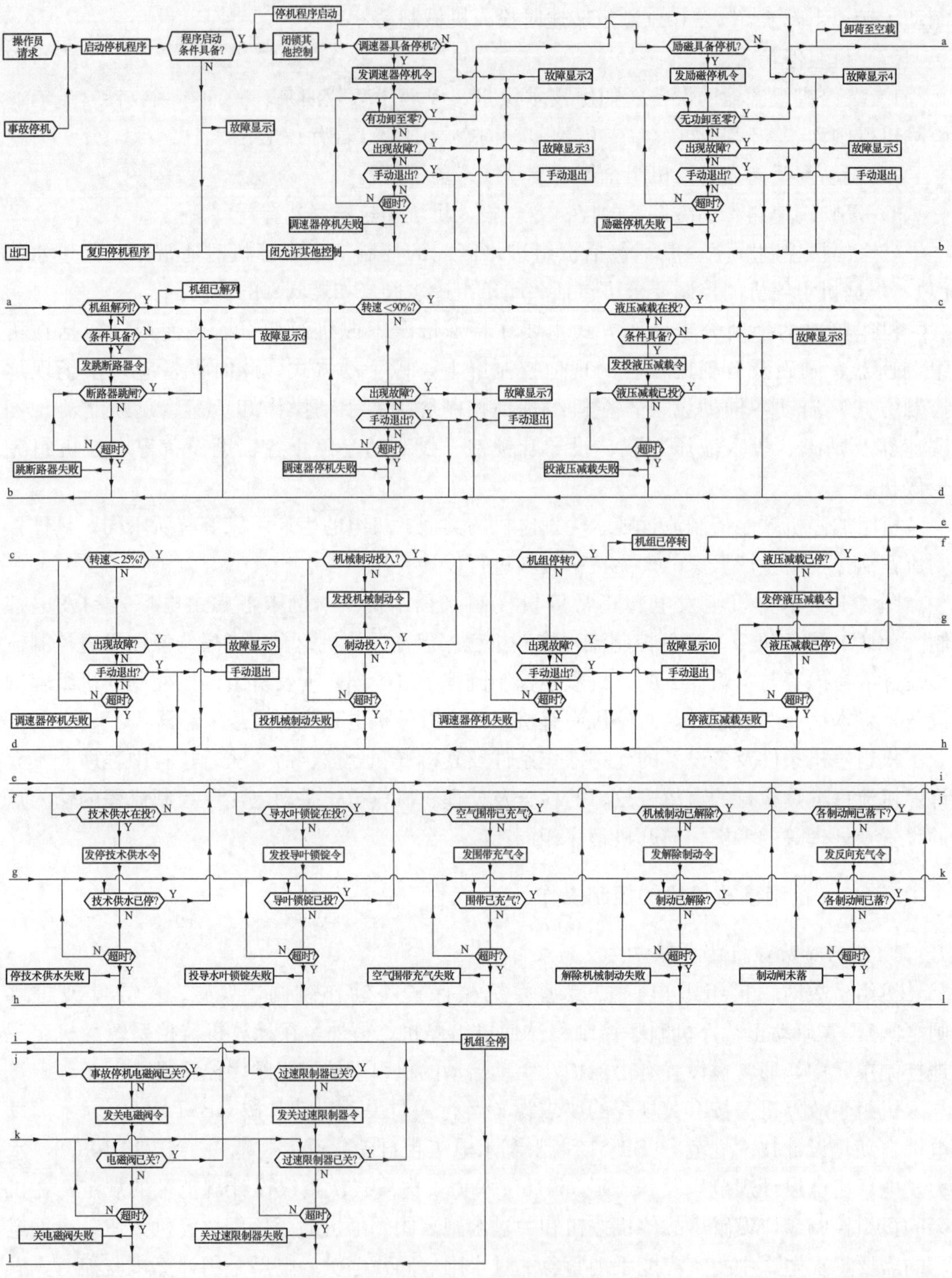

图 4-4　机组发电转正常停机控制流程示例

故停机控制通常依机组发生事故类型的不同而采用不同的停机控制方式，在 NB/T 35004 及 SL 612 中给出了相关的规定，见表 4-2。

表 4-2　　机组的事故停机方式

序号	机组事故停机方式	启动机组事故停机的事故，为所列事故之一	事故停机启动后的控制作用内容
1	电气事故停机	(1) 电气事故保护动作； (2) 机组调相解列保护动作； (3) 机组火警； (4) 手动按机组事故停机按钮	事故停机启动后，即同时作用于跳闸、灭磁、停机（动作事故停机电磁阀或关闭开度限制以快速停机），启动正常停机流程，发事故信号
2	机械事故停机	(1) 机组各轴承过热； (2) 发电机定子过热； (3) 机组振动、摆度过大； (4) 油压装置事故低油压或压力油罐事故低油位； (5) 机组进水闸（阀）意外关闭； (6) 机组进水门下滑到事故位置	事故停机启动后，即作用于调速器事故停机电磁阀关导叶。机组导叶关至空载开度（或有功负荷卸至小于整定值）后，即同时启动跳闸、灭磁、停机，启动正常停机流程，发事故信号
3	动作过速限制器停机（对设置有过速限制器机组）	机组甩负荷转速上至达 110%～115%额定转速（一级过速）且调速器主配压阀拒动经延时	事故停机启动后，即作用于过速限制器关导叶［机组不设置过速限制器时动作关进水闸（阀）］及启动水力机械事故停机流程
4	关进水闸（阀）停机	(1) 电气转速信号动作：机组过速（瞬态值）达规定值+3%额定转速（二级过速）； (2) 机械液压过速保护或机械过速开关动作：机组过速（瞬态值）达规定值+5%额定转速（二级过速）； (3) 事故停机时导叶剪断销剪断； (4) 水淹厂房； (5) 手动按机组紧急事故停机按钮	事故停机启动后，即作用于关机组进水闸（阀）及启动水力机械事故停机流程

表 4-2 中，启动电气事故停机的保护内容可参见第三篇表 3-19；跳闸指跳发电机断路器或发电机-变压器组断路器；灭磁对机组电气事故停机是指跳磁场断路器及投入灭磁电阻灭磁，对水力机械事故停机宜采用逆变灭磁。

水力机械事故时，如轴承过热、振动或摆度过大等非电气事故需要停机时，通常不希望机组甩负荷停机，以免机组过速使事故恶化、加重机组的损坏。故在水力机械事故停机启动后，先作用于调速器事故停机电磁阀关导叶，在机组导叶关至空载开度（或有功负荷卸至小于整定值）后，再启动跳闸、灭磁、停机。

按照 NB/T 35004 的规定，水力发电厂机组应装设过速限制器。按表 4-2，过速限制器的动作条件为机组甩负荷转速上至达 110%～115%额定转速（一级过速）且调速器主配压阀拒动。但在机组带较小负荷发生电气事故跳闸后，机组转速升高可能低于上述整定值，若此时调速器主配压阀拒动，动作事故停机电磁阀将不能使导叶关闭，而过速限制器由于转速升高低于整定值不能动作，将使机组继续转动。空载（有电压）下发生电气事故时情况类同。另在机组发生表 4-2 序号 2 所列的机械事故时若调速器主配压阀拒动，保护动作事故停机电磁阀后将不能关导叶卸负荷跳闸，使机组不能灭磁、停机，可能致事故扩大。此时可根据电厂的需要，在电气事故停机或水力机械事故停机动作事故停机电磁阀遇调速器主配压阀拒动时，延时动作过速限制器，特别对大中型机组，此时通常需要使机组快速停转以避免事故扩大，而动作过速限制器关闭导水叶是此时唯一较好的手段，关机组进水闸（阀）停机通常难以在短时间内使机组停转。

按 NB/T 10878《水力发电厂机电设计规范》及 NB/T 35076《水力发电厂二次接线设计规范》，在机组机旁应能进行手动事故停机、关进水闸（阀），根据需要应能在电厂主控室进行手动启动，并均宜采用强电操作。按 NB/T 35004 及 SL 612，在机组现地单元控制屏需设置机组事故手动停机按钮，为执行电气事故流程的事故停机按钮及执行关机组进水闸（阀）的紧急事故停机按钮（或称关进水闸、阀停机按钮）两种按钮，按动电气事故停机按钮后，机组即跳闸、灭磁、停机。按此设置，在水力机械事故需要手动停机时，只能选择立即执行跳闸的事故停机按钮停机，或关进水闸（阀）停机。根据电厂情况，当需要以手动方式使发生机械事故的机组在卸空载后再跳闸、灭磁停机以避免机组甩负荷过速时，或不希望采用关进水闸（阀）停机时，可考虑增设动作过速限制器停机按钮，手动此按钮后同时启动水力机械事故停机流程。

按照 NB/T 10878《水力发电厂机电设计规范》、NB/T 35076《水力发电厂二次接线设计规范》等标准的规定，水轮发电机组应配置以常规监控设备装设的独立于计算机监控系统机组现地控制单元的电气保护及水力机械保护，在机组发生电气或水力机械事故时，电气保护及水力机械应能直接动作于跳闸灭磁停机、关闭机组进水闸（阀），并装设手动紧急停机、关闭机组进水闸（阀）的常规监控设备。故除在机组现地控制单元设置事故停机控制程序外，需按规程的要求以独立于现地控制单元的方式设置常规电气事故停机及水力机械事故的控制接线。常规的机组电气事故停机的控制接线通常以常规硬布线方式设置在机组的水力机械接线中，包括执行电气事故停机流程的事故停机按钮、继电保护动作停机输出及机组火警的启动回路，并以硬布线直接接至断路器、调速器、励磁装置、机组现地控制单元跳闸、灭磁、停机、启动正常停机流程。水力机械保护见本篇第 2 章。在机组现地控制单元，通常也设置相应的控制程序，执行相应的事故停机控制流程。

2. 机组事故停机的顺序控制流程

机组事故时，除由机组继电保护及水力机械保护直接进行事故跳闸、灭磁、停机外，在计算机监控系统的机组现地控制单元中，通常也设置由保护及手动启动的机组事故停机顺序控制程序。机组事故停机的顺序控制操作，基本要求与本篇 3.1 类似，根据事故停机的特点，通常有下列不同考虑：在保护动作或运行人员申请后，事故停机程序将无条件启动，即事故停机程序不设置启动条件；控制流程对各被控对象也按无条件控制考虑，发布控制令前不检查设备的受控条件；事故停机程序不设置自动或手动中断，事故停机启动后一直自动执行至程序出口，程序可设置控制命令执行监视，某一被控对象控制失败时仅发布失败信息，不中断程序的执行。

机组事故停机顺序控制流程示例见图 4-5，按表 4-2 给出的 4 种机组事故停机方式有不同的控制流程。顺序控制程序由操作员申请或机组事故时由保护启动，启动事故停机程序的事故内容及程序启动后的控制内容见表 4-2。控制程序启动后，即进行事故停机控制。

（1）对电气事故停机，程序启动及发相关控制命令后即检查命令执行情况，如发电机（或发电机-变压器组）断路器及磁场断路器是否分闸等，在各控制对象均达控制目标后，发程序执行完毕信息并使顺序控制程序退出运行，随后机组的停机控制由机组正常停机顺序控制程序完成；若某控制对象在设定时间内未达控制目标要求，如发电机（或发电机-变压器组）断路器及磁场断路器发布控制令后，在设定的时间内断路器仍未分闸，程序将发出机组断路器或磁场断路器跳闸失败信息。程序在得到各控制对象的执行检查结果后（达目标或失败），发程序执行完毕信息并退出。

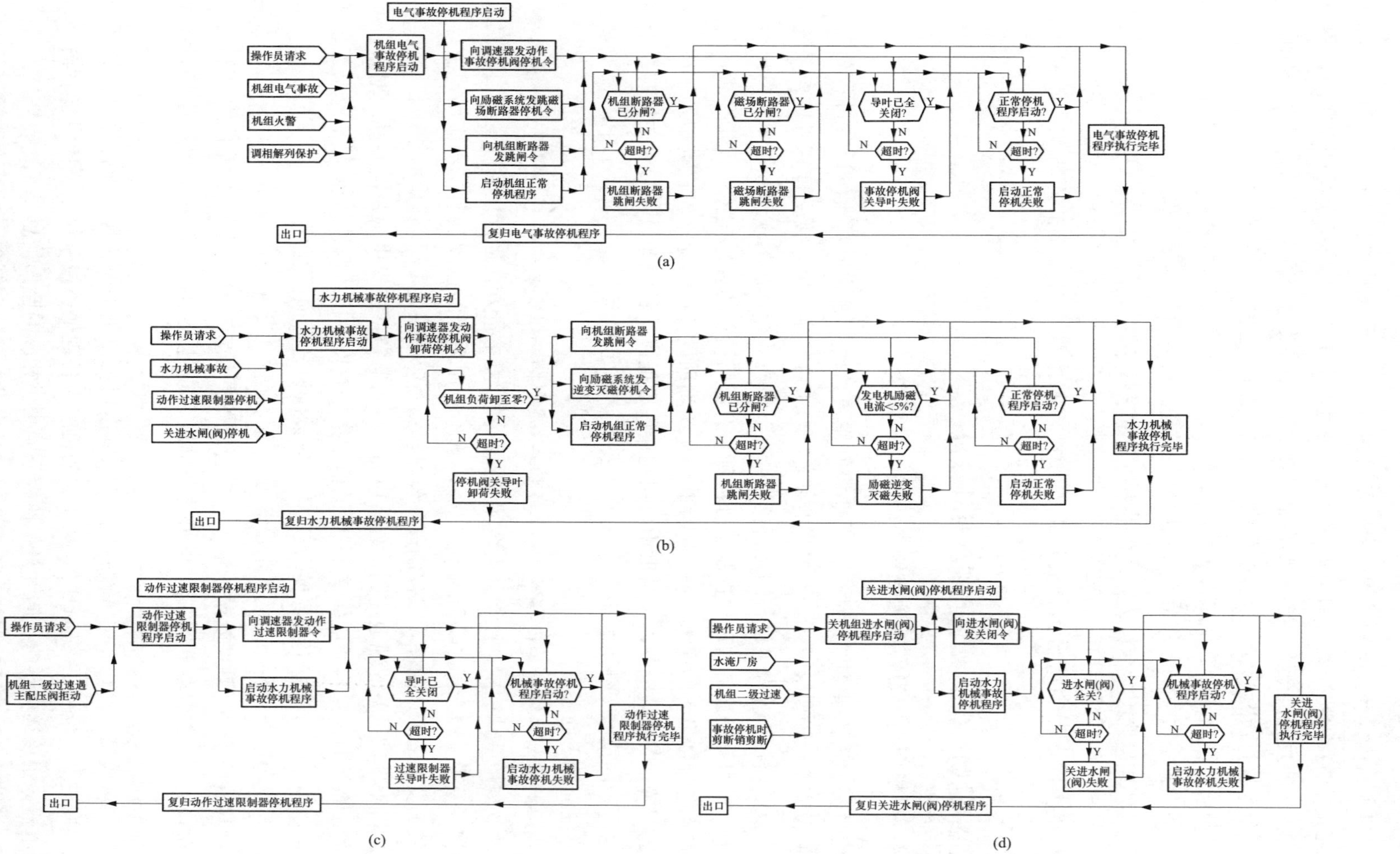

图 4-5　机组事故停机顺序控制流程示例

（a）电气事故停机；（b）机械事故停机；（c）动作过速限制器停机；（d）关进水闸（阀）停机

(2) 对水力机械事故停机，程序启动及对调速器发动作事故停机电磁阀令后，即检查机组负荷（有功及无功）是否卸至零（或某一较小的数值），在机组负荷卸至零后，程序发出发电机（或发电机-变压器组）断路器分闸令、励磁投逆变停机令及启动正常停机令，随后对各命令执行情况检查、处理的程序与电气事故停机类同，控制程序退出运行后机组的停机控制由机组正常停机顺序控制程序完成；若对调速器发布动作事故停机阀令后，在设定的时间内机组负荷仍未卸至零，程序将发出卸负荷失败信息并退出。

(3) 对动作过速限制器停机及关机组进水闸（阀）停机，顺序控制程序在按表 4-2 中事故停机启动后的控制作用内容发布相关的控制指令后，命令执行检查、处理的程序与电气事故停机类同，程序退出运行后机组的停机控制由水力机械事故停机顺序控制程序完成。

3.4 机组辅助设备的现地控制及对外接口

3.4.1 机组辅助设备现地控制系统的一般要求

机组各辅助设备通常均分别设置现地控制系统，按可独立地对所属设备进行现地监视、控制及安全保护要求设计，并提供与机组 LCU 的监控接口，接受计算机监控系统的监控指令及向监控系统提供设备的运行信息。在计算机监控系统的现地控制单元退出运行的情况下，机组辅助设备的现地控制系统可满足对所属设备的现地监控及保护要求，包括运行人员在各辅助设备的现地对设备的监控。机组辅助设备通常随水轮机类型及生产厂家有不同的配置，其现地控制设备一般由机组制造厂家提供，各辅助设备的现地控制系统需根据机组厂家的技术文件进行设计，其技术要求除满足本篇 3.1 一般要求中的相关要求外，通常还有如下的考虑。

(1) 现地控制系统应为设备监视、控制及安全保护提供完整的、独立于 LCU 的系统，包括自动及现地手动控制、控制的安全闭锁及联锁、以主备方式运行设备的备用自动投入控制等，以及采用独立于 LCU 的控制电源。现地控制系统的控制及监视不应出现由计算机监控系统设置的工作条件，除控制命令外，接线不应串接由 LCU 输出的触点。

(2) 机组辅助设备的现地控制系统，应向计算机监控系统提供满足监控系统对设备监控所需的设备运行信息，并可接受 LCU 的监控指令对设备接线监控。LCU 不应取代设备的现地控制系统，通常也不必要在 LCU 再重复设置设备现地控制系统。

(3) 与机组安全运行相关的非电量监测自动化元件（设备），应采用独立于 LCU 的供电电源，其监控输出（触点或模拟量，如报警或跳闸输出）应首先直接（不经 LCU）提供给硬布线的水力机械保护接线、机组的辅助设备现地控制接线及其他现地控制装置或接线。

当非电量监测自动化元件（设备）的监控输出仅可提供给一个用户而计算机监控系统或其他监控或保护也需要该信息时，在相关的机组设备现地监控系统接线应设置该输出的重复继电器，由该继电器触点向计算机监控系统提供相应的监控信息。

(4) 机组轴瓦、主变压器应有独立于（包括电源）现地控制单元的温度监视（温度信号装置），独立温度监视占有的温度测点，应可满足机组轴瓦或变压器温升保护的要求。

温度监视的跳闸输出分别接入机组的水力保护接线或变压器的继电保护系统。

3.4.2　机组辅助设备现地控制系统与 LCU 的接口示例

与机组辅助设备现地控制系统接口的外系统，通常为电厂计算机监控系统的机组现地控制单元的机组监控系统。表 4-3 给出机组辅助设备现地控制系统与机组 LCU 的接口内容示例，本例仅有 I/O 接口，无模拟接口，通常不设置通信接口。

表 4-3　　　机组辅助设备现地控制系统与机组 LCU 的接口内容示例

点的类型	点　的　内　容
输出至 LCU 的 I/O 点	（1）技术供水系统：主阀位置或泵的运行状态、故障信号、水压或流量信号、自动/手动、现地/远方。 （2）高压油顶起系统：油泵（含备用泵）运行状态、油压信号、故障信号、自动/手动、现地/远方。 （3）技术供水中断、油槽油位不正常信号。 （4）围带气压信号、机械制动位置
由 LCU 输入的 I/O 点	开/关技术供水系统、投/退高压油顶起、围带放/充气、投/退机械制动

3.5　发电机（或发电机-变压器组）断路器的合/跳控制操作

3.5.1　一般要求

发电机（或发电机-变压器组）断路器为同期点断路器，断路器的合/跳控制通常有机组开机过程中由机组自动准同期装置自动合闸，以及对发电机-变压器组接线的发电机断路器进行无压自动合闸；由机组停机顺序控制程序跳闸，机组事故时由机组继电保护及水力机械保护动作跳闸；运行人员的手动合、跳。断路器现地通常设置断路器现地控制系统及控制柜，可在断路器现地独立完成对断路器手动合/跳操作及现地监控，并可接受外部的合/跳控制命令完成断路器的合、跳操作，以及对外部系统提供断路器的运行信息。断路器控制系统通常采用硬布线强电的继电器接线。对发电机（或发电机-变压器组）断路器的合/跳控制，包括断路器控制系统（接线）的要求，在 NB/T 35076《水力发电厂二次接线设计规范》及 GB/T 14285《继电保护和安全自动装置技术规程》中均有相关的规定，通常主要有如下的考虑。

（1）断路器的控制系统应能接受同期装置的合闸令、停机顺序控制程序及保护装置的跳闸令对断路器进行合、跳闸，允许运行人员在断路器的现地、机旁及中控室对断路器进行手动合、跳操作，包括在机旁按事故停机按钮跳闸。

（2）断路器控制接线一般应采用 220V DC 或 110V DC 厂用蓄电池直流电源供电。对有两组跳闸线圈的断路器，其每一跳闸线圈的控制回路应分别由专用的直流熔断器或自动开关供电，并取自不同的直流母线。断路器弹簧操动机构的储能电机单独提供电源。

（3）接入跳闸回路的继电器跳闸触点（停机程序及保护跳闸）应设置自保持回路，以保证断路器可靠跳闸，且避免由其承担切断跳闸电流而保护跳闸触点。通常可采用带串联电流线圈的跳闸触点接入断路器的跳闸回路，由跳闸电流实现跳闸自保持。接入合闸回路的继电器触点也宜作同样考虑。合、跳闸完成后由断路器辅助触点切除合、跳闸电流。

（4）同期装置输出的自动及手动准同期合闸令，应以硬布线方式直接接至断路器的远方合闸回路。

(5) 断路器控制系统应设置现地/远方控制选择开关，仅在选择开关于远方位置时，允许执行外部系统的合闸及手动跳闸控制指令（不包括手动事故停机按钮跳闸）。

(6) 35kV及以上电压的断路器，控制接线应有电气防止断路器多次合闸的跳跃闭锁回路。20kV及以下可电动合闸的无机械防跳性能的断路器，应设电气防跳跃闭锁接线。手动合、跳闸应采用按钮或自复位操作开关。

(7) 合、跳闸回路应装设位置监视继电器，以监视断路器控制电源及合闸回路、跳闸回路的完整性。

(8) 根据断路器操动机构及断路器的类型，按断路器厂家的要求设置断路器故障监视及闭锁。如弹簧操动机构未储能（弹簧未拉紧）合闸闭锁，液压或气压操动机构的压力异常报警及合闸、跳闸闭锁；SF_6断路器SF_6压力异常报警及合闸、跳闸闭锁。

(9) 在断路器操作处，应有指示断路器合、跳位置状态的信号。

(10) 断路器现地控制接线设跳闸或合闸继电器时，为防止电源或电缆线干扰误动，该继电器通常应要求其动作电压不低于额定电压的55%～65%、启动功率不小于5W、动作时间不小于10ms，不宜采用快速动作继电器，特别对经较长的电缆线由远方控制跳闸或合闸的继电器。根据电厂的具体情况，保护及远方跳闸触点可采用直接作用于跳闸线圈的接线方式，现地不再设重复继电器。

电厂采用计算机监控且中控室未设置断路器手动准同期接线时，中控室的远方手动合、跳通常通过机组的现地控制单元软件执行，由机组的现地控制单元对断路器输出控制令。此时中控室的远方手动合闸仅为自动准同期及无压合闸，在机组同期装置的同期方式开关于自动准同期位置或无压合闸位置时，机组现地控制单元接受中控室的手动合闸指令，启动同期装置执行断路器的自动合闸控制或执行无压合闸。中控室设置手动准同期接线时，中控室的断路器合闸令需采用电缆接线直接接至断路器跳闸线圈。

3.5.2 断路器控制接线图示例

图4-6所示为发电机-变压器组高压侧220kV弹簧操动机构的SF_6断路器控制接线图示例，图4-6中未表示弹簧操动机构电动机操作回路、合闸和跳闸位置指示灯接线、断路器及其操动机构故障信号引出（包括SF_6气体压力降低及泄漏报警、合闸弹簧未储能、操动机构电动机过电流或电源故障）及断路器辅助触点（位置信号）等的引出。断路器监控系统及现地控制柜通常由断路器厂家与断路器一起提供。

断路器配置2个跳闸线圈，控制电源分别取自不同直流母线供电的220V DC电源，设直流电源监视。

设现地手动操作开关（自复开关）SC及现地/远方选择开关SCS。外部系统接入的远方合、跳闸包括同期装置输出的合闸（包括准同期自动合闸、手动准同期合闸，该断路器不设置无压合闸）、机旁及中控室的手动合/跳闸、停机顺序控制程序的跳闸。电厂采用计算机监控，中控室的远方手动合、跳通常通过机组的现地控制单元软件执行，由机组的现地控制单元对断路器输出控制令，同期自动及手动合闸令合并引出。远方分闸令与保护跳闸分别引出至断路器。手动事故停机按钮设置在水力机械保护接线中，由保护输出跳闸。保护跳闸及远方合、跳闸接入的继电器触点均带跳闸电流自保持的串联线圈，图4-6中未表示。

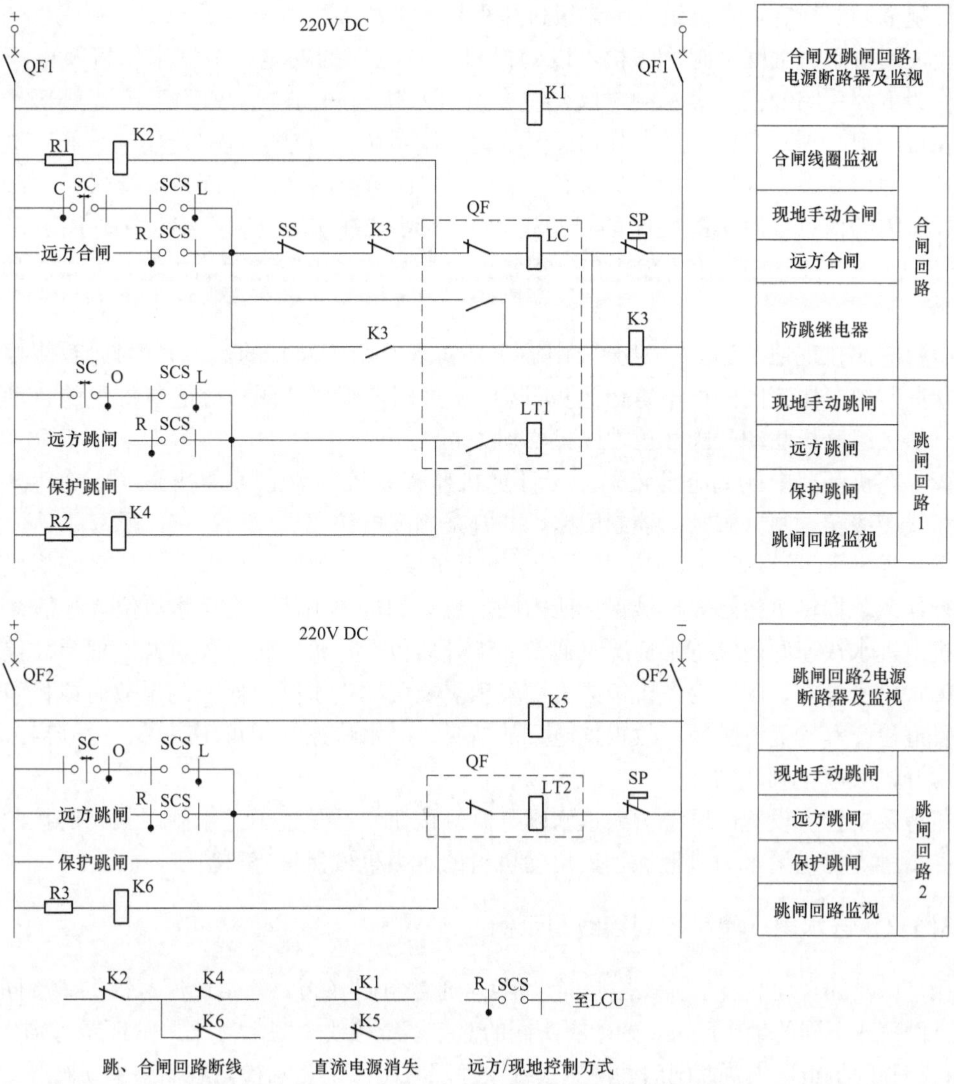

图 4-6　发电机-变压器组高压侧 220kV 弹簧操动机构操作的 SF_6 断路器控制接线图示例

K1～K6—中间继电器；R1、R2、R3—电阻；SC—操作开关；SCS—远方/现地控制选择开关；SS—弹簧未储能触点；SP—气压异常；LC、LT—断路器合、跳闸线圈

按厂家提供的控制接线，断路器在 SF_6 气压异常降低时，由压力信号触点 SP 闭锁合、跳闸；在操动机构弹簧未储能时，由其信号触点 SS 闭锁断路器合闸。合、跳闸完成后，由断路器 QF 辅助触点切断合、跳闸电流。

本例断路器设防跳跃闭锁接线，采用合闸启动方式。跳跃闭锁也可以采用跳闸启动，闭锁继电器的电流线圈串联于跳闸回路中，跳闸回路接通后即自保持。

3.6　机组进水闸（阀）的控制操作

3.6.1　一般要求

按照 NB/T 35004《水力发电厂自动化设计技术规范》及 SL 612《水利水电工程自动

化设计规范》的规定，在机组发生二级过速事故、事故停机时导叶剪断销剪断或水淹厂房时，应关闭机组进水闸（阀）停机，以确保机组及电厂的安全。根据水轮机及电厂的类型，作为事故关闭的机组进水闸（阀）主要有进水快速闸门（事故闸门）、蝴蝶阀、球阀等。在每一闸（阀）现地，通常分别设置现地控制系统，可独立地对所属闸（阀）进行现地监控，并接受远方的控制指令完成闸（阀）的启/闭控制，向外部系统提供闸（阀）远方监控所需的信息。对事故关闭的机组进水闸（阀）的自动控制系统，在 NB/T 35004、SL 612 及 NB/T 35076《水力发电厂二次接线设计规范》中有相关的规定，通常有如下技术要求。

（1）应能在现地及远方（机旁及中控室）实现对闸（阀）的监控，包括启/闭控制及运行状况监视（快速闸门可不考虑远方开启）。对蝴蝶阀、球阀，应能与机组的自动控制联动，如机组开机联动开阀、正常停机联动关阀。

（2）在机旁及中控室应设置独立于计算机监控系统的紧急关闭按钮（或操作开关），以硬布线接线接至闸（阀）的控制回路，并宜采用强电接线。

（3）提供 LCU 的监控接口，接受计算机监控系统的监控指令及向监控系统提供设备的运行信息。提供机组水力机械保护所需的信息，如进水闸门下滑至事故位置等信息。

机组进水快速闸门在正常情况下通常处于开启位置，机组正常停机及一般事故停机时仅关闭水轮机导叶，闸门仅在机组或电厂发生需要关闭进水闸（阀）的事故时或机组进水输水管道检修等情况下关闭。故根据电厂的情况，进水快速闸门可不考虑远方开启或与机组正常开机顺序控制联动开闸。

机旁及中控室设置的紧急关闭进水闸（阀）按钮，通常置于进水闸（阀）的控制回路中，并由触点提供给水力机械保护，启动机组的水力机械保护停机流程。

3.6.2 进水闸（阀）控制接线图示例

闸（阀）的现地监控系统及控制屏（柜），通常由闸（阀）的生产厂家提供。不同类型的闸（阀）或不同的生产厂家，通常有不同的监控系统接线。图 4-7、图 4-8 所示分别为液压启闭机控制的机组进水快速闸门的液压系统原理示意图（未表示检修维护用手动阀等）及控制接线图（未表示闸门及液压系统状态信号及故障信号回路、引出触点等）。闸门的提升采用液压操作，压力油源由两台以主、备方式运行的油泵提供。闸门的开、闭通过液压控制系统的液压缸操作，液压缸的上腔固定接回油，下腔接压力油时，闸门提升；下腔接回油时，闸门在自重的作用下关闭。油泵与液压缸间的油管路上设两位三通液压换向阀，换向阀由带定位机构的两位三通电磁阀控制，由电磁阀接受闸门的开、闭指令对闸门进行控制。

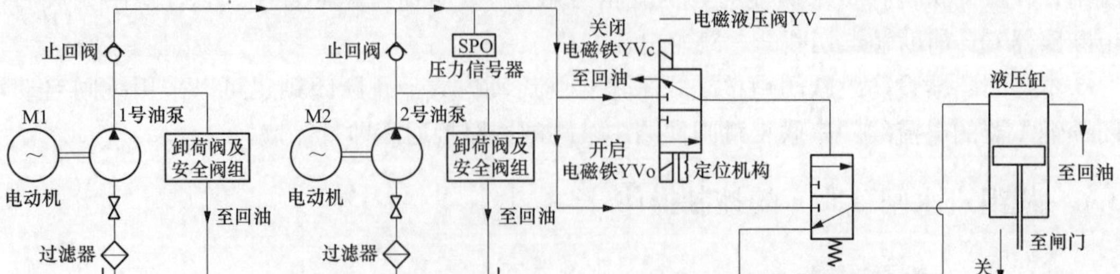

图 4-7　液压启闭机控制的机组进水快速闸门的液压系统原理示意图

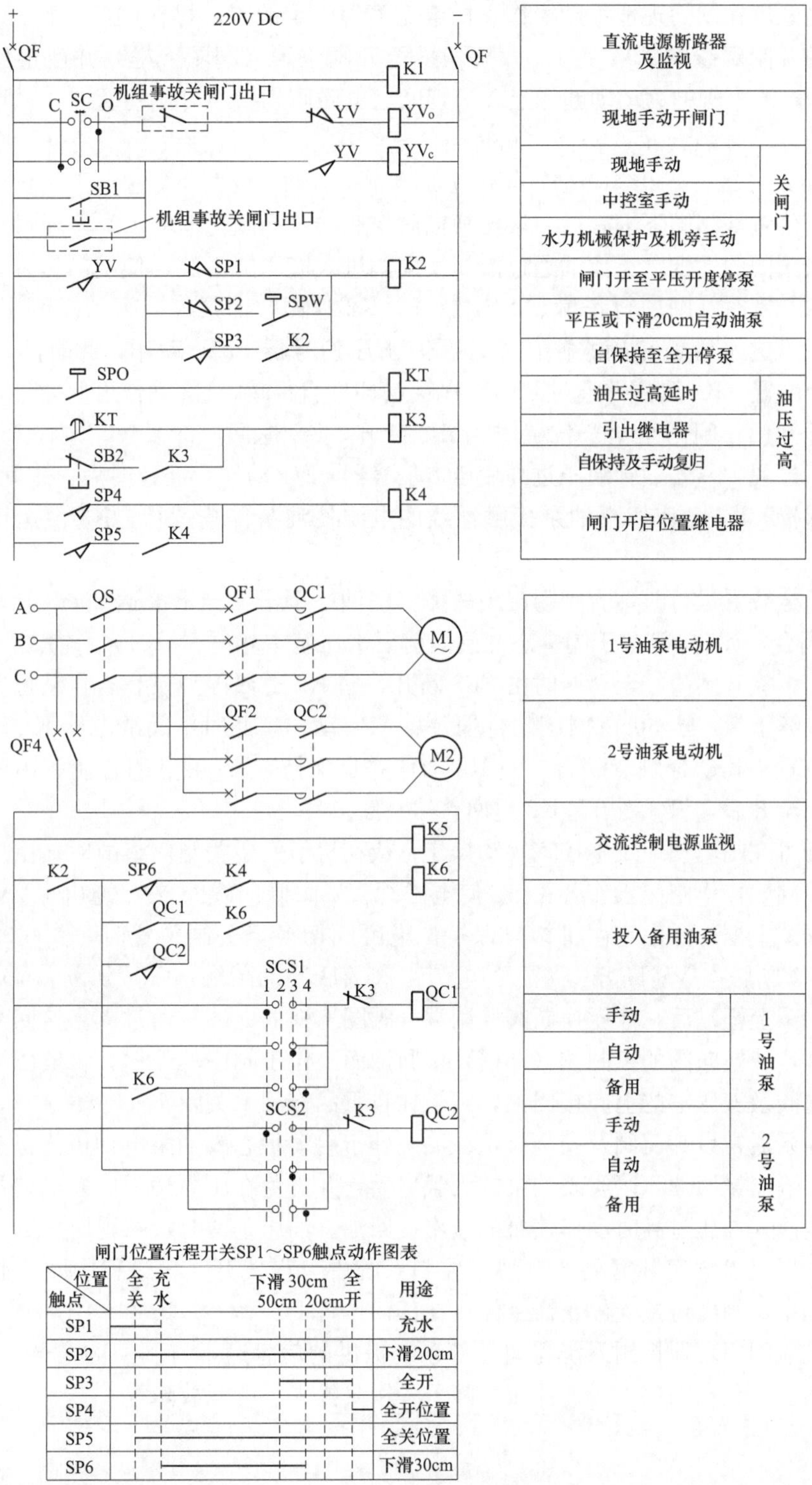

图 4-8　液压启闭机控制的机组进水快速闸门的液压系统原理示意图及控制接线图

QF、QF1、QF2—断路器；K1～K6、KT—中间、时间继电器；SC—操作开关；SB1、SB2—按钮；YV_o、YV_c—电磁阀线圈；YV—电磁阀联动触点；SPW、SPO—压力信号器；QS—隔离开关；QC1、QC2—接触器；SCS1、SCS2—切换开关；1—手动；2—断开；3—自动；4—备用闸门的开启在闸门现地手动操作。机组无关闸门事故时，操作闸门操作开关SC使电磁阀YV的开闸门线圈YV_O通电，YV切换至开闸位置（阀图下框）并由定位机构自保持。YV_O的电流由阀的联动动断触点YV切断。电磁阀切换至开闸位置时，其联动动断触点YV断开，动合触点YV闭合。此时闸门于全关，其行程触点SP1闭合，中间继电器K2励磁，K2动合触点闭合使处于自动位置的油泵启动（此时K3触点于闭合状态）。YV切换至开闸位置（阀图下框）后，液压换向阀控制端（阀图上框的上端）通过YV接压力油而工作在阀图的上框，压力油通过液压换向阀进入液压缸下腔，使闸门提升。闸门打开至闸门充水开度时，闸门行程触点SP1断开，K2返回，油泵停，闸门停留在充水开度。闸门后的机组进水管道充满水闸门平压后，水压信号器SPW动作，此时闸门行程触点SP2于闭合位置，K2励磁并通过闸门行程触点SP3自保持，K2动作再使处于自动位置的油泵启动开闸门。闸门至全开位置时，SP3断开，K2返回，油泵停。闸门于全开运行。在油泵运行过程中，若油管油压过高使压力信号器SPO动作，经延时后，中间继电器K3动作并自保持，K3动作切断油泵接触器线圈电源使油泵停止运行。K3由运行人员手动复归。

闸门于全开下运行时，若闸门出现故障（漏油）下滑，当下滑达20cm时，闸门行程触点SP2闭合，此时SPW于闭合态（闸门前后水压基本相同），K2动作使处于自动位置的油泵启动，提升闸门；至全开时由SP3断开，使K2返回停油泵。若自动位置的油泵启动后闸门继续下滑，至30cm时闸门行程触点SP6动作，此时中间继电器K4动作（闸门仍为开启位置）其动合触点闭合，使K6动作并自保持，K6触点闭合使备用油泵投入运行。至闸门全开后，SP3断开，K2返回，油泵停。

关闸门可在闸门现地及中控室手动操作，或在机组发生关闸门事故时，由机组保护继电器动作关闸。操作闸门操作开关SC使电磁阀YV关闸门线圈YV_C通电，YV切换至关闸位置（阀图上框）并由定位机构自保持。电磁阀切换至关闸位置时，其联动动断触点YV闭合，动断触点YV断开，YV_C的电流由阀的联动动断触点YV切断。YV切换至关闸位置（阀图上框）后，液压换向阀控制端（阀图上框的上端）通过YV接回油而工作在阀图的下框，使换向阀的控制侧（上框）接回油而工作于阀图的下框，将液压缸的下腔通过液压换向阀及液压缸的上腔接回油，闸门在自重的作用下关闭。

每台油泵通常设卸荷阀及安全阀，在油泵处于启动状态或油泵电动机停机前，通过卸荷阀使泵的输出接回油，以实现油泵的无载启动，并避免在压力油下停泵电动机后高压油倒流；安全阀在油压过高时动作使泵的输出接回油。油压正常时，两阀均关闭。

根据电厂机组的实际需要，在闸门控制系统中可设置开、闭过程中断控制，在闸门开、闭过程中，闸门可接受停止命令停止在任何位置上。

机组进水闸门现地控制系统需向外部系统提供的信息通常有闸门的全开、全关位置，各种故障信息，包括闸门下滑、油压故障、备用泵投入、电源故障等。

4 机组的测量监视

水轮发电机组需按有关规程的要求设置电气测量及水力机械测量，以满足电厂及电力系统对机组的运行监视、保护及自动化监控和管理的要求。

4.1 发电机或发电机-变压器组的电气测量

1. 配置要求

发电机或发电机-变压器组的电气测量，通常需要按满足电厂运行人员在机旁和中控室对机组的运行监视、电厂自动化监控和管理、电力系统远动及远方监控中心（若有）的要求进行配置，电厂自动化及管理要求包括电厂计算机监控、故障录波、信息管理自动化系统等的要求；远方监控中心可包括电厂的梯级调度中心及远程监控中心。对机旁、中控室需监测的电气量及要求，在 SL 456《水利水电工程电气测量设计规范》中有具体的规定，见表 4-4～表 4-6。表 4-4、表 4-5 的配置通常可满足电力系统远动及电厂远方监控对机组电气测量信息量的要求。

表 4-4 水力发电厂发电机及发电机-变压器组的电气测量配置要求

设备名称		中控室	机旁盘	电能计量	模拟屏仪表
单元机组、联合机组、扩大单元组、发电机-双绕组变压器组	发电机侧	I、P、Q、U、I_f、U_f	P、Q、f、U、I	W_P、W_Q	P、Q
发电机-变压器线路组	发电机侧	I、P、Q、U、I_f、U_f	P、Q、f、U、I	W_P、W_Q	P、Q
	高压侧	U_x	—	—	—
发电机-三绕组（自耦）变压器组	发电机侧	I、P、Q、U、I_f、U_f	P、Q、f、U、I	W_P、W_Q	P、Q
	中压侧	I、P、Q	—	—	P、Q
	高压侧	I、P、Q	—	—	P、Q
	公共绕组	I（自耦变压器）	—	—	—

注 1. U——发电机定子电压，在现地集中屏或中控室应可测量发电机定子线电压及零序电压，或三相电压；

I——发电机定子或变压器电流，在现地集中屏或中控室可测量三相电流，对发电机—三绕组（自耦）变压器的 110kV 及以上电压侧应测量三相电流；

f——发电机频率；

I_f——发电机转子电流；

P——发电机或变压器有功功率；

Q——发电机或变压器无功功率；

U_x——线路侧线电压；

W_P——发电机有功电能；

W_Q——发电机无功电能。

2. 水轮发电机作调相运行时，应测量正反向有功、无功功率和计量送、受的有功、无功电能。发电机的有功、无功电能表可装在机旁盘或中央控制室。

3. 当三绕组（自耦）变压器作为系统联络时，高、中压侧应测量正反向有功、无功功率和计量送、受的有功、无功电能。

表 4-5　　励磁系统、调速系统的电气测量配置要求

设备名称	中控室	机旁盘	模拟屏仪表
励磁系统	I_f、U_f	I_f、U_f、Q、U、I_{gz}	—
调速系统	P、f	P、f	—

注　I_f——发电机转子电流；
U_f——发电机转子电压；
U——发电机定子电压；
I_{gz}——每个励磁功率整流柜直流输出电流；
Q——发电机无功功率；
P——发电机有功功率；
f——发电机频率。

表 4-6　　电气测量仪表准确度最低要求

仪表类型名称	准确度最低要求等级
指针式交流仪表	1.5
指针式直流仪表（不经变送器）	1.5
指针式直流仪表（经变送器）	1.0
数字式仪表	0.5

电力系统电能量计费系统的电度测量应根据电力系统要求进行设置，包括关口电表及与电力系统的通信传输等要求，并通常以独立系统的方式设置。

2. 配置方案

机组电气量（不包括电能计量）的测量，可采用交流采样、变送器、测量仪表测量方式或其组合。交流采样可采用在计算机监控系统的机组现地控制单元（LCU）中设置电量测量模块，或采用电量综合测量装置（包括具有电量综合测量功能的测控装置或保护测控装置）并以串行口将测量数据输入 LCU 方式。采用变送器方案时，变送器宜以毫安电流输出至 LCU。LCU 设显示器。按规程规定，机组为电厂中电能计量的测量点，电能测量通常采用带电度脉冲输出或以通信口输出的电度表，电度脉冲或电度输出接入 LCU，由 LCU 接受电度表的电度脉冲输出对电度进行累计。

电气测量的配置，通常需要考虑在计算机监控系统的机组现地控制单元故障退出运行时，仍可满足机组安全运行监控所需的电气测量要求，包括运行人员在机组现地对机组运行电气量的监视。为此，机旁盘的电气测量，宜由测量仪表或电量综合测量装置包括测控装置、保护测控装置完成，电量综合测量装置以独立于计算机监控系统装设，并应带数字显示。测控装置、保护测控装置通常为独立装置，并通常带显示器。

电厂采用计算机监控时，发电机（或发电机-变压器组）电气量测量系统一般可采用下列方案之一。

(1) 机组 LCU 装设 P、Q、I、U、f 变送器（I、U 采用三相组合变送器）及 W_p、W_Q 脉冲电度表，变送器的输出及电度脉冲输出接入 LCU，并设发电机零序电压测量表或

带切换开关测量发电机三相电压的电压表。另在调速器（电气盘）盘上设置独立于 LCU 的 P、f 表计（或显示器），在励磁调节器盘上设置独立于 LCU 的 I_f、U_f、Q、U、I_{gz}表计（或显示器）及 I_f、U_f 变送器，I_f、U_f 变送器输出接入 LCU，表计可在 LCU 退出运行时，在机旁对机组进行运行监视。中控室模拟屏或电力系统远动可由计算机监控系统提供数据或根据要求采用变送器输出。根据电厂的需要，也可在机组 LCU 屏以独立于 LCU 的方式再设置机组的 P、f、Q、U 表计，以方便集中监视。

（2）机组 LCU 装设采用交流采样的电量综合测量装置（带显示器）及 W_p、W_Q 脉冲电度表，电度脉冲输出接入 LCU，电量综合测量装置的测量数据由 LCU 以通信的方式进行采集。电量综合测量装置的监测量可包括 P、Q、U（相、线、零序）、I、W、W_q 等，这些监测量可在装置的显示器上显示并通过通信口接受 LCU 的数据采集。根据电厂的规模或要求，电量综合测量装置采用直流或 UPS 供电或带内部电池的电源，以使电度记录不受供电电源故障的影响。在调速器（电气盘）、励磁调节器盘上表计及变送器的设置同上述（1）。当中控室模拟屏或电力系统远动要求直接采用机组的发电有功功率及无功功率模拟信号时，LCU 可再设置机组有功功率及无功功率组合变送器。

（3）机组 LCU 装设交流采样模块及 W_p、W_Q 脉冲电度表，LCU 设置显示器。当中控室模拟屏或电力系统远动要求直接采用机组的发电有功功率及无功功率模拟信号时，可再设置机组有功功率及无功功率组合变送器。其他要求及相关的设置同电量综合测量装置方案。

目前常用方案有上述（3）或（2）。三种方案及其与 LCU 的接口结构见图 4-9。W_p、W_Q 也可采用带通信口的电度表。

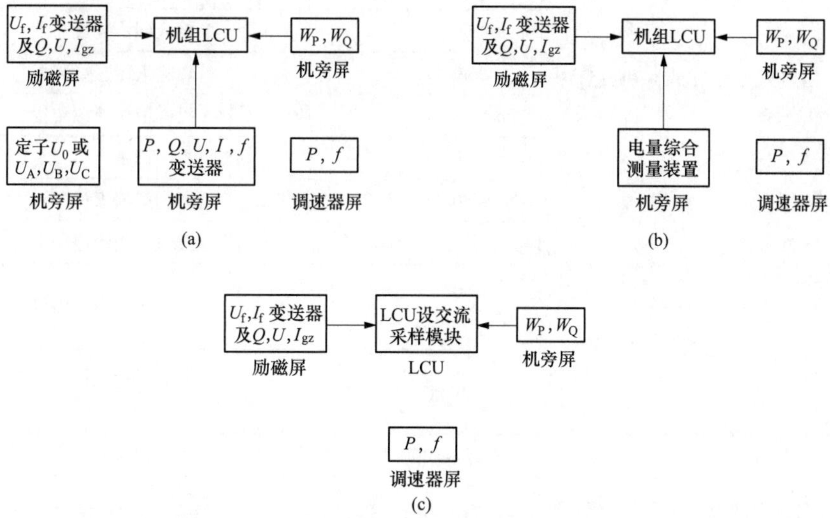

图 4-9　发电机-变压器组电气测量系统及其与 LCU 的接口结构

（a）变送器方案；（b）电量综合测量装置方案；（c）LCU 中设置交流采样模块方案

升压变为三绕组（自耦）变压器时，其高、中压侧的测量装置及与监控系统的接口通常置于开关站 LCU。同样可有上述的三种配置方案，即开关站 LCU 设 P、Q、I 变送器（I 采用三相组合变送器）及相应的测量表计；LCU 设带显示器的交流采样综合电量测量装置；LCU 设交流采样模块及显示器。

4.2 机组的非电量测量监视

机组的非电量测量，通常需按满足机组及其辅助设备的控制及水力机械保护要求、电厂运行人员在机组或其辅助设备现地及中控室对机组或其辅助设备的运行监视要求进行配置。在 NB/T 35004《水力发电厂自动化设计技术规范》、SL 612《水利水电工程自动化设计规范》中，给出了机组的非电量测量的下列配置要求，并给出了配置示例（见表 4-7）。

表 4-7　轴流和混流式机组非电量监测元件配置

元件名称	安装位置或接线	触点接通条件	用　途
机械转速信号器	主轴	最大瞬态转速的规定值加 5% n_r（n_r 为机组额定转速）	紧急事故停机，动作过速限制器，并关闭机组事故闸门或蝶阀、球阀、圆筒阀，同时经事故停机电磁阀卸负荷、跳闸、灭磁、停机
		最大瞬态转速的规定值加 3%n_r	
电气转速信号器	接机端电压互感器和齿盘测频信号器	$n \geqslant 110\% n_r \sim 115\% n_r$	同时遇主配压阀拒动，则延时动作过速限制器，并经事故停机电磁阀卸负荷至空载后，再作用于跳闸、灭磁、停机。若未装设过速限制器，则直接关闭机组事故闸门或蝶阀、球阀、圆筒阀，并作用于事故停机电磁阀卸负荷、跳闸、灭磁、停机
		$n \geqslant 90\% n_r$	投入同步装置
		$n \geqslant 90\% n_r$	切除液压减载装置
		$n < 90\% n_r$	投入液压减载装置
		$n \geqslant 90\% n_r$	投入起励
		$n \leqslant 80\% n_r$	调相解列停机
		$n \leqslant 50\% n_r \sim 60\% n_r$	投入电制动停机
		$n \leqslant 15\% n_r \sim 25\% n_r$ 或 $n \leqslant 5\% n_r \sim 10\% n_r$	投入机械制动停机
		$n=0$	终止制动，停止与机组运行有关的各设备
示流信号器	冷却水主管	冷却水中断	投备用水源，发信号
	各轴承油槽及空气冷却器的冷却水管	冷却水中断	发信号
	轴承外循环系统的冷却水管	冷却水中断	发信号
	轴承外循环系统的油管	油流中断	投备用油泵，发信号
	主轴密封润滑水管	水流中断	投备用水源，发信号
	轴承油管（贯流式机组）	油流中断	发信号

续表

元件名称	安装位置或接线	触点接通条件	用　途
液位信号器	各轴承油槽	液位越上限或下限	发信号
	回油箱	液位越上限或下限	发信号
	压油罐	液位越上限	自动补气
		液位恢复正常	停止补气
		液位低于下限	发信号
		液位越第二下限（事故低油位）	事故停机
	漏油箱	液位越第一上限	启动漏油泵
		液位恢复正常	停止漏油泵
		液位越第二上限	发信号
	水轮机顶盖	液位越第一上限	启动排水泵
		液位恢复正常	停止排水泵
		液位越第二上限	发信号
	低位油箱（贯流式机组）	液位越上限	发信号
		液位越下限	
	重力油箱（贯流式机组）	液位越上限	发信号
		液位越下限	
		液位越第二下限	发信号，停机
	灯泡头水位（贯流式机组）	液位越上限	发信号，停机
压力信号器	压油装置	油压越第一下限	启动工作油泵
		油压越第二下限	启动备用油泵，发信号
		油压越第三下限（事故低油压）	事故停机
		油压恢复正常	停油泵
	主轴密封润滑水管	水压低于下限	发信号
	制动闸	气压低于下限	开机准备条件之一
	制动气源	气压低于下限	发信号
	技术供水总管	水压低于下限	投备用水源，发信号
	液压减载油管路	液压减载过程中油压低于下限	启动备用油泵，发信号
	发电机通风压差（贯流式机组）	压力异常	发信号，延时停机
测温电阻	各轴承轴瓦	温度越第一上限	发信号
		温度越第二上限	事故停机
	各轴承油槽油温	温度越上限	发信号
	定子铁心及绕组温度	温度越第一上限	发信号
		温度越第二上限	事故停机
	空气冷却器	温度越上限	发信号
	轴承外循环油管	温度越上限	发信号

续表

元件名称	安装位置或接线	触点接通条件	用　途
剪断销信号器	剪断销	剪断销剪断	发信号，事故停机中剪断则启动紧急事故停机
油混水信号器	漏油箱、回油箱及有油、水热交换的油槽	油中含水过多	发信号
测轴电流装置	主轴	轴电流越第一上限	发信号
		轴电流越第二上限	延时解列灭磁
测振动装置	各轴承支架	振动越第一上限	发信号
		振动越第二上限	延时事故停机
测摆度装置	各轴承附近	大轴摆度越第一上限	发信号
		大轴摆度越第二上限	延时事故停机
测轴向位移装置	轴与机架	机组转动部分下沉或上抬越限	发信号，延时事故停机

（1）各轴承油槽应分别装设液位信号器，每套液位信号器应有反映液面过高或过低的触点。

（2）当机组冷却水有两路供水水源时，在每台机组冷却水总管及重要用水支路分管排水侧，宜设带流量指示的示流信号器或流量开关。

（3）推力轴瓦、各导轴瓦、各油槽、空气冷却器、定子铁心及绕组应设置 Pt100 测温电阻，三线制引出。推力轴瓦、各导轴瓦及定子的部分温度测点宜接至数字式温度信号器。

（4）机组过速保护应装设机械和电气不同信号源且相互独立的两种转速信号装置。

（5）机组电气转速信号器应具有冗余的信号源输入，具有可调整的多定值的触点，分别满足事故停机、投过速限制器、投自动准同步装置、投入与切除液压减载装置、投入起励、调相解列停机、投入电气制动、投入机械制动和蠕动检测的要求。

（6）机组压缩空气制动系统应设气源压力监视信号，当气压降低时发信号。

（7）制动闸宜设反向给气装置及位置信号。

（8）轴流式水轮机应采取防抬机措施，并装设抬机信号装置。

（9）回油箱、漏油箱以及有油、水热交换装置的油槽，应装设油混水信号器。

（10）凡需要根据压力值实现自动控制或自动报警的油、气、水系统，均应装设压力信号器。

（11）水轮机导叶应装设剪断销信号装置。

（12）容量为 100MW 及以上机组宜设置监视大轴摆度和机架振动的监测装置。

（13）机组拦污栅和滤水器应设置检测其阻塞状况的差压信号器。

（14）接力器锁锭应能提供分别反映投入和退出的独立状态信号。

（15）当水轮机装设过机流量测量装置时，应在现地和远方显示流量。

对机组或其辅助设备控制及水力机械事故保护及故障报警需要的非电量测量，测量装置通常采用带输出触点的信号器，在非电量运行值达报警或事故设定值时，输出触点闭合。报警信号通常直接接入计算机监控系统的机组现地控制单元，由计算机监控系统进行报警、信息显示及记录并提供给其他相关的系统。事故信号则直接接入机组水力机械保护系统，当信号器仅有一对事故输出触点时，计算机监控系统所需的非电量事故信号由机组水力机械保护系统提供。根据电厂的需要，非电量故障报警信号也可以直接接入机组水力机械保护系统，计算机监控系统所需的故障信息由水力机械保护系统提供给机组现地控制单元。

对需要在机旁及中控室监视的非电量测量，测量装置除了带输出触点外，还应同时带有模拟量或数字量测量数据输出，并通常接入机组现地控制单元，这些非电量通常有如机组及升压变压器的温度（如轴瓦、定子铁心及线棒、转子、冷热风、升压变压器油及绕组）、机组转速、机组振动摆动（如推力轴承、上导轴承、下导轴承、顶盖）等。温度测量可采用带模拟量（或数字量）及触点输出的测温装置或巡检装置。

非电量测量装置应有数值或故障信号指示，以便在设备现地对被测量进行监视。

机组非电量测量的具体配置，通常应根据电厂要求及机组生产厂家要求确定。如某些机组可能需要装设蠕动监测装置，以对机组的停机状态进行监测，此时若由于漏水使大轴转动（如转动角度达1.5°～2°时），输出触点闭合，给出报警信号。

5　中控室及机旁对机组的集中监控

按照 NB/T 10878《水力发电厂机电设计规范》及 NB/T 35076《水力发电厂二次接线设计规范》的规定，在电厂的中控室及机旁盘应能对机组进行集中监控，以满足电厂中控室运行值班、值班巡视、机组检修调试等对机组集中监控的需要。机组集中监控通常包括在电厂的中控室及机旁盘现地对机组频率/有功功率及电压/无功功率调节、运行工况转换操作、运行监视及事故处理等。对采用计算机监控的电厂，主要通过电厂计算机监控系统实现机组的集中监控，并需要按有关规程的规定，在中控室、机旁盘以常规硬布线方式设置机组事故情况下的紧急操作接线，以确保机组事故时的紧急操作。另外，根据电厂的需要，可考虑在机旁及中控室设置独立于计算机监控系统的集中监控接线，以便在机组现地控制单元或计算机监控系统退出运行时，可在机旁或中控室能实现保证机组继续安全运行所需的及电厂要求的基本监控。

5.1　中控室及机旁对机组功率、频率及电压的调节

5.1.1　调节方式

在电厂中控室及机旁盘对机组有功/无功功率（或频率/电压）的手动调节，正常情况下主要通过计算机监控系统进行，并通常在机旁盘或和主控室，设置独立于计算机监控系统的手动调节开关（或按钮）及接线。

（1）运行人员通过计算机监控系统（电厂控制级或机组现地控制单元 LCU）的人机接口（显示屏的机组监控画面及操作键盘），给定机组有功/无功功率（或频率/电压）的给定值（统称 LCU 给定值），由机组 LCU 对调速器及励磁调节器进行给定，调速器及励磁调节器按使发电值等于 LCU 的给定值对机组进行闭环调节。机组 LCU 通常按 LCU 给定值与调速器、励磁调节器中的给定值（或机组发电值）的差值，以增、减命令或模拟量输出方式对调速器及励磁调节器中的功率（或频率/电压）给定进行闭环调整，使调速器及励磁调节器中的功率（或频率/电压）给定值等于 LCU 给定值，即等于运行人员的给定值，在调节稳态时，LCU 的给定输出为 0，机组发电值取决于调速器及励磁调节器中的给定值，而不受 LCU 退出的影响。此时，LCU 需有调速器、励磁调节器中的给定值输入。当 LCU 以模拟量输出的给定方式时，模拟量应正比于差值。

在调速器、励磁调节器无给定值输出时，也可以采用 LCU 给定值与机组发电功率的差值，对调速器及励磁调节器中的功率（或频率/电压）给定进行闭环调整。

LCU 对调速器及励磁调节器的给定方式需根据具体的调速器及励磁调节器可提供的给定接口确定。

（2）通过在电厂中控室及机旁盘设置的机组有功/无功功率（或频率/电压）的调节开关（或按钮），以独立于计算机监控系统的常规硬布线接线方式，直接对调速器或励磁调节器中的功率、频率、电压给定值进行调整。在中控室及机旁盘（通常为现地控制单元屏）的调节开关（或按钮）装设处，设置有独立于计算机监控系统的机组功率、频率、电

压测量表计。在机组现地控制单元或计算机系统退出运行时，运行人员仍可对机组功率、频率、电压进行手动调节，保证机组继续安全运行。

机组按 LCU 给定值对调速器及励磁调节器中的功率（或频率/电压）给定值进行给定的闭环调节见图 4-10。中控室或机组现地运行人员给出的机组有功功率（或频率）、无功功率（或电压）的给定值（LCU 给定值）P_{SL}（或 f_{SL}）、Q_{SL}（或 U_{SL}），在机组现地控制单元（LCU）中与机组调速器、励磁调节器中的有功功率（或频率）、无功功率（或电压）给定值 P_S（或 f_S）、Q_S（或 U_S）进行比较，出现差值时，LCU 对调速器或励磁调节器输出增（减）令（或模拟量 ΔP、Δf、ΔQ、ΔU），按使调速器及励磁调节器中的给定值等于 LCU 的给定值进行闭环调节，由调速器及励磁调节器对机组进行调节，使发电值 P（或 f）、Q（或 U）等于给定值。

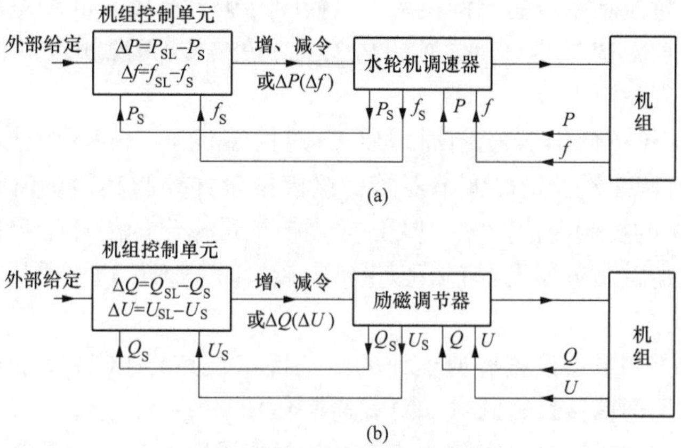

图 4-10 给定值的闭环调节

（a）有功/转速调节；（b）无功/电压调节

采用 LCU 给定值与发电值的差值对调速器及励磁调节器中的给定值进行闭环给定时，图 5-1 中现地控制单元的输入为机组发电值 P、f、Q、U。此时 LCU 的给定控制闭环将包括机组及调速器等时间惯性较大的环节。而采用 LCU 的给定值与调速器及励磁调节器中的给定值的差值对调节器中的给定值进行给定时，在调速器或励磁调节器的设定值等于（或在规定的死区）监控系统的给定值时，监控系统（LCU）便完成了给定控制，控制闭环简单且环节惯性时间较小。一般而言，采用调速器（或励磁调节器）给定单元设定值反馈的机组闭环给定控制可有较好的调节动态。采用 LCU 给定值与发电值的差值的给定方式，通常仅用于调速器及励磁调节器不能输出其给定值时。另外，为保证计算机监控系统对机组给定控制的安全可靠，监控系统通常应设置给定值的合理性检查，并对闭环调节过程进行自动监视与处理。

自动准同期装置在机组开机同期并列过程中对机组转速/电压的调节，一般不通过监控系统而采用硬布线直接控制调速器或励磁调节器的给定值给定单元。当机组设置有手动准同期时，机组转速/电压的手动调节通常也采用带开关的硬布线对调速器或励磁调节器的给定值给定单元直接进行控制。当中控室不设置机组手动准同期时，中控室可不设置对机组转速/电压的手动调节，以及独立于计算机监控系统的频率、电压测量表计。

5.1.2 LCU对调速器（励磁调节器）的调节输出接口

为使LCU投入/退出不影响机组的运行状态，LCU应以给定值与机组调速器或励磁调节器中的给定值（或与机组发电值）的差值输出，以闭环控制方式对调速器及励磁调节器中的给定值进行给定。闭环控制中LCU对调速器或励磁调节器的控制输出，通常有开关（或继电器）触点或模拟量输出两种方式。LCU输出的控制偏差值由计算机监控系统LCU进行计算。

当LCU以开关（继电器）触点输出方式进行给定控制时，LCU使输出开关（继电器）触点以间歇闭合方式对调速器或励磁调节器进行给定控制，触点的闭合时间（或称脉冲宽度）正比于控制差值。调速器或励磁调节器接受该触点的控制并使给定值的变化量正比于触点的闭合时间，直至LCU中的控制差值为零。开关（或继电器）触点闭合时间以及动作的时间间隔与控制差值的比例关系，以使闭环调节有较好的动态品质在电厂现场进行整定。调速器（励磁调节器）通常均设置有接受外部以无源触点进行给定控制的输入口，故该方式为常用的输出接口方式。

采用模拟量输出进行给定控制时，LCU的控制输出为正比于控制偏差值的模拟量（电流或电压）。调速器及励磁调节器接受该模拟量并控制其给定值的变化正比于该模拟量，直至LCU中的控制差值为零。LCU采用模拟量输出的闭环给定控制属连续的闭环控制，当调速器或励磁调节器设置有模拟量给定接口时，LCU也可采用模拟量输出的控制方式。

当调速器或励磁调节器设置有通信口的给定接口且其与LCU间的通信可靠时，LCU的给定控制也可采用通信接口方式（如总线通信）。

LCU在发电机于空载运行时对机组转速/电压的闭环调节，与发电机于并网运行时对机组功率的给定闭环调节，两种情况下对调速器（或励磁调节器）的调节给定控制通常为相同的接口，根据电厂的具体情况（如机组过水系统及机组的调节特性），两种闭环下的闭环控制参数的设定（如差值与调节脉冲宽度及间隔的对应关系的设定）通常将有所不同。

5.2 机组的集中控制和监视

5.2.1 监控内容及方式

在电厂中控室及机旁盘对机组的集中控制和监视，通常主要通过计算机监控系统进行，并设置常规布线的机组事故时的紧急控制。根据具体电厂的需要，也可以考虑在机组现地控制单元或计算机监控系统电厂控制级退出运行时，在主控室及机旁设置能实现保证机组继续安全运行所需的基本控制和监视。除上节所述的有功/频率及无功/电压调节外，通常有如下考虑。

（1）正常情况下，由运行人员通过计算机监控系统（电厂控制级或机组现地控制单元）的人机接口（显示屏的机组监控画面及操作键盘）实现对机组的集中监控。控制内容通常包括机组运行工况转换操作、发电机（或发电机-变压器组）断路器的合/分操作等。通常需包括紧急停机、关进水阀门或快速闸门等操作。监视内容通常包括机组及其辅助设备、进水闸（阀）的运行参数、运行状态、事故及故障报警信息、开/停机过程监视等。

（2）计算机监控系统退出运行时，根据电厂的具体情况，在电厂中控室可仅考虑对运行人员提供保证机组安全运行所需的监视内容及机组事故时的紧急停机及关进水闸（阀）操作。中控室监视内容通常可包括发电机有功功率、无功功率、定子电流、励磁电流、电气及水利机械事故总信号、发电机或发电机-变压器组断路器位置信号等。功率、电流及信号源、接线、表计及信号指示器，均以独立于计算机监控系统并采用硬布线接线设置。事故时的紧急停机及关进水闸（阀）采用开关（或按钮）操作，采用硬布线接线直接接至调速器、励磁装置、进水闸（阀）控制系统。

（3）机组现地控制单元退出运行时，运行人员在机旁通常可利用机组机旁盘及辅助设备的现地监控设施，实现保证机组安全运行所需的监控，包括开机并列和停机（含紧急停机）、事故关进水闸（阀）、发电机（或发电机-变压器组）断路器的合/分、机组运行参数监视、运行工况及事故故障信号监视等。

5.2.2　监控系统的机组运行监控画面示例

图 4-11 所示为电厂控制级操作员站的机组运行监控画面。该类画面按每发电机-变压器组单元分设，用作发电机-变压器组单元的运行监控，完成机组及发电机-变压器组单元的主要监控功能，可包括：

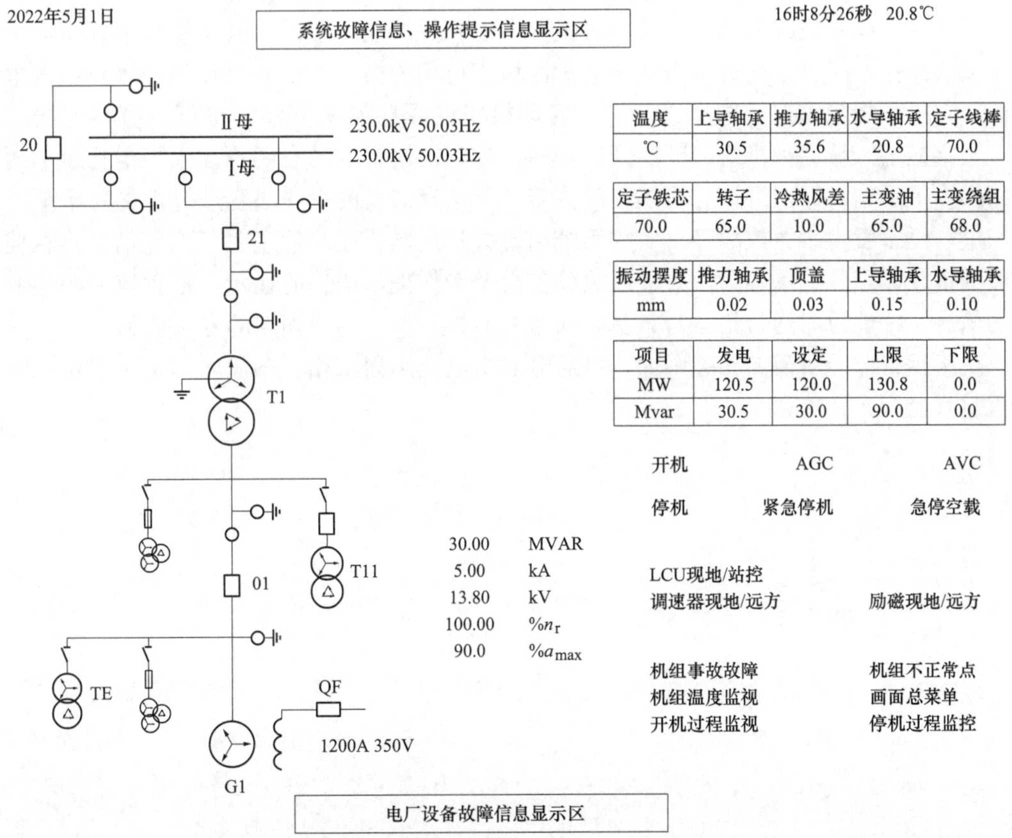

图 4-11　电厂控制级操作员站的机组运行监控画面

（1）发电机-变压器单元主设备的运行状态及主要运行参数的显示：断路器、隔离开关及接地开关的合/分状态，发电机运行状态，设备运行的电气参数、温度（瓦温为该部位各测点中的实时最高温度）、振动及摆度（最大值），发电的给定值及限值、机组投入AGC或AVC状态、主要相关装置或设备的现地/远方控制状态等。

（2）机组的运行工况转换操作及发电机-变压器组单元的断路器、隔离开关及接地开关的合/分操作，包括机组的开机、停机、紧急停机、投入/退出AGC或AVC操作，有功/转速及无功/电压的调节。

（3）机组遥测点的监控状态设置（禁止扫描、禁止操作、禁止报警设置及撤消）及显示、模拟量限值设置及手动设值，非遥测点的手动设值。

（4）当前发生的电厂设备事故、故障信息的显示及认可，监控系统故障信息及操作提示等信息的显示；

（5）相关画面的快速调用及其他画面的调用。

（6）日期、时间及室外温度的显示。

机组投入AGC或AVC时，发电的给定值由AGC或AVC给出，机组单独控制时由操作员给定。

上述监控功能的（1）主要通过主接线上设备的动态图形、模拟量显示、动态文字显示（对机组投入AGC或AVC状态、主要相关装置或设备的现地/远方控制状态等显示，也可采用动态图形显示）等方式，对设备的运行状态及参数进行监视。

上述（2）（3）监控功能，主要通过鼠标操作相关的显示图标、模拟量数字显示区域进入相关的操作，对机组尚可点击文字显示区域进行相关操作。如开机操作，可点击发电机图标，在操作提示窗口上选择“开机”启动机组的顺序开机程序。也可以直接点击“开机”文字显示区域启动机组的顺序开机程序。在点击设备的动态图形、模拟量显示后，画面的操作提示窗口即出现该点可操作的内容，可选择需要的操作内容进行相关的操作。

电厂设备发生事故或故障、监控系统出现故障或操作提示信息时，相关信息将在监控画面的信息显示区显示。为使事故或故障信息及操作提示信息的显示不覆盖监视与控制所需的信息，并能及时通告给运行人员，通常在监控画面上划定固定的专用显示区。

机组运行监控所需的相关画面，可通过点击监控画面上相关画面名的文字显示区（如开机过程监视）快速调出。

附录A 调速器液压系统元件图形符号

本附录给出调速器液压系统常用元件图形符号（见表A-1，摘自GB/T 786.1—2009/ISO 1219-1：2006《流体传动系统及元件图形符号和回路图 第1部分：用于常规用途和数据处理的图形符号》等标准）及换向阀图形符号的说明。

A.1 调速器液压系统常用元件图形符号

调速器液压系统常用元件图形符号见表A-1。

表A-1 调速器液压系统常用元件图形符号

名称	符号	名称	符号
一、管路及连接			
工作管路		控制管路	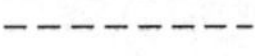
交叉管路		连接管路	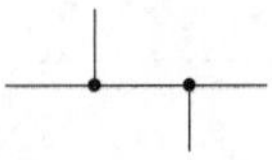
管口在液面以下的油箱	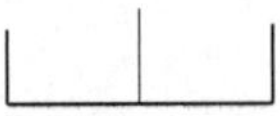	管口接于油箱低部	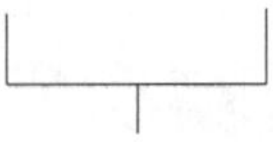
管口在液面以上的油箱	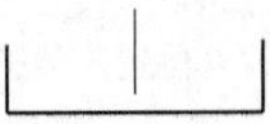		
二、控制机构及控制方法			
按钮式人力控制	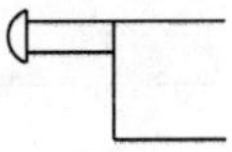	手柄式人力控制	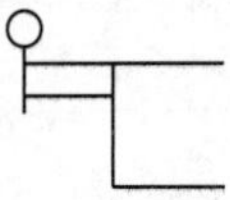
顶杆式机械控制	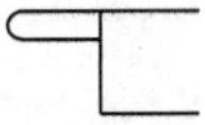	弹簧复位	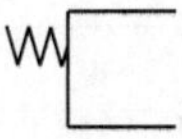
滚轮式机械控制	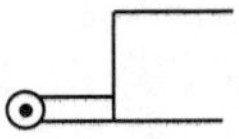	单作用电磁铁控制	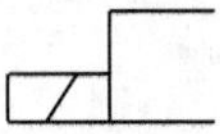
双作用电磁铁控制	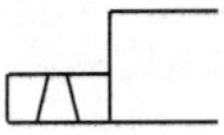	比例电磁铁控制	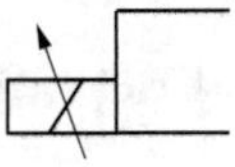
液压先导控制	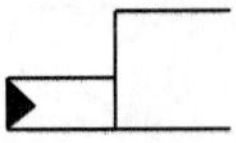	定位机构	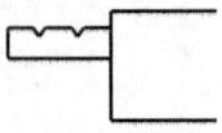
内部液压控制	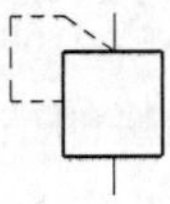	外部液压控制	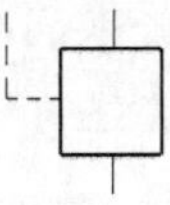

续表

名称	符号	名称	符号
三、控制元件			
直动式安全阀	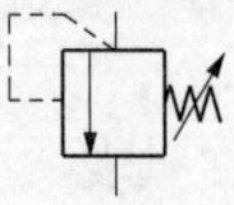	带消声器的直动式安全阀	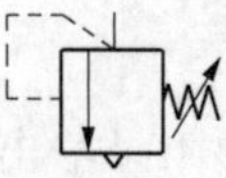
节流阀（可调，不可调）		单向阀（也称止回阀）	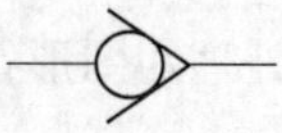
两位三通换向阀	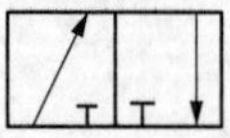	两位四通换向阀	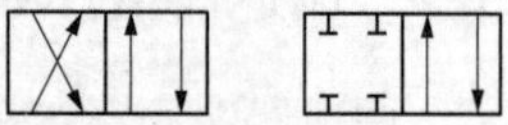
三位四通换向阀	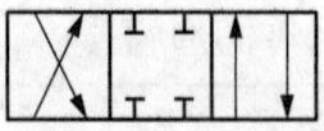	插装阀（也称逻辑阀）	
四、接力器（也称液压缸）、泵、电动机			
双作用单活塞杆接力器	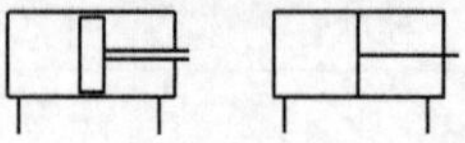	双作用双活塞杆接力器	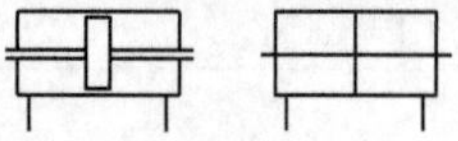
泵	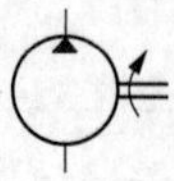	电动机	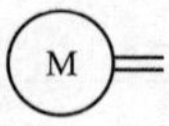
五、辅助元件			
行程（位置）开关	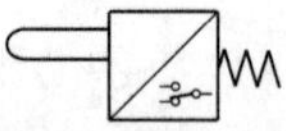	行程（位置）传感器	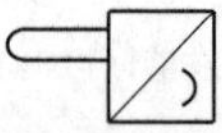
压力信号器	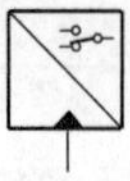	压力传感器	
液位信号器		液位传感器	
温度信号器	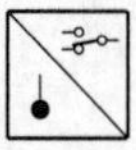	温度传感器	
过滤器	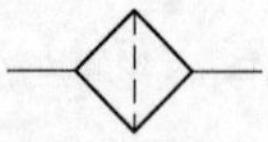	冷却器	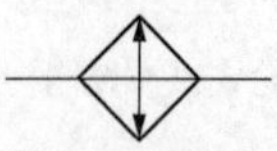

A.2 换向阀图形符号说明

（1）换向阀的“位”数是表示该阀可稳定工作的位置数，阀图形符号中的每一方格对应于一个可稳定工作的位置，方格数等于“位”数。如三位阀表示有 3 个稳定工作位置，图形符号有 3 个方格。

（2）换向阀的“通”数是表示阀体上与外部连接的主油口数。阀图形符号中一方格内的箭头、⊥及⊤与方格上、下边交点处为阀与外部连接的主油口，一方格内的交点数等于“通”数。如四通阀图形符号中一方格内有 4 个与外部连接的主油口。

（3）图形符号的方格中，箭头表示所连接的两油口连通，但不表示流向；⊥或⊤表示该油口不通流。

（4）阀的控制方式（如人力、电磁、机械、液压控制等）和复归弹簧的符号画在方格两侧。

（5）三位阀的中间方格及两位阀侧面画有复位弹簧的那一方格为常态位，即阀芯未受到操纵力作用时所处的位置。三位阀或两位阀两侧的方格，分别为阀芯受到本方格外侧控制元件操纵力（如本侧电磁铁带电，或接压力油，或受外部机械驱动）时阀所处的位置。阀与外部连接的油路一般应画在常态位上。

具体使用示例可参见第二篇的有关图及相关文字叙述。

附录 B　水轮机调节系统的 PID 参数稳定域及电力系统振荡时水轮机的输出转矩

在调节对象的传递函数于某一结构及参数下，采用 PID 调速器的水轮机调节系统的调节性能，主要取决于调速器的 PID 参数的整定。正如本书正文中的分析，水轮机调节系统随机组及电力系统的运行方式或运行工况的变化有不同的结构及参数，系统的调节性能特别是稳定性，对水轮机调速器 PID 参数可能随之有不同的要求。在水轮机调节系统投入实际运行应用设定调速器 PID 的参数时，通常需要了解在机组及电力系统不同运行方式或运行工况下，保证调节系统稳定运行的 PID 参数范围。采用自动控制原理中的双参数稳定域划分法，可得到调节系统稳定运行的 PID 参数范围，其原理及分析可参见自动控制原理有关文献。下面给出机组在频率调节模式运行（机组并网、离网及单机带负荷）及功率调节模式运行时，调速器 PID 参数的稳定域及调节系统参数对 PID 参数稳定域的影响的计算示例。本计算示例的水轮机调节系统的引水系统及水轮机环节采用理想水轮机模型。

B.1　机组并网于频率调节模式运行时的 PID 参数稳定域计算

机组并网于频率调节模式时，PID 参数稳定域计算的调节系统采用如图 2-43（a）所示的结构，所分析的机组为“刚性联结”系统中的机组。计算分析时有如下假定：所分析的各调频机组调速器环节和引水系统及水轮机环节有相同的参数，在调节系统结构中这两个环节用一台等效机组表示，等效机组（下面简称机组）的输入为电力系统频率，输出为各调频机组引水系统及水轮机环节输出转矩的总和 m_t（以各调频机组发电机额定转矩的总和 M_r 为基准的偏差相对值），等效机组这两个环节的结构及参数与一台调频机组相同。与所分析机组连接的系统母线侧无调频机组时（$k_{sb}=0$），计算分析的调节系统结构见图 B-1。

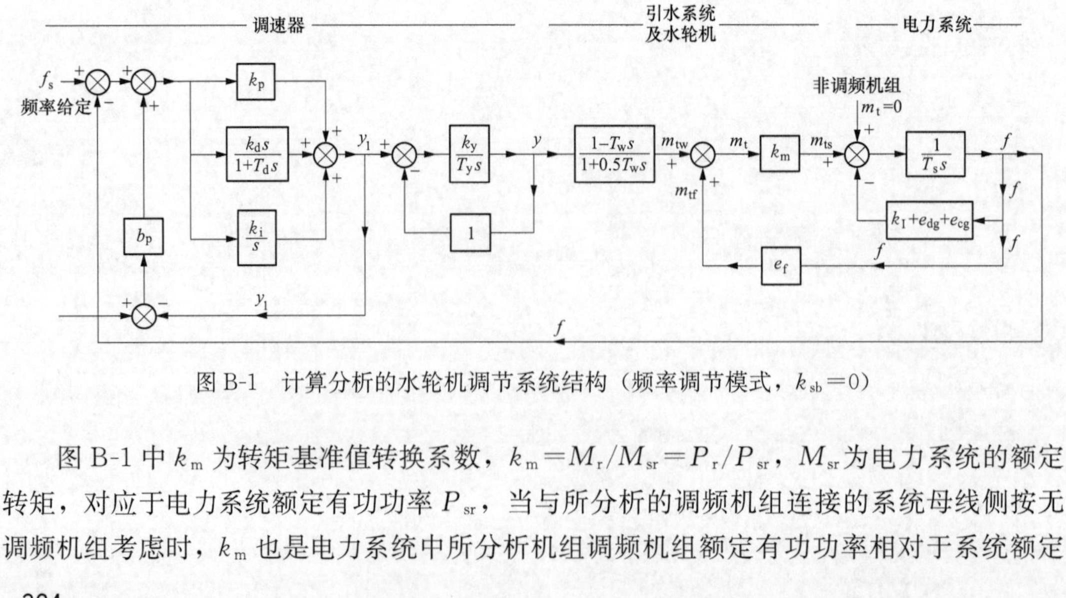

图 B-1　计算分析的水轮机调节系统结构（频率调节模式，$k_{sb}=0$）

图 B-1 中 k_m 为转矩基准值转换系数，$k_m=M_r/M_{sr}=P_r/P_{sr}$，$M_{sr}$为电力系统的额定转矩，对应于电力系统额定有功功率 P_{sr}，当与所分析的调频机组连接的系统母线侧按无调频机组考虑时，k_m 也是电力系统中所分析机组调频机组额定有功功率相对于系统额定功率的比例数（调频机组份额）；M_{ts}为以M_{sr}为基准的水轮机输出转矩；其余参数的含义见图2-43（a）的有关说明。机组离网运行、并网带负荷运行时的调节系统结构同图2-41、图2-42。

由图B-1，可得调频模式时水轮机调节系统的开环系统传递函数$G(s)$为（系统母线侧无调频机组，并忽略T_d时）

$$G(s)=\frac{(k_d s^2+k_p s+k_i)(1-T_w s)k_m}{(1+T_y s/k_y)(1+0.5T_w s)[T_s s+(k_s-e_f k_m)][k_d s^2+\left(k_p+\frac{1}{b_p}\right)s+k_i]b_p} \tag{B-1}$$

式中：k_p、k_i、k_d为调速器PID调节的比例、积分、微分增益；$k_s=k_l+e_{dg}+e_{cg}$，为电力系统功率-频率静特性系数；s为拉普拉斯变换复变量。

由式（B-1）可得调节系统的闭环系统特征方程为$1+G(s)=0$，即

$$(1+T_y s/k_y)(1+0.5T_w s)[T_s s+(k_s-e_f k_m)][k_d s^2+\left(k_p+\frac{1}{b_p}\right)s+k_i]b_p+(k_d s^2+k_p s+k_i)(1-T_w s)k_m=0 \tag{B-2}$$

对式（B-2）展开，并将式（B-2）中的拉普拉斯变换复变量s取为纯虚数$s=j\omega$，由自动控制原理可知，当s取为纯虚数$j\omega$时，此时调节系统（或环节）传递函数为系统在输入信号变化（振荡）频率为ω时输出和输入的比值（此处及本附录下面的ω均为调节系统或环节输入信号变化的角频率），由式（B-2）可得

$$[(R_1(\omega)k_p+R_2(\omega)k_d+R_3(\omega)k_i+R_4(\omega)]+j[(I_1(\omega)k_p+I_2(\omega)k_d+I_3(\omega)k_i+I_4(\omega)]=0 \tag{B-3}$$

式中：$R(\omega)$、$I(\omega)$为多项式，见表B-1。由式（B-3）可有

$$\left.\begin{array}{l}[R_1(\omega)k_p+R_2(\omega)k_d+R_3(\omega)k_i+R_4(\omega)]=0\\ [I_1(\omega)k_p+I_2(\omega)k_d+I_3(\omega)k_i+I_4(\omega)]=0\end{array}\right\} \tag{B-4}$$

表B-1　式（B-3）中的$R(\omega)$、$I(\omega)$多项式

代号	多　项　式
$R_1(\omega)$	$0.5b_p(T_y/k_y)T_wT_s\omega^4+[k_mT_w-b_pT_s-0.5b_pT_w(k_s-e_fk_m)-b_p(T_y/k_y)(k_s-e_fk_m)]\omega^2$
$R_2(\omega)$	$[0.5b_pT_wT_s+b_p(T_y/k_y)T_s+0.5b_p(T_y/k_y)T_w(k_s-e_fk_m)]\omega^4+[-k_m-b_p(k_s-e_fk_m)]\omega^2$
$R_3(\omega)$	$[-0.5b_pT_wT_s-b_p(T_y/k_y)T_s-0.5b_p(T_y/k_y)T_w(k_s-e_fk_m)]\omega^2+k_m+b_p(k_s-e_fk_m)$
$R_4(\omega)$	$0.5(T_y/k_y)T_wT_s\omega^4+[-T_s-0.5T_w(k_s-e_fk_m)-(T_y/k_y)(k_s-e_fk_m)]\omega^2$
$I_1(\omega)$	$[-0.5b_pT_wT_s-b_p(T_y/k_y)T_s-0.5b_p(T_y/k_y)T_w(k_s-e_fk_m)]\omega^3+[k_m+b_p(k_s-e_fk_m)]\omega$
$I_2(\omega)$	$0.5b_p(T_y/k_y)T_wT_s\omega^5+[T_wk_m-b_pT_s-0.5b_pT_w(k_s-e_fk_m)-b_p(T_y/k_y)(k_s-e_fk_m)]\omega^3$
$I_3(\omega)$	$-0.5b_pT_w(T_y/k_y)T_s\omega^3+[-k_mT_w+b_pT_s+0.5b_pT_w(k_s-e_fk_m)+b_p(T_y/k_y)(k_s-e_fk_m)]\omega$
$I_4(\omega)$	$[-0.5T_wT_s-(T_y/k_y)T_s-0.5(T_y/k_y)T_w(k_s-e_fk_m)]\omega^3+(k_s-e_fk_m)\omega$

注　表中为发电机并列运行、调速器于频率调节模式运行时的多项式。机组离网运行、调速器于转速调节模式时，各多项式中需以T_a取代T_s，以（e_c-e_f）取代（$k_s-e_fk_m$）。单机带负荷运行、调速器于频率调节模式时，各多项式中需以（T_a+T_l）取代T_s，以（$k_l+e_c-e_f$）取代（$k_s-e_fk_m$）。

当将式（B-4）中k_p、k_d、k_i系数中的其中一个（如k_i）设定为某一数值后，解联立方程式（B-4）便可求得其他两个参数（k_p、k_d）在某一角频率ω下的数值为

$$\left.\begin{aligned}k_p&=\frac{R_2(\omega)[I_3(\omega)k_i+I_4(\omega)]-I_2(\omega)[R_3(\omega)k_i+R_4(\omega)]}{R_1(\omega)I_2(\omega)-R_2(\omega)I_1(\omega)}\\k_d&=\frac{I_1(\omega)[R_3(\omega)k_i+R_4(\omega)]-R_1(\omega)[I_3(\omega)k_i+I_4(\omega)]}{R_1(\omega)I_2(\omega)-R_2(\omega)I_1(\omega)}\end{aligned}\right\}\quad\text{(B-5)}$$

式中：$R(\omega)$、$I(\omega)$均为多项式，见表B-1。

在某一角频率ω下由式（B-5）求得的一对（k_p、k_d）值，为在k_p、k_d坐标平面上，闭环调节稳定区域边界上对应于计算该点所取的角频率ω的一个点。由不同角频率下以式（B-5）计算的（k_p、k_d）数值，可得在（k_p、k_d）平面上闭环调节系统的稳定区域边界线，如图B-2所示。调节系统的稳定区域，可由自动控制原理的系统稳定性判据判断。对水轮机调节系统，如所计算的图B-2，在（k_p、k_d）坐标平面中，系统稳定区域为稳定区域边界线下方第Ⅰ象限中的区域。

下面分别给出机组在并网、单机带负荷及离网以频率调节模式运行时，水轮机调节系统PID参数稳定区域边界线的计算示例，给出计算时水轮机调节系统各环节的输入、输出变量偏差相对值采用的基准值及各环节参数的取值，以及计算结果。

1. 所分析的机组并网于频率调节模式运行、电网侧无调频机组时（调节系统见图B-1）

计算时系统各环节输入、输出变量偏差相对值采用的基准及参数取值如下。

（1）PID环节。输入变量偏差相对值基准为频率$F_r=50\text{Hz}$；输出变量偏差相对值基准为PID环节输出最大值Y_{1max}。

（2）永态差值系数b_p环节。输入变量偏差相对值基准为Y_{1max}；输出变量偏差相对值基准为额定频率$F_r=50\text{Hz}$。本例取$b_p=0.04$、0.03进行计算。

（3）液压随动系统环节。输入变量偏差相对值基准为Y_{1max}；输出变量偏差相对值基准为主接力器的最大行程Y_{max}。计算示例为混流式水轮机，按IEC 61362《水轮机调节系统规范导则》的建议，调速器液压系统的T_y/k_y系数一般为0.1～025s，本例取$T_y/k_y=$ 0.13、0.25s进行计算。

（4）引水系统及水轮机环节。输入变量偏差相对值基准Y_{max}；输出变量偏差相对值基准为发电机额定转矩M_r。引水系统水流惯性时间常数T_w取大型机组的一般参数范围，考虑随电站设计水头不同，分别取$T_w=2.8\text{s}$、1.8s进行计算。

（5）电力系统环节。

1）输入变量偏差相对值基准为电力系统额定转矩M_{sr}，输出变量偏差相对值基准为频率$F_r=50\text{Hz}$。

2）转矩基准值转换系数为k_m（调频机组份额），取0.4、0.6、0.8计算。

3）电力系统时间常数取$T_s=T_{ag}+T_l=13\text{s}$、10s计算，$T_l$为电网负荷中旋转电机惯性时间常数，按$T_l=(0.24\sim0.3)T_{ag}$，s；$T_{ag}$为电力系统等效发电机惯性时间常数，见式（2-47）。

4）$(k_s-e_fk_m)=(k_l+e_{dg}+e_{cg}-e_fk_m)$，$e_{dg}$、$e_{cg}$为等效发电机的阻尼转矩的阻尼系数、损耗转矩的频率特性系数，通常较小，可忽略；k_l为电网负荷的频率调节效应系数，一般$k_l=1\sim3$；e_f为水轮机的传递系数，对理想水轮机$e_f=-1$，见2.3.2。对图B-1示例，取$k=(k_s-e_fk_m)=$ 2、3。

闭环调节系统的稳定区域边界线计算示例见图 B-2、图 B-3。$k=2$、3 时的稳定域比较见图 B-4。

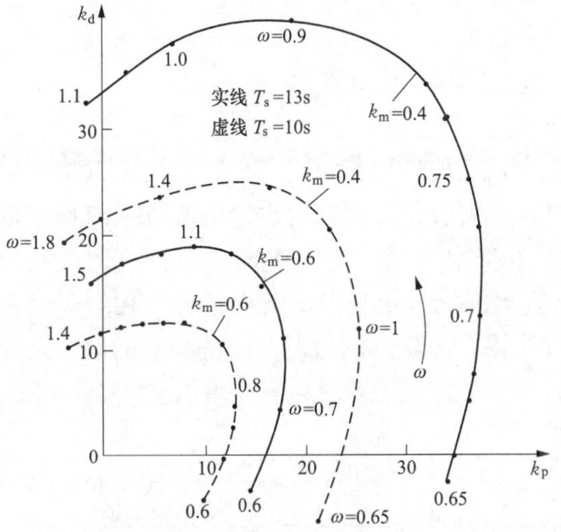

图 B-2　多机并列调频运行 T_s 变化时的稳定域

$T_y/k_y=0.13s$；$T_w=2.8s$；$k=3$；

$b_p=0.04$；$k_i=0.3$；$(k_{sb}=0)$

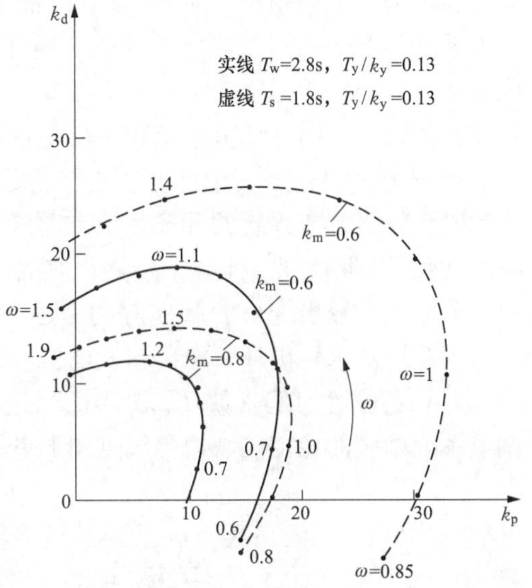

图 B-3　多机并列调频运行 T_w、k_m 变化时的稳定域

$T_s=13s$；$k=3$；$b_p=0.04$；

$k_i=0.3$；$(k_{sb}=0)$

2. 所分析的机组并网于频率调节模式运行、电网侧有调频机组时

图 B-1 中的电力系统环节取用图 2-43 (a) 的电力系统环节结构。此时电力系统功率-频率静特性系数 $k_s=k_1+k_{sb}+e_{ds}+e_{cs}$，为系统母线侧机组的等值功率-频率静特性系数（功率、频率均归算至电力额定有功功率 P_{rs}、额定频率），系数 k_{sb} 正比于系统母线侧调频机组总额定功率占系统额定功率的比例（份额），见第二篇 3.3.3。当以 $k_s=k_1+k_{sb}+e_{dg}+e_{cs}$ 取代式（B-1）中的 $k_s=k_1+e_{dg}+e_{cg}$ 时，可得电网侧有调频机组时调频模式运行的水轮机调节系统的开环系统传递函数 $G(s)$。为分析电网侧投入调频的各机组总额定功率变化对稳定域的影响，计算时取 $k=(k_s-e_fk_m)=(k_1+k_{sb}+e_{dg}+e_{cg}-e_fk_m)=6$、10、13，闭环调节系统的稳定区域边界线计算示例见图 B-4，为方便比较，图中给出系统母线侧无调频机组时的稳定域（$k=3$、2）。

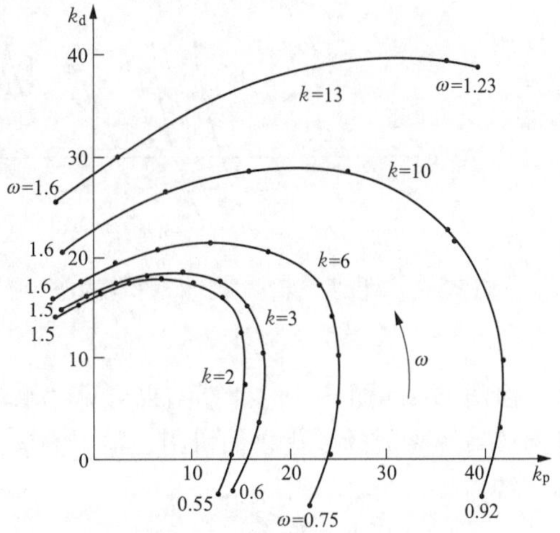

图 B-4　多机并列调频 k 变化时的稳定域

$T_y/k_y=0.13s$；$T_w=2.8s$；$k_m=0.6$；

$T_s=13s$；$b_p=0.04$；$k_i=0.3$

3. 所分析的机组单机带负荷调频模式运行

此时水轮机调节系统的开环系统传递函数（如图 2-42 所示）类同式（B-2），仅需

以（T_a+T_l）取代 T_s，以（$k_l+e_c-e_f$）取代（$k_s-e_fk_m$）。计算时对水轮机调节系统参数取值或环节输入、输出变量的基准等的考虑与上述 1 基本相同（机组并网于频率调节模式运行、电网侧无调频机组时），对单机带负荷，调节系统中引水系统及水轮机环节输出与电力系统环节输入间无转矩基准值转换环节（相当于系数 $k_m=1$），由于此时负荷中旋转电机惯性时间常数通常较小，电力系统时间常数取 $T_s=10$、8s 计算。计算示例对调节系统参数的取值及闭环调节系统相应的稳定区域边界线计算见图 B-5。

4. 所分析的机组离网于转速调节模式运行

此时水轮机调节系统的开环系统传递函数（由图 2-41）类同式（B-2），仅需以机组惯性时间常数 T_a 取代 T_s，以（e_c-e_f）取代（$k_s-e_fk_m$）。计算时对水轮机调节系统参数取值或环节输入、输出变量的基准等的考虑与上 1 基本类同。离网运行的水轮机调节系统中，引水系统及水轮机环节输出与发电机环节输入间无转矩基准值转换环节（相当于系数 $k_m=1$），机组惯性时间常数 T_a 取 10、8s 进行计算。计算示例对调节系统参数的取值及闭环调节系统相应的稳定区域边界线见图 B-6。

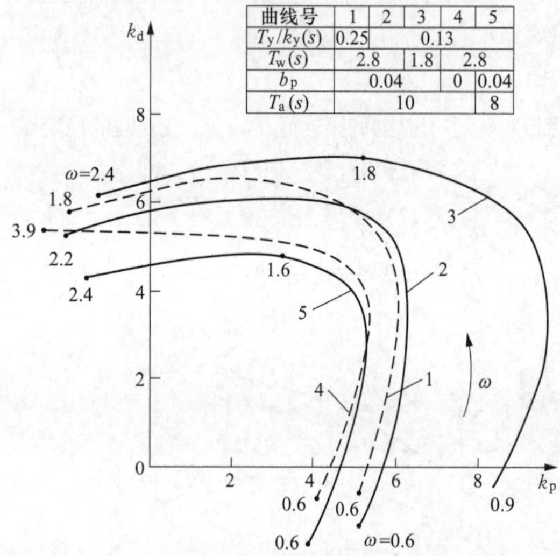

曲线号	1	2	3	4	5
$T_y/k_y(s)$	0.25	0.13			
$T_w(s)$	2.8		1.8	2.8	
b_p	0.04			0	0.04
$T_a(s)$	10				8

图 B-5　单机带负荷调频运行的稳定域

$k=3$；$k_i=0.3$

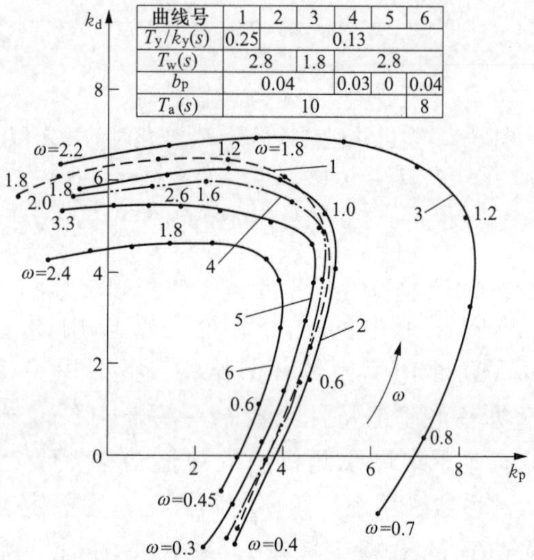

曲线号	1	2	3	4	5	6
$T_y/k_y(s)$	0.25	0.13				
$T_w(s)$	2.8		1.8	2.8		
b_p	0.04			0.03	0	0.04
$T_a(s)$	10					8

图 B-6　机组离网调速运行时的稳定域

$(e_c-e_f)=1.0$；$k_i=0.3$

由图 B-2～图 B-6 的计算结果可见，水轮机闭环调节系统 k_p、k_d 的稳定区域，随水轮机调节系统参数的变化，如机组、电力系统参数及运行方式或调速器运行整定的变化，有如下特征。

（1）在电网中并列运行的调频机组的 k_p、k_d 稳定域，随调频机组占系统总负荷的比例升高而减小，在较大时间常数的电力系统中有较大的稳定域，运行水头较高的机组稳定域较大。所分析的调频机组接入的系统母线侧有调频机组时，所分析机组将随母线侧调频机组容量增加而有较宽的稳定域，见图 B-2～图 B-4。

（2）与机组在电网中并列运行相比，机组于单机带负荷及离网运行时有较小的稳定区域，见图 B-2 与图 B-5、图 B-6。根据电厂的具体情况，在机组于并列/离网运行方式转换或转入单机带负荷运行时，可能需同时切换 k_p、k_d 参数。

（3）机组单机带负荷于调频运行、离网于转速调节运行时，k_p、k_d 稳定域随机组的运行水头、电力系统时间常数的变化趋势与电力系统中并列运行的调频机组相同，见图B-5、图B-6。

（4）调速器液压随动系统的综合放大系数 k_{y}、永态差值系数 b_{p}、积分系数 k_{i} 在一定范围内变化时，对 k_{p}、k_{d} 稳定区域的影响有限。部分示例见图B-5、图B-6。

B.2　功率调节模式机组的PI参数稳定域计算

机组并网于功率调节模式时的调节系统采用图2-44结构。当设 $e=(e_{d}+e_{c}-e_{f})$ 时，由图2-44可得调功模式时水轮机调节系统的闭环系统特征方程为

$$s\left(1+\frac{T_{y}s}{k_{y}}\right)(1+0.5T_{w}s)(T_{a}s^{2}+es+k_{g}\omega_{r})+b_{p}k_{g}\omega_{r}(k_{p}s+k_{i})(1-T_{w}s)=0 \tag{B-6}$$

对式（B-6）展开，并将式（B-6）中的拉普拉斯变换复变量 s 取为纯虚数 $s=\mathrm{j}\omega$，ω 为角频率，由式（B-6）可得

$$[R_{1}(\omega)k_{p}+R_{2}(\omega)k_{i}+R_{3}(\omega)]+\mathrm{j}[I_{1}(\omega)k_{p}+I_{2}(\omega)k_{i}+I_{3}(\omega)]=0 \tag{B-7}$$

式中：$R(\omega)$、$I(\omega)$ 为多项式，见表B-2。由式（B-7）可有

$$\left.\begin{aligned}&[R_{1}(\omega)k_{p}+R_{2}(\omega)k_{i}+R_{3}(\omega)]=0\\&[I_{1}(\omega)k_{p}+I_{2}(\omega)k_{i}+I_{3}(\omega)]=0\end{aligned}\right\} \tag{B-8}$$

表B-2　　式（B-7）中的 $R(\omega)$、$I(\omega)$ 多项式

代号	多项式
$R_{1}(\omega)$、$R_{2}(\omega)$	$R_{1}(\omega)=b_{p}k_{g\omega_{r}}T_{w}\omega^{2}$；$R_{2}(\omega)=b_{p}k_{g\omega_{r}}$
$R_{3}(\omega)$	$\{0.5(T_{y}/k_{y})T_{w}e+[(T_{y}/k_{y})+0.5T_{w}]T_{a}\}\omega^{4}+\{-[(T_{y}/k_{y})+0.5T_{w}]k_{g\omega_{r}}-e\}\omega^{2}$
$I_{1}(\omega)$、$I_{2}(\omega)$	$I_{1}(\omega)=b_{p}k_{g\omega_{r}}\omega$；$I_{2}(\omega)=-b_{p}k_{g\omega_{r}}T_{w}\omega$
$I_{3}(\omega)$	$0.5(T_{y}/k_{y})T_{w}T_{a}\omega^{5}+\{-0.5(T_{y}/k_{y})T_{w}k_{g\omega_{r}}-[(T_{y}/k_{y})+0.5T_{w}]e-T_{a}\}\omega^{3}+k_{g\omega_{r}}\omega$

解联立方程式（B-8）便可求得 k_{p}、k_{i} 在某一角频率 ω 下的数值为

$$\left.\begin{aligned}&k_{p}-\frac{R_{2}(\omega)[I_{3}(\omega)]-I_{2}(\omega)[R_{3}(\omega)]}{R_{1}(\omega)I_{2}(\omega)-R_{2}(\omega)I_{1}(\omega)}\\&k_{i}=\frac{I_{1}(\omega)[R_{3}(\omega)]-R_{1}(\omega)[I_{3}(\omega)]}{R_{1}(\omega)I_{2}(\omega)-R_{2}(\omega)I_{1}(\omega)}\end{aligned}\right\} \tag{B-9}$$

本例计算时对水轮机调节系统各环节的输入、输出变量基准及参数取值等说明如下。

（1）PID环节及永态差值环节。按图2-44，给定功率 p_{s} 与发电机输出功率 p 的差值信号经永态差值 b_{p} 环节接至PID环节输入端。永态差值环节输出变量偏差相对值基准为频率 $F_{r}=50\mathrm{Hz}$，故此时PID环节的输入变量偏差相对值的基准为额定频率 $F_{r}=50\mathrm{Hz}$；永态差值 b_{p} 环节的输入变量偏差相对值基准为机组额定功率 P_{r}。PID环节输出变量偏差相对值基准为环节输出的最大值 $Y_{1\max}$。本例取 $b_{p}=0.04$、0.03 进行计算。

（2）液压随动系统、引水系统及水轮机环节的输入、输出变量偏差相对值的基准及计算取值同B.1。

（3）发电机环节。

1）输入变量偏差相对值基准为机组额定转矩 M_r，输出变量偏差相对值基准为频率 F_r＝50Hz。

2）发电机时间常数 T_a 取 10s、6s 进行计算。计算忽略发电机的阻尼转矩及损耗转矩，并取 e_f＝－1，按（e_d＋e_c－e_f）＝1 计算。

（4）系数 k_g。由式（2-57），系数 $k_g = k_{bg}k_{1g}$。本例分析的调节系统仅一台机组，故转矩转换系 k_{mg}＝1；由式（2-35），系数 $k_{bg} = S_r/P_r$，计算取 k_{bg}＝1；系数 k_{1g} 计算见式（2-33），随发电机运行功角 δ 变化，本例计算取 k_{1g}＝1.0～1.5，相应地取 k_g＝1.0～1.5。

机组于功率调节模式运行时，闭环调节系统稳定区域边界线的计算，示例见图 B-7。由图可见，在调节系统参数 T_w、T_y/k_y、k_g、T_a 变化时，即机组运行水头、液压系统综合放大系数、运行功角在一定范围内变化时，以及对时间常数不同的机组，k_i～k_p 稳定域均有一定的变化。其中 b_p 的变化对 k_i～k_p 稳定域有较大的影响。

当功率调节闭环不包含永态差值环节时（功率偏差信号直接接至 PI 环节输入），以图 B-7 曲线 1 参数（其中取 b_p＝1）计算的 k_i～k_p 稳定域如图 B-8 所示。此时，图 B-8 对应的调节系统的 PI 环节输入变量偏差相对值的基准为机组的额定出力，而图 B-7 对应的调节系统的 PI 环节输入变量偏差相对值的基准为额定频率，即图 B-8 中的 k_i、k_p 与图 B-7 中的 k_i、k_p 参数，是在 PI 环节输入变量偏差相对值不同的基准下的参数。

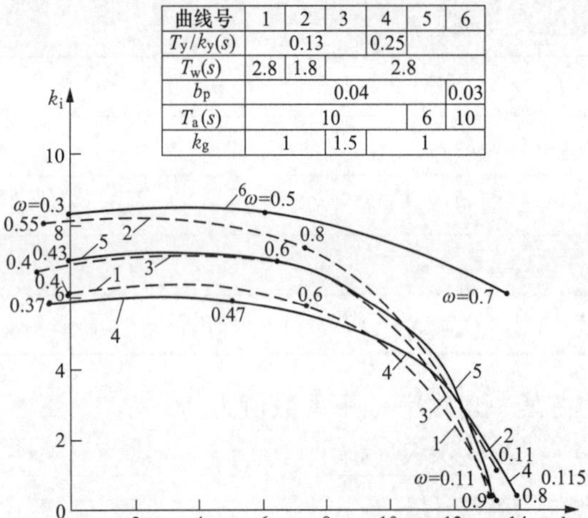

曲线号	1	2	3	4	5	6
$T_y/k_y(s)$	0.13			0.25		
$T_w(s)$	2.8	1.8	2.8			
b_p	0.04					0.03
$T_a(s)$	10				6	10
k_g	1		1.5	1		

图 B-7 机组调功运行时的稳定域

（e_d＋e_c－e_f）＝1；调节闭环含 b_p 环节

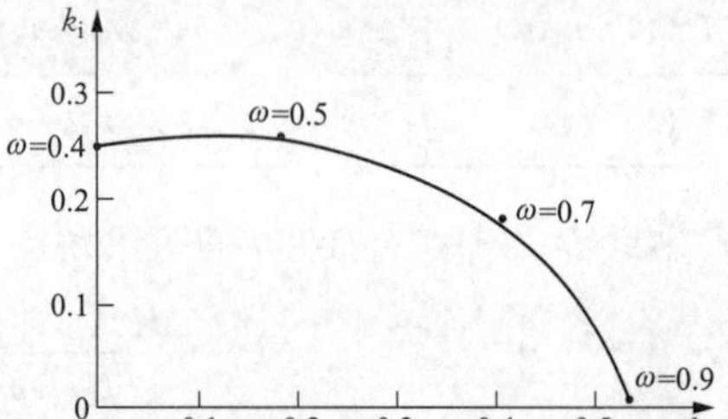

图 B-8 机组调功运行时的稳定域

（e_d＋e_c－e_f）＝1；调节闭环无 b_p 环节

B.3 电力系统振荡时水轮机的输出转矩特性

下面的分析表明，如图 B-1 所示采用频差 PID 调节的调节系统，由于水轮机过水系统的水锤效应，在电力系统发生某些频率的低频振荡时，其提供给电力系统的输出转矩可能不能满足电力系统抑制低频振荡的要求（在某些振荡频率下提供的阻尼转矩分量为负阻尼转矩等）。

由图 B-1，机组参加系统频率调节时，水轮机调节系统自频率偏差信号（$f_s - f$）输入经 PID 环节至水轮机输出转矩 m_{tw} 的开环系统传递函数为 $G(s) = m_{tw}(s)/[f_s(s) - f(s)]$，电力系统频率变化时，反应频率偏差以PID调节的水轮机的输出转矩可计算为（调节动态过程分析中按 $f_s=0$ 考虑，并忽略 T_d）

$$m_{tw}(s)=G(s)\cdot[-f(s)]=\frac{(k_d s^2+k_p s+k_i)(1-T_w s)}{\left(1+\dfrac{T_y s}{k_y}\right)(1+0.5T_w)[k_d b_p s^2+(k_p b_p+1)s+k_i b_p]}[-f(s)] \tag{B-10}$$

s 是一复数。由式（B-2）说明可知，当式（B-10）以 $s=j\omega$ 代入时，（B-10）计算的转矩 $m_{tw}(s)$ 为电力系统出现以频率 ω 变化（振荡）的频率偏差 $f(s)$ 时，水轮机调节系统提供给电力系统的转矩。使以 $s=j\omega$ 代入后的式（B-10）分母有理化，可得此时水轮机调节系统提供给电力系统的转矩 m_{tw} 为

$$m_{tw}(j\omega)=G(j\omega)\cdot[-f(j\omega)]=-k_{twd}f(j\omega)-j\omega k_{twj}f(j\omega) \tag{B-11}$$

式中：k_{twd}、k_{twj} 为系数。其中

$$\left.\begin{cases} k_{twd}=\{[I_1(\omega)\omega]\times[I_2(\omega)\omega]\times(-1)+[R_1(\omega)\times R_2(\omega)]\}/D(\omega) \\ k_{twj}=\{[I_1(\omega)\times R_2(\omega)]+[R_1(\omega)\times I_2(\omega)]\}/D(\omega) \end{cases}\right\} \tag{B-12}$$

式中：$R(\omega)$、$I(\omega)$ 多项式见表B-3。

表 B-3　　式（B-12）中的 $R(\omega)$、$I(\omega)$ 多项式

代号	多　项　式
$I_1(\omega)$	$k_d T_w \omega^2+(k_p-k_i T_w)$
$I_2(\omega)$	$T_y k_d b_p/k_y+0.5T_w k_d b_p+0.5T_w T_y k_p b_p/k_y+0.5T_y T_w/k_y)\omega^2-(T_y k_i b_p/k_y+0.5T_w k_i b_p+k_p b_p+1)$
$R_1(\omega)$	$k_i-(k_d-k_p T_w)\omega^2$
$R_2(\omega)$	$0.5T_w T_y k_d b_p \omega^4/k_y-(T_y k_p b_p/k_y+T_y/k_y+0.5T_w k_p b_p+0.5T_w+k_d b_p+0.5T_w T_y k_i b_p/k_y)\omega^2+k_i b_p$
$D(\omega)$	$[-(T_y/k_y+0.5T_w)^2\omega^2-(1-0.5T_w T_y \omega^2/k_y)^2]\times[-(k_p b_p+1)^2\omega^2-(k_i b_p-k_d b_p \omega^2)^2]$

因 $j\omega=s$，式（B-11）又可表示为 $m_{tw}(s)=-(k_{twd}+k_{twj}s)f(s)$，另由图B-1，水轮机调节系统提供给电力系统的转矩 $m_t(s)=m_{tw}(s)+e_f f(s)=[-(k_{twd}+k_{twj}s)+e_f]f(s)$。以此代入经拉氏变化后的电力系统转矩平衡方程式（2-51）时，整理后可得此时的电力系统转矩平衡方程式为（水轮机各转矩及相应的系数 k、e 均经机组与电力系统间的转矩基准转换系数 k_m 转换）

$$[(T_s+k_m k_{twj})s+(k_m k_{twd}-k_m e_f+k_l+e_{dg}+e_{cg})]f(s)=0 \tag{B-13}$$

式（B-13）也可类式（2-51）表示为

$$(T_s+k_m k_{twj})\frac{df}{dt}+(k_m k_{twd}-k_m e_f+k_l+e_{dg}+e_{cg})]f=0 \tag{B-14}$$

由式（B-14）可见，水轮机输出转矩中的 $k_{twd}f$ 转矩，与由发电机转子相对于气隙合成磁场的转差产生的阻尼转矩 $e_{dg}f$ 等一起，为电力系统的阻尼转矩，k_{twd} 为正值时，所提供的为正阻尼转矩，有利于抑制电力系统的低频振荡；k_{twj} 为负值时，电力系统等值的时间常数将小于实际的 T_s，可使系统有较好的响应特性。由式（B-12），可知 k_{twd}、k_{twj} 均为调节系统参数和 ω 的函数。计算示例（见图B-9）表明（各环节输入、输出基准同B.1），如图B-1所示采用频差PID调节的并列运行机组，k_{twd} 在 ω 低于某一频率 ω_d 时为正值，ω 大于 ω_d 后变为负值；k_{twj} 在 ω 低于某一频率 ω_j 时为负值，ω 大于 ω_j 后为正值（对图B-9曲线1、2、3参数，ω_j 分别为8.9、9、10.5rad/s，图B-9未给出 $k_{kwj}\sim\omega$ 曲线）。对某些

电力系统中的某些水轮发电机，此种输出特性可能不能满足电力系统抑制低频振荡的要求。分析研究表明，调速器设置电力系统稳定控制（GPSS），或采用最优控制，或自适应控制等，可使水轮机的输出满足电力系统抑制低频振荡的要求。作为一个简单的分析示例，在电力系统振荡时，若使图 B-1 中的频差信号经 $1/(1-T_W s)$ 环节输入 PID 输入总加点，将使图 B-9 曲线 1 的 $\omega_{d(1)}$ 增加至 $\omega_d = 9(\mathrm{rad/s})$。另外，由图 B-9 可见，$\omega_d$ 随 PID 整定参数有一定的变化，故某些电力系统中的某些机组调速器 PID 参数的整定，可能需兼顾使 ω_d 有较大值的要求。

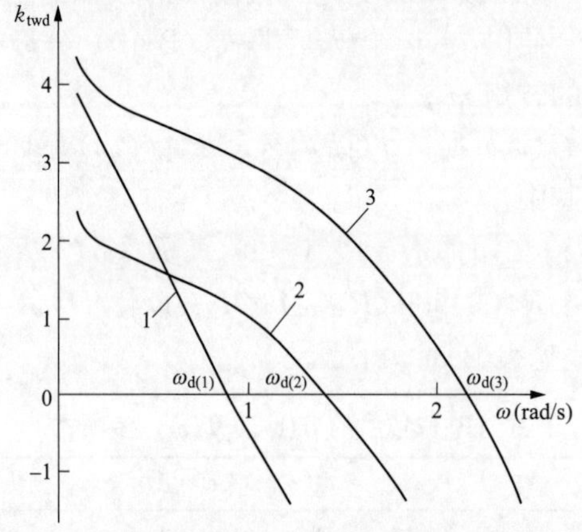

图 B-9　水轮机输出转矩与振荡频率变化关系例

1—$T_w=2$，$T_y/k_y=0.13$，$b_p=0.04$，$k_p=5$，$k_d=3$，$k_i=0.3$；

2—$k_p=3$，其他同曲线 1；3—$T_w=1$，其他同曲线 1

附录C　灭磁过程参数及灭磁系统设备选择计算

本附录给出采用直流或交流磁场断路器及非线性灭磁电阻的灭磁系统灭磁过程参数及设备参数设计选择算例[17]。包括下列具体内容：计算所需的原始参数及条件，误强励灭磁开始励磁功率整流器的输出电压及转子电流的计算，直流磁场断路器主触头额定最大分断电压的选择计算，灭磁电阻上最高电压设定值的计算，灭磁电阻整组性能常数的选择计算，各灭磁工况下灭磁过程转子电流及电压变化过程计算结果，灭磁过程中灭磁电阻耗能计算结果、灭磁时间计算结果、直流磁场断路器及交流磁场断路器分断能力计算等。计算忽略了发电机阻尼绕组。

C.1　计算的原始参数及条件

1. 发电机参数

发电机参数见表C-1。

表C-1　发电机参数

序号	项目	符号	单位	参数值
1	空载励磁电流	I_{f0}	A	946
2	额定励磁电流	I_{fr}	A	1740
3	转子电阻（75℃）	R_f	Ω	0.236
4	直轴暂态开路时间常数（75℃）	T'_{d0}	s	5.68
5	直轴暂态短路时间常数（75℃）	T'_d	s	2.312
6	定子短路时间常数（75℃）	T_a	s	0.216
7	直轴同步电抗（不饱和）	X_d	标么值	0.997
8	直轴暂态电抗（不饱和）	X'_d	标么值	0.406
9	直轴次暂态电抗（不饱和）	X''_d	标么值	0.274

2. 励磁系统参数

（1）励磁变压器：额定容量 $S_{fr}=2600$kVA，原边/副边额定电压$=U_{gr}/U_{2r}=13.8/0.93$kV，阻抗电压 $u_k=6\%$。

（2）灭磁电阻非线性系数：$\beta=0.4$（对碳化硅电阻）、0.03（对氧化锌电阻）。

3. 发电机特性

发电机额定转速下的空载特性见图C-1。

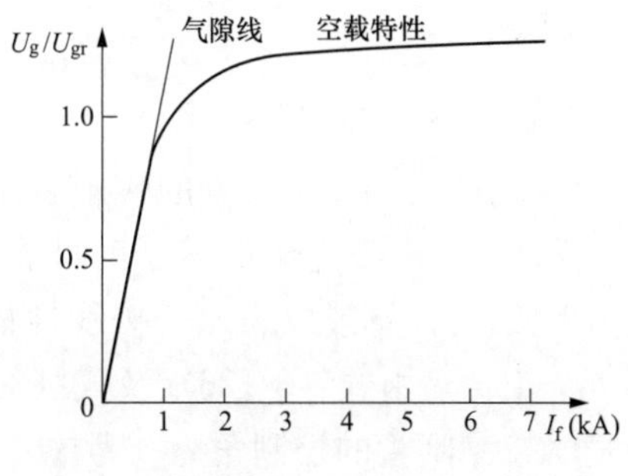

图C-1　发电机额定转速下的空载特性

4. 发电机灭磁系统

发电机灭磁系统按包括误强励、机端三相短路在内的各种灭磁工况下能可靠灭磁设计。

C.2 直流磁场断路器主触头额定最大分断电压选择

本例发电机考虑误强励灭磁。按空载误强励灭磁要求选择直流磁场断路器的灭磁分断能力，其所对应的额定最大分断电压的计算步骤为计算发电机空载运行时随转子电流变化的转子时间常数（考虑磁路饱和）及发电机机端电压、计算误强励灭磁开始时的转子电流及励磁功率整流器的输出电压、选择直流磁场断路器灭磁分断能力对应的额定最大分断电压。具体计算如下。

1. 计算发电机空载运行时的转子时间常数及发电机端电压

由发电机空载特性求取特性上各点的 β_i，按式（3-125）求出各点对应的时间常数 T_i 为

$$T_i = T'_{\mathrm{do}}\tan\beta_i/\tan\alpha$$

发电机空载运行时，其转子时间常数 T_i 随转子电流的变化见表 C-2。由发电机空载特性，可求得发电机空载运行时发电机端电压随转子电流的变化，见表 C-3。

表 C-2　发电机定子开路转子时间常数 T_i 随转子电流的变化

转子电流 I_f(kA)	0—0.7	0.8	1.2	2.0	3.0	4.25	5.5	6.5
时间常数 T(s)	5.68	3.63	1.96	0.49	0.20	0.15	0.12	0.1

表 C-3　发电机端电压随转子电流的变化

机端电压 u_{gi}/u_{gr}	1.0	1.1	1.2	1.25	1.3	1.4
转子电流 I_f(A)	946	1076	1435	1576	2026	4500

2. 计算误强励灭磁开始时的转子电流及励磁功率整流器的输出电压

本例的发电机误强励时，由定子过电压保护动作灭磁，在发电机机端电压达 1.3 倍额定电压后过电压保护延时 0.3s 动作，跳直流磁场断路器。考虑保护装置的动作时间及直流磁场断路器的分闸时间，直流磁场断路器主触头将在发电机端电压达 1.3 倍额定电压后的 0.4s 开始分断，此时的转子电流为误强励灭磁开始时的转子电流 $I_{f(0)}$。$I_{f(0)}$ 可采用计算机程序计算，也可采用按式（3-124）～式（3-130）的分段计算法计算。采用分段计算法计算时，i 时段末 t_i 时刻的转子电流由式（3-124）为

$$I_{f(i)} = I_{fc(i-1)} - [I_{fc(i-1)} - I_{f(i-1)}]e^{-\frac{\Delta t_i}{T_{i-1}}}$$

式中：各项意义见式（3-124）。对第 1 时段计算 $I_{f(1)}$ 时，以 $t=0$ 取代式中脚注（$i-1$）。$I_{fc(i-1)}$ 为对应于 $t_{(i-1)}$ 时刻的转子电压下转子的稳态电流；$I_{f(i-1)}$ 为 $t_{(i-1)}$ 时刻的转子电流，T_{i-1} 为 $I_{f(i-1)}$ 时发电机的转子时间常数（定子开路时），可由 $I_{f(i-1)}$ 及发电机空载特性按式（3-125）计算或以表 C-2 按线性插值计算；Δt_i 为 i 计算时段的时间长度，$\Delta t_i = t_i - t_{(i-1)}$。$I_{fc(i-1)}$ 由式（3-126）及式（3-127）可计算为（计算忽略整流回路的换相压降，误强励时按晶闸管的控制角为 0 考虑）

$$I_{fc(i-1)} = 1.35U_{2(i-1)}/R_f$$

式中：$U_{2(i-1)}$ 为 $t_{(i-1)}$ 时刻励磁变压器的低压绕组电压；R_f 为转子电阻。

下面分 4 段对 $I_{f(0)}$ 进行计算，每段计算时段的时间长度均为 $\Delta t_1=\Delta t=0.1s$，计算开始时刻为发电机端电压达 1.3 倍额定电压时刻（$t=0$）。

（1）第 1 时段（$i=1$）末 $t_1=0.1s$ 时的转子电流 $I_{f(1)}$ 由式（3-124）可计算为

$$I_{f(1)}=I_{fc(t=0)}-[I_{fc(t=0)}-I_{f(t=0)}]e^{-\frac{\Delta t}{T_0}}=6916-(6916-2026)\times e^{-\frac{0.1}{0.485}}=2937(A)$$

1）$I_{fc(t=0)}$ 为计算开始时刻（$t=0$）转子电压 $U_{f(t=0)}$ 对应的转子电流稳态值。由式（3-126）及式（3-127）计算为

$$I_{fc(t=0)}=1.35U_{2(t=0)}/R_f=1.35\times1.3\times930/0.236=6916(A)$$

式中：计算开始 $t=0$ 时发电机端电压为 1.3 倍额定电压，相应的励磁变压器的低压绕组电压 $U_{2(t=0)}=1.3U_{2r}=1.3\times930(V)$。

2）计算开始时刻的转子电流 $I_{f(t=0)}=2026(A)$，为发电机空载特性上，对应发电机端电压为 1.3 倍额定电压时的转子电流。

3）计算开始时刻的发电机转子时间常数 $T_0=0.485s$，由表 C-2 按线性插值计算。

4）计算时段的时间长度 $\Delta t=0.1s$。

（2）第 2 时段（$i=2$）末 $t_2=0.2s$ 时的转子电流 $I_{f(2)}$ 由式（3-124）可计算为

$$I_{f(2)}=I_{fc(1)}-[I_{fc(1)}-I_{f(1)}]e^{-\frac{\Delta t}{T_1}}=7075-(7075-2937)\times e^{-\frac{0.1}{0.21}}=4050(A)$$

1）$I_{fc(1)}$ 为第 1 时段末 $t=t_1=0.1s$ 时刻转子电压 $U_{f(1)}$ 对应的转子电流稳态值。由式（3-126）及式（3-127）计算为

$$I_{fc(1)}=1.35U_{2(1)}/R_f=1.35\times1.33\times930/0.236=7075(A)$$

式中：$U_{2(1)}$ 为第 1 时段末 $t_1=0.1s$ 时励磁变压器的低压绕组电压，$U_{2(1)}=1.33U_{2r}=1.33\times930(V)$，1.33 为发电机空载特性上对应于第 1 时段末转子电流 $I_{f(1)}=2937A$ 时，机端电压相对于额定电压的倍数。

2）$I_{f(1)}$ 为第 1 时段末 $t=t_1$ 时刻的转子电流，由第 1 时段计算 $I_{f(1)}=2937(A)$。

3）$T_1=0.21s$ 为第 1 时段末 $t=t_1$ 时刻的发电机的转子时间常数，由表 C-2 按线性插值计算。

（3）第 3 时段（$i=3$）末 $t_3=0.3s$ 时的转子电流 $I_{f(3)}$ 由式（3-124）可计算为

$$I_{f(3)}=I_{fc(2)}-[I_{fc(2)}-I_{f(2)}]e^{-\frac{\Delta t}{T_2}}=7501-(7501-4505)\times e^{-\frac{0.1}{0.15}}=5963(A)$$

1）$I_{fc(2)}$ 为第 2 时段末 $t=t_2=0.2s$ 时刻转子电压 $U_{f(2)}$ 对应的转子电流稳态值。由式（3-126）及式（3-127）计算为

$$I_{fc(2)}=1.35U_{2(2)}/R_f=1.35\times1.41\times930/0.236=7501(A)$$

式中：$U_{2(2)}$ 为第 2 时段末 $t_2=0.2s$ 时励磁变压器的低压绕组电压，$U_{2(1)}=1.41U_{2r}=1.41\times930(V)$，1.41 为发电机空载特性上对应于第 1 时段末转子电流 $I_{f(2)}=4505A$ 时，机端电压相对于额定电压的倍数。

2）$I_{f(2)}$ 为第 2 时段末 $t=t_2$ 时刻的转子电流，由第 2 时段计算 $I_{f(2)}=4505(A)$。

3）$T_2=0.15s$ 为第 2 时段末 $t=t_2$ 时刻的发电机的转子时间常数，由表 C-2 按线性插值计算。

（4）第 4 时段（$i=4$）末 $t_4=0.4s$ 时的转子电流 $I_{f(4)}$ 由式（3-124）可计算为

$$I_{f(4)}=I_{fc(3)}-[I_{fc(3)}-I_{f(3)}]e^{-\frac{\Delta t}{T_3}}=7660-(7660-5963)\times e^{-\frac{0.1}{0.12}}=6923(A)$$

1）$I_{fc(3)}$ 为第 3 时段末 $t=t_3=0.3s$ 时刻转子电压 $U_{f(3)}$ 对应的转子电流稳态值。由式（3-126）及式（3-127）计算为

$$I_{fc(3)}=1.35U_{2(3)}/R_f=1.35\times1.44\times930/0.236=7501(\text{A})$$

式中：$U_{2(3)}$为第3时段末 $t_3=0.3\text{s}$ 时励磁变压器的低压绕组电压，$U_{2(3)}=1.44U_{2r}=1.44\times930(\text{V})$，1.44为发电机空载特性上对应转子电流为 $I_{f(3)}=5963\text{A}$ 时，机端电压相对于额定电压的倍数。

2）$I_{f(3)}=5963(\text{A})$ 为第3时段末 $t=t_3$ 时刻的转子电流。

3）$T_3=0.12\text{s}$ 为第3时段末 $t=t_3$ 时刻的发电机的转子时间常数，由表C-2按线性插值计算。

（5）第4时段末 $t_4=0.4\text{s}$ 时励磁功率整流器的输出电压。由发电机空载特性，对应于第4时段末（$t_4=0.4\text{s}$ 时）的转子电流 $I_{f(4)}=6923\text{A}$ 的机端电压相对于额定电压的倍数（$U_{g(i=4)}/U_{gr}$）为1.45。此时励磁功率整流器的输出电压 U_{dm} 根据式（3-129）、式（3-130）可计算为（忽略换相压降）

$$U_{dm}=1.35U_{2r}U_{g(i=4)}/U_{gr}=1.35\times930\times1.45=1820(\text{V})$$

故误强励灭磁开始时的转子电流 $I_{f(0)}=I_{f(4)}=6923\text{A}$、励磁功率整流器的输出电压 $U_{dm}=1820\text{V}$。显然，若发电机定子过电压保护启动后取较小的延时动作解列灭磁或设置误强励保护（见第三篇6.3），误强励灭磁开始时的机端过电压倍数、转子电流将有较小的数值。另外，若定子过电压保护启动后的延时过程中机组转速高于额定值或过速，灭磁开始时的机端电压将更高。

3. 直流磁场断路器主触头额定最大分断电压初选

按误强励灭磁要求选择的直流磁场断路器灭磁分断能力由式（3-121）及式（3-122）进行计算。在磁场断路器灭磁分断能力初选时，可初步设定误强励灭磁时灭磁电阻的最高电压（通常应有一定的数值，如不低于1000V），再由计算的误强励灭磁开始时的转子电流及励磁功率整流器的输出电压（平均值），以式（3-121）计算磁场断路器主触头额定最大分断电压 U_{brm}，即

$$U_{brm}\geqslant cI_{f(4)}^{\beta}+1.35U_{2r}U_{g(4)}/U_{gr}\geqslant1000+1820=2820(\text{V})$$

当误强励灭磁时灭磁电阻的最高电压设定为1000V时，所选择的直流磁场断路器，在分断电流为6923A时的最大分断电压应不低于2820V。

直流磁场断路器主触头在分断6923A时的最大分断电压，需根据可供选择的断路器产品的技术参数及电厂对发电机灭磁时间的要求，在性能价格有可比性的情况下，应尽可能选择有较高分断电压的断路器，以使发电机有较短的灭磁时间。最大分断电压的初选参数尚需通过下面灭磁性能参数的计算进行检验。若计算的灭磁时间不能满足要求，则需重新设定灭磁电阻灭磁时的最高电压及重选直流磁场断路器主触头的额定最大分断电压。

C.3　灭磁电阻上的最高电压及灭磁电阻整组性能常数计算

灭磁电阻的最高电压按式（3-173）计算；由计算的灭磁电阻最高电压，计算灭磁电阻整组性能常数。具体计算如下。

设可供选择的直流磁场断路器在分断灭磁开始转子电流为6923A时，允许的最大分断电压 U_{bNm} 为3000V，并对灭磁电阻为碳化硅或氧化锌有相同的 U_{bNm}。误强励灭磁开始励磁功率整流器的输出电压 U_{dm} 为1820V。由式（3-173），灭磁电阻上允许的最高电压 U_{rm} 为

$$U_{rm} \leqslant U_{bNm} - U_{dm}$$
$$= 3000 - 1820$$
$$= 1180(V)$$

整组灭磁电阻性能常数 C 由 $U_r = CI_r^{\beta}$ 及 $U_r \leqslant U_{rm}$、$I_f = I_{f(i=n)} = 6923A$ 求得，即

$$C = U_r / I_r^{\beta}$$
$$= 1180/(6923)^{\beta}$$
$$= 34.5(碳化硅,\beta = 0.4);905(氧化锌,\beta = 0.03)$$

C.4 灭磁过程、灭磁时间及灭磁电阻耗能计算

灭磁过程中转子电流及灭磁电阻上电压随时间变化的灭磁过程特性、灭磁时间、灭磁过程中灭磁电阻（及转子电阻）的耗能，可按式（3-151）～式（3-169）进行计算。在本算例中灭磁过程非线性电阻的性能常数及非线性系数按常数考虑，且不考虑灭磁电阻温度系数。灭磁电阻的工作能容量，按灭磁电阻在最严重灭磁工况下需承受的最大耗能容量不超过其工作能容量的80%进行选择。计算结果见表C-4～表C-11[17]。

表C-4 发电机空载灭磁过程计算结果（碳化硅灭磁电阻，忽略阻尼绕组计算），$U_r = 35 \times (I_f)^{0.4}$

时间（s）	0	0.2	0.4	0.6	0.8	1.0	1.3	1.7	2.1	2.5	2.9	3.1
I_f(A)	946	837	735	641	554	474	367	249	155	83	33	17
U_r(V)	543	517	491	464	437	412	372	318	263	205	142	108

注 1. 灭磁时间：2.76s（按转子电流衰减至5%发电机额定空载的励磁电流 I_{f0}）。
2. 灭磁电阻耗能：0.477MJ。

表C-5 发电机空载灭磁过程计算结果（氧化锌灭磁电阻，忽略阻尼绕组计算），$U_r = 905 \times (I_f)^{0.03}$

时间（s）	0	0.1	0.2	0.3	0.4	0.5	0.6	0.8	0.9	0.95	1.0	1.05
I_f(A)	946	781	691	603	517	434	353	203	135	100	67	37
U_r(V)	1111	1105	1101	1097	1092	1086	1079	1061	1048	1039	1027	1009

注 1. 灭磁时间：1.03s（按转子电流衰减至5%发电机额定空载的励磁电流 I_{f0}）。
2. 灭磁电阻耗能：0.558MJ。

表C-6 空载误强励灭磁过程（碳化硅灭磁电阻，忽略阻尼绕组计算），$U_r = 35 \times (I_f)^{0.4}$

时间（s）	0	0.05	0.1	0.19	0.29	0.49	0.69	0.99	1.49	2.09	2.69	2.99	3.59
I_f(A)	6923	3467	2407	1660	1337	991	804	649	447	260	126	78	14
U_r(V)	1202	912	788	679	623	553	508	467	402	323	242	200	100

注 1. 灭磁时间：3.19s（按转子电流衰减至5%发电机额定空载的励磁电流 I_{f0}）。
2. 灭磁电阻耗能：1.271MJ。

表C-7 空载误强励灭磁过程（氧化锌灭磁电阻，忽略阻尼绕组计算），$U_r = 905 \times (I_f)^{0.03}$

时间（s）	0	0.05	0.1	0.21	0.31	0.46	0.66	0.86	1.06	1.26	1.31	1.36	1.41
I_f(A)	6923	3379	2234	1377	1055	782	603	434	276	135	100	67	37
U_r(V)	1180	1155	1141	1124	1115	1105	1097	1086	1071	1048	1039	1027	1009

注 1. 灭磁时间：1.39s（按转子电流衰减至5%发电机额定空载的励磁电流 I_{f0}）。
2. 灭磁电阻耗能：1.404MJ。

表 C-8　采用碳化硅灭磁电阻时机端短路灭磁过程（忽略阻尼绕组计算），$U_r=35\times(I_f)^{0.4}$

时间 t(s)	0	0.1	0.2	0.3	0.4	0.7	0.9	1.1	1.3	1.7	2.1	2.3	2.5
非周期分量电流（A）	3152	2883	2626	2383	2153	1553	1220	935	694	332	111	47	12
周期分量电流（A）	613	386	242	153	96	24	9	4	1.5	0	0	0	0
转子电压（V）	943	891	846	805	767	666	602	521	480	357	230	164	96

注　1. 灭磁时间：2.30s（按按转子电流衰减至5%发电机额定空载的励磁电流 I_{f0}）。

2. 灭磁电阻耗能：1.985MJ，由周期分量产生的占5.7%。

表 C-9　采用氧化锌灭磁电阻时机端短路灭磁过程（忽略阻尼绕组计算），$U_r=905\times(I_f)^{0.03}$

时间 t(s)	0	0.1	0.2	0.3	0.4	0.5	0.7	0.9	1.1	1.3	1.4	1.45	
非周期分量电流（A）	3152	2853	2559	2273	1997	1731	1259	838	475	189	65	14.9	
周期分量电流（A）	613	386	242	153	96	60	24	9	4	1.5	0	0	
转子电压（V）	1158	1153	1148	1143	1138	1133	1122	1108	1089	1059	1026		

注　1. 灭磁时间：1.42s（按转子电流衰减至5%发电机额定空载的励磁电流 I_{f0}）。

2. 灭磁电阻耗能：2.435MJ，由周期分量产生的占6.5%。

表 C-10　计算的各种灭磁工况的灭磁过程主要数据（采用碳化硅灭磁电阻，忽略阻尼绕组计算）

序号	灭磁工况	转子电流 $I_{f(0)}$(A)	整流器输出 U_{dm}(V)	灭磁电阻电压 U_{rm}（V）	灭磁电阻耗能（MJ）	灭磁时间（s）	转子电阻耗能（MJ）	灭磁电阻耗能/总耗能
1	额定空载	946	223	543	0.477	2.76	0.147	76%
2	额定负载跳闸	1740	223	692	0.776	3.02	0.297	72%
3	强励	3480	821	913	1.050	3.14	0.492	68%
4	机端三相短路	3765	1076	943	1.985	2.30	1.340	60%
5	空载误强励	6923	1820	1202	1.271	3.19	0.749	63%

注　碳化硅灭磁电阻，$U_r=35\times(I_f)^{0.4}$。机端三相短路为主保护启动灭磁。灭磁时间按转子电流衰减至5%发电机额定空载的励磁电流 I_{f0}。整流器输出为平均值。

表 C-11　计算的各种灭磁工况的灭磁过程主要数据（采用氧化锌灭磁电阻，忽略阻尼绕组计算）

序号	灭磁工况	转子电流 $I_{f(0)}$(A)	整流器输出 U_{dm}(V)	灭磁电阻电压 U_{rm}(V)	灭磁电阻耗能（MJ）	灭磁时间（s）	转子电阻耗能（MJ）	灭磁电阻耗能/总耗能
1	额定空载	946	223	1047	0.558	1.03	0.072	89%
2	额定负载跳闸	1740	223	1086	0.871	1.25	0.163	84%
3	强励	3480	821	1132	1.104	1.35	0.279	80%
4	机端三相短路	3765	1076	1158	2.435	1.42	1.125	68.4%
5	空载误强励	6923	1820	1180	1.404	1.39	0.578	71%

注　氧化锌灭磁电阻，$U_r=905\times(I_r)^{0.03}$。机端三相短路为主保护启动灭磁。灭磁时间按转子电流衰减至5%发电机额定空载的励磁电流 I_{f0}。整流器输出为平均值。

发电灭磁过程曲线见图 C-2。

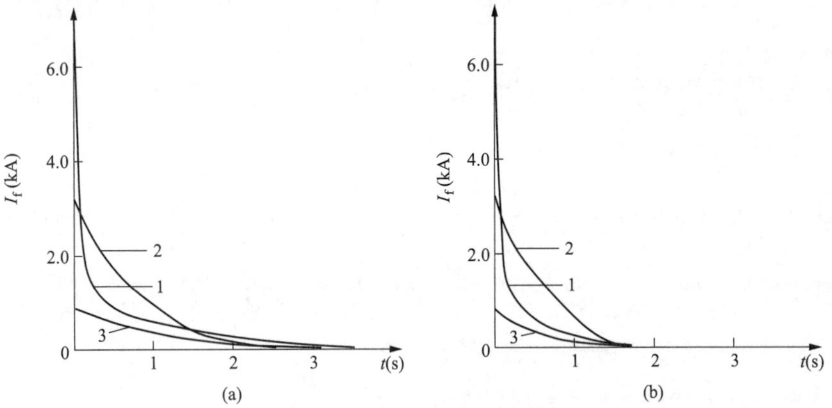

图 C-2 发电机灭磁过程曲线

(a) 碳化硅灭磁电阻；(b) 氧化锌灭磁电阻

1—空载误强励灭磁；2—机端三相短路灭磁；3—空载灭磁

C.5 直流磁场断路器及交流磁场断路器分断能力计算

下面以表 C-1 的发电机参数、采用串接有二极管的氧化锌灭磁电阻为例进行计算。

1. 直流磁场断路器额定分断能力计算

当发电机考虑误强励灭磁工况时，直流磁场断路器额定分断能力应按空载误强励灭磁要求进行选择：直流磁场断路器应具有在不低于按式（3-121）计算的分断电压下，分断不小于按式（3-122）计算的分断电流的分断能力。

（1）直流磁场断路器的分断电压。根据式（3-121），当 $i=n$，取 $n=4$ 采用氧化锌灭磁电阻时，磁场断路器的分断电压可计算为

$$
\begin{aligned}
U_{\mathrm{bNm}} &\geqslant c(I_{\mathrm{f}(i=n)})^{\beta}+1.35U_{2\mathrm{r}}U_{\mathrm{g}(i=n)}/U_{\mathrm{gr}}\\
&=905\times(6923)^{0.03}+1.35\times930\times1.45=1180+1820=3000(\mathrm{V})
\end{aligned}
$$

式中：参数的数值见 C.1～C.3。

（2）直流磁场断路器的分断电流。根据式（3-122），采用氧化锌灭磁电阻时可计算为

$$
\begin{aligned}
I_{\mathrm{brm}} &\geqslant I_{\mathrm{f}(i=n)}+\Delta I_{\mathrm{b}}\\
&=I_{\mathrm{f}(i=n)}=6923(\mathrm{A})
\end{aligned}
$$

根据可选择的直流磁场断路器产品所提供的技术参数，并适当考虑分断电流的裕度，直流磁场断路器主触头额定最大分断电流的初选值可取为 8000A。

故采用氧化锌灭磁电阻时，按空载误强励灭磁要求选择的直流磁场断路器，应具有在不低于 3000V 的分断电压下分断不小于 8000A 电流的额定分断能力。额定分断能力的测试条件（测试负载）应为所用的发电机灭磁回路或相当的回路。

2. 直流磁场断路器短路分断能力计算

直流磁场断路器的短路分断电流按式（3-133）并考虑误强励下转子+、一极短路计算，即

$$
I_{\mathrm{dsm}}\geqslant\frac{3\sqrt{2}}{\pi\cdot u_{\mathrm{k}}}I_{2\mathrm{r}}k_{\mathrm{u}}=\frac{3\sqrt{2}\times100}{\pi\times6}\cdot\frac{2600}{0.93\times\sqrt{3}}\times1.45=52\ 678\approx52.7(\mathrm{kA})
$$

$K_u=1.45$，为误强励下转子短路时发电机端电压相对于额定电压的倍数，采用C.2中计算结果。

直流磁场断路器短路分断的恢复电压按式（3-129）计算，回路换相压降时可按式（3-135）计算为

$$U_{bsm} \geqslant 1.35U_{2(i=n)}=1.35\times1.45\times930=1820(V)$$

直流磁场断路器应具有在1820V的回路中分断不低于52.7kA短路电流的短路分断能力。

考虑断路器的短路电流分断能力，是在电压为断路器额定电压的回路中的短路分断能力。故所选择的直流磁场断路器，其额定电压应不低于1820V。

3. 直流磁场断路器动断触头的闭合能力计算

直流磁场断路器动断触头的闭合能力（闭合电流、闭合电压）按满足误强励灭磁要求，以式（3-136）、式（3-137）计算，即

$$I_{cm} \geqslant I_{f(i=n)}=I_{f(i=4)}=6923A$$

$$U_{cm} \geqslant 1.35U_{2r}\cdot U_{g(i=n)}/U_{gr}=1.35\times930\times1.45=1820(V)$$

式中：参数值采用C.2中2的计算结果。

直流磁场断路器动断触头应在不小于1820V的闭合电压下，具有闭合不小于6923A电流的闭合能力。

4. 交流磁场断路器额定分断能力计算

交流磁场断路器的灭磁分断电流、分断电压分别按式（3-143）、式（3-146）。以采用氧化锌灭磁电阻为例，则

$$I_{bNm} \geqslant I_{f(i=n)}=6923A$$

$$\begin{aligned}U_{bNm} \geqslant [c\ (I_{f(i=n)})^{\beta}+\sqrt{2}U_{2(i=n)}]/2k_{cd} &=(905\times6923^{0.03}+\sqrt{2}\times1.45\times930)/(2\times0.9)\\ &=(1180+1907)/1.8=1715(V)\end{aligned}$$

且 $$U_{bNm} \geqslant \sqrt{2}U_{(i=n)}=\sqrt{2}\times1.45\times930=1907(V)$$

交流磁场断路器在发电机灭磁分断时，应具有在不小于1907V分断电压（每相，峰值）下分断6923kA电流（直流电流）的额定分断能力。额定分断能力的测试负载，应为所用的发电机灭磁回路或相当的回路。

5. 交流磁场断路器灭磁分断弧压计算

交流磁场断路器的灭磁分断弧压（每相）通常以满足机端短路或交流磁场断路器与励磁变压器间短路灭磁要求考虑，并按式（3-147）计算，则

$$U_{bam} \geqslant c(I_{fs(0.1)})^{\beta}/2k_{cd}=905\times4019^{0.03}/(2\times0.9)=645(V)$$

式中：$I_{fs(0.1)}$按式（3-148）计算（周期分量按峰值计算）。为保证机端三相短路灭磁时，转子电流向灭磁电阻回路的完全转移，交流磁场断路器的分断弧压应不小于645V。交流磁场断路器分断弧压的测试条件（测试负载），应为所用的发电机灭磁回路或相当的回路。

6. 交流磁场断路器的短路分断能力计算

交流磁场断路器的短路分断电流按式（3-140）并取表6-16的发电机参数计算，则

$$I_{bsm}=I_{2r}k_u/u_k=1616\times1.45\times100/6=39\ 053(A)$$

式中：励磁变压器低压绕组额定电流$I_{2r}=1616A$；机端电压升高倍数k_u按误强励时发生

机端短路考虑，由上面 C.2 中 2.（5）的计算，此时 $k_u=1.45$；励磁变短路电抗标么值 $u_k=6\%$。

短路分断的恢复电压由下式计算为

$$U_{bsm}=U_{2r}k_u=930\times1.45=1349(V)$$

式中：励磁变压器低压绕组额定电压 $U_{2r}=930V$；机端电压升高倍数 k_u 采用 C.2 中 2 的计算结果。

附录 D　几种励磁控制方式下（电压偏差、PSS、强力调节）的发电机阻尼转矩特性

发电机励磁系统控制方式及电力系统稳定装置的配置及其参数整定，通常采用计算机进行电力系统仿真计算，有关的工作归属于电力系统设计及运行管理部门。

发电机励磁控制对电力系统稳定的作用及影响，也可利用通过输电线连接到无穷大容量系统的凸极同步发电机励磁控制系统线性模型（单机对无穷大容量系统模型），采用经典自动控制理论进行分析。下面分别介绍模型的结构、各环节参数及其计算、分析方法，并对励磁系统采用电压偏差、电力系统稳定器（PSS）、强力调节控制方式时的发电机阻尼转矩特性进行分析。

D. 1　通过输电线连接到无穷大系统的同步发电机励磁控制系统线性模型

通过输电线连接到无穷大容量系统（以下简称无穷大系统）的同步发电机励磁控制系统线性模型如图 D-1[4,9,11]所示。在图 D-1 中，发电机采用自并励励磁系统，励磁系统采用三相全控桥式晶闸管功率整流器，调节器采用发电机电压偏差的比例控制。当采用 PID 调节器时，可采用第三篇图 3-34 中相应的环节置换。

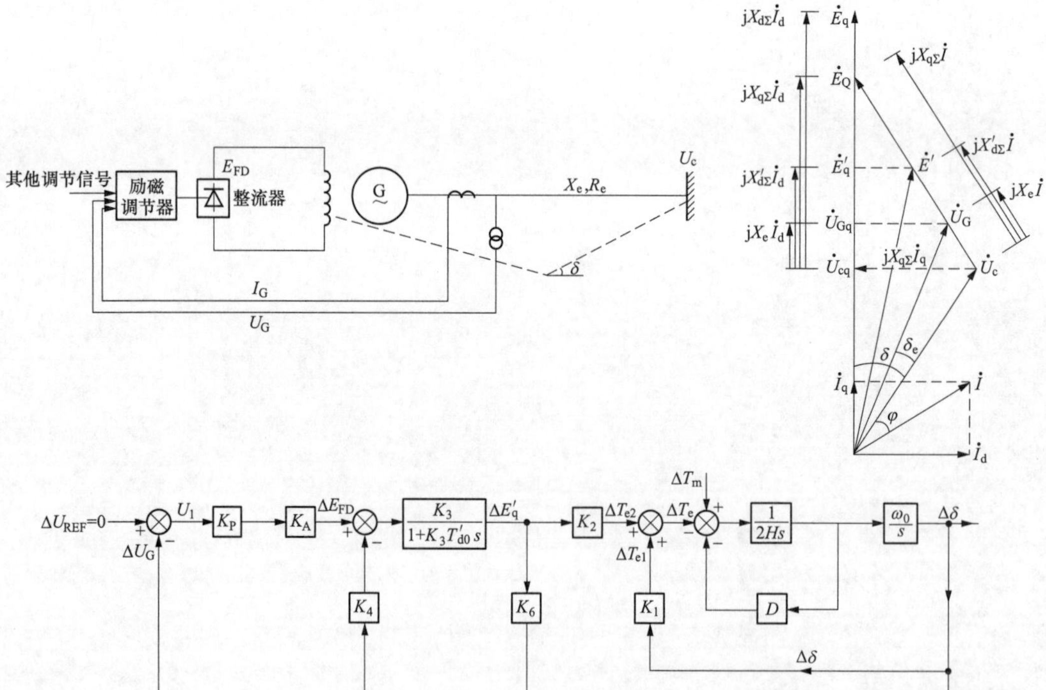

图 D-1　通过输电线连接到无穷大系统的同步发电机励磁控制系统线性模型（按电压偏差调节）

当假定发电机为接近同步转速的对称运行状态，分析时忽略发电机的饱和及定子绕组的电阻、发电机的外部电阻（图 D-1 的 R_e），忽略定子绕组的暂态过程及阻尼绕组的影响，此时图 D-1 中的环节方程式（或传递函数）及参数可计算如下。

1. 发电机转子运动方程[8,9]

$$\left(\frac{2H}{\omega_r}s^2+\frac{D}{\omega_r}s\right)\Delta\delta=\Delta T_m-\Delta T_e \tag{D-1}$$

式中：$H=T_J/2$ 为发电机组惯性常数，s，T_J 见式（2-25）；ω_r 为额定电角速度，rad/s，$\omega_r=2\pi f_r$，f_r 为电网额定频率，Hz；s 为拉氏变换复变量；D 为机组的阻尼功率系数；$\Delta\delta$ 为功角增量，$\Delta\delta=\delta-\delta_0$，$\delta_0$、$\delta$ 分别为本环节输入转矩扰动初始（$t=0$）、$t=t$ 时的发电机功角，rad；$\Delta T_m=T_m-T_{m0}$、$\Delta T_e=T_e-T_{e0}$分别为 $t=t$ 时 T_m、T_e 增量（相对于 $t=0$ 时）。T_m、T_e 分别为机组原动机机械转矩、发电机的电磁转矩以对应于发电机额定容量的转矩为基准的标幺值。以下脚注有 0 的参数（如 P_{m0}）为环节输入扰动开始（$t=0$）的参数值，有 Δ 的参数（如 ΔP_m）为 $t=t$ 时该参数的增量（相对于 $t=0$ 时）。

在角速度变化范围不大的情况下，可近似地认为转矩的标幺值等于功率的标幺值，式（D-1）可表示为

$$\left(\frac{2H}{\omega_r}s^2+\frac{D}{\omega_r}s\right)\Delta\delta=\Delta P_m-\Delta P_e \tag{D-1a}$$

式中：P_m、P_e 分别为机组原动功率、发电机电磁功率，以发电机额定容量 S_r 为基准的标幺值。其他参数见式（D-1）。

2. 发电机的电磁功率[11]

$$\Delta P_e=K_1\Delta\delta+K_2\Delta E'_q \tag{D-2}$$

式中：E'_q为发电机的暂态电势，以发电机额定空载励磁电压为基准的标幺值；系数 K_1、K_2 由式（D-3）、式（D-4）计算

$$K_1=\frac{\Delta P_e}{\Delta\delta}\mid_{\Delta E'_q=0}=\frac{X_q-X'_d}{X'_d+X_e}I_{q0}U_c\sin\delta_0+\frac{U_c\cos\delta_0}{X_q+X_e}E_{Q0} \tag{D-3}$$

$$K_2=\frac{\Delta P_e}{\Delta E'_q}\mid_{\Delta\delta=0}=\frac{U_c\sin\delta_0}{X'_d+X_e}=\frac{X_q+X_e}{X'_d+X_e}I_{q0} \tag{D-4}$$

式中：E_Q 为横轴同步电抗 X_q 后的发电机电动势以发电机额定空载励磁电压为基准的标幺值。U_c 为无穷大系统母线电压以系统额定电压为基准的标幺值；X_q、X'_d、X_e 为发电机横轴同步电抗、直轴暂态（也称瞬态或瞬变）电抗、外部电抗（含升压变及输电线）以发电机基准容量为基准的标幺值。其余见式（D-1）、式（D-2）。

3. 转子电磁方程[11]

$$\Delta E'_q=\frac{K_3}{1+K_3T'_{d0}s}\Delta E_{FD}-\frac{K_3K_4}{1+K_3T'_{d0}s}\Delta\delta \tag{D-5}$$

式中：$K_3=(X'_d+X_e)/(X_d+X_e)$，$K_4=(X_d-X'_d)U_c\sin\delta_0/(X'_d+X_e)$；$T'_{d0}$ 为发电机直轴暂态开路时间常数，s；E_{FD}为励磁系统（励磁功率整流器）输出电压以发电机额定空载励磁电压为基准的标幺值；其余见式（D-1）、式（D-2）。

4. 励磁系统方程

励磁系统采用晶闸管静态励磁及采用发电机机端电压（U_G）偏差的比例调节时，励磁系统方程式为

$$\Delta E_{FD}=K_P K_A\times\Delta U_G=K_u\times\Delta U_G \tag{D-6}$$

式中：K_P 为励磁调节器比例系数（或称比例增益）；K_A 为励磁功率整流器增益，以发电机额定空载励磁电压为基准计算；U_G 为发电机端电压以发电机额定电压为基准的标幺值。$K_u=K_P K_A$，为励磁系统的电压放大倍数或称电压增益。

5. 电压、电流方程[11]

$$\Delta U_G=K_5\Delta\delta+K_6\Delta E'_q \tag{D-7}$$

$$\Delta I_G=K_7\Delta\delta+K_8\Delta E'_q \tag{D-8}$$

式中：I_G 为发电机电流以发电机额定电流为基准的标幺值。

$$K_5=\frac{\Delta U_G}{\Delta\delta}\Big|_{\Delta E'_q=0}=\frac{U_c U_{Gd0}X_q\cos\delta_0}{(X_q+X_e)U_{G0}}-\frac{U_c U_{Gq0}X'_d\sin\delta_0}{(X'_d+X_e)U_{G0}} \tag{D-9}$$

$$K_6=\frac{\Delta U_G}{\Delta E'_q}\Big|_{\Delta\delta=0}=\frac{U_{Gq0}}{U_{G0}}[X_e/(X'_d+X_e)] \tag{D-10}$$

$$K_7=\frac{\Delta I}{\Delta\delta}\Big|_{\Delta E'_q=0}=\frac{1}{3I}\left\{\frac{E'_{q0}U_c\sin\delta_0}{(X'_d+X_e)^2}+U_c^2\sin\delta_0\cos\delta_0\left[\frac{1}{(X_q+X_e)^2}-\frac{1}{(X'_d+X_e)^2}\right]\right\} \tag{D-11}$$

$$K_8=\frac{\Delta I}{\Delta E'_q}\Big|_{\Delta\delta=0}=\frac{E'_{q0}-U_c\cos\delta_0}{3I\ (X'_d+X_e)^2} \tag{D-12}$$

式中：$U_{Gd}=U_G\sin(\delta-\delta_e)$、$U_{Gq}=U_G\cos(\delta-\delta_e)$ 为发电机机端电压的直轴、横轴分量；δ、δ_e 见图 D-1。其余见式（D-2）～式(D-4)。

6. 辅助方程

式（D-2)～式（D-12）中的某些参数（δ_0、I_{q0}、E'_{q0}、U_{Gq0}、U_{Gd0}），需要由下面的辅助方程[4,8]从给定的系统初始条件中进行计算。进行系统稳定计算分析时，通常可给定的初始条件为无穷大容量系统母线电压 U_c、输电线输送的有功 P_{c0}（可认为 $P_{c0}=P_{e0}$）和功率因数 $\cos\varphi_0$（或无功功率 Q_{c0}），以及机组和系统的额定参数及阻抗等。下面的计算式中，脚注有 0 的参数为计算所考虑的变量初始参数。各计算式删去参数脚注 0 后即为一般情况下的计算式，可用于初始条件以后输送功率变化情况下的计算。相关的辅助方程如下。

(1) $I_{q0}=U_c\sin\delta_0/(X_q+X_e)=I_0\sin(\delta_0+\varphi_0)$。

其中：$\delta_0=\tan^{-1}\dfrac{P_{c0}X_{q\Sigma}/U_c}{U_c+Q_{c0}X_{q\Sigma}/U_c}$，$I_0=\dfrac{\sqrt{{P_{c0}}^2+Q_{c0}^2}}{U_c}$，$\varphi_0=\tan^{-1}\left(\dfrac{Q_{c0}}{P_{c0}}\right)$，$Q_{c0}=P_{c0}\tan\varphi_0$。

(2) $E'_{q0}=E_{Q0}\dfrac{X'_d+X_e}{X_q+X_e}+\dfrac{X_q-X'_d}{X_q+X_e}U_c\cos\delta_0$。

其中：$E_{Q0}=\sqrt{\left(\dfrac{P_{c0}X_{q\Sigma}}{U_c}\right)^2+\left(U_c+\dfrac{Q_{e0}X_{q\Sigma}}{U_c}\right)^2}$。

(3) $U_{G0}=\sqrt{\left(U_c+\dfrac{Q_{c0}X_e}{U_c}\right)^2+\left(\dfrac{P_{c0}X_e}{U_c}\right)^2}$。

(4) $U_{Gq0}=\dfrac{X_e}{X_q+X_e}(E_{Q0}+U_c\cos\delta_0)$。

(5) $U_{Gd0}=U_{G0}\sin(\delta_0-\delta_e)$。

其中：$\delta-\delta_e=\cos^{-1}\left(\frac{U_{Gq0}}{U_{G0}}\right)$。

7. $K_1\sim K_8$ 计算示例

系数 K_1、K_2、$K_4\sim K_8$ 的数值将随运行功角而变化。下面是采用发电机机端电压偏差调节时（按 E'_q 恒定），系数 $K_1\sim K_8$ 的计算示例，计算值示于表 D-1 及图 D-2。K_1、K_2、$K_5\sim K_8$ 随运行功角的变化将与励磁控制方式有关，如采用强力式励磁调节时，需按机端（或电厂高压母线）电压恒定计算，此时 E'_q 随功角增大而增加。

表 D-1　系数 $K_1\sim K_8$ 的计算示例

功角 δ(°)	40	60	90	100	120	150
K_1	1.574	1.327	0.386	−0.084	−1.156	−2.667
K_2	0.846	1.140	1.315	1.296	1.140	0.658
K_3	0.510	0.510	0.510	0.510	0.510	0.510
K_4	0.617	0.831	0.960	0.945	0.831	0.430
K_5	−0.092	−0.167	−0.296	−0.323	−0.370	−0.329
K_6	0.660	0.643	0.617	0.616	0.613	0.646
K_7	0.527	0.774	1.091	1.139	1.106	0.703
K_8	0.516	0.719	1.091	1.217	1.451	1.708

注 1. 系统参数：发电机 $S=352.5$MVA，$X_d=1.0$，$X'_d=0.25$，$X_q=0.6$，$X_e=0.531$，$T'_{d0}=8$s，系统基准容量为 250MVA，系统基准电压为 220kV。
2. 初始运行条件：$P_{e0}=250$MW，$\cos\varphi_0=0.95$，$U_c=1.0$。

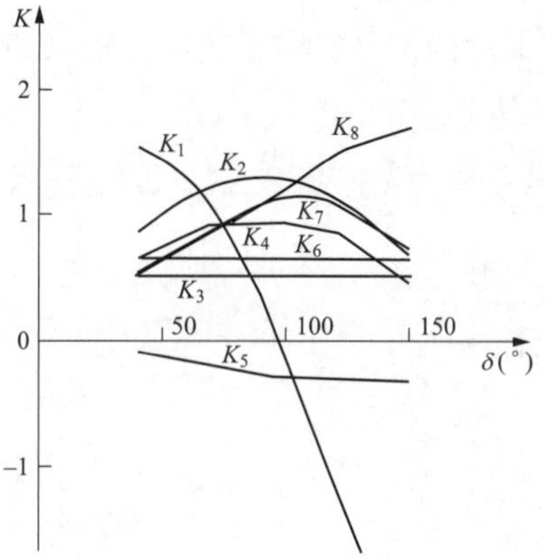

图 D-2　系数 $K_1\sim K_8$ 随运行功角 δ 的变化

D.2　采用电压偏差比例控制的发电机阻尼转矩特性

1. 电磁转矩及阻尼转矩的表达式

励磁系统采用发电机机端电压偏差比例控制时，由图 D-1 的 $\Delta\delta$ 至 ΔT_{e2} 间的开环传递函数，可求得功角变化 $\Delta\delta$ 时由励磁控制产生的电磁转矩增量 ΔT_{e2}，即

$$\Delta T_{e2}=\frac{-K_2K_3(K_4+K_5K_u)}{(1+K_3K_6K_u)+K_3T'_{d0}s}\Delta\delta \tag{D-13}$$

式中：励磁系统电压增益 $K_u = K_P K_A$。式（D-3）中 s 以 $j\omega$ 代入［此处及本附录下面的 ω 为开环系统输入信号 $\Delta\delta$ 的变化频率，见式（B-2）的说明］。

$$\Delta T_{e2} = \frac{-K_2 K_3 (K_4 + K_5 K_u)}{(1 + K_3 K_6 K_u) + jK_3 T'_{d0}\omega}\Delta\delta$$

使分母有理化，得

$$\Delta T_{e2} = \frac{-K_2 K_3 (K_4 + K_5 K_u)[(1 + K_3 K_6 K_u) - jK_3 T'_{d0}\omega]}{(1 + K_3 K_6 K_u)^2 + (K_3 T'_{d0}\omega)^2}\Delta\delta \tag{D-14}$$

设

$$\left\{\begin{aligned} \Delta T_{e2S} &= \frac{-K_2 K_3 (K_4 + K_5 K_u)(1 + K_3 K_6 K_u)}{(1 + K_3 K_6 K_u)^2 + (K_3 T'_{d0}\omega)^2}\Delta\delta = T_S \Delta\delta \\ \Delta T_{e2D} &= j\,\frac{K_2 K_3 (K_4 + K_5 K_u) K_3 T'_{d0}\omega}{(1 + K_3 K_6 K_u)^2 + (K_3 T'_{d0}\omega)^2}\Delta\delta = j\omega T_D \Delta\delta \end{aligned}\right\} \tag{D-15}$$

式（D-14）可表示为

$$\Delta T_{e2} = \Delta T_{e2S} + \Delta T_{e2D} = T_S \Delta\delta + j\omega T_D \Delta\delta \tag{D-16}$$

由下面分析可知，上式电磁转矩增量 ΔT_{e2} 的实部为同步转矩增量 ΔT_{e2S}，虚部为阻尼转矩增量 ΔT_{e2D}。式（D-16）中 T_S、T_D 分别为同步转矩系数、阻尼转矩系数，则

$$T_S = \frac{-K_2 K_3 (K_4 + K_5 K_u)(1 + K_3 K_6 K_u)}{(1 + K_3 K_6 K_u)^2 + (K_3 T'_{d0}\omega)^2} \tag{D-17}$$

$$T_D = \frac{K_2 K_3 (K_4 + K_5 K_u) K_3 T'_{d0}}{(1 + K_3 K_6 K_u)^2 + (K_3 T'_{d0}\omega)^2} \tag{D-18}$$

T_S、ωT_D 分别为 $\Delta\delta$ 变化一单位（$\Delta\delta = 1\text{rad}$）时，由励磁控制产生的同步转矩、阻尼转矩。

由图 D-1，考虑了 K_1 反馈后的发电机转子运动方程（即图 D-1 中输入为 ΔT_{e2} 至输出为 $\Delta\delta$ 间环节方程式）可表示为

$$\left(\frac{2H}{\omega_0}s^2 + \frac{D}{\omega_0}s + K_1\right)\Delta\delta = \Delta T_m - \Delta T_{e2} \tag{D-19}$$

式中：s 以 $j\omega$、ΔT_{e2} 以式（D-16）代入，式（D-19）变为

$$\left[\frac{2H}{\omega_0}(j\omega)^2 + \frac{D}{\omega_0}(j\omega) + K_1\right]\Delta\delta = \Delta T_m - (T_s \Delta\delta + j\omega T_D \Delta\delta)$$

整理可得

$$\left[\frac{2H}{\omega_0}(j\omega)^2 + \left(\frac{D}{\omega_0} + T_D\right)(j\omega) + K_1\right]\Delta\delta = \Delta T_m - T_S \Delta\delta \tag{D-20}$$

或写成以 s 表示的型式为

$$\left[\frac{2H}{\omega_0}s^2 + \left(\frac{D}{\omega_0} + T_D\right)s + K_1\right]\Delta\delta = \Delta T_m - T_S \Delta\delta \tag{D-21}$$

式（D-21）为发电机转子运动方程的另一种表示形式。

由式（D-20）或式（D-21）可知，当 T_D 为正值时，$j\omega T_D \Delta\delta$ 项与发电机转子的机械阻尼转矩项（$j\omega D\Delta\delta/\omega_0$）的作用相同，均为发电机转子运动提供阻尼。故式（D-16）电磁转矩 ΔT_{e2} 的虚部（$j\omega T_D \Delta\delta$）为电磁转矩的阻尼转矩分量，为功角变化时由励磁控制提供给发电机的阻尼转矩。而电磁转矩中与 $\Delta\delta$ 成比例的分量 $T_S \Delta\delta$ 具有使发电机转子拉入同步的能力，称为同步转矩。在式（D-17）中，通常有 $K_5 < 0$（参见表 D-1），且 K_u 有较大的数值而使 $K_5 K_u$ 远大于 K_4，故通常总有 $T_S > 0$，即 $T_S \Delta\delta$ 与 $\Delta\delta$ 同相位。

2. 采用电压偏差比例控制励磁的发电机阻尼转矩特性

采用表D-1的计算值对式（D-15）的单位阻尼转矩 ωT_D 进行计算表明，当不计及励磁系统时间常数时（见图D-1），采用端电压偏差比例控制励磁的发电机，在运行功角变化时将提供负阻尼转矩，见表D-2及图D-3的示例。

表D-2 单位阻尼转矩 ωT_D 随运行功角 δ、振荡频率 f 及电压增益 K_u 的变化

K_u	δ(°)(f=1Hz时的数据)					f (Hz)(δ=90°时的数据)			
	40	60	90	120	150	0.2	1	2	3
10	−0.005	−0.019	−0.049	−0.050	−0.036	−0.151	−0.049	−0.025	−0.017
40	−0.039	−0.102	−0.215	−0.204	−0.130	−0.171	−0.215	−0.128	−0.089
100	−0.051	−0.132	−0.278	−0.262	−0.154	−0.089	−0.278	−0.258	−0.206
200	−0.037	−0.095	−0.204	−0.192	−0.110	−0.048	−0.204	−0.288	−0.290

注 1. 表中为 ωT_D 的数值，为功角变化1单位时（$\Delta\delta$=1°）的阻尼转矩值，以对应于发电机额定容量的转矩为基准的标幺值。

2. 计算的系统参数及初始条件同表D-1。

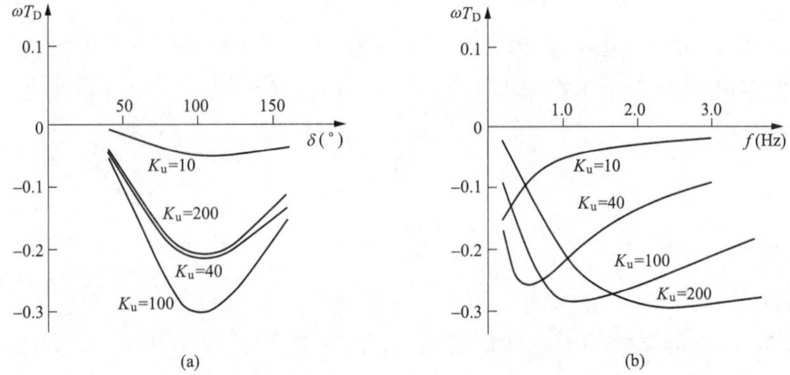

图D-3 采用电压偏差比例控制励磁时发电机阻尼转矩特性（由励磁控制产生的 ωT_D）

(a) 单位阻尼转矩-功角变化（f=1Hz时）；(b) 单位阻尼转矩-频率变化（δ=90°时）

由表D-2及图D-3可见，采用电压偏差比例控制励磁的发电机，负阻尼转矩随励磁系统的电压增益 K_u、运行功角 δ、振荡频率 f 而变化。在其他相同的条件下，发电机的单位负阻尼转矩的最大数值出现在系统的某一运行功角 δ 或某一振荡频率时，如表D-2所示，在振荡频率为1Hz时，单位负阻尼转矩最大数值出现在运行功角90°附近；或在运行功角90°时，单位负阻尼转矩最大数值出现在振荡频率为1Hz附近。

3. 采用电压偏差比例调节的发电机励磁控制系统的相位及相频特性

将式（D-13）写成传递函数型式，则

$$T_{e2}(s)=\frac{-K_2K_3(K_4+K_5K_u)}{(1+K_3K_6K_u)+K_3T'_{d0}s} \tag{D-22}$$

式（D-22）为励磁控制系统的开环传递函数，开环系统输入变量为功角 δ，输出变量为发电机的电磁转矩 T_{e2}，见图D-1。式（D-22）可改写为

$$T_{e2}(s)=\frac{-K_2K_3(K_4+K_5K_u)/(1+K_3K_6K_u)}{1+[(K_3T'_{d0})/(1+K_3K_6K_u)]s}$$

或写成

$$T_{e2}(s)=\frac{k}{1+Ts} \tag{D-23}$$

为一般的惯性环节。式中：

$$T=\frac{K_3T'_{d0}}{(1+K_3K_6K_u)},k=\frac{-K_2K_3(K_4+K_5K_u)}{1+K_3K_6K_u} \tag{D-24}$$

式（D-24）中通常有 $K_5<0$（参见表 D-1），且 K_u 有较大的数值而使 K_5K_u 远大于 K_4，故 $k>0$。

由式（D-23）可知，对图 D-1 的励磁控制系统，从输入功角 δ 变量至输出电磁转矩 T_{e2}变量的励磁控制系统的等效开环环节为惯性环节。由自动调节原理可知，通过对环节相频特性的分析，可以了解环节的输出变量相对于输入变量的相位关系，在这里即是电压偏差比例调节引起的发电机电磁功率 T_{e2}变量相对于功角 δ 变量的相位关系。

式（D-23）中 s 以 $j\omega$ 代入，使分母有理化，则

$$T_{e2}(j\omega)=\frac{k}{1+jT\omega}=\frac{k}{1+T^2\omega^2}+j\frac{-kT\omega}{1+T^2\omega^2}=\frac{k}{\sqrt{1+T^2\omega^2}}e^{j\tan^{-1}(-\omega T)}=Ae^{j\varphi} \tag{D-25}$$

式中：A 为以复数表示的电磁转矩 $T_{e2}(j\omega)$ 的模（也称绝对值）；φ 为辐角，分别表示电磁转矩 T_{e2}变量的绝对值和 T_{e2}相对于功角 δ 变量的相位。A、φ 可计算为

$$A=\sqrt{\left(\frac{k}{1+T^2\omega^2}\right)^2+\left(\frac{-kT\omega}{1+T^2\omega^2}\right)^2}=\frac{k}{\sqrt{1+T^2\omega^2}} \tag{D-26}$$

$$\varphi(\omega)=\tan^{-1}\left[\frac{-kT\omega/(1+T^2\omega^2)}{k/(1+T^2\omega^2)}\right]=\tan^{-1}(-T\omega)=-\tan^{-1}(T\omega) \tag{D-27}$$

由式（D-25）及（D-16）～式（D-18）可以看出，式（D-25）中 $T_{e2}(j\omega)$ 的实部为同步转矩系数 T_S，虚部系数为阻尼转矩系数 T_D 与 ω 之积。即式（D-25）可表示为

$$T_{e2}(j\omega)=\frac{k}{1+jT\omega}=T_S+j\omega T_D=\frac{k}{\sqrt{1+T^2\omega^2}}e^{j\tan^{-1}(-T\omega)}=Ae^{j\varphi} \tag{D-28}$$

在复平面上，复函数 $T_{e2}(j\omega)$ 可表示如图 D-4 所示。由于电磁转矩的同步分量与功角同相位，故图 D-4 中的辐角 φ 也是电磁转矩 T_{e2}变量相对于功角变量的相位角。由式（D-27）可知，惯性环节的辐角 φ 总是负值，相角于第 4 象限，即为滞后相角（正角度为超

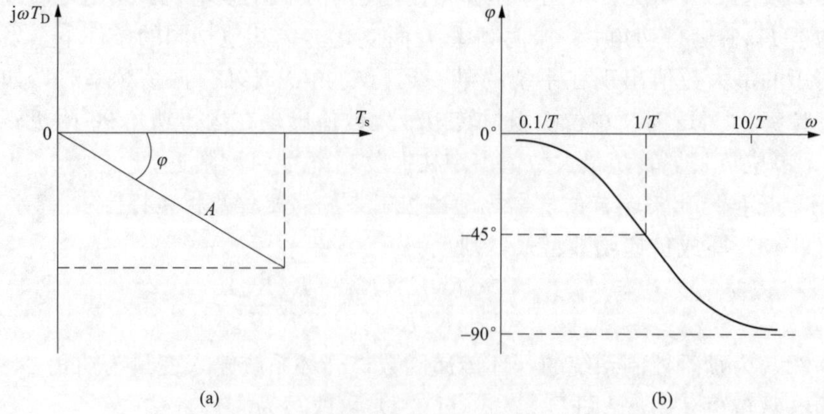

图 D-4　采用电压偏差比例控制励磁时电磁功率变量的相位及相频特性

（a）相位特性；（b）相频特性

前，辐角于第1象限），阻尼转矩系数 T_D 为负值。即对图D-1的系统，采用电压偏差控制的励磁系统提供的电磁转矩相对于 δ 变量的辐角 φ 总为负值，具有滞后的相位特性，在系统振荡时总是提供负阻尼转矩，如表D-2及图D-3计算示例所示。

由式（D-27），电磁转矩 T_{e2} 变量相对于功角变量的相位角 φ 取决于环节的时间常数 T，并随 ω 而变化。相位角 φ 随 ω（和 T）的变化如图D-4的相频特性所示[22]。滞后相角的数值随振荡频率的升高而增大，在振荡频率 $\omega=1/T$（称为惯性环节的交接频率）时，相角滞后45°。

D.3　采用电压偏差的PID控制的发电机阻尼转矩特性

发电机励磁调节器采用PID控制时，发电机励磁系统结构同图D-1，但图中需以 $(K_P+\frac{K_I}{s}+K_D s)$ 取代 K_P 环节中的 K_P。为便于分析，PID取纯微分环节。类同上述的分析方法，由图D-1可求得功角变化 $\Delta\delta$ 时引起电磁转矩的变化 ΔT_{e2} 为

$$\Delta T_{e2}=\frac{-K_2K_3[K_5K_AK_I+(K_5K_AK_P+K_4)s+K_5K_AK_Ds^2]}{(K_3K_6K_AK_P+1)s+[K_3K_6K_AK_I+(K_3K_6K_AK_D+K_3T'_{d0})s^2]}\Delta\delta \tag{D-29}$$

式中：s 以 $j\omega$ 代入并使分母有理化，可求得其阻尼转矩分量为

$$\Delta T_{e2D}=j\frac{K_2K_3[K_3K_5K_AT'_{d0}\omega^2K_P-(K_3K_4K_6-K_5)K_AK_I+(K_3K_4K_6-K_5)K_A\omega^2K_D+K_3K_4T'_{d0}\omega^2]}{[K_3K_6K_AK_I-(K_3K_6K_AK_D+K_3T'_{d0})\omega^2]^2+(K_3K_6K_AK_P+1)^2\omega^2}\Delta\delta \tag{D-30}$$

以表D-1的参数（取功角 $\delta=90°$）代入式（D-30），其分子为

$$0.671\times(-1.209K_A\omega^2K_p-0.588K_AK_I+0.585K_A\omega^2K_D+3.917\omega^2)$$

系统振荡频率为1Hz时，上式为

$$0.671\times(-47.73K_AK_p-0.588K_AK_I+23.5K_AK_D+154.6)$$

由上式可见，电压微分信号总是为发电机提供正的阻尼转矩，但积分信号、比例信号仍提供负的阻尼。由于PID微分信号的增益，需按满足调节的动态品质进行选择，微分信号提供的正阻尼通常有限。发电机励磁采用电压偏差PID控制时，励磁系统在PID中的电压偏差积分信号的控制下，仅当图3-34中的 $U_1=0$（即 $U_c=U_{REF}$），积分输出及相应的励磁控制系统才可能处于稳态，发电机机端电压的稳态误差由PID的积分环节保证而不依赖于电压偏差的比例信号放大倍数，相对于仅采用电压偏差比例控制方式，此时电压偏差比例信号放大倍数可取较小的数值。故采用并联型PID控制方式将使励磁控制有较好的调节品质，并有利于电力系统的稳定性。

对采用其他串联校正的励磁控制，也可采用同样的方法对功角变化引起的阻尼转矩及电磁转矩变量的相位角进行分析。

D.4　采用PSS附加信号控制的发电机阻尼转矩特性

PSS的输入通常是发电机的转速、频率、功率或他们的组合，这些信号经一定的相位补偿后，作为附加控制信号输入到励磁调节器对发电机励磁进行控制，改变励磁系统的特性，使励磁控制系统在维持发电机电压的同时，在电力系统振荡时使发电机得到正阻尼转矩，以提高电力系统的稳定性。下面以采用发电机转速输入的PSS为例，对发电机励磁采

用 PSS 控制时的励磁系统特性进行分析。

采用发电机转速输入的 PSS 附加信号控制励磁时，连接到无穷大系统的同步发电机励磁控制系统线性模型可见图 D-5。PSS 装置输出的附加控制信号通常与发电机电压偏差信号一起，在励磁调节器的输入端总加后，作为控制信号输入励磁调节器。下面分析该系统的电磁转矩特性及辐相频率特性。

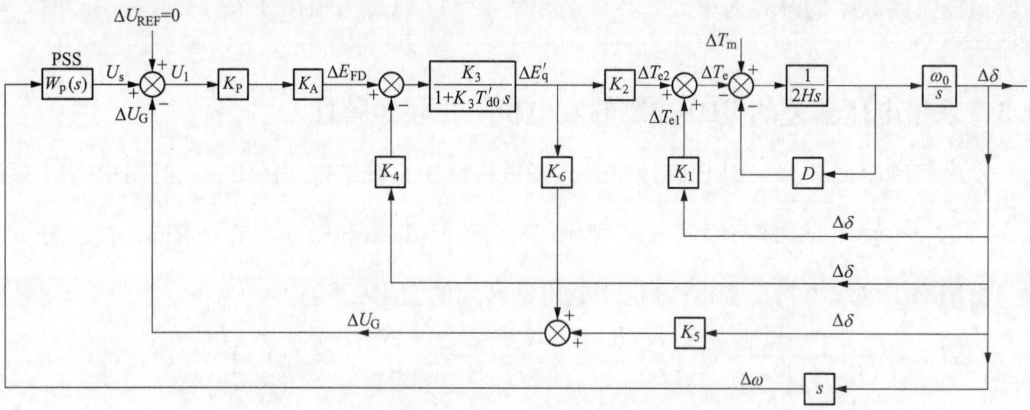

图 D-5　连接到无穷大系统的采用转速输入的 PSS 附加信号控制励磁的同步发电机励磁控制系统线性模型

由图 D-5，由电压偏差及 PSS 附加控制信号产生电磁转矩的系统环节结构可表示如图 D-6 所示。图中 $W_p(s)$ 为 PSS 的传递函数。

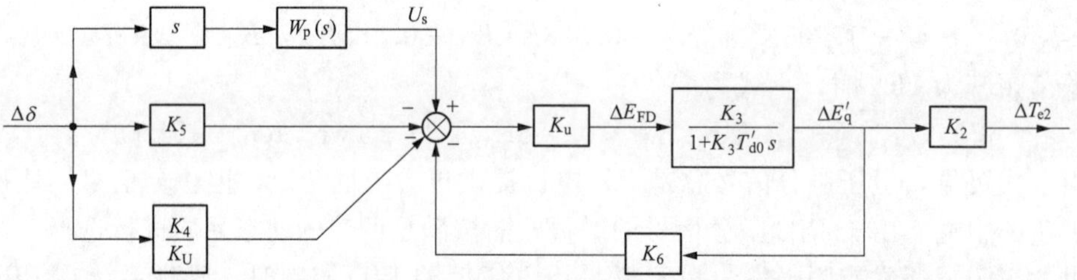

图 D-6　由电压偏差及 PSS 附加控制信号产生电磁转矩的环节结构

由图 D-6，在功角变化 $\Delta\delta$ 时，可得到仅考虑由 PSS 附加控制信号产生的电磁转矩为

$$\Delta T_{e2p}=\frac{K_2K_3K_uW_p(s)s}{1+K_3K_6K_u+K_3T'_{d0}s}\Delta\delta \tag{D-31}$$

为便于分析，仅取 PSS 中起相位补偿作用的超前环节进入分析，并仅取一级超前。即取

$$W_p(s)=\frac{1+T_1s}{1+T_2s}$$

代入式（D-31）可得

$$\Delta T_{e2p}=\frac{-K_2K_3K_u(s+T_1s^2)}{(1+K_3K_6K_u)+[(1+K_3K_6K_u)T_2+K_3T'_{d0}]s+K_3T'_{d0}T_2s^2}\Delta\delta \tag{D-32}$$

将（D-32）中的 s 以 $j\omega$ 代入，使分母有理化后可求得其阻尼转矩分量为

$$\Delta T_{e2pD}=j\frac{K_2K_3K_u[(1+K_3K_6K_u)(1+T_1T_2)+K_3T'_{d0}\omega^2(T_1-T_2)]\omega}{[(1+K_3K_6K_u)(1+T_2)+K_3T'_{d0}]\omega^2+(1+K_3K_6K_u-T_2K_3T'_{d0}\omega^2)^2}\Delta\delta \tag{D-33}$$

由于超前环节的 $T_1>T_2$，式（D-33）中各 K 值通常均大于 0（参见表 D-1），故式（D-33）值总为正值。即采用转速输入的 PSS 附加信号控制的励磁系统，在电力系统振荡功角变化时，将对发电机提供正阻尼转矩。

PSS 附加控制信号产生的电磁转矩的相位角特性，可用 $j\omega$ 代入式（D-30）中的 s 后得到的系统频率特性，以求复数辐角的方法［参见式（D-25）～式（D-27）］求得，为超前相位特性。因此，根据电压调节环节相角的滞后特性，适当地选择 PSS 的超前相位特性，可使 PSS 附加控制信号与电压偏差调节信号产生的电磁转矩具有超前的相位特性，在功角变化时为发电机提供正阻尼转矩。

由上面的简单分析可见，励磁系统附加 PSS 调节信号，是属于自动调节原理中的线性系统校正方法，采用校正环节（PSS 环节）改变线性系统的特性，使由励磁控制产生的电磁转矩的相位特性从滞后变为超前，励磁系统在维持发电机电压的同时，在系统功角变化或系统振荡时，可为发电机提供正的阻尼转矩。研究及试验表明，发电机励磁采用附加 PSS 信号控制，可阻尼电力系统的低频振荡，提高电力系统小干扰及大干扰下的电力系统稳定性。

分析式（D-33）可知，PSS 随功角变化提供的阻尼转矩的数值，除与 PSS 的整定参数（T_1、T_2）有关外，尚与电力系统的振荡频率及各 K 值有关，而后者又与电力系统的参数及运行状态相关。故 PSS 的设置及其整定，需要对所在电力系统进行相关的分析与仿真计算，以保证 PSS 能具有对电力系统的各种运行方式及状态的适应性。

D.5　采用强力调节励磁的发电机阻尼转矩特性

发电机励磁的强力式调节属多变量调节。调节信号采用电压、电流、频率、功角的偏差及微分（一次或二次）信号，以这些信号或其中一部分的组合，通过励磁调节器对发电机励磁进行调节。连接到无穷大系统的采用强力式调节励磁的同步发电机励磁控制系统线性模型如图 D-7 所示，发电机采用三相全控桥式晶闸管整流器自并励系统。研究及试验表明，发电机励磁采用强力式调节，可以在维持发电机端电压的同时提高电力系统的稳定性，提高远距离输电的输送功率极限，包括小干扰及大干扰下电力系统的稳定极限。

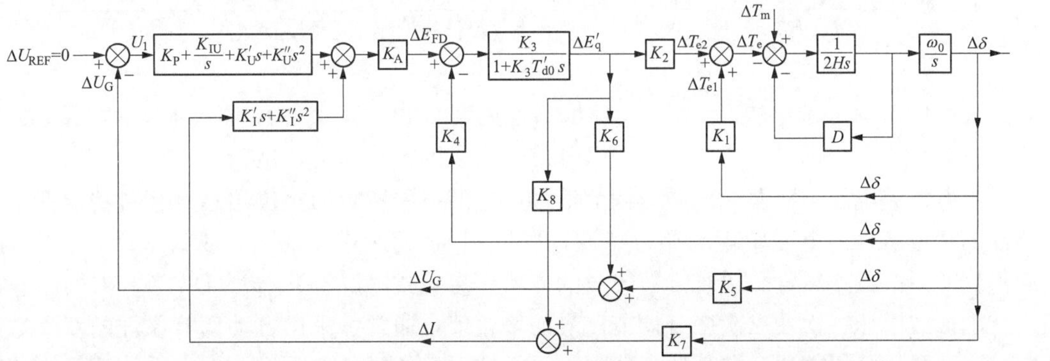

图 D-7　连接到无穷大系统的采用强力调节励磁的同步发电机励磁控制系统线性模型

对图 D-7 的线性模型分析表明，采用电压、电流或频率的一次及二次微分信号对发电机励磁进行控制，在电力系统功角变化或振荡时，可以为发电机提供正阻尼转矩。以电流的一次及二次微分为例，由图 D-7，电流微分调节信号提供电磁转矩的环节结构可表示如图 D-8 所示。

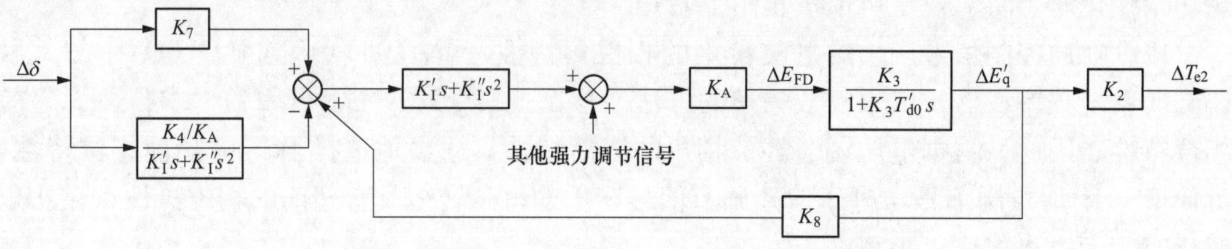

图 D-8　电流微分调节信号提供电磁转矩的环节结构

由图 D-8 可求得仅由电流一次及二次微分调节信号提供的电磁转矩，即

$$\Delta T_{e2I}=\frac{K_2K_3[K_7K_A(K''_Is+K'_Is)-K_4]}{(1-K_3K_8K_AK''_Is^2)-K_3(K_8K_AK'_I-T'_{d0})s}\Delta\delta \tag{D-34}$$

式中：K'_I、K''_I为电流一次及二次微分调节信号增益（或称信号放大系数）。

式（D-34）中的 s 以 $j\omega$ 代入，使分母有理化后可求得其阻尼转矩分量为

$$\Delta T_{e2ID}=j\frac{K_2K_3[K_7K_AK_3T'_{d0}\omega^2K''_I+K_A(K_7-K_3K_4K_8)K'_I+K_3K_4T'_{d0}]\omega}{(1+K_3K_8K_AK''_I\omega^2)^2+[K_3\omega(K_8K_AK'_I-T'_{d0})]^2}\Delta\delta \tag{D-35}$$

式（D-35）分子各 K 值均大于 0，K'_I项的系数一般也大于 0（可参见表 D-2），故电流一次及二次微分信号提供的为正阻尼转矩。

同样可求得仅由电压偏差比例、一次及二次微分调节信号提供的电磁转矩（未计及图 D-7 中的积分信号），即

$$\Delta T_{e2u}=-\frac{K_2K_3(K_5K_AK_p+K_5K_AK'_us+K_5K_AK''_us^2+K_4)}{(K_3K_6K_AK''_Is^2+K_3K_6K_AK_p+1)+K_3(K_6K_AK'_u+T'_{d0})s}\Delta\delta \tag{D-36}$$

式中：K'_u、K''_U为电压一次及二次微分调节信号增益（或称信号放大系数）。式（D-36）中的 s 以 $j\omega$ 代入，使分母有理化后可求得其阻尼转矩分量为

$$\Delta T_{e2uD}=j\frac{K_2K_3^2[K_5K_AT'_{d0}K_p+K_4(K_6K_A-K_5)K'_u-K_5K_u\omega^2T'_{d0}K''_u+K_4T'_{d0}]\omega}{[(K_3K_6K_AK_p+1)-K_3K_6K_AK''_I\omega^2]^2+K_3\,(K_6K_AK'_u+T'_{d0})^2\omega^2}\Delta\delta \tag{D-37}$$

式（D-37）分子中的 K_5 通常为负值（参见表 D-1），其余各 K 值大于 0，故 K'_u及 K''_u项的系数为正值。即电压一次及二次微分信号提供的为正阻尼转矩。

由电流或电压一次及二次微分调节信号产生的电磁转矩的相位角总具有对功角变量为超前的相位特性。电磁转矩的相位特性，可以用 $j\omega$ 代入式（D-34）或式（D-36）中的 s 后得到的系统频率特性，以求复数辐角的方法［参见式（D-25）～式（D-27）］求得。

电流或电压一次及二次微分调节信号的增益值，通常可采用自动调节原理的双参数稳定域（D 域）分析方法，在其他参数固定的条件下，分析各参数增益值在系统运行方式变化时（包括功角变化）的稳定范围（见图 D-9 例，无电压一、二次微分信号时），并在公

共稳定区域对应的增益值选取其整定值。

发电机励磁的强力式调节主要应用在苏联。在20世纪我国也有研究试验，包括对调节系统结构方案、调节信号测量环节时间常数及电流调节比例信号对调节参数公共稳定区域的影响、在励磁机励磁系统中转子电压负反馈的应用、电厂高压母线电压比例及积分调节信号的应用、输电线电流调节信号的应用等，进行了理论分析及计算机仿真计算、动态模拟的试验研究，其装置在20世纪80年代初曾在容量900MW的电厂中（发电机为励磁机励磁）进行试验及运行[10]。该装置采用电压偏差信号的比例、积分、一次及二次微分和电流的一次及二次微分信号作为调节信号，并采用转子电压负反馈减少励磁系统的等值时间常数，采用峰值采样保持的电压及电流测量，以取得良好的微分信号及很小的测量时间常数。分析计算与动态模拟试验表明，该调节系统可提高远距离输电线路的输送功率极限，在线路输送功率接近线路极限时，调节参数仍有相当大的公共稳定区域。图D-10所示为该装置的动模试验（多机系统）录波图。该装置在电厂投入后，曾在实际电力系统中进行了提高输电线输送功率稳定的试验，验证了分析计算与动态模拟试验的结果。图D-11所示为该电厂采用强力调节励磁后，电厂与电力系统连接的远距输电线路输送极限功率，以及电厂机组暂态电动势、高压母线电压相对运行功角的变化情况的计算机仿真计算及电厂现场试验结果。

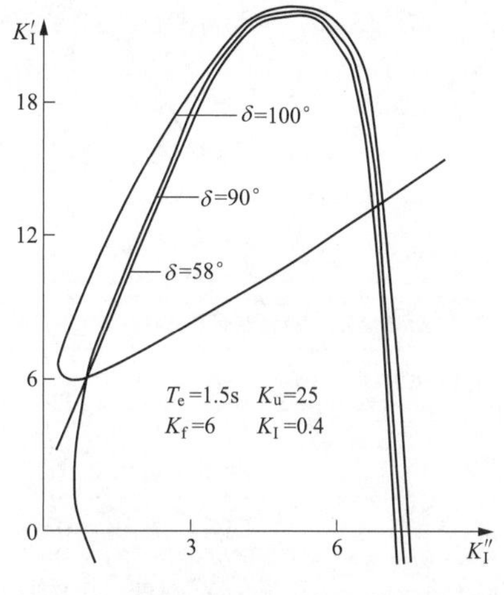

图D-9　运行功角δ变化时电流一次及二次微分调节信号的稳定区域

T_e—励磁机时间常数；K_I—电流比例系数
K_f—转子电压负反馈系数；K_u—电压增益

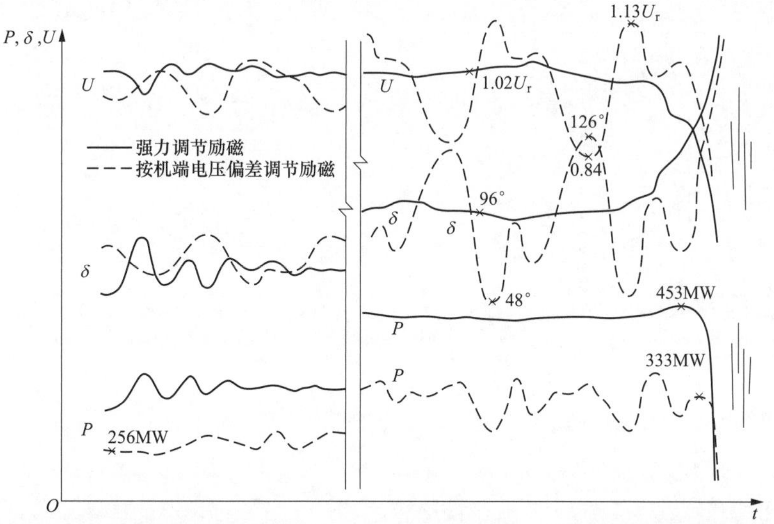

图D-10　强力调节励磁对远距离输电线极限输送功率的影响（动模试验录波图）

P—输电线输送功率；δ—功角；U—电厂高压母线电压

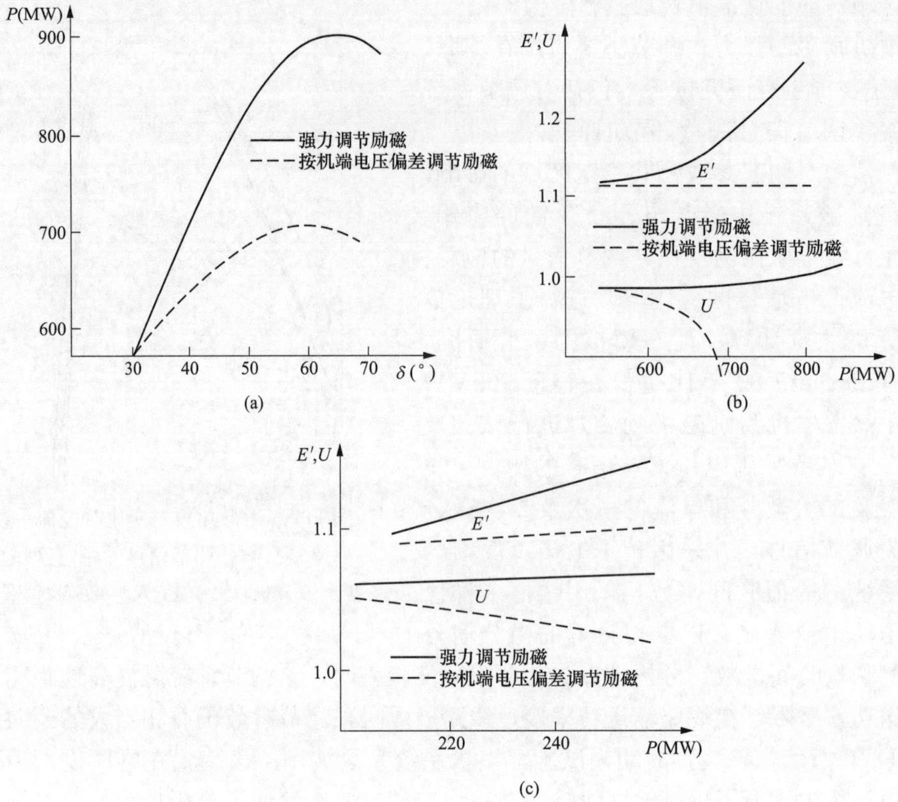

图 D-11　强力调节励磁对远距离输电线极限输送功率、电厂高压母线电压及发电机暂态电动势的影响

（a）、（b）多机系统的计算机仿真计算结果；（c）电厂现场试验结果

P—输电线输送功率；δ—功角；U—电厂高压母线电压；E'—发电机暂态电动势

附录E 术 语

（按中文拼音字母顺序排列）

B

变量 variable (quantity)

其值可变且通常可测出的量或状态。

变流器 converter

是使电源系统的电压、频率、相数和其他电量或特性发生变化的电器设备，包括整流器（AC/DC，交流变直流）、逆变器（DC/AC，直流变交流）、交流变流器（AC/AC，交流变交流，如交流变频器）和直流变流器（DC/DC，直流变直流，如直流斩波器）。

(变压器) 额定值 rating

对变压器某些参数的指定值，用于限定变压器在标准规定的条件下运行，并作为试验的基准和制造厂的保证值。

(变压器) 额定参数 rated quantities

其数值用于确定额定值的某些参数（电流、电压等）。对有分接的变压器，额定参数均指主分接。除非另有规定，电流电压用均方根值（又称有效值）表示。

(变压器) 绕组额定电压 rated voltage of a winding

绕组端子间的施加电压或感应出电压的额定值。当一个绕组施加电压为额定电压时，在空载情况下，其他绕组感应出各自的额定电压值。对三相绕组是指端子间的电压，对有分接的变压器是指处于主分接时的绕组。对要连接成星形三相绕组的单相变压器，用相-相电压除以$\sqrt{3}$ 来表示额定电压（如 $500/\sqrt{3}$kV）。

(变压器) 额定电压比 rated voltage ratio

一个绕组的额定电压与另一绕组额定电压之比。

(变压器) 额定电流 rated current

由变压器额定容量（S_r）和额定电压（U_r）推导出的流经绕组线路端子的电流。对三相变压器，额定电流 $I_r = S_r/\sqrt{3}U_r$(A)；对要连接成三角形接法以形成三相绕组的单相变压器，其额定电流表示为线电流除以$\sqrt{3}$（如 $500/\sqrt{3}$A）。

C

传递函数 transfer function

在线性定常数系统中，当所有初始条件为零时，输出变量的拉普拉斯变换与相应输入变量的拉普拉斯变换之比。

初始条件为零，是指系统的输入是在 $t=0$ 以后才作用于系统，在 $t=0$ 以前系统处于相对静止状态，系统输入量、输出量及其各阶导数在 $t=0$ 时的值均为 0。

超调量 over shoot

指阶跃响应中被控量的最大值与最终稳态值之差。

D

电液转换器 electro-hydraulic converter

将电气输入信号连续地、线性地通过液压放大而转变成相应机械位移输出的部件。

电液伺服阀 electro-hydraulic servo-valve

将电气输入信号连续地、线性地通过液压放大而转变成相应方向及流量输出的部件。

电液比例（方向）阀 electro-hydraulic proportional(directional)valve

用比例电磁铁与液压元件相组合，按照输入电气信号的方向和大小相应地实现液流方向和流量控制的方向阀。

电势源整流励磁装置 potential source _ rectifier exciter

励磁功率由静止交流电势源整流电源提供的励磁装置，包括励磁变压器、可控或不可控的功率整流器等。交流电势源可以是来自发电机机端、电厂厂用电母线或同步电机内的独立的绕组。

电力系统稳定（性）power system stability

电力系统稳定是指电力系统在受到扰动后，凭借系统本身固有的能力和控制设备的作用，回到原始稳态运行方式，或者达到新的稳态运行方式。通常以发电机对系统或系统对系统间的同步运行稳定性表示。

电力系统稳定的分类，目前国际上还没有统一的标准。主要有按电力系统承受扰动的大小分为小干扰稳定和大干扰稳定，或分为静态稳定和暂态稳定；或者按电力系统承受扰动的大小，以及电力系统受扰动后至重新稳定运行或失步的动态过程分为静态、动态及暂态稳定。

大干扰一般指电力系统遭受如短路、主输电线或大机组切除等的大扰动，系统过渡过程需采用非线性方程描述。小干扰一般指如电力系统负荷变化等的小扰动，系统过渡过程可采用线性化方程描述。

电压稳定（性）voltage stability

电力系统电压稳定是指电力系统受到小的或大的扰动后，系统各母线电压能够保持或恢复到允许的范围内，不发生电压崩溃的能力。

顶值电流倍数 ratio of ceiling current

指励磁系统顶值电流与额定励磁电流之比。

顶值电压倍数 ratio of ceiling voltage

指励磁系统顶值电压与额定励磁电压之比。

电压给定变化速度 change rate of voltage setting

指在手动增减励磁的情况下，每 1s 发电机电压对于额定发电机电压的最大变化速率。

短路阻抗（一对绕组的）short-circuit impedance (of a pair of windings)

是指在额定频率和参考温度下，变压器一对绕组出线端子之间的等效串联阻抗 $Z_K = R_K + jX_K(\Omega)$。确定此值时，该对绕组的一个绕组短路，其他绕组开路。对于三相变压器，为每相的阻抗（等值星形联结）。

对于带分接绕组的变压器，是指指定分接位置上的。如无另外规定，是指主分接。

此参数可用无量纲的相对值来表示。通常表示为以该绕组额定值计算的参考阻抗 Z_{ref} 为基准的分数值 z_K，采用百分数时，有

$$z_k = 100Z_k/Z_{ref}\%,\qquad 此处\ Z_{ref} = U_{TN}^2/S_{TN}$$

式中：U_{TN}为绕组的额定电压（或分接电压）；S_{TN}为绕组的额定容量。对多绕组变压器 U_{TN}为该对绕组中未短路的绕组额定电压（或分接电压）；S_{TN}为该对绕组中容量较小绕组的额定容量。

上述公式对三相变压器和单相变压器都适用。

短路阻抗的相对值也等于该对绕组短路试验中为产生相应额定电流（I_{TN}，或分接电流）时所施加的电压（U_k）与额定电压（或分接电压）之比。此电压用百分数表示时称为该对绕组的短路电压（又称为阻抗电压）。即变压器（一对绕组的）短路阻抗的相对值数值上等于该绕组的短路电压（或称阻抗电压）。各值以有名制表示时（V、A、Ω）时，有 $U_k = I_{TN}Z_k$。一般电力变压器 z_k 的数值为 5%～15%。

短路电压 short-circuit voltage

变压器阻抗电压的另一称呼。

（电流互感器）电流误差（比误差）current error(ratio error)

互感器在测量电流时所产生的误差。它是由于实际电流比与额定电流比不相等造成的。电流误差的百分数用下式表示，即

$$\varepsilon_I = \frac{K_n I_S - I_P}{I_P} \times 100\%$$

式中：ε_I 为电流互感器的电流误差；K_n 为额定电流比；I_S 为在测量条件下，一次电流为 I_p 时的实际二次电流，A；I_P 为实际一次电流均方根值，A。

（电流互感器）相位差 phase displacement

互感器的一次电流与二次电流相量的相位差。相量方向是按理想互感器的相位差为零来决定的。若二次电流相量超前一次电流相量，则相位差为正值。它通常用 min（分）或 crad（厘弧度）表示。

（电流互感器）准确级 accuracy class

对电流互感器所给定的等级。互感器在规定使用条件下的误差应在规定的限值内。

（电流互感器）负荷 burden

电流互感器二次电路所接的阻抗，用欧姆和功率因数表示。负荷通常以视在功率伏安值表示，它是在规定功率因数及额定二次电流下所汲取的视在功率。

（电流互感器）额定负荷 rated burden

确定互感器准确级所依据的负荷值。

（电流互感器）额定短时热电流 rated short-time thermal current

在二次绕组短路的情况下，电流互感器能承受 1s 且无损伤的一次电流均方根值。

（电流互感器）额定动稳定电流 rated dynamic current

在二次绕组短路的情况下，电流互感器能承受住其电磁力的作用而无电气或机械损伤的最大一次电流峰值。

（电流互感器）额定连续热电流 rated continuous thermal current

在二次绕组接有额定负荷的情况下，一次绕组允许连续流过且温升不超过规定限值的一次电流值。

(电流互感器) 二次绕组电阻 secondary winding resistance

以欧姆值表示的二次绕组直流电阻，校正到75℃或规定的其他温度。

(电流互感器) 复合误差 composite error

在稳态条件下，一次电流瞬时值与乘以 K_n 的二次电流瞬时值两者之差的均方根值，即

$$\varepsilon_C = \frac{1}{I_P}\sqrt{\frac{1}{T}\int_0^T (K_n i_S - i_P)^2 dt} \cdot 100\%$$

式中：ε_C 为电流互感器复合误差；I_P 为一次电流均方根值；T 为一个周波的时间；K_n 为额定电流比；i_S 为二次电流瞬时值；i_P 为一次电流瞬时值。

(电流互感器) 额定准确限值一次电流 rated accuracy limit primary current

互感器能满足复合误差要求的最大一次电流值（I_{pal}）。

(电流互感器) 准确限值系数 accuracy limit factor

额定准确限值一次电流对额定一次电流之比值（K_{alf}）。

(电流互感器) 仪表保安系数 instrument security factor（FS）

额定仪表限值一次电流与额定一次电流之比值。额定仪表限值一次电流是指测量电流互感器在二次负荷等于额定负荷，其复合误差等于或大于10%时的最小一次电流值。在系统故障电流通过电流互感器一次绕组时，互感器仪表保安系数越小，由互感器供电的电器就越安全。

(电容器) 电力电子电容器 capacitor for power electronics

用于电力电子设备，并能在正弦和非正弦电流与电压下连续运行的电力电容器。

(电容器) 直流电容器 d. c. capacitor

按主要用于直流电压设计的电容器，根据制造商的规定也可用于规定的交流电压。

(电容器) 交流电容器 a. c. capacitor

按主要用于交流电压设计的电容器，根据制造商的规定也可用于规定的直流电压。

(电容器) 金属箔式电容器（非自愈式）metal-foil capacitor(non-self healing)

电极通常由电介质隔开的金属箔构成的电容器，若电介质被击穿，电容器不能自恢复。

(电容器) 自愈式金属化电介质电容器 self-healing metallized dielectric capacitor

采用金属化膜（通常是蒸镀）形成电极的电容器，若电介质被击穿，电容器能够自恢复。

E

额定励磁电流 rated field current

指同步发电机在额定的电压、电流、功率因数和转速下运行时，磁场绕组中的直流电流。

额定励磁电压 rated field voltage

指同步发电机在连续额定负荷条件下运行时，跨接在同步发电机磁场绕组端所需的直流电压。此时磁场绕组的运行温度按75℃（当磁场绕组设计的额定运行温升小于或等于60℃时）或100℃（当磁场绕组设计的额定运行温升大于60℃时）考虑。

F

辅助接力器 auxiliary servomotor

操作主配压阀的接力器，系统稳态下，其活塞位置始终处在与主接力器中间位置相对应的位置的接力器。

反馈 feedback

在调节系统中，将输出变量送回到输入端并与输入信号比较的过程。若反馈信号与输入信号相减而使偏差越来越小，则称为负反馈；反之，则称为正反馈。

发电机调压精度 accuracy of regulation for generators

是指励磁调节器投入电压自动调节且调差单元退出时，在设定的电压给定值下，当发电机负载从额定视在功率变化至0，以及环境温度、频率、功率因数、电源电压波动等在规定的范围内变化时，所引起的发电机机端电压的最大变化（以发电机额定电压的百分数表示）。

通常用发电机电压静差率的测试代替发电机调压精度。

G

孤网运行 isolated grid operation

电网中只有一台或本台机组容量占当前电网容量比重相当大的运行方式。也称小网运行。

功角

发电机 E_q（也是转子 q 轴）相对机端电压或外部母线电压（如电厂输电线对端母线、系统无穷大系统母线）的相位角（电角度、弧度）。因为（在其他参数确定的条件下）发电机的发电功率或传输功率的数值取决于 δ，故 δ 通常称为功率角，或称为功角。

高起始响应励磁系统 High initial response of excitation system

指励磁系统电压响应时间等于或小于0.1s的励磁系统。

功角稳定性

指电力系统维持同步的能力。失去同步的主要原因是发电机输入、输出转矩平衡的破坏，失步的形式可能是功角单调增大也可能是增幅振荡，失步后功角由0到360°周而复始变化，功率由正到负周期变化。

H

环境（空气）温度 ambient air temperature

对低压电器，为在规定的条件下，围绕整个电器的空气温度。通常取为距被试电器表面水平距离1m、高度为被试电器高度的一半处的空气温度。

J

静态稳定（性）steady-state stability

电力系统静态稳定是指电力系统受到小干扰后，不发生非周期性失步，自动恢复到起始运行状态的能力。此时系统的动态行为可用线性化的微分方程式描述。静态不稳定的系统失步可分为滑行失步（同步力矩不够时）及振荡失步（阻尼转矩为负时）。

晶闸管 thyristor

一种包括三个或更多的结、能从断态转入通态或由通态转入断态的双稳态半导体器件。

包括所有 PNPN 类型开关管族系，以及以前称之为可控硅的整流元件。晶闸管有多种类型。

(晶闸管）阳极端子 anode terminal

正向电流由外部电路流入的端子。

(晶闸管）阴极端子 cathode terminal

正向电流向外部电路流出的端子。

(晶闸管）阳极（阴极）电压 anode (cathode) terminal

阳极端子对阴极端子之间的电压（电位差）。阳极电位高于阴极电位时，则以阳极电压为正；阳极电位低于阴极电位时，则以阳极电压为负。

(晶闸管）反向阻断状态 reverse blocking state

反向阻断三极晶闸管的反向电压小于反向击穿电压的状态。

(晶闸管）反向阻断三极晶闸管 reverse blocking triode thyristor

一种对负阳极电压没有开关作用而呈现反向阻断状态的三端晶闸管。

(晶闸管）反向导通三极晶闸管 reverse conducting triode thyristor

一种对负阳极电压没有开关作用，但当该电压量级可与通态电压比拟时，反向能通过大电流的三端晶闸管。

(晶闸管）双向三极晶闸管 bidirectional triode thyristor

一种在主特性的第一和第三象限内具有基本相同转换性能的三端晶闸管。

(晶闸管）门极关断晶闸管 gate turn-off thyristor (GTO thyristor)

一种施加适当极性门极信号可以从通态转换到断态或从断态转换到通态的三端晶闸管。

(晶闸管）普通三极晶闸管 triode thyristor

一种对开关时间等参数没有特别要求的主要用于工频的反向阻断三极晶闸管。

(晶闸管）快速三极晶闸管 fast switching triode thyristor

一种对开关时间等参数有特别要求的可在 400Hz 以上频率工作的反向阻断三极晶闸管。

局部放电 partial discharge (PD)

是指设备绝缘系统中部分被击穿的电气放电。设备允许的局部放电通常以 PC（皮库）为单位的放电量给出。

K

控制系统

由控制装置和被控对象组成的系统。

空载励磁电流 no-load field current

指同步发电机在空载和额定转速下运行时，产生额定电压所需要的发电机励磁电流。

L

励磁系统强迫停运率（FOR）forced off ratio

励磁系统额定电流 excitation system rated current

指在励磁系统规定的运行条件下，励磁系统能够提供的长期连续运行的最大输出直流电流。该电流必须大于发电机长期连续运行的最大励磁电流（通常发生在发电机机端电压、频率和功率因数偏离额定值运行时）。根据 GB/T 7409.3《同步电机励磁系统大、中型同步发电机励磁系统技术要求》的规定，励磁系统应能保证发电机在其励磁电压和励磁电流不超过其额定值的 1.1 倍时能长期连续运行，故励磁系统额定电流应大于发电机额定励磁电流的 1.1 倍。

励磁系统额定电压 excitation system rated voltage

指在同步发电机连续运行的额定负荷条件下，励磁系统输出额定电流时，励磁系统能够提供的在其输出端的直流电压。此时磁场绕组的运行温度按 75℃（当磁场绕组设计的额定运行温升小于或等于 60℃时）或 100℃（当磁场绕组设计的额定运行温升大于 60℃时）考虑。

励磁系统顶值电流 Excitation system ceiling current

励磁系统所能提供的最大励磁电流。通常指在规定的强励时间内，励磁系统可输出的最大直流电流。

励磁系统顶值电压 Excitation system ceiling voltage

指在规定的条件下，励磁系统所能提供的最大直流电压。按照 GB/T 7409.3 的规定：励磁顶值电压倍数应根据电网情况及发电机在电网中的地位确定，对励磁电源取自发电机机端的电动势源静止励磁系统，其励磁顶值电压倍数应按 80%的发电机额定电压计算。自并励励磁系统应按此计算。

励磁系统延迟时间 time delay of excitation system

指从给自动电压调节器施加引起强行励磁的信号瞬间起，至励磁绕组电压与起始值的偏差等于最终励磁绕组电压与起始值之差的 3%的瞬间止的时间段。

励磁系统电压响应时间 Voltage-response time of excitation system

指从施加阶跃信号起，励磁电压达到顶值电压与额定励磁电压差的 95%的瞬间时间。

一种快速控制励磁功能，在电力系统故障或受扰动后的某些时间段内，按提高电力系统大干扰稳定性的要求，采用断续控制方式，将发电机励磁快速控制到某一水平上。故又称为暂态励磁控制或暂态励磁增强（transient excition boosting）。其装置称暂态电力系统稳定器。通常用于改善联络线/区域间模式的电力系统暂态稳定，如暂态稳定限制输送容量及发电机有较大惯性的电厂（如核电厂）。

励磁电流调节单元 field current regulator (FCR)

指励磁系统调节器中实现按给定励磁电流调节方式调节及相关的限制保护功能的单元，也称励磁电流调节器或励磁电流调节通道。（也有将该单元称为手动励磁调节单元或手动调节通道）

浪涌 surge

沿线路或电路传送的电流、电压或功率的瞬态波，其特征是先快速上升后缓慢下降。

浪涌（冲击）过电压主要是由电力系统的开关操作（包括电容器组的切投）、系统故障（短路或弧光接地）和雷电产生。雷电产生的浪涌（冲击）电压，可包括直接雷击于外部电路（户外）时雷电的入地电流流过接地电阻或外部电路阻抗产生的电压、间接雷（如云层间或雷击附近的物体）产生的电磁场在建筑物内、外导体上产生的感应电压、过电压保护装置动作时产生的电压等。

P

配压阀 distributing valve

输出油流方向和流量随活塞移动的方向和位移大小而改变的阀。

偏差信号 error signal

闭环控制系统比较元件的输出信号。

偏差 deviation

给定瞬间变量的预期值与实际值之差。包括恒定的预期值和随时间变化的预期值。

频率稳定（性）

指电力系统在遭受严重的故障造成出力与负荷较大的不平衡时，维持频率在可接受的范围内的能力。

P 类保护用电流互感器 protection current transformer class P

准确限值规定为稳态对称一次电流下的复合误差的电流互感器，他对剩磁无限制。

R

软起励 soft voltage building

指电压给定值按斜坡时间函数变化的发电机电压建立过程。

S

水锤（水击）

水轮机的引水系统通常为压力管道。在调速器的主接力器调节水轮机导叶开度时，压力引水管道中的流量将发生变化，由于水流有惯性，水体及管壁存在弹性，开始先是引起导叶处压力上升或下降，然后压力以波的形式向上游水库传播，经过水库端反射后形成反射压力波又向下游水轮机端传播，造成管道中水压升高或下降，使水轮机的工作水头 H 相应地变化，从而影响水轮机的输出转矩。这种现象通常称为水锤（或称水击）。

s 拉氏变换复变量

$s=\sigma+\mathrm{j}\omega$，在数学上复数用 $x+\mathrm{i}y$ 表示，虚部的虚单位用 i，$i^2=-1=\mathrm{e}^{\mathrm{j}180^\circ}$ 或 $i=\sqrt{-1}=\mathrm{e}^{\mathrm{j}90^\circ}$。在电工上应用时，为避免与电流的符号混淆，虚单位用 j，即电工中的复数以 $x+\mathrm{j}y$ 表示，$j^2=-1=\mathrm{e}^{\mathrm{j}180^\circ}$ 或 $j=\sqrt{-1}=\mathrm{e}^{\mathrm{j}90^\circ}$；$\mathrm{e}^{\mathrm{j}\varphi}=\cos\varphi+\mathrm{j}\sin\varphi$；$\mathrm{e}^{-\mathrm{j}\varphi}=\cos\varphi-\mathrm{j}\sin\varphi$

瞬态 transient

变量在两个相邻稳态间过渡时的状态。

死区 dead band；dead zone

输入变量的变化不致引起输出变量有任何可觉察（测量的）变化的有限（输入变量）的数值区间。

随动系统（又称伺服系统）servo-system

输出量能以一定的准确度自动跟随输入量的变化规律变化的闭环控制系统。采用液压系统的随动系统，称为液压随动系统（或称液压伺服系统），按系统控制信号的类别和回路的组成，可分为机械液压、气动液压、电气液压系统。

顺序控制 sequential control

步进完成控制动作的开环控制形式。从一步转移到下一步是由一个程序按规定转移条件确定的。

T

特征方程式 characteristic equation

将线性系统闭环传递函数的分母或者将有限维矢量空间上给定线性变换的或其矩阵表示法的特性多项式设定为等于零所取得的方程式。

调节时间 Settling time

指从给定阶跃信号到发电机机端电压值和稳态值的偏差不大于稳态值的±2%所经历的时间。

W

稳态 steady state

在所有瞬态影响消失后，所有输入变量保持恒定时系统所维持的状态。

X

线性系统 linear system

其状态符合叠加原理的系统，此种系统可以用一组线性方程式描述。

Y

引导阀 pilot distributing valve

控制辅助接力器或中间接力器动作的配压阀。

一次调频 primary frequency control

在系统运行频率大于设定的频率调节死区（如0.05Hz）时，由调速器按预先设定永态差值系数（调差率，如小于3%）的水轮机调节系统静态特性，对机组有功功率进行自动调节（调节导叶开度），以加快系统频率的恢复。调节稳态下，系统频率存在静差，系统一次调频属有差调节。

Z

中间接力器 pilot servomotor

操作辅助接力器或主配压阀的接力器，系统稳态下，其活塞位置可停留在符合规定的任意位置的接力器。

暂态稳定（性）transient stability

电力系统暂态稳定是指电力系统受到大扰动后，各同步电机保持同步运行并过渡到新的或恢复到原来稳态运行方式的能力。暂态稳定的判据是电网遭受每一次大扰动后，引起电力系统各机组之间功角相对增大，在经过第一或第二个振荡周期不失步，作同步的衰减振荡，系统中枢点电压逐渐恢复。暂态稳定计算的发电机模型通常应考虑采用暂态电动势变化甚至次暂态电动势变化的详细模型，规划阶段允许采用暂态电动势恒定的模型。

振荡次数 number of oscillation

指被控量第一次达到被控量与最终稳态值之差的绝对值小于 2%的最终稳态值时，被控量的波动周期次数。

阻抗电压（对于主分接）impedance voltage at rated current (for the principal tapping)

是指变压器一对绕组中一绕组短路，在参考温度下以额定频率的电压施加于另一绕组，当变压器该对绕组中电流为额定值时，另一绕组出线端的施加电压值（U_k）。对多绕组变压器，此时其余绕组开路，电流额定值取该对绕组中额定容量较小的绕组的额定电流。

变压器的阻抗电压也称短路电压，通常用施加电压绕组的额定电压值（U_{TN}）为基准的百分数（u_k）表示，以下式计算，即

$$u_k = 100U_k/U_{TN}\%$$

一般电力变压器的阻抗电压 u_k 为 5%～15%，数值上等于变压器该对绕组以相对值表示的短路阻抗。

参 考 文 献

[1] 魏守平．现代水轮机调节技术．武汉：华中科技大学出版社，2005.
[2] 周泰经，吴应文．水轮机调速器实用技术．北京：中国水利水电出版社，2010.
[3] 程远楚，张江滨，陈光大，等．水轮机自动调节．北京：中国水利水电出版社，2010.
[4] 何仰赞，温增银，汪馥英，等．电力系统分析．武汉：华中工学院出版社，1995.
[5] 梁建行，高光华，易先举，等．水电厂计算机监控系统设计．北京：中国水利水电出版社，2013.
[6] 沈宗树，张勇传．水电站机组稳定与控制．武汉：华中科技大学出版社，1988.
[7] 浙江大学电机教研室．电机学．杭州：浙江大学出版社，1990.
[8] 韩祯祥．电力系统分析．杭州：浙江大学出版社，2005.
[9] 电力系统的控制与稳定翻译组．电力系统的控制与稳定．北京：水利电力出版社，1979.
[10] 梁建行，梁波，陈红君，等．水电厂发电机励磁系统设计．北京：中国水利水电出版社，2015.
[11] 刘取．电力系统稳定性及发电机励磁控制．北京：中国电力出版社，2007.
[12] 樊俊，陈忠，涂光瑜．同步发电机半导体励磁原理及应用．北京：电力工业出版社，1981.
[13] 浙江大学发电教研组直流输电科研组．直流输电．北京：水利电力出版社，1985.
[14] 曾庆赣．励磁整流变压器理论与设计．2001 励磁年会论文集，北京：中国电机工程学会，2001.
[15] 王维俭．电气主设备继电保护原理与应用．北京：中国电力出版社，1996.
[16] 袁季修．电流互感器和电压互感器．北京：中国电力出版社，2011.
[17] 梁建行．发电机灭磁系统的分析与计算．北京：中国电力出版社，2009.
[18] 机械工程手册电机工程手册编辑委员会．电机工程手册．北京：机械工业出版社，1996.
[19] 梁建行，周强，陈吉祥，等．水力发电厂继电保护系统设计．北京：中国电力出版社，2022.
[20] 水电站机电设计手册编写组．水电站机电设计手册 电工二次．北京：水利电力出版社，1984.
[21] 能源部西北电力设计院．电力工程电气设计手册 电气二次部分．北京：水利电力出版社，1991.
[22] 胡寿松．自动控制原理．北京：科学出版社，2007.